DELIUS KLASING

Dr. Etzold
Diplom-Ingenieur für Fahrzeugtechnik

So wird's gemacht

pflegen – warten – reparieren

Band 111

VW GOLF IV/ VW BORA
Limousine und Variant

Benziner

1,4 l/ 55 kW	(75 PS)	9/97 – 5/06
1,6 l/ 74 kW	(100 PS)	9/97 – 8/00
1,6 l/ 75 kW	(102 PS)	9/00 – 5/06
1,6 l/ 77 kW	(105 PS)	11/99 – 5/06
1,6 l/ 81 kW	(110 PS)	10/01 – 5/06
1,8 l/ 92 kW	(125 PS)	9/97 – 6/00
1,8 l/110 kW	(150 PS)	9/97 – 9/03
1,8 l/132 kW	(180 PS)	6/01 – 9/03
2,0 l/ 85 kW	(115 PS)	11/98 – 5/06
2,3 l/110 kW	(150 PS)	9/97 – 9/00
2,3 l/125 kW	(170 PS)	10/00 – 9/03
2,8 l/150 kW	(204 PS)	5/99 – 9/03

Delius Klasing Verlag

Redaktion: Günter Skrobanek (Text)
Christine Etzold (Bild)

Bibliografische Information der Deutschen Nationalbibliothek

Die Deutsche Nationalbibliothek verzeichnet diese Publikation in der Deutschen Nationalbibliografie; detaillierte bibliografische Daten sind im Internet über http://dnb.dnb.de abrufbar.

15. Auflage
ISBN 978-3-7688-1059-3

Alle Angaben ohne Gewähr
Druck: Kunst- und Werbedruck, Bad Oeynhausen
Printed in Germany 2022

Delius Klasing Verlag, Siekerwall 21, D-33602 Bielefeld
Tel.: 0521/559-0, Fax: 0521/559-115
E-Mail: info@delius-klasing.de
www.delius-klasing.de
http://sowirdsgemacht.com

Lieber Leser,

die Automobile werden von Modellgeneration zu Modellgeneration technisch immer aufwendiger und komplizierter. Ohne eine Anleitung kann man mitunter nicht einmal mehr die Glühlampe eines Scheinwerfers auswechseln. Und so wird verständlich, daß von von Jahr zu Jahr immer mehr Heimwerker zum »So wird´s gemacht«-Handbuch greifen.

Doch auch der kundige Hobbymonteur sollte bedenken, daß der Fachmann viel Erfahrung hat und durch die Weiterschulung und den ständigen Erfahrungsaustausch über den neuesten Technikstand verfügt. Mithin kann es für die Überwachung und Erhaltung der Betriebs- und Verkehrssicherheit des eigenen Fahrzeugs sinnvoll sein, in regelmäßigen Abständen eine Fachwerkstatt aufzusuchen.

Grundsätzlich muß sich der Heimwerker natürlich darüber im klaren sein, daß man mit Hilfe eines Handbuches nicht automatisch zum Kfz-Mechaniker wird. Auch deshalb sollten Sie nur solche Arbeiten durchführen, die Sie sich zutrauen. Das gilt insbesondere für jene Arbeiten, die die Verkehrssicherheit des Fahrzeugs beeinträchtigen können. Gerade in diesem Punkt sorgt das »So wird´s gemacht«-Handbuch jedoch für praktizierte Verkehrssicherheit. Durch die Beschreibung der Arbeitsschritte und den Hinweis, die Sicherheitsaspekte nicht außer acht zu lassen, wird der Heimwerker vor der Arbeit entsprechend sensibilisiert und informiert. Auch wird darauf hingewiesen, im Zweifelsfall die Arbeit lieber von einem Fachmann ausführen zu lassen.

Sicherheitshinweis
Auf verschiedenen Seiten dieses Buches stehen »Sicherheitshinweise«. Bevor Sie mit der Arbeit anfangen, lesen Sie bitte diese Sicherheitshinweise aufmerksam durch und halten Sie sich strikt an die dort gegebenen Anweisungen.

Vor jedem Arbeitsgang empfiehlt sich ein Blick in das vorliegende Buch. Dadurch werden Umfang und Schwierigkeitsgrad der Reparatur offenbar. Außerdem wird deutlich, welche Ersatz- oder Verschleißteile eingekauft werden müssen und ob unter Umständen die Arbeit nur mit Hilfe von Spezialwerkzeug durchgeführt werden kann. Besonders empfehlenswert: Wenn Sie eine elektronische Kamera zur Hand haben, dann sollten Sie komplizierte Arbeitsschritte für den Wiedereinbau fotografisch dokumentieren.

Für die meisten Schraubverbindungen ist das Anzugsdrehmoment angegeben. Bei Schraubverbindungen, die in jedem Fall mit einem Drehmomentschlüssel angezogen werden müssen (Zylinderkopf, Achsverbindungen usw.), ist der Wert **fett** gedruckt. Nach Möglichkeit sollte man generell jede Schraubverbindung mit einem Drehmomentschlüssel anziehen. Übrigens: Für viele Schraubverbindungen sind Innen- oder Außen-Torxschlüssel erforderlich.

Als ich Anfang der siebziger Jahre den ersten Band der »So wird´s gemacht«-Buchreihe auf den Markt brachte, wurden im Automobilbau nur ganz wenige elektronische Bauteile eingesetzt. Inzwischen ist das elektronische Management allgegenwärtig; ob bei der Steuerung der Zündung, des Fahrwerks oder der Gemischaufbereitung. Die Elektronik sorgt auch dafür, daß es in verschiedenen Bereichen keine Verschleißteile mehr gibt. Das Überprüfen elektronischer Bauteile ist wiederum nur noch mit teuren und speziell auf das Fahrzeugmodell abgestimmten Prüfgeräten möglich, die dem Heimwerker in der Regel nicht zur Verfügung stehen. Wenn also verschiedene Reparaturschritte nicht mehr beschrieben werden, so liegt das ganz einfach am vermehrten Einsatz von elektronischen Bauteilen.

Das vorliegende Buch kann nicht auf jedes technische Fahrzeug-Problem eingehen. Dennoch hoffe ich, daß Sie mit Hilfe der Beschreibungen viele Arbeiten am Fahrzeug durchführen können.

Hinweis: Der vorliegende Band gilt für die Modelle GOLF und BORA sowie für die VARIANT-Ausführungen beider Modelle. Sehr viele Arbeitsschritte sind bei allen Modellen identisch. Sollten Unterschiede bestehen, wird jeweils im Text darauf hingewiesen.

Rüdiger Etzold

Inhaltsverzeichnis

VW GOLF / VW BORA

Aus dem Inhalt:

- **Modellvarianten**
- **Fahrzeugidentifizierung**
- **Motordaten**

1974 wurde der VW GOLF erstmals der Öffentlichkeit präsentiert. Seit dieser Zeit erschien im Turnus von 6 bis 9 Jahren eine neue Modell-Generation. Von den ersten drei GOLF-Generationen wurden insgesamt 17,6 Millionen Stück gefertigt. Die 4. GOLF-Generation startete im September 1997 mit dem Limousinen-Modell, im September 1998 kam die Stufenhecklimousine BORA dazu. Seit Mai 1999 gibt es die beiden Modelle auch in der VARIANT-Version.

Die 97er GOLF-Generation hat gegenüber dem Vorgängermodell eine vollverzinkte Karosserie mit zwölfjähriger Garantie gegen Durchrostung, verbesserten Fahrkomfort sowie eine reichhaltige Ausstattung und einen hohen passiven Sicherheitsstandard. Durch den Einsatz von Großblechteilen und modernen Schweißverfahren konnte die Karosserie wesentlich steifer gefertigt werden. Das wirkt sich positiv auf Komfort und Fahrstabilität aus. Wesentliche Komponenten des Erscheinungsbildes sind die Scheinwerfer mit den klaren Streuscheiben, die weit herumgezogenen Heckleuchten und das im hinteren Stoßfänger plazierte Kennzeichen.

Gegenüber dem Vorgängermodell sind die Außenabmessungen nur unwesentlich gewachsen. Der Gepäckraum der Limousine hat ein Fassungsvermögen von 330 Liter beziehungsweise 1.184 Liter bei umgeklappter Rücksitzbank.

Der VW GOLF/BORA verfügt über umfangreiche Sicherheitseinrichtungen. Dazu zählen Fahrer- und Beifahrerairbag sowie Seitenairbags und Gurtstraffer für die vorderen Sitze. Seitliche Karosserieverstärkungen in den Türen erhöhen zusätzlich im VW GOLF/BORA die passive Sicherheit.

Zum gesteigerten Fahrkomfort trägt nunmehr ein Fahrschemel bei, an dem die Vorderachse befestigt ist. Der Fahrschemel ist über Gummilager von der Karosserie entkoppelt und dämpft dadurch die Schwingungen, die sonst auf den Innenraum übertragen werden. Bei den GOLF/BORA-Modellen mit Frontantrieb wird eine Verbundlenker-Hinterachse verwendet, bei der zur besseren Raumausnutzung Schraubenfeder und Stoßdämpfer getrennt voneinander positioniert sind (beim Vorgängermodell waren Federbeine eingebaut). Dadurch konnte die Durchladebreite im Gepäckraum vergrößert werden. GOLF/BORA-Modelle mit Allradantrieb haben eine Doppelquerlenker-Hinterachse.

Für den GOLF/BORA stehen in Leistung, Hubraum und Bauart recht unterschiedliche Benzin- und Dieselmotoren zur Verfügung, so daß je nach persönlicher Anforderung zwischen sehr wirtschaftlicher und sportlicher Motorisierung ausgewählt werden kann. Die querliegenden Motoren sind in einer sogenannten Pendellagerung aufgehängt, welche vor allem die Vibrationen des Fahrzeugs im Leerlaufbetrieb vermindert.

Der vorliegende Band gilt für die GOLF/BORA-Modelle mit Benzinmotor in den Karosserieversionen Limousine und Variant.

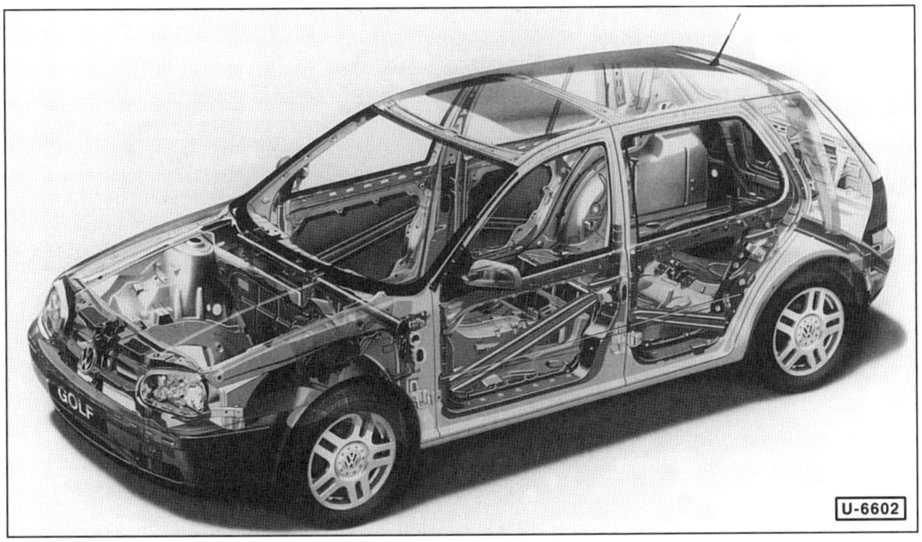

U-6602

Fahrzeug- und Motoridentifizierung

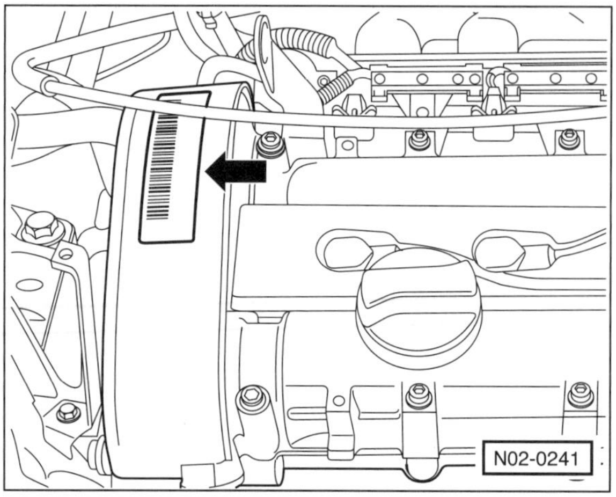

- Die Kennbuchstaben des Motors und die Motornummer befinden sich auf einem Aufkleber am Zahnriemenschutz des Motors, siehe Abbildung.

Hinweis: Diese Motorangaben befinden sich zusätzlich am Motorblock unterhalb der Trennstelle zwischen Motorblock und Zylinderkopf, im Serviceplan und auf einem Aufkleber in der Reserveradmulde.

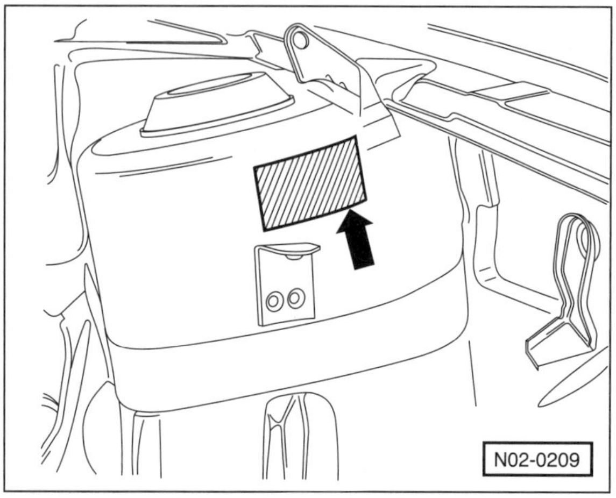

- Das Typschild –Pfeil– befindet sich am linken Federbeindom.

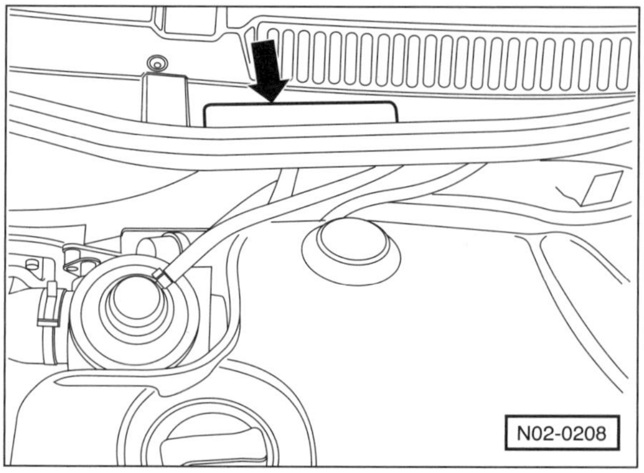

- Die Fahrzeug-Identifizierungsnummer (Fahrgestellnummer) ist durch ein Fenster in der Wasserkastenabdeckung sichtbar.

Aufschlüsselung der Fahrgestellnummer:

WVW	ZZZ	3B	Z	W	W	000 279
①	②	③	④	⑤	⑥	⑦

① Herstellerzeichen: WVW = Volkswagen AG
② Füllzeichen
③ 2stellige Typenkurzbezeichnung aus den ersten beiden Stellen der offiziellen Typenbezeichnung. 1J = Golf/Bora; 1J1 = Golf; 1J2 = Bora; 1J5 = Golf Variant; 1J6 = Bora Variant.
④ Weitere Füllzeichen
⑤ Angabe des Modelljahres: W – 1998; X – 1999; Y – 2000; 1 – 2001; 2 – 2002; 3 – 2003 usw.
⑥ Produktionsstätte
⑦ Laufende Numerierung

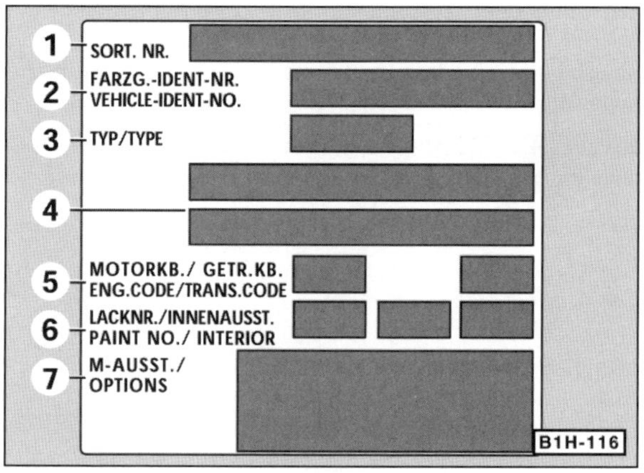

Der Fahrzeugdatenträger ist in der Reserveradmulde rechts aufgeklebt. Er enthält folgende Fahrzeugdaten:
1 – Produktions-Steuerungsnummer
2 – Fahrzeug-Identifizierungsnummer
3 – Typ-Kennnummer
4 – Typerklärung/Motorleistung
5 – Motor- und Getriebekennbuchstaben
6 – Lacknummer/Innenausstattungs-Kennummer
7 – Mehrausstattungs-Kennummer

Hinweis: Die Daten 2 – 7 befinden sich auch im Serviceplan.

Motorenübersicht und Motordaten

Motor/Modell	1.4	1.6	1.6	1.6	1.6 FSI	1.8	1.8
Motor-Kennbuchstaben	AHW/AKQ/APE/ AXP/BCA	AEH/AKL/ APF	AVU/BFQ	ATN/AUS/ AZD/BCB	BAD	AGN	AGU/AQA/ ARZ/AUM
Fertigung von – bis	9/97 – 5/06	9/97 – 8/00	9/00 – 5/06	11/99 – 5/06	10/01 – 5/06	9/97 – 6/00	9/97 – 9/03
Hubraum cm³	1390	1595	1595	1598	1598	1781	1781
Leistung kW bei 1/min PS bei 1/min	55/5000 75/5000	74/5600 100/5600	75/5600 102/5600	77/5700 105/5700	81/5800 110/5800	92/5900 125/5900	110/5700 150/5700
Drehmoment Nm bei 1/min	128/3300[1)]	145/3800	148/3800	148/4500	170/3500	170/3500	210/1750[3)]
Bohrung ∅ mm	76,5	81,0	81,0	76,5	76,5	81,0	81,0
Hub mm	75,6	77,4	77,4	86,9	86,9	86,4	86,4
Verdichtung	10,5	10,3	10,2[2)]	11,5	11,5	10,3	10,3[4)]
Zylinder/Ventile pro Zylinder	4/4	4/2	4/2	4/4	4/4	4/5	4/5
Motormanagement	Magn.-Marelli 4AV/ Motronic ME7.5.10	Simos 2.2/ Simos 3.3	Simos 3.3	Magneti Marelli 4LV/4MV	Motronic MED 7	Motronic M3.8.5	Motronic ME7.5/M3.8.3
Kraftstoff bleifrei ROZ	Super 95	Super 95	Super 95	S Plus 98	S Plus 98	Super 95	Super 95
Wechselmengen Motoröl Liter Kühlflüssigkeit Liter	 3,2 6,0	 4,5 5,0	 4,5 5,0	 3,2 6,0	 3,4 6,0	 4,5 5,0	 4,5 5,0

Motor/Modell	1.8	2.0	2.3 VR5	2.3 VR5	2.8 VR6	R32
Motor-Kennbuchstaben	AUQ	APK/AQY/AZH/ AZJ/BEH/BHP	AGZ	AQN	AQP/AUE BDE	BFH/BJS BML
Fertigung von – bis	6/01 – 9/03	11/98 – 5/06	9/97 – 9/00	10/00 – 9/03	5/99 – 9/03	6/02 – 9/03
Hubraum cm³	1782	1984	2324	2324	2792	3189
Leistung kW bei 1/min PS bei 1/min	132/5500 180/5500	85/5200[8)] 115/5200	110/6000 150/6000	125/6200 170/6200	150/6200 204/6200	177/6200 241/6200
Drehmoment Nm bei 1/min	235/1950	170/2400[5)]	205/3200	220/3300	270/3200	320/3200[9)]
Bohrung ∅ mm	81,0	82,5	81,0	81,0	81,0	84,0
Hub mm	86,4	92,8	90,2	90,3	90,3	95,9
Verdichtung	9,5	10,5	10,0	10,5	10,75[7)]	11,25
Zylinder/Ventile pro Zylinder	4/5	4/2	5/2	5/4	6/4	6/4
Motormanagement	Motronic ME7.5	Motronic 5.9.2/ Motronic ME7.5[6)]	Motronic M3.8.3	Motronic ME7.1	Motronic ME7.1	Motronic ME7.1.1
Kraftstoff bleifrei ROZ	Super Plus 98	Super 95	Super 95	Super Plus 98	Super Plus 98	Super Plus 98
Wechselmengen Motoröl Liter Kühlflüssigkeit Liter	 4,5 5,0	 4,5 5,0	 3,9 9,0	 4,5 9,2	 5,5 9,2	 5,5 9,2

Achtung: Die Füllmengen sind ungefähre Angaben. Flüssigkeitsstände auf jeden Fall mit dem Ölmeßstab beziehungsweise anhand der Markierungen auf dem Kühlmittel-Ausgleichbehälter überprüfen.

[1]) AHW/AKQ: 131/3200, APE: 126/3800, BCA: 126/3300. [2]) BFQ: 10,5. [3]) AGU/ARZ: 210/3750. [4]) Seit 9/00: 9,5.
[5]) AZJ: 175/2400, BEH: 175/3250, BHP: 165/2600. [6]) BEH (Erdgasantrieb): Motronic 7.1.1. [7]) Seit 9/00: 10,5.
[8]) AZH/AZJ: 85(115)/5400. [9]) BJS/BML: 320/2800.

Wartung

Aus dem Inhalt:

- Wartungsplan
- Ölwechselservice
- Wartungsarbeiten
- Serviceanzeige nach der Wartung zurückstellen
- Werkzeugausrüstung
- Motorstarthilfe

Die Wartungsintervalle beim GOLF/BORA sind von der Zeitdauer und den gefahrenen Kilometern abhängig und werden dem Fahrer über eine Service-Intervallanzeige angezeigt.

Wenn ein Service erforderlich ist, erscheint die Service-Intervallanzeige nach Einschalten der Zündung und auch nach dem Anlassen des Motors für einige Sekunden anstelle der Tageskilometeranzeige im Tachometer.

Für mehrere Sekunden blinkt dann eine der beiden Anzeigen: SERVICE OEL (Motorölwechsel-Service) oder
SERVICE INSP (Inspektions-Service)

Der Arbeitsumfang der angezeigten Inspektion ist unterschiedlich groß. Nachdem die Wartung durchgeführt wurde, muß die Service-Intervallanzeige zurückgesetzt werden. Wenn der Inspektions-Service »INSP« durchgeführt wurde, muß auch die davor liegende Serviceart »OEL« einzeln aufgerufen und zurückgesetzt werden.

Als Maßstab bei der Berechnung der Wartungszyklen nimmt die Service-Intervallanzeige die Zeit, beziehungsweise die gefahrenen Kilometer seit dem letzten Zurücksetzen. Zusätzliche Faktoren wie Fahrzeugbeanspruchung werden hierbei nicht berücksichtigt.

Achtung: Die VW-Werkstätten fragen zusätzlich bei jeder Inspektion mit Hilfe des Fehlerauslesegerätes V.A.G. 1551 die Fehlerspeicher der elektronischen Steuergeräte von Motor, ABS, Airbag und Wegfahrsicherung ab. Es kann daher sinnvoll sein, in regelmäßigen Abständen eine Fachwerkstatt aufzusuchen, auch wenn die Wartung in Eigenregie durchgeführt wird. Die Abfrage der Fehlerspeicher wird am Diagnoseanschluß vorgenommen; bei dieser Gelegenheit kann auf Kundenwunsch auch die Intervallanzeige zurückgestellt werden.

Longlife-Service

Der GOLF/BORA wird seit Modelljahr 2000 (ab ca. 5/99) nach dem so genannten »Longlife-Service«-System gewartet. Die Motoren sind ab Werk mit einem speziell entwickelten, alterungsbeständigen Longlifeöl befüllt. Dadurch verlängern sich die Wartungsintervalle, je nach Motorbelastung, um bis zu 15.000 km. Für den Longlife-Service ist folgende Ausstattung erforderlich:

1. Flexible Service-Intervallanzeige
2. Motorölstandsensor
3. Bremsbelagverschleißanzeige
4. Longlife-Motoröl nach VW-Norm, siehe Seite 194.
5. Wartungsarme Blei-Calcium-Batterie

Fahrzeuge mit »Longlife-Service«-System sind an der PR-Nummer »QG1« im Serviceplan beziehungsweise im Fahrzeugdatenträger erkennbar. Der Fahrzeugdatenträger befindet sich im Kofferraum, neben der Ersatzradmulde.

Die Fälligkeit einer Wartung wird durch die flexible Service-Intervallanzeige im Schalttafeleinsatz signalisiert. Je nach Fahrzeugausstattung erfolgt die Meldung in der Tageskilometeranzeige oder in der Multifunktionsanzeige in der Mitte des Kombiinstruments. Der Fahrer wird ca. 3.000 km vorher durch die Anzeige »SERVICE IN 3000 KM« nach jedem Einschalten der Zündung vorgewarnt. Bei Erreichen der vom Steuergerät berechneten Intervalldauer erscheint dann die Meldung »SERVICE« oder »SERVICE JETZT«. Die Wartung sollte dann alsbald durchgeführt werden. Bei Fahrzeugen, die innerhalb der maximalen Intervalldauer weniger als 3.000 km zurückgelegt haben erscheint die Aufforderung zur Wartung ohne vorherige Ankündigung.

Service-Intervallanzeige zurücksetzen

Die Service-Intervallanzeige (SIA) kann auf zwei verschiedene Arten zurückgesetzt werden: In der Werkstatt wird dazu das Fehlerauslesegerät an den Diagnoseanschluss unterhalb der Heizungsbetätigung angeschlossen. Das Zurücksetzen kann auch mit den Tasten am Kombiinstrument erfolgen. Dadurch wird allerdings bei Fahrzeugen mit **»Longlife-Service«** die **»flexible«** Service-Intervallanzeige auf **»feste Service-Intervalle«** umgeschaltet. Dies ist erforderlich, wenn bei der Wartung kein Longlife-Öl gemäß VW-Norm 503 00 verwendet wird.

Die Service-Intervall-Anzeige kann nur zurückgesetzt werden, wenn vorher im Display des Kombiinstruments die Servicemeldung oder wenigstens eine Vorwarnung angezeigt wurde.

Achtung: Bei Fahrzeugen mit Longlife-Service, bei denen die Longlife-Service-Intervalle beibehalten werden sollen, darf die Service-Intervallanzeige nicht mit den Einstelltasten im Kombiinstrument zurückgesetzt werden. Auch ein Umstellen von festen Wartungsintervallen auf flexible Wartungsintervalle ist nur mit dem Diagnosegerät möglich.

Zurücksetzen mit den Einstelltasten

- Zündung ausschalten, Zündschlüssel steht in Nullstellung.

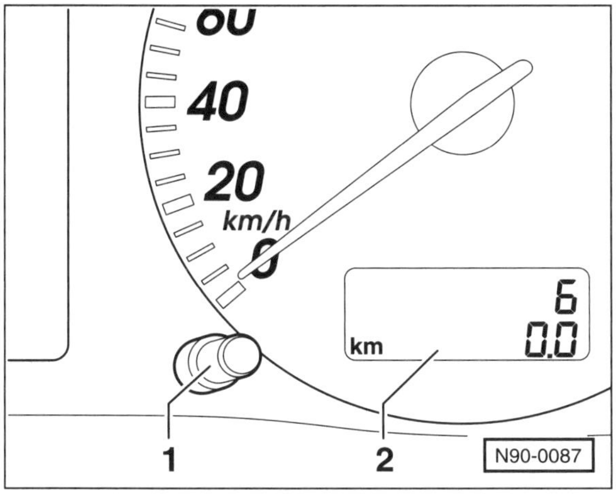

- Taste –1– neben dem Geschwindigkeitsmesser drücken und festhalten.
- Zündung einschalten.
- **Bis: 4/99:** In der Wegstreckenanzeige –2– erscheint »SERVICE OEL«. Taste –1– loslassen. **Hinweis:** Durch nochmaliges Betätigen der Taste wird auf die Anzeige »SERVICE INSP« umgeschaltet.
- **Seit: 5/99:** In der Wegstreckenanzeige –2– oder in der Multifunktions-Anzeige in der Mitte des Schalttafeleinsatzes erscheint »SERVICE« oder »SERVICE JETZT«. Taste –1– loslassen.

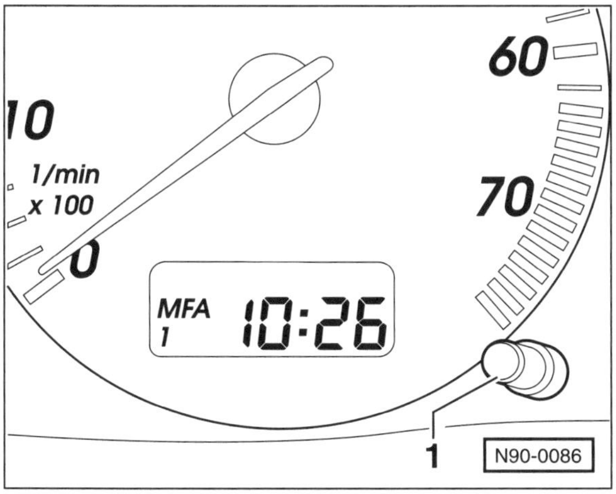

- Einstellknopf für die Uhrzeit –1– neben dem Drehzahlmesser nach rechts drehen. Die Wartungsanzeige wird zurückgestellt und in der Anzeige erscheinen drei Striche (– – –) (bis 4/99) beziehungsweise die Anzeige geht in den Normalzustand über (seit 5/99).
- Zündung ausschalten.

Ölwechsel-Service

Ohne Longlife-Service: **Alle 12 Monate** oder **alle 15.000 km**, falls die jährliche Fahrleistung über 15.000 km liegt. **Achtung:** Bei erschwerten Betriebsbedingungen, wie überwiegend Stadt- und Kurzstreckenverkehr, häufigen Gebirgsfahrten, Anhängerbetrieb und staubigen Straßenverhältnissen, Ölwechsel-Service entsprechend öfter durchführen.

- Motor: Öl- und Filterwechsel.
- Bremsbeläge vorn und hinten: Dicke prüfen.
- Service-Intervallanzeige zurücksetzen.

Wartung

Die Wartung ist in folgenden Abständen durchzuführen:

Ohne Longlife-Service: **Alle 12 Monate** oder **alle 15.000 km**, falls die jährliche Fahrleistung über 15.000 km liegt, die mit ● gekennzeichneten Positionen und **alle 30.000 km** sämtliche aufgeführten Wartungspunkte (● und ■).

Achtung: Bei erschwerten Betriebsbedingungen, wie überwiegend Stadt- und Kurzstreckenverkehr, häufigen Gebirgsfahrten, Anhängerbetrieb und staubigen Straßenverhältnissen, Ölwechsel-Service entsprechend öfter durchführen.

Mit Longlife-Service: Entsprechend der Service-Intervallanzeige sämtliche aufgeführten Wartungspunkte (● und ■).

Mit und ohne Longlife-Service: Im Rahmen der Wartung sind ebenfalls die zusätzlichen, mit ◆ gekennzeichneten Wartungspunkte entsprechend den angegebenen Intervallen durchzuführen.

Motor

- ● Motor/Motorraum: Sichtprüfung auf Undichtigkeiten.
- ● Motor: Öl wechseln, Ölfilter ersetzen.
- ● Kühl- und Heizsystem: Flüssigkeitsstand prüfen, Konzentration des Frostschutzmittels prüfen. Sichtprüfung auf Undichtigkeiten und äußere Verschmutzung des Kühlers.
- ● Abgasanlage: Auf Beschädigungen sichtprüfen.
- ■ Zahnriemen 1,4-/1,6-/1,8-/2,0-l-Motor: Auf Beschädigungen sichtprüfen (erstmalig bei 90.000 km, dann alle 30.000 km). Gegebenenfalls Zahnriemen ersetzen.

Getriebe, Achsantrieb

- ● Getriebe, Achsantrieb, Gelenkschutzhüllen: Auf Undichtigkeiten und Beschädigungen sichtprüfen.
- ■ Schaltgetriebe: Ölstand prüfen, gegebenenfalls auffüllen.
- ■ Allradantrieb (Haldex-Kupplung): Öl wechseln.

Vorderachse und Lenkung

- ● Spurstangenköpfe: Spiel und Befestigung prüfen, Staubkappen prüfen.
- ● Achsgelenke: Staubkappen prüfen.
- ● Lenkung: Faltenbälge auf Undichtigkeiten und Beschädigungen prüfen.

Aufbau

- Türfeststeller: Schmieren.
- Sicherheitsgurte und Airbageinheiten: Auf Beschädigungen sichtprüfen.
- Haltbarkeitsdatum des Verbandkastens prüfen, gegebenenfalls Verbandkasten ersetzen.
- ■ Unterbodenschutz: Prüfen.
- ■ Lüftung/Heizung: Staub-/Pollenfilter-Einsatz erneuern.
- ■ Schiebedach: Führungsschienen reinigen und mit VW-Fettspray G 000 450 02 einsprühen.

Bremsen, Reifen, Räder

- Bremsanlage: Leitungen, Schläuche, Bremszylinder und Anschlüsse auf Undichtigkeiten und Beschädigungen prüfen.
- Bremsflüssigkeitsstand: Prüfen, gegebenenfalls auffüllen.
- Bremsen: Belagstärke der vorderen und hinteren Bremsbeläge prüfen.
- Bereifung: Profiltiefe und Reifenfülldruck prüfen; Reifen auf Verschleiß und Beschädigungen (einschließlich Reserverad) prüfen.
- Radschrauben über Kreuz mit **120 Nm** festziehen.
- GOLF mit Erdgasanlage, GOLF R32: Haltbarkeitsdatum des Reifendichtmittels prüfen.

Elektrische Anlage

- Alle Stromverbraucher: Funktion prüfen. Hupe prüfen.
- Beleuchtungsanlage: Prüfen, gegebenenfalls Scheinwerfer einstellen.
- Scheibenwischer: Wischergummis auf Verschleiß prüfen. Wenn Wischerblätter rubbeln, Anstellwinkel prüfen.
- Scheibenwaschanlage: Funktion prüfen, Düsenstellung kontrollieren, Flüssigkeit nachfüllen, Scheinwerfer-Waschanlage prüfen.
- Batterie: Prüfen.
- Service-Intervallanzeige: Zurücksetzen.

Folgende Arbeiten zusätzlich durchführen:

Alle 2 Jahre

- ◆ Bremsflüssigkeit: Erneuern.
- ◆ Fahrzeuge mit Telematik: Notstrombatterien ersetzen.
- ◆ Abgasuntersuchung (AU) erstmalig nach 3 Jahren, dann alle 2 Jahre: Leerlaufdrehzahl, CO-Gehalt, Zündzeitpunkt und Lambdaregelung prüfen; Fehlerspeicher abfragen (Werkstattarbeit).

Alle 4 Jahre oder 60.000 km

- ◆ Zündkerzen: Erneuern.
- ◆ Motor: Luftfiltereinsatz erneuern, Filtergehäuse reinigen.
- ◆ Allradantrieb (Haldex-Kupplung): Öl und Ölfilter wechseln.

Alle 60.000 km

- ◆ Servolenkung: Flüssigkeitsstand prüfen, gegebenenfalls Hydrauliköl auffüllen.
- ◆ Automatikgetriebe: Ölstand im Achsantrieb prüfen, gegebenenfalls auffüllen.
- ◆ Automatikgetriebe: Getriebeölstand prüfen, gegebenenfalls auffüllen.
- ◆ Keilrippenriemen: Zustand prüfen, bei Verschleißspuren wechseln.

Alle 180.000 km

- ◆ 1,8-l-Motor: Zahnriemen und Zahnriemenspannrolle ersetzen.

Zusatzarbeiten an der Erdgasanlage

2,0-l-Motor BEH (Erdgasbetrieb)

- ◆ Elektromagnetische Absperrventile auf Funktion prüfen.
- ◆ Entlüftungsleitung und Manschetten am Erdgasbehälter auf einwandfreien Zustand prüfen.
- ◆ Erdgasbehälter und Erdgasleitungen auf Undichtigkeiten, Befestigung und Beschädigung prüfen.
- ◆ Verschlussdeckel und Erdgaseinfüllstutzen auf einwandfreien Zustand prüfen, gegebenenfalls reinigen und O-Ringe prüfen.
- ◆ Zündkerzen ersetzen (alle 30 000 Km oder alle 2 Jahre, je nachdem was zuerst eintritt).
- ◆ Gesetzliche Sicherheitsprüfung (alle 3 Jahre): Erdgasbehälter durch geprüfte Behälter ersetzen. Der Termin ist durch einen Aufkleber im Tankdeckel gekennzeichnet.

Hinweis: Die Arbeiten für Fahrzeuge mit Erdgasantrieb werden nicht im Einzelnen beschrieben.

Wartungsarbeiten

Hier werden, nach den verschiedenen Baugruppen des Fahrzeugs aufgeteilt, alle Wartungsarbeiten beschrieben, die gemäß dem Wartungsplan beziehungsweise aufgrund der flexiblen Service-Intervall-Anzeige durchgeführt werden müssen. Auf die erforderlichen Verschleißteile sowie das möglicherweise benötigte Sonderwerkzeug wird jeweils hingewiesen.

Es empfiehlt sich, Reifendruck, Motorölstand und Flüssigkeitsstände für Kühlung, Wisch-/Wasch-Anlage etc. mindestens alle 4 bis 6 Wochen zu prüfen und gegebenenfalls zu ergänzen.

Achtung: Beim **Einkauf von Ersatzteilen** ist zur Identifizierung des Fahrzeuges unbedingt der **KFZ-Schein** mitzunehmen, denn nur durch die **Fahrzeug-Identnummer** ist eine eindeutige Zuordnung von Ersatzteil und Fahrzeugmodell möglich. Sinnvoll ist es auch, das Altteil zum Ersatzteilhändler mitzunehmen, um es dort mit dem Neuteil vergleichen zu können.

Motor und Abgasanlage

Folgende Wartungspunkte müssen nach dem Wartungsplan durchgeführt werden:

- Motor: Öl- und Filterwechsel.
- Motor/Motorraum: Sichtprüfung auf Undichtigkeiten.
- Motor: Ölstand prüfen.
- Zündkerzen erneuern.
- Abgasanlage: Sichtprüfung auf Beschädigungen.
- Kühl- und Heizsystem: Flüssigkeitsstand prüfen, Konzentration des Frostschutzmittels prüfen. Sichtprüfung auf Undichtigkeiten und äußere Verschmutzung des Kühlers.
- Luftfiltereinsatz erneuern.
- Keilrippenriemen: Zustand prüfen, gegebenenfalls erneuern.

Motorölwechsel

Das Motoröl darf auch mittels einer Sonde (an der Tankstelle) über das Ölmeßrohr abgesaugt werden. Allerdings muß das neue Öl dann meistens bei der betreffenden Tankstelle gekauft werden.

Achtung: Die Öl-Verkaufsstellen nehmen die entsprechende Menge Altöl kostenlos entgegen, daher beim Ölkauf Quittung und Ölkanister für spätere Altölrückgabe aufbewahren! **Um Umweltschäden zu vermeiden, keinesfalls Altöl einfach wegschütten oder dem Hausmüll mitgeben.**

Um die Betriebsverhältnisse des Motors besser überwachen zu können, soll beim Ölwechsel immer ein Öl gleichen Typs und möglichst auch gleicher Marke verwendet werden. Daher ist es zweckmäßig, bei jedem Ölwechsel ein Hinweisschild am Motor zu befestigen, auf dem Marke und Viskosität des Öles vermerkt sind.

Wahllos abwechselnder Gebrauch verschiedener Öltypen ist ungünstig. Motorenöle gleichen Typs, aber verschiedener Marken sollen möglichst nicht gemischt werden. Motorenöle gleichen Typs und gleicher Marke, aber verschiedener Viskosität, können im Bedarfsfall während jahreszeitlicher Überschneidung ohne weiteres nachgefüllt werden.

Erforderliches Werkzeug:

- Eine Grube oder ein hydraulischer Wagenheber mit Unterstellböcken (wenn Öl nicht abgesaugt wird).
- Stecknuß zum Lösen der Ölablaßschraube.
- Ein Spezialwerkzeug zum Lösen des Ölfilters (Ölfilterzange, Spannbandschlüssel oder HAZET-Werkzeug 2171-1).
- Ölauffangschale (wenn Öl nicht abgesaugt wird), die mindestens 5 Liter Öl faßt.

Erforderliche Verschleißteile:

- Nur wenn Öl nicht abgesaugt wird: Aluminium- oder Kupfer-Dichtring für die Ölablaßschraube (wird manchmal mit dem Ölfilter mitgeliefert).
- Ölfilter.
- Je nach Motor, rund 3,2 bis 5,5 Liter Motoröl. Nur von VW freigegebenes Motoröl verwenden, siehe Seite 196.

Ölwechselmenge:

1,4-l-Motor (75 PS)/1,6-l-Motor (105 PS):	3,2 l
1,6-l-Motor (110 PS):	3,4 l
1,6-l-Motor (100/102 PS)/1,8-l-Motor:	4,5 l
2,0-l-Motor/2,3-l-Motor (170 PS):	4,5 l
2,3-l-Motor (150 PS):	3,9 l
2,8-l-Motor:	5,5 l

Motoröl ablassen

- Motoröl mit einem Ölabsaugegerät über das Ölmeßstab-Führungsrohr absaugen.
- Steht das Ölabsauggerät nicht zur Verfügung, Motoröl ablassen. Dazu Fahrzeug waagerecht aufbocken.

Sicherheitshinweis:
Beim Aufbocken des Fahrzeugs besteht Unfallgefahr! Deshalb vorher das Kapitel »Fahrzeug aufbocken« durchlesen.

- Gefäß zum Auffangen des Altöls unter die Ölwanne stellen.

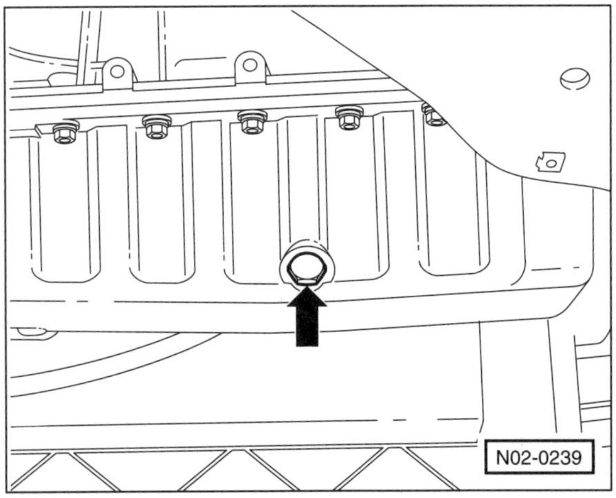

- Ölablaßschraube aus der Ölwanne herausdrehen und Altöl ganz ablassen.

Achtung: Werden im Motoröl Metallspäne und Abrieb in größeren Mengen festgestellt, deutet dies auf Freßschäden hin, zum Beispiel Kurbelwellen- oder Pleuellagerschäden. Um Folgeschäden nach erfolgter Reparatur zu vermeiden, ist die sorgfältige Reinigung von Ölkanälen und Ölschläuchen unerläßlich. Zusätzlich muß der Ölkühler, falls vorhanden, erneuert werden.

- Anschließend Ölablaßschraube mit neuem Dichtring einschrauben. Das zulässige Drehmoment von **30 Nm** darf nicht überschritten werden, sonst kann es zu Undichtigkeiten oder Schäden kommen.
- Fahrzeug ablassen.

Ölfilter wechseln

1,4-/1,6-/1,8-/2,0-/2,3-l-Motor

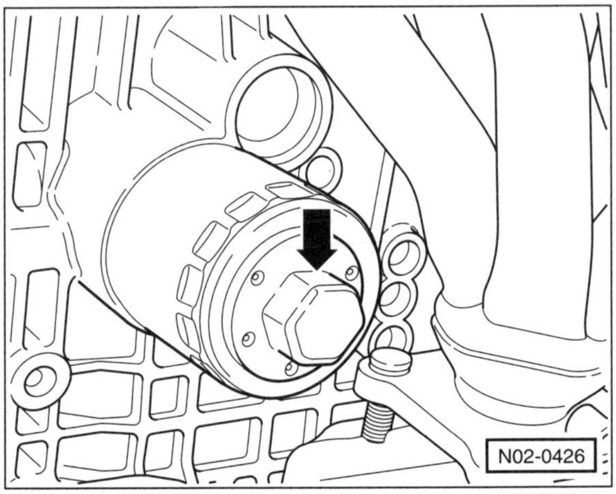

- **1,4-/1,6-l-Motor (75/105 PS):** Ölfilter von unten mit einem Gabelschlüssel, Schlüsselweite 30 mm, lösen und abschrauben. Auslaufendes Motoröl mit Lappen auffangen.

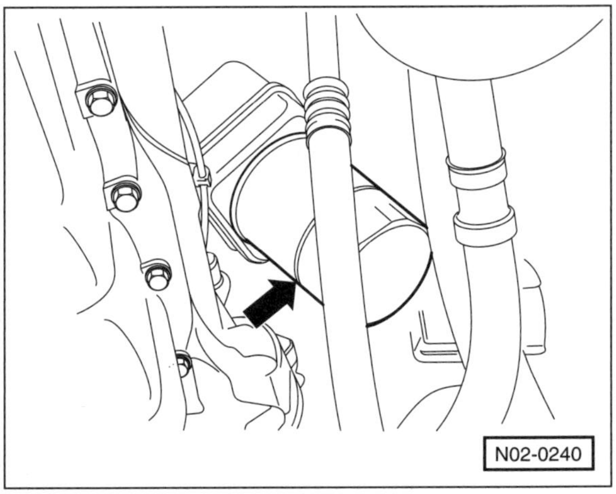

- **1,6-l-Motor (100/102 PS)/1,8-/2,0-Motor:** Ölfilter abschrauben. Dazu gibt es spezielle Werkzeuge, zum Beispiel Spannbandschlüssel oder HAZET 2171-1. Auslaufendes Motoröl mit Lappen auffangen.
- Ölfilterflansch am Motorblock mit Kraftstoff reinigen. Eventuell dort verbliebene Filterdichtung abnehmen.
- Gummidichtring am neuen Ölfilter dünn mit sauberem Motoröl bestreichen.
- Neuen Ölfilter nur mit der Hand festschrauben. Wenn die Filterdichtung am Motorblock anliegt, Filter noch um ½ Umdrehung weiterdrehen. Hinweise auf dem Ölfilter beachten.

2,3-/2,8-l-Motor

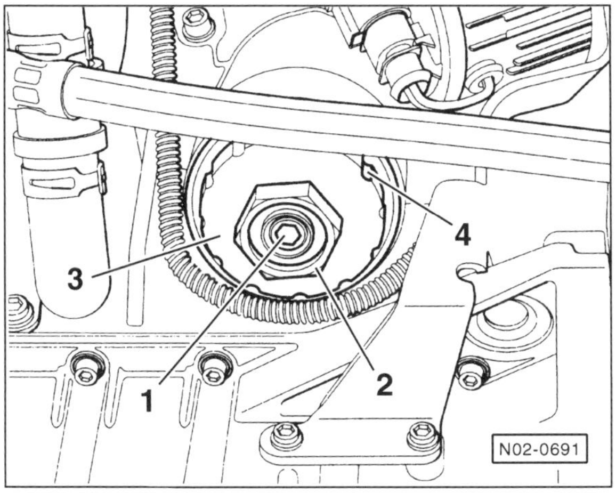

- Motoröl an der Ablaßschraube –1– ablassen.
- Filterunterteil –3– am Sechskant –2– oder am Umfang –4– lösen und abschrauben. Auslaufendes Motoröl mit Lappen auffangen.
- Alten Filtereinsatz herausnehmen.
- Filtergehäuse mit einem Lappen abwischen.
- **Neuen** O-Ring mit sauberem Motoröl benetzen. Neuen Filtereinsatz und O-Ring einbauen.
- Filterunterteil am Sechskant mit **30 Nm** festziehen.
- Ablaßschraube mit **neuem** Dichtring und **10 Nm** festziehen.

Motoröl auffüllen

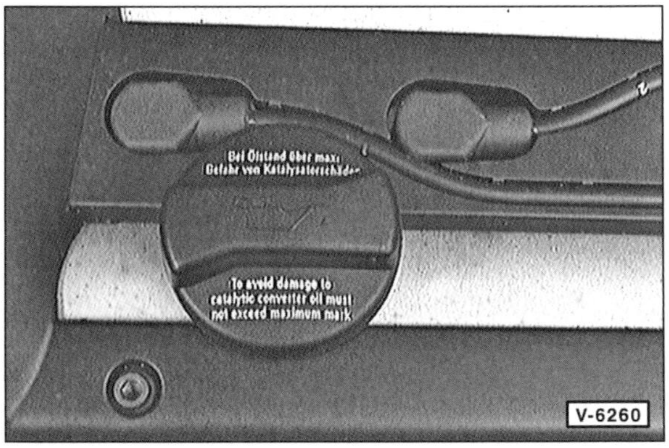

- Verschlußdeckel öffnen und neues Öl am Einfüllstutzen des Zylinderkopfdeckels einfüllen.

Achtung: Grundsätzlich empfiehlt es sich, zunächst ½ Liter Motoröl weniger einzufüllen, den Motor warmlaufen zu lassen und nach einigen Minuten den Ölstand mit dem Meßstab zu kontrollieren und gegebenenfalls zu ergänzen. Zuviel eingefülltes Motoröl muß wieder abgesaugt werden, da sonst die Motordichtungen beziehungsweise der Katalysator beschädigt werden können.

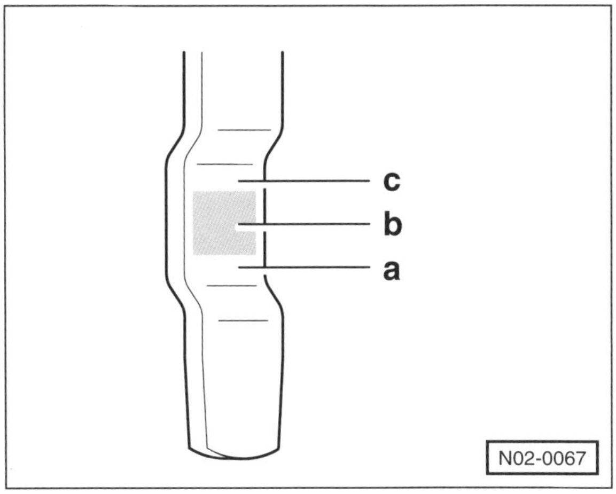

- Der Ölstand ist in Ordnung, wenn er im Bereich –b– liegt. Liegt er im Bereich –a–, muß Öl bis zur Markierung –c– nachgefüllt werden.
- Nach Probefahrt Dichtigkeit der Ablaßschraube und des Ölfilters überprüfen, gegebenenfalls vorsichtig nachziehen.
- Ölstand ca. 3 Minuten nach Abstellen des Motors nochmals prüfen, gegebenenfalls korrigieren.

Sichtprüfung auf Ölverlust

Bei ölverschmiertem Motor und hohem Ölverbrauch überprüfen, wo das Öl austritt. Dazu folgende Stellen überprüfen:

- Öleinfülldeckel öffnen und Dichtung auf Porosität oder Beschädigung prüfen.
- Kurbelgehäuse-Entlüftung: Zum Beispiel Belüftungsschlauch vom Zylinderkopfdeckel zum Luftansaugschlauch.
- Zylinderkopfdeckel-Dichtung.
- Zylinderkopf-Dichtung.
- Ölablaßschraube (Dichtring).
- Ölfilterdichtung: Ölfilter am Ölfilterflansch.
- Ölwannendichtung.
- Wellendichtringe vorn und hinten für Nockenwelle und Kurbelwelle.

Da sich bei Undichtigkeiten das Öl meistens über eine größere Motorfläche verteilt, ist der Austritt des Öls nicht auf den ersten Blick zu erkennen. Bei der Suche geht man zweckmäßigerweise wie folgt vor:

- Motorwäsche folgendermaßen durchführen: Generator mit Plastiktüte abdecken. Motor mit handelsüblichem Kaltreiniger einsprühen und nach einer kurzen Einwirkungszeit an einer Autowaschanlage mit Wasser abspritzen.
- Trennstellen und Dichtungen am Motor von außen mit Kalk oder Talkumpuder bestäuben.
- Ölstand kontrollieren, gegebenenfalls auffüllen.

- Probefahrt durchführen. Da das Öl bei heißem Motor dünnflüssig wird und dadurch schneller an den Leckstellen austreten kann, sollte die Probefahrt über eine Strecke von ca. 30 km auf einer Schnellstraße durchgeführt werden.
- Anschließend Motor mit Lampe absuchen, undichte Stelle lokalisieren und Fehler beheben.

Motorölstand prüfen

Hinweis: Der Motor soll auf einer Fahrstrecke von ca. 1.000 km nicht mehr als 1,0 Liter Öl verbrauchen. Mehrverbrauch ist ein Anzeichen für verschlissene Ventilschaftabdichtungen und/oder Kolbenringe beziehungsweise Öldichtungen.

- Motor warmfahren und auf einer ebenen, waagerechten Fläche abstellen.
- Nach Abstellen des Motors mindestens 3 Minuten lang warten, damit sich das Öl in der Ölwanne sammelt.
- Ölpeilstab am Motor herausziehen und mit sauberem Lappen abwischen.
- Anschließend Meßstab bis zum Anschlag einführen und wieder herausziehen.

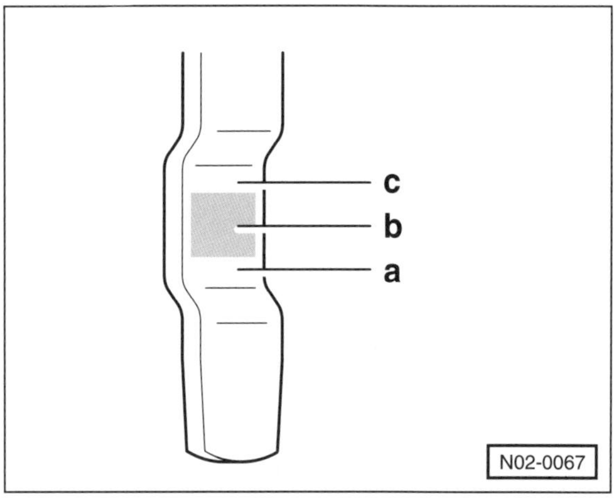

- Der Ölstand ist in Ordnung, wenn er im Bereich –b– liegt. Liegt er im Bereich –a–, muß Öl bis zur Markierung –c– nachgefüllt werden.

Achtung: Zuviel eingefülltes Motoröl muß wieder abgesaugt werden, da sonst die Motordichtungen beziehungsweise der Katalysator beschädigt werden können.

- Bei besonderer Motorbeanspruchung wie zum Beispiel längeren Autobahnfahrten im Sommer, bei Anhängerbetrieb oder Gebirgsfahrten sollte der Ölstand im oberen Bereich liegen.
- Nachgefüllt wird am Verschluß des Zylinderkopfdeckels. Beim Nachfüllen richtige Ölsorte verwenden, keine Ölzusätze verwenden, siehe auch Kapitel »Motor-Schmierung«.
- Ölmeßstab einsetzen, Einfülldeckel aufschrauben.

Sichtprüfung der Abgasanlage

- Fahrzeug aufbocken.

Sicherheitshinweis:
Beim Aufbocken des Fahrzeugs besteht Unfallgefahr! Deshalb vorher das Kapitel »Fahrzeug aufbocken« durchlesen.

- Befestigungsschellen auf festen Sitz prüfen.
- Abgasanlage mit Lampe auf Löcher, durchgerostete Teile sowie Scheuerstellen absuchen.
- Stark gequetschte Abgasrohre ersetzen.
- Gummihalterungen durch Drehen und Dehnen auf Porosität überprüfen und gegebenenfalls austauschen.
- Fahrzeug ablassen.

Hinweis GOLF R32: Am Endschalldämpfer ist eine Abgasklappe mit einem Unterdruckstellelement angebracht. Die Abgasklappe wird vom Ventil für Abgasklappe angesteuert. Das Ventil für Abgasklappe befindet sich über der Abschirmung vom Endschalldämpfer, hinter der Stabilisatorbefestigung.

- Unterdruckleitung der Abgasklappe auf richtige Verlegung und Beschädigung prüfen, zum Beispiel Risse, Scheuerstellen, Porösität.

Kühlmittelstand prüfen

Ein zu niedriger Kühlmittelstand wird durch eine Kontrollleuchte am Armaturenbrett angezeigt. Vor jeder größeren Fahrt sollte dennoch grundsätzlich der Kühlmittelstand geprüft werden.

Zum Nachfüllen – auch in der warmen Jahreszeit – nur eine Mischung aus VW-Kühlerfrost- und Korrosionsschutzmittel **»G12 Plus«** (Farbe **lila**, Spezifikation TL-VW-774-**F**) oder **»G12 Plus Plus«** (Farbe **lila**, Spezifikation TL-VW-774-**G**) und destilliertes Wasser verwenden. Auch im Sommer darf der Kühlerfrostschutz-Anteil im Kühlmittel nicht unter 40% liegen. Daher beim Nachfüllen Frostschutz ergänzen, siehe Kapitel »Frostschutz prüfen«.

Hinweis: Wasser hat auf die die Effektivität der Kühlflüssigkeit einen großen Einfluss. Da die Inhaltsstoffe im Trinkwasser regional sehr unterschiedlich sind, ist zum Mischen der Kühlflüssigkeit nur noch destilliertes Wasser zu verwenden.

Sicherheitshinweis:
Verschlußdeckel bei heißem Motor vorsichtig öffnen. **Verbrühungsgefahr!** Beim Öffnen Lappen über den Verschlußdeckel legen. Verschlußdeckel nur bei einer Kühlmittel-Temperatur unter +90° C öffnen.

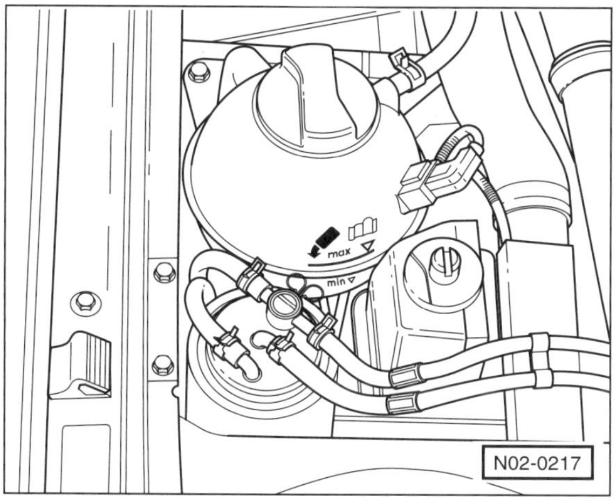

- Der Kühlmittelstand soll bei kaltem Motor (Kühlmitteltemperatur ca. +20° C) zwischen der MAX. und der MIN.-Markierung am Ausgleichbehälter liegen. Bei warmem Motor darf der Kühlmittelstand etwas über der MAX.-Markierung stehen. **Hinweis:** Falls keine MAX-Markierung am Ausgleichbehälter vorhanden ist, darf das Kühlmittel bis zur oberen Markierung des gerasterten Feldes reichen.
- Größere Mengen **kaltes** Kühlmittel nur bei **kaltem Motor** nachfüllen, um Motorschäden zu vermeiden.
- Verschlußdeckel beim Öffnen zuerst etwas aufdrehen und Überdruck entweichen lassen. Danach Deckel weiterdrehen und abnehmen.
- Sichtprüfung auf Dichtheit durchführen, wenn der Kühlmittelstand in kurzer Zeit absinkt.

Kühlsystem-Sichtprüfung auf Dichtheit

- Kühlmittelschläuche durch Zusammendrücken und Verbiegen auf poröse Stellen untersuchen, hartgewordene und aufgequollene Schläuche ersetzen.
- Die Schläuche dürfen nicht zu kurz auf den Anschlußstutzen sitzen.
- Festen Sitz der Schlauchschellen kontrollieren, gegebenenfalls Schellen erneuern.
- Dichtung des Verschlußdeckels für den Ausgleichbehälter auf Beschädigungen überprüfen.

Achtung: Ein zu niedriger Kühlmittelstand kann auch von einem nicht richtig aufgeschraubten Verschlußdeckel herrühren.

- Deutlicher Kühlmittelverlust und/oder Öl in der Kühlflüssigkeit sowie weiße Abgaswolken bei warmem Motor deuten auf eine defekte Zylinderkopfdichtung hin.

Achtung: Mitunter ist es schwierig, die Leckstelle ausfindig zu machen. Dann empfiehlt sich eine Druckprüfung durch die Werkstatt (Spezialgerät erforderlich). Hierbei kann ebenfalls das Überdruckventil des Verschlußdeckels geprüft werden.

Frostschutz prüfen

Regelmäßig vor Winterbeginn sollte sicherheitshalber die Konzentration des Frostschutzmittels geprüft werden, insbesondere wenn zwischendurch reines Wasser nachgefüllt wurde.

Erforderliches Prüfwerkzeug:

- Prüfspindel zum Messen des Frostschutzanteils beziehungsweise ein optisches Prüfgerät (Refraktometer), zum Beispiel HAZET-4810-C.

Hinweis: Eventuell ist es erforderlich, die **Prüfspindel zu eichen**. Dabei folgendermaßen vorgehen: 50 ml Kühlkonzentrat mit 50 ml destilliertem Wasser mischen. Diese Mischung hat einen Frostschutz von –35° C. Frostschutz mit der Prüfspindel messen und eventuelle Abweichung zum Sollwert von –35° C notieren. **Beispiel:** Die Prüfspindel zeigt –31° C an. Die Abweichung beträgt also –4° C. Wird dann am Fahrzeug ein Wert von –16° C gemessen, dann beträgt der tatsächliche Frostschutz (–16°) + (–4°) = –20° C.

Prüfen

- Motor kurz warmfahren, bis der obere Kühlmittelschlauch zum Kühler etwa handwarm ist. Bei der Frostschutzmessung soll die Kühlflüssigkeitstemperatur ca. +20° C betragen.

Sicherheitshinweis:
Verschlußdeckel bei heißem Motor vorsichtig öffnen. **Verbrühungsgefahr!** Beim Öffnen Lappen über den Verschlußdeckel legen. Verschlußdeckel nur bei einer Kühlmittel-Temperatur unter +90° C öffnen.

- Verschlußdeckel am Ausgleichbehälter vorsichtig öffnen.

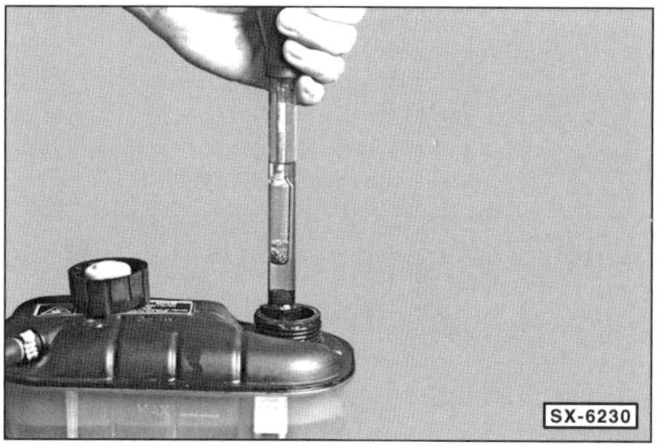

- Mit Meßspindel Kühlflüssigkeit ansaugen und am Schwimmer die Kühlmitteldichte ablesen.
- Der Frostschutz soll in unseren Breiten bis –25° C reichen, bei extrem kaltem Klima bis –35° C.

VW-Kühlkonzentrat »G12 Plus/G12PlusPlus« ergänzen

Für einen Frostschutz bis –25° C muß der Anteil an Frostschutzmittel in der Kühlflüssigkeit 40 % betragen. Soll der Frostschutz bis –35° C reichen, müssen destilliertes Wasser und Kühlkonzentrat im Verhältnis 1:1 gemischt werden.

Achtung: Ist ein stärkerer Frostschutz erforderlich, kann der Anteil des Frostschutzmittels bis auf maximal 60 % erhöht werden, dann reicht der Frostschutz bis –40° C. Wird mehr Frostschutzmittel zugegeben, verringert sich der Frostschutz wieder, außerdem verschlechtert sich die Kühlwirkung.

Nur VW-Kühlerfrost- und Korrosionsschutzmittel »**G12 Plus**« (Farbe **lila**, Spezifikation TL-VW-774-**F**) oder »**G12 Plus Plus**« (Farbe **lila**, Spezifikation TL-VW-774-**G**) verwenden.

Die Tabelle zeigt, wie viel Frostschutzmittel zugegeben werden muß, damit die gewünschte Konzentration erreicht wird.

Beispiel: Die Frostschutz-Messung mit der Spindel ergibt beim 1,4-/1,6-l-Motor (75/105 PS) einen Frostschutz bis –10° C. In diesem Fall aus dem Kühlsystem 2,2 l Kühlflüssigkeit ablassen und dafür 2,2 l reines VW-Frostschutzkonzentrat auffüllen. Der Frostschutz reicht dann bis –35° C.

Gemess. Wert in °C		0	–5	–10	–15	–20	–30	Füll-menge
Motor	Sollwert	Differenzmenge in Liter						
1,6-l (100 PS)/ 1,8-/2,0-l	–35°	2,5	2,2	1,8	1,5	1,2	0,5	5,0
1,4-l/1,6-l (75/105/110 PS)	–35°	3,0	2,6	2,2	1,8	1,4	0,6	6,0
2,3-/2,8-l	–35°	4,6	4,0	3,3	2,7	2,1	0,9	9,2

- Verschlußdeckel am Kühler verschließen und nach Probefahrt den Frostschutz erneut überprüfen.

Luftfiltereinsatz wechseln

Hinweis: Bei dem 1,4-l-Motor BCA sowie den 1,6-l-Motoren mit 105 PS AZD/BCB ist der Luftfilter in der oberen Motorabdeckung integriert. Ausbau des Luftfiltergehäuses siehe Seite 214.

Erforderliches Verschleißteil:

- Luftfiltereinsatz.

Ausbau

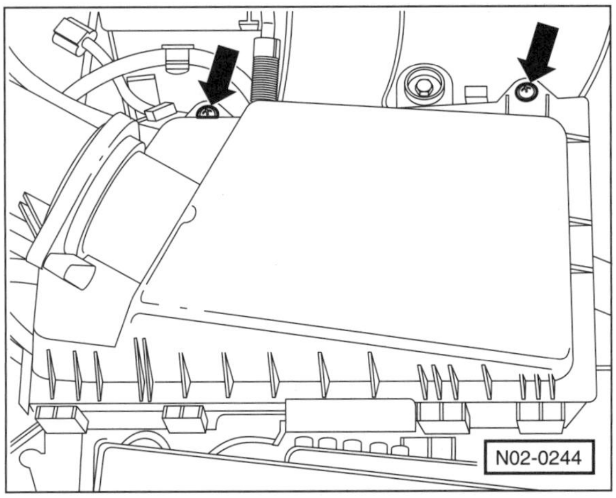

- Befestigungsschrauben –Pfeile– herausdrehen. Luftfilterdeckel anheben.

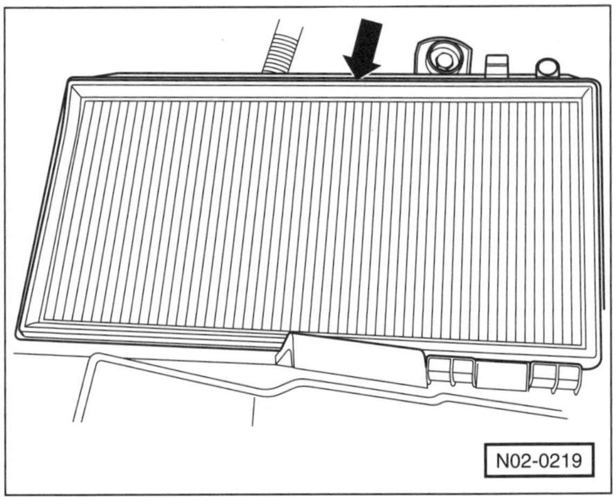

- Luftfiltereinsatz herausnehmen.

Einbau

- Filtergehäuse mit einem Lappen auswischen.
- Neuen Filtereinsatz in das Luftfiltergehäuse einlegen.
- Deckel aufsetzen und anschrauben.

Keilrippenriemen: Zustand prüfen

Der Keilrippenriemen muß nicht nachgespannt werden, da eine automatische Spannrolle die Riemenspannung konstant hält. Im Rahmen der Wartung müssen Keilrippenriemen auf Beschädigungen geprüft, gegebenenfalls erneuert werden.

- Getriebe in Leerlaufstellung bringen.
- Fahrzeug aufbocken.

Sicherheitshinweis:
Beim Aufbocken des Fahrzeugs besteht Unfallgefahr! Deshalb vorher das Kapitel »Fahrzeug aufbocken« durchlesen.

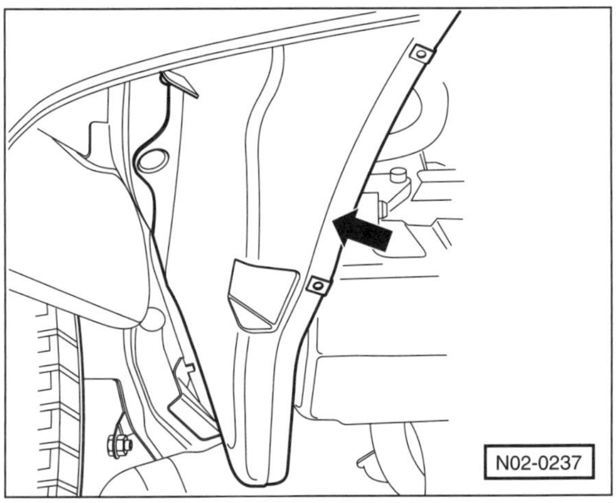

- Seitliche Motorraumabdeckung, unten rechts –Pfeil– ausbauen.

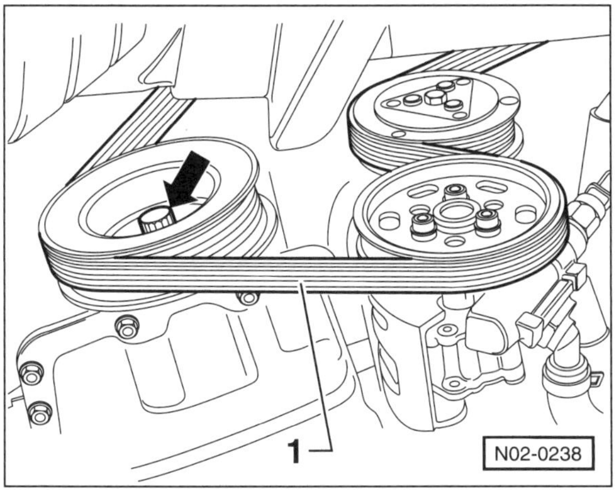

- Riemen –1– seitlich mit einem Kreidestrich markieren.
- Von der Fahrzeugunterseite her den Motor mit Stecknuß an der Kurbelwellen-Riemenscheibe –Pfeil– in Motordrehrichtung, also rechtsherum, jeweils ein Stück weiterdrehen, bis die Kreidemarkierung wieder sichtbar wird. Dabei Keilrippenriemen Stück für Stück sichtprüfen.
- Keilrippenriemen auf folgende Beschädigungen prüfen:
- Öl- und Fettspuren.

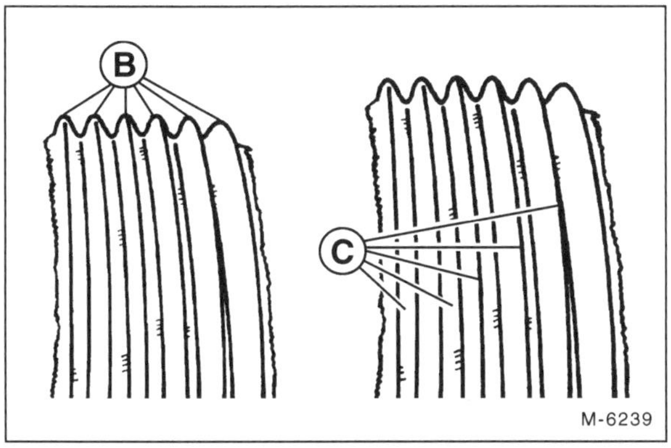

- Flankenverschleiß: Rippen laufen spitz zu –B–, neu sind sie trapezförmig. Der Zugstrang ist im Rippengrund sichtbar, erkenntlich an den helleren Stellen –C–.
- Flankenverhärtungen, glasige Flanken.

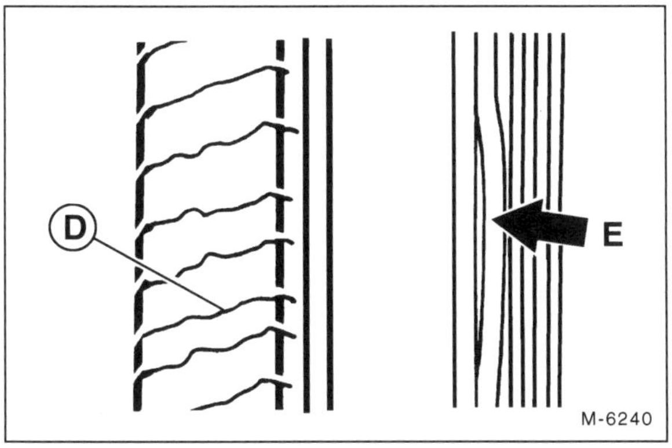

- Querrisse –D– auf der Rückseite des Riemens. Einzelne Rippen lösen sich ab –E–.

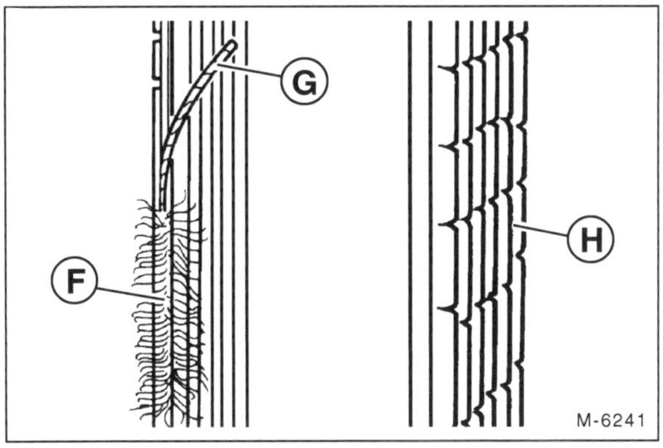

- Ausfransungen der äußeren Zugstränge –F–. Zugstrang seitlich herausgerissen –G–.
- Querrisse –H– in mehreren Rippen.
- Einlagerung von Schmutz, Steinen zwischen den Rippen.
- Gummiknollen im Rippengrund.
- Wenn eine oder mehrere dieser Beschädigungen vorhanden sind, Keilrippenriemen **unbedingt** ersetzen, siehe Seite 190.
- Seitliche Motorraumabdeckung einbauen.

Zahnriemen: Zustand prüfen

- Spannverschlüsse der oberen Zahnriemenabdeckung öffnen und Abdeckung abnehmen.

Zahnriemen sichtprüfen auf:

- Anrisse, Querschnittbrüche in der Abdeckung und im Zahnriemengrund.
- Lagentrennung von Zahnriemen/Zugsträngen.
- Ausbrüche, Ausfransungen der Zugstränge.
- Oberflächenrisse.
- Öl- und Fettspuren.
- Seitliches Anlaufen des Zahnriemens.

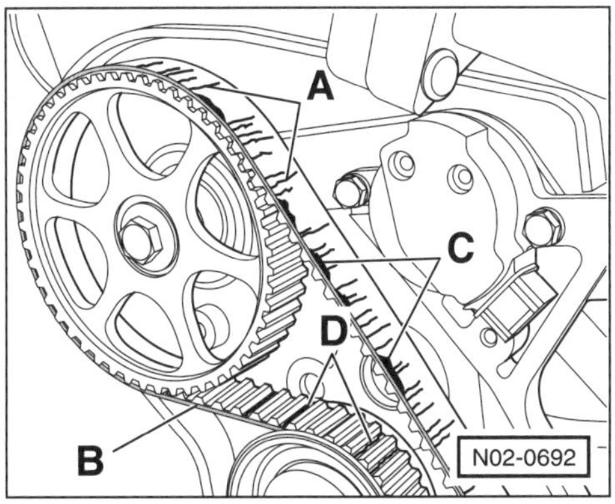

A – Risse auf der Abdeckung, B – Seitliches Anlaufen, C – Ausfransungen, D – Risse im Zahngrund.

Achtung: Beschädigten Zahnriemen **unbedingt** ersetzen, siehe Kapitel »Motor-Mechanik«.

- Obere Zahnriemenabdeckung einbauen.

Zündkerzen aus- und einbauen

Erforderliches Spezialwerkzeug:

- 16-mm-Zündkerzenschlüssel VW-3122B oder HAZET 4766-1.
- Eventuell Zündkerzenstecker-Zange VW-3277A oder HAZET 1849.
- Speziell 1,4-/1,6-Motor BCA/AZD/BCB/BAD: Zündspulen-Abzieher VW-T10094A oder HAZET 1849-7. Stecker-Entriegelungshaken VW T10118.

Erforderliche Verschleißteile:

- Je nach Zylinderzahl des Motors, 4, 5 oder 6 Zündkerzen. Die richtige Zündkerze, siehe Seite 26.

Ausbau

Achtung: Zündkerzen nur bei kaltem oder handwarmem Motor wechseln. Wenn die Kerzen bei heißem Motor herausgedreht werden, kann das Kerzengewinde des Leichtmetall-Zylinderkopfes ausreißen.

1,4-l-Motor (75 PS)/1,6-l-Motor, 105 PS (außer BCA/AZD/BCB):

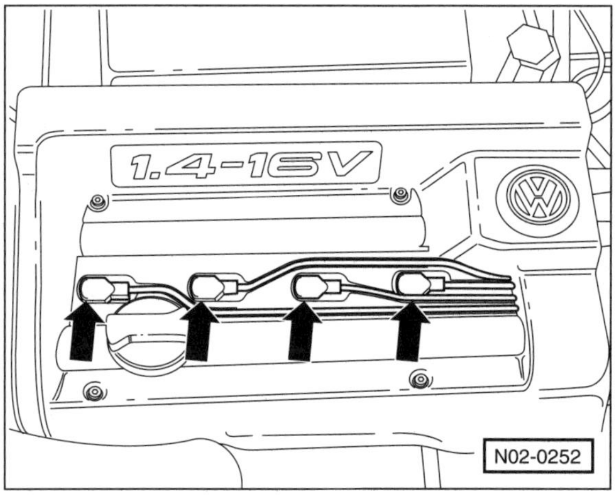

- Innensechskantschrauben herausdrehen, Motorabdekkung und Ölverschlußdeckel abnehmen .
- Zündkabel aus der Abdeckung herausziehen und Abdeckung etwas nach oben heben.
- Zündkerzenstecker mit einer geeigneten Flachzange oder Werkzeug HAZET 1849 abziehen.
- Zündkerzen-Nischen, wenn möglich, mit Preßluft ausblasen, damit bei ausgebauten Zündkerzen kein Schmutz in die Gewindebohrung fällt.

1,4-/1,6-l-Motor (75/105/110 PS) BCA/AZD/BCB/BAD:

- **Motor BCA/AZD/BCB:** Luftfiltergehäuse ausbauen, siehe Seite 214.
- **Motor BAD:** Motorabdeckung abnehmen.
- Zündspulen mit Abzieher VW-T10094A oder HAZET 1849-7 etwas nach oben abziehen.
- Stecker in Richtung der jeweiligen Zündspule drücken, von Hand auf die Steckerverrigegelung drücken und Stecker von der Zündspule abziehen.
- Zündspulen herausziehen.

1,6-l-Motor (100 PS):

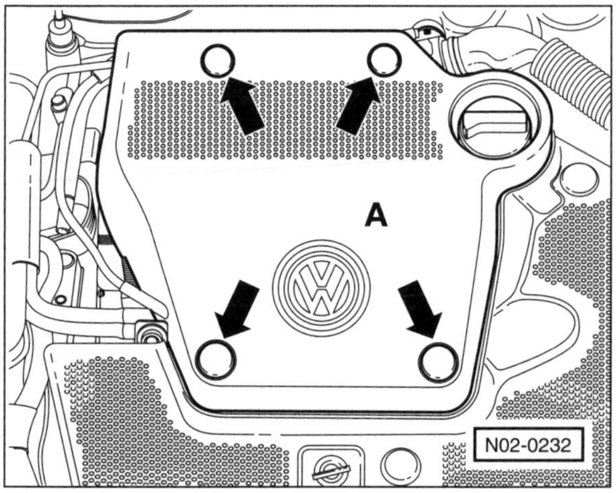

- Abdeckkappen –Pfeile– in der Motorabdeckung –A– mit Schraubendreher abhebeln.
- Muttern unterhalb der Abdeckkappen abschrauben und Motorabdeckung abnehmen.

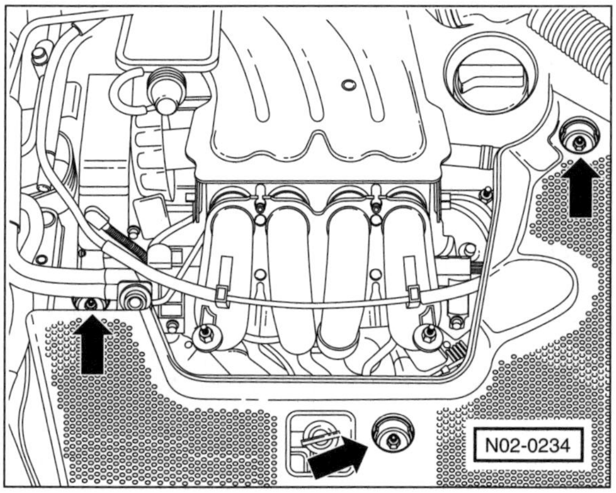

- Abdeckkappen in der 2. Motorabdeckung mit Schraubendreher abhebeln. Muttern –Pfeile– unterhalb der Abdeckkappen abschrauben und Motorabdeckung abnehmen.

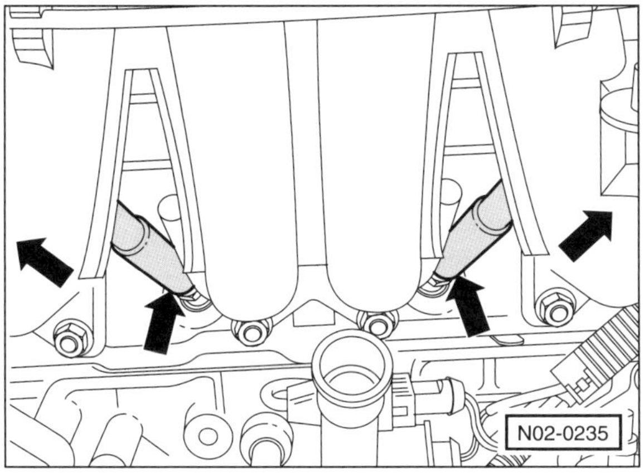

- Zündkerzenstecker –Pfeile– mit einem Zündkerzenstecker-Abzieher abziehen, zum Beispiel mit HAZET 1849-6 oder VW-T10029. **Hinweis:** Die äußeren Pfeile zeigen auf die verdeckten Kerzenstecker.
- Zündkerzen-Nischen, wenn möglich, mit Preßluft ausblasen, damit bei ausgebauten Kerzen kein Schmutz in die Gewindebohrung fällt.

1,8-l-Motor:

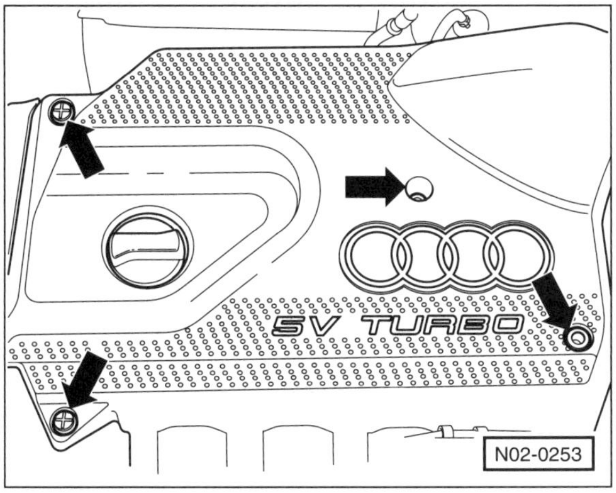

- Motorabdeckung abschrauben –Pfeile– und abnehmen. Die Abbildung zeigt den 150-PS-Motor.

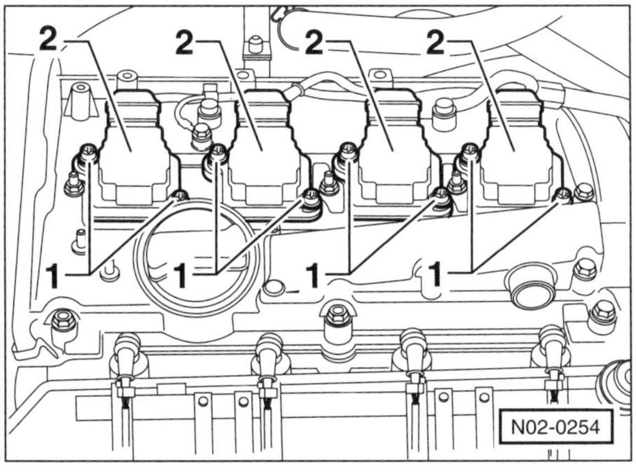

- Schrauben –1– an den Zündspulen abschrauben.
- Zündspulen –2– mit Kerzensteckern von den Zündkerzen abziehen.

1,8-l-Motor (150 PS, AUM):

- Motorabdeckung abschrauben und abnehmen, siehe Abbildung N02-0253.
- Sechskantmutter abschrauben und Unterdruckbehälter abnehmen.
- Innensechskantschrauben herausdrehen und Halter für Unterdruckbehälter abnehmen.
- Zündspulenstecker vorsichtig mit der Hand abziehen.

2,0-l-Motor

- Obere Motorabdeckung ausbauen. Dazu beim Motor **APK/AQY/AZH/BEH** 2 Abdeckkappen heraushebeln und darunter befindliche Sechskantmuttern herausdrehen. 1 Sechskantmutter hinten an der Motorabdeckung abschrauben.
- **APK/AQY/AZH/BEH:** Zündkerzenstecker mit Spezialwerkzeug VW-T10029 oder HAZET 1849-6 abziehen.
- **Motor AZJ:** Stecker von den Einspritzventilen für die Zylinder 1 und 4 abziehen.

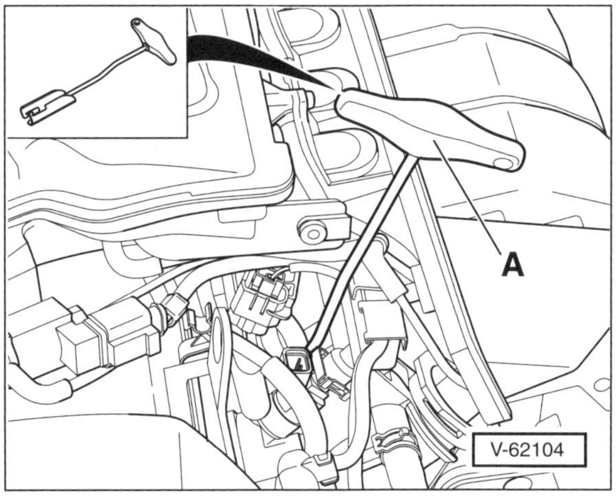

- **Motor AZJ:** Zündkerzenstecker mit VW-Spezialwerkzeug T10112 –A– abziehen. Wenn dieses Werkzeug nicht vorliegt beziehungsweise nicht besorgt werden kann, dann müssen alle Bauteile, die die Zugänglichkeit der Kerzenstecker behindern, ausgebaut werden. Es empfiehlt sich in diesem Fall die Zündkerzen in der Werkstatt wechseln zu lassen.

2,3-l-Motor (150 PS):

- Motorabdeckung abnehmen.
- Kerzenstecker von den Zündkerzen abziehen. Dazu wird das Werkzeug VW-T10029 oder HAZET 1849-6 benötigt.

2,3-l-Motor (170 PS):

- Motorabdeckung nach oben abziehen.
- Zündspulenstecker entriegeln und abziehen.
- Zündspulen mit VW-Abzieher T10095 nach oben abziehen.

2,8-l-Motor:

- Motorabdeckung nach oben abziehen.
- Zündkerzenstecker mit einem Abzieher, zum Beispiel HAZET 1849-6 oder VW-T10029, abziehen.

3,2-l-Motor:

- Abdeckung für Leitungsführung neben dem Öleinfülldeckel ausclipsen. Motorabdeckung ringsum an 8 Stellen ausrasten und nach oben herausnehmen.

Achtung: Einbaulage der Zündspulen zu den Steckern notieren, bevor sie herausgezogen werden. Die gerade Steckerseite muß zur geraden Seite der Zündspule passen.

- Anschlußstecker für Zündspulen abziehen. Dazu Spezialwerkzeug VW-T10118 an der Steckerverrastung ansetzen und Stecker vorsichtig abziehen.
- Abzieher VW-T10095/a von der geraden Steckerseite aus auf die Zündspule aufschieben und Zündspule senkrecht nach oben herausziehen.

Alle Motoren:

- Zündkerzen mit geeignetem 16-mm-Kerzenschlüssel herausdrehen. Dabei darauf achten, daß der Zündkerzenschlüssel nicht verkantet wird, was zum Bruch des Keramikisolators führen kann. Geeigneten Steckschlüsseleinsatz, zum Beispiel HAZET-4766-1, verwenden. VW-Werkstätten verwenden den Kerzenschlüssel 3122B.

Einbau

- Zündkerzen von Hand bis zur Anlage am Zylinderkopf einschrauben. **Achtung:** Dabei Zündkerzen nicht verkanten.
- Zündkerzen mit Zündkerzenschlüssel festziehen. **Achtung:** Dabei Zündkerzenschlüssel nicht verkanten, damit der Keramikisolator nicht beschädigt wird.

  Anzugsdrehmoment, siehe Tabelle unten auf der Seite.
- Zündkerzenstecker entsprechend der angebrachten Markierungen aufstecken.
- Jeweilige Motorabdeckung wieder einbauen, siehe Abbildungen unter »Ausbau«.

Zündkerzengewinde erneuern

Hinweis: Falls festgestellt wird, daß das Zündkerzengewinde defekt ist, muß dieses erneuert werden. Dazu gibt es unter anderem von HAZET oder BERU einen entsprechenden Werkzeug- und Reparatursatz. Mit einem Spezialbohrer wird das alte Gewinde herausgeschält; der Zylinderkopf muß dazu nicht ausgebaut werden. Anschließend wird ein neues Gewinde in den Zylinderkopf geschnitten und die Zündkerze mit einem speziellen Gewindeeinsatz reingedreht. Nachträglich eingebaute Zündkerzengewindeeinsätze sitzen sicher und sind kompressionsdicht.

Zündkerzenwerte für VW GOLF/BORA-Motoren

Achtung: Die technische Entwicklung geht ständig weiter. Es kann sein, daß inzwischen für einzelne Motoren andere Zündkerzenwerte gelten und daher die Tabelle möglicherweise nicht auf dem neuesten Stand ist. Um die aktuelle Zündkerze für Ihren Fahrzeugmotor zu ermitteln, benötigt der Fachhandel die **Fahrzeug-Ident-Nummer** (FIN) sowie die **3 Schlüsselnummern** aus dem Kfz-Schein. Diese Nummern sollten beim Kauf von Zündkerzen angegeben werden.

Motor	Motor-Kennbuchstaben	BOSCH	BERU	NGK	Elektroden-abstand	Anzugs-moment
1,4-/1,6-l	AHW, AKQ, APE, ATN, AUS, AXP, BCA	–	–	BKUR 6 ET-10	0,9 – 1,1 mm	25 Nm
1,4-/1,6-l	AHW, AKQ, APE, BCA	–	14 FGH 7 DTURX	–	0,9 – 1,1 mm	25 Nm
1,6-l	AZD, BZB	F7 HPP 222U	–	–	1,0 – 1,1 mm	25 Nm
1,6-l	AEH, AKL, APF	–	–	BKUR 6 ET-10	0,9 – 1,1 mm	30 Nm
1,8-l	ARZ, AUM, AUQ	–	–	PFR 6Q	max. 0,8 mm	30 Nm
1,8-l	AGN	–	–	BKUR 6 ET-10	0,9 – 1,1 mm	30 Nm
1,8-l	AGU	F 7 LTCR	–	–	0,9 – 1,1 mm	30 Nm
2,0-l	AEG, APK, AQY, CBPA	–	–	BKUR 6 ET-10	0,9 – 1,1 mm	30 Nm
2,0-l	AVH, AZG, BEV	–	–	PZFR 5D-11	0,9 – 1,1 mm	30 Nm
2,0-l	BEJ, BHP	–	–	R1 BKUR 6 ET-10	1,0 – 1,1 mm	25 Nm
2,0-l	BBW	–	–	PZFR 5D-11	0,9 – 1,1 mm	25 Nm
2,0-l	BER	FL 7 HTCOR	–	BKUR 6 ET-10 BKUR 5 ETC-10	1,0 – 1,1 mm	25 Nm
2,0-l	CFEA	F 5 DPP 302	–	–	0,8 – 0,9 mm	25 Nm
2,3-/2,8-l	AQN, AQP, AUE, BDE	–	–	PZFR 5D-11	max. 1,1 mm	30 Nm
3,2-l	BFH, BJS, BML	–	–	IZK R7B	max. 1,1 mm	20 Nm

Getriebe/Achsantrieb

- Achswellen: Gummimanschetten auf Undichtigkeiten und Beschädigungen prüfen.
- Schaltgetriebe, Automatikgetriebe: Sichtprüfung auf Undichtigkeiten.
- Schaltgetriebe: Ölstand prüfen, gegebenenfalls auffüllen.
- Automatikgetriebe: Ölstand im Achsantrieb und im Getriebe prüfen, gegebenenfalls auffüllen.
- Allradantrieb: Öl der Haldex-Kupplung wechseln.

Achtung: Getriebe-Altöl **keinesfalls einfach wegschütten oder dem Hausmüll mitgeben**. Die Öl-Verkaufsstellen nehmen die entsprechende Menge Altöl kostenlos entgegen, daher beim Ölkauf Quittung und Ölkanister für spätere Altölrückgabe aufbewahren!

Gummimanschetten der Achswellen prüfen

- Fahrzeug aufbocken.

Sicherheitshinweis:
Beim Aufbocken des Fahrzeugs besteht Unfallgefahr! Deshalb vorher das Kapitel »Fahrzeug aufbocken« durchlesen.

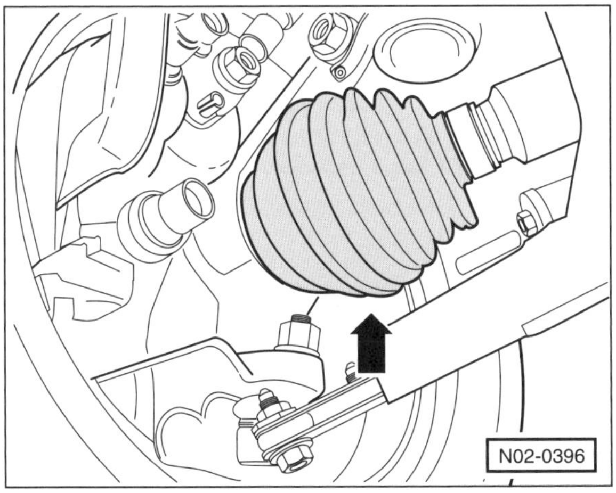

- Manschetten mit Lampe anstrahlen und Gummi auf Porosität und Risse untersuchen. Eingerissene Manschetten umgehend erneuern.
- Sollte die Manschette durch Unterdruck im Gelenk nach innen gezogen oder defekt sein, so ist sie umgehend auszutauschen.
- Auf sichtbare Fettspuren an den Manschetten und in deren Umgebung achten.
- Festen Sitz der Klemmschellen prüfen.
- Fahrzeug ablassen.

Getriebe-Sichtprüfung auf Dichtheit

Folgende Leckstellen sind möglich:

- Trennstelle zwischen Motorblock und Getriebe (Schwungraddichtung/Wellendichtung-Getriebe).
- Gelenkwelle an Getriebe.
- Öleinfüllschraube.
- Ölablaßschraube.

Bei der Suche nach der Leckstelle folgendermaßen vorgehen:

- Getriebegehäuse mit Kaltreiniger reinigen.
- Mögliche Leckstellen mit Kalk oder Talkumpuder bestäuben.
- Probefahrt durchführen. Damit das Öl besonders dünnflüssig wird, sollte die Probefahrt auf einer Schnellstraße über eine Entfernung von ca. 30 km durchgeführt werden.
- Fahrzeug aufbocken und Getriebe mit einer Lampe nach der Leckstelle absuchen.

Sicherheitshinweis:
Beim Aufbocken des Fahrzeugs besteht Unfallgefahr! Deshalb vorher das Kapitel »Fahrzeug aufbocken« durchlesen.

- Leckstellen umgehend beseitigen. Anschließend Getriebeöl auffüllen.

Schaltgetriebe: Ölstand prüfen

Das Getriebeöl muß nicht gewechselt werden. Der Ölstand wird im Rahmen der Wartung kontrolliert, gegebenenfalls ergänzt.

Erforderliches Sonderwerkzeug:

- Eine Grube oder ein hydraulischer Wagenheber mit Unterstellböcken.
- Schlüssel für Innensechskantschrauben, Größe 17 mm, zum Lösen der Öleinfüllschraube.

Erforderliche Verschleißteile:

- Falls Öl nachgefüllt werden muß, Synthetik-Getriebeöl SAE 75W90 der VW-Spezifikation G50 (für Fahrzeuge mit Schlechtwegeausführung: G51)verwenden. **Hinweis:** Gesamtfüllmenge 1,4-/1,6-l-Motor: 1,9 Liter; 1,8-/2,0-/2,3-l-Motor: 2,0 Liter.

Ölstand prüfen

- **1,4-/1,6-l-Motor:** Lenkung bis zum Anschlag nach links einschlagen.

Fahrzeuge mit 1,4-/1,6-l-Motor:

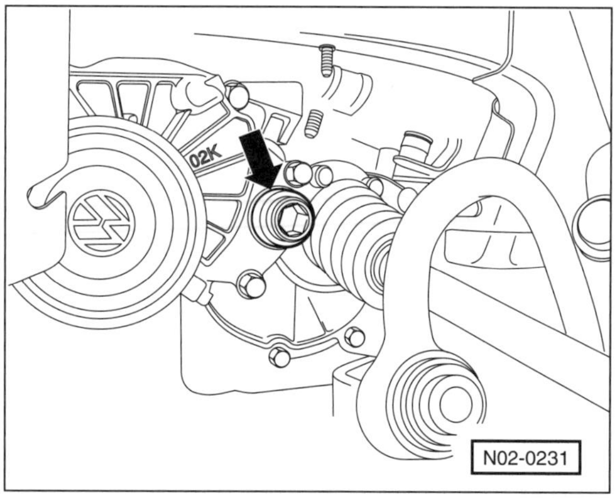

Fahrzeuge mit 1,8-/2,0-/2,3-l-Motor:

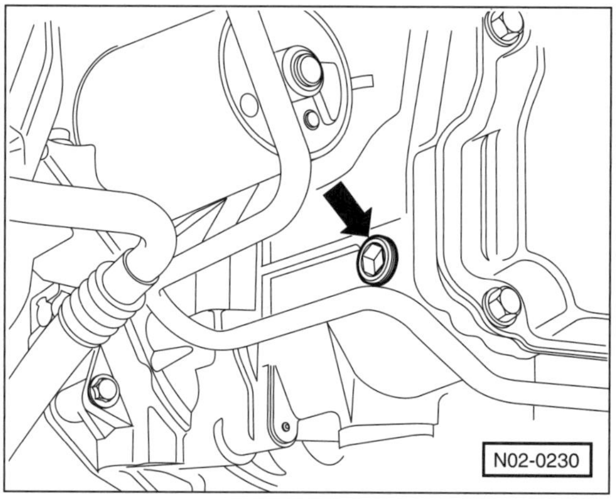

- Öleinfüllschraube mit Innensechskantschlüssel herausdrehen.
- Ölstand prüfen. Der Ölstand ist korrekt, wenn das Getriebeöl bis zur Unterkante der Schraubenbohrung steht. Gegebenenfalls Öl auffüllen.

Achtung: Ist der Ölstand zu niedrig, Getriebe auf Undichtigkeiten prüfen, gegebenenfalls reparieren (Werkstattarbeit).

- Öleinfüllschraube einschrauben und mit **25 Nm** festziehen.

Automatik-Getriebe: Ölstand im Achsantrieb prüfen

Erforderliches Verschleißteil:

- Achsöl, Spezifikation: »G 052 145...« SAE 75W90 (Synthetiköl).

Hinweis: Gesamtfüllmenge: 0,75 Liter.

Achtung: Wird bei der Ölstandkontrolle im Achsantrieb des Automatik-Getriebes festgestellt, daß zuviel oder zuwenig Öl im Achsantrieb ist, liegt Ölaustausch mit dem Planetengetriebe vor. Ursache von einer VW-Werkstatt ermitteln und reparieren lassen.

Prüfen

- Fahrzeug auf eine waagerechte Fläche fahren.

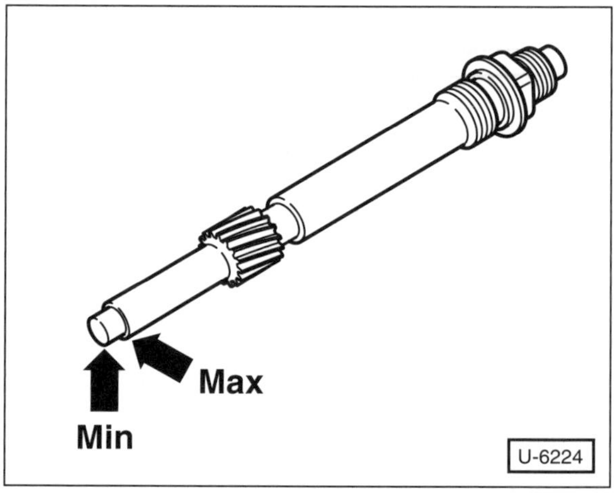

- Antrieb für Geschwindigkeitsmesser am Getriebe herausschrauben und mit einem Lappen abwischen.
- Antrieb ein- und wieder herausschrauben und Ölstand am Antrieb ablesen. Der Ölstand muß zwischen der Min.- und Max.-Markierung liegen, siehe Abbildung.
- Gegebenenfalls Getriebeöl nach angegebener Spezifikation auffüllen. Die Ölmenge zwischen der Min.- und Max.-Markierung beträgt nur 0,1 Liter, also nicht zuviel Öl auf einmal einfüllen. Zuviel eingefülltes Öl muß abgesaugt werden, zum Beispiel mit einer Spritze, an die ein Plastikschlauch angeschlossen ist.
- Antrieb für Geschwindigkeitsmesser am Getriebe einschrauben.

Automatik-Getriebe: Ölstand prüfen

Der Getriebeölstand im Automatikgetriebe ist von der Getriebeöltemperatur abhängig. Da zur genauen Messung der Temperatur ein Diagnosegerät von VW benötigt wird, ist es empfehlenswert, diese Arbeit bei der VW-Werkstatt durchführen zu lassen. Das Getriebeöl muß nicht gewechselt werden. Der Ölstand wird im Rahmen der Wartung kontrolliert, gegebenenfalls ergänzt.

Hinweis: Normalerweise bleibt der Ölstand im Automatikgetriebe konstant, wenn keine Leckstelle sichtbar ist. Die Ölstandprüfung ist dann nicht unbedingt notwendig.

Erforderliches Sonderwerkzeug:

- Einfüllbogen oder Ölspritzkanne.
- Schutzbrille.

- Auffangwanne für ATF-Öl.

Erforderliche Verschleißteile, ATF nachgefüllt wird:

- 4-Gang-Automatik »01M«: ATF-Öl VW-G052162A1. **Hinweis:** Gesamtwechselmenge: 3,0 Liter.
- 5-Gang-Automatik »09A«: ATF-Öl VW-G052990A2. **Hinweis:** Gesamtwechselmenge: 2,5 Liter.
- Dichtring für Verschlußschraube.
- Sicherungskappe für Verschlußstopfen.

Allgemeine Hinweise:

- Ohne ATF-Füllung darf der Motor nicht laufengelassen werden. Auch darf das Fahrzeug ohne ATF-Füllung nicht abgeschleppt werden.
- Bei allen Arbeiten auf peinliche Sauberkeit achten, da geringste Verunreinigungen zu Getriebestörungen führen.

Ölstand prüfen

Achtung: Die Getriebeöltemperatur muß zu Beginn der Prüfung unter +30° C liegen. Diese Temperatur wird schon nach kurzem Motorlauf erreicht. VW-Werkstätten schließen zur Temperaturüberwachung ein Diagnosegerät am Diagnoseanschluß des Fahrzeugs an. Ohne diese Maßnahme kann die Temperatur nur geschätzt werden.

Sicherheitshinweis:
Augen schützen, Öl läuft aus. **Schutzbrille tragen.**

- Die ATF-Temperatur darf vor der Prüfung nicht mehr als +30° C betragen.
- Wählhebel steht in Stellung »P«, Klimaanlage und Heizung sind ausgeschaltet.

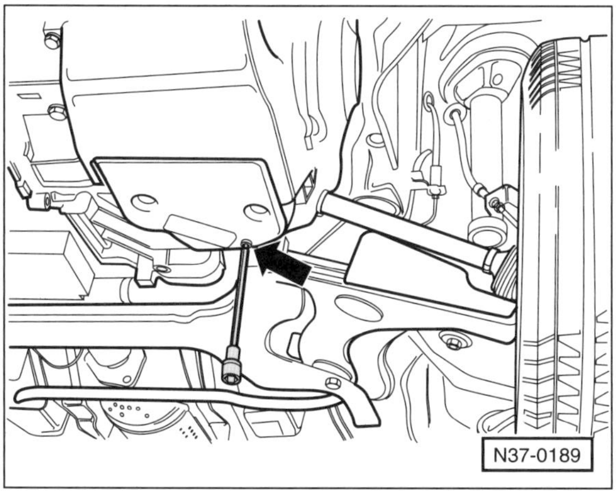

- Auffanggefäß für ATF-Öl unterstellen. Verschlußschraube –Pfeil– herausdrehen. Das im Überlaufrohr vorhandene ATF tropft ab.
- Dichtring an der Verschlußschraube mit Seitenschneider durchkneifen und ersetzen.
- Motor starten und laufen lassen, bis das Getriebeöl eine Temperatur von +35° C erreicht.
- Wenn zwischen +35° C und +45° C, bedingt durch den Temperaturanstieg, ATF aus dem Überlaufrohr tropft, ist der Ölstand in Ordnung. In diesem Fall die Verschlußschraube mit neuem Dichtring einschrauben und mit **15 Nm** festziehen.

Falls kein Öl herausläuft, ATF nachfüllen:

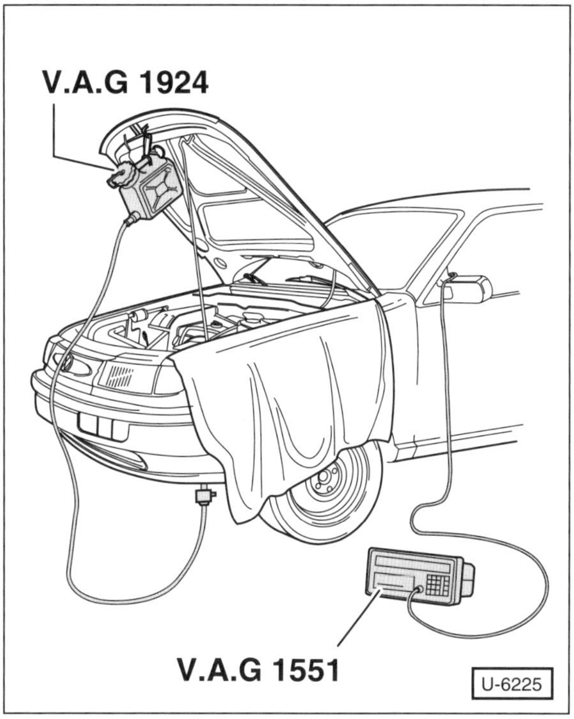

- Vorratsbehälter mit ATF der angegebenen Spezifikation an der Motorhaube aufhängen. Die Abbildung zeigt den Behälter V.A.G 1924 und das Diagnosegerät V.A.G 1551 zur Kontrolle der Öltemperatur.

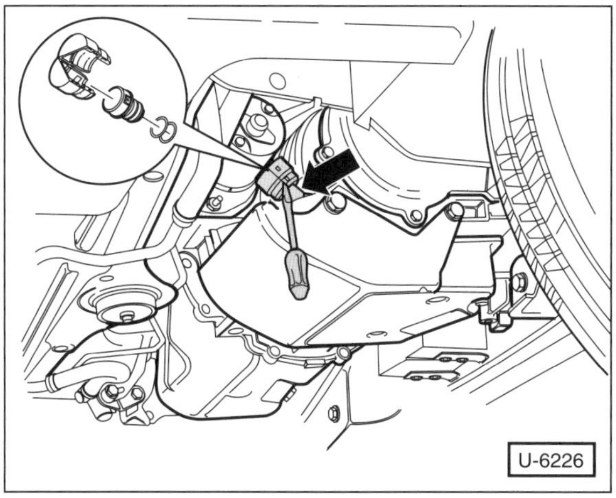

- Sicherungskappe für Verschlußstopfen –Pfeil– mit Schraubendreher abhebeln. Die Kappe wird dabei zerstört und muß ersetzt werden. Sie sichert den Sitz des Verschlußstopfens.
- Verschlußstopfen vom Einfüllrohr ziehen.

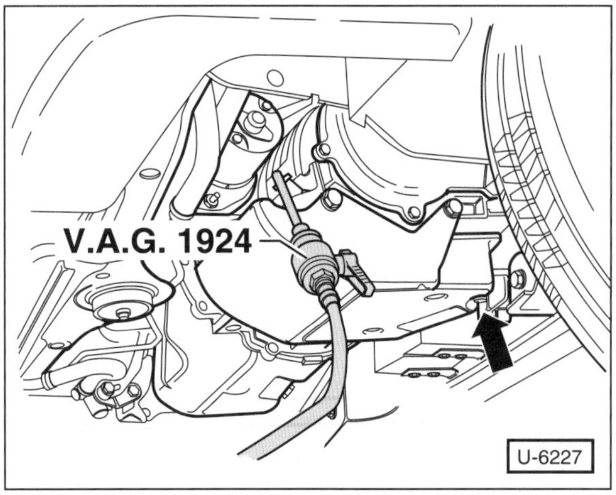

- Einfüllbogen V.A.G 1924 einsetzen und ATF einfüllen, bis es an der Kontrollbohrung –Pfeil– austritt.
- Motor starten und im Stand einmal alle Wählhebelstellungen durchschalten.

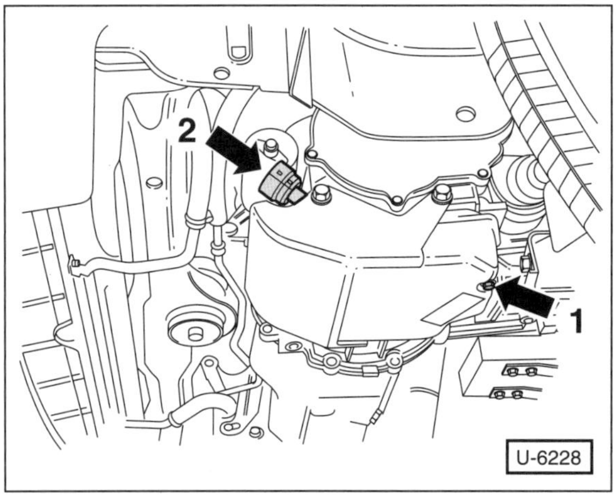

- Verschlußschraube –1– mit **neuem** Dichtring und **15 Nm** festziehen.
- Verschlußstopfen auf das Einfüllrohr stecken, neue Sicherungskappe –2– aufstecken und einrasten.

Achtung: Sicherungskappe immer ersetzen, sie sichert den Verschlußstopfen.

- Zündung ausschalten, und wo verwendet, das Diagnosegerät abbauen.

Allradantrieb: Öl und Ölfilter der Haldex-Kupplung wechseln

Erforderliche Betriebsmittel/Verschleißteile:

- 0,25 l Hochleistungsöl für Haldex-Kupplung, Spezifikation G 052 175 A1.
- Ölfilter mit Dichtring für Haldex-Kupplung.

Erforderliches Sonderwerkzeug:

- Schlüssel T10066.

Ölfilter wechseln

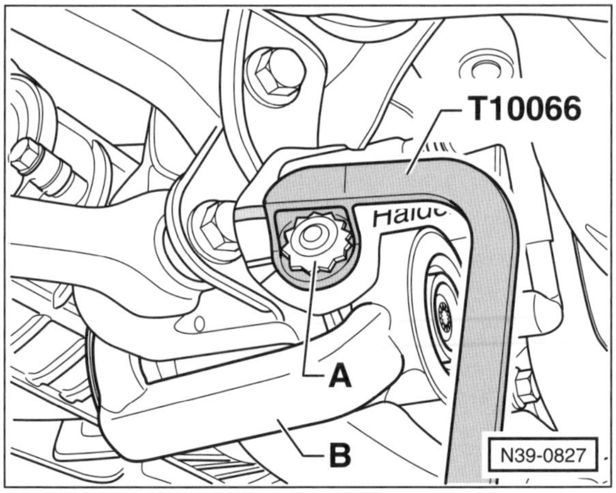

- Ölfilter –A– mit dem Schlüssel –T10066– lösen und herausdrehen. Der Ölfilter befindet sich auf der rechten Fahrzeugseite in der Nähe des vorderen Lagerbocks –B–. Der Ölfilter ist vom Hilfsrahmen verdeckt.
- Dichtung des neuen Ölfilters mit Öl für Haldex-Kupplung benetzen.
- Ölfilter einschrauben und mit Schlüssel –T10066– festziehen.

Öl wechseln

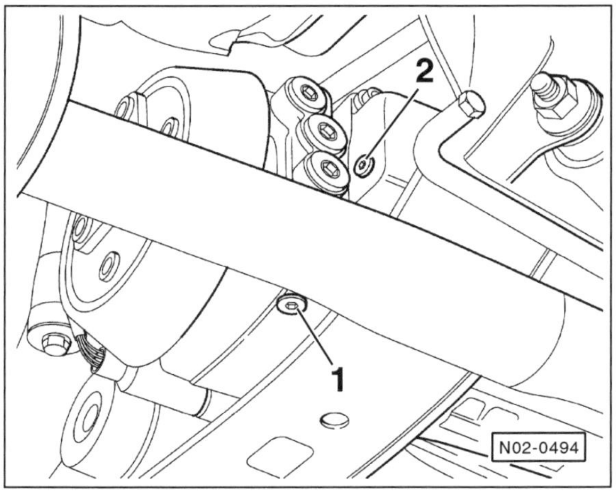

- Ablaßschraube –1– unten am Kupplungsgehäuse herausschrauben und Öl ablassen.
- Öleinfüllschraube –2– herausschrauben.
- Ablaßschraube mit **15 Nm** einschrauben.
- Hochleistungsöl für Haldex-Kupplung bis zur Unterkante der Einfüllöffnung einfüllen.
- Öleinfüllschraube mit **30 Nm** einschrauben.

- Spurstangenköpfe und Achsgelenke: Spiel und Befestigung prüfen, Dichtungsbälge prüfen.
- Servolenkung: Ölstand prüfen, gegebenenfalls Hydrauliköl auffüllen.

Spurstangenköpfe und Achsgelenke prüfen

- Fahrzeug vorn aufbocken, die Räder müssen frei hängen.

Sicherheitshinweis:
Beim Aufbocken des Fahrzeugs besteht Unfallgefahr! Deshalb vorher das Kapitel »Fahrzeug aufbocken« durchlesen.

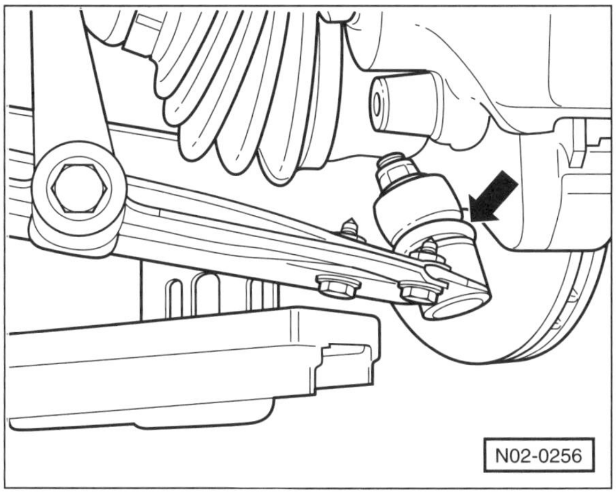
N02-0256

- Staubkappen für untere Achsgelenke links und rechts mit Lampe anstrahlen und auf Beschädigungen überprüfen.

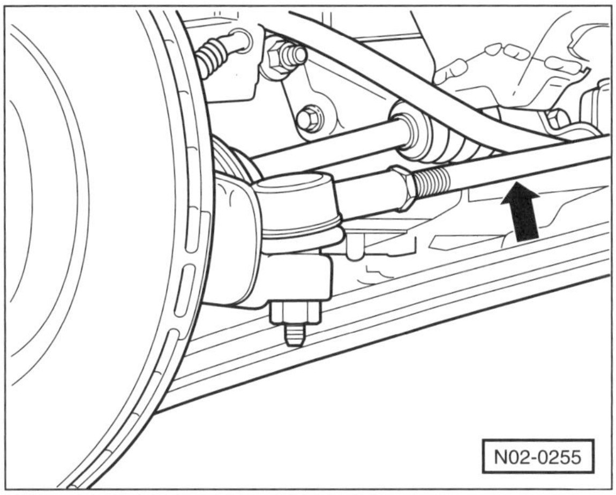
N02-0255

- Staubkappe für Kugelgelenk der Spurstange –Pfeil– links und rechts mit Lampe anstrahlen und auf Beschädigungen überprüfen.
- Bei beschädigter Staubkappe, sicherheitshalber entsprechendes Gelenk mit Schutzkappe auswechseln lassen (Werkstattarbeit). Eingedrungener Schmutz zerstört mit Sicherheit das Gelenk.
- Spurstangen –Pfeil– links und rechts kräftig von Hand hin- und herbewegen. Das jeweilige Kugelgelenk darf kein Spiel aufweisen, andernfalls Spurstangengelenk ersetzen.
- Festsitz der Kontermutter am Spurstangenkopf und Befestigungsmutter des Kugelgelenks prüfen, ohne sie dabei zu verdrehen.
- Faltenbälge am Lenkgetriebe auf Beschädigung prüfen, gegebenenfalls erneuern.

Ölstand für Servolenkung prüfen

Erforderliches Verschleißteil:

- »Hydrauliköl G 002 000«, erhältlich in der VW-Werkstatt.

Prüfen

Der Ölstand kann in kaltem oder betriebswarmem Zustand (ab ca. +50° C) geprüft werden. Beschrieben wird die Prüfung in kaltem Zustand. Hinweise am Kapitelende beachten, wenn der Ölstand bei warmem Motor geprüft werden soll.

- Das Fahrzeug darf nicht warmgefahren sein, der Motor darf nicht laufen. Die Vorderräder müssen geradeaus stehen.

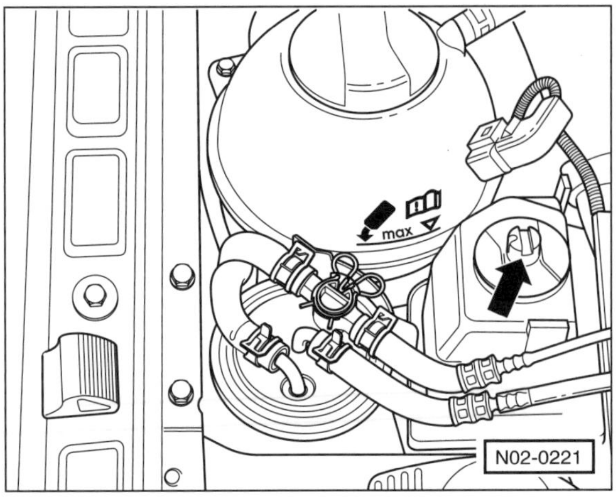

- Verschlußdeckel –Pfeil– am Ausgleichbehälter mit Hilfe eines Schraubendrehers abschrauben. Dazu Schaft des Schraubendrehers in die Nut des Deckels einlegen.
- Meßstab am Deckel mit sauberem, fusselfreiem Lappen abwischen.

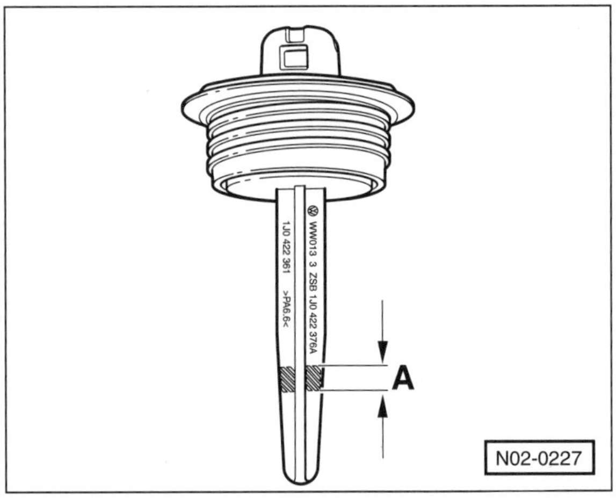

- Deckel handfest auf- und wieder abschrauben. Der Ölstand soll sich im Bereich des Rasterfeldes –A– befinden.

Achtung: Normalerweise darf der Ölstand nicht absinken. Wenn der Ölstand abgesunken ist, Undichtigkeit von einer VW-Werkstatt beseitigen lassen. Befindet sich der Ölstand über dem angegebenen Bereich, muß Öl abgesaugt werden.

- Grundsätzlich nur **neues Öl** nachfüllen, da bereits kleinste Verunreinigungen zu Störungen an der hydraulischen Anlage führen können.
- Deckel mit Schraubendreher festschrauben.

Hinweise für die Prüfung bei Betriebstemperatur:

Fahrzeug auf Probefahrt warmfahren. Das Hydrauliköl muß auf ca. +50° C erwärmt sein. Ölstand bei laufendem Motor prüfen, dabei müssen die Vorderräder geradeaus stehen. Der Ölstand muß sich bei eingeschraubtem Deckel zwischen der MIN.- und MAX.-Markierung auf der anderen Seite des Meßstabs befinden.

Bremsen/Reifen/Räder

- Bremsflüssigkeitsstand prüfen.
- Bremsbeläge: Belagstärke an Vorder- und Hinterrädern prüfen.
- Bremsanlage: Leitungen, Schläuche und Anschlüsse auf Undichtigkeiten und Beschädigungen prüfen.
- Bremsflüssigkeit erneuern.
- Bereifung: Profiltiefe und Reifenfülldruck prüfen; Reifen auf Verschleiß und Beschädigungen (einschließlich Reserverad) prüfen.
- Radschrauben: Festen Sitz prüfen, gegebenenfalls mit **120 Nm** über Kreuz nachziehen. **Hinweis:** Radschrauben **nicht** fetten oder ölen. Radblenden/Felgenschlösser demontieren, siehe Kapitel »Räder und Reifen«.
- GOLF mit Erdgasanlage, GOLF R32: Haltbarkeitsdatum des Reifendichtmittels prüfen.

Bremsflüssigkeitsstand prüfen

Der Vorratsbehälter für die Bremsflüssigkeit befindet sich im Motorraum. Der Schraubverschluß hat eine Belüftungsbohrung, die nicht verstopft sein darf.

Der Vorratsbehälter ist durchscheinend, so daß der Bremsflüssigkeitsstand von außen überprüft werden kann. Außerdem wird ein zu niedriger Bremsflüssigkeitsstand durch eine Warnleuchte im Instrumenteneinsatz signalisiert. Dennoch ist es ratsam, bei der regelmäßigen Motorölkontrolle auch einen Blick auf den Vorratsbehälter zu werfen.

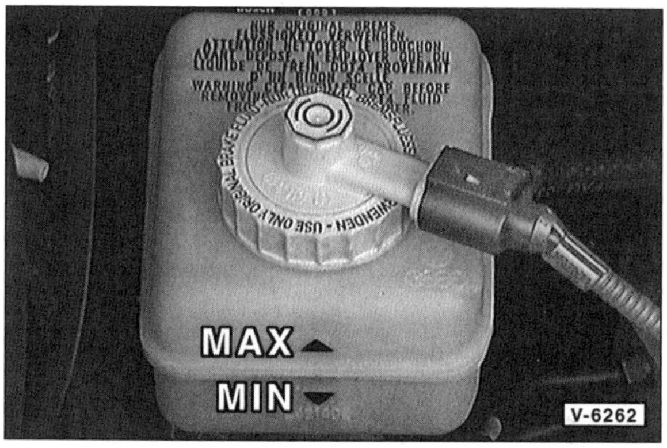

- Der Flüssigkeitsstand soll zwischen der MAX.- und der MIN.-Marke liegen.
- Nur **neue** Bremsflüssigkeit der Spezifikation **FMVSS 116 DOT 4** einfüllen.
- Durch Abnutzung der Scheibenbremsbeläge entsteht ein geringfügiges Absinken der Bremsflüssigkeit. Das ist normal. Es muß keine Bremsflüssigkeit nachgefüllt werden.
- Sinkt die Bremsflüssigkeit jedoch innerhalb kurzer Zeit stark ab oder liegt der Flüssigkeitsspiegel unter der MIN.-Marke, ist das ein Zeichen für Bremsflüssigkeitsverlust.

Die Leckstelle muß dann sofort ausfindig gemacht werden. Sicherheitshalber sollte die Überprüfung der Anlage von einer Fachwerkstatt durchgeführt werden.

Bremsbelagdicke prüfen

Erforderliches Sonderwerkzeug:

- Taschenlampe und Spiegel.
- Schieblehre.

Vorderrad-Scheibenbremse:

Hinweis: Da der Belagverschleiß auf der Beifahrerseite erfahrungsgemäß minimal größer als auf der Fahrerseite sein kann, ist es sinnvoll, das vordere Rad auf der Beifahrerseite abzunehmen.

- Rechtes Vorderrad zur Radnabe mit Farbe kennzeichnen, damit das ausgewuchtete Rad wieder in derselben Position montiert werden kann. Radschrauben lösen, dabei muß das Fahrzeug auf den Rädern stehen.
- Fahrzeug vorn aufbocken, Rad abnehmen.

Sicherheitshinweis:
Beim Aufbocken des Fahrzeugs besteht Unfallgefahr! Deshalb vorher das Kapitel »Fahrzeug aufbocken« durchlesen.

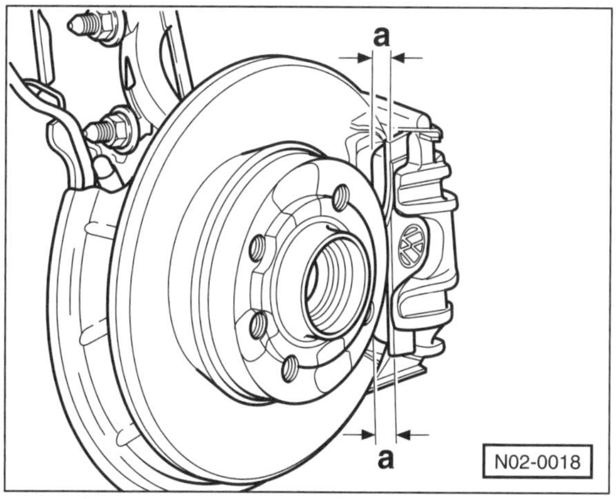

- Belagdicke –a–, einschließlich metallner Rückenplatte, am inneren und äußeren Belag mit einer Schieblehre messen.
- Die Verschleißgrenze der vorderen Scheibenbremsbeläge ist erreicht, wenn ein Belag nur noch eine Dicke –a– von **7 mm** (mit Trägerplatte) aufweist. In diesem Fall Bremsbeläge an der Vorderachse wechseln, siehe Seite 146.

● Vorderrad so ansetzen, daß die beim Ausbau angebrachten Markierungen übereinstimmen. Radschrauben **nicht** fetten oder ölen. Rad anschrauben. Fahrzeug ablassen und Radschrauben über Kreuz mit **120 Nm** festziehen.

Hinweis: Nach einer Faustregel entspricht 1 mm Bremsbelag einer Fahrleistung von mindestens 1000 km. Diese Faustregel gilt unter ungünstigen Bedingungen. Im Normalfall halten die Beläge viel länger. Bei einer Belagdicke der Scheibenbremsbeläge von 10,0 mm (mit Rückenplatte) beträgt die Restnutzbarkeit der Bremsbeläge also noch mindestens 3000 km.

Hinterrad-Scheibenbremse:

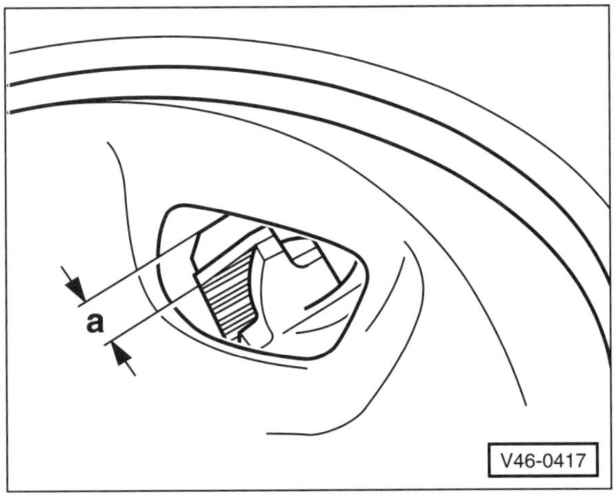

V46-0417

● Dicke der äußeren Bremsbeläge durch einen Durchbruch im Scheibenrad prüfen, falls erforderlich Lampe verwenden. Das Scheibenrad muß nicht abgenommen werden. Falls vorhanden, Radvollblende abziehen.

● Inneren Belag mit Hilfe einer Lampe und eines Spiegels sichtprüfen.

● Die Verschleißgrenze der Scheibenbremsbeläge ist erreicht, wenn ein Belag einschließlich der Trägerplatte nur noch eine Dicke –a– von **7 mm** aufweist.

Sichtprüfung der Bremsleitungen

● Fahrzeug aufbocken.

Sicherheitshinweis:
Beim Aufbocken des Fahrzeugs besteht Unfallgefahr! Deshalb vorher das Kapitel »Fahrzeug aufbocken« durchlesen.

● Verschmutzte Bremsleitungen reinigen.

Achtung: Die Bremsleitungen sind zum Schutz gegen Korrosion mit einer Kunststoffschicht überzogen. Wird diese Schutzschicht beschädigt, kann es zur Korrosion der Leitungen kommen. Daher dürfen Bremsleitungen nicht mit Drahtbürste oder Schmirgelleinen gereinigt werden.

● Bremsleitungen vom Hauptbremszylinder zur ABS-Hydraulikeinheit und den einzelnen Radbremsen mit Lampe anstrahlen und überprüfen. Der Hauptbremszylinder sitzt im Motorraum unter dem Vorratsbehälter für Bremsflüssigkeit.

● Bremsleitungen dürfen weder geknickt noch gequetscht sein. Auch dürfen sie keine Rostnarben oder Scheuerstellen aufweisen. Andernfalls Leitung bis zur nächsten Trennstelle ersetzen.

● Bremsschläuche verbinden die Bremsleitungen mit den Radbremszylindern an den beweglichen Teilen des Fahrzeugs. Sie bestehen aus hochdruckfestem Material, können aber mit der Zeit porös werden, aufquellen oder durch scharfe Gegenstände angeschnitten werden. In einem solchen Fall sind sie sofort zu ersetzen.

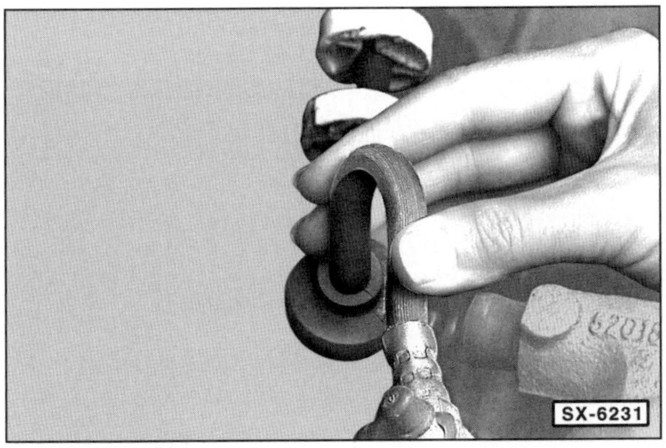
SX-6231

● Bremsschläuche mit der Hand hin- und herbiegen, um brüchige Stellen und Beschädigungen festzustellen. Die Schläuche dürfen nicht verdreht sein. Farbige Kennlinie beachten, falls vorhanden!

● Anschlußstellen von Bremsleitungen und -schläuchen dürfen nicht durch ausgetretene Flüssigkeit feucht sein.

● Lenkrad nach links und rechts bis zum Anschlag drehen. Die Bremsschläuche dürfen dabei in keiner Stellung Fahrzeugteile berühren.

● Fahrzeug ablassen.

● Lenkrad nochmals nach links und rechts bis zum Anschlag drehen und sicherstellen, daß die Bremsschläuche in keiner Stellung Fahrzeugteile berühren.

Bremsflüssigkeit wechseln

Erforderliches Sonderwerkzeug:

- Ringschlüssel für Entlüfterschrauben.
- Durchsichtiger Kunststoffschlauch und Auffangflasche.

Erforderliche Verschleißteile:

- Bremsflüssigkeit der Spezifikation **DOT 4**.
  Wechselmenge: ca. 2,0 l (0,4 bis 0,5 l je Bremssattel).

Achtung: Gebrauchte Bremsflüssigkeit nicht mehr einfüllen.

Sicherheitshinweis:
Vorsichtsmaßregeln beim Umgang mit Bremsflüssigkeit beachten, siehe Seite 160.

Achtung: Alte Bremsflüssigkeit ist ein Problemstoff und darf auf keinen Fall einfach weggeschüttet oder dem Hausmüll mitgegeben werden. Gemeinde- und Stadtverwaltungen informieren darüber, wo sich die nächste Problemstoff-Sammelstelle befindet.

Die Bremsflüssigkeit nimmt durch die Poren der Bremsschläuche sowie durch die Entlüftungsöffnung des Vorratsbehälters Luftfeuchtigkeit auf. Dadurch sinkt im Laufe der Betriebszeit der Siedepunkt der Bremsflüssigkeit. Bei starker Beanspruchung der Bremse kann es deshalb zu Dampfblasenbildung in den Bremsleitungen kommen, wodurch die Funktion der Bremsanlage stark beeinträchtigt wird.

Die Bremsflüssigkeit soll alle 2 Jahre, möglichst im Frühjahr, erneuert werden. Bei vielen Gebirgsfahrten, Bremsflüssigkeit in kürzeren Abständen wechseln.

In der Werkstatt wird die Bremse in der Regel mit einem Bremsenfüll- und Entlüftungsgerät entlüftet. Das Gerät füllt unter Druck neue Bremsflüssigkeit in den Vorratsbehälter ein, dabei muß das Bremspedal ständig betätigt sein. Es geht aber auch ohne das Entlüftungsgerät. Die Bremsanlage wird dann durch Pumpen mit dem Bremspedal entlüftet, dazu ist eine zweite Person notwendig.

Sicherheitshinweis, Fahrzeuge mit ABS:
Sinkt der Bremsflüssigkeitsstand im Ausgleichbehälter beim Entlüftungsvorgang zu tief ab, wird Luft angesaugt, die in die ABS-Hydraulikpumpe gelangt. Die Bremsanlage muß dann in der Werkstatt mit dem Entlüftergerät entlüftet werden. Bei Einbau eines neuen Bremsschlauchs ist die Anlage ebenfalls in der Werkstatt zu entlüften. Das Fahrzeug darf solange nicht gefahren werden.

Die Reihenfolge der Entlüftung: 1. Bremssattel hinten rechts, 2. Bremssattel hinten links, 3. Bremssattel vorn rechts, 4. Bremssattel vorn links.

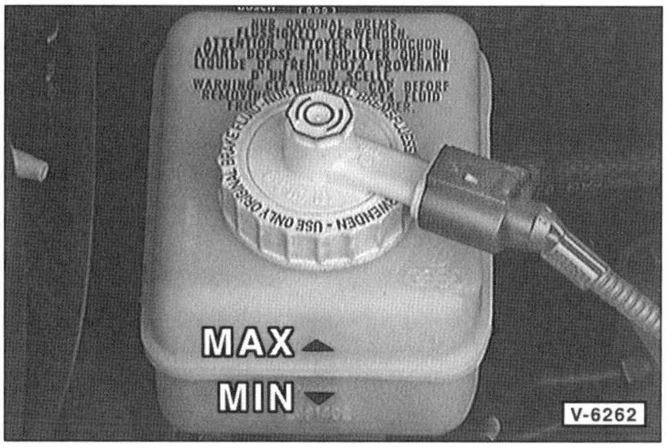

V-6262

- Bremsflüssigkeitsstand auf dem Vorratsbehälter mit Filzstift markieren. Nach Erneuern der Bremsflüssigkeit ursprünglichen Flüssigkeitsstand wieder herstellen. Dadurch wird ein Überlaufen des Bremsflüssigkeitsbehälters beim Wechsel der Bremsbeläge vermieden.
- Mit einer Absaugflasche aus dem Bremsflüssigkeitsbehälter Bremsflüssigkeit bis zu einem Stand von ca. 10 mm absaugen.
- **Fahrzeuge mit Schaltgetriebe:** Da die Kupplungsbetätigung mit Bremsflüssigkeit arbeitet, Kupplungsbetätigung entlüften, siehe Seite 243.

Achtung: Am Kupplungsnehmerzylinder sollen beim Entlüften mindestens **100 cm^3** (0,1 Liter) Bremsflüssigkeit herausgepumpt werden, damit die Bremsflüssigkeit erneuert wird.

- Vorratsbehälter bis zur MAX.-Marke mit **neuer** Bremsflüssigkeit füllen.

SX-6208

Achtung: Entlüftungsventile vorsichtig öffnen, damit sie nicht abgedreht werden. Es empfiehlt sich, die Ventile ca. 2 Stunden vor dem Entlüften mit Rostlöser einzusprühen. Bei festsitzenden Ventilen das Entlüften von einer Werkstatt vornehmen lassen.

- Am rechten hinteren Bremssattel sauberen, durchsichtigen Schlauch auf Entlüfterventil aufschieben, geeignetes Gefäß unterstellen. Damit das Entlüfterventil zugänglich wird, entweder Rad abnehmen, oder Fahrzeug auf eine Hebebühne oder Grube fahren.

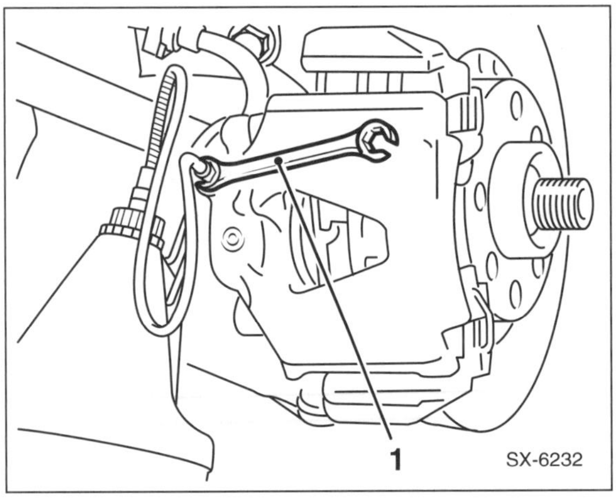

- Von Helfer das Bremspedal mehrmals durchtreten lassen, bis sich ein Gegendruck aufgebaut hat. Bremspedal getreten lassen, Entlüfterventil am rechten hinteren Bremssattel mit offenem Ringschlüssel –1– öffnen. Entlüfterschraube schließen, wenn das Pedal am Bodenblech anstößt. Fuß vom Bremspedal nehmen.

Achtung: Vorratsbehälter zwischendurch immer mit **neuer** Bremsflüssigkeit auffüllen. Er darf nie ganz leer sein, sonst gelangt Luft in das Bremssystem.

- Alte Bremsflüssigkeit aus den anderen Bremssätteln in der Reihenfolge – hinten rechts, hinten links, vorne rechts, vorne links – herauspumpen.

Achtung: Die abfließende Bremsflüssigkeit muß in jedem Fall klar und blasenfrei sein. An jedem Bremssattel sollen ca. **400 bis 500 cm^3** (½ Liter) Bremsflüssigkeit herausgepumpt werden.

- Nach dem Bremsflüssigkeitswechsel das Bremspedal betätigen und Leerweg prüfen. Der Leerweg darf maximal ⅓ des Pedalwegs betragen.
- Bremsflüssigkeit im Vorratsbehälter bis zum markierten Stand vor dem Bremsflüssigkeitswechsel auffüllen.
- Verschlußdeckel am Behälter aufschrauben.

Achtung, Sicherheitskontrolle durchführen:

- ◆ Sind die Bremsschläuche festgezogen?
- ◆ Befindet sich der Bremsschlauch in der Halterung?
- ◆ Sind die Entlüftungsschrauben angezogen?
- ◆ Ist genügend Bremsflüssigkeit eingefüllt?
- ◆ Bei laufendem Motor Dichtheitskontrolle durchführen. Hierzu Bremspedal mit 200 bis 300 N (entspricht 20 bis 30 kg) etwa 10 sec. betätigen. Das Bremspedal darf nicht nachgeben. Sämtliche Anschlüsse auf Dichtheit kontrollieren.

- Anschließend einige Bremsungen auf Straße mit geringem Verkehr durchführen. **Achtung:** Dabei auch mindestens eine Vollbremsung vornehmen, bei der die ABS-Regelung einsetzt, beispielsweise auf losem Untergrund. Die ABS-Regelung ist am Pulsieren des Bremspedals spürbar.

Reifenprofil prüfen

Die Reifen ausgewuchteter Räder nutzen sich bei gewissenhaftem Einhalten des vorgeschriebenen Fülldrucks und bei fehlerfreier Radeinstellung und Stoßdämpferfunktion auf der gesamten Lauffläche annähernd gleichmäßig ab. Bei ungleichmäßiger Abnutzung, siehe Störungsdiagnose im Kapitel »Reifen«. Im übrigen läßt sich keine generelle Aussage über die Lebensdauer bestimmter Reifenfabrikate machen, denn die Lebensdauer hängt von unterschiedlichen Faktoren ab:

- ■ Fahrbahnoberfläche
- ■ Reifenfülldruck
- ■ Fahrweise
- ■ Witterung

Vor allem sportliche Fahrweise, scharfes Anfahren und starkes Bremsen fördern den schnellen Reifenverschleiß.

Achtung: Die Rechtsprechung verlangt, daß Reifen lediglich bis zu einer Profiltiefe von 1,6 mm abgefahren werden dürfen, und zwar müssen die Profilrillen auf der gesamten Lauffläche noch mindestens 1,6 mm Tiefe aufweisen. Es empfiehlt sich jedoch, sicherheitshalber die Reifen bereits bei einer Mindestprofiltiefe von 2 mm auszutauschen.

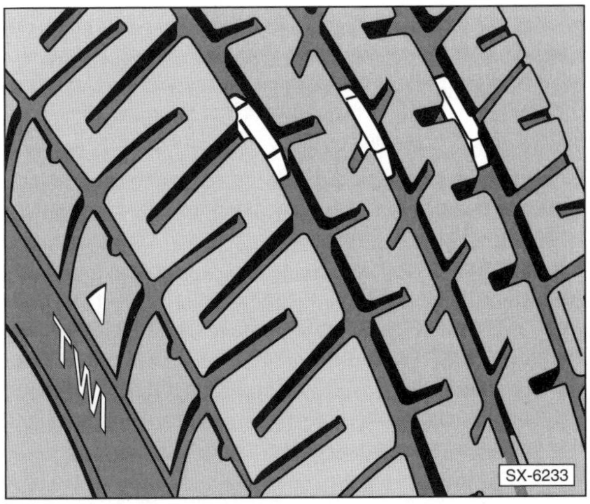

Nähert sich die Profiltiefe der gesetzlich zulässigen Mindestprofiltiefe, das heißt, weist der mehrmals am Reifenumfang angeordnete 1,6 mm hohe Verschleißanzeiger kein Profil mehr auf, müssen die Reifen gewechselt werden.

Achtung: M + S-Reifen haben auf Matsch und Schnee nur den gewünschten Grip, wenn ihr Profil noch mindestens 4 mm tief ist.

Achtung: Reifen auf Schnittstellen untersuchen und mit kleinem Schraubendreher Tiefe der Schnitte feststellen. Wenn die Schnitte bis zur Karkasse reichen, korrodiert durch eindringendes Wasser der Stahlgürtel. Dadurch löst sich unter Umständen die Lauffläche von der Karkasse, der Reifen platzt. Deshalb: Bei tiefen Einschnitten im Profil aus Sicherheitsgründen Reifen austauschen.

Reifenfülldruck prüfen

- Reifenfülldruck nur am kalten Reifen prüfen.
- Ventilkappe abschrauben.

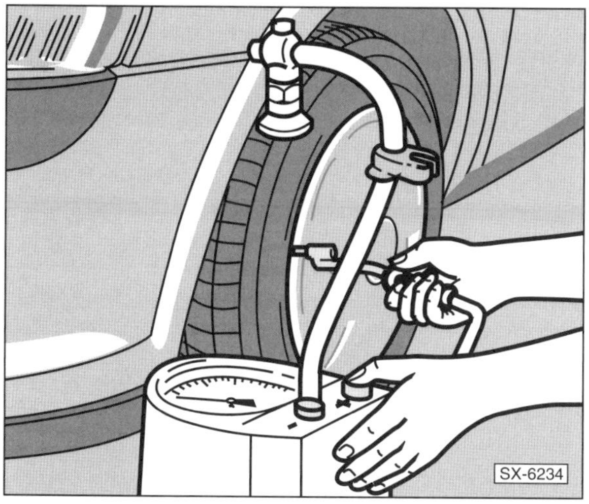

- Reifenfülldruck einmal im Monat sowie im Rahmen der Wartung (einschließlich Reserverad) prüfen.
- Zusätzlich sollte der Fülldruck vor längeren Autobahnfahrten kontrolliert werden, da hierbei die Temperaturbelastung für den Reifen am größten ist.
- Der richtige Fülldruck für die montierten Reifen steht auf einem Aufkleber an der Innenseite der Tankklappe.

Haltbarkeitsdatum des Reifendichtmittels prüfen

GOLF mit Erdgasanlage:

Das Reifendichtmittel befindet sich im Kofferraum auf der linken Seite.

GOLF R32

Das Reifendichtmittel befindet sich im Kofferraum, in der Reserveradmulde vorn.

Das Haltbarkeitsdatum steht auf einem Aufdruck auf der Dichtmittelflasche. Reifendichtmittel ersetzen wenn es älter als 3 Jahre ist.

Reifenventil prüfen

- Staubschutzkappe vom Ventil abschrauben.

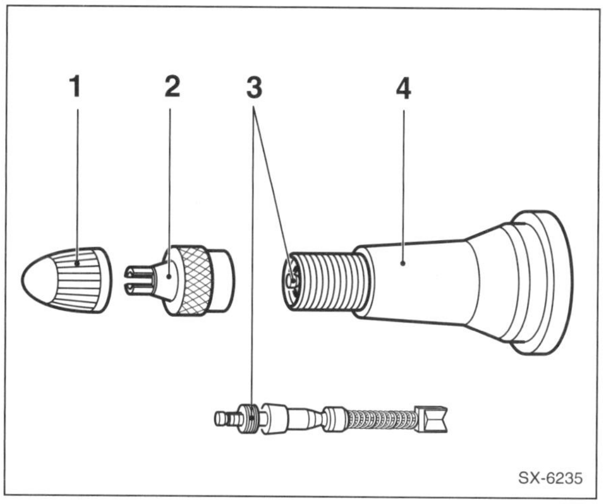

- Etwas Seifenwasser oder Speichel auf das Ventil geben. Wenn sich eine Blase bildet, Ventileinsatz –3– mit umgedrehter Metallschutzkappe –2– festdrehen.

Achtung: Zum Anziehen des Ventileinsatzes kann nur eine Metallschutzkappe –2– verwendet werden. Metallschutzkappen sind an der Tankstelle erhältlich. 1 – Gummischutzkappe, 4 – Ventil.

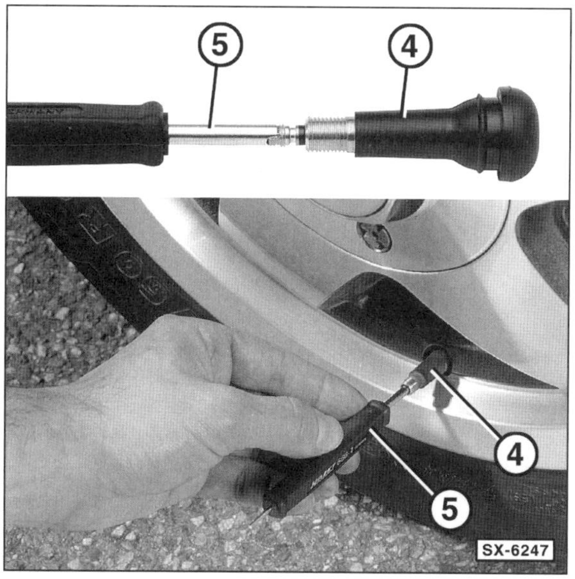

Hinweis: Anstelle der Metallschutzkappe kann auch das Werkzeug HAZET 666-1 –5– verwendet werden. 4 – Ventil.

- Ventil erneut prüfen. Falls sich wieder Blasen bilden oder das Ventil sich nicht weiter anziehen lässt, Ventil erneuern (Werkstattarbeit).
- Grundsätzlich Staubschutzkappe wieder aufschrauben.

- Sicherheitsgurte: Auf Beschädigungen prüfen.
- Airbageinheiten: Auf Beschädigungen prüfen.
- Unterbodenschutz auf Beschädigungen prüfen.
- Türfeststeller schmieren.
- Lüftung/Heizung: Staub-/Pollenfilter-Einsatz erneuern.
- Schiebedach: Führungsschienen reinigen und und mit VW-Fettspray G 000 450 02 einsprühen.
- Haltbarkeitsdatum des Verbandkastens prüfen, gegebenenfalls Verbandkasten ersetzen.

Sicherheitsgurte sichtprüfen

Achtung: Geräusche, die beim Aufrollen des Gurtbandes entstehen, sind funktionsbedingt. Auf keinen Fall darf zur Behebung von Geräuschen Öl oder Fett verwendet werden. Der Aufroll- und Gurtstrafferautomat darf aus Sicherheitsgründen nicht zerlegt werden.

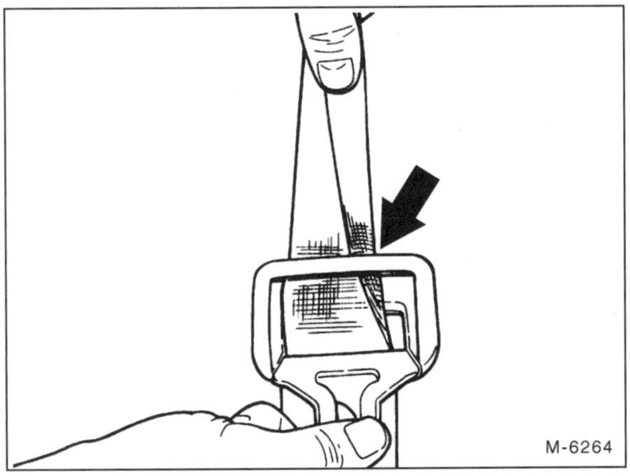

- Sicherheitsgurt ganz herausziehen und Gurtband auf durchtrennte Fasern prüfen.
- Beschädigungen können zum Beispiel durch Einklemmen des Gurtes oder durch brennende Zigaretten entstehen. In diesem Fall Gurt austauschen.
- Sind Scheuerstellen vorhanden, ohne daß Fasern durchtrennt sind, braucht der Gurt nicht ausgewechselt zu werden.
- Schwergängigen Gurt auf Verdrehungen prüfen, gegebenenfalls Verkleidung an der Mittelsäule ausbauen.
- Wenn die Aufrollautomatik nicht mehr funktioniert, Gurt auswechseln (Werkstattarbeit).
- Gurtbänder nur mit Seife und Wasser reinigen, keinesfalls Lösungsmittel oder chemische Reinigungsmittel verwenden.

Airbageinheiten sichtprüfen

Fahrer-Airbag

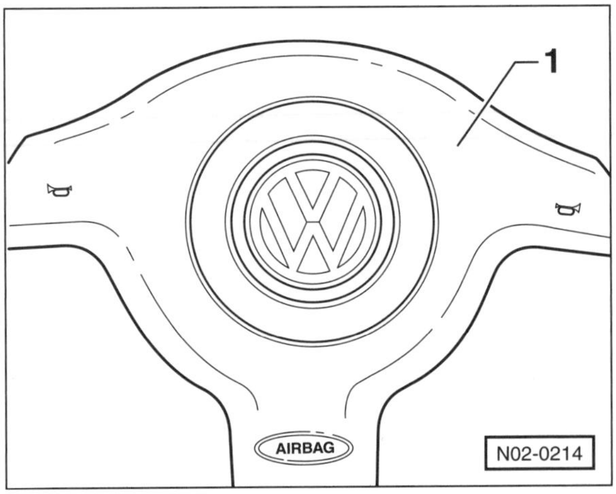

Beifahrer-Airbag

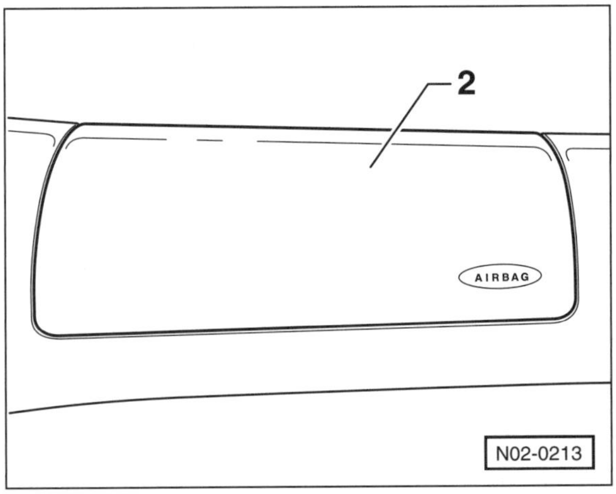

Erkennungsmerkmal für den Airbag ist der Schriftzug »AIRBAG« auf der Polsterplatte des Lenkrades –1–, beziehungsweise auf der Abdeckung –2– an der rechten Seite der Instrumententafel.

- Sichtprüfung der Airbagmodule durchführen. Sie dürfen keine äußeren Beschädigungen aufweisen.

Sicherheitshinweise:

- Die Abdeckungen der Airbag-Einheiten dürfen nicht beklebt, überzogen oder anderweitig verändert werden.
- Die Abdeckungen der Airbag-Einheiten dürfen nur mit einem trockenen oder mit Wasser angefeuchteten Lappen gereinigt werden.

Zusätzliche Hinweise:

- Bei Ausstattung mit Seitenairbags dürfen die Sitzlehnen nur mit speziellen, von VW freigegebenen Bezügen überzogen werden.
- Ein gegen die Fahrtrichtung angeordneter Babysitz auf dem Beifahrersitz darf nur eingebaut werden, wenn zuvor der Beifahrer-Airbag bei einer VW-Werkstatt deaktiviert wurde. Außerdem muß ein Warnschild (kein Babysitz vorn) an Türholm, Sonnenblende oder Armaturenbrett auf der rechten Fahrzeugseite vorhanden sein, sonst kann es bei einer polizeilichen Überprüfung zu einem Bußgeldverfahren kommen.

Türfeststeller schmieren

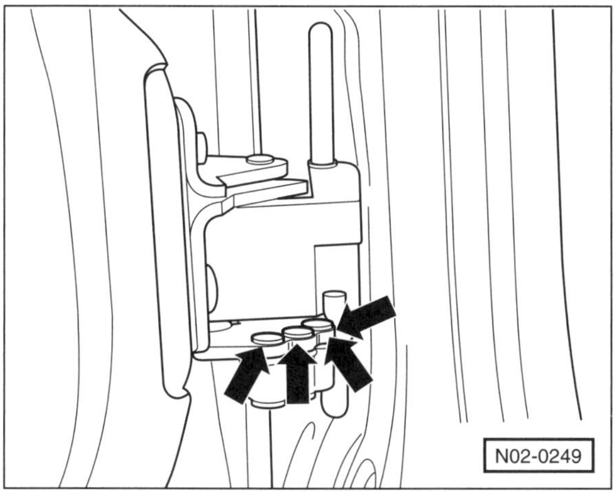

- Die Türfeststeller vorn und hinten nur an den mit –Pfeilen– gekennzeichneten Stellen mit Schmierfett VW-G 000 400 schmieren.

Staub-/Pollenfilter erneuern

Ausbau

- Motorhaube öffnen. Der Filter befindet sich am Ansaugstutzen für die Innenraumbelüftung unterhalb der Wasserkastenabdeckung rechts.

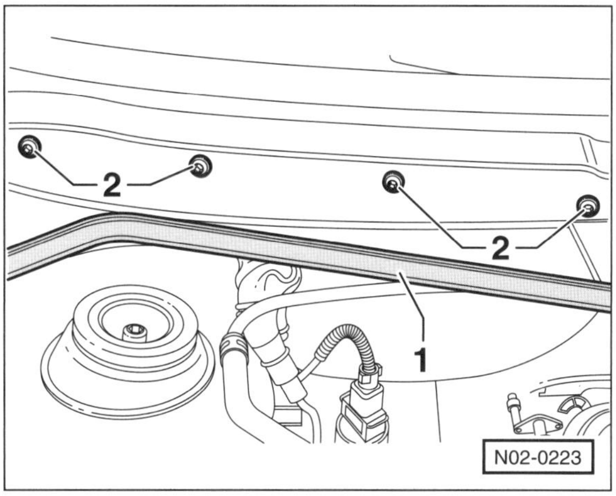

- Gummidichtung –1– bis zur Fahrzeugmitte nach oben vom Karosseriefalz abziehen.
- 4 Schrauben –2– herausdrehen und Wasserkastenabdeckung herausnehmen.

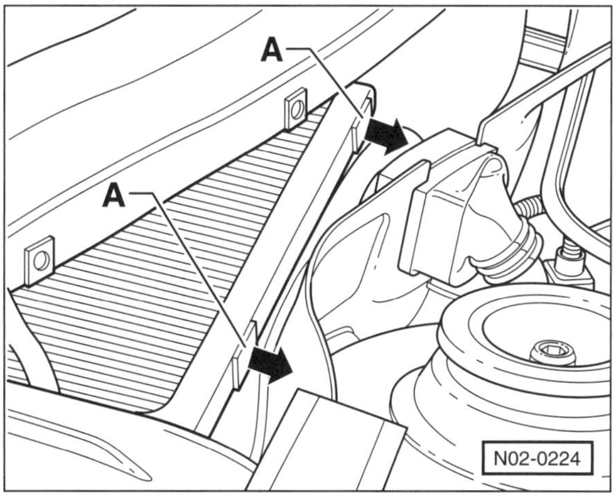

- Laschen –A– des Filtergehäuses in Pfeilrichtung drücken und Filtereinsatz mit Rahmen nach oben herausnehmen.
- Filtereinsatz aus dem Rahmen herausnehmen.

Einbau

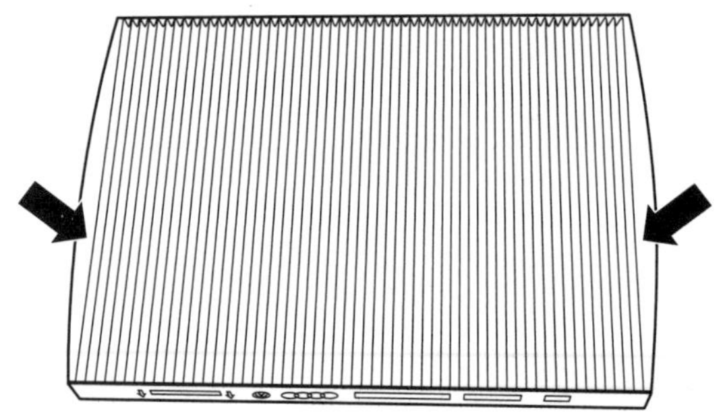

N02-0225

- Neuen Filtereinsatz so in den Rahmen einsetzen, daß der Rahmen links und rechts in der ersten Lamelle des Filtereinsatzes liegt –Pfeile–.

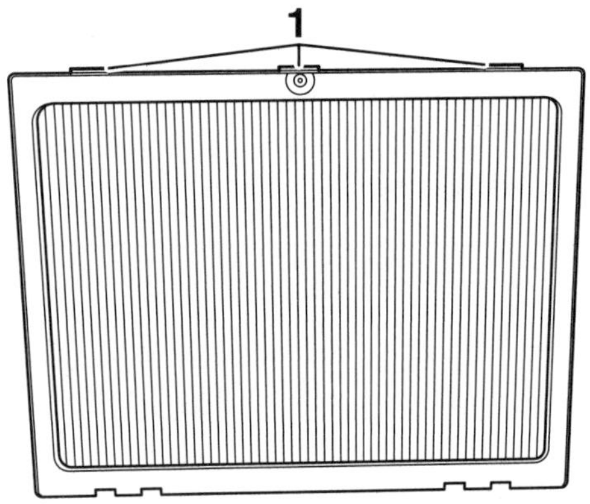

N02-0226

- Rahmen mit den Laschen –1– in die entsprechenden Aussparungen im Filtergehäuse einführen und Rahmen mit Filtereinsatz nach unten drücken.
- Wasserkastenabdeckung einsetzen und mit 4 Schrauben –2– befestigen, siehe Abbildung N02-0223.
- Gummidichtung auf den Karosseriefalz aufdrücken.

Achtung: Die Wasserkastenabdeckung muß ordnungsgemäß montiert sein, sonst dringt Wasser in die Heizung und den Innenraum ein.

Elektrische Anlage

- Alle Stromverbraucher: Funktion prüfen.
- Gegebenenfalls Scheinwerfer einstellen, siehe Seite 95.
- Batterie: Säurestand prüfen, gegebenenfalls destilliertes Wasser auffüllen.
- Frontscheibenwischer und Heckscheibenwischer: Wischergummis auf Verschleiß prüfen. Ruhestellung der Wischerblätter prüfen. Wenn Wischerblätter rubbeln, Anstellwinkel prüfen.
- Scheibenwaschanlage, Scheinwerfer-Waschanlage: Flüssigkeitsstand und Funktion prüfen, Düsenstellung kontrollieren, siehe Kapitel »Scheibenwischeranlage«.
- Fahrzeuge mit Telematik: Notstrombatterien ersetzen, siehe Seite 68.
- Service-Intervallanzeige im Instrumenteneinsatz zurücksetzen, siehe Seite 15.

Stromverbraucher prüfen

Folgende Funktionen prüfen, gegebenenfalls Fehler beheben. Je nach Ausstattung sind nicht alle Verbraucher vorhanden:

- Beleuchtung, Scheinwerfer, Nebellampen, Blinkleuchten, Warnblinkanlage, Schlußleuchten, Nebelschlußleuchte, Rückfahrleuchten, Bremsleuchten, Parklichtschaltung.
- Innen- und Leseleuchten (Abschaltautomatik für Innenleuchten vorn), beleuchteter Ablagekasten, beleuchteter Ascher, Kofferraumbeleuchtung, beleuchteter Zündschlüssel.
- Warnsummer für nicht ausgeschaltetes Licht und/oder Radio.
- Alle Schalter in der Konsole.
- Bordcomputer.
- Instrumenteneinsatz mit allen Anzeigen, Zählern, Leuchten und Beleuchtung.
- Doppeltonfanfare.
- Scheibenwisch-/Scheibenwaschanlage, Scheinwerferreinigungsanlage.
- Zigarrenanzünder.
- Elektrische Außenspiegel (beheizbar, einstellbar).
- Elektrische Fensterheber.
- Elektrisches Schiebe-/Ausstelldach.
- Zentralverriegelung, Funkfernbedienung, Komfortschließung.
- Beheizbare Sitze.
- Radio.

Batterie prüfen

Batterieklemmen/Batteriehalter auf festen Sitz prüfen

Hinweis: Sitzt die Batterie nicht fest oder sind die Klemmen nicht richtig angezogen, können vorzeitiger Ausfall der Batterie durch Rüttelschäden, ein Kabelbrand oder Funktionsstörungen in der elektrischen Anlage die Folge sein. Da bei nicht angeschlossener Batterie elektronische Speicher, beispielsweise Radiosender, gelöscht werden, Hinweise zum Batterieaus- und -einbau durchlesen, siehe Seite 61.

- Batterieklemmen hin- und herbewegen und festen Sitz prüfen, gegebenenfalls mit 5 Nm nachziehen.
- Sitzt die Batterie lose, Batterie-Befestigungsschraube mit **20 Nm** festziehen.

Batterie-Säurestand prüfen

Achtung: Falls eine Batterie mit »magischem Auge« eingebaut ist, Hinweise im Kapitel »Elektrische Anlage« beachten, siehe Seite 65.

Erforderliches Verschleißteil:

- Destilliertes Wasser.

Bei der serienmäßig eingebauten Batterie reicht die einmal eingefüllte Säuremenge normalerweise für die gesamte Lebensdauer der Batterie. Jedoch sollte bei hohen Außentemperaturen, nach dem Laden sowie bei der Wartung der Säurestand geprüft werden.

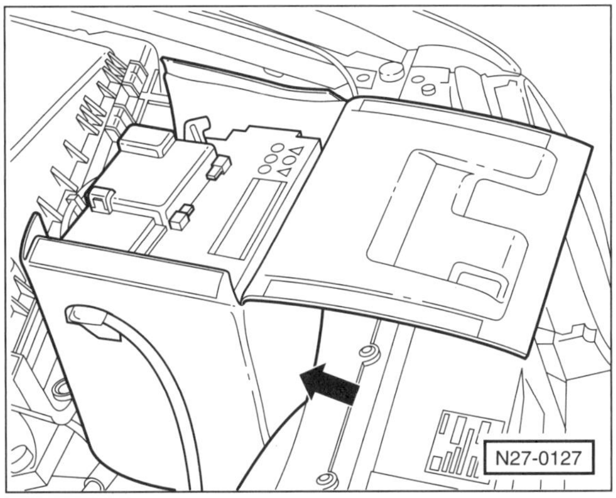

- Die Batterie befindet sich im Motorraum. Batterieschutzhülle –Pfeil– am Klettverschluß öffnen und Hülle nach unten drücken.

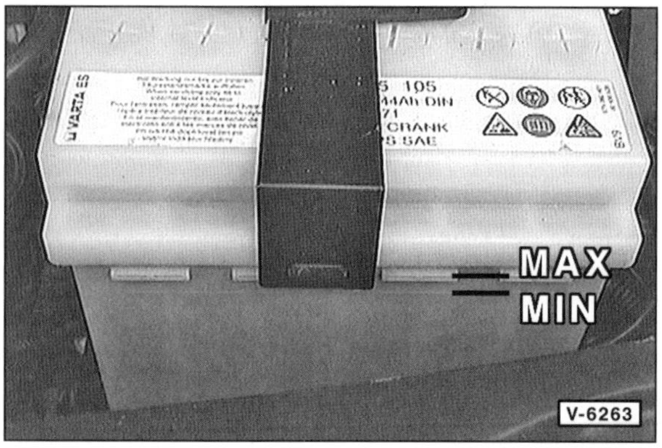

- Säurestand im durchsichtigen Batteriegehäuse von außen sichtprüfen. Nur wenn der Säurestand in einer Zelle unter die MIN-Markierung abgesunken ist, Batteriestopfen ausschrauben.

Achtung: Ist der Säurestand nicht erkennbar, Batteriestopfen ausschrauben und in die Zellen schauen. Nicht mit offener Flamme in die Batterie leuchten. Explosionsgefahr!

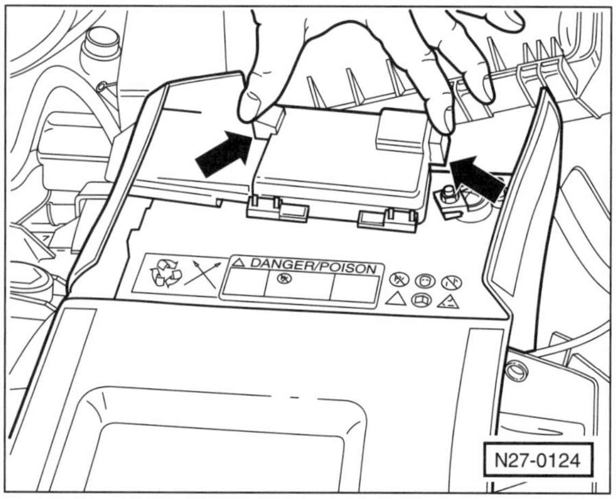

- Die mittleren Stopfen sind vom Haupt-Sicherungskasten verdeckt. Um den Sicherungskasten auszubauen, Laschen –Pfeile– zusammendrücken und Deckel aufklappen.

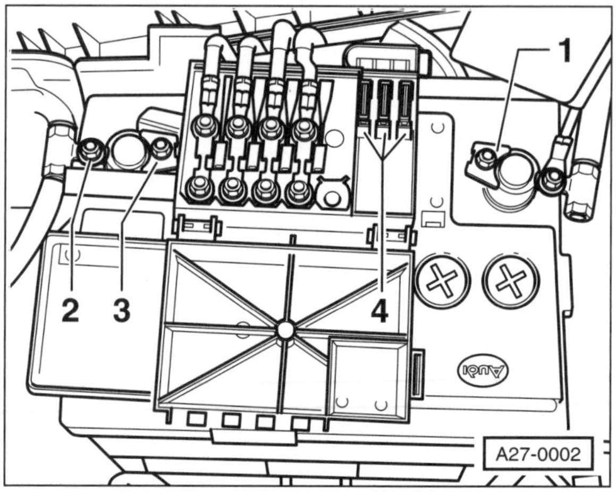

- Batterie-Massekabel (–) bei ausgeschalteter Zündung abschrauben –1–. **Achtung:** Dadurch werden elektronische Speicher gelöscht, wie zum Beispiel der Radiocode. Ohne Code kann das Radio nur vom Hersteller wieder in Betrieb genommen werden. Deshalb Hinweise im Kapitel »Batterie aus- und einbauen« durchlesen. 3 – Schraube für Pluskabel, muß nicht gelöst werden. 4 – Sicherungen.
- Sechskantmutter –2– herausdrehen und Haltewinkel des Haupt-Sicherungskastens aus dem Batteriegehäuse aushängen.
- Jede Zelle einzeln mit destilliertem Wasser bis zur MAX-Markierung auffüllen. Der Säurestand in Höhe des im Batterieinnern sichtbaren Kunststoffstegs liegen. Dies entspricht der äußeren MAX-Markierung.
- Stopfen einschrauben und festziehen.
- Haupt-Sicherungskasten einsetzen und mit Sechskantmutter –2– befestigen.
- Anschließend Batterie laden, siehe Seite 66.
- Bei Verdacht auf eine defekte Batterie, Ruhespannung messen, siehe Seite 65.
- Batterie-Massekabel (–) anklemmen. **Achtung:** Radiocode eingeben, elektrische Fensterheber sowie Zeituhr einstellen, siehe Kapitel »Batterie aus- und einbauen«.
- Batterieschutzhülle am Klettverschluß zusammendrücken.

Scheibenwischerarme einstellen

Erforderliches Sonderwerkzeug:

- Nur wenn Wischerblätter Geräusche machen: Spezialwerkzeug HAZET 4851-1 oder VW-3358.

Ruhestellung prüfen

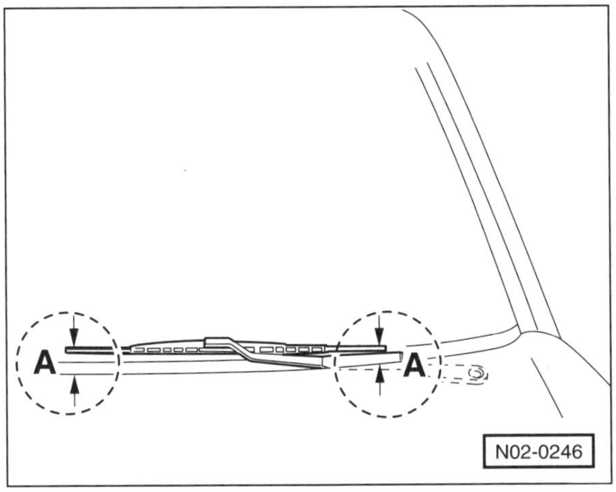

- **Windschutzscheibe:** Bei ausgeschaltetem Wischer den Abstand zwischen Wischergummi und Scheibenunterkante prüfen. Der Abstand –A–, gemessen an den Wischblattenden, soll an der Fahrerseite und Beifahrerseite **20 bis 30 mm** betragen.

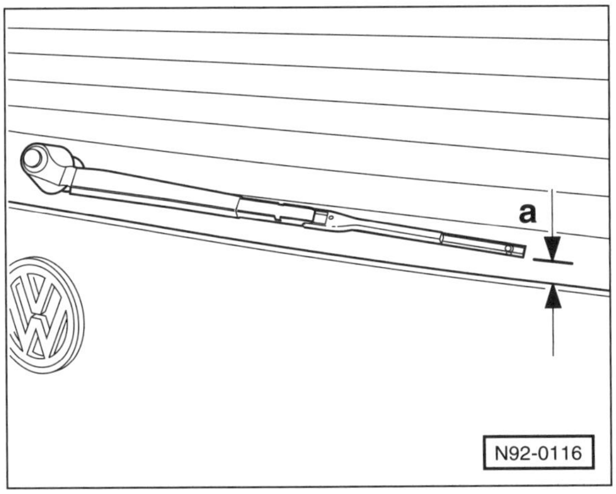

- **Heckscheibe:** Bei ausgeschaltetem Wischer soll das Wischerblatt den Abstand –a– = **25 mm** haben, gemessen ab der Glasunterkante.
- Gegebenenfalls Wischerarm ausbauen und entsprechend versetzen, siehe Seite 78.

Anstellwinkel prüfen

Achtung: Anstellwinkel nur prüfen, wenn die Wischerblätter rubbeln oder Geräusche machen.

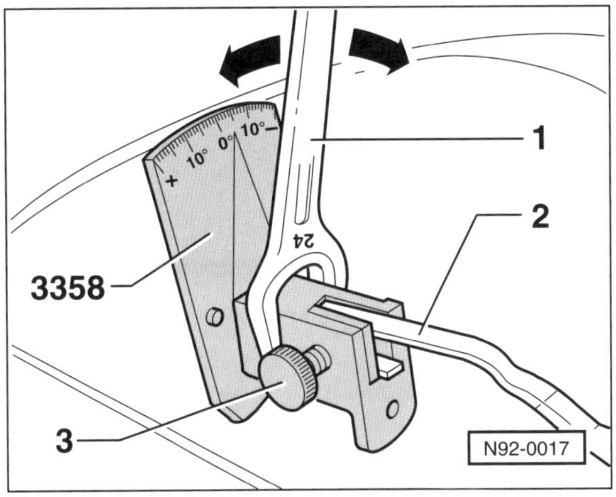

- Wischerarme in Ruhestellung bringen und Wischerblatt ausbauen, siehe Seite 76.
- Wischerarm –2– in Spezialwerkzeug HAZET 4851-1 (oder VW-3358) einlegen und mit Schraube –3– arretieren.
- Wischerarm mit Gabelschlüssel SW24 –1– vorsichtig verdrehen, bis an der Skala der Sollwert angezeigt wird, eine Abweichung von ± 2° ist zulässig:
  Sollwerte Fahrerseite: . . . . . . –8,5°
  Beifahrerseite: . . . . . . –1°
  Heckwischer: . . . . . . 0°
- Anschließend Werkzeug abbauen und nochmals neu aufsetzen und arretieren. Einstellwert prüfen, gegebenenfalls nochmals korrigieren.
- Wischerblatt einbauen und Wischanlage auf rubbelfreies Wischen prüfen.

Wagenpflege

Aus dem Inhalt:

- Fahrzeug waschen
- Lackierung pflegen
- Unterbodenschutz
- Hohlraumkonservierung
- Polster reinigen
- Lackschäden ausbessern
- Werkzeugausrüstung
- Motorstarthilfe
- Fahrzeug abschleppen

Fahrzeug waschen

Aus Umweltschutzgründen ist es in den meisten Gemeinden verboten, Fahrzeuge auf öffentlichen Plätzen zu waschen. Wird das Auto sehr oft in einer automatischen Waschanlage gewaschen, hinterlassen die rotierenden Waschbürsten Schleifspuren auf dem Lack. Diese lassen sich verhindern, wenn man den Wagen von Hand in einer entsprechenden Waschanlage wäscht.

- Vogelkot, tote Insekten, Baumharze, Teerflecken, Streusalze und andere aggressive Ablagerungen sofort abwaschen, da sie ätzende Bestandteile enthalten, die Lackschäden verursachen.
- Beim Waschen reichlich Wasser verwenden. Lackierung nicht scharf abspritzen. Mit einem weichen Schwamm oder Waschhandschuh beziehungsweise einer weichen Bürste auf dem Dach beginnend von oben nach unten mit geringem Druck reinigen; Schwamm oft ausspülen.
- Waschmittel nur bei hartnäckiger Verschmutzung verwenden. Mit klarem Wasser gründlich nachspülen, um die Reste des Waschmittels zu entfernen. Bei regelmäßiger Benutzung von Waschmitteln muß öfter konserviert werden. Dem Waschwasser kann ein Konservierungsmittel beigegeben werden.
- In die Eintrittsöffnungen der Belüftungsanlage nur mit einem schwachen Strahl sprühen.
- Zum Abtrocknen sauberes Leder verwenden. Verschiedene Leder für Lack- und Fensterflächen verwenden, da Konservierungsmittelrückstände auf den Scheiben zu Sichtbehinderungen führen.
- Durch Streusalze besonders gefährdet sind alle innenliegenden Falze, Flansche und Fugen an Türen und Hauben. Diese Stellen müssen deshalb bei jedem Wagenwaschen – auch nach der Wäsche in automatischen Waschstraßen – mit einem Schwamm gründlich gereinigt und anschließend abgespült und abgeledert werden.
- Wagen niemals in der Sonne waschen oder trocknen. Wasserflecken sind sonst unvermeidlich.

Achtung: Nach der Wagenwäsche Bremsscheiben kurz trockenbremsen, da sich durch Nässe eine verringerte Bremswirkung ergibt.

Lackierung pflegen

Konservieren: So oft wie nötig soll die sauber gewaschene und getrocknete Lackierung mit einem Konservierungsmittel behandelt werden, um die Oberfläche durch eine porenschließende und wasserabweisende Wachsschicht gegen Witterungseinflüsse zu schützen. Auch wenn regelmäßig Waschkonservierer verwendet wird, empfiehlt es sich, den Lack mindestens zweimal im Jahr mit Hartwachs zu schützen.

Übergelaufenen Kraftstoff, übergelaufenes Öl oder Fett, beziehungsweise übergelaufene Bremsflüssigkeit **sofort entfernen,** sonst kommt es zu Lackverfärbungen.

Spätestens, wenn Wasser nicht mehr deutlich vom Lack abperlt, muß konserviert werden. Der Lack trocknet sonst aus.

Eine weitere Möglichkeit, den Lack zu konservieren, bieten Waschkonservierer. Waschkonservierer schützen die Lackierung jedoch nur ausreichend, wenn sie bei **jeder** Wagenwäsche verwendet werden und der zeitliche Abstand zwischen 2 Wäschen nicht mehr als 2 bis 3 Wochen beträgt. Nur Lackkonservierer verwenden, die Carnauba- oder synthetische Wachse enthalten.

Polieren: Polieren ist nur dann erforderlich, wenn der Lack infolge mangelhafter Pflege beziehungsweise unter der Einwirkung von Umwelteinflüssen unansehnlich geworden ist und sich durch eine Behandlung mit Konservierungsmitteln kein Glanz mehr erzielen läßt. Zu warnen ist vor stark schleifenden oder chemisch stark angreifenden Poliermitteln, auch wenn der erste Versuch damit noch so sehr zu überzeugen scheint.

Vor jedem Polieren muß der Wagen sauber gewaschen und sorgfältig abgetrocknet werden. Im übrigen ist nach der Gebrauchsanweisung für das Poliermittel zu verfahren.

Die Bearbeitung soll in nicht zu großen Flächen erfolgen, um ein vorzeitiges Eintrocknen der Politur zu vermeiden. Bei manchen Poliermitteln muß anschließend noch konserviert werden. Nicht in der prallen Sonne polieren!

Kunststoffteile und matt lackierte Teile dürfen nicht mit Konservierungs- oder Poliermitteln behandelt werden, da sich sonst Flecken bilden.

Teerflecke entfernen: Frische Teerflecke können mit einem in Waschbenzin getränkten weichen Lappen entfernt werden. Notfalls kann auch Tankstellenbenzin, Petroleum oder Terpentinöl verwendet werden. Sehr gut gegen Teerflecke eignet sich auch ein Lackkonservierer. Bei Verwendung dieses Mittels kann auf ein Nachwaschen verzichtet werden.

Insekten entfernen: Insekten enthalten aggressive Stoffe, die den Lackfilm beschädigen können. Deshalb sofort mit lauwarmer Seifen- oder Waschmittellösung abwaschen. Es gibt auch spezielle Insekten-Entferner.

Baumaterial-Spritzer entfernen: Spritzer jeglichen Baumaterials mit lauwarmem, neutralem Waschmittel abwaschen. Nur leicht reiben, da sonst die Lackierung zerkratzt werden kann. Nach dem Waschen mit klarem Wasser nachspülen.

Kunststoffteile pflegen: Kunststoffteile, Kunstledersitze, Himmel, Leuchtengläser sowie mattschwarz gespritzte Teile mit Wasser und eventuell einem Shampoo-Zusatz säubern, Himmel nicht durchfeuchten. Kunststoffteile gegebenenfalls mit Kunststoffreiniger behandeln.

Scheiben reinigen: Schnee und Eis von Scheiben und Spiegeln nur mit einem Kunststoffschaber entfernen. Um Kratzer durch Schmutz zu vermeiden, sollte der Schaber nicht vor- und zurückbewegt, sondern nur geschoben werden. Fensterscheiben innen und außen mit sauberem, weichem Lappen abreiben. Bei starker Verschmutzung helfen Spiritus oder Salmiakgeist und lauwarmes Wasser oder auch ein spezieller Scheibenreiniger. Beim Reinigen der Windschutzscheibe Scheibenwischerarm nach vorn klappen.

Bei der Reinigung der Windschutzscheibe sind auch die Wischerblätter zu säubern.

Achtung: Bei Verwendung silikonhaltiger Mittel dürfen die zur Reinigung der Lackierung verwendeten Waschbürsten, Schwämme, Lederlappen und Tücher nicht für die Scheiben verwendet werden. Beim Einsprühen der Lackierung mit silikonhaltigen Pflegemitteln sollten die Scheiben mit Pappe oder anderem Material abgedeckt werden.

Gummidichtungen pflegen: Gummidichtungen durch Einpudern der Dicht- und Gleitflächen mit Talkum oder Besprühen mit Silikonspray geschmeidig halten. So werden auch quietschende oder knarrende Geräusche beim Türenschließen vermieden. Auch das Einreiben der betreffenden Flächen mit Schmierseife beseitigt die Geräusche.

Reifen reinigen: Reifen nicht mit einem Dampfstrahlgerät reinigen. Wird die Düse des Dampfstrahlers zu nahe an den Reifen gehalten, wird dessen Gummischicht innerhalb weniger Sekunden irreparabel zerstört, selbst bei Verwendung von kaltem Wasser. Ein auf diese Weise gereinigter Reifen sollte sicherheitshalber ersetzt werden.

Leichtmetall-Scheibenräder mit Felgenreiniger und Bürste reinigen, jedoch keine aggressiven, säurehaltigen, stark alkalischen und rauhen Reinigungsmittel oder Dampfstrahler über +60° C verwenden.

Sicherheitsgurte nur mit milder Seifenlauge in eingebautem Zustand säubern, nicht chemisch reinigen, da dadurch das Gewebe zerstört werden kann. Automatikgurte nur in trockenem Zustand aufrollen.

Unterbodenschutz/ Hohlraumkonservierung

Die Fahrzeugunterseite einschließlich der Radkästen ist mit Unterbodenschutz beschichtet. Die besonders stark gefährdeten Bereiche in den Radläufen sind mit Kunststoffschalen gegen Steinschlag geschützt. Darüber hinaus wurden korrosionsgefährdete Karosserieteile aus verzinktem Blech hergestellt. Vor der kalten Jahreszeit und nach einer Unterbodenwäsche sollte der Unterbodenschutz kontrolliert und gegebenenfalls ausgebessert werden.

Im Schleuderbereich des Unterbaues können sich Staub, Lehm und Sand ablagern. Den angesammelten Schmutz entfernen, zumal er während der Winterzeit auch noch mit Streusalz angereichert sein kann.

Motorwäsche/Motorraum konservieren: Vor und nach der Streusalzperiode sollte der Motorraum gereinigt und anschließend konserviert werden. Motorwäsche nur bei ausgeschalteter Zündung durchführen. Vor der Motorwäsche, die zum Beispiel mit Kaltreiniger und einem Dampfstrahlgerät durchgeführt werden kann, Generator, Sicherungskasten und Bremsflüssigkeitsbehälter mit Plastikhüllen abdecken.

Nach jeder Motorwäsche die Gelenkbereiche der Motorregulierung schmieren und den Motorraum einschließlich der im Motorraum befindlichen Teile der Bremsanlage, Achselemente mit Lenkung sowie Karosserieteile und Hohlräume mit einem hochwertigen Konservierungswachs einsprühen. Dabei den Keil- und Zahnriementrieb vor Wachs schützen.

Polsterbezüge pflegen/reinigen

Textilbezüge: Polsterbezüge mit Staubsauger und Bürste reinigen. Bei starker Verschmutzung Textilbezüge mit Trockenschaum reinigen.

Fett- und Ölflecke mit Reinigungsbenzin oder Fleckenwasser behandeln. Das Reinigungsmittel darf aber nicht unmittelbar auf den Stoff gegossen werden, da sich sonst unweigerlich Ränder bilden. Fleck durch kreisförmiges Reiben von außen nach innen bearbeiten. Andere Verschmutzungen lassen sich meistens mit lauwarmem Seifenwasser entfernen.

Lederbezüge: Bei starker Sonneneinstrahlung und längerer Standzeit Sitze abdecken, damit sie nicht ausbleichen.

Baumwoll- oder Wollappen mit Wasser leicht anfeuchten und Lederflächen säubern, ohne das Leder oder die Nahtstellen zu durchfeuchten. Stärker verschmutzte Lederflächen mit einem milden Feinwaschmittel ohne Aufheller (2 Eßlöffel auf 1 Liter Wasser) reinigen. Fett- und Ölflecke vorsichtig ohne Reiben mit Reinigungsbenzin abtupfen. Anschließend mit einem trockenen, weichen Tuch nachwischen.

Die gereinigten (lackierten) Lederpolster sollten anschließend mit einem handelsüblichen Pflegemittel für Lederflächen behandelt werden. Solche Mittel sind bei den Fachwerkstätten und im Autofachhandel erhältlich. Das Mittel vor Gebrauch gut schütteln und mit einem weichen Lappen dünn auftragen. Nach dem Eintrocknen mit einem sauberen und weichen Tuch nachreiben. Diese Behandlung empfiehlt sich bei normaler Beanspruchung alle 6 Monate.

Steinschlagschäden ausbessern

Ausbeul- und Lackierarbeiten an der Autokarosserie setzen Erfahrung über den Werkstoff und dessen Bearbeitung voraus. Derartige Fertigkeiten werden in der Regel erst durch eine langjährige Praxis erreicht. Aus diesem Grund wird hier nur das Ausbessern von kleineren Lackschäden erläutert.

Zum Nachlackieren wird unbedingt dieselbe Lackfarbe benötigt, denn selbst kleinste Farbunterschiede fallen nach Abschluß der Arbeiten sofort ins Auge. Der jeweilige Fahrzeug-Farbton wird vom Hersteller durch die Lacknummer auf dem Fahrzeugdatenträger vermerkt, siehe Seite 12.

Treten dennoch Differenzen zwischen dem Originallack und dem Reparaturlack auf, dann liegt das daran, daß Fahrzeug-Lackierungen sich durch Alterung, ultraviolette Sonnenbestrahlung, extreme Temperaturdifferenzen, Witterungsbedingungen und chemische Einflüsse wie beispielsweise Industrieabgase mit der Zeit verändern. Außerdem können Oberflächenschäden, Farbveränderungen und Ausbleichen des Lackes eintreten, wenn Reinigung und Lackpflege mit ungeeigneten Mitteln durchgeführt wurden.

Die Metallic-Lackierung besteht aus 2 Schichten, dem Metallic-Grundlack und der farblosen Decklackierung. Beim Lackieren wird der Klarlack über den feuchten Grundlack gespritzt. Die Gefahr von Farbdifferenzen bei der nachträglichen Metallic-Lackierung ist besonders groß, da hier schon die unterschiedliche Viskosität des Reparaturlackes gegenüber dem Originallack zu Farbverschiebungen führt.

Es lohnt sich, auch kleinste Lackschäden regelmäßig zu beseitigen, da auf diese Weise Rostschäden und größere Reparaturen vermieden werden.

Für kleine Kratzer und Steinschläge, die lediglich den Decklack abgesplittert haben, also nicht bis aufs blanke Blech vorgedrungen sind, genügt im allgemeinen der Lackstift.

- Tiefere Steinschlagschäden, die schon kleine Rostnarben gebildet haben, mit einem »Rostradierer« beziehungsweise einem Messer oder einem kleinen Schraubendreher auskratzen, bis das blanke Blech erscheint. Wichtig ist, daß keine auch noch so kleine Roststelle mehr sichtbar ist. Bei »Rostradierern« handelt es sich um kleine Kunststoffhülsen, die zum Auskratzen des Rostes kurze Drahtborsten besitzen.
- Die blanken Stellen müssen einwandfrei trocken und fettfrei sein. Dazu Reparaturstelle sowie umgebenden Lack mit Silikonentferner reinigen.
- Auf die blanke Metallfläche mit einem dünnen Pinsel etwas Lackgrundierung (»Primer«) auftragen. Da das Grundiermittel meist in Sprühdosen erhältlich ist, etwas Grundiermittel in den Deckel der Dose sprühen und Pinsel dort eintauchen.
- Nachdem die Grundierung trocken ist, Stelle mit Tupflack ausbessern. Bei den Tupflackdosen ist der Pinsel bereits im Deckel integriert. Falls nur eine Spraydose mit der entsprechenden Farbe zur Verfügung steht, etwas Farbe in den Deckel der Dose sprühen und anschließend Lack mit einem dünnen Wasserfarbenpinsel auftragen. Dabei in einem Arbeitsgang immer nur eine dünne Lackschicht anbringen, damit der Lack nicht herunterlaufen kann. Anschließend Farbe gut trocknen lassen. Vorgang so oft wiederholen, bis der Krater ausgefüllt ist und die ausgebesserte Stelle gegenüber der umgebenden Lackfläche keine Vertiefung mehr bildet.

Werkzeugausrüstung

Langfristig zahlt es sich immer aus, wenn man qualitativ hochwertiges Werkzeug kauft. Neben einer Grundausstattung mit Maul- und Ringschlüsseln in den gängigen Größen und verschiedenen Torxschraubendrehern sowie einem Satz Steckschlüssel empfiehlt sich auch der Kauf eines Drehmomentschlüssels. Darüber hinaus ist bei manchen Arbeitsgängen der Einsatz von Spezialwerkzeug zwingend erforderlich.

Gutes und stabiles Werkzeug wird von der Firma HAZET (42804 Remscheid, Postfach 100461) angeboten. In den Tabellen sind die Werkzeuge mit der HAZET-Bestellnummer aufgeführt. Vertrieben wird das Werkzeug über den Fachhandel.

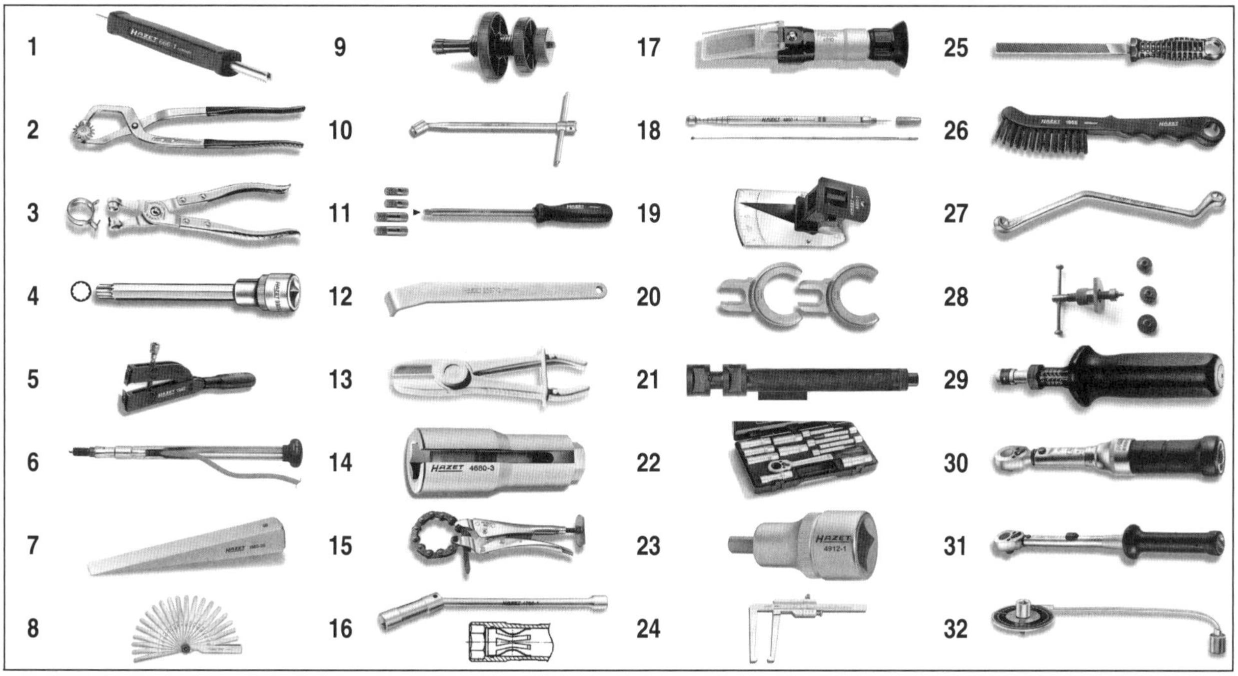

Abb.	Werkzeug	Hazet-Nr.
1	Ventildreher für Reifenventile	666-1
2	Bremsfedernzange	797
3	Zange für Federbandschellen der Kühlmittelschläuche	798-5
4	Innenvielzahnschlüssel für Zylinderkopfschrauben 1,6-l-Motor (100 PS)	990 S Lg-12
5	Klemmzange für Edelstahlhaltebänder der Gelenkwellenmanschetten	1847
6	Zündkerzenstecker-Abzieher	1849-6
7	Montagekeil	1965-20
8	Fühlerblattlehre 0,05 – 1,0 mm	2147
9	Kupplungs-Zentrierwerkzeug	2174
10	Gelenk-Steckschlüssel für Ölwannenausbau	2528-10
11	Führungsbolzen Zylinderkopf	2571/5
12	Zweilochmutterndreher für Zahnriemenspannrolle	2587-2
13	Abklemmzangen-Satz	4590/3
14	Steckschlüssel für Lambdasonde	4680-3
15	Ketten-Abgasrohrschneider	4682
16	Zündkerzenschlüssel	4766-1
17	Meßgerät für Säuredichte und Frostschutzanteil	4810 B

Abb.	Werkzeug	Hazet-Nr.
18	Spritzdüseneinsteller für Scheibenwaschanlage	4850-1
19	Winkeleinsteller für Scheibenwischerarme	4851-1
20	Federspanner-Spannplatten-Paar für den GOLF vorn/hinten	4900-11/-10
21	Spanngerät für Schraubenfedern der Federbeine	4900-2A
22	Schlüsselsatz für Stoßdämpferwechsel vorn/hinten	4910/13
23	Spreizer für den Ausbau des vorderen Federbeins	4912-1
24	Bremsscheiben-Meßschieber	4956-1
25	Bremssattelfeile	4968-1
26	Bremssatteldrahtbürste	4968-3
27	Entlüftungsschlüssel Bremse	4968-8
28	Bremskolbenrücksetzvorrichtung für Hinterrad-Scheibenbremse	4970/6
29	Drehmomentschlüssel 1 – 6 Nm	6003 CT
30	Drehmomentschlüssel 4 – 40 Nm	6109-2 CT
31	Drehmomentschlüssel 40 – 200 Nm	6122–1CT
32	Winkelscheibe für drehwinkelgesteuerten Schraubenanzug	6690

Motorstarthilfe

Sicherheitshinweise

Werden die vorgeschriebenen Anschlusshinweise nicht genau eingehalten, besteht die Gefahr der Verätzung durch austretende Batteriesäure. Außerdem können Verletzungen oder Schäden durch eine Batterieexplosion entstehen oder Defekte an der Fahrzeugelektrik auftreten.

- Batterieflüssigkeit von Augen, Haut, Gewebe und lackierten Flächen fern halten. Die Flüssigkeit ist ätzend. Säurespritzer sofort mit klarem Wasser gründlich abspülen. Gegebenenfalls einen Arzt aufsuchen.
- Keine Funken oder offenen Flammen in Batterienähe, da aus der Batterie brennbare Gase austreten können.
- Augenschutz tragen.
- Darauf achten, daß die Starthilfekabel nicht durch drehende Teile wie zum Beispiel den Kühlerventilator beschädigt werden.

- Die Starthilfekabel sollten einen Leitungsquerschnitt von 25 mm^2 aufweisen und mit isolierten Kabelzangen ausgestattet sein. In der Regel ist der Leitungsquerschnitt auf der Packung der Starthilfekabel angegeben.
- Bei beiden Batterien muß die Spannung 12 Volt betragen. Die Kapazität der stromgebenden Batterie darf nicht wesentlich unter der der entladenen Batterie liegen.
- Falls vorhanden, Deckel über der Fahrzeugbatterie öffnen.
- Eine entladene Batterie kann bereits bei –10° C gefrieren. Vor Anschluß der Starthilfekabel muß eine gefrorene Batterie unbedingt aufgetaut werden.
- Die entladene Batterie muß ordnungsgemäß am Bordnetz angeklemmt sein.
- Wenn möglich, Säurestand der entladenen Batterie prüfen, gegebenenfalls destilliertes Wasser auffüllen und Batterie verschließen.
- Fahrzeuge so weit auseinander stellen, daß kein metallischer Kontakt besteht. Andernfalls könnte bereits beim Verbinden der Pluspole ein Strom fließen.
- Bei beiden Fahrzeugen Handbremse anziehen. Schaltgetriebe in Leerlaufstellung, automatisches Getriebe in Parkstellung »P« schalten.
- Alle Stromverbraucher, auch das Autotelefon, ausschalten.
- Grundsätzlich Motor des Spenderfahrzeuges ca. 1 Minute vor dem Startvorgang und während des Startvorganges mit Leerlaufdrehzahl drehen lassen. Dadurch wird eine Beschädigung des Generators durch Spannungsspitzen beim Startvorgang vermieden.
- Starthilfekabel in folgender Reihenfolge anschließen:
  1. Rotes Kabel –1– an den Pluspol (+) der entladenen Batterie –A– anklemmen.
  2. Das andere Ende des roten Kabels an den Pluspol (+) der stromgebenden Batterie –B– anklemmen.
  3. Schwarzes Kabel –2– an den Minuspol (–) der stromgebenden Batterie anklemmen.

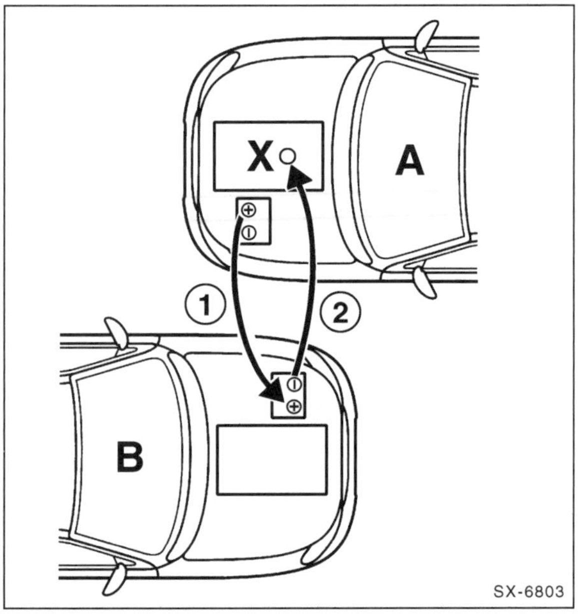

4. Das andere Ende des schwarzen Kabels an eine gute Massestelle –X– des Empfängerfahrzeuges anschließen. **Achtung: Nicht an den Minuspol (–) der leeren Batterie.** Am besten eignet sich ein mit dem Motorblock verschraubtes Metallteil. Unter ungünstigen Umständen könnte beim Anschließen des Kabels an den Minuspol der leeren Batterie, durch Funkenbildung und Knallgasentwicklung, die Batterie explodieren.

Achtung: Die Klemmen der Starthilfekabel dürfen bei angeschlossenen Kabeln nicht in Kontakt miteinander kommen, beziehungsweise die Plusklemmen dürfen keine Massestellen (Karosserie oder Rahmen) berühren – Kurzschlußgefahr!

- Motor des Empfängerfahrzeuges (leere Batterie) starten und laufen lassen. Beim Starten Anlasser nicht länger als 10 Sekunden ununterbrochen betätigen, da sich durch die hohe Stromaufnahme Polzangen und Kabel erwärmen. Deshalb zwischendurch eine »Abkühlpause« von mindestens ½ Minute einlegen.
- Bei Startschwierigkeiten nicht unnötig lange den Anlasser betätigen. Während des Anlassens wird permanent Kraftstoff eingespritzt. Fehlerursache ermitteln und beseitigen.
- Nach erfolgreichem Start beide Fahrzeuge mit der »Strombrücke« noch 3 Minuten laufen lassen.
- Um Spannungsspitzen beim Trennen abzubauen, im Fahrzeug mit der leeren Batterie Gebläse und Heckscheibenheizung einschalten. Nicht das Fahrlicht einschalten. Glühlampen brennen bei Überspannung durch.
- **Nach der Starthilfe** Kabel in **umgekehrter** Reihenfolge abklemmen: Zuerst schwarzes Kabel –2– (–) am Empfängerfahrzeug, dann am stromgebenden Fahrzeug abklemmen. Rotes Kabel –1– zuerst am stromgebenden und dann am Empfängerfahrzeug abklemmen.

Fahrzeug abschleppen

Das Fahrzeug darf nur an den dafür vorgesehenen Abschleppösen abgeschleppt werden.

Abschleppseil/Abschleppstange anbringen

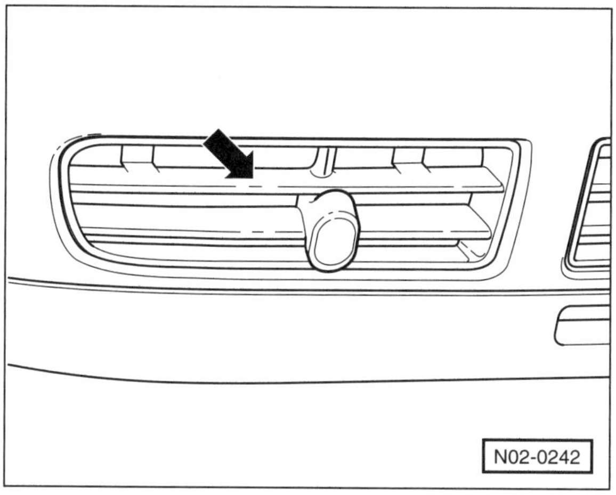

- Rechtes Gitter im unteren Teil des Stoßfängers abnehmen, dazu obere Rippe –Pfeil– nach unten drücken und gleichzeitig das Gitter herausziehen.
- Vorn rechts Abschleppöse einschrauben, die dem Borwerkzeug beiliegt. Abschleppöse mit Linksgewinde bis zum Anschlag einschrauben und mit Radschlüssei fest anziehen.

Achtung: Nach Gebrauch Abschleppöse dem Bordwerkzeug beilegen. Abschleppöse muß immer im Fahrzeug mitgeführt werden.

- Beim Wiedereinbau der Abdeckung den unteren Teil des Gitters in den Stoßfänger einsetzen. Anschließend oberen Teil des Gitters in den Stoßfänger drücken, bis Haltenasen einrasten.

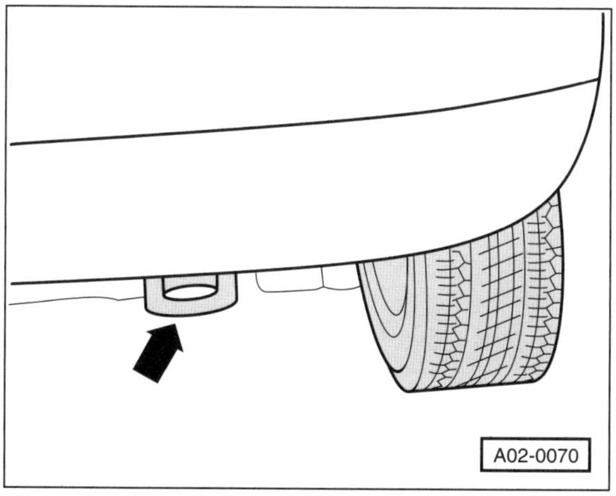

- Die hintere Abschleppöse ist rechts unter dem Stoßfänger angebracht.

Regeln beim Abschleppen

- Zündung einschalten, damit das Lenkrad nicht blockiert ist und Blinkleuchten, Signalhorn, Scheibenwischer und Scheibenwaschanlage betätigt werden können.
- Getriebe in Leerlaufstellung bringen.
- Warnblinkanlage bei beiden Fahrzeug einschalten.
- Bremskraftverstärker und Servolenkung arbeiten nur bei laufendem Motor. Sie müssen bei stehendem Motor entsprechend kräftiger betätigt werden!
- Bei der Verwendung eines Abschleppseils muß der Fahrer des ziehenden Wagens beim Schalten weich einkuppeln. Der Fahrer des gezogenen Wagens hat darauf zu achten, daß das Seil stets straff ist.
- Ohne Öl im Schaltgetriebe beziehungsweise Automatikgetriebe darf der Wagen nur mit angehobenen Antriebsrädern abgeschleppt werden.
- **Empfehlenswert ist die Verwendung einer Abschleppstange.** Ein Abschleppseil soll elastisch sein. Nur Kunstfaserseile oder Seile mit elastischen Zwischengliedern verwenden.

Fahrzeuge mit Automatikgetriebe

Wählhebelstellung: **»N«**
Maximale Schleppgeschwindigkeit: **50 km/h!**
Maximale Schleppentfernung: **50 Kilometer!**

- Über große Entfernungen das Fahrzeug mit einem Abschleppwagen vorn anheben oder aufladen.

Achtung: Zur Vermeidung von Getriebeschäden, Fahrzeug niemals rückwärts mit drehenden Antriebsrädern abschleppen.

Fahrzeuge mit Allradantrieb:

Siehe Kapitel »Allradantrieb« auf Seite 258.

Fahrzeug anschleppen (Notstart)

Das Anschleppen (Starten des Motors durch das rollende Fahrzeug) ist bei Fahrzeugen mit Automatikgetriebe nicht möglich.

Bevor der Motor durch Anschleppen des Fahrzeuges gestartet wird, möglichst Batterie eines anderen Fahrzeugs als Starthilfe benutzen.

Achtung: Bei betriebswarmem Benzinmotor darf nur über eine Strecke von maximal 50 Metern angeschleppt werden, da sonst die Gefahr von Katalysatorschäden besteht.

- Vor dem Anschleppen den 2. oder 3. Gang einlegen, Kupplungspedal treten und halten.
- Zündung einschalten.
- Langsam einkuppeln, wenn beide Fahrzeuge in Bewegung sind.
- Sobald der Motor angesprungen ist, Kupplung treten und Gang herausnehmen, um nicht auf das ziehende Fahrzeug aufzufahren.

Elektrische Anlage

Aus dem Inhalt:

- Relais/Schalter prüfen
- Elektromotoren prüfen
- Sicherungen ersetzen
- Batterie ausbauen
- Anlasser prüfen
- Generator prüfen
- Scheibenwischer
- Radio
- Beleuchtungsanlage

Bei der Überprüfung der elektrischen Anlage stößt der Heimwerker in den technischen Unterlagen immer wieder auf die Begriffe Spannung, Stromstärke und Widerstand.

Die Spannung wird in Volt (V) gemessen, die Stromstärke in Ampere (A) und der Widerstand in Ohm (Ω). Mit dem Begriff Spannung ist beim Auto in der Regel die Batteriespannung gemeint. Es handelt sich dabei um eine Gleichspannung von ca. 12 Volt. Die Höhe der Batteriespannung hängt vom Ladezustand der Batterie und von der Außentemperatur ab. Sie kann zwischen 10 und 13 Volt betragen. Demgegenüber wird die Bordspannung vom Generator (Lichtmaschine) erzeugt, die bei mittleren Drehzahlen ca. 14 Volt beträgt.

Der Begriff Stromstärke taucht im Bereich der Automobil-Elektrik relativ selten auf. Die Stromstärke ist beispielsweise auf der Rückseite von Sicherungen angegeben und weist auf den maximalen Strom hin, der fließen kann, ohne daß die Sicherung durchbrennt und damit den Stromkreis unterbricht.

Überall wo Strom fließt, muß er einen Widerstand überbrücken. Der Widerstand ist unter anderem von folgenden Faktoren abhängig: Leitungsquerschnitt, Leitungsmaterial, Stromaufnahme usw. Ist der Widerstand zu groß, treten Funktionsstörungen auf. Beispielsweise darf der Widerstand in den Zündleitungen nicht zu hoch sein, sonst fehlt ein ausreichend starker Zündfunke an den Zündkerzen, der das Kraftstoff-Luftgemisch entzündet und damit den Motor zum Laufen bringt.

Achtung: Vor Arbeiten an der elektrischen Anlage grundsätzlich das Batterie-Massekabel abklemmen. Dazu Hinweise im Kapitel »Batterie aus- und einbauen« durchlesen. Als Arbeit an der elektrischen Anlage ist dabei schon zu betrachten, wenn eine elektrischen Leitung vom Anschluß abgezogen beziehungsweise abgeklemmt wird.

Hinweis: Reparaturen am Leitungsstrang sollten grundsätzlich mit dem VW-Leitungsstrang-Reparaturset VAS 1978 durchgeführt werden.

Meßgeräte

Zum Messen der Bord-Elektrik gibt es im Handel sogenannte Mehrfach-Meßgeräte. Sie vereinen in einem Gerät das Voltmeter, um Spannungen zu messen, das Amperemeter, um die Stromstärke zu messen und das Ohmmeter, um den Widerstand zu messen. Die im Handel befindlichen Meßgeräte unterscheiden sich hauptsächlich im Meßbereich und in der Meßgenauigkeit. Durch den Meßbereich wird festgelegt, in welchem Bereich Spannungen oder Widerstände liegen müssen, damit sie überhaupt vom Gerät erfaßt werden können.

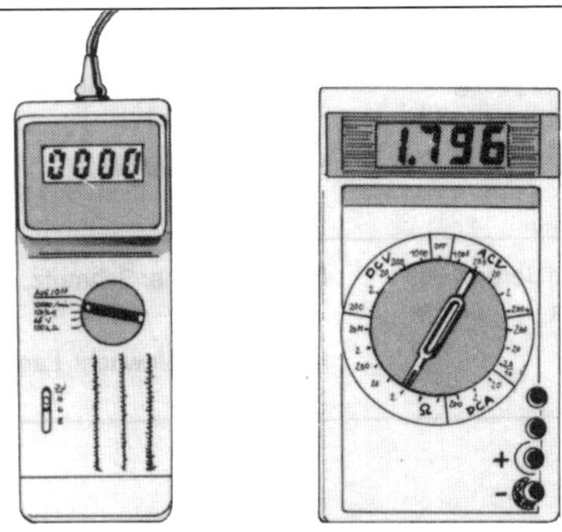

SX-5401

Für den Heimwerker gibt es Vielfach-Meßgeräte, die speziell für Prüfarbeiten am Auto abgestimmt sind. Mit solch einem Gerät können Motordrehzahl, Zünd-Schließwinkel und Spannungen bis zu 20 Volt gemessen werden. Bei Widerstandsmessungen beschränkt sich das Gerät in der Regel auf den Kilo-Ohm-Bereich, also etwa 1–1000 kΩ.

Darüber hinaus werden Meßgeräte zur Überprüfung von elektrischen und elektronischen Bauteilen angeboten. Sie erlauben eine umfassende Messung von kleinen Widerständen in Ohm (Ω) bis zu großen Widerständen im Mega-Ohm-Bereich (MΩ). Spannungen (in Volt) können sehr exakt gemessen werden, was vor allem bei elektronischen Bauteilen erforderlich ist.

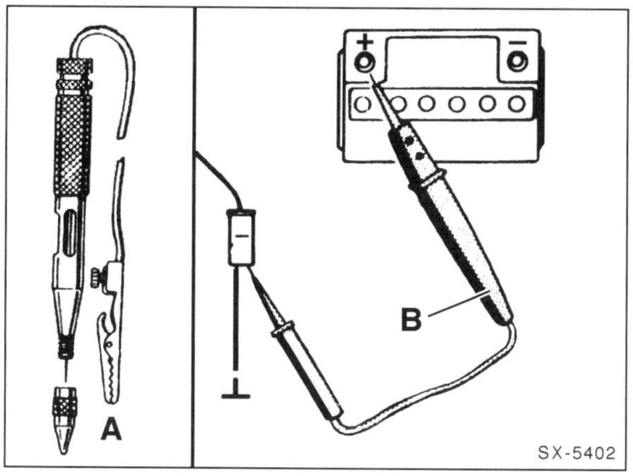

SX-5402

Wenn nur geprüft werden soll, ob überhaupt Spannung (V) anliegt, eignet sich hierzu eine einfache Prüflampe –A–. Dies gilt allerdings nur für Stromkreise, in denen sich keine elektronischen Bauteile befinden. Denn Elektronikteile reagieren äußerst empfindlich auf zu hohe Ströme. Unter Umständen können sie bereits durch Anschließen einer Prüflampe zerstört werden. **Achtung:** Bei der Prüfung elektronischer Bauteile (Transistoren, Dioden, und Steuergeräte) ist ein hochohmiger Spannungsprüfer –B– erforderlich. Er arbeitet wie eine Prüflampe, jedoch ohne daß elektronische Bauteile geschädigt werden, und eignet sich für sämtliche Prüfarbeiten.

Meßtechnik

Spannung messen

Spannung kann schon mit einer einfachen Prüflampe oder einem Spannungsprüfer nachgewiesen werden. Allerdings erkennt man dann nur, ob überhaupt Spannung anliegt. Um die Höhe der anliegenden Spannung zu prüfen, muß ein Voltmeter (Spannungs-Meßgerät) angeschlossen werden.

Zunächst ist beim Voltmeter der Meßbereich einzustellen, in dem sich die zu messende Spannung voraussichtlich befindet. Spannungen am Fahrzeug sind in der Regel nicht höher als ca. 14 Volt. Eine Ausnahme bildet die Zündanlage; hier kann die Zündspannung bis zu 30.000 Volt betragen. Diese hohe Spannung ist nur mit einem speziellen Meßgerät oder einem Oszilloskop meßbar.

Während man bei Meßgeräten, die speziell auf das Auto abgestimmt sind, am Wählschalter nur das Voltmeter einschalten muß, sind bei einem allgemeinen Vielfachmeßgerät erst eine Reihe von Entscheidungen zu fällen. Zunächst wird mit dem Wählschalter der Bereich Gleichspannung (DCV im Gegensatz zu ACV = Wechselspannung) eingestellt. Dann wird der Meßbereich gewählt. Da beim Auto außer an der Zündanlage keine höheren Spannungen als ca. 14 Volt auftreten, sollte die Obergrenze des einzustellenden Meßbereiches etwas höher liegen (ca. 15 bis 20 Volt). Falls sicher ist, daß die gemessene Spannung wesentlich niedriger ist, zum Beispiel im Bereich von 2 Volt, kann der Meßbereich heruntergeschaltet werden, um eine größere Anzeigegenauigkeit zu erreichen. Liegen höhere Spannungen an, als sie vom Meßbereich des Gerätes erfaßt werden, kann das Meßgerät zerstört werden.

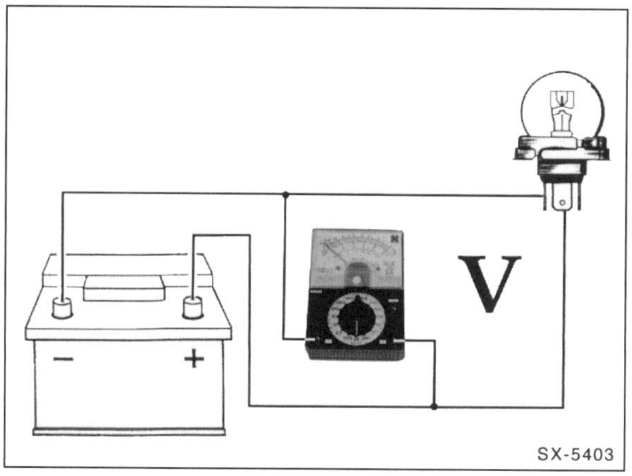

SX-5403

Die Kabel des Meßgerätes entsprechend der Zeichnung parallel zum Verbraucher anschließen. Dabei wird das rote Meßkabel an die vom Batterie-Pluspol kommende Leitung angelegt, das schwarze Meßkabel an die Masse-Leitung oder an Fahrzeugmasse, wie zum Beispiel den Motorblock.

Prüfbeispiel: Wenn der Motor nicht richtig anspringt, weil der Anlasser zu langsam dreht, ist es zweckmäßig, die Batteriespannung zu prüfen, während der Anlasser betätigt wird. Dazu das Voltmeter mit dem roten Kabel (+) an den Batterie-Pluspol und mit dem schwarzen Kabel an Fahrzeugmasse (–) anklemmen. Anschließend durch einen Helfer den Anlasser betätigen lassen und den Spannungswert ablesen. Liegt die Spannung unter ca. 10 Volt (bei einer Batterie-Temperatur von +20°C), muß die Batterie überprüft und eventuell vor den nächsten Startversuchen geladen werden.

Stromstärke messen

Am Auto ist es relativ selten erforderlich, die Stromstärke zu messen. Beispiel, siehe Kapitel »Batterie entlädt sich selbständig«. Benötigt wird hierzu ein Amperemeter, welches ebenfalls in einem Vielfachmeßgerät integriert ist.

Vor der Strommessung wird das Meßgerät auf den Meßbereich eingestellt, in dem sich die zu messende Stromstärke voraussichtlich befindet. Falls das nicht bekannt ist, höchsten Meßbereich einstellen und, falls keine Anzeige erfolgt, nacheinander in die nächstniedrigeren Meßbereiche schalten.

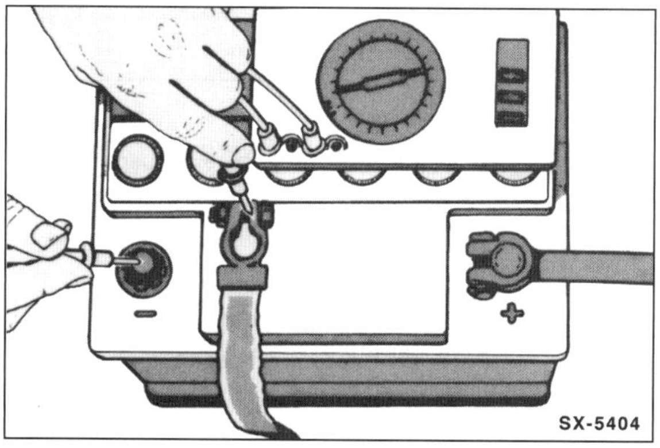

SX-5404

Für die Messung der Stromstärke muß der Stromkreis aufgetrennt werden, das Meßgerät (Amperemeter) wird dazwischengeschaltet. Dazu wird beispielsweise der Stecker abgezogen und das rote Kabel (+) des Amperemeters an die stromführende Leitung angeschlossen. Das schwarze Kabel (–) wird an den Kontakt angelegt, an dem normalerweise die unterbrochene Leitung angeschlossen ist. Die Massekontakte zwischen Verbraucher und Stecker müssen dann mit einem Hilfskabel verbunden werden.

Achtung: Keinesfalls sollte mit einem normalen Amperemeter die Stromstärke in der Leitung zum Anlasser (ca. 150 A) oder zu den Glühkerzen beim Dieselmotor (bis 60 A) gemessen werden. Durch die hierbei auftretenden hohen Ströme kann das Meßgerät zerstört werden. Die Werkstatt benutzt für diese Messungen ein Amperemeter mit Gleichstromzange. Dabei wird eine Stromzange über das isolierte Stromkabel geklemmt und der Stromwert durch Induktion gemessen.

Widerstand messen

Vor der Prüfung des Widerstandes ist grundsätzlich sicherzustellen, daß am Bauteil, an welches das Ohmmeter angeschlossen wird, keine Spannung anliegt. Also immer vorher Stecker abziehen, Zündung ausschalten, Leitung beziehungsweise Aggregat ausbauen oder Batterie abklemmen. Andernfalls kann das Meßgerät beschädigt werden.

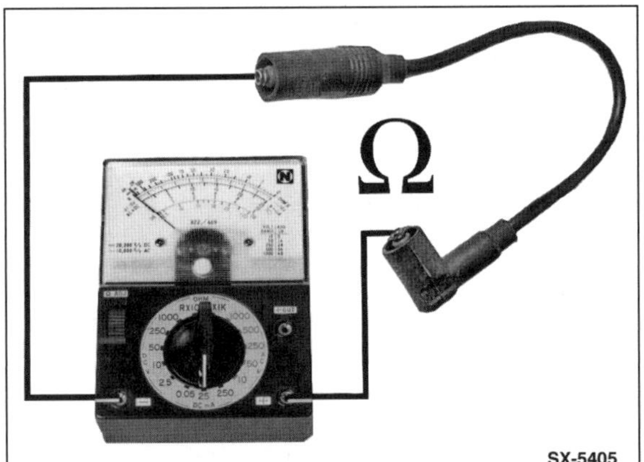

SX-5405

Das Ohmmeter wird an die 2 Anschlüsse eines Verbrauchers oder an die 2 Enden einer elektrischen Leitung angeschlossen. Dabei spielt es keine Rolle, welches Kabel (+/–) des Meßgerätes an welchen Kontakt angeklemmt wird. Ausnahme: Widerstandsmessungen an Bauteilen, die Dioden enthalten. Um eine Diode auf Durchgang zu prüfen, muß sie in Durchlaßrichtung an das Ohmmeter angeschlossen werden.

Die Widerstandsmessung am Auto erstreckt sich weitgehend auf 2 Bereiche:

1. Kontrolle eines in den Stromkreis integrierten Widerstandes oder Bauteils.

2. »Durchgangsprüfung« einer elektrischen Leitung, eines Schalters oder einer Heizwendel. Dabei wird geprüft, ob eine elektrische Leitung im Fahrzeug unterbrochen ist und deshalb das angeschlossene elektrische Gerät nicht funktionieren kann. Zur Messung wird das Ohmmeter an die beiden Enden der betreffenden elektrischen Leitung angeschlossen. Beträgt der Widerstand 0 Ω, dann ist „Durchgang" vorhanden. Das heißt, die elektrische Leitung ist in Ordnung. Bei unterbrochener Leitung zeigt das Meßgerät ∞ (unendlich) Ω an.

Elektrisches Zubehör nachträglich einbauen

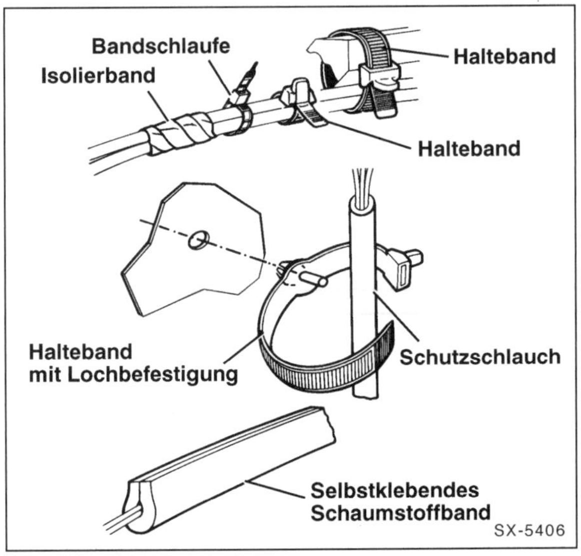

SX-5406

Kabel, die beim Einbau von Zubehör zusätzlich zu dem serienmäßig eingebauten Kabelsatz im Fahrzeug verlegt werden müssen, sind nach Möglichkeit immer entlang der einzelnen Kabelstränge unter Verwendung der vorhandenen Kabelschellen und Gummitüllen zu verlegen.

Falls erforderlich, sind die neu verlegten Kabel, um Geräuschen während der Fahrt vorzubeugen und das Scheuern von Kabeln zu vermeiden, mit Isolierband, plastischer Masse, Kabelbändern und dergleichen zusätzlich festzulegen. Hierbei ist besonders darauf zu achten, daß zwischen den Bremsleitungen und den festverlegten Kabeln ein Mindestabstand von 10 mm sowie zwischen den Bremsleitungen und den Kabeln, die mit dem Motor oder anderen Teilen des Fahrzeuges schwingen, ein Mindestabstand von 25 mm vorliegt.

Beim Bohren von Karosserie-Löchern müssen die Lochränder anschließend entgratet, grundiert und lackiert werden. Die beim Bohren zwangsläufig anfallenden Späne sind restlos aus der Karosserie zu entfernen.

Bei allen Einbauarbeiten, die das elektrische Leitungssystem berühren, ist, um der Gefahr von Kurzschlüssen im elektrischen Leitungssystem vorzubeugen, grundsätzlich das Massekabel (–) von der Fahrzeugbatterie abzuklemmen und zur Seite zu hängen.

Achtung: Wird die Batterie abgeklemmt, werden unter Umständen der Fehlerspeicher für Motor- und Getriebesteuerung, Antiblockiersystem sowie andere elektrische Geräte wie zum Beispiel das Radio und die Zeituhr stillgelegt, beziehungsweise Speicherwerte gelöscht. Spezielle Hinweise zu diesem Thema stehen im Kapitel »Batterie-Ausbau«.

Sofern zusätzliche elektrische Verbraucher eingebaut werden, ist in jedem Fall zu überprüfen, ob die erhöhte Belastung noch von dem vorhandenen Drehstromgenerator mit übernommen werden kann. Falls erforderlich, sollte ein Generator mit größerer Leistung vorgesehen werden.

Fehlersuche in der elektrischen Anlage

Beim Aufspüren eines Defekts in der elektrischen Anlage ist es wichtig, systematisch vorzugehen. Dies gilt sowohl beim Überprüfen von ausgefallenen Glühlampen wie auch bei nicht laufenden Elektromotoren.

Der **erste Schritt** ist immer die Überprüfung der Sicherung, sofern das elektrische Bauteil abgesichert ist. Die aktuelle Sicherungsbelegung ergibt sich aus dem Aufdruck auf dem Sicherungskastendeckel, siehe auch unter Kapitel »Sicherungen auswechseln«.

Defekte Sicherung gegebenenfalls auswechseln und nach Einschalten des elektrischen Verbrauchers kontrollieren, ob diese nicht unmittelbar wieder durchbrennt. In diesem Fall muß zuerst der Fehler aufgespürt und behoben werden, in der Regel handelt es sich um einen Kurzschluß. Das bedeutet, an irgend einer Stelle, mitunter auch intern im elektrischen Gerät, sind Masse- und Plusanschluß miteinander verbunden.

Zweiter Prüfschritt: Wenn bei intakter Sicherung die Glühlampe nicht leuchtet beziehungsweise der Elektromotor nicht anläuft, ist die Stromversorgung zu überprüfen.

Glühlampe prüfen

- Lampe ausbauen und sichtprüfen. Ist der Glühfaden durchgebrannt oder sitzt der Glaskolben locker im Sockel, Lampe erneuern.
- Um einwandfrei festzustellen, ob die Glühlampe intakt ist, geht man folgendermaßen vor: Eine Plusleitung (+) und eine Masseleitung (–) direkt an die Pole der Batterie anschließen und mit der Lampe verbinden. Dabei ist es unwichtig, wie die Kabel an die Lampe angeschlossen werden. Ein Kabel an den Stromanschluß, das andere an das Glühlampengehäuse. Wenn jetzt die Lampe nicht leuchtet, Lampe erneuern. Hinweis: Es muß sichergestellt sein, daß die Kontakte an der Lampe und in der Lampenfassung nicht korrodiert sind. Gegebenenfalls korrodierte oder verbogene Anschlüsse abschmirgeln und einwandfreien Kontakt herstellen.
- Ist die Lampe intakt, Lampe einsetzen und einschalten. Leuchtet die Lampe nicht, mit Prüflampe Stromzuführung überprüfen. Dazu Prüflampe an Masse anlegen. Das bedeutet: Das eine Kabel der Prüflampe muß an eine gute Massestelle am Motor (blankes Metall) oder direkt am Batterie-Minuspol angeschlossen werden. Die andere Prüflampen-Prüfspitze (+) entweder an den stromführenden Stecker halten oder mit der Prüfspitze in das stromführende Kabel einstechen. Wenn die Prüflampe jetzt aufleuchtet und die Lampe dennoch nicht brennt, ist die Massezuführung zur Lampe unterbrochen. Um dies zu überprüfen, Massehilfsleitung an die Lampenfassung anlegen. Die Lampe muß jetzt leuchten.
- Wenn das stromführende Kabel zur Lampe keine Spannung aufweist, die Prüflampe also nicht aufleuchtet, ist sehr wahrscheinlich der Schalter defekt. Schalter auf Durchgang prüfen.

Elektromotoren prüfen

Im Auto werden immer mehr Funktionen von kleinen Elektromotoren übernommen. Jeder Motor wie beispielsweise der Motor für Leuchtweitenregulierung oder der Kühlerlüfter wird bei Bedarf über einen Schalter zugeschaltet, und zwar automatisch oder von Hand.

Die Motoren der sogenannten Komfortelektrik wie beispielsweise Fensterheber, Schiebedach und elektrische Zentralverriegelung werden in einem separaten Kapitel behandelt.

Achtung: Scheibenwischermotor prüfen, siehe entsprechendes Kapitel.

- Sicherung des betreffenden Elektromotors prüfen, gegebenenfalls ersetzen.
- Brennt die Sicherung gleich wieder durch, liegt ein Kurzschluß vor.
- Um eindeutig zu klären, ob der Defekt im Motor liegt, 2 Hilfskabel (∅ ca. 2 mm) direkt von der Fahrzeugbatterie an den Motor anlegen. Pluskabel an den Pluspol, Massekabel an Massepol des Motors. Die Pol-Belegung ergibt sich im Zweifelsfall aus dem Stromlaufplan. Dazu muß der Motor gegebenenfalls ausgebaut werden. Alle elektrischen Motoren im Fahrzeug werden mit Bordspannung (12 bis 14 Volt) versorgt. Funktioniert der Motor jetzt ordnungsgemäß, war die Stromversorgung defekt. Hinweis: Ein zu langsam laufender oder aussetzender Elektromotor kann auf abgenützte Schleifkohlen hinweisen. In diesem Fall Schleifkohlen (Bürsten) ersetzen.
- Funktioniert der Motor, anhand des Stromlaufplans feststellen, welche Zuleitung am Elektromotor Spannung führt, wenn der Schalter betätigt wird und zuvor die Zündung eingeschaltet wurde.
- Spannungsführendes Kabel am Elektromotor mit Prüflampe prüfen. Da bei Elektromotoren ein großer Strom fließt, kann eine herkömmliche Prüflampe mit Glühlampe genommen werden. Diese haben spitze Prüfnadeln, mit denen das Anschlußkabel durchstochen werden kann. So läßt sich auf einfache Weise die Spannung prüfen.
- Liegt keine Spannung am Elektromotor an, ist die Stromversorgung defekt. Fehler in der Zuleitung nach Stromlaufplan suchen und beheben. Elektromotoren haben in der Regel aufgrund des hohen Strombedarfs zusätzliche Schaltrelais. Prüfung, siehe entsprechendes Kapitel.
- Wurde kein Fehler gefunden, Schalter prüfen.
- Ist ein Kabel defekt, ist es oft sinnvoller, man legt ein neues Kabel, da es schwierig ist, einen Defekt im Kabel zu lokalisieren.

Schalter auf Durchgang prüfen

Die meisten elektrischen Verbraucher werden über einen von Hand betätigten Schalter ein- und ausgeschaltet. Darüber hinaus gibt es auch Schalter, die automatisch betätigt werden. Zu diesen Schaltern zählen zum Beispiel der Öldruckschalter und der Geber für Bremsflüssigkeitsstand.

Grundsätzlich hat ein Schalter die Aufgabe, den Stromkreis zu schließen und zu unterbrechen. Es gibt Schalter, die die Masseleitung unterbrechen, und Schalter, die den Plusstrom unterbrechen.

Schalter für Lampen und Elektromotoren prüfen

- Betreffenden Schalter ausbauen.
- Einfache Schalter haben nur 2 Anschlüsse für die Kabel. In diesem Fall muß an einem Anschluß immer Spannung (+) anliegen und nach dem Einschalten an der anderen Klemme auch. Es gibt auch Schalter mit mehreren Klemmen. Bei diesen Schaltern anhand des Stromlaufplans klären, an welcher Klemme Spannung anliegen muß, gegebenenfalls vorher Zündung einschalten.
- Mit Prüflampe prüfen, ob am Schalter Spannung anliegt. Leuchtet die Prüflampe auf, Schalter betätigen und an der Ausgangsklemme prüfen, ob dort auch Spannung anliegt. Ist das der Fall, ist sichergestellt, daß der Schalter funktioniert.
- Wenn an der Eingangsklemme keine Spannung anliegt, liegt eine Unterbrechung in der Leitungs-Zuführung vor. Anhand des Stromlaufplans muß die Spannungszuführung kontrolliert und gegebenenfalls eine neue Leitung gelegt werden.

Geberschalter prüfen

Geberschalter sind beispielsweise: Öldruckschalter, Geber für Bremsflüssigkeits- und Kühlmittelstand.

- Durchgangsprüfer (Prüflampe oder Ohmmeter) an der Zu- und Ableitung des Schalters anschließen, dazu Kabel am Schalter abziehen. **Achtung:** Schalter, die im Motorblock eingeschraubt sind, haben in der Regel kein Massekabel, da das Schaltergehäuse über den Motorblock als Massepol dient.
- Bei geschlossenem Schalter muß der Durchgangsprüfer Durchgang anzeigen. Am besten ist ein Ohmmeter als Durchgangsprüfer: Bei geschlossenem Schalter muß es 0Ω, bei geöffnetem Schalter $\infty\Omega$ (unendlich) anzeigen.
- Die Funktionsfähigkeit etwa der Kühlmittel- oder Bremsflüssigkeitsstand-Warnschalter läßt sich am schnellsten prüfen, indem bei eingeschalteter Zündung die Zuleitung am Schalter abgezogen wird und an eine gute Massestelle, zum Beispiel gegen den Motorblock, gehalten wird. Spricht die Warnlampe im Instrumenteneinsatz jetzt an, liegt der Fehler am Schalter.
- Ein Sonderfall ist der Öldruckschalter: Bei stehendem Motor ist der Kontakt geschlossen (Warnlampe brennt), erst bei einem gewissen Öldruck öffnet der Schalter.

Relais prüfen

In vielen Stromkreisen ist ein Relais integriert. Ein Schaltrelais arbeitet wie ein Schalter. Beispiel: Wenn die Hupe über die Hupentaste eingeschaltet wird, bekommt das Relais den Befehl, den Strom zur Hupe durchzuschalten. Man könnte natürlich den Strom auch direkt über den Hupenschalter von der Batterie zur Hupe legen. Bei Verbrauchern mit hoher Stromaufnahme (Hupe, Nebelscheinwerfer, Kühlerlüfter etc.) schaltet man jedoch ein Relais dazwischen, um den Schalter nicht zu überlasten beziehungsweise um kurze Stromwege sicherzustellen. Neben diesen Schaltrelais gibt es auch Funktionsrelais, zum Beispiel für die Wisch-Wasch-Intervallautomatik.

Schaltrelais prüfen

Beim Einschalten des betreffenden Verbrauchers wird das Relais angesteuert, das heißt durch den Schaltstrom zieht eine Magnetspule im Relaisinnern einen Kontakt an und schließt so den Stromkreis für den »Arbeitsstrom«. Der Arbeitsstrom läuft über das Relais zum Stromverbraucher weiter.

Am einfachsten läßt sich die Funktionsfähigkeit eines Relais prüfen, wenn man es gegen ein intaktes auswechselt. So macht man es auch in der Werkstatt. Da dem Heimwerker jedoch in den seltensten Fällen ein neues Relais sofort zur Verfügung steht, empfiehlt sich folgender Arbeitsschritt bei den sogenannten Schaltrelais, wie sie unter anderem zum Schalten von Nebelscheinwerfer und Signalhorn verwendet werden. Die hier angegebenen Klemmenbezeichnungen können vor allem bei den serienmäßig eingebauten Relais auch anders lauten.

- Relais aus der Halterung herausziehen.
- Zündung und entsprechenden Schalter einschalten.
- Zuerst mit Spannungsprüfer feststellen, ob an Klemme 30 (+) im Relaishalter Spannung anliegt. Dazu Spannungsprüfer an Masse (–) anschließen und die andere Kontaktspitze vorsichtig in Klemme 30 einführen. Wenn die Leuchtdiode des Spannungsprüfers aufleuchtet, ist Spannung vorhanden. Zeigt der Spannungsprüfer keine Spannung an, Unterbrechung vom Batterie-Pluspol (+) zu Klemme 30 anhand des Schaltplanes aufspüren.
- Leitungsbrücke aus einem Stück isoliertem Draht herstellen, die Enden müssen blank sein.
- Mit dieser Brücke im Relaishalter die Klemme 30 (Batterie +, führt immer Spannung) mit dem Ausgang des Relais-Schließers Klemme 87 verbinden. Mit diesem Arbeitsschritt wird praktisch genau das getan, was ein intaktes Relais auch vornimmt. Wo sich die Klemmen im Relaishalter befinden, ist auf dem Relais beziehungsweise am Steckkontakt aufgeführt.
- Wenn bei eingesetzter Brücke zum Beispiel die Hupe ertönt, kann man davon ausgehen, daß das Relais defekt ist.
- Wenn die Hupe nicht ertönt, klären, ob die Masseverbindung zur Hupe intakt ist. Dann Unterbrechung in der Leitungsführung von Klemme 87 zur Hupe anhand des Stromlaufplanes aufspüren und beheben.

- Falls erforderlich, neues Relais einsetzen.

Achtung: Falls ein Fehler nur zeitweise in einem Stromkreis auftritt, der mit einem Relais bestückt ist, dann liegt der Defekt in der Regel im Relais. Und zwar bleibt dann ein Kontakt im Relais ab und zu kleben, während das Relais in der übrigen Zeit einwandfrei funktioniert. Bei Auftreten des Fehlers leicht gegen das Relaisgehäuse klopfen. Wenn das Relais daraufhin durchschaltet, Relais ersetzen.

Blinkanlage prüfen

Die Takte für die Blink- und Warnblinkanlage werden von einem Relais erzeugt, dem sogenannten Blinkgeber. Das Relais ist im Warnblinkschalter integriert.

- Ist der Blinker-Rhythmus auf einer Seite schneller als auf der anderen Seite, ist auf der »schnellen« Seite eine Glühlampe defekt oder eine Leitungsunterbrechung vorhanden.
- Sicherung Nr. 2 (10 A) im Sicherungshalter prüfen.
- Sicherung Nr. 39 (15 A) im Sicherungshalter prüfen.
- Ist die Funktion der Warnblinkanlage gestört, während die Richtungsblinkanlage normal funktioniert, dann ist in der Regel die Stromversorgung, Klemme 30, für den Schalter der Warnblinkanlage unterbrochen.
- Ist die Funktion der Richtungsblinkanlage gestört, während die Warnblinkanlage normal funktioniert, dann ist in der Regel die Stromversorgung, Klemme 15 (vom X-Relais kommend), für den Schalter der Warnblinkanlage unterbrochen.
- Wurde kein Fehler gefunden, Schalter der Warnblinkanlage mit integriertem Relais ersetzen.

Komfort-Elektrik

Unter Komfort-Elektrik versteht man die Zusammenfassung von verschiedenen Komponenten wie Zentralverriegelung, Funkfernbedienung, Außenspiegelverstellung, elektrische Fensterheber, Innenbeleuchtung, Schiebedach-Ansteuerung, Diebstahlwarnanlage sowie Sitz- und Spiegel-Memory.

Die Steuergeräte für die einzelnen Systeme sind an unterschiedlichen Einbauorten verteilt und elektrisch miteinander verbunden.

Die **Zentralverriegelung** wird durch Elektromotoren betätigt. Sie besteht aus 1 Zentralsteuergerät, 2 oder 4 Türsteuergeräten, 4 Türschließeinheiten sowie Motor und Schalter für die Kofferraumdeckel- beziehungsweise Heckklappenverriegelung. Weitere Hinweise zur Zentralverriegelung, siehe Seite 288.

Der Datenaustausch zwischen den Steuergeräten erfolgt über den sogenannten CAN-Datenbus. **CAN** ist die Abkürzung für **C**ontroller **A**rea **N**etwork und bedeutet, daß die Steuergeräte in einem Netzwerk miteinander kommunizieren. Beispielsweise erfolgt die Verbindung vom Zentralsteuergerät zu einem Türsteuergerät durch 2 Kabel. Ohne CAN-Datenbus wären 14 Kabel erforderlich. Dadurch bleibt die Elektrik/Elektronik überschaubar und beansprucht nicht zuviel Platz und Gewicht.

Die **Türsteuergeräte** bilden mit den Elektromotoren der Fensterheber eine Einheit. Sie regeln folgende Funktionen der **elektrischen Fensterheber:**

- Automatischer Abwärts- und Aufwärtslauf der Türfenster.
- Manueller Abwärts- und Aufwärtslauf der Türfenster, solange der Schalter an der Fahrertür gedrückt ist.
- Abbruch des Fensterlaufs sobald der Bedienschalter ein zweites Mal gedrückt wird.
- Das Türfenster kann bis zu 10 Minuten nach Ausschalten der Zündung betätigt werden.
- Schließen der Fenster mit dem Türschlüssel.
- Einklemmschutz im Fensteröffnungsbereich von 4 bis 200 mm unterhalb der oberen Fensterdichtung. Trifft die Scheibe beim Aufwärtslauf auf ein Hindernis, beispielsweise auf eine Hand, dann kehrt der Einklemmschutz den Fensterlauf um und die Scheibe fährt zur vorherigen Position zurück. Der Einklemmschutz besteht aus einem Hallgeber auf der Platine des Türsteuergeräts und einem Ringmagnet auf der Motorachse. Über den Hallgeber erkennt das Türsteuergerät eine Verringerung der Motordrehzahl (beim Auftreffen auf das Hindernis) und polt daraufhin die Ansteuerung des Elektromotors um.

Achtung: Der Einklemmschutz kann ausgeschaltet werden indem der Fensterheber nach Stillstand des Fensters innerhalb von 5 Sekunden weitere 2mal betätigt wird,.

Nach Ausfall der Stromversorgung für das Türsteuergerät, beispielsweise durch Abklemmen der Batterie, muß das Steuergerät die Endanschlagpositionen der Fenster neu lernen. Andernfalls ist kein Automatiklauf der Fenster möglich, siehe auch Kapitel »Batterie aus- und einbauen«.

Das Türsteuergerät regelt ebenfalls die Funktionen von **Außenspiegelverstellung** und **-beheizung.**

Das **Zentral-Steuergerät** befindet sich im Instrumenteneinsatz und regelt folgende Funktionen:

- Zentralverriegelung der Heckklappe.
- Stromversorgung für die Kofferraumleuchte.
- Stromversorgung und automatische Ausschaltzeiten der Innenleuchten, Leseleuchten und Make-up-Leuchten.
  - Ausschalten nach 30 Sekunden: Wenn der Schlüssel aus dem Zündschloß gezogen oder eine Tür geöffnet und wieder geschlossen wurde.
  - Ausschalten nach 10 Minuten: Wenn die Zündung ausgeschaltet wurde und eine oder mehrere Türen offen stehen.
  - Ausschalten nach 1 Stunde: Wenn die Innenleuchten manuell eingeschaltet wurden und die Zündung ausgeschaltet ist.
  - Die Innenbeleuchtung wird automatisch für 10 Minuten eingeschaltet, wenn vom Airbag-Steuergerät das Signal »Crash erkannt« kommt.
- Diebstahlwarnanlage.
- Stromversorgung für Blinkleuchten vorn und hinten.
- Stromversorgung für die heizbare Heckscheibe.
- Funk-Fernbedienung.

Die **Funk-Fernbedienung** hat eine Reichweite von ca. 7 m, unter günstigen Umständen bis ca. 10 m.

Die Übermittlung der Daten vom Sender am Schlüssel zum Empfänger im Fahrzeug wird optisch durch eine LED am Schlüsselschalter angezeigt. Die eingebauten Batterien reichen für ca. 5.000 Betätigungen. Leuchtet die LED beim Betätigen des Schalters nicht mehr auf, müssen die Batterien gewechselt werden.

Fenster und Schiebedach können mit der Funk-Fernbedienung nicht geschlossen werden.

Die Empfangsantenne für die Funk-Fernbedienung befindet sich in der A-Säule des Fahrzeugs auf der Fahrerseite. Die A-Säule ist die Karosseriesäule, an der die Fahrertür angeschlagen ist.

Ein ausgeführter Öffnen-/Schließen-Befehl der Fernbedienung wird vom Zentral-Steuergerät durch ein kurzes Aufleuchten der Blinklichter bestätigt. Wird die Zentralverriegelung durch die Fernbedienung geöffnet und keine Tür oder Kofferraumdeckel/Heckklappe geöffnet, so verriegelt sich das Fahrzeug nach 30 Sekunden automatisch wieder.

Batterien für Hauptschlüssel der Funkfernbedienung aus- und einbauen

Achtung: Beim Ausbau der Batterien prüfen, ob die Polarität auf den Batterien eingeprägt ist, andernfalls Einbaulage notieren.

Feststehender Schlüssel bis 4/01

Ausbau

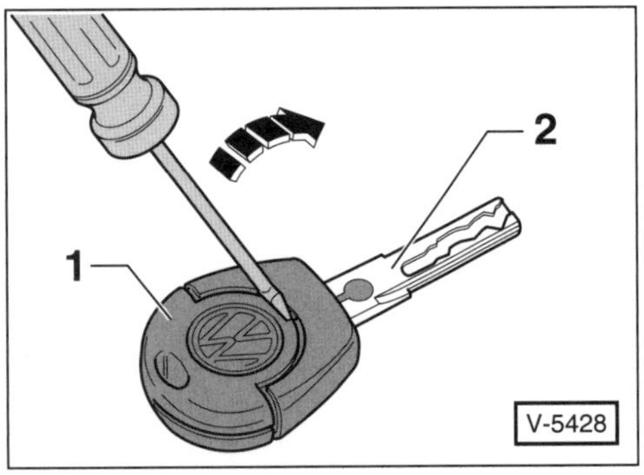

- Schraubendreher in den Schlitz zwischen Sendeeinheit –1– und dem Hauptschlüssel –2– einsetzen.
- Schraubendreher in Pfeilrichtung bewegen und dadurch die Sendeeinheit vom Schlüssel abclipsen.

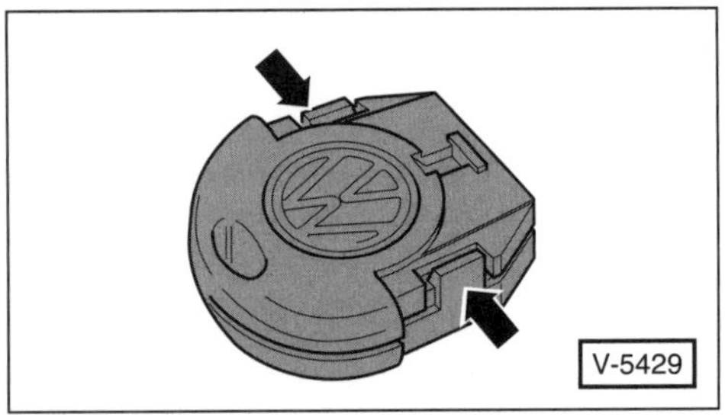

- Sendeeinheit an beiden Rastnasen –Pfeile– auseinanderhebeln. Sendeeinheit vom Gehäuse abnehmen.

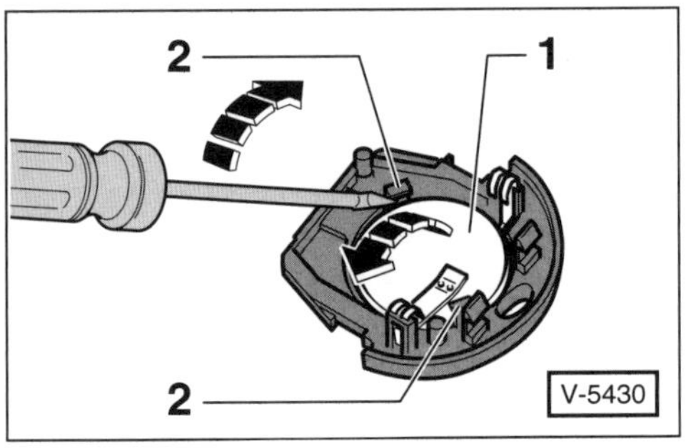

- Obere Batterie –1– mit einem Schraubendreher in Pfeilrichtung aus den Halterungen –2– herausclipsen.

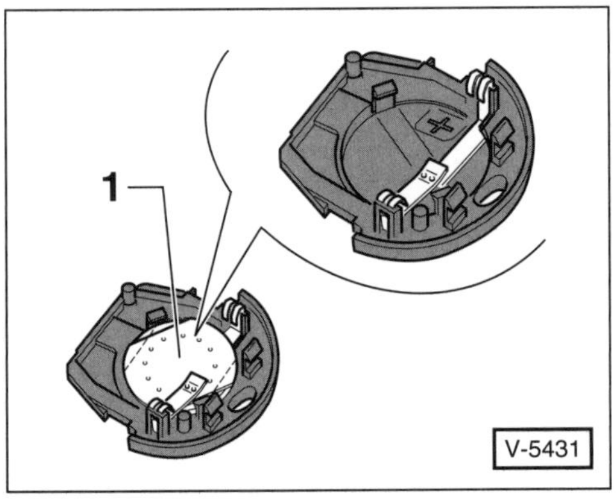

- Kontaktblech –1– herausnehmen. Dazu Kontaktblech so drehen, daß die 2 geraden Kanten an den beiden Rastnasen liegen beziehungsweise Kontaktblech ausclipsen.
- Untere Batterie mit einem Schraubendreher aus der Halterung herausclipsen.

Einbau

Achtung: Beim Einbau der Batterien auf richtige Polarität achten. Die Polarität (+/–) steht auf Batterien und Gehäuse.

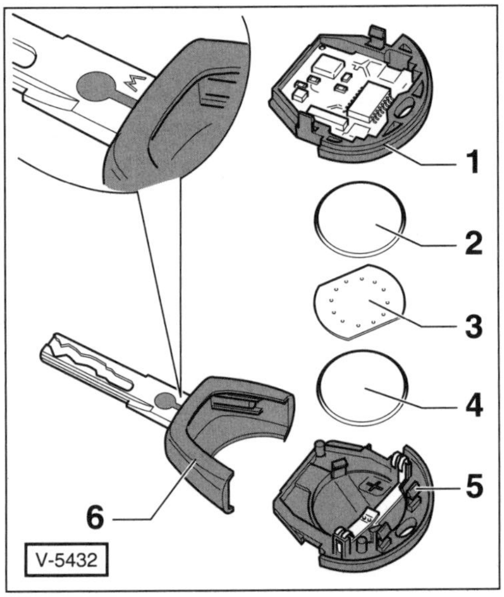

- Untere Batterie –4– mit dem Pluspol (+) nach unten in das Gehäuse –5– einlegen. Der Pluspol (+) ist ebenfalls am Gehäuse markiert.

- Kontaktblech –3– auf die Batterie –4– legen und hinter die Rasten drehen.
- Batterie –2– mit dem Pluspol (+) nach unten auf das Kontaktblech auflegen und einrasten.
- Sendeeinheit –1– auf das Gehäuse –5– auflegen und einrasten. **Hinweis:** Die Sendeeinheit ist in der Abbildung umgeklappt dargestellt.
- Komplette Sendeeinheit in den Hauptschlüssel –6– schieben und einrasten.

Hinweis: Der Hauptschlüssel ist mit einem Wechselcode-Transponder ausgestattet, erkennbar am eingestanzten »W«, siehe Bildausschnitt.

Klappschlüssel

Ausbau

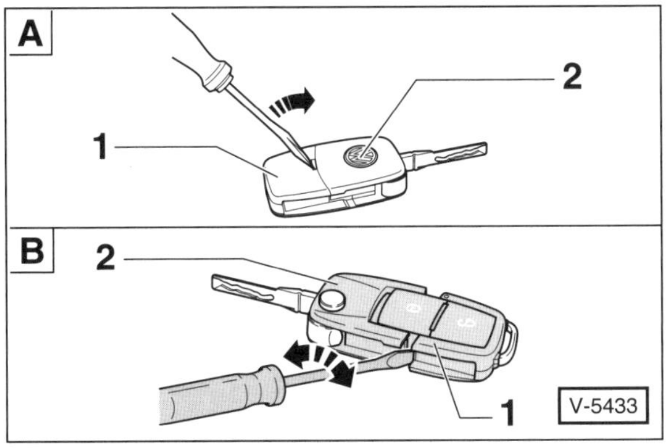

- Sendeeinheit –1– vom Schlüssel –2– trennen. Dazu Schraubendreher in den Schlitz einsetzen und in Pfeilrichtung drehen. A – bis 4/01, B – seit 5/01.

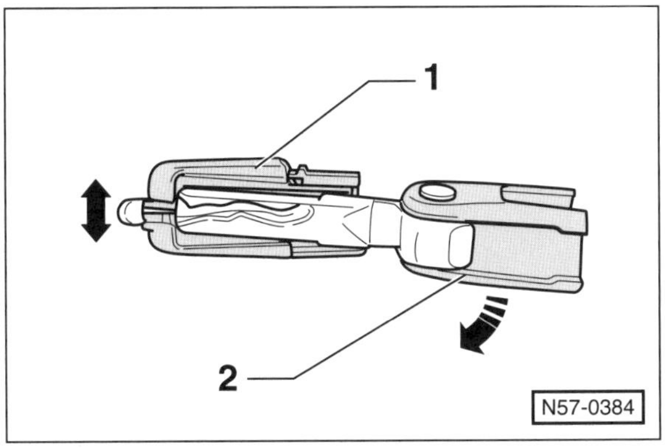

- **Seit 5/01:** Sendeeinheit –1– mit dem Schlüsselbart des Schlüssels –2– auseinanderdrücken.
- Batterie(n) mit kleinem Schraubendreher nach oben aus den Halterungen ausclipsen.

Einbau

- Batterie(n) jeweils mit dem Pluspol nach unten in die Sendeeinheit einlegen und mit leichtem Druck einrasten lassen.
- Deckel auflegen und zusammen mit der Sendeeinheit am Schlüssel einrasten. Dabei darauf achten, daß die Dichtung nicht beschädigt wird.

Batterie/Glühlampe für Schlüssel mit Leuchte aus- und einbauen

Ausbau

Achtung: Beim Ausbau der Batterien prüfen, ob die Polarität auf den Batterien eingeprägt ist, andernfalls Einbaulage notieren.

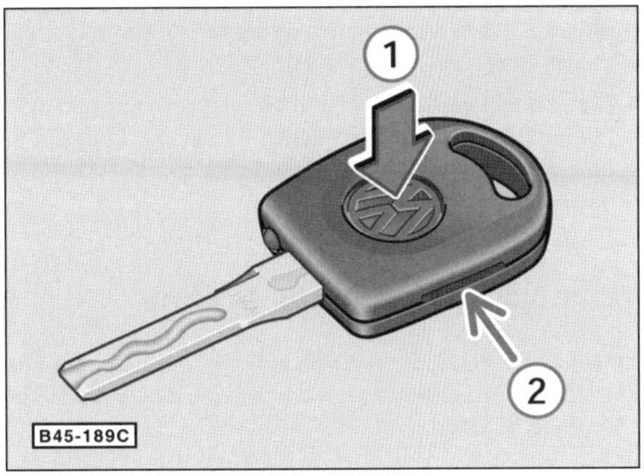

- Münze in den Schlitz seitlich am Griff stecken –Pfeil 2–.
- Münze drehen und dadurch Oberteil des Schlüsselgriffs abheben.

Achtung: Darauf achten, daß beim Abnehmen des Oberteils die Feder für den Druckknopf –Pfeil 1– nicht wegspringt.

- Batterie beziehungsweise Glühlampe ersetzen.
- Deckel des Schlüsselgehäuses aufdrücken und einrasten. Dabei darauf achten, daß der Druckknopf nicht eingeklemmt wird.

Scheibenwischermotor prüfen

Der Scheibenwischermotor sitzt im Wasserkasten unterhalb der Windschutzscheibe. Zum Prüfen muß die jeweilige Abdeckung demontiert werden.

Klemmenbezeichnungen

Die Klemmen am Motor sind genormt:

- Klemme **31** ist der Masseanschluß (allgemein in der Fahrzeugelektrik).
- Klemme **53** erhält Spannung für die erste Wischergeschwindigkeit.
- Klemme **53 a** liefert Plusstrom (+) für die Wischer-Endabstellung: Der Motor erhält über einen Schleifkontakt so lange Spannung, bis die Wischer in Ruhestellung gelaufen sind, wenn der Fahrer den Scheibenwischer ausschaltet.
- Klemme **53 b** führt die Spannung für die zweite Wischergeschwindigkeit (Nebenschlußwicklung).
- Über Klemme **53 e** wird der Wischermotor beim Zurücklaufen nach dem Abschalten abgebremst, damit die Wischer nicht über ihre Parkstellung hinauslaufen.
- Nicht überall vorhanden: Klemme **53 c** führt zur elektrischen Scheibenwaschpumpe.

Wischermotor prüfen

Zunächst klären, ob der Wischermotor oder die Stromversorgung defekt ist. Dazu folgendermaßen vorgehen:

- Mehrfachstecker am Wischermotor abziehen.
- Mit 2 Hilfskabeln Spannung (+) und Masse (–) von der Fahrzeugbatterie an den Wischermotor anlegen:
  - ◆ Ein Kabel vom Batterie-Pluspol zu Klemme **53** oder **53 b** verlegen.
  - ◆ Das zweite vom Batterie-Minuspol zu Motor-Klemme **31** führen.
- Der Scheibenwischermotor muß jetzt je nach benutzter Klemme auf Stufe I oder II laufen. Wenn nicht, ist der Motor oder die entsprechende Stufe defekt. Wischermotor ausbauen, siehe Seite 79.

Heizbare Heckscheibe prüfen

Bei eingeschalteter Heckscheibenheizung muß das Feld mit den sichtbaren Leiterbahnen nach einiger Zeit frei von Beschlag oder Eis sein.

- Bei Störungen zuerst Sicherung im Sicherungskasten überprüfen.
- Ist die Sicherung in Ordnung, Heckfensterverkleidung ausbauen und festen Sitz der Kabelstecker links und rechts an der Heckscheibe überprüfen, gegebenenfalls von Korrosion reinigen.
- Funktioniert die Heckscheibenheizung immer noch nicht, Zentral-Steuergerät für Komfort-Elektrik prüfen lassen, siehe auch Seite 55.
- Sind Heizfäden unterbrochen, hilft handelsüblicher Leitsilberlack zur Wiederherstellung der Verbindung. Dazu beschädigten Bereich reinigen.

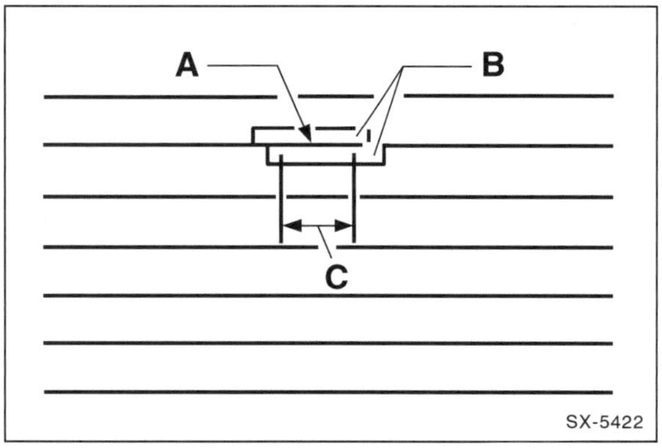

- Unterbrochene Stelle –A– von beiden Seiten mit Klebeband –B– abkleben und mit einem kleinen Pinsel Leitsilberlack –C– auftragen.
- Farbe bei ca. +25° C ca. 24 Stunden trocknen lassen. Es kann auch ein Heißluftfön verwendet werden. Bei +150° C trocknet die Farbe in ca. 30 Minuten.

Achtung: Heckscheibenheizung nicht einschalten, bevor die Farbe ganz trocken ist. Kein Benzin oder andere Lösungsmittel zum Reinigen des beschädigten Teils verwenden.

Bremslicht prüfen

- Wenn das Bremslicht nicht aufleuchtet, zuerst Sicherung im Sicherungkasten überprüfen.
- Ist die Sicherung in Ordnung, Brems-Glühlampen überprüfen, gegebenenfalls erneuern.
- Bremslichtschalter überprüfen. Dazu Abdeckung oberhalb der Pedale ausbauen. Kabelstecker vom Bremslichtschalter abziehen.
- Zündung einschalten.
- Beide Kontakte im Kabelstecker des Bremslichtschalters mit einer kurzen Hilfsleitung überbrücken. Wenn die Bremslichter jetzt aufleuchten, ist der Bremslichtschalter defekt. In diesem Fall Schalter ersetzen, siehe Seite 163.

Hupe aus- und einbauen/prüfen

Hinter dem vorderen Stoßfänger sind auf der linken Seite je ein Hoch- und ein Tieftonhorn montiert. Zur Schonung der Hupkontakte ist zwischen Betätigungsknopf und Hupe ein Relais zwischengeschaltet. Beim Betätigen der Hupe wird der Steuerstromkreis des Relais geschlossen.

Ausbau

- Stoßfänger ausbauen, siehe Seite 278.

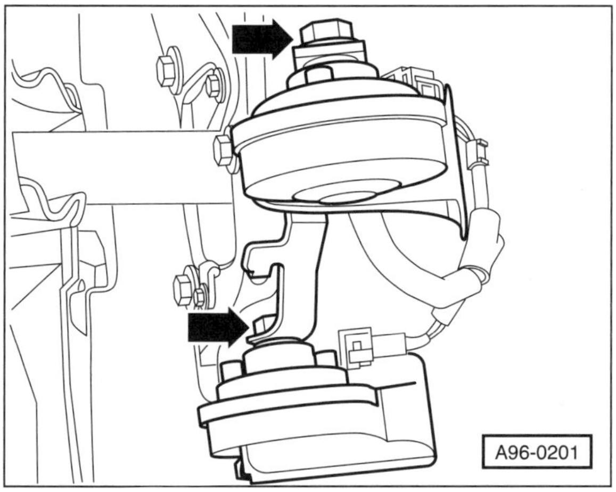

- Haltemuttern (Schlüsselweite 13 mm) lösen und Signalhörner abnehmen.
- Stecker abziehen, dazu Drahtsicherungen eindrücken.

Prüfen

- Hupe mit Hilfsleitungen direkt an die Fahrzeugbatterie anschließen. Dabei Anschluß für schwarz/gelbes Kabel mit Batterie-Plus (+) und Anschluß für braunes Kabel mit Batterie-Masse (–) verbinden. Die Hupe muß ertönen.

Einbau

- Signalhörner einsetzen und anschrauben.
- Mehrfachstecker aufschieben.

Wegfahrsicherung

Das Fahrzeug ist serienmäßig mit einer elektronischen Wegfahrsicherung ausgerüstet. Bei aktiviertem System verhindert die Anlage das Anspringen des Motors, wenn nicht der mit dem richtigen Code versehene Schlüssel verwendet wird.

Die Anlage besteht aus:

- ❑ dem Steuergerät für elektronische Wegfahrsicherung (im Instrumenteneinsatz integriert),
- ❑ der Kontrollampe für Wegfahrsicherung,
- ❑ dem angepaßten Motorsteuergerät,
- ❑ einer Lesespule am Zündschloß,
- ❑ dem Zündschlüssel mit eingebautem Transponder (Antwort-Lesespeicher). Der Transponder ist eine batterielos arbeitende Empfangs- und Sendeeinheit.

- ■ Die Wegfahrsicherung wird beim Abziehen des Zündschlüssels aktiviert.
- ■ Beim Einstecken des Zündungschlüssels in das Zündschloss wird durch die Lesespule elektrische Energie induktiv auf den Transponder im Schlüssel übertragen. Der Schlüsselcode wird gelesen und an das Steuergerät für Wegfahrsicherung übermittelt. Dort wird der Schlüsselcode mit dem abgespeicherten Wert verglichen. Anschließend wir der Code des Motor-Steuergerätes geprüft.
- ■ Wenn sämtliche Codes übereinstimmen, leuchtet nach dem Einschalten der Zündung im Schalttafeleinsatz die Kontrollampe für Wegfahrsicherung auf und erlischt nach etwa 3 Sekunden.
- ■ Falls keine Übereinstimmung der Codes vorhanden ist, wird der Motor nach maximal 2 Sekunden abgeschaltet. Das kann folgende Ursachen haben:
  - ◆ Lesevorgang bis zum Einschalten der Zündung nicht abgeschlossen. In diesem Fall nach dem Einstecken des Schlüssels etwas warten und Zündschlüssel langsam drehen.
  - ◆ Fehlerspeicher auslesen lassen.
  - ◆ Schlechter Kontakt im Stecker des Kabels von der Lesespule zum Kombiinstrument.
  - ◆ Lesevorgang durch zusätzliche Schlüssel am Schlüsselbund behindert.
  - ◆ Schlüsselcode defekt.
- ■ Die elektronische Überprüfung der Wegfahrsicherung erfolgt mit dem VW-Diagnosegerät durch Abrufen des Fehlerspeichers.

Geheimnummer

Die Geheimnummer ist bei Neufahrzeugen auf einem Schlüsselanhänger angebracht. Sie ist erforderlich, um neue Schlüssel zu codieren.

Identnummer

Die Identnummer wird benötigt, um bei Verlust der Geheimnummer diese beim Werk zu erfragen. Sie befindet sich ebenfalls auf einem Schlüsselanhänger, kann aber auch aus dem Steuergerät der Wegfahrsicherung ausgelesen werden.

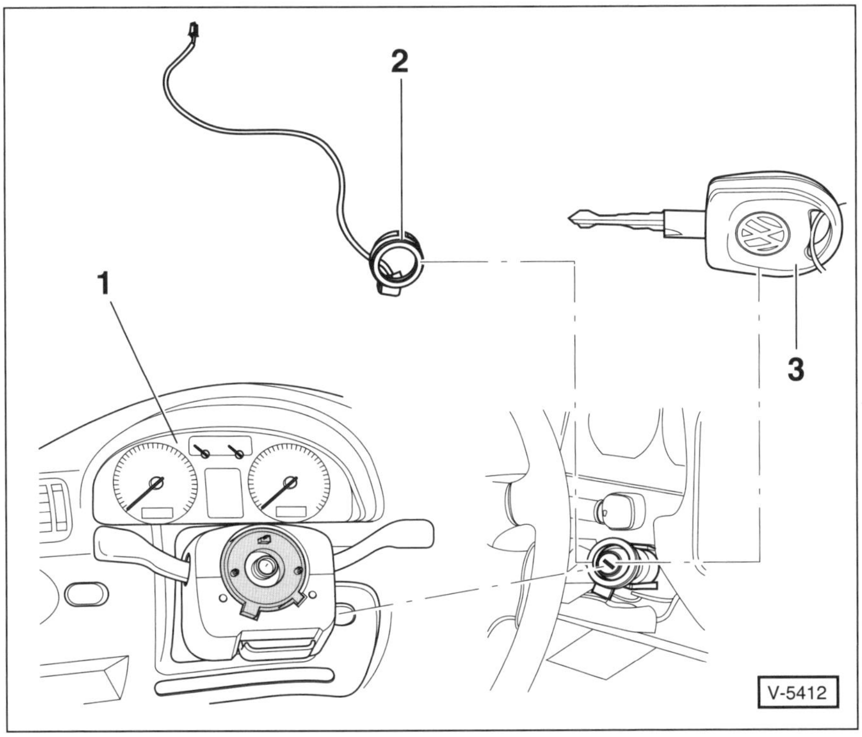

1 – Steuergerät für elektronische Wegfahrsicherung
Im Instrumenteneinsatz integriert.

2 – Lesespule für Wegfahrsicherung
Die Lesespule ist auf das Lenkschloßgehäuse aufgesteckt und über ein Kabel mit dem Steuergerät verbunden.

3 – Transponder
Antwort-Lesespeicher, im Zündschlüssel integriert.

Sicherungen auswechseln

Um Kurzschluß- und Überlastungsschäden an den Leitungen und Verbrauchern der elektrischen Anlage zu verhindern, sind die einzelnen Stromkreise durch Schmelzsicherungen geschützt. Es werden Sicherungen verwendet, die mit Messerkontakten ausgestattet sind, so daß Sicherungen für ältere Fahrzeuge nicht verwendet werden können.

- Vor dem Auswechseln einer Sicherung immer zuerst den betroffenen Verbraucher und die Zündung ausschalten.

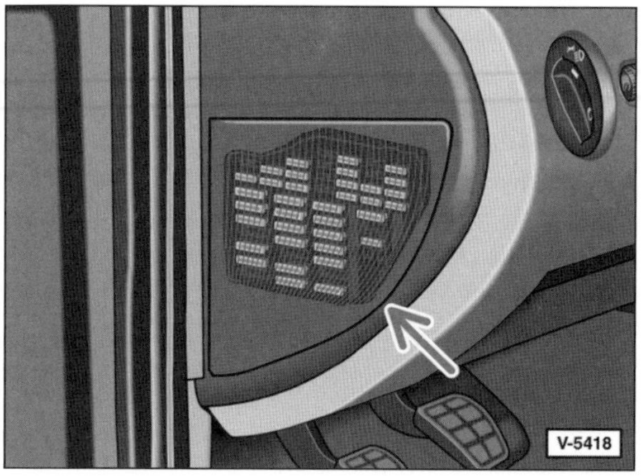

V-5418

- Die Sicherungen befinden sich in einem Sicherungskasten an der linken Stirnseite der Armaturentafel hinter einem Deckel.
- Deckel öffnen, dazu Schraubendreher mit der flachen Seite von unten in den Schlitz –Pfeil– einsetzen und Deckel abdrücken.
- Eine Übersicht der aktuellen Sicherungsbelegung befindet sich auf der Innenseite der Sicherungskasten-Abdeckung.
- Zusätzliche Sicherungen befinden sich an der Relaisplatte sowie am Zusatz-Relaisträger hinter der Relaisplatte und im Batteriehalter. Die Relaisplatte befindet sich hinter der linken Fußraumabdeckung. Der Batteriehalter sitzt im Motorraum direkt auf der Fahrzeugbatterie.
- Beim Dieselmotor befindet sich die Sicherung für die Vorglühanlage im Sicherungshalter auf der Batterie.

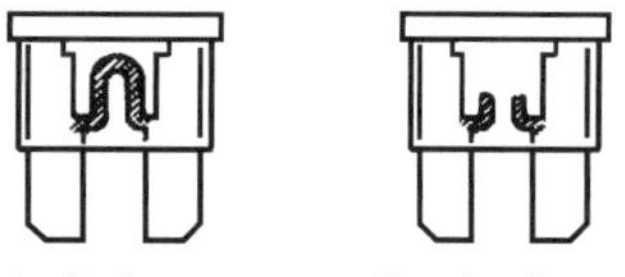

SX-5407

- Eine durchgebrannte Sicherung erkennt man am durchgeschmolzenen Metallstreifen.

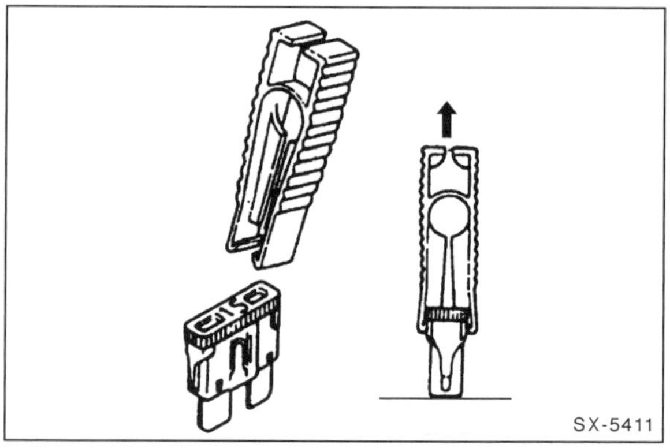

SX-5411

- Kunststoffklammer von der Deckelinnenseite abnehmen und defekte Sicherung herausziehen.
- Neue Sicherung **gleicher Sicherungsstärke** einsetzen. Die Nennstromstärke der Sicherung ist auf der Rückseite des Griffes aufgedruckt. Außerdem hat der Griff der Sicherungen eine Kennfarbe, an der ebenfalls die Nennstromstärke zu erkennen ist.

Nennstromstärke in Ampere	Kennfarbe
5	beige
7,5	braun
10	rot
15	blau
20	gelb
25	weiß
30	grün

- Sicherungskasten-Abdeckung wieder einrasten.
- Brennt eine neu eingesetzte Sicherung nach kurzer Zeit wieder durch, muß der entsprechende Stromkreis überprüft werden.
- Auf keinen Fall Sicherung durch Draht oder ähnliche Hilfsmittel ersetzen, weil dadurch ernste Schäden an der elektrischen Anlage auftreten können.
- Es ist empfehlenswert, stets einige Ersatzsicherungen im Wagen mitzuführen.

Sicherungsbelegung

Die Sicherungsbelegung ist abhängig von der Ausstattung und vom Baujahr des Fahrzeuges. Die aktuelle Belegung der Sicherungen befindet sich im Deckel vom Sicherungskasten.

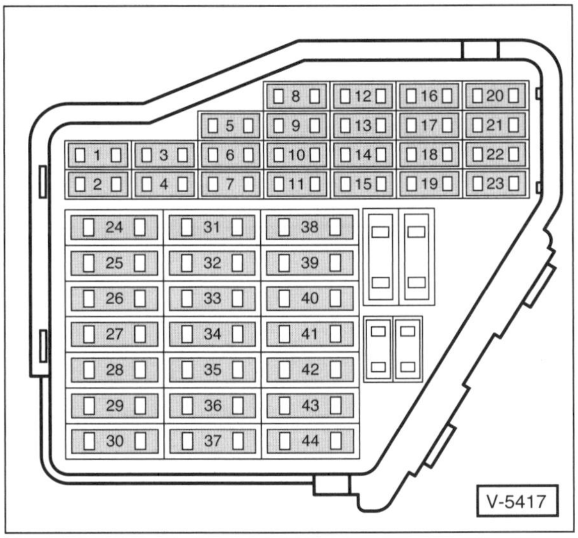

Nr.	Amp.	Verbraucher
1	10 A	Heizbare Scheibenwaschdüsen, Außenspiegelbeheizung, Handschuhfachleuchte
2	10 A	Blinkanlage, automatische Leuchtweitenregelung
3	5 A	Nebelscheinwerfer-Relais
4	5 A	Kennzeichenleuchten
5	7,5 A	Komfortelektrik, Geschwindigkeitsregelanlage, Sitzheizung, Klimaanlage, Multifunktionslenkrad
6	5 A	Zentralverriegelung
7	10 A	Rückfahrleuchten
8	5 A	Telefonanlage
9	5 A	ABS-Steuergerät
10	15/5 A	Motorsteuerung: Benziner/Diesel
11	5 A	Instrumenteneinsatz, Wählhebelsperre bei automatischem Getriebe
12	7,5 A	Spannungsversorgung Eigendiagnose, Telefon, Leseleuchte, Innenraumüberwachung
13	10 A	Bremsleuchten
14	10 A	Innenraumbeleuchtung, Zentralverriegelung
	5 A	Innenleuchte
15	5 A	Instrumenteneinsatz, Automatisches Getriebe
16	10 A	Magnetkupplung, Kühlerlüfternachlauf, Scheibenwaschanlage
17	7,5 A	Heizbare Türschlösser
18	10 A	Fernlicht rechts
19	10 A	Fernlicht links
20	15 A	Abblendlicht rechts, Leuchtweitenregelung
21	15 A	Abblendlicht links
22	5 A	Schluß- und Standlicht rechts
23	5 A	Schluß- und Standlicht links
24	20 A	Scheibenwischeranlage, Waschpumpe
25	25 A	Frischluftgebläse, Umluftanlage, Klimaanlage
26	25 A	Heckscheiben-, Spiegelheizung
27	15 A	Heckwischer
28	15 A	Kraftstoffpumpe
29	15/10 A	Motorsteuerung: Benziner/Diesel
30	20 A	Schiebedach
31	20 A	Automatisches Getriebe, Steuergerät für Bremskraftverstärker
32	10 A	Motorsteuerung/Einspritzventile: Benziner
	30 A	Motorsteuerung: Diesel
33	20 A	Scheinwerferreinigungsanlage
34	10 A	Motorsteuerung
35	30 A	Steckdose Anhängevorrichtung (Dauerplus)
36	15 A	Nebelscheinwerfer und -schlußleuchte
37	10 A	S-Kontakt, Radio, Navigation
38	15 A	Kofferraumleuchte, Zentralverriegelung
39	15 A	Warnblinkanlage
40	20 A	Signalhorn (Hupe)
41	15 A	Zigarettenanzünder
42	25 A	Radio, Navigation
43	10 A	Motorsteuerung
44	15 A	Sitzheizung

Achtung: Sicherungen im Sicherungshalter werden ab Sicherungsplatz 23 im Stromlaufplan mit 223 bezeichnet, Sicherung 24 mit 224 usw.

Weitere Sicherungen sowie die Relaisbelegung sind im Kapitel »Stromlaufpläne« aufgeführt.

Batterie aus- und einbauen

Die Batterie befindet sich im Motorraum hinter dem linken Scheinwerfer.

Achtung: Durch Abklemmen der Batterie werden einige **elektronische Speicher gelöscht**:

- Zum Beispiel Fehlerspeicher von Motor- und Getriebesteuerung sowie Antiblockiersystem. Vor dem Abklemmen gegebenenfalls Fehlerspeicher von einer VW-Werkstatt abrufen lassen. Treten die gleichen Fehler während einer anschließenden Fahrt wieder auf, werden sie wieder im Speicher abgelegt.
- Die Hoch-/Tieflaufautomatik der elektrischen Fensterheber muß nach dem Anklemmen der Batterie neu aktiviert werden, wie, steht am Ende des Kapitels.
- Vor dem Abklemmen der Batterie die Einstellungen der abgespeicherten Radiosender notieren.
- **Radio mit Anti-Diebstahl-Codierung, VW-Radio »beta« und »gamma« bis 7/98:** Der Radiocode wird gelöscht. Radiocode vor Abklemmen der Batterie feststellen. Nach dem Anklemmen der Batterie muß der Radiocode neu eingegeben werden, sonst kann das Radiogerät nicht in Betrieb genommen werden. Ist der Code nicht bekannt, kann das Radio nur vom Radiohersteller, das VW-Radio nur von einer VW-Werkstatt freigeschaltet werden. Radiocode eingeben, siehe Seite 103.
- **VW-Radio »beta« und »gamma« ab 8/98:** Nach dem Anklemmen der Batterie muß der Radiocode nicht eingegeben werden. Voraussetzung ist, daß das Radio und/oder der Instrumenteneinsatz nicht ausgebaut beziehungsweise im selben Fahrzeug wieder eingebaut wurden.

Falls die Batterie ersetzt wird:

- Möglichst eine moderne **Batterie mit Zentralentgasung** verwenden. Dabei werden die in der Batterie entstehenden Gase über eine zentrale Öffnung abgeleitet.

- Falls dennoch eine Batterie mit belüfteten Stopfen eingebaut wird, darauf achten, daß die Stopfen mit einer Kunststoffabdeckung vor Spritzwasser geschützt werden, siehe auch Hinweis am Ende dieses Kapitels.
- Die Fußleiste der Batterie muß 10,5 mm hoch sein, damit ein sicherer Sitz der Batterie sichergestellt ist.

Hinweis: Bei Kauf einer neuen Autobatterie die Altbatterie an der Verkaufsstelle zurückgeben, sonst muß für die neue Batterie Pfand bezahlt werden.

Ausbau

- Sämtliche Verbraucher ausschalten.
- Zündung ausschalten.
- Motorhaube öffnen.
- Falls vorhanden, Batterie-Wärmeschutzmantel öffnen.
- Massekabel (–) abklemmen. Dazu Befestigungsmutter an der Minuspolklemme lösen. Minuspolklemme vom Minuspol abziehen und zur Seite legen. **Achtung:** Sind A**rbeiten am Airbag- oder Gurtstraffersystem** vorgesehen, Batterie-Massekabel (–) **bei eingeschalteter Zündung** abklemmen.

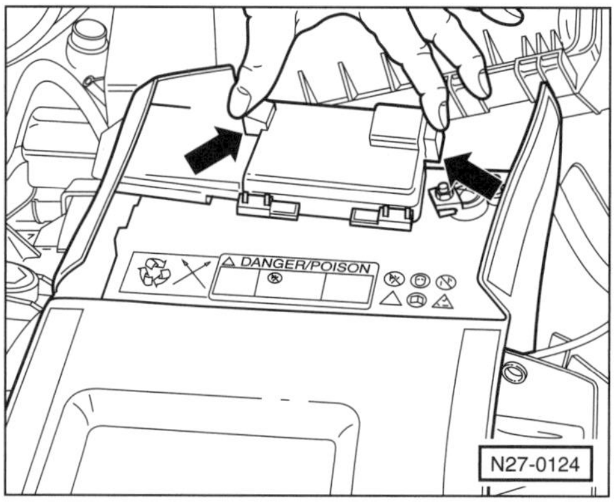

- Deckel für Sicherungshalter öffnen, dazu die Verriegelungslaschen –Pfeile– zusammendrücken.

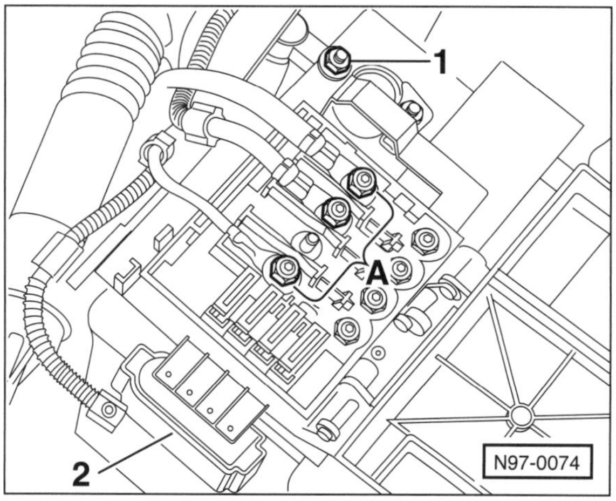

- Mutter –1– des Stromleitblechs von der Plusklemme (+) abschrauben.
- Leitungen von den Streifensicherungen für den leichteren Wiedereinbau mit Tesaband markieren und abklemmen. Dazu Muttern –A– abschrauben.
- Stecker –2– abziehen.

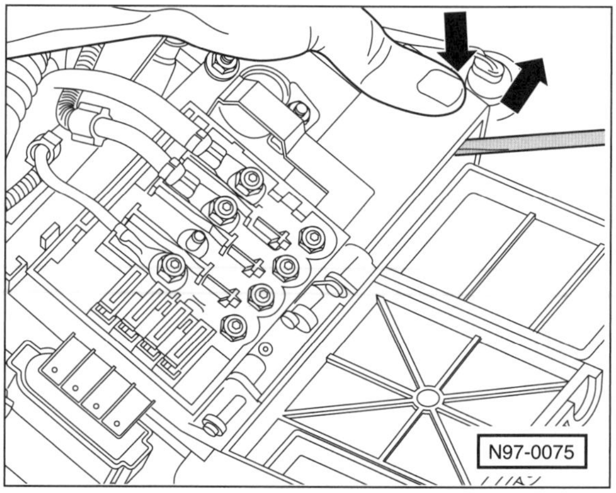

- Spannbügel des Sicherungshalters durch Daumendruck entspannen und mit einem Schraubendreher Spannbügel an der Batterie ausrasten.
- Sicherungshalter nach oben von der Batterie abnehmen.

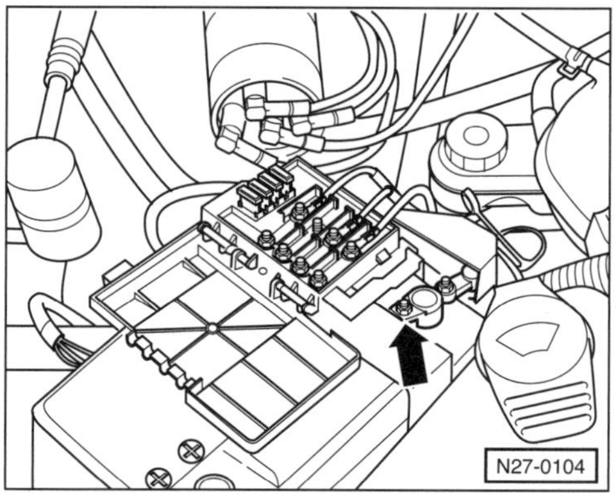

- Mutter –Pfeil– lösen. Plusklemme (+) vom Pluspol abziehen und zur Seite legen.

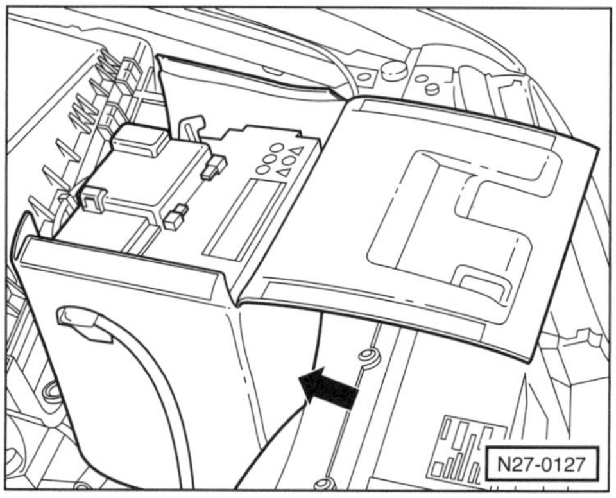

- Batterie-Wärmeschutzmantel –Pfeil–, falls vorhanden, von der Batterie abziehen.

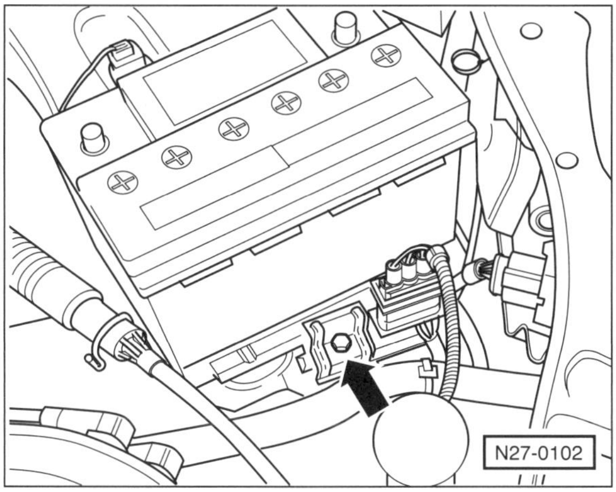

- Halteplatte am Batteriefuß abschrauben und abnehmen.
- Batterie von der Halteleiste wegschieben und herausheben. Die Halteleiste befindet sich gegenüber der ausgebauten Halteplatte.

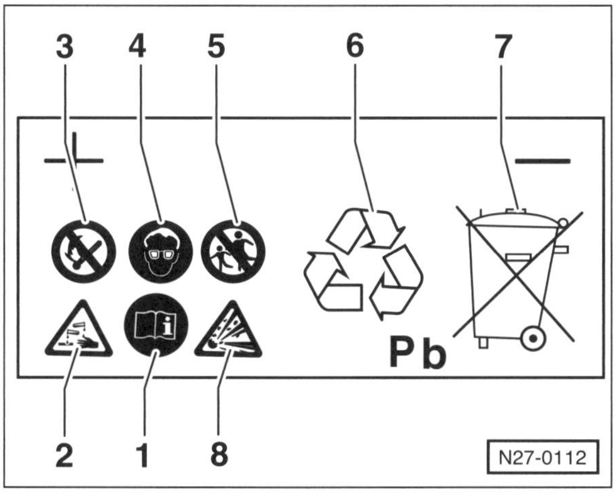

Sicherheitshinweise:
Warnhinweise auf der Batterie beachten, um Schäden und Verletzungen zu vermeiden. Die Symbole haben folgende Bedeutung:

1. Sicherheitshinweise in der Betriebsanleitung lesen.
2. Verätzungsgefahr: Batteriesäure ist stark ätzend, deshalb beim Umgang mit der Batterie Schutzhandschuhe und Augenschutz tragen. Batterie nicht kippen. Aus den Entgasungsöffnungen kann Säure austreten.
3. Feuer, Funken, offenes Licht und Rauchen in der Nähe der Batterie sind verboten. Wird die Batterie nur abgeklemmt, aber nicht ausgebaut, Batteriepole sicherheitshalber abdecken.
4. Augenschutz tragen.
5. Kinder von Säure und Batterie fernhalten.
6. Altbatterie beim Kauf einer neuen Batterie zurückgeben oder bei einer Sammelstelle für Problemstoffe abgeben.
7. Altbatterien nie über den Hausmüll entsorgen.
8. Explosionsgefahr. Beim Laden der Batterie entsteht hochexplosives Knallgasgemisch.

Einbau

- Prüfen, ob die Zündung und alle Stromverbraucher ausgeschaltet sind, gegebenenfalls ausschalten.

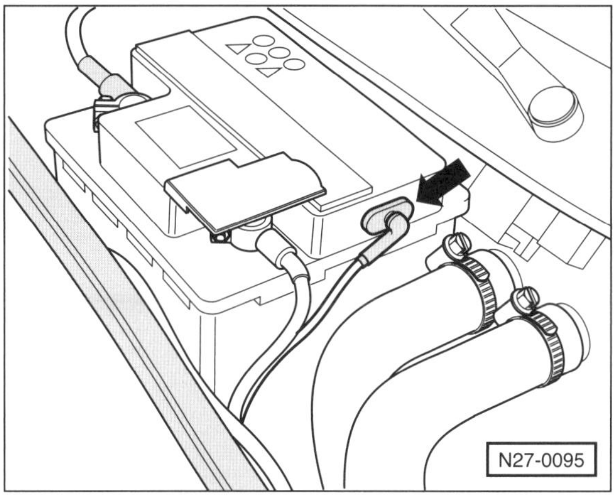

Achtung: Beim Einsetzen der Batterie darauf achten, daß der Schlauch für die Zentralentgasung nicht abgeklemmt wird. Nur dann ist sichergestellt, daß die bei der Ladung der Batterie entstehenden Gase ungehindert ausströmen können. Die Abbildung zeigt nicht die Batterie im VW GOLF/BORA.

Hinweis: Im Schlauchanschluß –Pfeil– befindet sich ein sogenannter Rückzündungsschutz, der die Zündung der in der Batterie befindlichen brennbaren Gase über den Entgasungsschlauch verhindert. **Entgasungsschlauch und Rückzündungsschutz dürfen daher nicht weggelassen werden.**

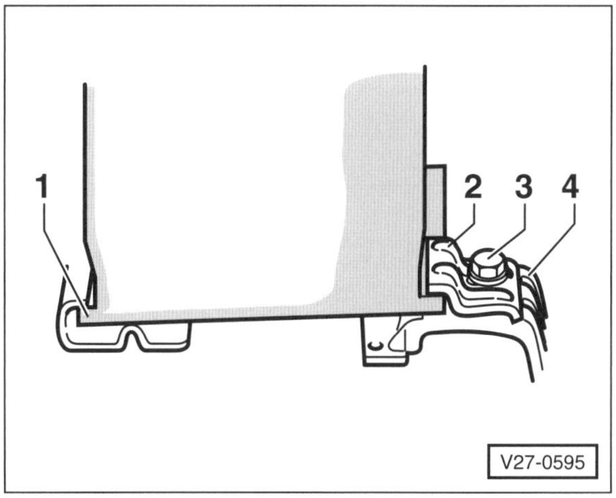

- Batterie in die Halteleiste –1– einsetzen.

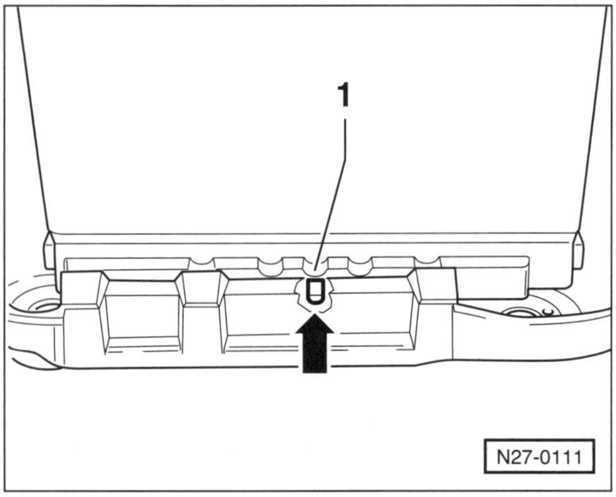

Achtung: Beim Einsetzen der Batterie darauf achten, daß die Nase des Batterieträgers –Pfeil– in die Aussparung der Batteriefußleiste –1– eingreift. Die Batterie darf sich anschließend nicht mehr nach links oder rechts verschieben lassen.

- Die Batterie ist richtig eingesetzt, wenn die mittlere Aussparung der Batteriefußleiste mit dem Gewindeloch im Batterieträger fluchtet.
- Bei einer Batterie **mit** Schlauch für Zentralentgasung darauf achten, daß der Schlauch nicht abgeklemmt wird und die Batterie frei entgasen kann.
- Bei einer Batterie **ohne** Schlauch für Zentralentgasung darauf achten, daß die Öffnung an der oberen Deckelseite der Batterie nicht verstopft ist.
- Halteplatte –2– am Bock –4– für Batteriebefestigung ansetzen und mit Schraube –3– und **20 Nm** festschrauben, siehe Abbildung V27-0595.
- Festen Sitz der Batterie durch hin- und herrütteln prüfen. Wenn die Batterie nicht festsitzt, verkürzt sich die Lebensdauer der Batterie. Außerdem verringert sich die Crash-Sicherheit.
- Falls ausgebaut, Wärmeschutzmantel für Batterie einbauen.

Achtung: Durch eine falsch angeschlossene Batterie können erhebliche Schäden am Generator und an der elektrischen Anlage entstehen.

- Pluskabel am Pluspol (+) anklemmen und mit **6 Nm** festziehen. **Achtung:** Polklemme ohne Gewalt aufdrücken, damit das Batteriegehäuse nicht beschädigt wird. Der Batteriepol darf **nicht** gefettet werden.

Achtung: Das Massekabel wird erst nach Einbau des Sicherungshalters angeschlossen.

- Sicherungshalter auf die Batterie aufsetzen, dabei das Stromleitblech auf den Befestigungsbolzen der Batterie-Plusklemme aufstecken.
- Spannbügel des Sicherungshalters an der Batterie einrasten.
- Befestigungsmutter des Stromleitblechs auf der Plusklemme (+) festschrauben.
- Elektrische Leitungen an den Streifensicherungen aufschieben und festschrauben.
- Mehrfachstecker aufschieben.

Achtung: Waren Steckverbindungen für das **Airbag- oder Gurtstraffersystem** getrennt, Batterie-Massekabel (–) **bei eingeschalteter Zündung** anklemmen. Dabei dürfen sich keine Personen im Fahrzeug-Innenraum aufhalten.

- Massekabel am Minuspol (–) aufstecken und mit **6 Nm** anschrauben. **Achtung:** Polklemme ohne Gewalt aufdrücken, damit das Batteriegehäuse nicht beschädigt wird. Der Batteriepol darf **nicht** gefettet werden.
- Generatorspannung prüfen, siehe Seite 71.

Hinweis: Eine zu hohe Ladespannung des Generators kann die Ursache für den Ausfall der bisherigen Batterie sein und, falls der Fehler weiter besteht, die neue Batterie schädigen.

- Radio falls erforderlich, neu programmieren, siehe Seite 103.
- Zeituhr einstellen.
- Automatiklauf der elektrischen Fensterheber aktivieren:
  - ◆ Fahrzeug von außen über Fahrer- oder Beifahrertür verschließen. Dabei darauf achten, daß alle Türen und Fenster vollständig geschlossen sind.
  - ◆ Fahrzeug entriegeln und erneut verriegeln. Dabei Schlüssel mindestens 1 Sekunde lang in Schließstellung halten.

  Hinweis: Falls eine Störung der elektrischen Fensterheber vorliegt, blinken die Schalterbeleuchtungen in den Türen.

Hinweis für Batterie mit belüfteten Stopfen

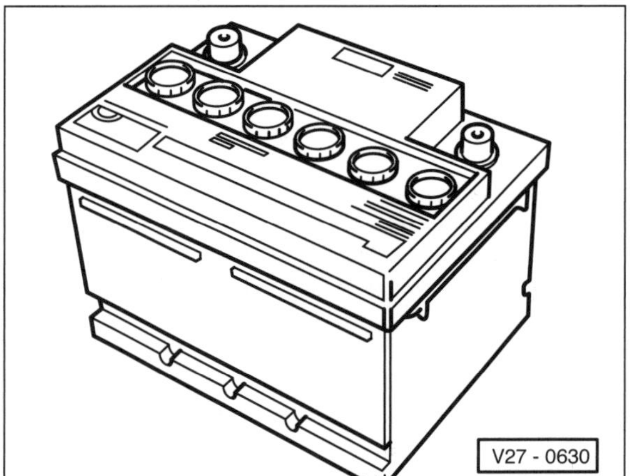

Wenn möglich, nur eine Batterie mit Zentralentgasung einbauen.

Bei dem abgebildeten Batterietyp mit belüfteten und herausschraubbaren Stopfen, muß über den Stopfen eine Kunststoffabdeckung als Schutz gegen eindringendes Spritzwasser sowie austretende, korrosionsfördernde Batteriesäure angebracht werden.

Für eine Batterie mit Zentralentgasung (flache, nur mit Schraubendreher herausschraubbare Stopfen) wird diese Abdeckung nicht benötigt.

Batterie prüfen

Wartungsarme Batterie

Fahrzeuge mit »Longlife-Service«-System sind mit einer wartungsarmen Blei-Calcium-Batterie ausgerüstet. Diese Batterie ist am »magischen Auge« an der Batterieoberseite erkennbar. Das Batteriegehäuse ist schwarz oder weiß.

Das »magische Auge« ist eine optische Statusanzeige. Anhand der angezeigten Farbe können Aussagen über Säurestand und Ladezustand getroffen werden.

Achtung: Luftblasen im »magischen Auge« können die Anzeige verfälschen. Gegebenenfalls vorsichtig auf das »magische Auge« klopfen. Der Säurestand einer wartungsarmen Batterie kann aber auch von außen, anhand der max- und min-Markierung abgelesen werden. Ausnahme: Batterien mit schwarzem Gehäuse.

Anzeige grün: Batterie ist ausreichend geladen. Säurestand in Ordnung.

Anzeige schwarz: Keine beziehungsweise zu geringe Ladung der Batterie.

Anzeige farblos/gelb: Kritischer Säurezustand erreicht. Unbedingt destilliertes Wasser nachfüllen. Anschließend Belastungsprüfung der Batterie durchführen.

Achung: Batterien ohne Zellverschlusstopfen, bei den das **magische Auge farblos** oder **hellgelb** anzeigt, dürfen **nicht unter Belastung geprüft** oder **geladen** werden. Es darf auch **keine Starthilfe** gegeben werden. **Beim Prüfen, Laden oder Starthilfe besteht Explosionsgefahr!**

Hinweis: Wenn die Batterie bereits älter als 5 Jahre ist, dann empfiehlt es sich die Batterie zu ersetzen, insbesondere vor der kalten Jahreszeit.

Herkömmliche Batterie

Säurestand prüfen

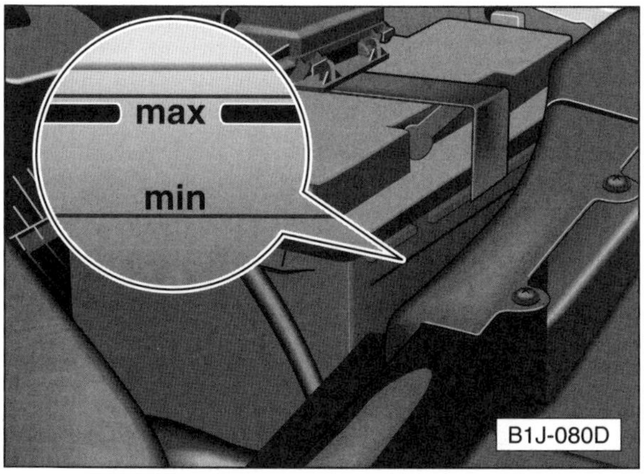

B1J-080D

- Der Säurestand muß in den einzelnen Zellen zwischen der min- und der max-Marke liegen. Gegebenenfalls Batteriestopfen ausschrauben und destilliertes Wasser nachfüllen.

Hinweis: Läßt sich der sich der Säurestand von außen nicht erkennen, Batteriestopfen herausschrauben. Der Säurestand muß am Kunststoffsteg der inneren Säurestandmarkierung liegen. Das entspricht der äußeren max-Markierung.

Spannung prüfen

Der Batterie-Zustand wird durch Messen der Spannung mit einem Voltmeter zwischen den Batteriepolen überprüft.

- Batteriepole abklemmen, siehe Seite 61.
- Vor der Prüfung muß die Batterie mindestens 2 Stunden abgeklemmt sein.

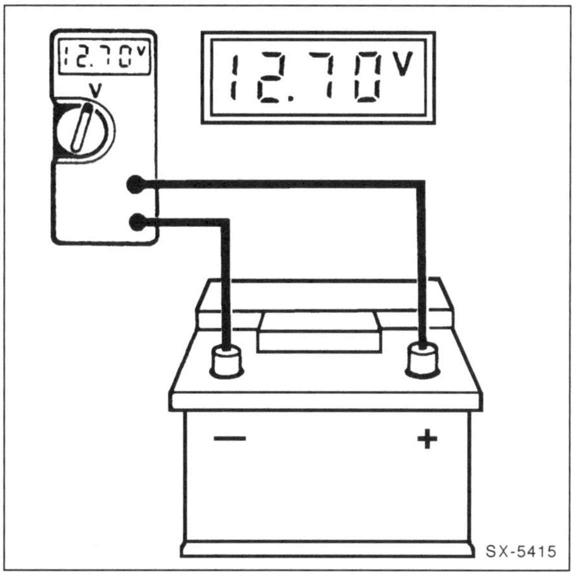

SX-5415

- Voltmeter an die Batteriepole anschließen und Spannung messen.
- **Beurteilung des Spannungsmeßwertes:**
  12,5 Volt oder darüber = Batterie in gutem Zustand
  12,4 Volt oder darunter = Batterie in schlechtem Zustand, Batterie laden oder ersetzen
- Batterie-Massekabel (–) anklemmen. **Achtung:** Hoch-/Tieflaufautomatik für elektrische Fensterheber aktivieren sowie Zeituhr stellen und Radiocode eingeben, siehe Kapitel »Batterie aus- und einbauen«.

Batterie unter Belastung prüfen

- Voltmeter an den Polen der Batterie anschließen.
- Motor starten und Spannung ablesen.
- Während des Startvorganges darf bei einer vollen Batterie die Spannung nicht unter 10 Volt (bei einer Säuretemperatur von ca. +20° C) abfallen.
- Bricht die Spannung sofort zusammen und wurde in den Zellen eine unterschiedliche Säuredichte festgestellt, so ist auf eine defekte Batterie zu schließen.

Säuredichte prüfen

Die Säuredichte ergibt in Verbindung mit der Spannungsmessung genauen Aufschluß über den Ladezustand der Batterie.

Zur Prüfung der Säuredichte dient ein Säureheber, der recht preiswert in Fachgeschäften angeboten wird.

Die Temperatur der Batteriesäure muß für die Prüfung mindestens +10° C betragen.

- Zündung ausschalten.

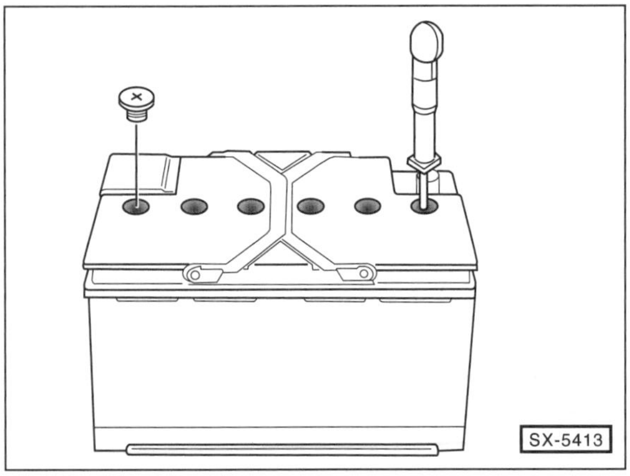

- Sämtliche Verschlußstopfen aus den Batteriezellen herausschrauben. Falls vorhanden, vorher Deckelleiste mit Schraubendreher abhebeln.

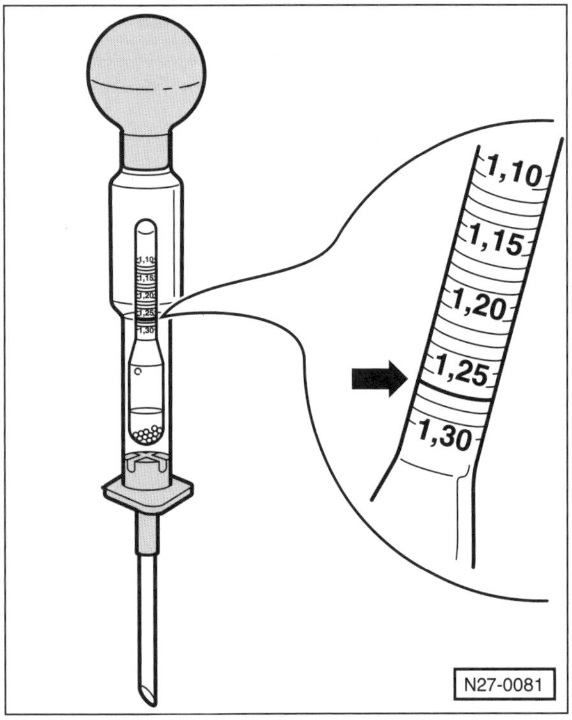

- Säureprüfer, zum Beispiel HAZET-4650-1, in eine der Batteriezellen eintauchen und soviel Säure ansaugen, bis der Schwimmer frei in der Säure schwimmt. Je größer das spezifische Gewicht (Säuredichte) der angesaugten Batteriesäure ist, desto mehr taucht der Schwimmer auf. An der Skala kann man die Säuredichte in spezifischem Gewicht (g/ml) oder Baumégrad (+°Bé) ablesen.
- Die Säuredichte muß mindestens 1,24 g/ml betragen. Ist die Säuredichte zu gering, Batterie laden.

Ladezustand	+°Bé	g/ml
entladen	16	1,15
halb entladen	24	1,22
gut geladen	30	1,28

- Nacheinander jede Batteriezelle prüfen, alle Zellen müssen die gleiche Säuredichte (maximale Differenz 0,04 g/ml) haben. Sonst kann auf eine defekte Batterie geschlossen werden.

Batterie laden

Sicherheitshinweise:

Vor dem Laden der Batterie Sicherheitshinweise im Kapitel »Batterie aus- und einbauen« durchlesen.

- Batterie **nicht** bei laufendem Motor abklemmen.
- Batterie **niemals kurzschließen,** das heißt Plus- (+) und Minuspol (–) dürfen nicht verbunden werden. Bei Kurzschluß erhitzt sich die Batterie und kann platzen.
- Wenn bei einer Batterie ohne Zellverschlussstopfen das **magische Auge farblos** oder **hellgelb** anzeigt, darf die Batterie **nicht geladen** werden. **Explosionsgefahr!**
- Nicht mit offener Flamme in Batterie leuchten. Batteriesäure ist ätzend und darf nicht in die Augen, auf die Haut oder die Kleidung gelangen, gegebenenfalls mit viel Wasser abspülen.
- Die Batteriestopfen (kreuzförmige Schlitze) bleiben bei einer modernen Batterie mit Zentralentgasung beim Laden fest eingeschraubt.
- Gefrorene Batterie vor dem Laden auftauen. Eine geladene Batterie friert bei ca. –65° C, eine halbentladene bei ca. –30° C und eine entladene bei ca. –12° C. Aufgetaute Batterie vor dem Laden auf Gehäuserisse prüfen, gegebenenfalls ersetzen.

Zum Laden der Batterie mit einem **Normal- oder Schnellladegerät** Batterie ausbauen. Zumindest aber Massekabel (–) sowie Pluskabel (+) abklemmen.

Mit einem **Kleinladegerät** (geringe Stromstärke) kann die Batterie auch in eingebautem Zustand geladen werden. Die Anschlußkabel für das Bordnetz brauchen dazu normalerweise nicht abgenommen zu werden. Allerdings sind unbedingt die Angaben des Ladegeräteherstellers zu beachten.

Beim Laden muß die Batterie eine Temperatur von mindestens +10° C aufweisen.

Laden

- Batterie ausbauen.
- Säurestand prüfen, gegebenenfalls destilliertes Wasser nachfüllen, siehe entsprechendes Kapitel.
- Batterie nur in gut belüftetem Raum oder im Freien laden. Beim Laden der eingebauten Batterie Motorhaube geöffnet lassen.
- Sicherstellen, daß der Entgasungsschlauch der Batterie nicht abgeklemmt ist beziehungsweise der Entgasungsstutzen nicht verstopft ist.

- Falls am Ladegerät der Ladestrom eingestellt werden kann, Ladestrom für Normalladung auf ca. 10 % der Kapazität einstellen. Bei einer 50-Ah-Batterie also etwa 5,0 A. Als Richtwert für die Ladezeit können dann 10 Stunden genommen werden.
- **Bei ausgeschaltetem Ladegerät** das Pluskabel (+) des Ladegerätes an den Pluspol (+) der Batterie anschließen. Minuskabel (–) des Ladegerätes mit dem Minuspol (–) der Batterie verbinden.
- Netzstecker des Ladegerätes in die Steckdose stecken. Falls erforderlich, Ladegerät einschalten.
- Wird die Batterie mit einem konstanten Ladestrom geladen, Temperatur der Batterie durch Auflegen der Hand prüfen. Die Säuretemperatur darf während des Ladens ca. +55° C nicht überschreiten, gegebenenfalls Ladung unterbrechen oder Ladestrom herabsetzen.
- Nach dem Laden der Batterie Ladegerät ausschalten (wenn möglich) und Netzstecker des Ladegerätes ziehen.
- Anschlußkabel des Ladegerätes von der Batterie abklemmen.
- Geladene Batterie prüfen, siehe entsprechendes Kapitel.
- Batterie einbauen, siehe entsprechendes Kapitel.

Hinweise für Batterie mit belüfteten Stopfen (Abbildung V27-0630 im Kapitel »Batterie aus- und einbauen«)

- Vor dem Laden Stopfen aus der Batterie herausschrauben oder mit schmalem Schraubendreher Abdeckung herausheben und leicht auf die Öffnungen legen. Dadurch werden Säurespritzer in der Umgebung vermieden, während die beim Laden entstehenden Gase entweichen können.
- So lange laden, bis alle Zellen lebhaft gasen und bei drei im Abstand von je einer Stunde aufeinanderfolgenden Messungen das spezifische Gewicht der Säure und die Spannung nicht mehr angestiegen sind.
- Nach dem Laden Batterie ca. 20 Minuten ausgasen lassen, dann Verschlußstopfen einschrauben.

Tiefentladene und sulfatierte Batterie laden

Eine Batterie, die längere Zeit unbenutzt war (zum Beispiel Fahrzeug stillgelegt), entlädt sich selbst und sulfatiert mit der Zeit.

Wenn die Ruhespannung der Batterie unter 11,6 Volt liegt, bezeichnet man sie als tiefentladen. Ruhespannung prüfen, siehe unter »Batterie prüfen«.

Bei einer tiefentladenen Batterie besteht die Batteriesäure (Schwefelsäure-Wassergemisch) fast nur noch aus Wasser. **Achtung:** Bei Minustemperaturen kann diese Batterie einfrieren und das Gehäuse platzen.

Eine tiefentladene Batterie sulfatiert, das heißt die gesamte Plattenoberfläche der Batterie verhärtet. Die Batteriesäure ist dann nicht klar, sie hat eine schwach weißliche Einfärbung.

Wenn die tiefentladene Batterie unmittelbar nach der Entladung wieder geladen wird, bildet sich die Sulfatierung wieder zurück. Andernfalls verhärten die Batterieplatten weiter und die Ladungsaufnahme bleibt dauernd eingeschränkt.

- Die Ladespannung darf maximal 14,4 Volt betragen.
- Eine tiefentladene und sulfatierte Batterie muß mit einem kleinen Ladestrom von ca. 5 % geladen werden. Der Ladestrom beträgt dann beispielsweise bei einer 60 Ah-Batterie ca. 3 A.

Achtung: Eine tiefentladene Batterie darf keinesfalls mit einem Schnelladegerät geladen werden.

Schnelladen/Starthilfe

- Mit einem Schnelladegerät darf die Batterie darf nur ausnahmsweise schnell geladen beziehungsweise durch Starthilfe belastet werden. Beim Schnelladen beträgt die Stromstärke des Ladestroms 20% und mehr von der Batteriekapazität. Durch Schnelladen wird die Batterie geschädigt, da sie kurzfristig einer sehr hohen Stromstärke ausgesetzt wird. Länger gelagerte und tiefentladene Batterien sollten nicht mit einem Schnelladegerät aufgeladen werden, da es sonst zur sogenannten Oberflächenladung kommt.

Batterie lagern

- Wird das Fahrzeug länger als 2 Monate stillgelegt, Batterie ausgebaut und geladen lagern. Die günstigste Lagertemperatur liegt zwischen 0° C und +27° C. Bei diesen Temperaturen hat die Batterie die günstigste Selbstentladungsrate. Spätestens nach 2 Monaten Batterie erneut aufladen, da sie sonst unbrauchbar wird.

Wenn eine über längere Zeit gelagerte Batterie mit einem Schnelladegerät geladen wird, nimmt sie unter Umständen keinen Ladestrom auf oder wird durch sogenannte Oberflächenladung zu früh als »voll« ausgewiesen. Sie ist anscheinend defekt.

Bevor solch eine Batterie als defekt angesehen wird, ist sie folgendermaßen zu prüfen:

- Säuredichte prüfen. Weicht die Säuredichte in allen Zellen nicht mehr als 0,04 g/ml voneinander ab, so ist die Batterie mit einem Normalladegerät zu laden.
- Batterie nach der Ladung durch eine Belastungsprüfung testen, siehe entsprechendes Kapitel. Die Werkstatt verwendet dazu ein spezielles Prüfgerät. In diesem Fall müssen die Werte in der folgenden Tabelle erreicht werden. Bei einem Spannungswert unter ca. 9,0 Volt ist die Batterie defekt.

Batterie-kapazität	Kälte-prüfstrom	Belastungs-strom	Mindest-spannung (Grenzwert)
36 Ah	175 A	100 A	10,0 V
40 – 49 Ah	220 A	200 A	9,2 V
50 – 60 Ah	265 – 280 A	200 A	9,4 V
61 – 80 Ah	300 – 380 A	300 A	9,0 V
81 – 110 Ah	380 – 500 A	300 A	9,5 V

- Weicht die Säuredichte in einer oder in zwei benachbarten Zellen merklich nach unten ab (zum Beispiel 5 Zellen zeigen 1,16 g/ml und eine Zelle 1,08), hat die Batterie einen Kurzschluß und ist defekt.
- Tiefentladene und sulfatierte Batterie laden, siehe entsprechendes Kapitel.

Batterie entlädt sich selbständig

Je nach Fahrzeugausstattung addiert sich zur natürlichen Selbstentladung der Batterie auch die Stromaufnahme der verschiedenen Steuergeräte im Ruhezustand. Daher sollte die Batterie in einem abgestellten Fahrzeug spätestens alle 6 Wochen nachgeladen werden. Besteht Verdacht auf Kriechströme, Bordnetz nach folgender Anleitung prüfen:

- Zur Prüfung geladene Batterie verwenden.

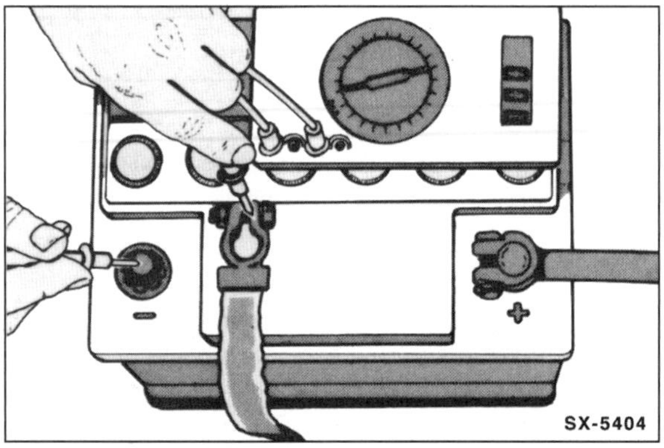

- Am Amperemeter (Meßbereich von 0–5 mA und 0–5 A) den höchsten Meßbereich einstellen.
- Batterie-Massekabel (–) bei ausgeschalteter Zündung abklemmen. **Achtung:** Dadurch werden elektronische Speicher gelöscht, wie zum Beispiel der Radiocode. Ohne Code kann das Radio nicht mehr in Betrieb genommen werden. Deshalb Hinweise im Kapitel »Batterie aus- und einbauen« durchlesen.
- Amperemeter zwischen Batterie-Minuspol (–) und Massekabel (–) schalten. Amperemeter-Plus- (+) Anschluß an Massekabel (–) und Amperemeter-Minus-Anschluß an Batterie-Minuspol (–).

Achtung: Die Prüfung kann auch mit einer Prüflampe durchgeführt werden. Leuchtet die Lampe zwischen Masseband und Minuspol der Batterie jedoch nicht auf, ist auf jeden Fall ein Amperemeter zu verwenden.

- Alle Verbraucher ausschalten, vorhandene Zeituhr (und andere Dauerverbraucher) abklemmen, Türen schließen.
- Vom Amperebereich solange auf den Milliamperebereich zurückschalten, bis eine ablesbare Anzeige erfolgt (1–3 mA sind zulässig).
- Einzelne Sicherungen nacheinander herausnehmen und dadurch die verschiedenen Stromkreise unterbrechen. Geht dabei die Anzeige auf Null zurück, ist hier die Fehlerquelle zu suchen. Fehler können sein: korrodierte und verschmutzte Kontakte, durchgescheuerte Leitungen, interner Schluß in Aggregaten.
- Wird in den abgesicherten Stromkreisen kein Fehler gefunden, so sind die Leitungen an den nicht abgesicherten Aggregaten, wie Generator und Anlasser, abzuziehen.
- Geht beim Abklemmen von einem der ungesicherten Aggregate die Anzeige auf Null zurück, betreffendes Bauteil überholen oder austauschen.
- Bei Stromverlust in Anlasser- oder Zündanlage immer auch den Zünd-Anlaßschalter nach Stromlaufplan prüfen.
- Batterie-Massekabel (–) anklemmen. **Achtung:** Hoch-/Tieflaufautomatik für elektrische Fensterheber aktivieren sowie Zeituhr stellen und Radiocode eingeben, siehe Kapitel »Batterie aus- und einbauen«.

Telematik: Notstrombatterien ersetzen

Ausbau

- Linke Gepäckraumabdeckung öffnen.

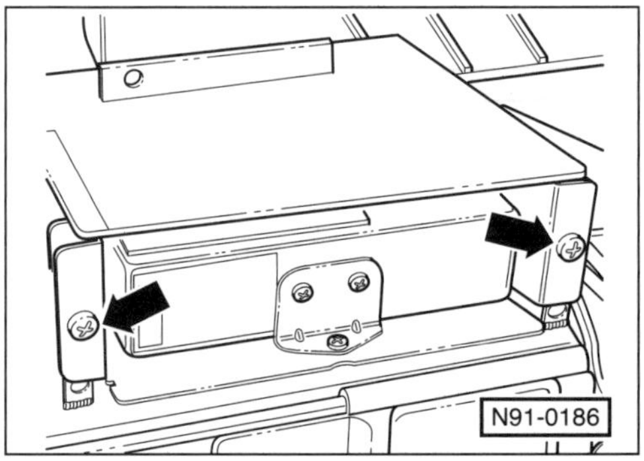

- Kreuzschlitzschrauben –Pfeile– herausschrauben und Telematik-Steuergerät mit Einbaurahmen herausziehen.
- 3 Mehrfachstecker und Stecker für Antennenleitung an der Rückseite des Steuergerätes abziehen.

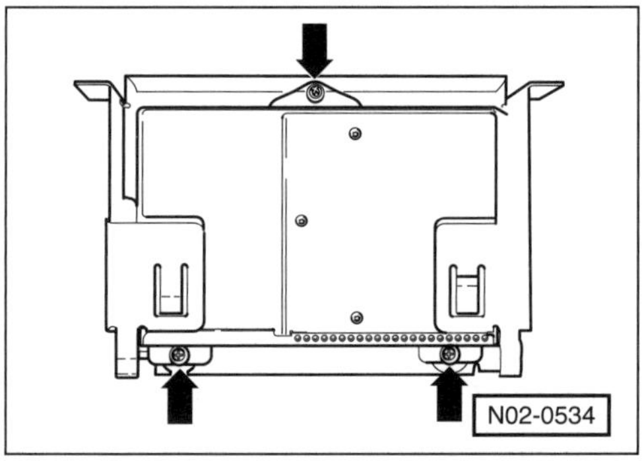

- Kreuzschlitzschrauben –Pfeile– herausschrauben und Steuergerät aus dem Einbaurahmen herausnehmen.

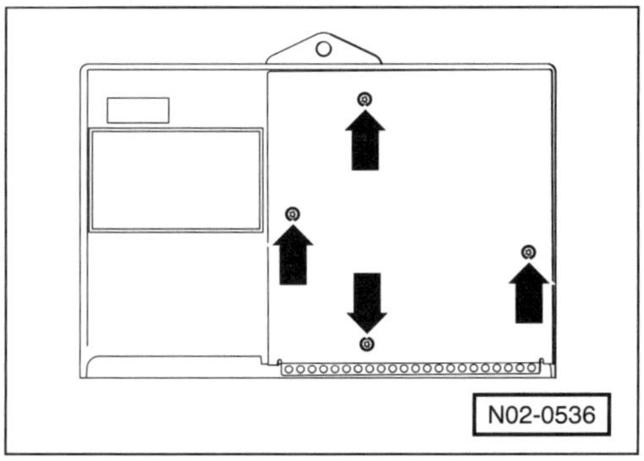

- Deckel abschrauben –Pfeile– und abnehmen.

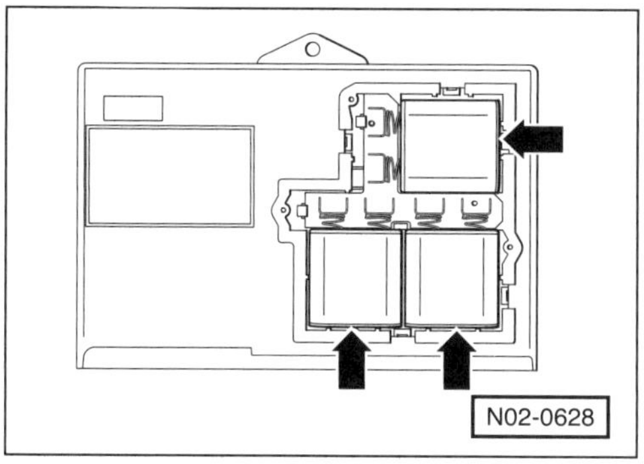
N02-0628

- Alte Notstrombatterien –Pfeile– herausnehmen.

Einbau

- Neue Batterien einsetzen, siehe Abbildung N02-0628.
- Deckel einsetzen und festschrauben –Pfeile– .
- Telematik-Steuergerät in den Einbaurahmen einsetzen und festschrauben –Pfeile–. **Hinweis:** Immer Originalschrauben zum Befestigen des Steuergerätes verwenden, da das Steuergerät sonst beschädigt werden kann.
- Mehrfachstecker und Antennenleitung an der Rückseite des Steuergerätes aufstecken. Dabei unbedingt auf korrekten Sitz und deutliches Einrasten der Stecker achten.
- Telematik-Steuergerät mit Einbaurahmen einsetzen und mit Kreuzschlitzschrauben –Pfeile– festschrauben.
- Linke Gepäckraumabdeckung schließen.

Störungsdiagnose Batterie

Störung	Ursache	Abhilfe
Abgegebene Leistung ist zu gering, Spannung fällt stark ab.	Batterie entladen.	■ Batterie nachladen.
	Ladespannung zu niedrig.	■ Spannungsregler prüfen, ggf. austauschen.
	Anschlußklemmen lose oder oxydiert.	■ Anschlußklemmen reinigen, Befestigungsschrauben anziehen.
	Masseverbindungen Batterie-Motor-Karosserie sind schlecht.	■ Masseverbindung überprüfen, ggf. metallische Verbindungen herstellen oder Schraubverbindungen festziehen. Korrodierte durch verzinnte Schrauben ersetzen.
	Zu große Selbstentladung der Batterie durch Verunreinigung der Batteriesäure.	■ Batterie austauschen.
	Batterie sulfatiert.	■ Batterie mit geringer Stromstärke laden. Falls nach wiederholter Ladung und Entladung die abgegebene Leistung immer noch zu gering ist, Batterie austauschen.
	Batterie verbraucht, aktive Masse der Platten ausgefallen.	■ Batterie austauschen.
Nicht ausreichende Ladung der Batterie.	Fehler an Generator, Spannungsregler oder Leitungsanschlüssen.	■ Generator und Spannungsregler überprüfen, instand setzen bzw. austauschen.
	Keilrippenriemen locker, Spannvorrichtung defekt.	■ Spannvorrichtung prüfen, ggf. Keilrippenriemen ersetzen.
	Zu viele Verbraucher angeschlossen.	■ Leistungsstärkere Batterie einbauen; evtl. auch stärkeren Generator verwenden.
Säurestand zu niedrig.	Überladung, Verdunstung (besonders im Sommer).	■ Destilliertes Wasser bis zur vorgeschriebenen Höhe nachfüllen (bei geladener Batterie).
Säuredichte zu niedrig.	Batterie entladen.	■ Batterie laden.
	Säuredichte in einer Zelle deutlich niedriger als in den übrigen Zellen.	■ Kurzschluß in einer Zelle. Batterie erneuern.
	Säuredichte in zwei benachbarten Zellen deutlich niedriger als in den übrigen Zellen.	■ Trennwand undicht, dadurch entsteht eine leitende Verbindung zwischen den Zellen, wodurch die Zellen entladen werden. Batterie erneuern.
	Kurzschluß im Leitungsnetz.	■ Elektrische Anlage überprüfen.

Der Generator

Das Fahrzeug ist mit einem Drehstromgenerator ausgerüstet. Je nach Modell und Ausstattung können Generatoren mit unterschiedlichen Leistungen eingebaut sein. Die Leistung steht auf dem Typschild am Generator. **Achtung:** Wenn nachträglich elektrisches Zubehör eingebaut wird, sollte überprüft werden, ob die bisherige Generatorleistung noch ausreicht, gegebenenfalls stärkeren Generator einbauen.

Der Generator wird von der Kurbelwelle über den Keilriemen angetrieben. Dabei dreht sich der Läufer mit der Erregerwicklung innerhalb der feststehenden Ständerwicklung mit etwa doppelter Motordrehzahl.

Ein Spannungsregler am Generator verändert den Ladestrom für die Batterie durch Ein- und Ausschalten des Erregerstromes, entsprechend dem Ladezustand der Batterie. Gleichzeitig hält der Regler die Betriebsspannung konstant bei ca. 14 Volt, unabhängig von der Drehzahl.

Achtung: Der Generator ist ein sogenanntes Austauschteil. Das bedeutet, daß ein defekter Generator bei Kauf eines überholten oder neuen Generators vom Hersteller in Zahlung genommen wird, daher Altteil zum Händler mitnehmen.

Sicherheitshinweise für den Drehstromgenerator

- Batterie oder Spannungsregler **nicht** bei laufendem Motor abklemmen.
- Generator **nicht** bei angeschlossener Batterie ausbauen.
- Beim Elektroschweißen Batterie grundsätzlich abklemmen.

Generator aus- und einbauen

1,4-/1,6-l-Motor bis 4/99

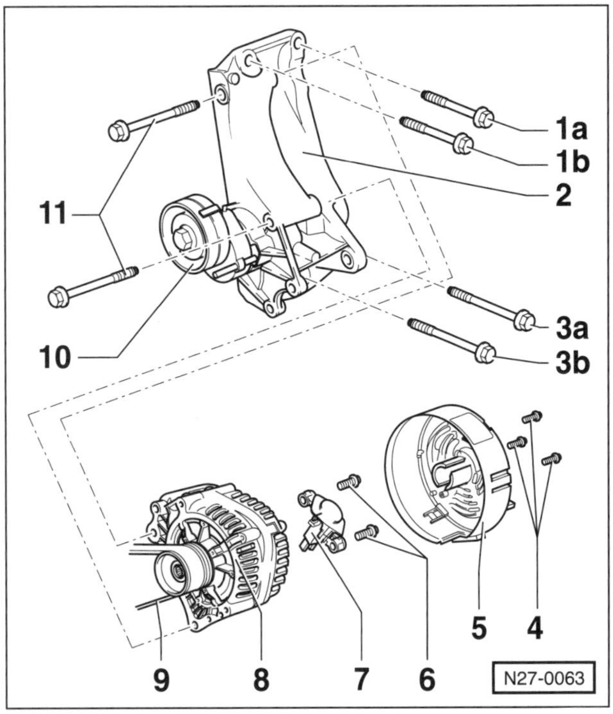

1 – **Schraube, 55 Nm**
Bei Graugß-Block: M10x50.
Bei Alu-Block: M10x55, mit Sicherungsmittel beschichtet.
Anzugsreihenfolge: 1a, 3a, 1b, 3b.

2 – **Halter**

3 – **Schraube, 55 Nm**
Bei Grauguß-Block: M10x95.
Bei Alu-Block: M10x100, mit Sicherungsmittel beschichtet.

4 – **Schrauben**

5 – **Schutzkappe**

6 – **Linsenkopfschrauben**

7 – **Spannungsregler**

8 – **Generator**

9 – **Keilrippenriemen**

10 – **Spannrolle**

11 – **Schrauben, 25 Nm**
M8x85.

1,4-/1,6-l-Motor seit 5/99

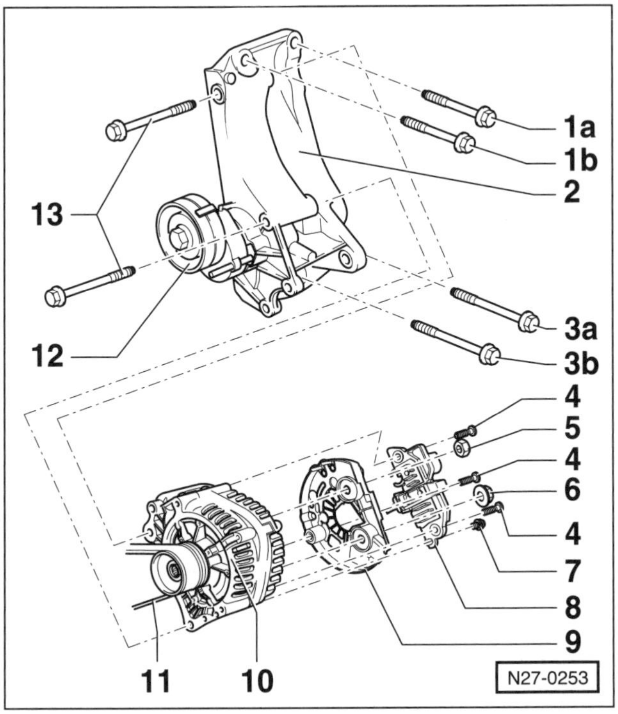

1 – **Schraube, 55 Nm**
Bei Grauguß-Block: M10x50.
Bei Alu-Block: M10x55, mit Sicherungsmittel beschichtet.
Anzugsreihenfolge: 1a, 3a, 1b, 3b.

2 – **Halter**

3 – **Schraube, 55 Nm**
Bei Grauguß-Block: M10x95.
Bei Alu-Block: M10x100, mit Sicherungsmittel beschichtet.

4 – **Kreuzschlitzschrauben**

5 – **Mutter M8**

6 – **Mutter M8**

7 – **Kreuzschlitzschraube**

8 – **Spannungsregler**

9 – **Schutzkappe**

10 – **Generator**

11 – **Keilrippenriemen**

12 – **Spannrolle**

13 – **Schrauben, 25 Nm**
M8x85.

Ausbau

- Batterie-Massekabel (–) bei ausgeschalteter Zündung abklemmen. **Achtung:** Dadurch werden elektronische Speicher gelöscht, wie zum Beispiel der Radiocode. Ohne Code läßt sich das Radio nur von der Fachwerkstatt wieder in Betrieb nehmen. Deshalb Hinweise im Kapitel »Batterie aus- und einbauen« durchlesen.

Hinweis: Die Positionsnummern im folgenden Text beziehen sich auf Abbildung N27-0063 auf Seite 70.

- Keilrippenriemen –9– entspannen und abnehmen, siehe Seite 190.
- Dicke (B+) und dünne (D+) -Leitung an der Rückseite des Generators abklemmen.
- Schrauben –11– am Halter –2– für Generator herausdrehen. Generator –8– abnehmen.

Einbau

- Generator einsetzen und am Halter anschrauben
- Keilrippenriemen auf Verschleiß prüfen, gegebenenfalls ersetzen.
- Keilrippenriemen auflegen und spannen, siehe Seite 190.
- Elektrische Leitungen für Generator anschließen.
  Achtung: Dickes Kabel **(B+)** –Pfeil– am Generator mit **15 ± 1 Nm** festziehen.
  Wenn die Leitung nicht mit dem vorgeschriebenen Drehmoment angezogen wird, können folgende Fehler auftreten:
  - ◆ Batterie wird nicht vollständig geladen.
  - ◆ Komplettausfall der Fahrzeugelektrik/-elektronik.
  - ◆ Brandgefahr aufgrund von Funkenbildung.
  - ◆ Schäden durch Überspannungen an elektronischen Bauteilen/Steuergeräten.

  Blaues Kabel **(D+)** am Generator mit **3,2 ± 0,2 Nm** festziehen.
- Batterie-Massekabel (–) anklemmen. **Achtung:** Hoch-/Tieflaufautomatik für elektrische Fensterheber aktivieren sowie Zeituhr stellen und Radiocode eingeben, siehe Kapitel »Batterie aus- und einbauen«.

Generatorspannung prüfen

- Voltmeter zwischen Plus- und Minuspol der Batterie anschließen.
- Motor starten. Die Spannung darf beim Startvorgang bis 8 Volt (bei +20° C Außentemperatur) absinken.
- Motordrehzahl auf 3000/min erhöhen. Die Spannung soll dann 13,5 bis 14,5 Volt betragen. Dies ist ein Beweis, daß Generator und Regler arbeiten. Die Generatorspannung (Bordspannung) muß höher als die Batteriespannung sein, damit die Batterie im Fahrbetrieb wieder aufgeladen wird.
- Regelstabilität prüfen. Dazu Fernlicht einschalten und Messung bei 3000/min wiederholen. Die gemessene Spannung darf nicht mehr als 0,4 Volt über dem vorher gemessenen Wert liegen.
- Liegen die gemessenen Werte außerhalb der Sollwerte, Generator von Fachwerkstatt überprüfen lassen.

Schleifkohlen für Generator/ Spannungsregler ersetzen/prüfen

Der Ausbau der Schleifkohlen (Bürsten) ist auch bei eingebautem Generator möglich, allerdings muß dann das Saugrohr-Oberteil abgebaut werden.

Ausbau

- Batterie-Massekabel (–) bei ausgeschalteter Zündung abklemmen. **Achtung:** Dadurch werden elektronische Speicher gelöscht, wie zum Beispiel der Radiocode. Ohne Code kann das Radio nur vom Radiohersteller freigeschaltet werden, beziehungsweise beim VW-Radio von einer VW-Werkstatt. Deshalb Hinweise im Kapitel »Batterie aus- und einbauen« durchlesen.
- Keilrippenriemen ausbauen, siehe Seite 190.
- Generator ausbauen.
- Generator-Schutzkappe abschrauben.
- Spannungsregler an der Rückseite des Generators abschrauben und vorsichtig herausziehen.

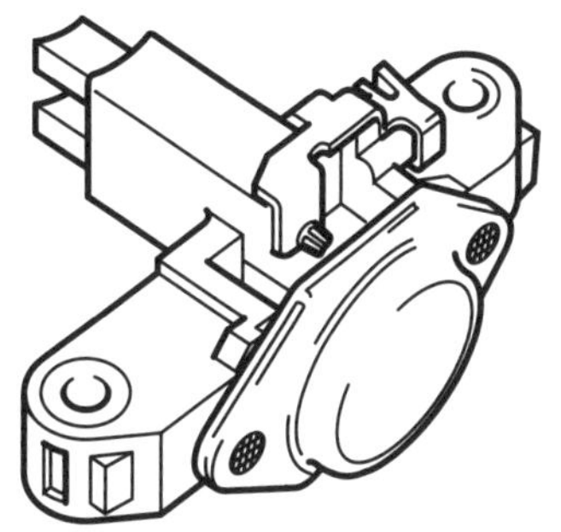

V27 - 0628

- Schleifkohlen ersetzen, wenn die Länge 5 mm oder weniger beträgt. Dazu Anschlußlitze auslöten.
- Schleifringe auf Verschleiß prüfen, gegebenenfalls feinstüberdrehen und polieren.
- Kontaktfläche reinigen und Vorspannung der Kontaktfeder prüfen, gegebenenfalls erneuern.

Einbau

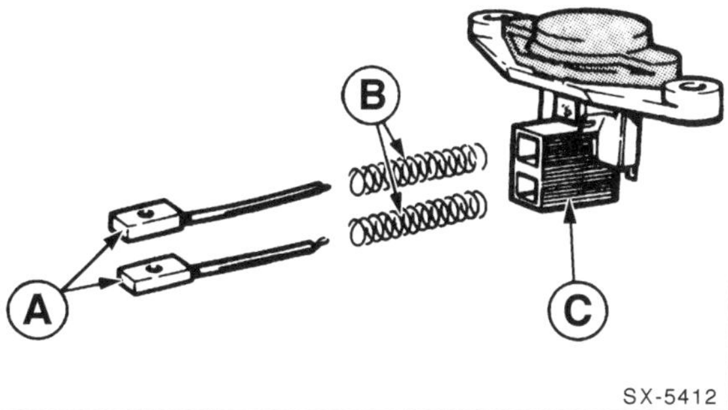

SX-5412

- Kohlebürsten –A– und Federn –B– in den Bürstenhalter –C– einsetzen und Anschlüsse verlöten.

- Damit beim Anlöten der neuen Bürsten kein Lötzinn in der Litze hochsteigen kann, Anschlußlitze der Bürsten mit einer Flachzange fassen. **Achtung:** Durch hochsteigendes Lötzinn würde die Litze steif und die Kohlebürste unbrauchbar werden.
- Der Isolierschlauch über der Litze muß neben der Lötstelle mit der vorhandenen Öse festgeklemmt werden.
- Nach dem Einbau neue Kohlebürsten auf leichten Lauf in den Bürstenhaltern prüfen.
- Spannungsregler erst mit einer Schraube von Hand befestigen, dann vorsichtig in endgültige Einbaulage drücken und festschrauben.
- Generator-Schutzkappe anschrauben.
- Generator einbauen.
- Keilrippenriemen einbauen, siehe Seite 190.
- Batterie-Massekabel (–) anklemmen. **Achtung:** Hoch-/Tieflaufautomatik für elektrische Fensterheber aktivieren sowie Zeituhr stellen und Radiocode eingeben, siehe Kapitel »Batterie aus- und einbauen«.

Störungsdiagnose Generator

Störung	Ursache	Abhilfe
Ladekontrollampe brennt nicht bei eingeschalteter Zündung.	Batterie leer.	■ Laden.
	Anschlußkabel an der Batterie locker oder korrodiert.	■ Kabel auf festen Sitz prüfen, Anschlüsse reinigen.
	Kabel am Generator locker oder korrodiert.	■ Kabel auf einwandfreien Kontakt prüfen, Schraube festziehen.
	Ladekontrollampe durchgebrannt.	■ Ersetzen.
	Regler defekt.	■ Regler prüfen, gegebenenfalls austauschen.
	Unterbrechung in der Leitungsführung zwischen Generator, Zündschloß und Kontrollampe.	■ Mit Voltmeter nach Stromlaufplan untersuchen.
	Kohlebürsten liegen nicht auf dem Schleifring auf.	■ Freigängigkeit der Kohlebürsten und Mindestlänge (5 mm) prüfen.
Ladekontrollampe erlischt nicht bei Drehzahlsteigerung.	Keilrippenriemen locker, Riemen rutscht durch.	■ Keilrippenriemen prüfen, Spannvorrichtung prüfen.
	Spannungsregler/Generator defekt.	■ (D+)-Leitung an der Generatorrückseite abschrauben und Zündung einschalten. Wenn die Kontrollampe jetzt nicht aufleuchtet, liegt in der Regel ein Fehler im Spannungsregler oder im Generator vor.
	Kohlebürsten im Spannungsregler abgenutzt.	■ Kohlebürsten sichtprüfen, gegebenenfalls austauschen.
	Regler defekt.	■ Regler prüfen lassen, ggf. austauschen.
	Generator defekt.	■ Generator prüfen lassen, ggf. austauschen.
	Leitung zwischen Drehstromgenerator und Regler defekt.	■ Blaue Leitung der Kammer 12 an der Steckverbindung T32a, am Instrumenteneinsatz trennen, Zündung einschalten. Wenn die Kontrollampe jetzt nicht leuchtet, hat die Leitung D+ einen Masseschluß. Leitungsstrang ersetzen.
	Schalttafeleinsatz (Kombiinstrument) defekt.	■ Wenn nach dem Trennen der blauen Leitung von der Steckverbindung T32a, bei eingeschalteter Zündung die Kontrollampe leuchtet, ist in der Regel der Schalttafeleinsatz defekt.
Frischluft bzw. Heizluft riecht nach faulen Eiern. Batterie gast kurz nach Abstellen des Motors sehr stark.	Spannungsregler am Generator defekt. Batterie wird zu stark geladen und beginnt zu gasen. Dabei bildet sich Schwefelwasserstoff (H_2S).	■ Ladespannung bzw. Spannungsregler des Generators prüfen, ggf. Spannungsregler ersetzen.

Anlasser aus- und einbauen

Fahrzeuge mit Schaltgetriebe/Automatikgetriebe 01M

Zum Starten des Verbrennungsmotors ist ein kleiner elektrischer Motor erforderlich, der Anlasser. Damit der Motor überhaupt anspringen kann, muß der Anlasser den Verbrennungsmotor auf eine Drehzahl von mindestens 300 Umdrehungen in der Minute beschleunigen. Das funktioniert aber nur, wenn der Anlasser einwandfrei arbeitet und die Batterie hinreichend geladen ist.

Achtung: Der Anlasser ist ein sogenanntes Austauschteil. Das bedeutet, daß ein defekter Anlasser bei Kauf eines überholten oder neuen Anlassers vom Hersteller in Zahlung genommen wird, daher Altteil zum Händler mitnehmen.

Ausbau

- Batterie ausbauen, siehe entsprechendes Kapitel.

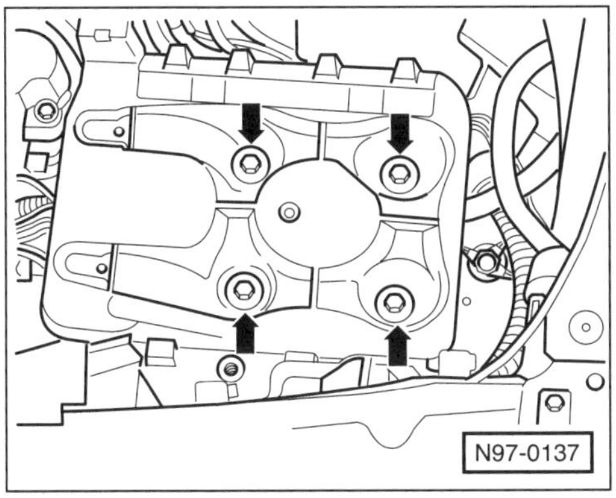

- Batterieträger abschrauben –Pfeile– und herausnehmen.

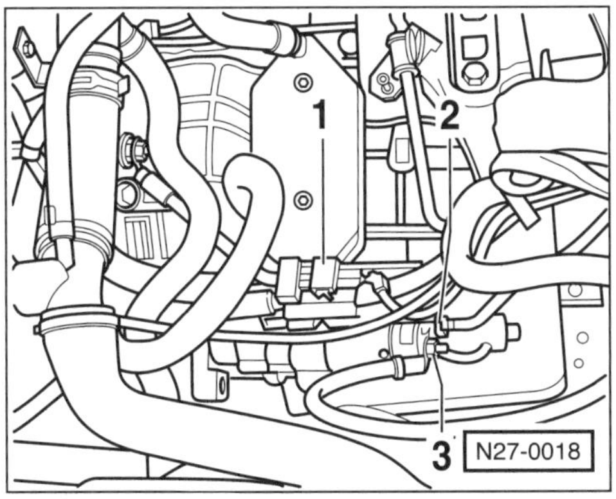

- Steckverbindung –1– trennen und aus dem Halter herausziehen.
- Stecker –2– für Klemme 50 am Anlasser entriegeln und abziehen. Zum Entriegeln Drahtklammer eindrücken.
- Elektrische Leitung –3– am Magnetschalter Klemme 30 abschrauben.
- Leitungen aus der Leitungsführung herausnehmen und Leitungsführung ausbauen.

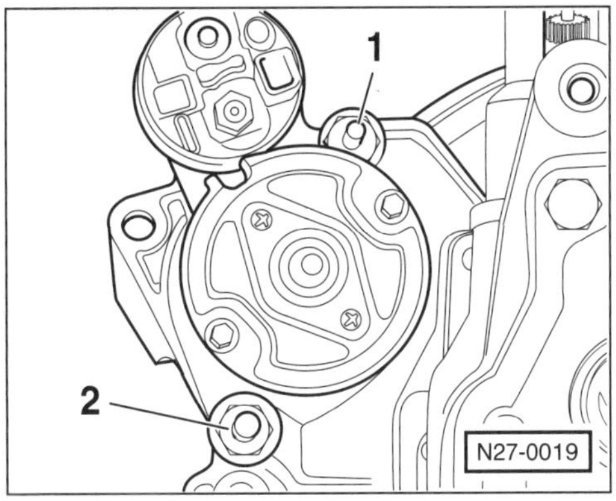

- Obere Schraube –1– für Anlasser herausdrehen.

Sicherheitshinweis
Beim Aufbocken des Fahrzeugs besteht Unfallgefahr! Deshalb vorher das Kapitel »Fahrzeug aufbocken« durchlesen.

- Fahrzeug aufbocken.

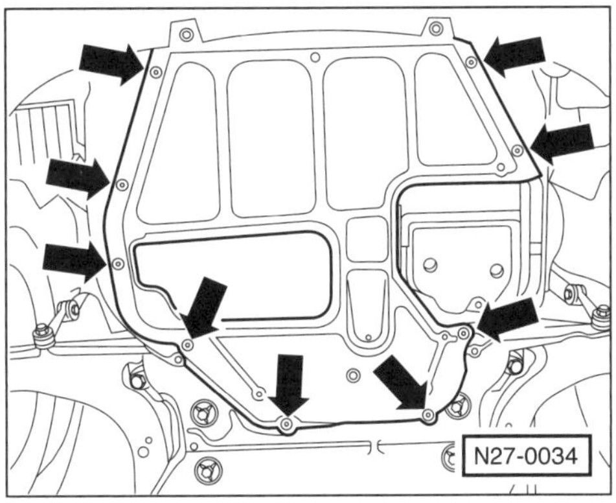

- Mittlere Motorraumabdeckung abschrauben –Pfeile– und herausnehmen.

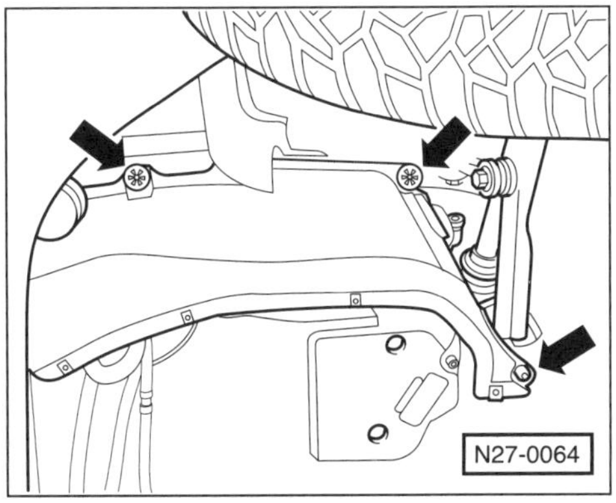

- Linke Motorraumabdeckung ausbauen. Dazu Sechskantmutter abschrauben und Befestigungsklammern ausclipsen –Pfeile–.

- Halter für Druckleitung der Servolenkung abschauben und zur Seite legen.
- Untere Befestigungsschraube –2– für Anlasser herausdrehen, siehe Abbildung N27-0019.
- Anlasser nach unten herausnehmen.

Einbau

- Anlasser einsetzen und mit **65 Nm** anschrauben.
- Halter für Druckleitung der Servolenkung anschauben.
- Linke und mittlere Motorraumabdeckung einsetzen und anschrauben.
- Fahrzeug ablassen.
- Elektrische Leitung am Magnetschalter Klemme 30 mit **13 Nm** anschrauben.
- Stecker auf Klemme 50 am Anlasser aufstecken und einrasten.

Achtung: Auf einwandfreie Kabelverbindung achten. Korrodierte Anschlüsse am Anlasser säubern und nach dem Anschrauben mit Polschutzfett einstreichen.

- Steckverbindung –1– verbinden und in den Halter einsetzen, siehe Abbildung N27-0018.
- Batterieträger einsetzen und mit **6 Nm** anschrauben.
- Batterie einbauen, siehe entsprechendes Kapitel.

Magnetschalter prüfen/ aus- und einbauen

Bei einem Defekt des Magnetschalters wird das Ritzel im Anlasser nicht gegen den Zahnkranz des Schwungrades gezogen. Dadurch kann der Anlasser den Motor nicht durchdrehen. Dieser Defekt tritt häufiger auf, als daß der Anlassermotor selbst schadhaft ist.

Prüfen in eingebautem Zustand

- Gang herausnehmen, Schalthebel in Leerlaufstellung.
- Prüfvoraussetzung: Batterie voll geladen.
- Mit Hilfskabel Klemme 30 (= dickes Pluskabel) und 50 (dünnes Kabel, zum Zündschloß) am Anlasser kurz überbrücken, das Anlasserritzel muß nach vorne schnellen (klicken) und der Anlasser anlaufen. Wenn nicht, Anlasser ausbauen und im ausgebauten Zustand überprüfen.

Prüfen in ausgebautem Zustand

- Anlasser ausbauen.
- Autobatterie mit Hilfskabeln (Starthilfekabel) folgendermaßen an Anlasser und Magnetschalter anschließen. Minuspol der Batterie mit dem Anlassergehäuse verbinden. Kabel vom Batterie-Pluspol kurzzeitig an Klemme 50 des Magnetschalters anlegen. Das Anlasserritzel muß nach vorne schnellen. **Achtung:** Das Pluskabel darf an Klemme 50 nur maximal 10 Sekunden angeschlossen werden, sonst brennt die Wicklung des Magnetschalters durch.
- Schnellt das Ritzel nach vorne, ohne daß der Anlasser anläuft, Anlassermotor von einer Werkstatt überholen lassen.
- Schnellt das Ritzel nicht nach vorn, Magnetschalter ersetzen.

Ausbau

- Anlasser ausbauen.
- Magnetschalter mit 2 Schrauben abschrauben.
- Magnetschalter am Anlasser aushängen und abnehmen.

Einbau

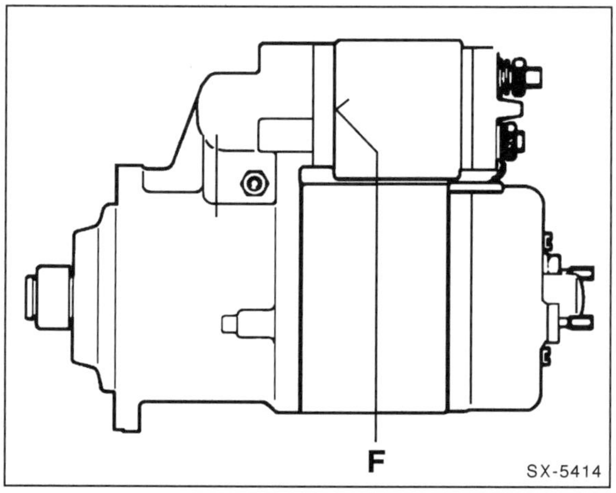

- Trennfuge –F– zum Anlasser mit geeignetem Dichtmittel abdichten.
- Magnetschalter an Gabelhebel im Anlasser einhängen, dann anschrauben.
- Leitung für Magnetschalter anschrauben und aufstecken.
- Magnetschalter erneut prüfen, wie oben beschrieben.
- Anlasser einbauen.

Störungsdiagnose Anlasser

Wenn ein Anlasser nicht durchdreht, ist zunächst zu prüfen, ob beim Starten des Motors an der Klemme 50 des Magnetschalters die zum Einziehen benötigte Spannung von mindestens 10 Volt vorhanden ist. Liegt die Spannung unter dem genannten Wert, dann müssen die Leitungen, die zum Anlasserstromkreis gehören, nach dem Stromlaufplan überprüft werden. Ob der Anlasser bei voller Batteriespannung einzieht, kann folgendermaßen geprüft werden:

Prüfvoraussetzung: Leitungsanschlüsse müssen festsitzen und dürfen nicht oxydiert sein.

- Fahrzeug aufbocken. Keinen Gang einlegen, Zündung eingeschaltet.
- Mit einer Leitung (Querschnitt mindestens 4 mm^2) die Klemmen 30 und 50 am Anlasser überbrücken, siehe auch Stromlaufplan.

Spurt der Anlasser dabei einwandfrei ein, so liegt der Fehler in der Leitungsführung vom Zündschloß zum Anlasser. Wenn der Anlasser nicht einspurt, Anlasser in ausgebautem Zustand überprüfen.

Störung	Ursache	Abhilfe
Anlasser dreht sich nicht beim Betätigen des Zündanlaßschalters.	Batterie entladen.	■ Batterie laden.
	Klemmen 30 und 50 am Anlasser überbrücken: Anlasser läuft an. Leitung 50 zum Zündanlaßschalter unterbrochen, Anlaßschalter defekt.	■ Unterbrechung beseitigen, defekte Teile ersetzen.
	Kabel oder Masseanschluß ist unterbrochen, oder die Batterie ist entladen.	■ Batteriekabel und Anschlüsse prüfen. Batteriespannung messen, ggf. laden.
	Ungenügender Stromdurchgang infolge lockerer oder oxydierter Anschlüsse.	■ Batteriepole und -klemmen reinigen. Stromsichere Verbindungen zwischen Batterie, Anlasser und Masse herstellen.
	Keine Spannung an Klemme 50 (Magnetschalter).	■ Leitung unterbrochen. Zündanlaßschalter defekt.
Anlasser dreht sich zu langsam und zieht den Motor nicht durch.	Batterie entladen.	■ Batterie laden.
	Ungenügender Stromdurchgang infolge lockerer oder oxydierter Anschlüsse.	■ Batteriepole und -klemmen und Anschlüsse am Anlasser reinigen, Anschlüsse festziehen.
	Kohlebürsten liegen nicht auf dem Kollektor auf, klemmen in ihren Führungen, sind abgenutzt, gebrochen, verölt oder verschmutzt.	■ Kohlebürsten überprüfen, reinigen bzw. auswechseln. Führungen prüfen.
	Ungenügender Abstand zwischen Kohlebürsten und Kollektor.	■ Kohlebürsten ersetzen und Führungen für Kohlebürsten reinigen.
	Kollektor riefig oder verbrannt und verschmutzt.	■ Kollektor abdrehen oder Anker ersetzen.
	Spannung an Klemme 50 fehlt (mind. 10 Volt).	■ Zündanlaßschalter oder Magnetschalter überprüfen, oder Anlasser ausbauen und prüfen.
	Magnetschalter defekt.	■ Schalter auswechseln.
Anlasser spurt ein und zieht an, Motor dreht nicht oder nur ruckweise.	Ritzelgetriebe defekt.	■ Ritzelgetriebe ersetzen.
	Ritzel verschmutzt.	■ Ritzel reinigen.
	Zahnkranz am Schwungrad defekt.	■ Zahnkranz nacharbeiten, falls erforderlich, Schwungrad erneuern.
Ritzelgetriebe spurt nicht aus.	Ritzelgetriebe oder Steilgewinde verschmutzt bzw. beschädigt.	■ Ritzelgetriebe reinigen, ggf. ersetzen.
	Magnetschalter defekt.	■ Magnetschalter ersetzen.
	Rückzugfeder schwach oder gebrochen.	■ Rückzugfeder erneuern.
Anlasser läuft weiter, nachdem der Zündschlüssel losgelassen wurde.	Magnetschalter hängt, schaltet nicht ab.	■ Zündung sofort ausschalten, Magnetschalter ersetzen.
	Zündschloß schaltet nicht ab.	■ Sofort Batterie abklemmen, Zündschloß ersetzen.

Scheibenwischanlage

Scheibenwischergummi ersetzen

Scheibenwischergummis bei schlechtem Wischbild ersetzen. Im Handel werden sowohl komplette Scheibenwischerblätter (Wischergummi mit Träger) als auch einzelne Wischergummis angeboten. Wird nur das Wischergummi ersetzt, darauf achten, daß der Träger nicht verbogen wird.

Achtung: Wenn die Scheibenwischerblätter rubbeln, genügt es in der Regel nicht, Wischerblätter oder Wischergummis zu ersetzen. Auf jeden Fall sollte der Anstellwinkel der Scheibenwischerarme kontrolliert beziehungsweise eingestellt werden, siehe Seite 43.

Ausbau

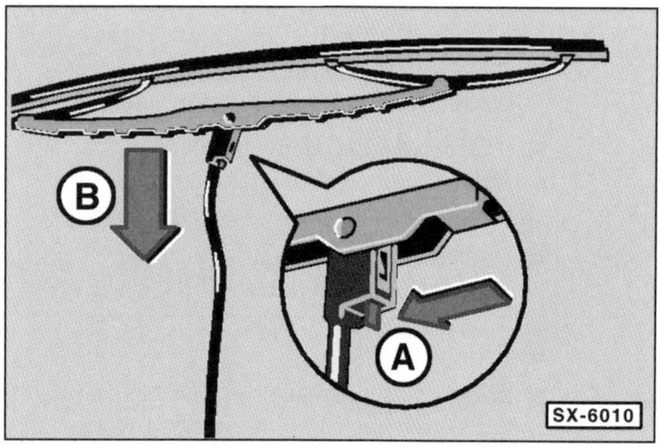

- Wischerarm hochklappen, Wischerblatt rechtwinklig zum Wischerarm stellen.
- Federklammer –A– niederdrücken –Pfeilrichtung– und Wischerblatt nach unten –B– aus dem Haken am Wischerarm schieben. Wischerblatt vom Haken des Wischerarmes abnehmen.

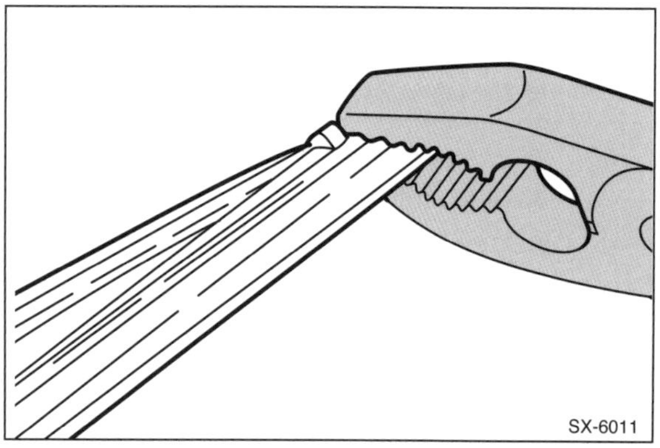

- An der geschlossenen Seite des Wischergummis beide Stahlschienen mit Kombizange zusammendrücken und diese seitlich aus der oberen Klammer herausnehmen. Anschließend Gummi komplett mit Schienen aus den restlichen Klammern des Wischerblattes herausziehen.

Einbau

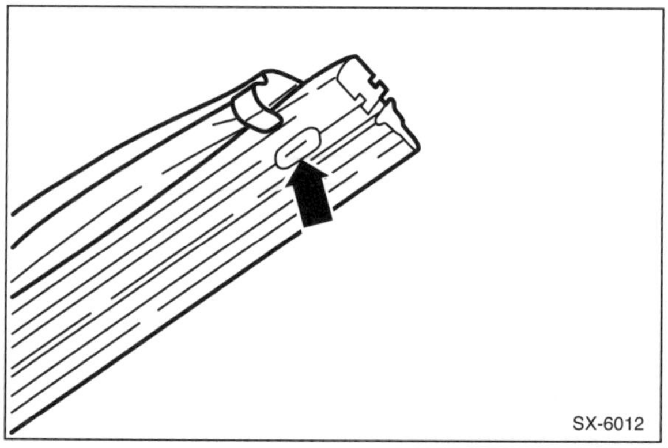

- Neues Wischergummi ohne Halteschienen in die unteren Klammern des Wischerblattes lose einlegen.
- Beide Schienen so in die erste Rille des Wischergummis einführen, daß die Aussparungen zum Gummi zeigen und in die Gumminasen der Rille einrasten. **Achtung:** Die Schienen sind leicht gebogen. Schienen so einsetzen, daß der Bauch des Bogens vom Wischerblatt weg gerichtet ist.
- Wischergummi an der geschlossenen Seite mit Seifenwasser bestreichen, damit es besser in die Haltebügel gleitet.
- Beide Stahlschienen und Gummi mit Kombizange zusammendrücken und so in die obere Klammer einsetzen, daß die Klammernasen beidseitig in die Haltenuten –Pfeil– des Wischergummis einrasten.
- Wischerblatt über den Wischerarm schieben und Federklammer in den Haken des Wischerarms einclipsen. Die Windleitschaufel am Wischerblatt, falls vorhanden, muß nach unten zeigen.
- Wischerarm zurückklappen. Darauf achten, daß das Wischergummi überall an der Scheibe anliegt, gegebenenfalls Träger vorsichtig nachbiegen.

Scheibenwaschdüsen einstellen

Frontscheibe

Die Scheibenwaschdüsen sind voreingestellt und können nicht auf herkömmliche Weise mit einem Dorn eingestellt werden. Falls erforderlich, können kleine Höhenunterschiede ausgeglichen werden.

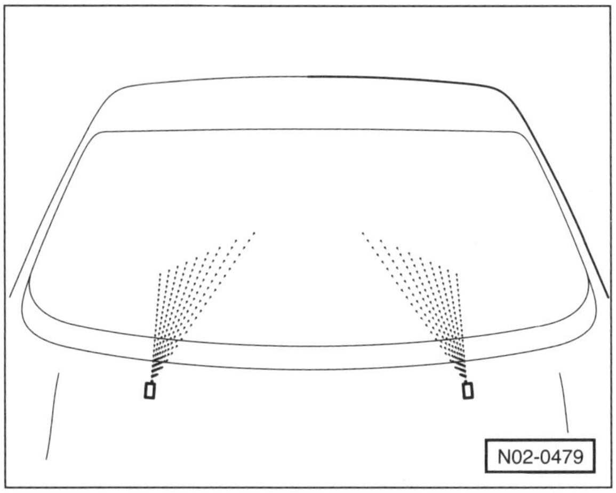

N02-0479

- Liegen die beiden Spritzfelder nicht auf gleicher Höhe, Spritzrichtung nach oben korrigieren.

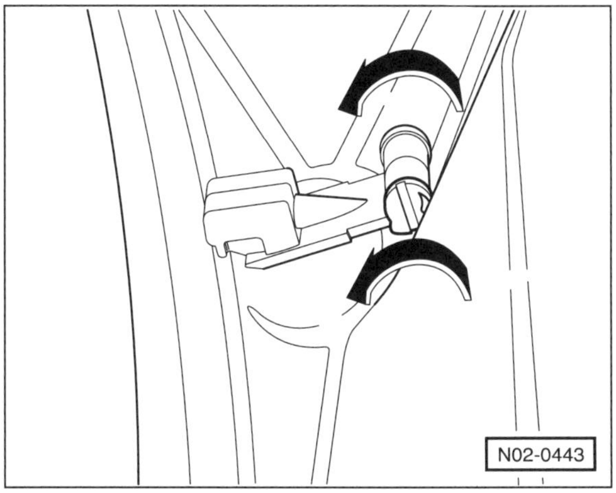

N02-0443

Hinweis: Je nach Ausstattung können 2 verschiedene Spritzdüsentypen eingebaut sein.

- **Ausführung 1** (Abbildung): Mit einem Schraubendreher den Exzenter an der Spritzdüse in Pfeilrichtung drehen, um den Spritzstrahl nach oben zu verstellen. Um den Spritzstrahl nach unten zu verstellen, Exzenter gegen die Pfeilrichtung verdrehen.
- **Ausführung 2:** Spritzstrahl am Einsteller mit der Hand nach oben oder nach unten verstellen. Der Einsteller sitzt unterhalb der Spritzdüsenöffnung und ist von der Frontscheibe her zugänglich.
- Die Düsen können mit Preßluft gereinigt werden. Dazu Düsen ausbauen und Preßluft am Schlauchstutzen einblasen. **Achtung:** Düsen nicht entgegen der Spritzrichtung durchblasen.

Heckscheibe

Die Spritzdüse steckt in der Achse des Heckwischermotors.

- Mit einem wasserlöslichen Stift den Punkt auf der Heckscheibe markieren, wo der Wasserstrahl auftreffen soll. Dieser Zielpunkt soll sich etwa in der Mitte des Wischfeldes befinden.
- Die Spritzrichtung der Scheibenwaschdüse kann mit einem Dorn, ∅ 0,8 mm, eingestellt werden. Dazu Dorn in die Düse einsetzen und markierten Zielpunkt auf der Scheibe anpeilen. Die Fachwerkstatt verwendet ein Spezialwerkzeug, zum Beispiel HAZET 4850-1. **Hinweis:** Läßt sich der Spritzstrahl nicht einstellen oder tritt er ungleichmäßig aus, muß die Spritzdüse erneuert werden.
- Die Düse kann mit Preßluft gereinigt werden. Dazu Düse ausbauen und Preßluft in Spritzrichtung einblasen. **Achtung:** Düse nicht entgegen der Spritzrichtung durchblasen.

Scheibenwaschdüse aus- und einbauen

Frontscheibe

Ausbau

- Schlauch der Waschdüse abziehen.
- 2fach-Stecker abziehen.

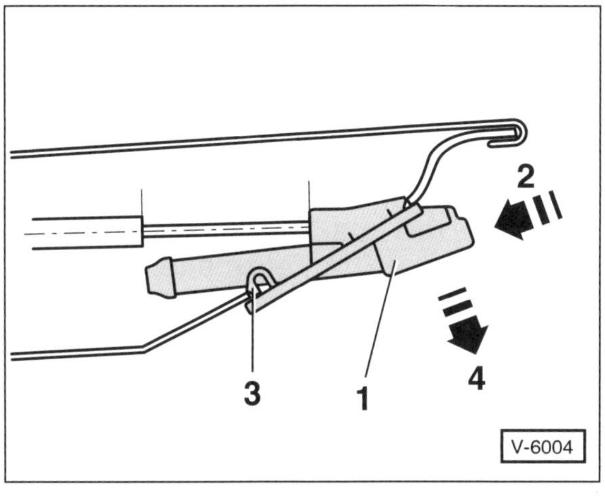

V-6004

- Waschdüse –1– in Pfeilrichtung –2– drücken. Dadurch wird die Kunststoffeder –3– zusammengedrückt und die Düse kann nach unten in Pfeilrichtung –4– herausgenommen werden. Pfeil –2– zeigt in Fahrtrichtung gesehen nach vorn.

Einbau

- Waschdüse eindrücken und einrasten.
- Waschwasserschlauch und elektrischen Stecker aufstecken.

Heckscheibe

Ausbau

- Heckwischer in Endstellung laufen lassen. Dazu Heckscheibe mit Wasser benetzen, Heckwischer kurze Zeit laufen lassen und mit dem Heckwischerschalter ausschalten.

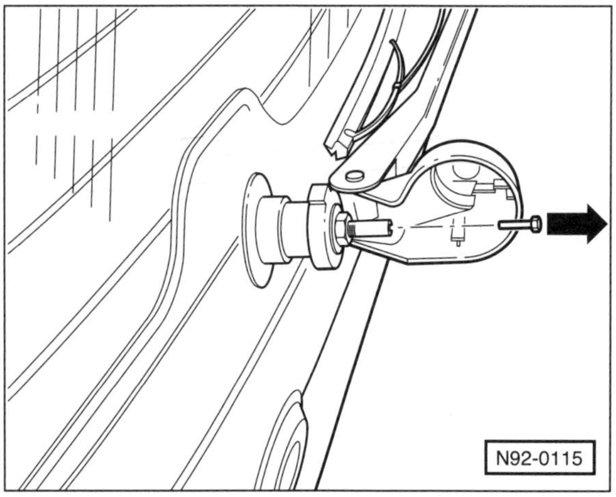

- Abdeckkappe am Wischerarm abklappen.
- Spritzdüse mit Spitzzange vorsichtig in Pfeilrichtung herausziehen.

Einbau

- Spritzdüse bis zum Anschlag so in die Wischerachse einschieben, daß die Spritzdüsenöffnung senkrecht nach oben zeigt.
- Abdeckkappe zurückklappen.

Wischerarme aus- und einbauen/ Endstellung prüfen/einstellen

Ausbau

- Windschutzscheibe mit Wasser benetzen.
- Scheibenwischeranlage ca. 2 Minuten laufen lassen und über den Scheibenwischerschalter abschalten. Dadurch läuft der Wischer in die Endstellung.
- Batterie-Massekabel (–) bei ausgeschalteter Zündung abklemmen. **Achtung:** Dadurch werden elektronische Speicher gelöscht, wie zum Beispiel der Radiocode. Ohne Code kann das Radio nur vom Radiohersteller freigeschaltet werden, beziehungsweise beim VW-Radio von einer VW-Werkstatt. Deshalb Hinweise im Kapitel »Batterie aus- und einbauen« durchlesen.
- Wischerblätter ausbauen, siehe »Wischergummi ersetzen«.

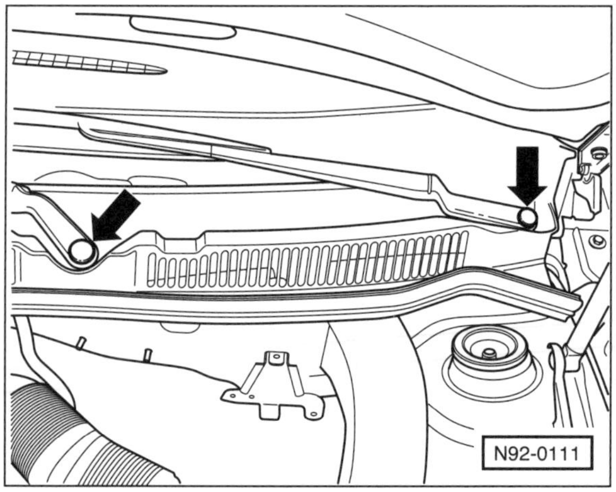

- Abdeckkappen –Pfeile– mit kleinem Schraubendreher abheben.
- Darunterliegende Sechskantmuttern lösen, nicht ganz abschrauben.
- Wischerarme durch leichtes Hin- und Herbewegen lösen.
- Muttern ganz abschrauben und Wischerarme abnehmen.

Einbau

- Batterie-Massekabel (–) anklemmen. **Achtung:** Hoch-/Tieflaufautomatik für elektrische Fensterheber aktivieren sowie Zeituhr stellen und Radiocode eingeben, siehe Kapitel »Batterie aus- und einbauen«.
- Wischermotor in Endstellung laufen lassen. Dazu Wischermotor kurz laufen lassen und über den Scheibenwischerschalter abschalten. Dadurch läuft der Wischermotor in die Endstellung.
- Wischerblatt am Wischerarm aufschieben und einrasten.

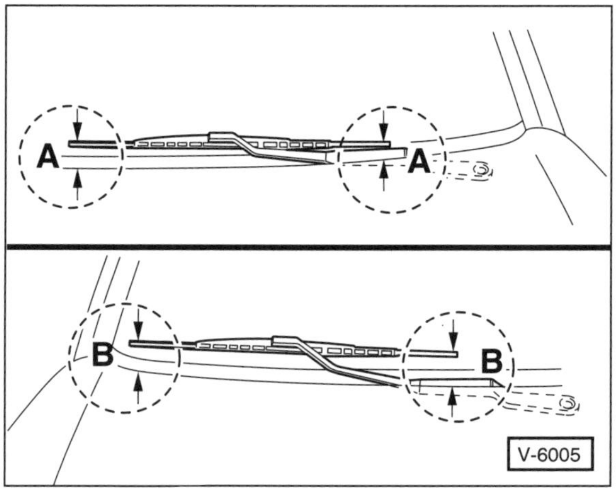

- Wischerarm jeweils so auf die Wischerachse schieben, daß die Angaben in der Abbildung eingehalten werden.
  A (Fahrerseite) = 20 + 10 mm, gemessen an den Wischerblattenden.
  B (Beifahrerseite) = 20 + 10 mm, gemessen an den Wischerblattenden.

- In dieser Stellung jeweils die Befestigungsmuttern mit **20 Nm** anziehen.
- Tippwischen betätigen und Ausrichtung der Scheibenwischerblätter prüfen. Gegebenenfalls Wischerarme nochmals abbauen und neu ausrichten.
- Kunststoffabdeckungen auf die Befestigungsmuttern aufdrücken.

Scheibenwischermotor vorn aus- und einbauen

Ausbau

- Wischerarme ausbauen, siehe entsprechendes Kapitel.

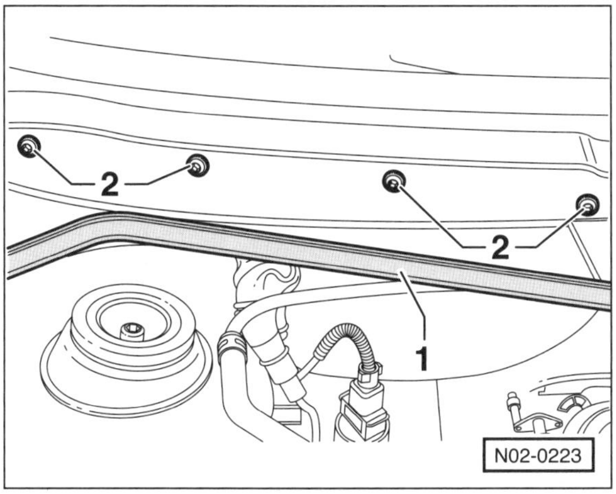

- Gummidichtung –1– herausziehen.
- Schrauben –2– herausdrehen.
- Abdeckung des Pollenfilters herausnehmen.

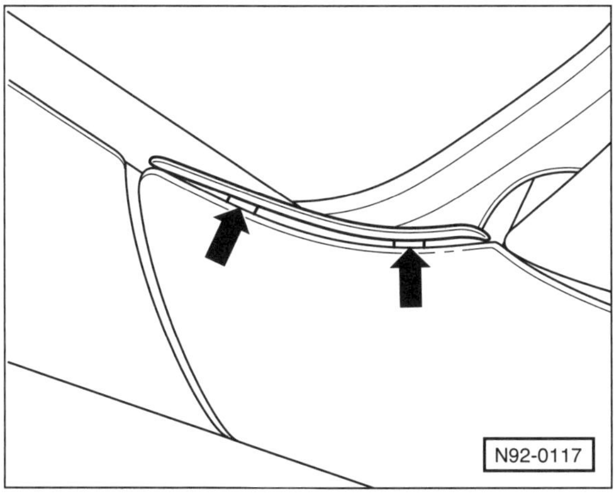

- Blende für Windlaufgrill auf beiden Seiten am Kotflügel innen ausclipsen –Pfeile–.
- Windlaufgrill vorsichtig nach oben aus der Führungsschiene herausdrücken.
- Stecker am Wischermotor abziehen.

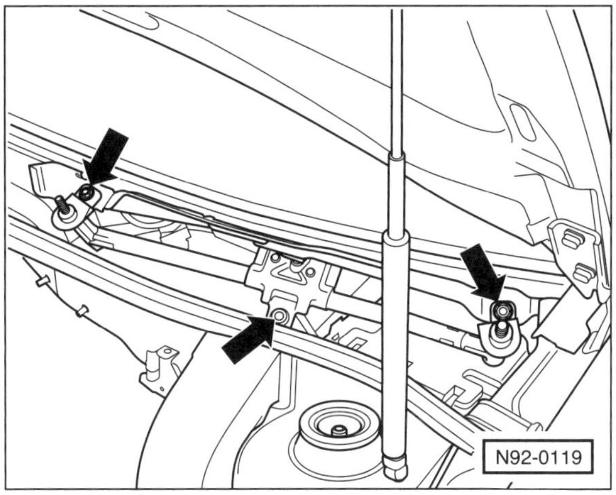

- Wischergestänge abschrauben –Pfeile–, Unterlegscheiben abnehmen.
- Gestänge mit Motor herausnehmen.

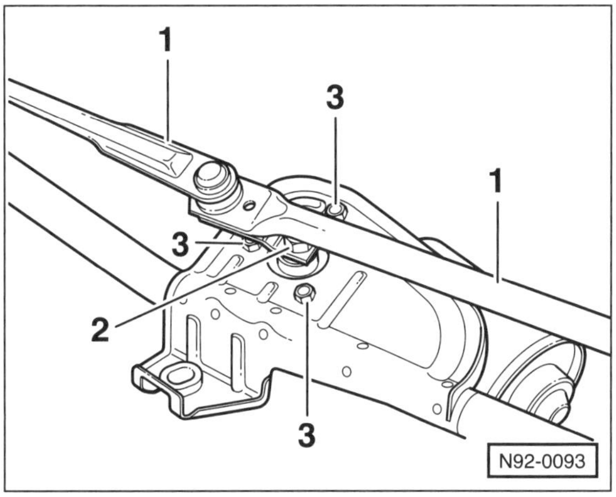

- Die Stangen –1– mit großem Schraubendreher von der Wischerkurbel abhebeln.
- Mutter –2– von der Wischerachse abschrauben und Kurbel von der Achse abnehmen.
- Wischermotor von der Halteplatte abschrauben –3–.

Einbau

- Wischermotor folgendermaßen in Endstellung laufen lassen:
  - ◆ Batterie-Massekabel (–) anklemmen.
  - ◆ Stecker am Wischermotor aufschieben.
  - ◆ Scheibenwischerschalter einschalten und Wischermotor kurze Zeit laufen lassen.
  - ◆ Motor mit Scheibenwischerschalter ausschalten, dadurch läuft der Motor in Endstellung.
  - ◆ Stecker vom Wischermotor wieder abziehen.
  - ◆ Batterie-Massekabel (–) abklemmen.
- Wischermotor an der Halteplatte mit 8 Nm anschrauben.

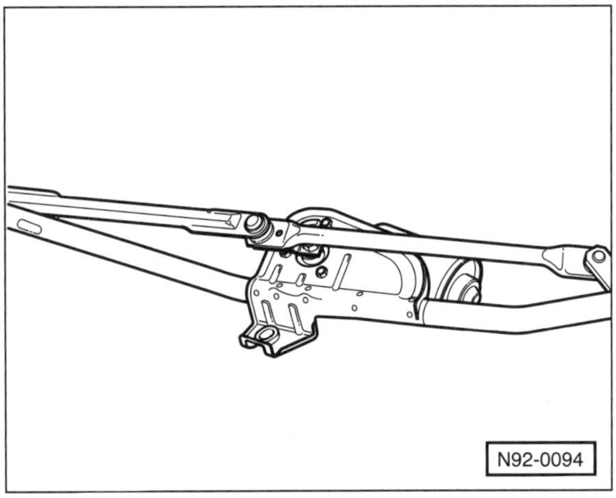

- Kurbel so aufsetzen, daß sie mit den Stangen eine Linie bildet. In dieser Stellung Kurbel an der Wischerachse mit Sechskantmutter und 20 Nm anschrauben.
- Stangen so auf die Kurbel aufdrücken, daß sie zueinander und zur Kurbel eine Linie bilden, siehe Abbildung.
- Wischergestänge mit Motor in den Wasserkasten einsetzen und mit 3 Schrauben anschrauben. Unterlegscheiben nicht vergessen.
- Mehrfachstecker am Wischermotor aufschieben.

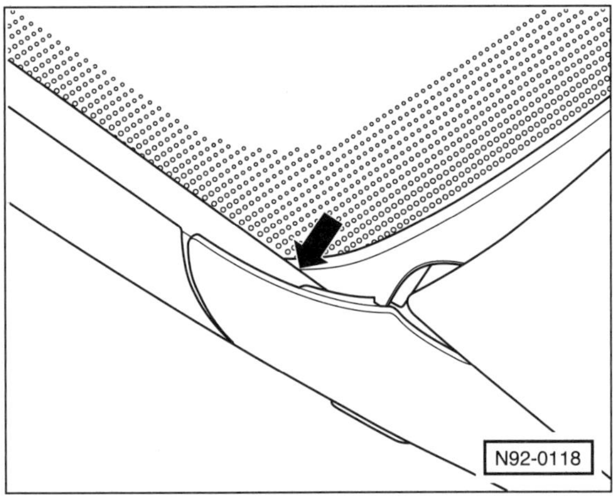

- Windlaufgrill so einsetzen, daß die seitlichen Enden unter die Gummileiste der Windlaufleiste an der A-Säule gesteckt werden –Pfeil–.
- Abdeckung des Pollenfilters einsetzen.
- Windlaufgrill anschrauben und Gummidichtung aufstecken.
- Wischerarme einbauen, siehe entsprechendes Kapitel.

Waschwasserbehälter/Waschwasserpumpe aus- und einbauen

Der Waschwasserbehälter sitzt im Motorraum vorne rechts und liefert das Waschwasser für die Front- und die Heckscheibe sowie für die Scheinwerferwaschanlage.

Ausbau

- Kühlmittelausgleichbehälter mit 2 Schrauben abschrauben und mit angeschlossenen Schläuchen zur Seite legen.
- Aktivkohlefilter (Benziner) mit 2 Schrauben abschrauben und mit angeschlossenen Schläuchen zur Seite legen.

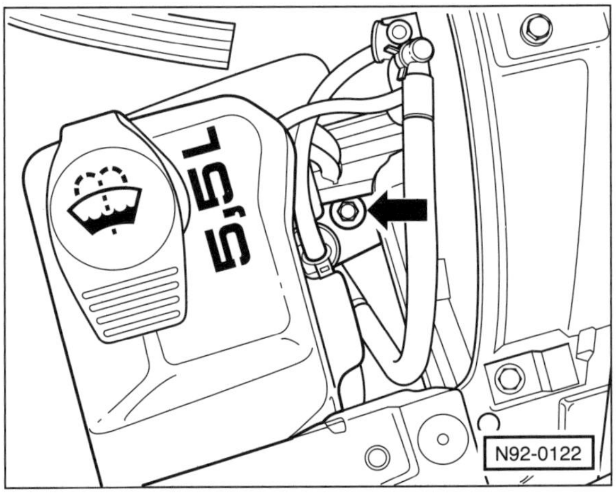

- Kunststoffmutter –Pfeil– vom Scheibenwaschbehälter abschrauben.

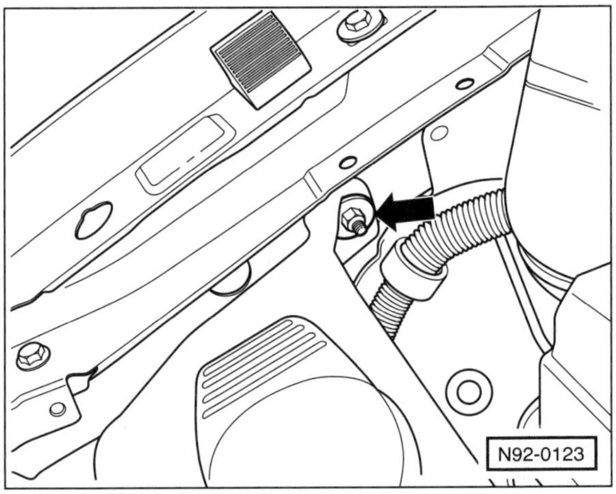

- Kunststoffmutter –Pfeil– vom Scheibenwaschbehälter abschrauben.
- Steckverbindung und Wasserschlauch an der Scheibenwaschpumpe abziehen.
- Waschwasserbehälter herausnehmen.
- Waschwasserbehälter entleeren und Scheibenwaschpumpe seitlich am Behälter herausziehen.

Einbau

- Der Einbau erfolgt in umgekehrter Ausbaureihenfolge.

Heckwischer aus- und einbauen

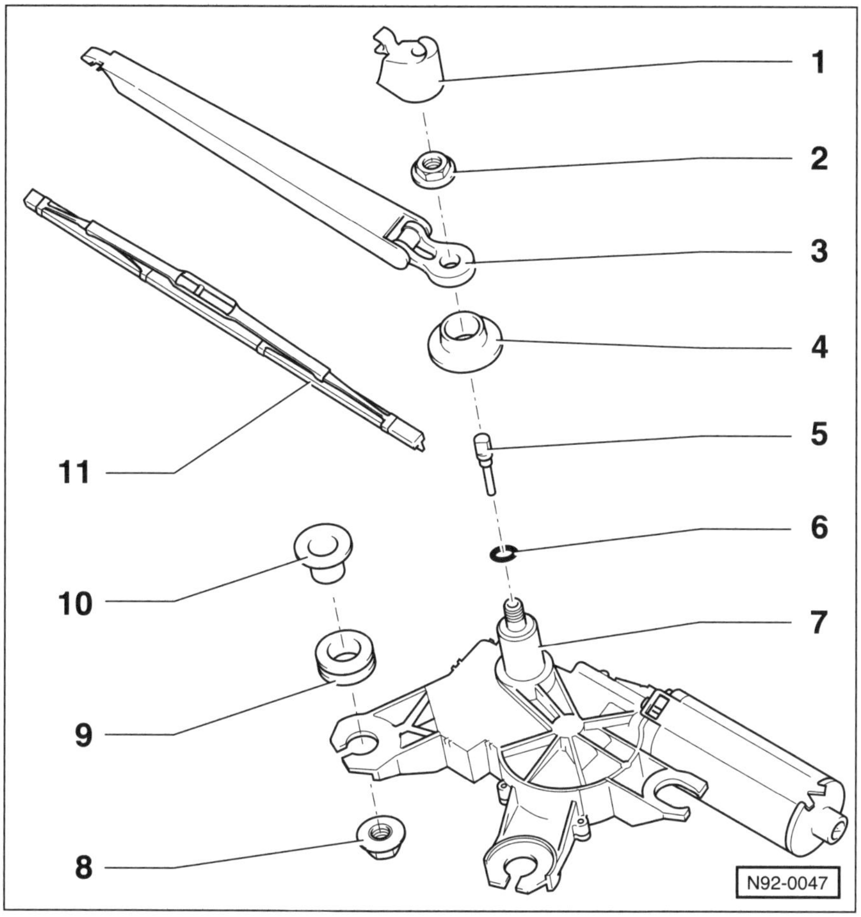

1 – **Abdeckkappe**
2 – **Mutter, 15 Nm**
Schlüsselweite 13 mm.
3 – **Wischerarm**
4 – **Abdichtung**
5 – **Spritzdüse**
6 – **Dichtring**
7 – **Wischermotor**
8 – **Mutter, 8 Nm**
9 – **Gummiring**
10 – **Distanzstück**
11 – **Wischerblatt**

Ausbau

- Abdeckkappe hochklappen.
- Mutter –2– lösen.
- Wischerarm hochklappen und seitlich hin- und herbewegen. Dadurch wird der Wischerarm vom Konus der Motorachse gelöst.
- Mutter abschrauben und Wischerarm abnehmen.
- Innenverkleidung für Heckklappe ausbauen, siehe Seite 269.

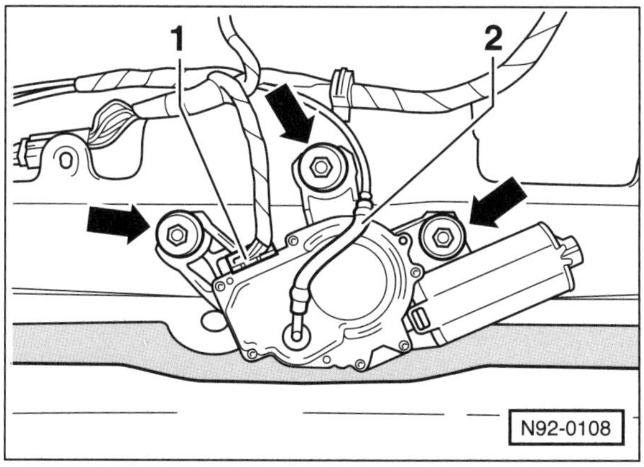

- Stecker –1– und Schlauch –2– für Waschdüse abziehen.
- Wischermotor abschrauben –Pfeile– (Schlüsselweite 10 mm).

Einbau

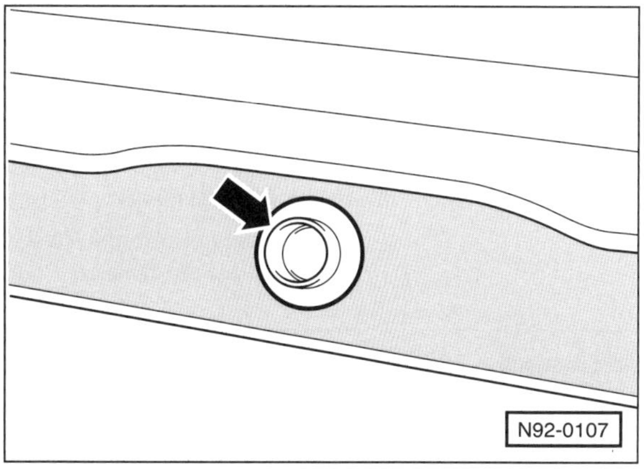

- Wischermotor vorsichtig durch die Öffnung in der Heckscheibe einsetzen. Dabei auf richtigen Sitz der Abdichtung achten, wie in der Abbildung dargestellt.
- Wischermotor mit 8 Nm anschrauben.

- Stecker und Schlauch für Waschdüse aufstecken.
- Innenverkleidung für Heckklappe einbauen, siehe Seite 269.
- Wischerarm mit 15 Nm anschrauben.
- Abdeckkappe zurückklappen.

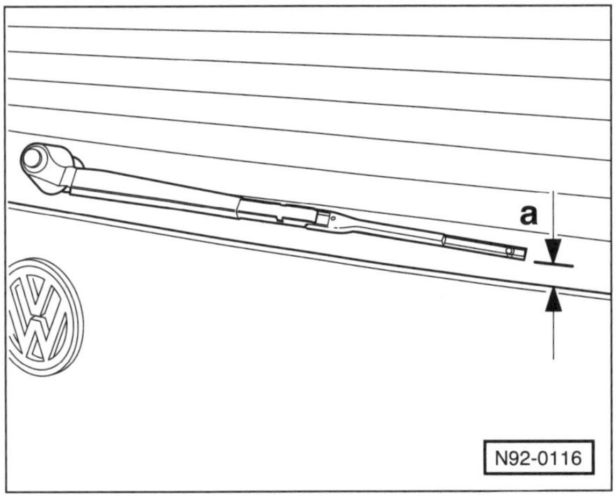

- Wischerarm so auf die Wischerachse schieben, daß der Abstand a = 25 mm (GOLF-/BORA-Variant: 20 mm) beträgt. Der Abstand wird von der Glasunterkante zur Unterkante des Wischerblattes gemessen.

Störungsdiagnose Scheibenwischergummi

Wischbild	Ursache	Abhilfe
Schlieren.	Wischergummi verschmutzt.	■ Wischergummi mit harter Nylonbürste und einer Waschmittellösung oder Spiritus reinigen.
	Ausgefranste Wischlippe, Gummi ausgerissen oder abgenutzt.	■ Wischergummi erneuern.
	Wischergummi gealtert, rissige Oberfläche.	■ Wischergummi erneuern.
Im Wischfeld verbleibende Wasserreste ziehen sich sofort zu Perlen zusammen.	Windschutzscheibe durch Lackpolitur oder Öl verschmutzt.	■ Windschutzscheibe mit sauberem Putzlappen und einem Fett-Öl-Silikonentferner reinigen.
Wischerblatt wischt einseitig gut - einseitig schlecht, rattert.	Wischergummi einseitig verformt, »kippt nicht mehr«.	■ Neues Wischergummi einbauen.
	Wischerarm verdreht, Blatt steht schief auf der Scheibe.	■ Wischerarm vorsichtig verdrehen, bis richtige Stellung erreicht ist, siehe »Scheibenwischerarme einstellen« im Kapitel »Wartung«.
Nicht gewischte Flächen.	Wischergummi aus der Fassung herausgerissen.	■ Wischergummi vorsichtig in die Fassung einsetzen.
	Wischerblatt liegt nicht mehr gleichmäßig an der Scheibe an, da Federschienen oder Bleche verbogen.	■ Wischerblatt ersetzen. Dieser Fehler tritt vor allem bei unsachgemäßem Montieren eines Ersatzblattes auf.
	Anpreßdruck durch Wischerarm zu gering.	■ Wischerarmgelenke und Feder leicht einölen oder neuen Arm einbauen.

Beleuchtungsanlage

Zur Beleuchtungsanlage zählen: Hauptscheinwerfer, Heckleuchten, Bremsleuchten, Rückfahrscheinwerfer, Blinkleuchten, Nebelschlußleuchten, Kennzeichenleuchten und Innenleuchten. Instrumentenbeleuchtung, siehe Kapitel »Armaturen«.

Glühlampen verschleißen mit der Zeit. Etwa alle 2 Jahre sollten sie deshalb ausgewechselt werden, auch wenn sie noch intakt sind. Dies gilt nicht für Halogenlampen, wie sie beispielsweise in den Hauptscheinwerfern verwendet werden. Sie halten normalerweise wesentlich länger und müssen erst bei einem Defekt gewechselt werden. Eine Glühlampe mit verminderter Leuchtkraft erkennt man auch an schwarzen Ablagerungen auf dem Glaskolben.

Vor dem Auswechseln einer Glühlampe Schalter des betreffenden Verbrauchers ausschalten. **Achtung: Glaskolben nicht mit bloßen Fingern anfassen.** Der Fingerabdruck würde verdunsten und sich – aufgrund der Wärme – auf dem Reflektor niederschlagen und diesen erblinden lassen. Grundsätzlich Glühlampe nur durch eine gleiche Ausführung ersetzen. Versehentlich entstandene Berührungsflecken mit sauberem, nicht faserndem Tuch und Spiritus entfernen.

Lampentabelle

Um jederzeit eine Lampe auswechseln zu können, sollte stets ein Kasten mit den wichtigsten Ersatzlampen im Fahrzeug mitgeführt werden.

12-V-Glühlampe für:	Typ	Leistung
GOLF: Abblendlicht	H7	55 W
GOLF: Fernlicht	H1	55 W
GOLF: Standlicht vorn	Glassockel	5 W
BORA: Zweifadenlampe für Fern- und Abblendlicht	H4	60/55 W
BORA: Standlicht	Bajonett	5 W
Nebellicht	H3	55 W
Blinklicht vorn (gelbe Lampen)	Bajonett	21 W
Seitliche Blinker	Glassockel	5 W
Schlußlicht	Bajonett	10 W
Bremslicht hinten	Bajonett	21 W
Blinklicht hinten	Bajonett	21 W
Nebelschlußlicht	Bajonett	21 W
Rückfahrlicht	Bajonett	21 W
Kennzeichenleuchte	Soffitte	5 W
Gepäckraumleuchte	Glassockel	5 W
Leseleuchte (2x)	Glassockel	5 W
Vordere Innenleuchte	Soffitte	10 W
Seitliche Innenleuchte (2x)	Soffitte	5 W

Glühlampen für Außenleuchten auswechseln

- Schalter der betreffenden Lampe ausschalten.
- Zündung ausschalten.

Hinweis: Die Glühlampen des Scheinwerfers sind schwer zugänglich, gegebenenfalls Batterie beziehungsweise Waschwasserbehälter abschrauben und mit angeschlossenen Schläuchen/Kabeln etwas zur Seite schieben.

Abblendlicht

GOLF

Sicherheitshinweis:
H7-Lampen stehen unter Druck und können beim Lampenwechsel platzen. Deshalb beim H7-Lampenwechsel Arbeitshandschuhe und Schutzbrille tragen.
Beim Wechsel von **Gasentladungslampen (Xenon-Licht)** besteht unter Umständen Lebensgefahr durch unsachgemäßen Umgang mit dem Hochspannungsteil der Lampe. Der Wechsel wird daher nicht beschrieben.

- Motorhaube öffnen.
- Linker Scheinwerfer: Abdeckung für Luftkanal abschrauben.

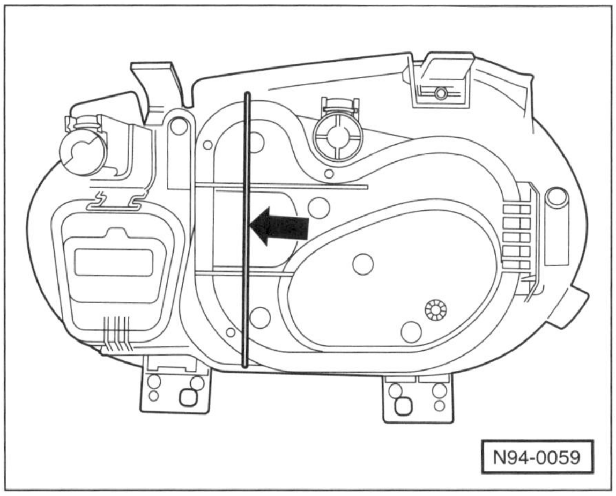

- An der Rückseite des Scheinwerfers Federbügel in der Mitte –Pfeil– etwas anheben und in Pfeilrichtung schwenken.
- Abdeckkappe abnehmen.

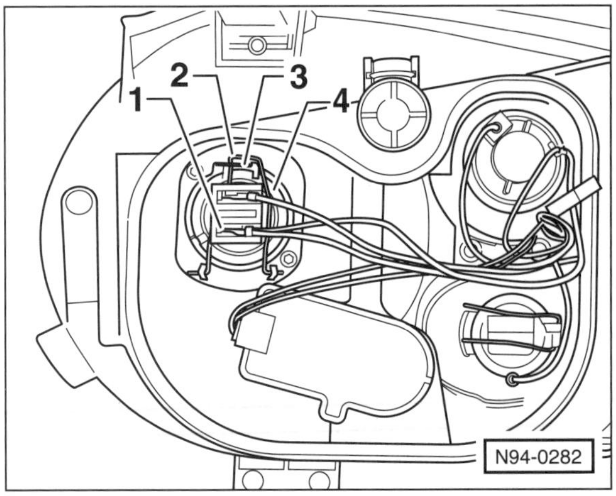

- Steckverbindung –1– an der Lampe für Abblendlicht abziehen.
- Federdrahtbügel –2– über die Rastnasen –3– drücken und entriegeln. Dabei Draht nach vorn und gleichzeitig nach rechts drücken. **Hinweis:** Zur Erleichterung kann ein 10 cm langer Holzstift mit 10 mm ∅ verwendet werden.
- Lampe –4– aus dem Reflektor herausziehen.

Achtung: Glaskolben der neuen Lampe nicht mit bloßen Fingern anfassen. Versehentlich entstandene Berührungsflecken mit sauberem, nicht faserndem Tuch und Spiritus entfernen.

- Neue Glühlampe so einsetzen, daß die Nasen in die entsprechenden Aussparungen am Gehäuse passen.
- Federklammer zurückklappen und in die Haltenasen einrasten.
- Stecker auf die Fassung aufdrücken.
- Abdeckkappe an der Scheinwerferrückseite ansetzen und Federbügel einrasten.
- Scheinwerfereinstellung von einer Fachwerkstatt kontrollieren lassen.
- Motorhaube schließen.

Fernlicht

GOLF

- Motorhaube öffnen.

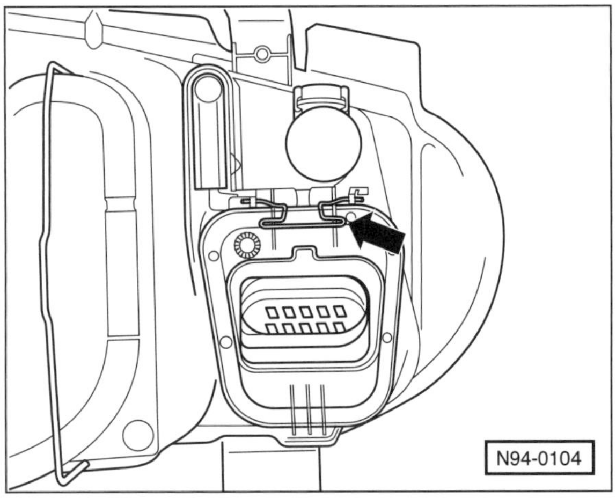

- An der Rückseite des Scheinwerfers Abdeckkappe für Fernlichtlampe etwas gegen den Reflektor drücken und Federbügel –Pfeil– nach oben schwenken. Abdeckkappe nach hinten und unten aushängen.

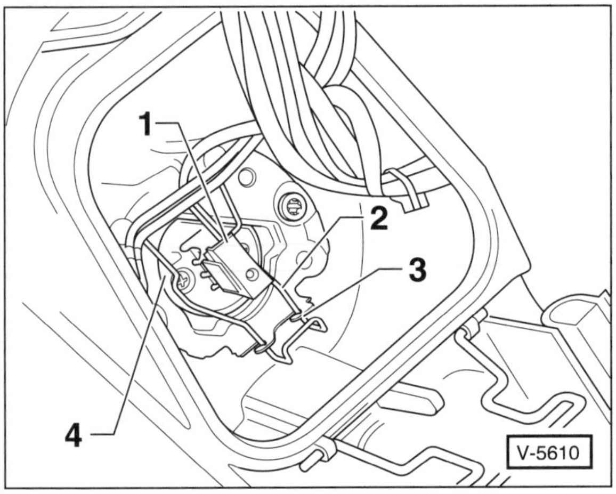

- Steckverbindung –1– an der Lampe für Fernlicht abziehen.
- Federdrahtbügel –2– über die Rastnasen –3– drücken und entriegeln.
- Lampe –4– aus dem Reflektor herausziehen.

Achtung: Glaskolben der neuen Lampe nicht mit bloßen Fingern anfassen. Versehentlich entstandene Berührungsflecken mit sauberem, nicht faserndem Tuch und Spiritus entfernen.

- Neue Glühlampe so einsetzen, daß die Nasen in die entsprechenden Aussparungen am Gehäuse passen.
- Federklammer zurückklappen und in die Haltenasen einrasten.
- Stecker auf die Fassung aufdrücken.
- Abdeckkappe an der Scheinwerferrückseite ansetzen und Federbügel einrasten.
- Scheinwerfereinstellung von einer Fachwerkstatt kontrollieren lassen.
- Motorhaube schließen.

BORA

Beim BORA ist in beiden Scheinwerfern nur eine gemeinsame Glühlampe mit zwei Glühfäden für Fern- und Abblendlicht vorhanden. Bei Ausfall des Fern- oder Abblendlichts in einem Scheinwerfer ist die Zweifadenlampe zu wechseln.

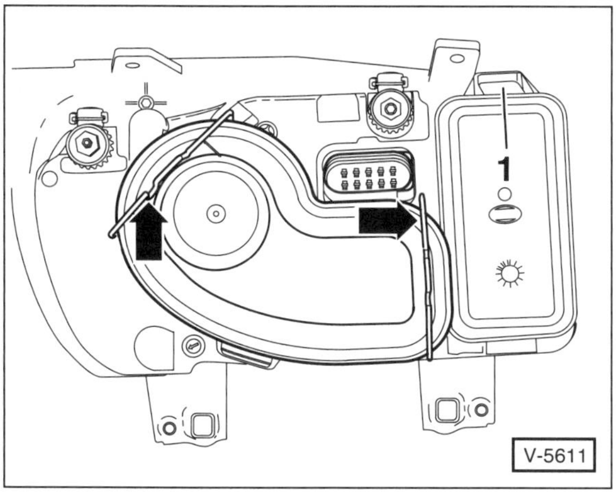

- Federbügel –Pfeile– entrasten und Verschlußdeckel abnehmen.

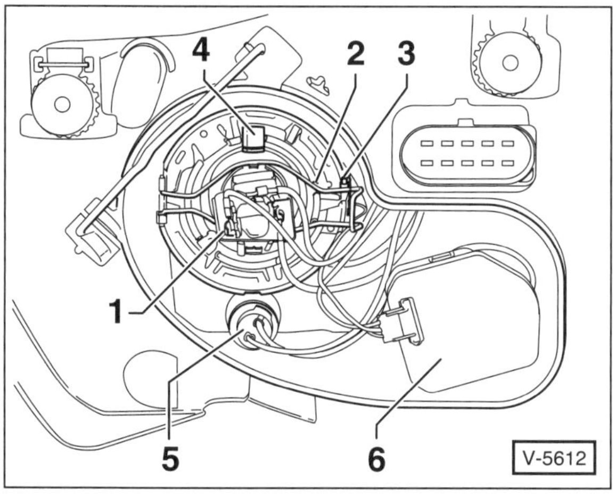

- Steckverbindung –1– an der Glühlampe abziehen.
- Federdrahtbügel –2– über Rastnasen –3– drücken und entriegeln.
- Glühlampe –4– aus Reflektor herausziehen.

Achtung: Glaskolben der neuen Lampe nicht mit bloßen Fingern anfassen. Versehentlich entstandene Berührungsflecken mit sauberem, nicht faserndem Tuch und Spiritus entfernen.

- Neue Lampe so einsetzen, daß die Rastnasen am Lamellenteller in den Aussparungen am Reflektor liegen.
- Steckverbindung aufschieben.
- Verschlußdeckel einsetzen und mit Federdrahtbügeln sichern.

Standlicht

GOLF

- Motorhaube öffnen.
- Abdeckkappe für Fernlichtlampe abnehmen.

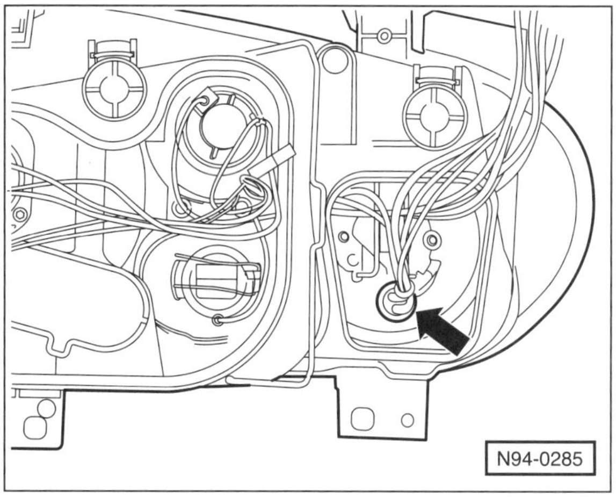

- Fassung mit Glühlampe am Stecker –Pfeil– aus dem Reflektor herausziehen.
- Glühlampe aus der Fassung ziehen.
- Neue Glühlampe in die Fassung einsetzen.
- Fassung mit Lampe in den Reflektor bis zum Anschlag eindrücken.
- Abdeckkappe für Fernlicht an der Scheinwerferrückseite unten einhängen, oben andrücken und Federbügel einrasten.
- Motorhaube schließen.

BORA

- Verschlußdeckel abnehmen, siehe Abbildung V-5611.
- Glühlampe mit Fassung –5– am Anschlußstecker aus dem Reflektor ziehen, siehe Abbildung V-5612.
- Glühlampe aus Fassung herausziehen. Neue Glühlmape einsetzen.
- Fassung mit Glühlampe in Reflektor einsetzen.
- Verschlußdeckel einsetzen.

Blinklicht vorn

GOLF

- Motorhaube öffnen.
- Abdeckkappe für Abblendlichtlampe abnehmen.

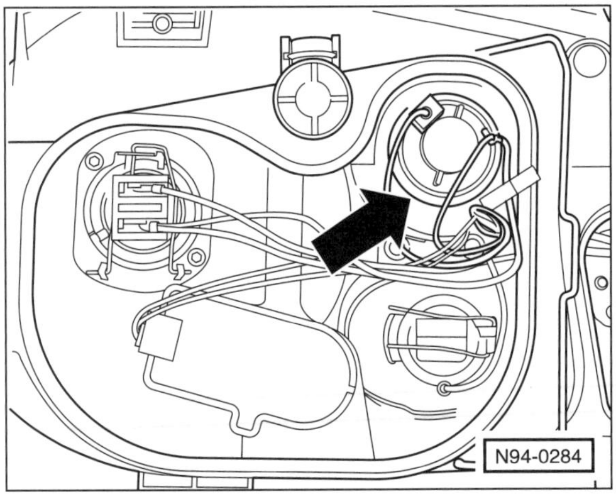

- Lampenfassung –Pfeil– nach links drehen und aus dem Gehäuse herausziehen.

Achtung: Glaskolben der neuen Lampe nicht mit den Fingern berühren. Sauberen Lappen zwischenlegen oder dünne Handschuhe anziehen.

- Lampe leicht in die Fassung hineindrücken, um 90° (¼ Umdrehung) nach links drehen und Lampe herausnehmen.
- Neue Lampe einsetzen, leicht eindrücken und nach rechts drehen.
- Fassung mit eingesetzter Glühlampe in den Reflektor stecken und durch Rechtsdrehen befestigen. **Achtung:** Die Fassung muß einrasten.
- Abdeckkappe für Abblendlicht an der Scheinwerferrückseite ansetzen und Federbügel einrasten.
- Scheinwerfereinstellung von einer Fachwerkstatt kontrollieren lassen.
- Motorhaube schließen.

BORA

- Verschlußdeckel entrasten –1– und abnehmen, siehe Abbildung V-5611 auf Seite 85.

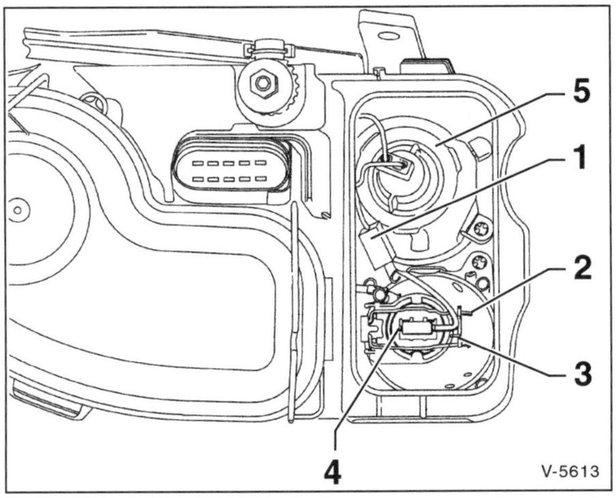

- Glühlampenfassung –5– nach links drehen und aus dem Reflektorgehäuse herausziehen.
- Glühlampe aus der Fassung herausnehmen. Neue Glühlampe einsetzen.

Achtung: Glaskolben der neuen Lampe nicht mit den Fingern berühren. Sauberen Lappen zwischenlegen oder dünne Handschuhe anziehen.

- Glühlampenfassung mit eingesetzter Glühlampe in das Reflektorgehäuse einsetzen und nach rechts drehen. **Achtung:** Die Glühlampenfassung muß im Reflektorgehäuse fühlbar einrasten.
- Verschlußdeckel einsetzen.

Nebellicht vorn

GOLF

- Motorhaube öffnen.
- Abdeckkappe für Abblendlichtlampe abnehmen.

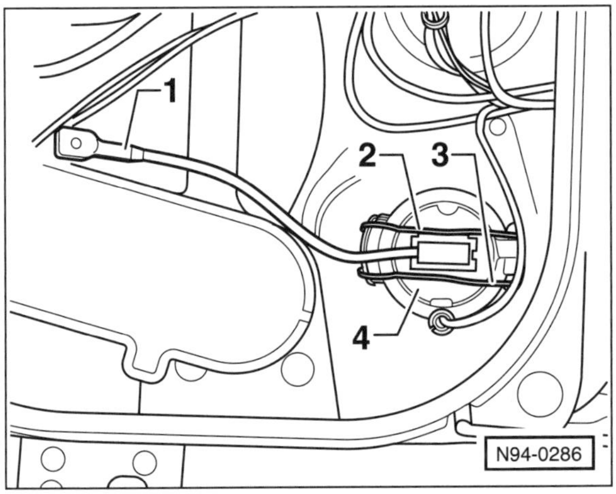

- Steckverbindung –1– an der Lampe für Nebellicht abziehen.
- Federdrahtbügel –2– über die Rastnasen –3– drücken und entriegeln.
- Lampe –4– aus dem Reflektor herausziehen.

Achtung: Glaskolben der neuen Lampe nicht mit bloßen Fingern anfassen. Versehentlich entstandene Berührungsflecken mit sauberem, nicht faserndem Tuch und Spiritus entfernen.

- Neue Glühlampe so einsetzen, daß die Nasen in die entsprechenden Aussparungen am Gehäuse passen.
- Federklammer zurückklappen und in die Haltenasen einrasten.
- Stecker auf die Fassung aufdrücken.
- Abdeckkappe an der Scheinwerferrückseite ansetzen und Federbügel einrasten.
- Scheinwerfereinstellung von einer Fachwerkstatt kontrollieren lassen.
- Motorhaube schließen.

BORA

- Verschlußdeckel entrasten –1– und abnehmen, siehe Abbildung V-5611 auf Seite 85.
- Steckverbindung –1– an der Glühlampe abziehen, siehe Abbildung V-5613.
- Federdrahtbügel –2– über Rastnasen –3– drücken und entriegeln.
- Glühlampe –4– aus Reflektorgehäuse herausziehen.
- Neue Glühlampe in Reflektorgehäuse so einsetzen, daß die Rastnase am Lamellenteller in der Aussparung am Reflektor liegt.

Achtung: Glaskolben der neuen Lampe nicht mit den Fingern berühren. Sauberen Lappen zwischenlegen oder dünne Handschuhe anziehen.

- Steckverbindung aufschieben.
- Verschlußdeckel einsetzen.

Blinklicht seitlich

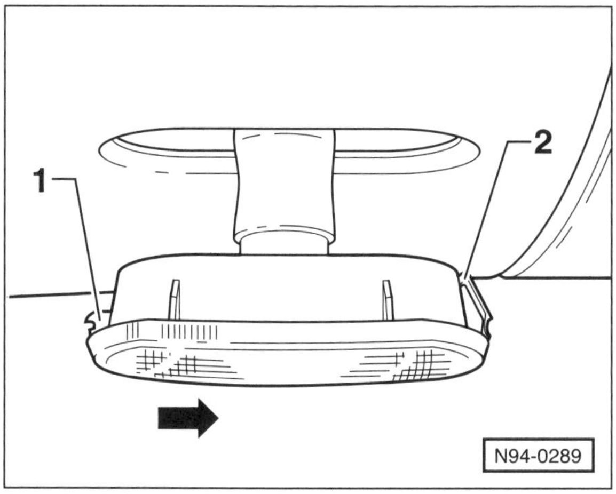

Achtung: In eingebautem Zustand ist nicht erkennbar, auf welcher Seite der Blinkleuchte sich die Lagerstelle –1– und die Kunststoffeder –2– befinden. Daher Blinkleuchte möglichst nicht mit einem Schraubendreher heraushebeln. Beim Versuch, die Leuchte an der Federklammerseite herauszuhebeln, können Leuchte und/oder Lack beschädigt werden.

- Blinkleuchte mit den Fingern nach vorn in Richtung Scheinwerfer –Pfeilrichtung– drücken und am hinteren Teil aus der Öffnung im Kotflügel herausheben. Dabei wird die Leuchte gegen die Kraft der Kunststoffeder –2– nach vorn geschoben. Falls sich die Leuchte nicht verschieben läßt, kann sie auch umgekehrt eingebaut sein. Das heißt, die Kunststoffeder befindet sich hinten und die Leuchte muß zum Ausbau in Richtung Fahrzeugheck geschoben werden.
- Lampenfassung vom Gehäuse abziehen.
- Glühlampe aus der Fassung ziehen und ersetzen.
- Fassung mit Lampe in das Gehäuse stecken.
- Leuchte mit der Lagerstelle –1– in die Öffnung des Kotflügels einhängen und auf der anderen Seite eindrücken und einrasten.

Schlußlicht

- Heckklappe öffnen.

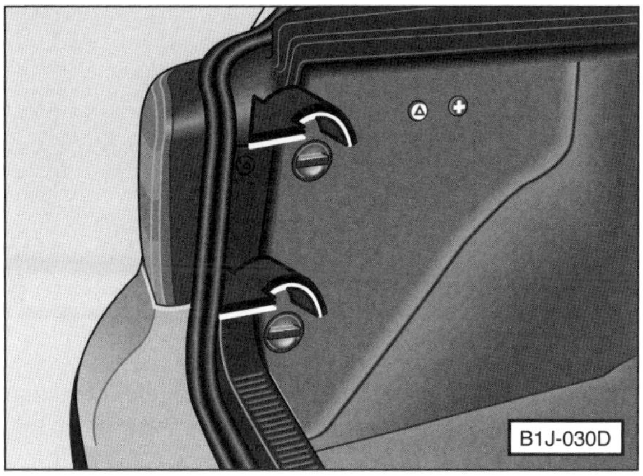

- Seitliches Kofferraumstaufach öffnen. Dazu 1 oder 2 Clips am Deckel des Staufachs nach links drehen.

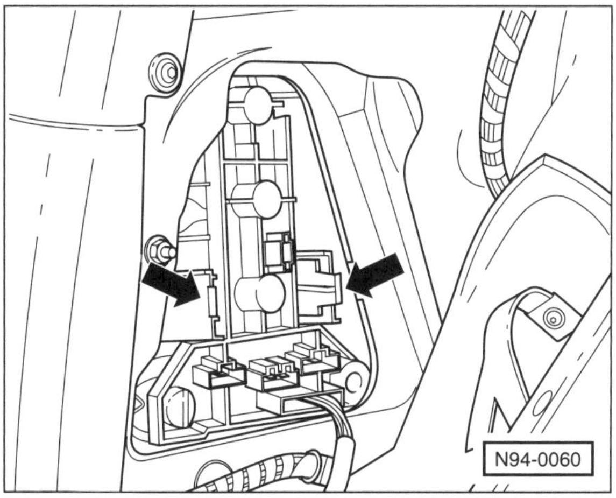

- Steckverbindung für Heckleuchte abziehen.
- Haltelaschen –Pfeile– zusammendrücken und dadurch Lampenträger entriegeln.
- Lampenträger herausziehen.

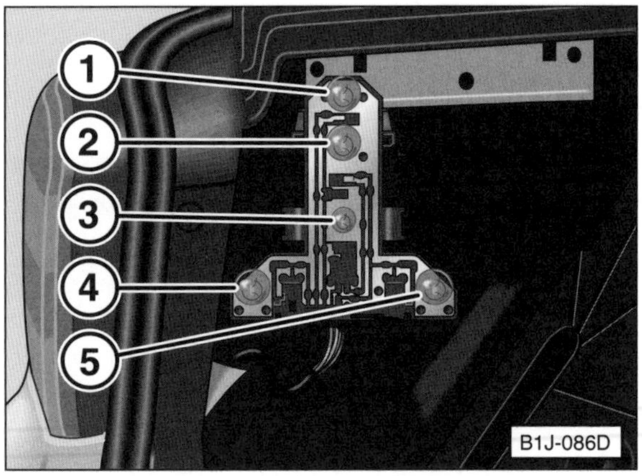

Linke Heckleuchte

1 – Bremslicht
2 – Blinklicht
3 – Schlußlicht
4 – Nebelschlußleuchte (nur an einer Fahrzeugseite)
5 – Rückfahrscheinwerfer

- Defekte Glühlampe leicht in die Fassung hineindrücken, um 90° (1/4 Umdrehung) nach links drehen und herausnehmen.

Achtung: Glaskolben der neuen Lampe nicht mit den Fingern berühren. Sauberen Lappen zwischenlegen oder dünne Handschuhe anziehen.

- Neue Lampe einsetzen, leicht eindrücken und nach rechts drehen.
- Lampenträger in die Heckleuchte einsetzen, andrücken und einrasten.
- Steckverbindung am Lampenträger aufschieben.
- Deckel für Kofferraumstaufach schließen und durch Rechtsdrehen des Clips verriegeln.
- Heckklappe schließen.

Kennzeichenbeleuchtung

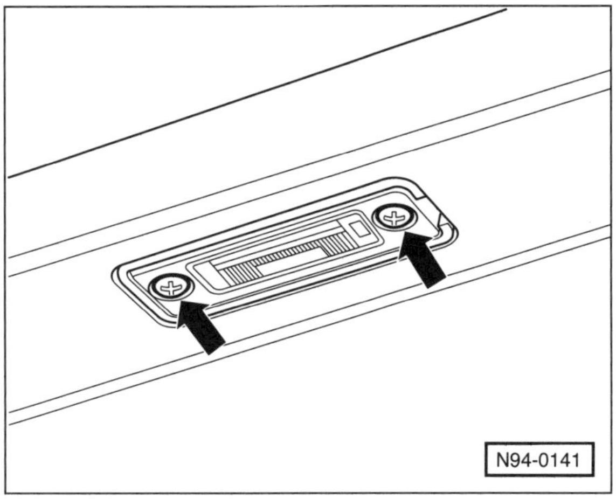

- Kennzeichenleuchte abschrauben –Pfeile–.
- Lampe ersetzen.

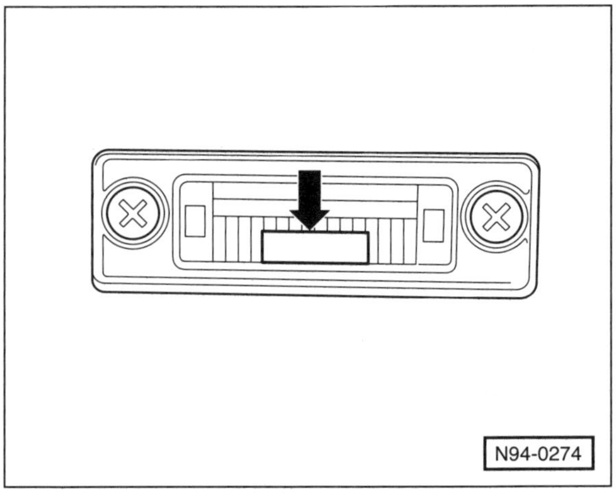

- Kennzeichenleuchte einsetzen und anschrauben. Dabei darauf achten, daß der silberfarbene Blendschutzstreifen –Pfeil– zum Stoßfänger zeigt, also in Fahrtrichtung gesehen, nach vorn.

Zusatzbremsleuchte

Die Zusatzbremsleuchte ist im oberen Teil der Heckscheibe eingebaut. Auf dem Lampenträger sind auf einer Platine 32 Leuchtdioden fest verlötet und mit einer Kunststoffleiste abgedeckt. Einzelne Leuchtdioden können nicht erneuert werden, gegebenenfalls muß der komplette Lampenträger ersetzt werden.

Bremsleuchte ausbauen

- Heckklappe öffnen.
- Verkleidung für Heckscheibe ausbauen, siehe Seite 269.

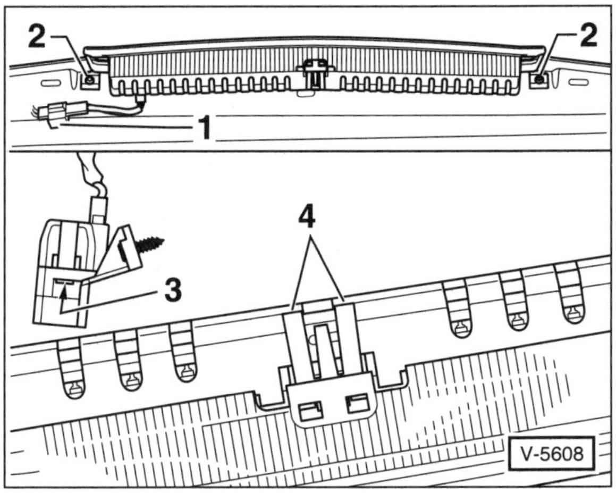

- Stecker –1– abziehen und Bremsleuchte abschrauben –2–.

Lampenträger ausbauen

- Lampengehäuse auf beiden Querseiten –3– und auf beiden Längsseiten –4– ausclipsen.
- Der Einbau erfolgt in umgekehrter Ausbaureihenfolge.

Glühlampen für Innenleuchten auswechseln

Innenleuchte/Leseleuchte

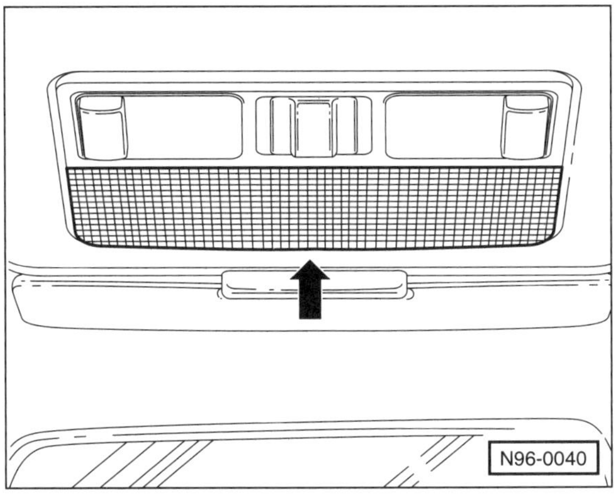

- Streuglas der 3teiligen Innenleuchte mit den Fingern vorn –Pfeil– vorsichtig herunterziehen.
- Defekte Soffittenlampe aus der Fassung ziehen und ersetzen. Dabei auf festen Sitz der Lampe achten, gegebenenfalls die Kontaktklammern nachbiegen.
- Defekte Leselampe herausziehen und ersetzen.

Achtung: Läßt sich die neue Lampe nicht in die Fassung einstecken, Leuchtengehäuse abbauen. Dazu Gehäuse mit 2 Kreuzschlitzschrauben abschrauben. An der Rückseite des Gehäuses die Fassung für die Leselampe um 90° (¼ Umdrehung) nach rechts drehen und herausnehmen. Neue Lampe in die Fassung stecken, Fassung am Gehäuse einsetzen und durch Linksdrehen befestigen. Gehäuse anschrauben.

- Streuglas einsetzen und einrasten.

Seitliche Leseleuchte

- Schmalen Schraubendreher in die Aussparung der Leuchte stecken, gegen die Kraft der Haltefeder hineindrücken, Leuchte vorsichtig abhebeln und herausschwenken.

Hinweis: Falls keine Aussparung vorhanden ist, Schraubendreher in der Mitte einer Stirnseite einsetzen und prüfen, ob er sich gegen die Federkraft weiter einschieben läßt. Andernfalls Schraubendreher auf der anderen Stirnseite einsetzen. In der Regel befindet sich die Haltefeder an der mit einem kleinen Kreis gekennzeichneten Seite.

- Steckerrasten zusammendrücken und Leuchte abnehmen.
- Kunststoffabdeckung an der Rückseite der Leuchte seitlich abziehen.
- Defekte Soffittenlampe aus der Fassung ziehen und ersetzen. Dabei auf festen Sitz der Lampe achten, gegebenenfalls die Kontaktklammern nachbiegen.
- Kunststoffabdeckung auf die Leuchte aufschieben und einrasten.
- Eventuell verbogene Haltefeder für Leuchtengehäuse zur Gehäuse-Außenseite hin nachbiegen.
- Stecker aufschieben und einrasten.
- Leuchte an der »Steckerseite« einsetzen, in die Öffnung schwenken und einrasten.

Türeinstiegsleuchte

- Tür öffnen.

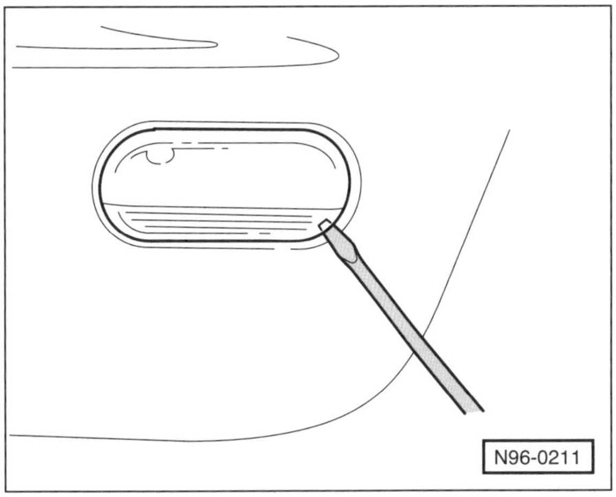

- Schraubendreher hinter das Streuglas schieben und Leuchte vorsichtig heraushebeln.

Kofferraumleuchte

- Heckklappe öffnen.

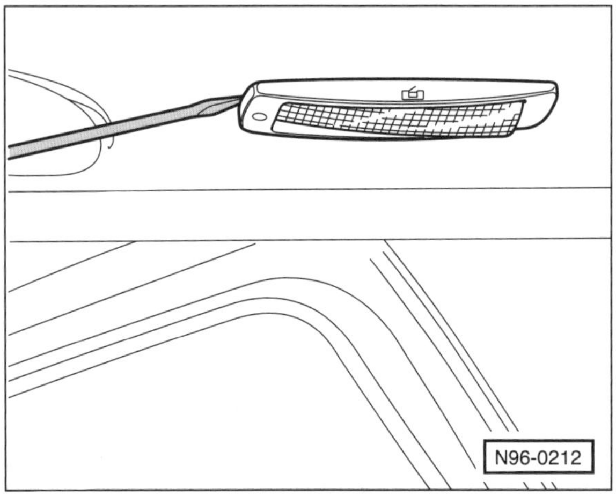

- Schraubendreher hinter das Streuglas schieben und Leuchte vorsichtig heraushebeln.

Gasentladungslampen für Abblendlicht (Xenon-Licht)

Im Vergleich zur Scheinwerfer-Grundausführung erreichen Scheinwerfer mit Gasentladungslampen (Xenon-Licht) ein noch helleres Abblendlicht; es ähnelt dem Tageslicht. Unmittelbar nach dem Einschalten erreicht die Helligkeit das bisher bekannte Niveau; nach maximal 3 Sekunden haben die Gasentladungslampen ihre volle Leuchtkraft erreicht. Da außerdem das Nahfeld des Fahrzeuges breiter ausgeleuchtet wird, kann auf separate Nebelscheinwerfer verzichtet werden.

Bei den Gasentladungslampen wird in einem mit Xenongas gefüllten Lampenkolben durch Anlegen einer Spannung zwischen 2 Elektroden ein Lichtbogen erzeugt. Für den Betrieb der Gasentladungslampe sind eine Ansteuerelektronik und ein Hochspannungsgerät erforderlich. Es erzeugt kurzzeitig 28.000 Volt zur Zündung des Lichtbogens. Um die doppelte Beleuchtungsstärke einer herkömmlichen 55-Watt-Lampe zu erzeugen, genügt eine Gasentladungslampe mit einer Leistung von 35 Watt.

Gasentladungslampen haben eine hohe Lebensdauer. Ein Austausch ist, wenn überhaupt, erst nach mehreren Betriebsjahren erforderlich.

Sicherheitshinweise zum Xenonlicht: Vor Arbeiten an den mit gelben Hochspannungssymbolen gekennzeichneten Teilen des Gasentladungsscheinwerfers unbedingt das Batterie-Massekabel abklemmen. Anschließend das Abblendlicht ein und wieder ausschalten. Damit werden eventuelle Restspannungen abgebaut. Das Steuergerät für die Gasentladungsscheinwerfer darf nie ohne Gasentladungslampe betrieben werden. Die Gasentladungslampe darf Aufgrund der hohen Spannungen (über 28.000 V beim Zünden der Gasentladungslampe) und Temperaturen nur im Scheinwerfergehäuse betrieben werden.

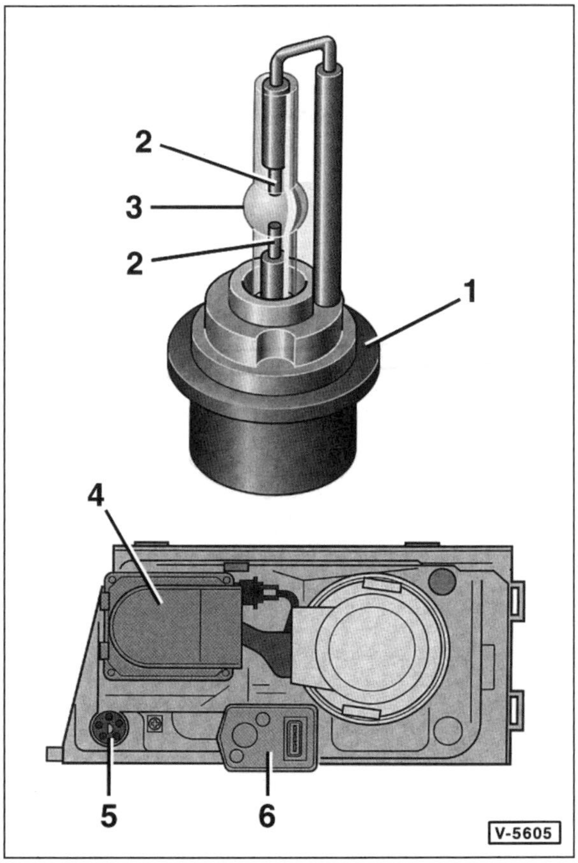

1 – Gasentladungslampe
2 – Elektroden
3 – Glaskolben, mit Xenon-Gasgemisch gefüllt.
4 – Vorschaltgerät
5 – Elektrischer Anschluß
6 – Stellmotor für Leuchtweitenregulierung

Dynamische Leuchtweitenregulierung bei Gasentladungs-Scheinwerfern

Um eine Blendwirkung für den Gegenverkehr auszuschließen, gehört zum Gasentladungs-Scheinwerferlicht eine dynamische Leuchtweitenregulierung, die automatisch die Leuchtweite der Scheinwerfer einstellt.

Sensoren an Vorder- und Hinterachse erfassen jede Niveauänderung des Fahrzeugs, die durch Beladung verursacht wurde. Ein elektronisches Steuergerät verarbeitet die Sensorsignale und regelt extrem schnell über Elektromotoren die Verstellung der Scheinwerfer-Reflektoren. Die dynamische Leuchtweitenregulierung sorgt für eine immer gleichbleibende Ausleuchtung der Fahrbahn.

Eine manuelle Einstellung der Leuchtweite ist nicht mehr vorgesehen. Bei einem Fehler in der elektrischen Regelung werden die Scheinwerfer automatisch in die unterste Position gestellt.

Für die Grundeinstellung der Gasentladungsscheinwerfer ist das VW-Diagnosegerät erforderlich, ebenso für das Auslesen des Fehlerspeichers.

Scheinwerfer-Übersicht/Leuchtweitenregulierung

GOLF

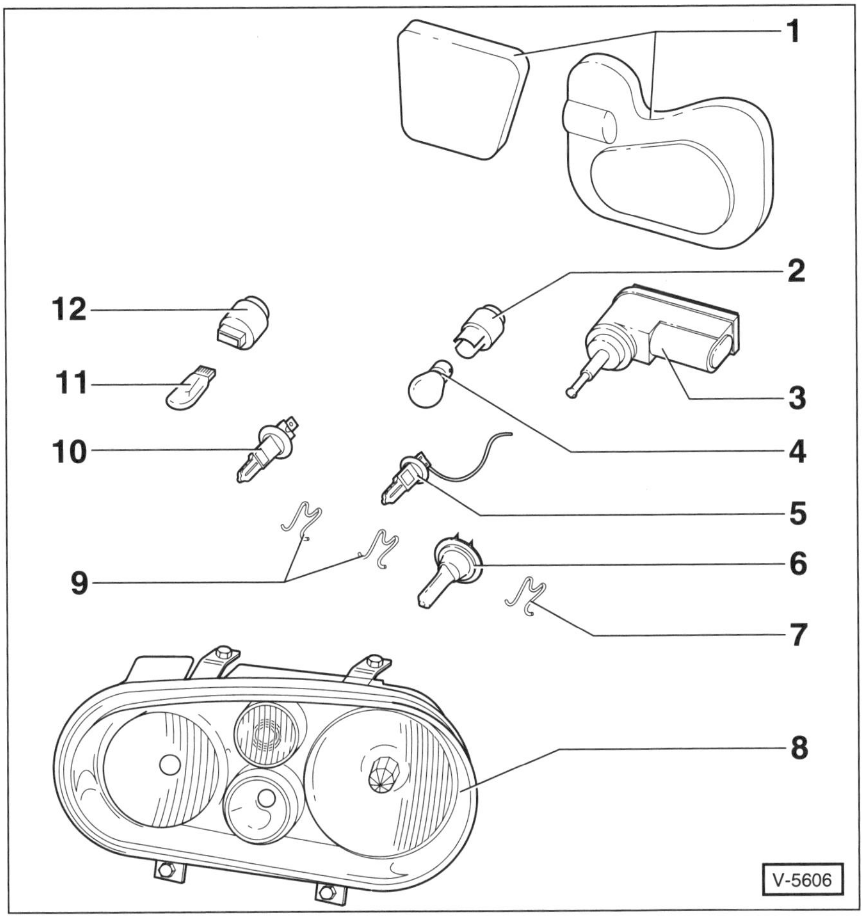

1 – **Verschlußdeckel**
2 – **Lampenfassung für Blinklicht**
3 – **Stellmotor für Leuchtweitenregulierung**
4 – **Lampe für Blinklicht**
5 – **Lampe für Nebelscheinwerfer**
6 – **Lampe für Abblendlicht**
7 – **Federdrahtbügel**
8 – **Scheinwerfereinsatz**
9 – **Federdrahtbügel**
10 – **Lampe für Fernlicht**
11 – **Lampe für Standlicht**
12 – **Lampenfassung für Standlicht**

Heckleuchten-Übersicht

GOLF

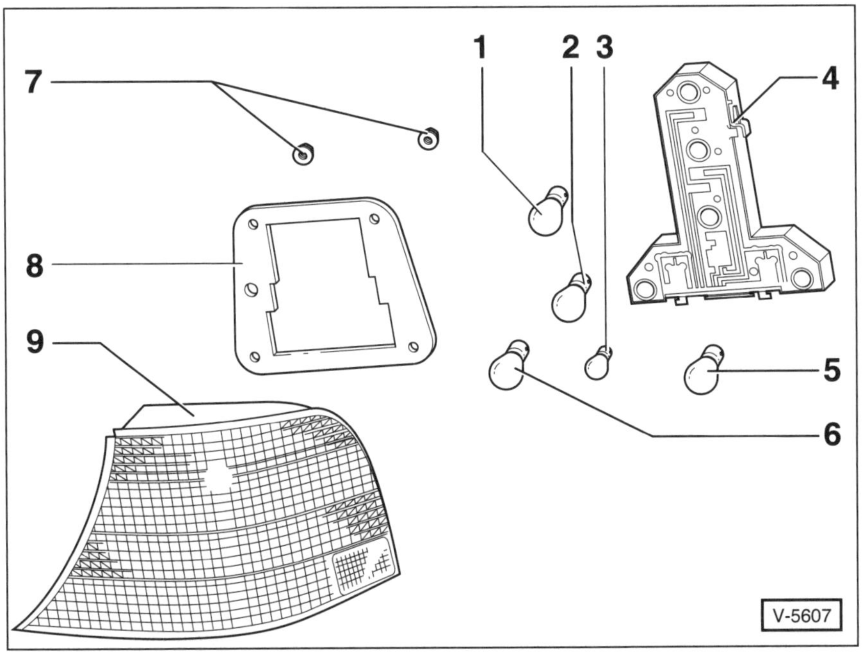

1 – **Glühlampe für Bremslicht**
2 – **Glühlampe für Blinker**
3 – **Glühlampe für Schlußlicht**
4 – **Lampenträger**
5 – **Glühlampe für Rückfahrlicht**
6 – **Glühlampe für Nebelschlußlicht**
7 – **Sechskantmutter M5, 3 Nm**
8 – **Dichtung**
Bei Beschädigung ersetzen.
9 – **Heckleuchtengehäuse**

Scheinwerfer-Übersicht/Leuchtweitenregulierung

BORA

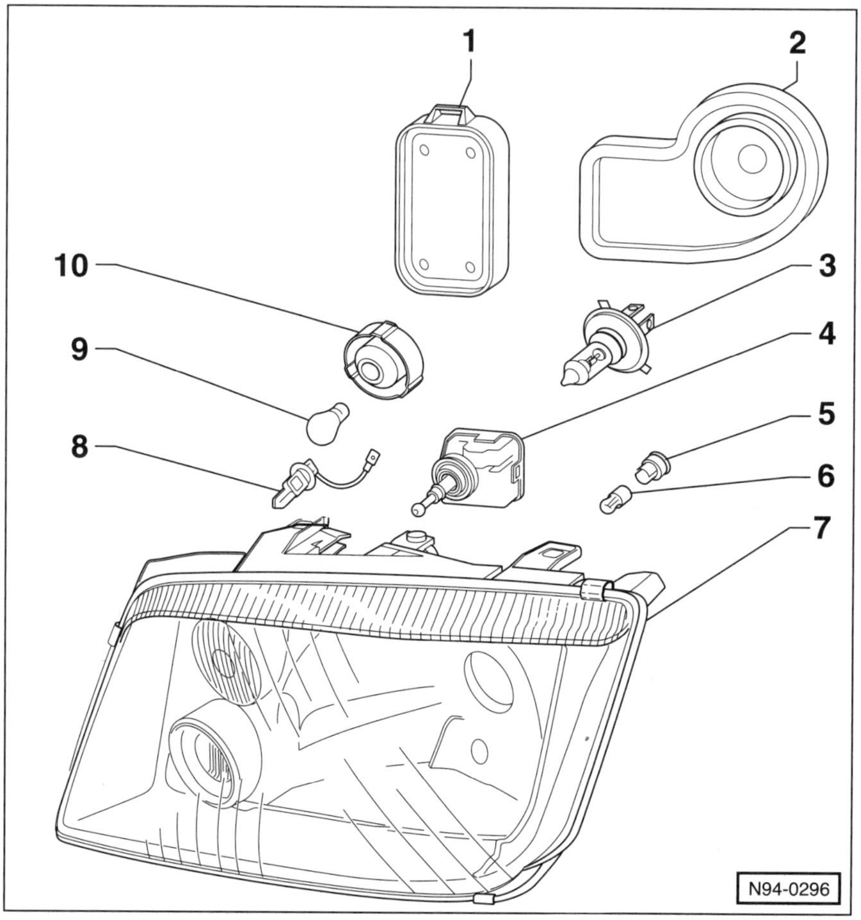

1 – **Verschlußdeckel**

2 – **Verschlußdeckel**

3 – **Zweifadenlampe für Fern- und Abblendlicht**

4 – **Stellmotor für Leuchtweitenregulierung**

5 – **Lampenfassung für Standlichtlampe**

6 – **Lampe für Standlicht**

7 – **Scheinwerfereinsatz**

8 – **Lampe für Nebelscheinwerfer**

9 – **Lampe für Blinklicht**

10 – **Lampenfassung für Blinklichtlampe**

Heckleuchten-Übersicht

BORA

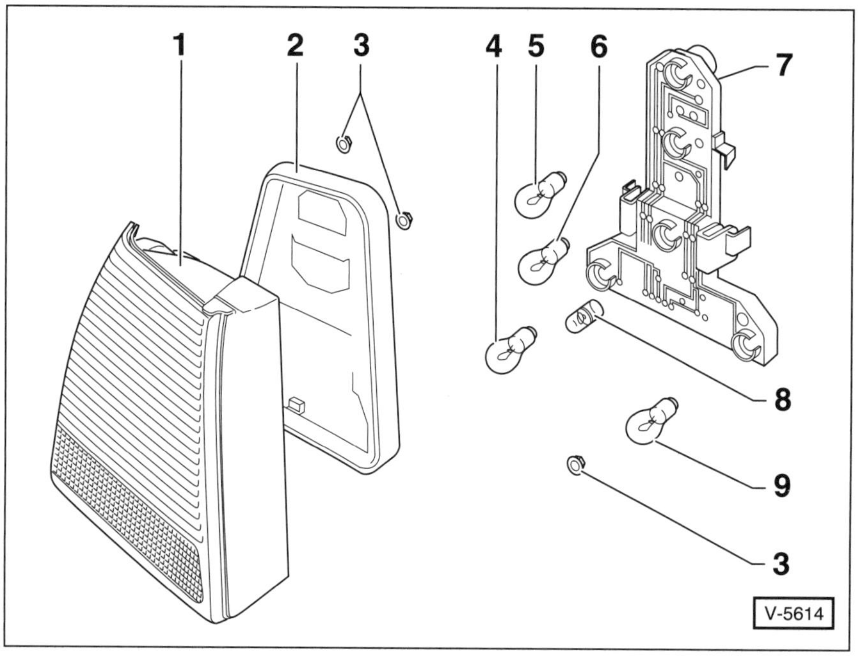

1 – **Gehäuse**

2 – **Dichtung**
Bei Beschädigung ersetzen.

3 – **Sechskantmuttern M5**

4 – **Glühlampe für Nebelschlußleuchte**

5 – **Glühlampe für Bremslicht**

6 – **Glühlampe für Blinklicht**

7 – **Lampenträger**

8 – **Glühlampe für Schlußlicht**

9 – **Glühlampe für Rückfahrlicht**

Scheinwerfer aus- und einbauen

Das Scheinwerfergehäuse kann nicht zerlegt werden, bei einem Defekt muß es komplett ersetzt werden.

Wenn allerdings nur die oberen Befestigungslaschen des Scheinwerfers abgebrochen sind, können diese einzeln erneuert werden, siehe Abschnitt am Ende des Kapitels.

GOLF

Ausbau

- Stoßfänger ausbauen, siehe Seite 278.

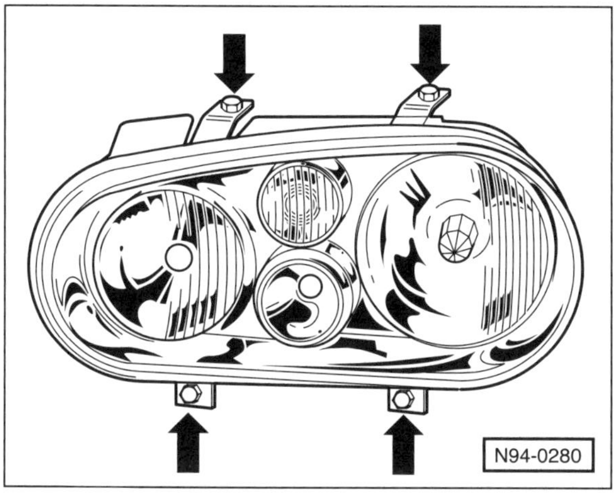

- Befestigungsschrauben –Pfeile– herausdrehen und Scheinwerfergehäuse etwas nach vorn herausziehen.
- Mehrfachstecker vom Scheinwerfer abziehen.
- Scheinwerfergehäuse abnehmen.

Einbau

- Scheinwerfer ansetzen und Mehrfachstecker aufschieben.
- Scheinwerfer in die Öffnung einsetzen und mit 4 Schrauben anschrauben.
- Stoßfänger einbauen, siehe Seite 278.
- Scheinwerfereinstellung von einer Fachwerkstatt kontrollieren lassen.

BORA

Ausbau

- Stoßfänger vorn ausbauen, siehe Seite 278.

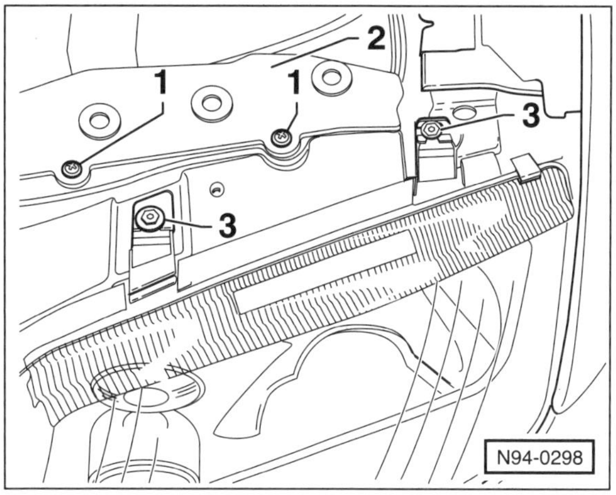

- Kreuzschlitzschrauben –1– herausschrauben und Scheinwerferabdeckung –2– nach oben herausziehen.
- Elektrische Steckverbindung für Scheinwerfer abziehen.
- Befestigungsschrauben –3– herausschrauben.
- 2 Befestigungsschrauben unterhalb des Scheinwerfergehäuses von vorne herausschrauben.
- Scheinwerfergehäuse nach vorn herausziehen.

Einbau

- Scheinwerfergehäuse einsetzen und mit 2 Schrauben unterhalb des Scheinwerfers von vorne festschrauben.
- Befestigungsschrauben –3– einschrauben.
- Scheinwerferabdeckung von oben ansetzen und mit Kreuzschlitzschrauben anschrauben.
- Elektrische Steckverbindung am Scheinwerfer einstecken.
- Stoßfänger einbauen, siehe Seite 278.
- Scheinwerfereinstellung von einer Fachwerkstatt kontrollieren lassen.

Obere Scheinwerferbefestigungslaschen ersetzen

- Scheinwerfer ausbauen.
- Sockel der Befestigungslasche am Scheinwerfer an der Bruchkante glattschleifen.

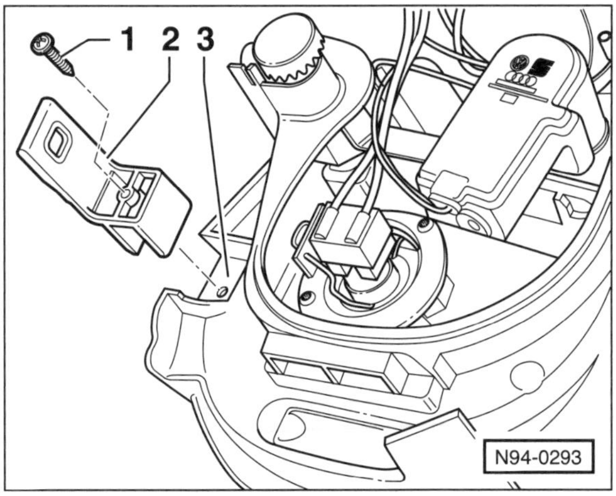

- Ersatzteil-Befestigungslasche –2– auf den Sockel der bisherigen Lasche –3– am Scheinwerfer aufstecken und mit Schraube –1– anschrauben.
- Scheinwerfer einbauen.

Heckleuchte aus- und einbauen

GOLF

Ausbau

- Lampenträger ausbauen, siehe Kapitel »Glühlampen für Heckleuchte wechseln«.

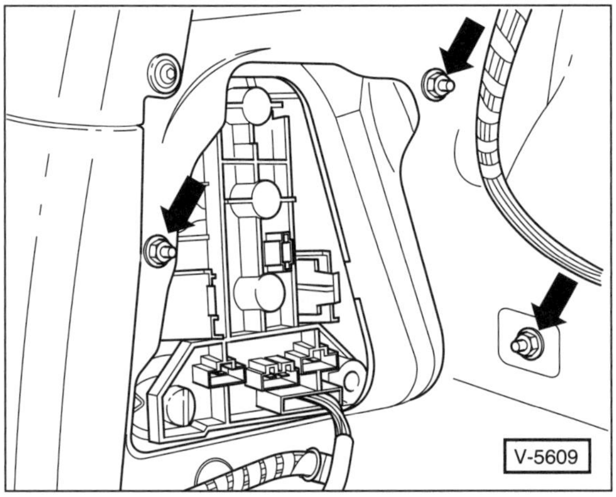

- Je nach Ausführung 2 oder 3 Befestigungsmuttern –Pfeile– abschrauben und Heckleuchte nach außen abnehmen. **Achtung:** Darauf achten, daß der seitliche Führungsstift nicht beschädigt wird, siehe Abbildung N94-0105.

Einbau

- Dichtung für Heckleuchte auf Beschädigung sichtprüfen, gegebenenfalls ersetzen.

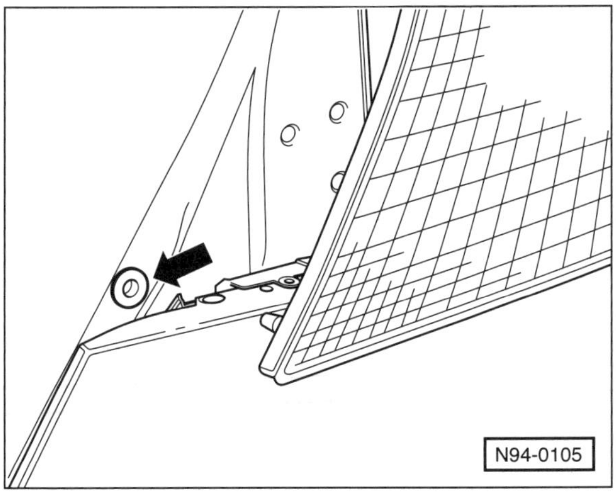

- Heckleuchte einsetzen, dabei den seitlichen Führungsstift des Lampengehäuses in die Karosseriebohrung –Pfeil– einführen. Heckleuchte ganz leicht mit 3 Nm anschrauben.
- Lampenträger einbauen, siehe entsprechendes Kapitel.

BORA

Ausbau

- Hintere Kofferraumverkleidung links beziehungsweise rechts ausbauen, siehe Seite 267.

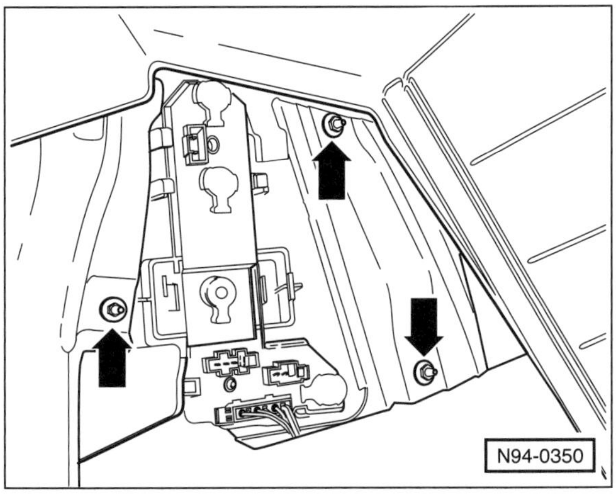

- Befestigungsmuttern –Pfeile– herausschrauben und Heckleuchtengehäuse abnehmen.
- Steckverbindung für Heckleuchte abziehen.
- 2 Haltelaschen entriegeln und Lampenträger herausnehmen.

Einbau

- Lampenträger einbauen. Die Haltelaschen des Lampenträgers müssen einrasten.
- Heckleuchtengehäuse ansetzen und Befestigungsmuttern ganz leicht, mit 3 Nm anziehen.
- Steckverbindung an der Heckleuche einstecken.
- Kofferraumverkleidung einbauen, siehe Seite 267.

Scheinwerfer einstellen

Für die Verkehrssicherheit ist die richtige Einstellung der Scheinwerfer von großer Bedeutung. Die exakte Einstellung der Scheinwerfer ist nur mit einem Spezialeinstellgerät möglich. Es wird deshalb nur gezeigt, wo der Scheinwerfer eingestellt werden kann und welche Bedingungen zum richtigen Einstellen der Scheinwerfer erfüllt sein müssen.

Mit dem Einstellen der Scheinwerfer werden auch die Nebelscheinwerfer, falls vorhanden, eingestellt.

GOLF

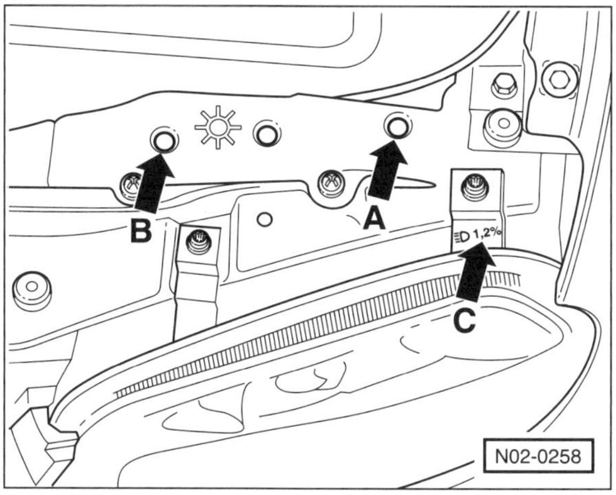

- Die Abbildung zeigt den linken Hauptscheinwerfer, beim rechten Scheinwerfer sind die Einstellschrauben spiegelbildlich angeordnet.
  A – Seitenverstellung
  B – Höhenverstellung

BORA

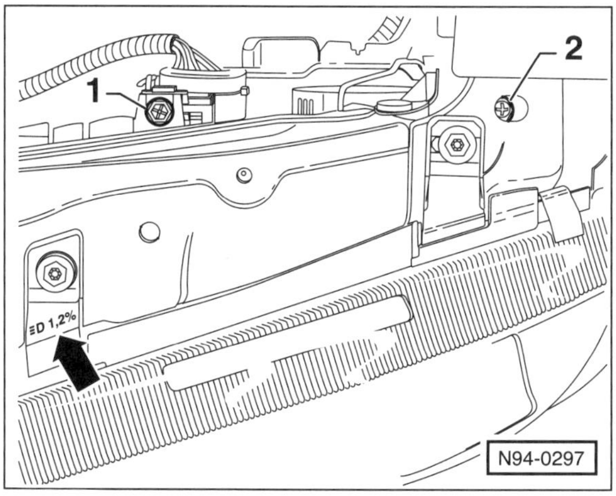

- Die Abbildung zeigt den linken Hauptscheinwerfer, beim rechten Scheinwerfer sind die Einstellschrauben spiegelbildlich angeordnet.
  1 – Seitenverstellung
  2 – Höhenverstellung

Einstellvoraussetzungen

- Reifen müssen den vorgeschriebenen Reifenfülldruck haben.
- Das unbeladene Fahrzeug muß mit 75 kg (eine Person) auf dem Fahrersitz belastet sein.
- Kraftstofftank füllen, mindestens zu 90%.
- Fahrzeug auf ebene Fläche stellen.
- Vorderwagen mehrmals kräftig nach unten drücken, damit die Federung der Vorderradaufhängung sich setzt.
- Leuchtweitenregulierung auf »0« stellen.
- Die Scheinwerfer dürfen nur bei Abblendlicht eingestellt werden. Das Neigungsmaß beträgt für Normalscheinwerfer X = 12 cm auf 10 m Entfernung. Das Neigungsverhältnis ist auf dem Scheinwerferhalter eingeprägt (1,2% ≙ 12 cm auf 10 m) –C und Pfeil–.

Einstellen

- Kreuzschlitzschraubendreher durch die Bohrungen –A/B– beziehungsweise –1/2– im Schloßträger führen.
- Einstellschrauben soweit verdrehen, bis die korrekte Einstellung erreicht ist.

Stellmotor für Leuchtweitenregelung aus- und einbauen

Ausbau

Der Stellmotor kann nur bei ausgebautem Scheinwerfergehäuse ausgebaut werden.

- Scheinwerfer ausbauen.
- Abdeckung für Abblendlichtlampe abnehmen, dazu Federbügel etwas anheben und zur Seite klappen.
- Stecker vom Stellmotor abziehen.
- Linker Scheinwerfer: Stellmotor durch Linksdrehen entriegeln.
- Rechter Scheinwerfer: Stellmotor durch Rechtsdrehen entriegeln.
- Stellmotor herausziehen, dabei Kugelkopf der Stellachse mit kräftigem Zug aus der Kugelkopfaufnahme am Reflektor herausziehen.

Einbau

- Stellachse in die Kugelkopfaufnahme einclipsen, dabei Reflektor durch die Gehäuseöffnung der Fernlichtlampe hochhalten.
- Stellmotor durch Drehen in Einbaulage verriegeln. Die Drehrichtung ist entgegengesetzt wie beim Ausbau.
- Stecker vom Stellmotor aufschieben.
- Abdeckung für Abblendlichtlampe einbauen.
- Scheinwerfer einbauen.

Armaturen

Die Anzeigeinstrumente sind in einem Kombiinstrument (Schalttafeleinsatz) zusammengefaßt. Das Kombiinstrument muß beispielsweise ausgebaut werden, wenn eine Glühlampe ersetzt werden soll. Sind einzelne Instrumente defekt, muß das gesamte Kombiinstrument ersetzt werden, da es nicht zerlegbar ist.

Den Schalttafeleinsatz (Kombiinstrument) gibt es in 2 unterschiedlichen Ausführungen: »Midline« und »Highline«. Die »Midline«-Ausführung ist mit Drehzahlmesser und Digitaluhr/Multifunktionsanzeige, die »Highline«-Ausführung zusätzlich mit Navigationsanzeige ausgerüstet.

Das Kombiinstrument wird von einem Mikroprozessor gesteuert und verfügt über eine Eigendiagnose. Treten Störungen an Systembauteilen auf, werden Fehlercodes im Fehlerspeicher des Steuergerätes abgelegt. Die Fehlercodes können mit dem VW-Diagnosegerät ausgelesen werden. Außerdem können mit diesem Meßgerät beispielsweise folgende Funktionen angepaßt beziehungsweise korrigiert werden: Tankanzeige, Verbrauchsanzeige, Service-Intervall-Anzeige, Wegstreckenzähler.

In diesem Kapitel werden ebenfalls der Aus- und Einbau verschiedener Schalter und des Radios beschrieben.

Kombiinstrument aus- und einbauen

Im Kombiinstrument können nur diejenigen Kontrollampen ausgetauscht werden, die als Glühlampen ausgelegt sind. Bei allen anderen Fehlern am Kombiinstrument muß dieses komplett ausgetauscht werden.

Wird anstelle des Tageskilometerstandes die Anzeige »dEF« eingeblendet, dann liegt ein Fehler im Festspeicher vor. In diesem Fall muß das Kombiinstrument ersetzt werden. In diesem Fall vor dem Ausbau Fehlerspeicher abfragen lassen. Außerdem die Werte der Service-Intervall-Anzeige und den Stand des Wegstreckenzählers über das VW-Diagnosegerät auslesen lassen und notieren (Werkstattarbeit).

Hinweis: Der Ausbau des Lenkrades ist nicht erforderlich. In den nachfolgenden Abbildungen ist das Lenkrad, für die bessere Übersichtlichkeit, nicht dargestellt.

Ausbau

- Lenkrad nach unten verstellen und ganz herausziehen.

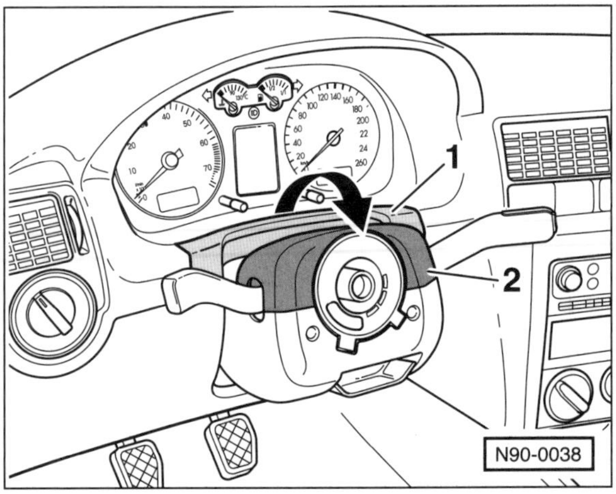

- Abdeckung –1– ausclipsen und auf der oberen Abdeckung des Lenkstockschalters –2– ablegen.

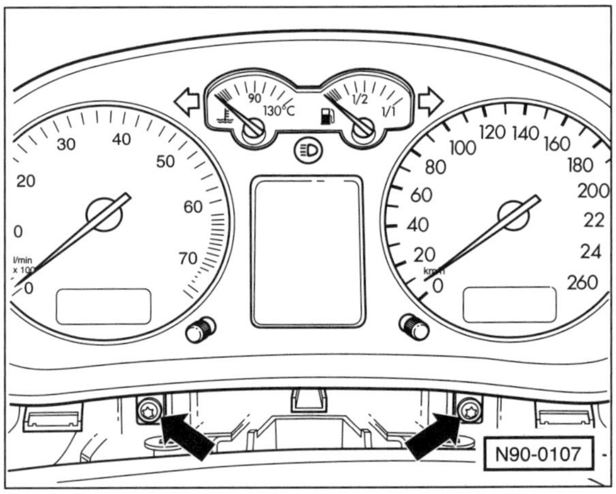

- 2 Schrauben –Pfeile– herausdrehen.
- Kombiinstrument etwas nach vorn, in Richtung Sitz, herausziehen.
- Falls vorhanden, Kabelbinder auf der Rückseite vom Kombiinstrument auftrennen.

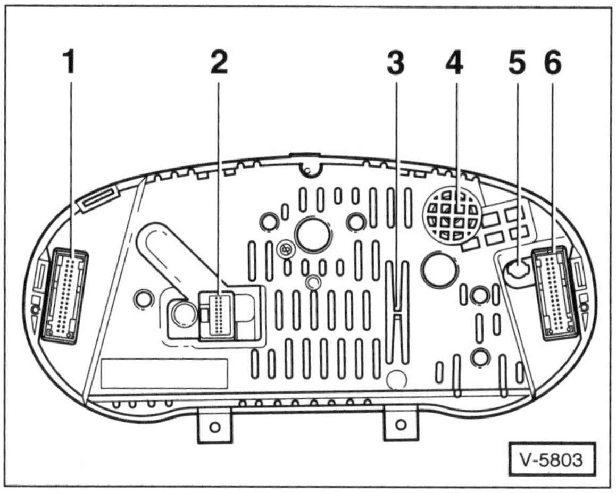

1 – Steckanschluß 32fach, grün
2 – Steckanschluß 20fach, rot, »Highline«-Version
3 – Klemmvorrichtung zur Fixierung des Leitungsstrangs
4 – Warnsummer für Öldruck, eingeschaltetes Licht
5 – Kontrollampe für offene Heckklappe, Anhängerbetrieb, 1,12 W
6 – Steckanschluß 32fach, blau

- Sicherungslaschen der Stecker entriegeln und Steckverbindungen an der Rückseite des Kombiinstruments abziehen.
- Glühlampen wechseln, sofern möglich.

Einbau

- Der Einbau erfolgt in umgekehrter Ausbaureihenfolge.
- Wurde das Kombiinstrument erneuert, Service-Intervall-Anzeige und Wegstreckenzähler anpassen lassen (Werkstattarbeit).

Lenkstockschalter aus- und einbauen

Als Lenkstockschalter bezeichnet man die beiden Schalter an der Lenksäule für Blinker/Fernlicht und Scheibenwischer.

Ausbau

- Batterie-Massekabel (–) bei ausgeschalteter Zündung abklemmen. **Achtung:** Dadurch werden elektronische Speicher gelöscht, wie zum Beispiel der Radiocode. Ohne Code kann das Radio nur vom Radiohersteller freigeschaltet werden, beziehungsweise beim VW-Radio von einer VW-Werkstatt. Deshalb Hinweise im Kapitel »Batterie aus- und einbauen« durchlesen.

Sicherheitshinweis:
Unbedingt Airbag-Sicherheitshinweise durchlesen, siehe Seite 139.

- Airbageinheit auf der Fahrerseite ausbauen, siehe Seite 140.
- Lenkrad ausbauen, siehe Seite 142.

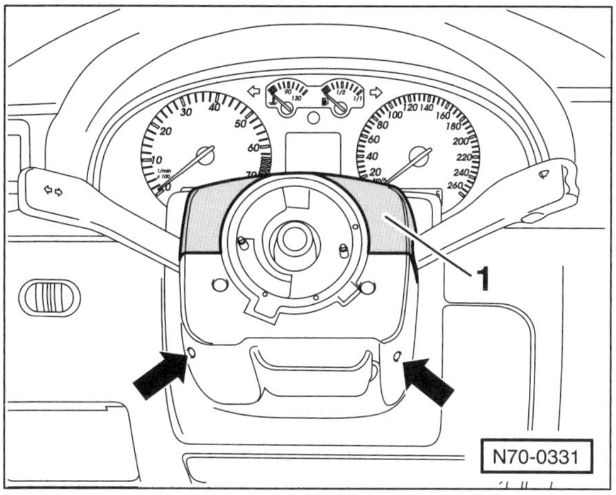

- 2 Kreuzschlitzschrauben –Pfeile– herausdrehen.
- Obere Verkleidung für Lenkstockschalter –1– in Richtung Vordersitz abziehen und herausnehmen.

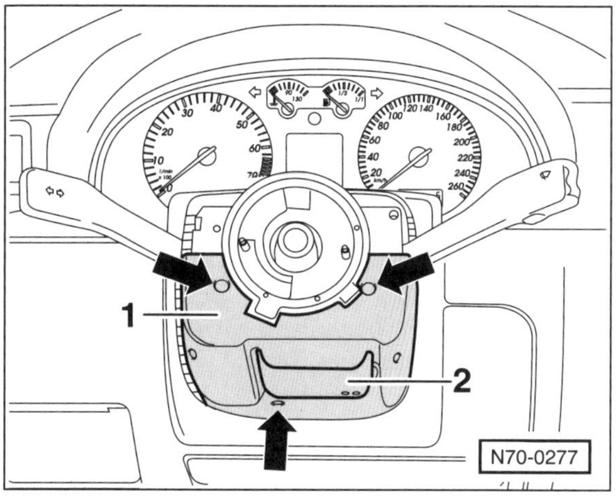

- 3 Schrauben –Pfeile– herausdrehen.
- Höhenverstellung für Lenkrad –2– lösen und untere Verkleidung für Lenkstockschalter –1– abnehmen.

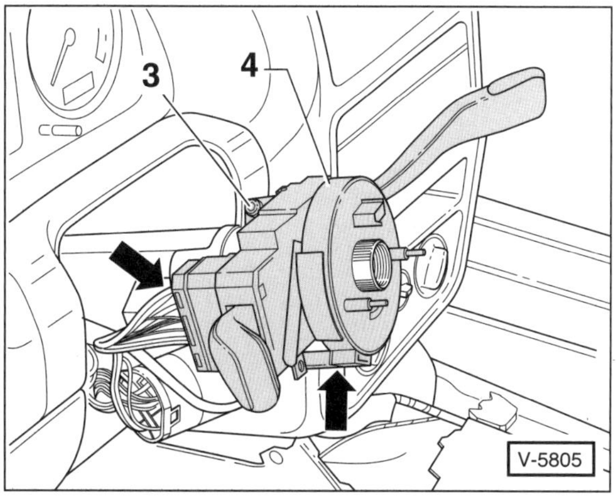

- Innensechskantschraube –3– (Schlüsselweite 5 mm) an der Klemmschelle soweit lösen, bis sich der Lenkstockschalter leicht bewegen läßt.

- Elektrische Steckverbindungen –Pfeile– vorsichtig vom Lenkstockschalter abziehen.

Achtung: Die Wickelfeder –4– bleibt beim Ausbau des Lenkstockschalters am Schalter. Unbedingt darauf achten, daß die Wickelfeder nicht aus der Mittelstellung verdreht wird.

- Lenkstockschalter von der Lenksäule abziehen und ablegen.

Einbau

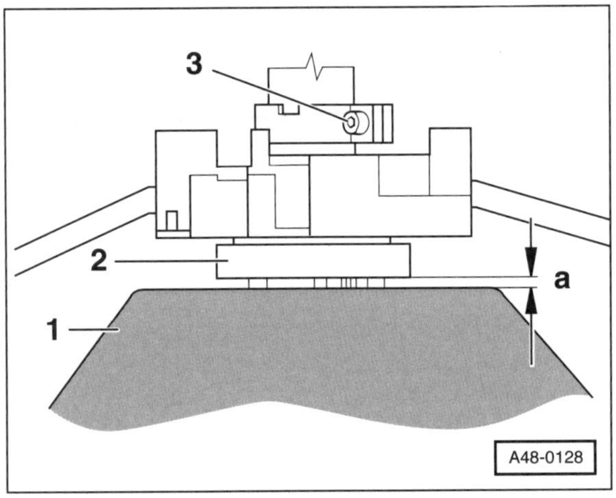

- Lenkstockschalter –2– nur auf die Lenksäule aufsetzen, noch nicht festschrauben.
- Lenkrad aufstecken.
- Lenkstockschalter –2– zunächst mit der Innensechskantschraube –3– waagerecht auf der Lenksäule so fixieren, daß zum Lenkrad –1– der Abstand a = 2,5 mm beträgt.
- Lenkrad wieder abnehmen und den weiteren Einbau in umgekehrter Ausbaureihenfolge durchführen.
- Lenkrad einbauen, siehe Seite 142.
- Airbageinheit einbauen, siehe Seite 140.
- Batterie-Massekabel (–) anklemmen. **Achtung:** Hoch-/Tieflaufautomatik für elektrische Fensterheber aktivieren sowie Zeituhr stellen und Radiocode eingeben, siehe Kapitel »Batterie aus- und einbauen«.

Schalter und Leuchten aus- und einbauen

Lichtschalter

Ausbau

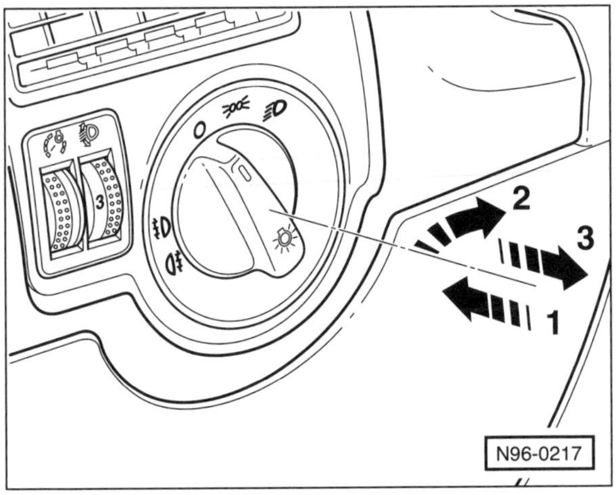

- Drehgriff des Lichtschalters in Stellung »0« drehen.
- Drehgriff des Lichtschalters fest hineindrücken –1– und gleichzeitig etwas nach rechts drehen –2–.
- Drehgriff in dieser Stellung halten und Lichtschalter am Drehgriff aus der Armaturentafel herausziehen –3–.
- Steckverbindung am Schalter abziehen.

Einbau

- Stecker am Schalter aufschieben.

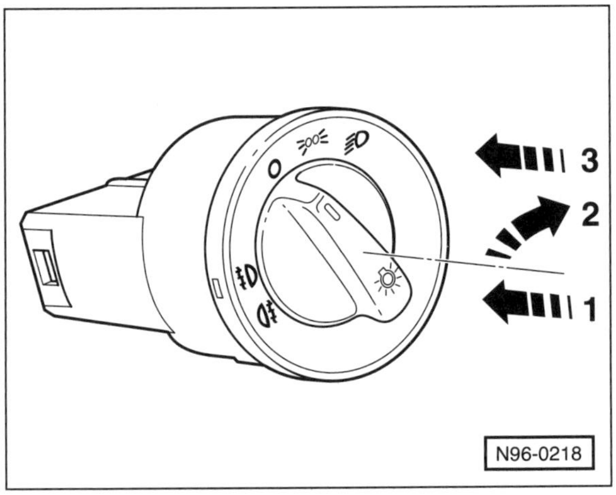

- Zum Einbau Lichtschalter festhalten und Drehgriff für Lichtschalter fest hineindrücken –1– und gleichzeitig nach rechts drehen –2–. Dadurch werden die beiden Verriegelungshaken des Schalters versenkt.
- Drehgriff in dieser Stellung halten und Lichtschalter in die Öffnung der Armaturentafel eindrücken –3–. Sämtliche Positionen des Schalters durchschalten und festen Sitz des Schalters prüfen.

Einsteller für Leuchtweitenregelung/Regler für Instrumentenbeleuchtung

Achtung: Um Beschädigungen und Kratzer zu vermeiden, Bereich um die Schalterabdeckung mit Klebeband abkleben oder Lappen unter Schraubendreher legen.

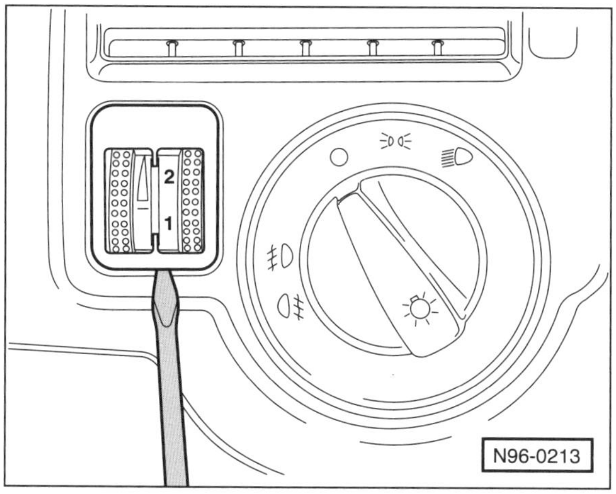

- Schaltergehäuse mit kleinem Schraubendreher, wie in der Abbildung gezeigt, vorsichtig heraushebeln.
- Zum Einbau Schalter in die Führungsstege des Einbaurahmens einsetzen und eindrücken.

Schalter für Fensterheber

Die Fensterheberschalter in der Fahrertür können nicht einzeln ersetzt werden. Bei einem Defekt muß das komplette Bedienteil mit Türsteuergerät ersetzt werden.

Fahrertür

- Zuziehgriff für Fahrertür ausbauen, siehe Seite 301.
- Zuziehgriff zusammen mit dem Bedienteil nach oben aus der Türverkleidung herausnehmen.
- Steckverbindung abziehen.

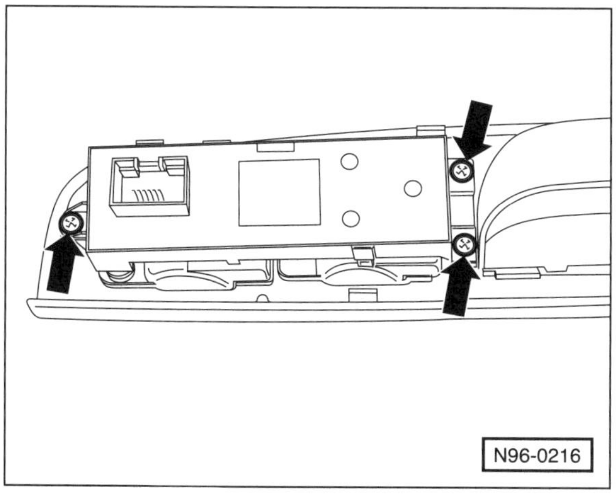

- Bedienteil abschrauben –Pfeile– und abnehmen.
- Der Einbau erfolgt in umgekehrter Ausbaureihenfolge.

Beifahrertür/hintere Türen

- Türverkleidung ausbauen, siehe Seite 295.
- Steckverbindung abziehen.

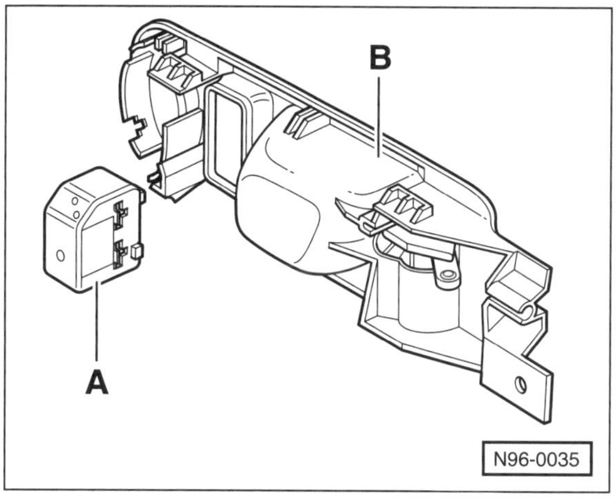

- Einbaurahmen –B– an den Längsseiten des Schalters –A– nach außen biegen und Schalter aus dem Einbaurahmen herausziehen.
- Schalter –A– in die Aussparung des Einbaurahmens –B– einsetzen und einrasten.
- Stecker aufstecken.
- Türverkleidung einbauen.

Schalter für Spiegelverstellung

- Türverkleidung ausbauen, siehe Seite 295.
- Steckverbindung abziehen.

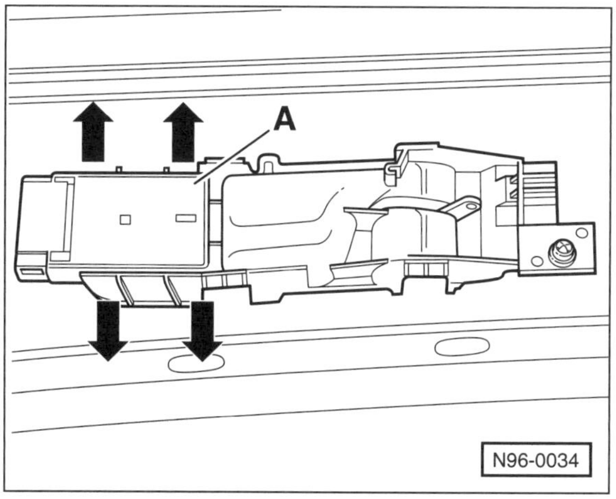

- Einbaurahmen an den Längsseiten des Schalters –A– nach außen biegen –Pfeile– und Schalter aus dem Einbaurahmen herausziehen.
- Schalter in die Aussparung des Einbaurahmens einsetzen und einrasten.
- Stecker aufstecken.
- Türverkleidung einbauen.

Schalter für Schiebedach/Innenleuchte

Der Regler für Schiebedachverstellung kann nicht einzeln ersetzt werden. Bei einem Defekt muß das komplette Bedienteil mit Schaltern und Innenleuchte erneuert werden.

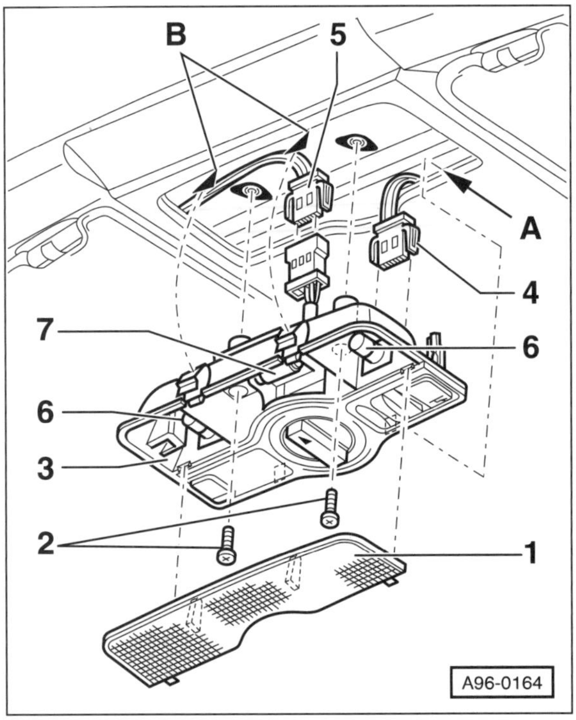

- Streuscheibe –1– mit den Fingern vorn herunterziehen und hinten aushängen.
- Schalter für Schiebedach/Innenleuchte –3– abschrauben –2–.
- Die Haken –B– mit einem Schraubendreher aushebeln und Schiebedachschalter mit Innenleuchte vorn herunterziehen und hinten –A– aushängen.
- Steckverbindungen –4– und –5– abziehen. 6 – Glühlampen für Leseleuchten, 7 – Glühlampe für Innenleuchte.
- Steckverbindungen an Schiebedachschalter/Innenleuchte aufschieben.
- Schiebedachschalter/Innenleuchte an Position –A– einhängen und an Position –B– eindrücken und einrasten.
- Schalter/Innenleuchte mit 2 Schrauben anschrauben.
- Streuglas hinten einhängen und vorn in die Öffnung einstecken.

Schalter für Warnblinkanlage, heizbare Heckscheibe usw.

Sämtliche Schalter dieser Ausführung werden auf die gleiche Weise ausgebaut. Der Ausbau wird beispielhaft anhand des Warnblinkschalters beschrieben.

- Um Beschädigungen zu vermeiden, gegebenenfalls Armaturentafel im Bereich um die Schalterabdeckung mit Klebeband abkleben.

- Schalter mit einem flachem Kunststoffkeil, einem Messer oder einem Schraubendreher, wie in der Abbildung gezeigt, vorsichtig heraushebeln.

Achtung: Der Schalter besteht aus dem Schaltergehäuse und der Schalterblende mit dem jeweiligen Bediensymbol. Die Schalterblende ist auf das Schaltergehäuse aufgeclipst.

Löst sich beim Ausbauvorgang statt des Schalters nur die Schalterblende, Schalter mit Flachzange herausziehen.

- Schalter herausziehen. **Achtung:** Läßt sich der Schalter nicht weit genug herausziehen, um den Stecker abziehen zu können, zusätzlich den links danebenliegenden Schalter ausbauen.
- Zum Einbau Schalter in die Aufnahme drücken und einrasten.
- Gegebenenfalls Schalterblende auf das Schaltergehäuse aufclipsen.

Schalter für Tankklappenentriegelung

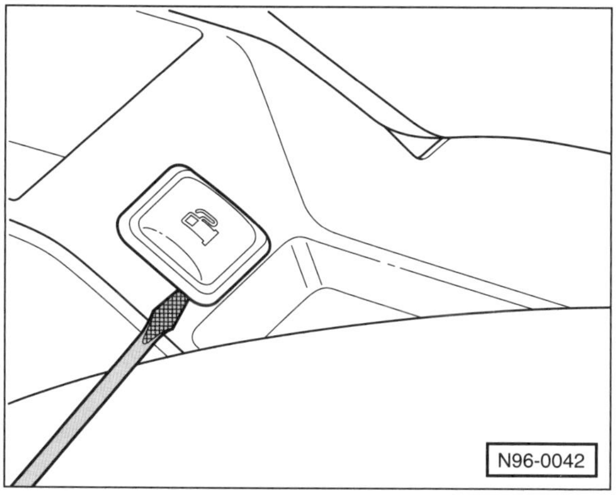

- Schraubendreher hinter das Gehäuse des Schalters stecken und Schalter vorsichtig aus der Verrastung lösen.
- Zum Einbau Schalter in die Aufnahme an der Mittelkonsole drücken und einrasten.

Radio aus- und einbauen

Das vom Werk eingebaute Radiogerät ist mit einer Einschubhalterung ausgestattet, die den schnellen Ein- und Ausbau des Radios ermöglicht. Allerdings gelingt das nur mit passenden Ausziehbügeln, die beim Kauf des Radios beigelegt oder im Fachhandel erhältlich sind.

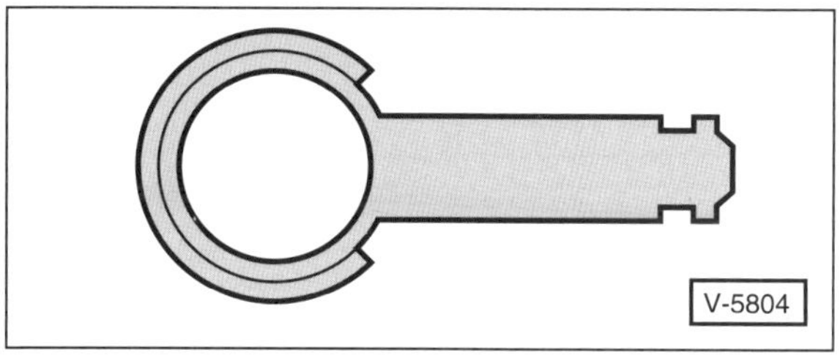

Für den Ausbau der ab Werk eingebauten Radios »ALPHA«, »BETA« und »GAMMA« werden die beiden VW-Entriegelungsschlüssel 3316 benötigt.

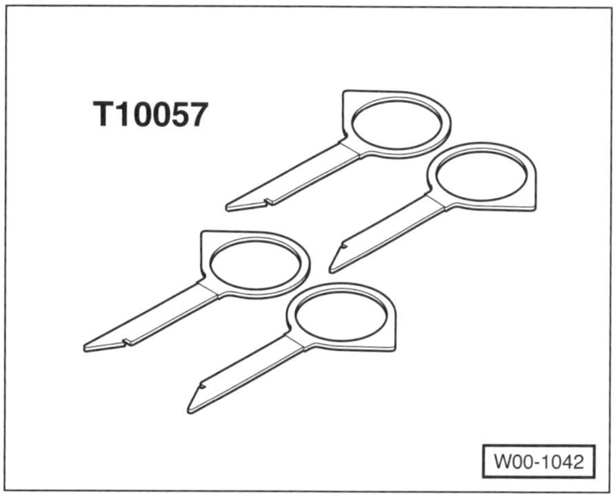

Für die Radiogeräte »DELTA« und »RCD 200« sowie für die Navigationsgeräte werden 4 VW-Entriegelungsschlüssel T10057 benötigt. Schlüssel so einsetzen, daß die eingeprägte Bezeichnung nach oben zeigt. Schlüssel mit »Top L« auf linker Seite, mit »Top R« auf rechter Seite einsetzen.

Die Entriegelungsschlüssel können über einen VW-Fachbetrieb bezogen werden. Es kann auch das Radio-Ausbauwerkzeug HAZET 4655-1 verwendet werden.

Der Aus- und Einbau erfolgt bei allen Geräten im Prinzip auf die gleiche Weise.

Serienmäßig ist ein Radio mit Anti-Diebstahl-Codierung eingebaut. Diese verhindert die unbefugte Inbetriebnahme des Gerätes, wenn die Stromversorgung unterbrochen wurde. Die Stromversorgung ist beispielsweise unterbrochen beim Abklemmen der Batterie, beim Ausbau des Radios oder wenn die Radiosicherung durchgebrannt ist.
Falls das Radio codiert ist, Radiocode vor Abklemmen der Batterie oder Ausbau des Radios feststellen. Die individuelle Code-Nummer ist in der Radio-Bedienungsanleitung angegeben. Sie sollte nicht im Fahrzeug aufbewahrt werden.
Ist der Code nicht bekannt, kann nur die VW-Werkstatt das Autoradio wieder in Betrieb nehmen.

Ausbau

- Zündung ausschalten.
- Batterie-Massekabel (–) bei ausgeschalteter Zündung abklemmen. **Achtung:** Dadurch werden elektronische Speicher gelöscht, wie zum Beispiel der Radiocode. Ohne Code kann das Radio nur vom Radiohersteller freigeschaltet werden, beziehungsweise beim VW-Radio von einer VW-Werkstatt. Deshalb Hinweise im Kapitel »Batterie aus- und einbauen« durchlesen.

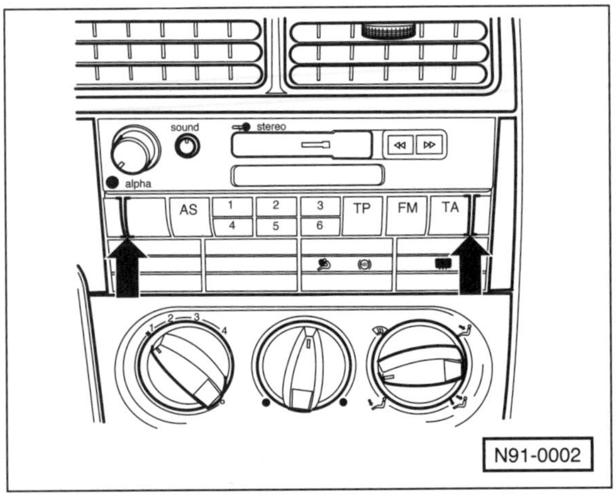

- Entriegelungsschlüssel in die Entriegelungsschlitze –Pfeile– stecken, bis sie einrasten.

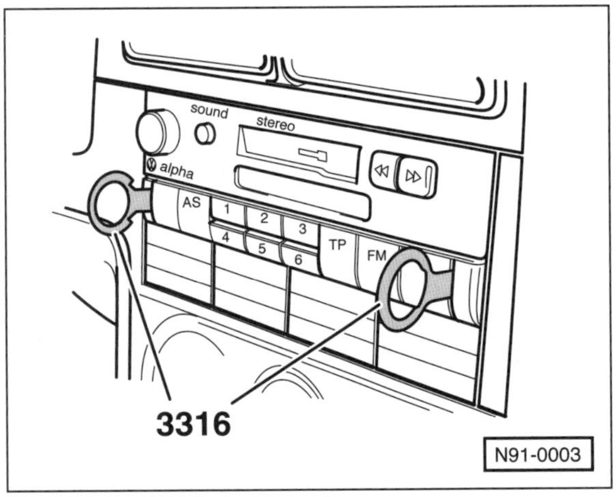

- Radio an den Grifflösen der Entriegelungsschlüssel 3316 aus der Armaturentafel herausziehen.

Achtung: Die Entriegelungsschlüssel dürfen dabei nicht zur Seite gedrückt oder verkantet werden.

- Steckverbindungen für Lautsprecher und Antenne herausziehen, Mehrfachsteckverbindung für Stromversorgung abziehen. Falls das Radio nicht mit den serienmäßigen Mehrfachsteckern angeschlossen ist, Kabel vor dem Abziehen kennzeichnen, damit sie beim Einbau nicht vertauscht werden.
- Beide Entriegelungsschlüssel abnehmen. Dazu die seitlichen Rastnasen am Radio nach innen drücken.

Einbau

- Elektrische Anschlüsse an der Rückseite des Radiogerätes anbringen.
- Radio in Armaturentafel eindrücken, bis die Haltefedern einrasten.
- Batterie-Massekabel (–) anklemmen.
- Radio einschalten und Funktion überprüfen. Falls ein Radio mit Anti-Diebstahl-Codierung eingebaut ist, zuvor Geheimcode eingeben.
- Hoch-/Tieflaufautomatik für elektrische Fensterheber aktivieren sowie Zeituhr stellen, siehe Kapitel »Batterie aus- und einbauen«.

Hinweise für den nachträglichen Radioeinbau

- Für werksfremde Radiogeräte ist ein VW-Adapterkabel erhältlich.

Achtung: Wird das Adapterkabel nicht verwendet, unbedingt darauf achten, daß keine unisolierten Kabel frei herumliegen. Ein sonst möglicher Kurzschluß kann zu einem Kabelbrand führen.

- Darauf achten, daß nur typgeprüfte Entstörsätze (mit allgemeiner Betriebserlaubnis, ABE) verwendet werden, sonst kann die Zulassung des Fahrzeuges erlöschen. Im Handel gibt es speziell auf den VW abgestimmte Entstörsätze mit Einbauanleitung.
- Radio mit GALA-Funktion (GALA = **G**eschwindigkeits**a**bhängige **L**autstärken**a**npassung):
  Bei Anschluß des Geschwindigkeitssignals ist unbedingt darauf zu achten, daß dieses nicht kurzgeschlossen wird, da sonst Fehlfunktionen im Fahrzeug (z. B. bei der Motorsteuerung) auftreten können. Auch der Anschluß des Geschwindigkeitssignals an fremde Radiofabrikate kann zu Störungen am Fahrzeug führen.

Radio-Codierung eingeben

Gilt nur für VW-Radio mit Codierung

Ein Radio mit Codierung ist am roten Schlüssel-Symbol auf der Frontblende erkennbar. Wenn, bei abgezogenem Zündschlüssel, die rote Leuchtdiode auf der Frontseite des Radios blinkt, dann ist die Radio-Codierung aktiviert und das Radio betriebsbereit.

Fahrzeuge bis 7/98 sowie »alpha«-Radio ab 8/98

Die Anti-Diebstahl-Codierung verhindert die unbefugte Inbetriebnahme des Gerätes, wenn die Stromversorgung unterbrochen wurde. Die Stromversorgung wird beispielsweise unterbrochen beim Abklemmen der Batterie, beim Ausbau des Radios oder wenn die Radiosicherung durchgebrannt ist.

Falls das Radio codiert ist, Radiocode vor Abklemmen der Batterie oder Ausbau des Radios feststellen. Ist der Code nicht bekannt, kann nur die VW-Werkstatt das Autoradio wieder in Betrieb nehmen.

Die individuelle Code-Nummer ist in der Radio-Bedienungsanleitung angegeben. Sie sollte nicht im Fahrzeug aufbewahrt werden.

Elektronische Sperre aufheben

- Radio einschalten.
- Die Tasten »**TP**« und »**TA**« **gleichzeitig** so lange drücken, bis in der Radioanzeige »1000« erscheint. Tasten loslassen.
- Mit Hilfe der Stationstasten 1 bis 4 die geheime Code-Nummer eingeben.
  Dabei wird mit Taste 1 die erste Stelle der Code-Nummer eingegeben, mit Taste 2 die zweite Stelle usw.
  Taste so oft drücken, bis die entsprechende Code-Ziffer eingegeben ist.
- Nach Eingabe der vollständigen Code-Nummer die Tasten »**TP**« und »**TA**« gleichzeitig so lange drücken, bis in der Radioanzeige »SAFE« erscheint. Tasten loslassen. Das Gerät ist jetzt wieder betriebsbereit. Im Display wird automatisch eine Frequenz angezeigt.
- Ist die Code-Nummer richtig in das Radiogerät eingegeben worden, muß bei abgezogenem Zündschlüssel die Leuchtdiode neben dem Gerätenamen blinken.

Achtung: Wird versehentlich eine falsche Code-Nummer eingegeben, erscheint in der Anzeige »SAFE« zunächst blinkend und dann dauernd. Jetzt kann der gesamte Vorgang **einmal** wiederholt werden. Wird erneut eine falsche Code-Nummer eingegeben, ist das Radio für ca. 1 Stunde gesperrt, es kann nicht in Betrieb genommen werden. Nach Ablauf von 1 Stunde – das Gerät muß dabei eingeschaltet bleiben – kann die elektronische Sperre wieder aufgehoben werden. Dieser Zyklus gilt für alle weiteren Versuche.

Fahrzeuge ab 8/98 mit »beta«- und »gamma«-Radio

Das Radio ist nach dem Anschließen an die Stromversorgung ohne Eingabe des Diebstahlcodes betriebsbereit. Voraussetzung ist, daß die Erstaktivierung der Diebstahlsicherung erfolgt ist und daß das Radio im gleichen Fahrzeug wieder angeschlossen wird.

Nach Anschließen des Radios an die Versorgungsspannung erfolgt automatisch ein Datenaustausch zwischen dem Radio und dem Kombiinstrument. Dabei wird ein bei der Erstaktivierung der Diebstahlsicherung abgespeicherter Zahlencode verglichen. Bei Übereinstimmung ist das Radio betriebsbereit.

Das Radio wird gesperrt, wenn es in ein anderes Fahrzeug eingebaut wird, oder wenn das Kombiinstrument gewechselt wird. In diesem Fall muß durch Eingabe des Radiocodes die Sperre aufgehoben werden.

Elektronische Sperre aufheben

- Radio einschalten. Das Gerät zeigt automatisch »SAFE« und anschließend »1000« an. Es brauchen hierfür keine Tasten gedrückt zu werden.
- Mit Hilfe der Stationstasten 1 bis 4 die geheime Code-Nummer eingeben.
  Dabei wird mit Taste 1 die erste Stelle der Code-Nummer eingegeben, mit Taste 2 die zweite Stelle usw.
  Taste so oft drücken, bis die entsprechende Code-Ziffer eingegeben ist.
- Nach Eingabe der vollständigen Code-Nummer die linke oder rechte Wippe des Radiogeräts nach rechts drücken und festhalten, bis die Diebstahlsicherung aktiviert ist. Dies wird durch einen kurzen Quittungston angezeigt.
- Ist die Code-Nummer richtig in das Radiogerät eingegeben worden, muß bei abgezogenem Zündschlüssel die Leuchtdiode neben dem Gerätenamen blinken.

Hochton-Lautsprecher aus- und einbauen

Die Kalottenhochtonlautsprecher sind an den vorderen Türen in den Außenspiegelverkleidungen und an den hinteren Türen in den Abdeckungen der Türinnenbetätigungen eingebaut. Der Lautsprecher und die jeweilige Abdeckung können nur zusammen ersetzt werden.

Ausbau vordere Tür

- Türverkleidung ausbauen, siehe Seite 295.
- Steckverbindung in der Leitung zum Lautsprecher trennen.

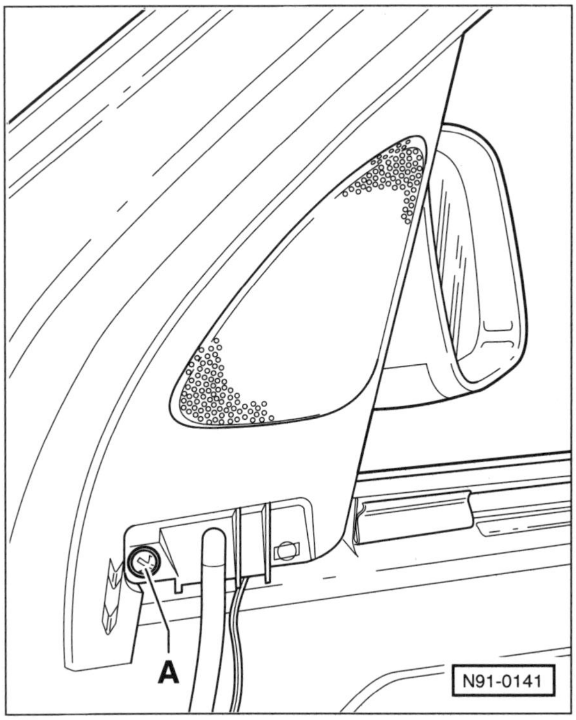

- Schraube –A– herausdrehen.
- Abdeckung der inneren Spiegelverkleidung für den Außenspiegel vorsichtig nach oben schieben –Pfeil– und abnehmen. **Achtung:** Das Spiegeldreieck (Verkleidung) hat noch einen Befestigungspunkt auf der Innenseite, darum darf es nur nach oben geschoben werden.

Ausbau hintere Tür

- Türverkleidung ausbauen, siehe Seite 295.
- Türinnenbetätigung ausbauen, siehe Seite 294.
- Steckverbindung in der Leitung zum Lautsprecher trennen.
- Abdeckung für Türöffner ausbauen .
- Gegebenenfalls Schalter für Fensterheber hinten ausbauen, siehe entsprechendes Kapitel.

Einbau

- Der Einbau erfolgt in umgekehrter Ausbaureihenfolge.

Tieftonlautsprecher aus- und einbauen

Ausbau

- Türverkleidung ausbauen, siehe Seite 295.
- Steckverbindung für Lautsprecher abziehen.

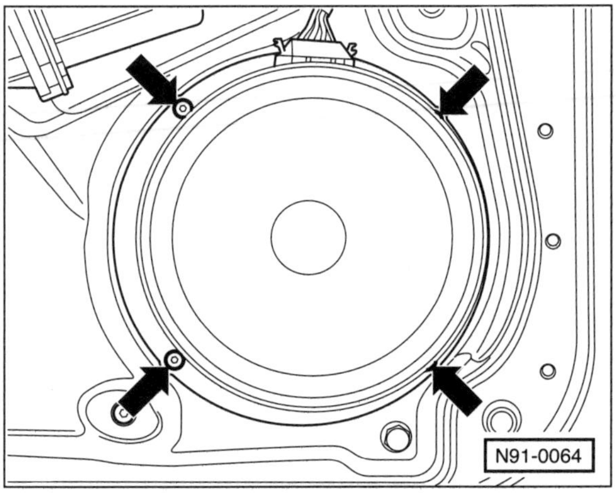

- 4 Nieten mit einem geeigneten Bohrer aufbohren und defekten Lautsprecher herausnehmen.
- Sämtliche Bohrspäne aus der Tür entfernen. Eventuell entstandene Lackschäden reparieren.
- Neuen Lautsprecher mit handelsüblichen Blindnieten oder mit Blechschrauben befestigen.
- Stecker für Lautsprecher aufschieben.
- Türverkleidung einbauen, dabei Gummiring zwischen Verkleidung und Lautsprecher nicht vergessen, siehe Seite 295.

Telefonvorbereitung

Bei Fahrzeugen mit Telefonvorbereitung kann nachträglich ein Telefon (Handy) eingebaut werden.

Das Telefon benötigt für den Betrieb im VW GOLF immer eine eigene Bedienelektronik, eine sogenannte Interface-Box. Diese stellt die Verbindung zwischen dem Handy und den im Fahrzeug eingebauten Komponenten über eine genormte VDA-Steckverbindung her.

Das Serientelefon von VW ist über eine spezielle Interface-Box mit dieser VDA-Steckverbindung verbunden.

Welche Interface-Box bei Telefonen anderer Hersteller verwendet werden kann, muß bei dem jeweiligen Telefon-Hersteller erfragt werden. Interface-Boxen ohne VDA-Stecker benötigen einen entsprechenden Adapter (z. B. Fa. Votex).

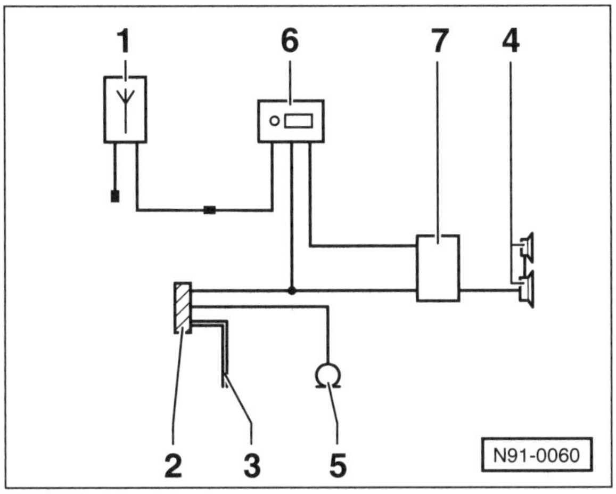

1 – Dachantenne für Telefon und Radio. Der Anschluß-Stecker liegt unter der vorderen Mittelkonsole.

2 – VDA-Steckverbindung für Steuergerät der Bedienelektronik (Interface-Box). Der Stecker befindet sich unter der hinteren Mittelkonsole.

3 – Spannungsversorgung für Telefonanlage.

4 – Lautsprecher in der Fahrertür.

5 – Mikrofon für Telefon, in der A-Säule links.

6 – Radio.

7 – Umschaltrelais für Lautsprecher Radio-/Telefonbetrieb. Das Relais steckt auf dem 13fach-Relaisträger hinter der Armaturentafelverkleidung auf der Fahrerseite.

Dachantenne aus- und einbauen

Für den Radioempfang wird serienmäßig eine elektronisch verstärkte Dachantenne verwendet. Der Antennenverstärker sitzt im Antennenfuß.

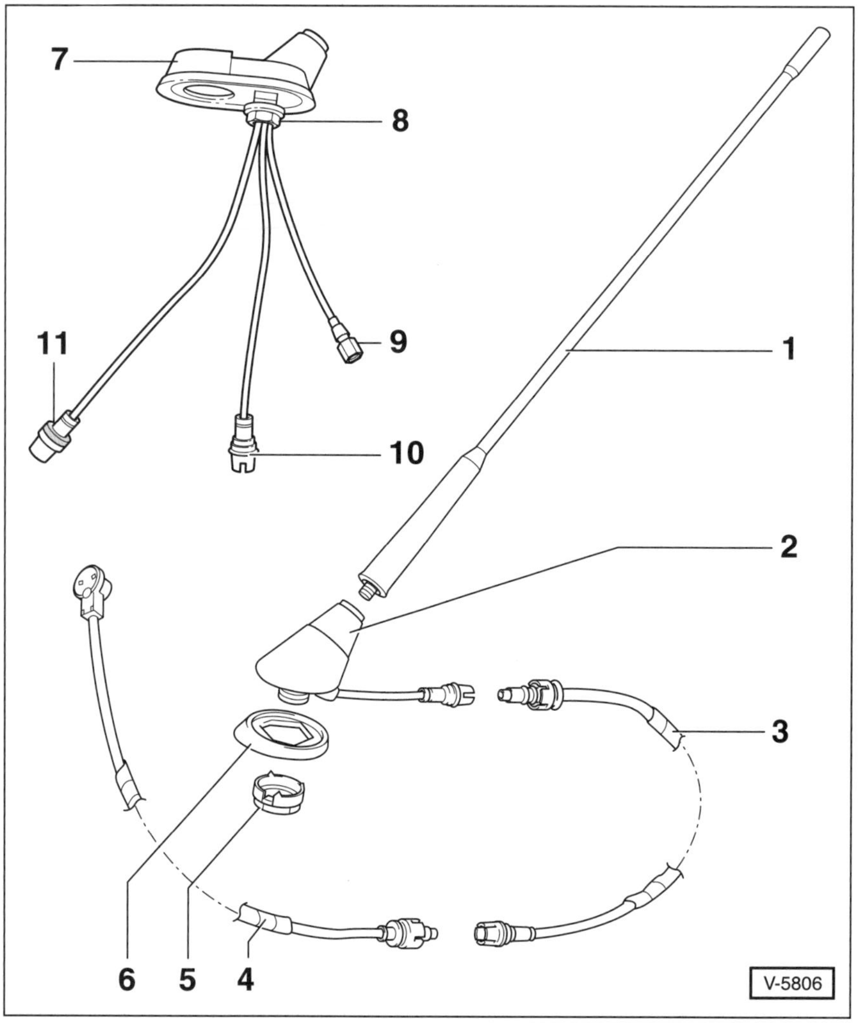

1 – Antennenstab

2 – Antennenfuß für Radio
Mit eingebautem Verstärker. Zum Ausbau Dachhimmel hinten absenken.

3 – Antennenleitung
Von der Dachantenne zur Mittelkonsole vorn.

4 – Antennenleitung
Von der Mittelkonsole zum Radio.

5 – Sechskantmutter
Mit Zahnscheibe durch Kunststoffring verbunden. Im Bereich der Zahnscheibe Kontaktfett auf der Dachinnenseite auftragen (Masseverbindung).

6 – Dichtung

Antennenfuß der Kombi-Antenne für Radio-, Telefon- und Navigationsbetrieb:

7 – Kombi-Antennenfuß
Für Radio und Navigation sind 2 Verstärker eingebaut.

8 – Mutter M14 mit Zahnscheibe
Mit Zahnscheibe durch Kunststoffring verbunden. Im Bereich der Zahnscheibe Kontaktfett auf der Dachinnenseite auftragen (Masseverbindung).

9 – Schraubanschluß für Navigation

10 – Steckanschluß für Telefon

11 – Steckanschluß für Radio

Entstörmaßnahmen

Der überwiegende Teil der elektrischen Verbraucher im Fahrzeug ist serienmäßig für den Radiobetrieb nahentstört.

Bei Fahrzeugen mit Radio beziehungsweise Radiovorbereitung sind zusätzlich folgende Bauteile entstört:

- Lüfter für Kühlmittel
- Scheibenwischermotor
- Heckscheibenwischermotor

Zusätzliche Masseverbindungen bei Fahrzeugen mit Radio beziehungsweise Radiovorbereitung:

- Masseband vom linken Radhaus zur Motorhaube

Formhimmel hinten absenken um an die Dachantenne zu kommen bei Fahrzeugen bis 5/01 ohne Kopf-Airbag

- Abschlussverkleidung am Dachhimmel hinten nach unten aus dem Dachquerträger ausclipsen (5 Clips).
- C-Säulen-Verkleidung oben von der C-Säule wegziehen und abclipsen. Unten 2 Federmuttern von den Gewindestiften abschrauben. **Achtung:** Die Federmuttern werden zwischen dem Karosserieflansch des Radhauses und der C-Säulen-Verkleidung verdeckt.
- Seitliche Stützen für Kofferraumabdeckung abschrauben und ausclipsen. Dabei hinten beginnen und nach oben ausclipsen. Stütze mit vorderem Raststift aus dem Radhaus herausziehen.
- **Variant:** D-Säulen-Verkleidung links und rechts ausbauen. Dazu im Dachbereich an der Verkleidung 1 Schraube herausdrehen. Verkleidung etwas nach vorn ziehen und dadurch die 2 Clipnasen aus den Aufnahmen in der Türsäule ausclipsen. Anschließend Verkleidung unten aus der Laderaumverkleidung aushängen und herausnehmen.
- Dachhimmel hinten vorsichtig absenken.

Heizung/Klimatisierung

Aus dem Inhalt:

- Frischluft-/Heizgebläse
- Vorwiderstand
- Heizungsregulierung
- Wärmetauscher
- Heizungszüge
- Luftausströmer
- Klimakompressor
- Klimaanlage

Die Frischluft für die Heizung gelangt über einen Pollenfilter in den Fahrzeuginnenraum. Dabei durchströmt die Luft das Heizungsgehäuse und wird durch verschiedene Klappen auf die einzelnen Luftaustrittsdüsen verteilt.

Wird die Heizung auf »warm« gestellt, so wird die kühle Luft durch den Wärmetauscher geleitet. Der Wärmetauscher befindet sich im Heizungsgehäuse und wird durch das heiße Kühlmittel aufgeheizt. Die vorbeistreichende Frischluft erwärmt sich an den heißen Lamellen des Wärmetauschers und gelangt dann in den Fahrzeuginnenraum.

Die Heizung wird luftseitig beeinflußt, das heißt, die Temperatur wird durch das Mischungsverhältnis von kalter und warmer Luft mit Hilfe der Temperaturmischklappe gesteuert.

Die verbrauchte Luft entweicht durch Entlüftungsöffnungen, die sich beidseitig unter dem hinteren Stoßfänger befinden.

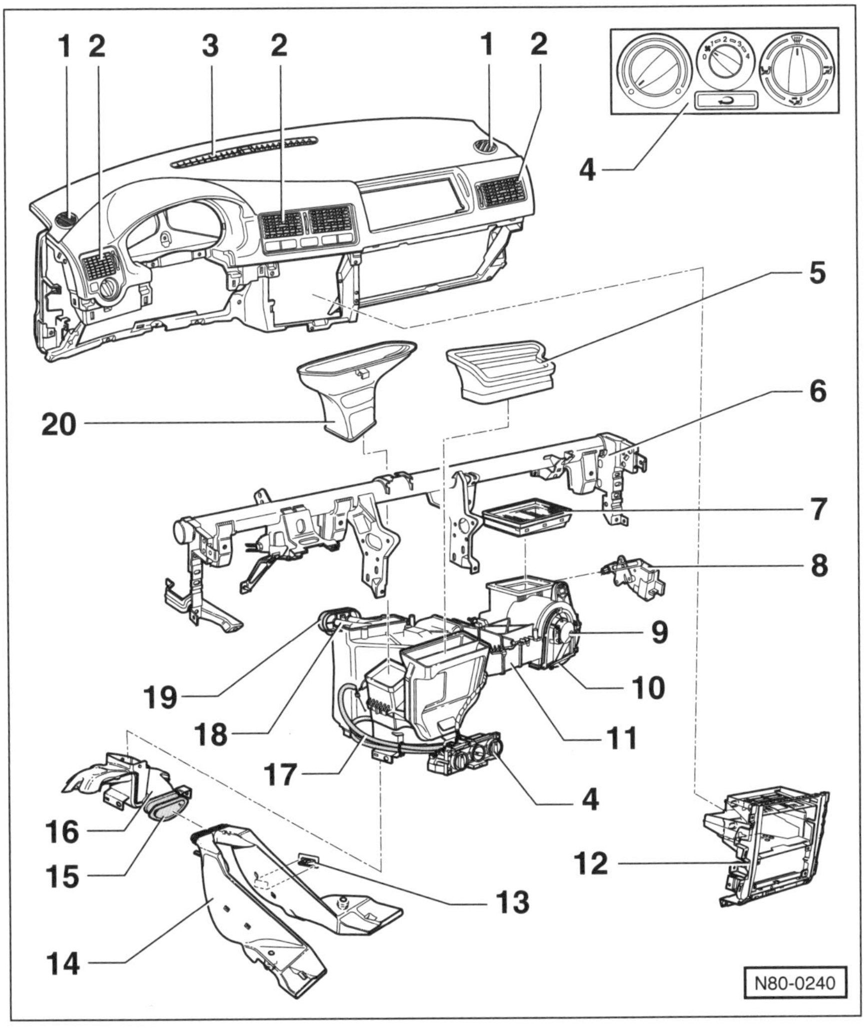

1 – **Seitenscheibenanströmer**
2 – **Ausströmer**
3 – **Entfrosterdüse**
4 – **Regulierung**
Für Heizluft und Frischluft.
5 – **Zwischenstück**
6 – **Querträger der Armaturentafel**
7 – **Staub- und Pollenfilter**
8 – **Stellmotor**
Für Frischluft-/Umluftklappe.
9 – **Frischluftgebläse**
10 – **Vorwiderstand**
Für Frischluftgebläse, mit Thermosicherung.
11 – **Heizgerät**
12 – **Mittlere Blende**
13 – **Fußraumausströmer**
Nur auf der Beifahrerseite.
14 – **Fondkanal**
15 – **Dichtung**
16 – **Verbindungsstück**
Mit Fußraumausströmer Fahrerseite.
17 – **Heizungszüge**
18 – **Wärmetauscher**
19 – **Dichtung Wärmetauscher/Querwand**
20 – **Zwischenstück**
Für Defrosterdüsen.

Zur Vergrößerung des Luftdurchsatzes dient ein vierstufiges Frischluftgebläse. Damit das Gebläse in den einzelnen Stufen mit unterschiedlicher Geschwindigkeit läuft, werden Widerstände vorgeschaltet. Die Widerstände befinden sich in der Anschlußplatte am Gebläse. Bei einem Defekt ist die komplette Anschlußplatte zu ersetzen.

Soll keine Frischluft angesaugt werden, zum Beispiel bei schlechter Außenluft, wird durch Drücken der Umlufttaste auf Umluftbetrieb geschaltet. Es wird dann nur die Luft im Fahrzeuginnenraum umgewälzt. Der Schalter betätigt die Umluftklappe über einen kleinen Stellmotor.

Achtung: Reparaturen an der **Klimaanlage** werden nicht beschrieben. Arbeiten an der Klimaanlage sollten von einer Fachwerkstatt durchgeführt werden.

Sicherheitshinweis:
Der **Kältemittelkreislauf der Klimaanlage darf nicht geöffnet** werden, da das Kältemittel bei Hautberührung Erfrierungen hervorrufen kann.
Bei versehentlichem Hautkontakt sofort mindestens 15 Minuten lang mit kaltem Wasser spülen. Kältemittel ist farb- und geruchlos sowie schwerer als Luft. Bei austretendem Kältemittel besteht am Boden beziehungsweise in unteren Räumen Erstickungsgefahr (nicht wahrnehmbar).

Achtung: Wenn im Rahmen von Arbeiten an der Heizung auch Arbeiten an der elektrischen Anlage durchgeführt werden, **grundsätzlich** das Batterie-Massekabel (–) abklemmen. Dazu Hinweise im Kapitel »Batterie aus- und einbauen« durchlesen. Als Arbeit an der elektrischen Anlage ist dabei schon zu betrachten, wenn eine elektrische Leitung vom Anschluß abgezogen beziehungsweise abgeklemmt wird.

Luftausströmer aus- und einbauen

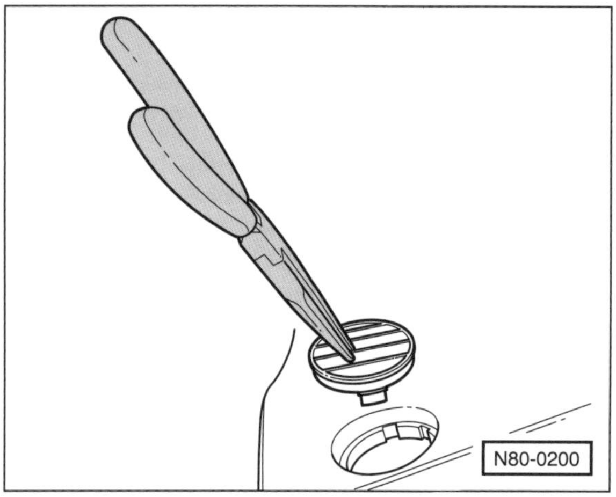

N80-0200

- Seitenscheibenausströmer mit Spitzzange herausziehen.

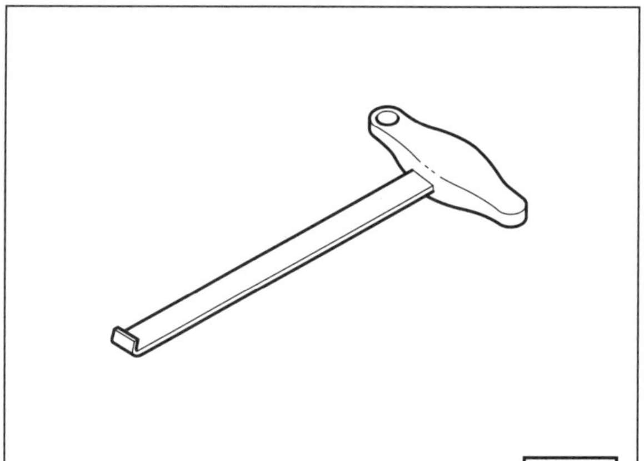

V-5205

- Zum Ausbau der mittleren und seitlichen Ausströmer verwendet die VW-Werkstatt das Spezialwerkzeug 3370. Steht das Werkzeug nicht zur Verfügung, geeigneten Haken selbst anfertigen. Dazu 1,2 mm starkes und 12 mm breites Blech an einem Ende um 5 mm abwinkeln.

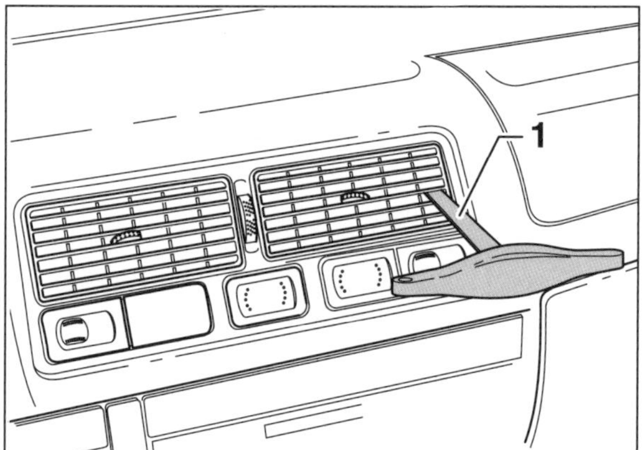

V-5206

- Ausziehhaken –1– mittig, rechts oder links am Ausströmer ansetzen und Ausströmer herausziehen.
- Zum Einbau Ausströmer eindrücken und einrasten.

Heizgebläse/Heizungsgehäuse/Wärmetauscher

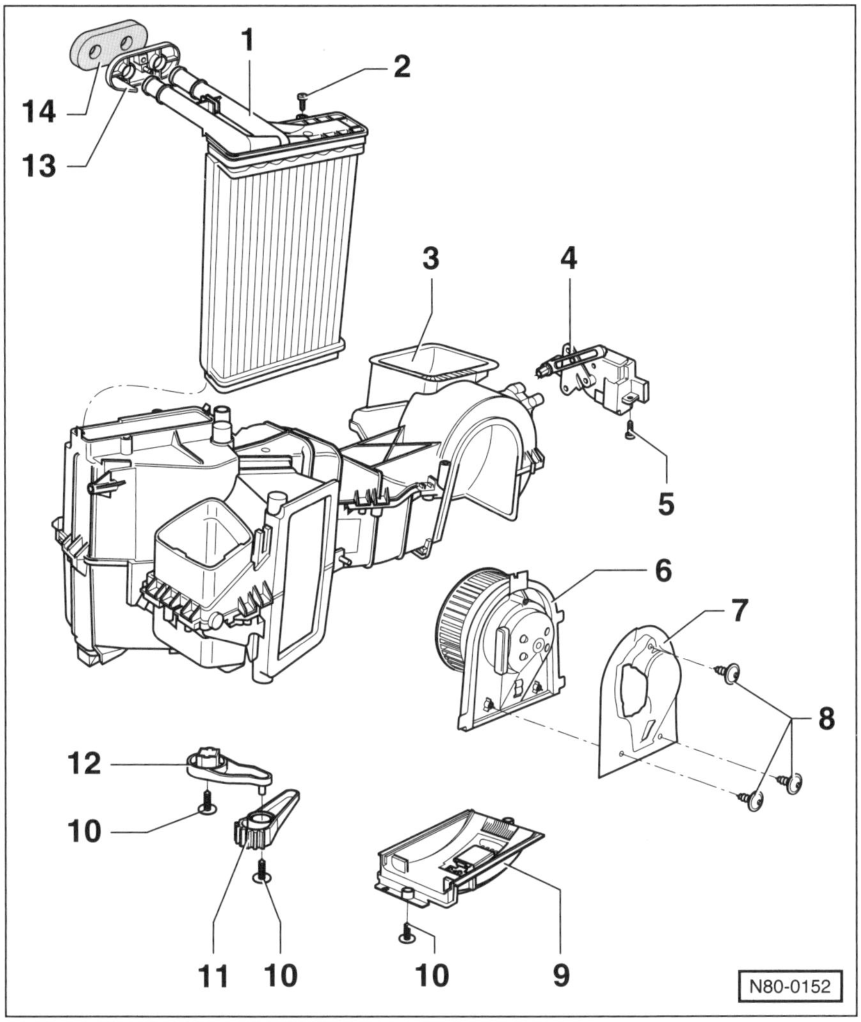

1 – **Wärmetauscher**
Nach dem Ausbau muß das Kühlmittel komplett ersetzt werden.

2 – **Linsenblechschraube**
Nur erforderlich, wenn die Rastnasen des Wärmetauschers abgebrochen sind.

3 – **Luftverteilergehäuse**
Darf nicht zerlegt werden.

4 – **Stellmotor für Frischluft-/Umluftklappe**

5 – **Linsenblechschraube**

6 – **Frischluftgebläse**

7 – **Abdeckung für Frischluftgebläse**

8 – **Linsenblechschraube**

9 – **Vorwiderstand**
Mit Überhitzungssicherung.

10 – **Linsenblechschraube**

11 – **Hebel für Zentralklappe**

12 – **Hebel für Temperaturklappe**

13 – **Grundplatte**

14 – **Dichtung Wärmetauscher/Querwand**
Die Dichtung hat eine Kerbe an der seitlichen Stirnfläche. Dichtung so ansetzen, daß die Kerbe mit der Markierung an der Grundplatte übereinstimmt.

Hebel für Zentralklappe einstellen

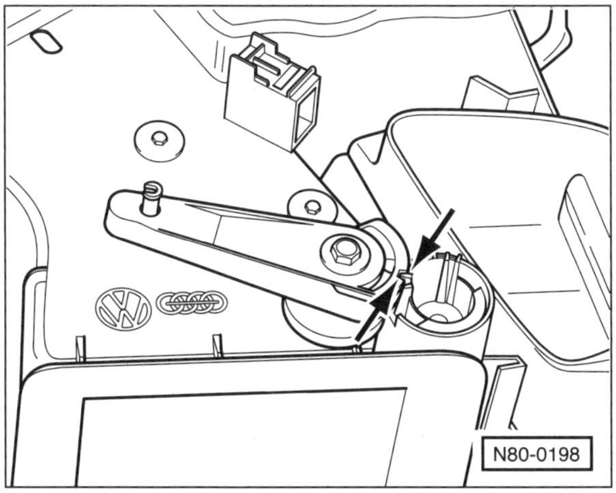

Einbauhinweis: Das Ritzel der Zentralklappe hat ein Einstellzeichen. Hebel –11– (Abbildung N80-0152) so ansetzen, daß sich die Markierungen auf dem Hebel und auf dem Ritzel –Pfeile– gegenüberstehen.

Frischluftgebläse/Vorwiderstand aus- und einbauen

Ausbau

- Handschuhkasten ausbauen, siehe Seite 264.
- Stecker vom Vorwiderstand –9– abziehen.
- Stecker vom Gebläse –6– abziehen.
- Vorwiderstand abschrauben –10– und herausnehmen.
- Gebläse nach unten herausziehen.

Einbau

- Gebläse einsetzen.
- Vorwiderstand einsetzen und anschrauben.
- Stecker für Gebläse und Vorwiderstand aufschieben.
- Handschuhkasten einbauen, siehe Seite 264.

Heizungszüge aus- und einbauen/einstellen

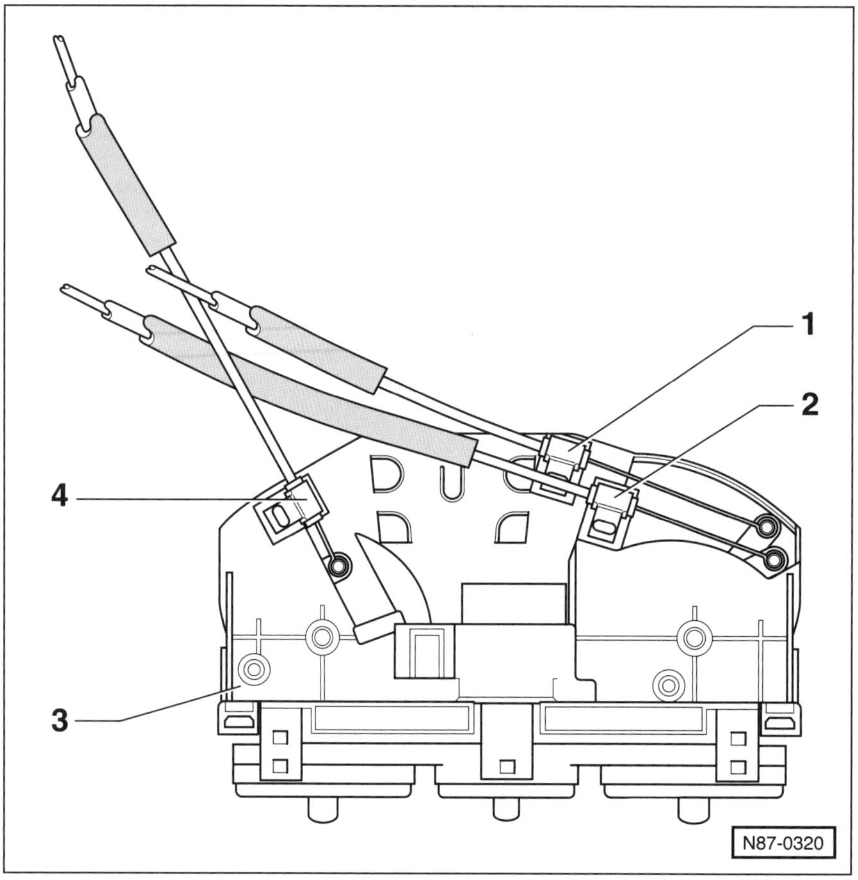

1 – **Zug für Zentralklappe**
Vom Luftverteilungsdrehknopf zur Zentralklappe.
Kennzeichnung der Hüllenbefestigung = gelb.

2 – **Zug für Klappe »Fußraum/Defrost«**
Vom Luftverteilungsdrehknopf zur Klappe »Fußraum/Defrost«.
Kennzeichnung der Hüllenbefestigung = grün.

3 – **Regulierung für Heizluft und Frischluft**

4 – **Zug für Temperaturklappe**
Vom Temperaturdrehknopf zur Temperaturklappe.
Kennzeichnung der Hüllenbefestigung = beige.

Ausbau

- Heizungsregulierung ausbauen, siehe entsprechendes Kapitel.
- Zughüllen aus den Blech- oder Kunststoffklammern ausclipsen und von den Betätigungshebeln abziehen.

Einbau

- Heizungszüge zuerst an der ausgebauten Regulierung einhängen und einclipsen.
- Regulierung einbauen, Handschuhkasten, Verkleidung unter Lenksäule und Mittelkonsole bleiben ausgebaut.
- Anschließend Heizungszüge an den Betätigungshebeln einhängen und einstellen.

Zug an Temperaturklappe anbauen und einstellen

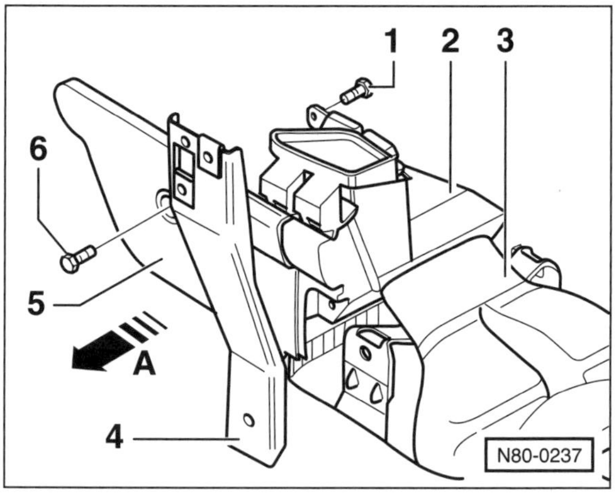

- Verbindungsstück –2– ausbauen. Dazu Halter –4– abschrauben. Verkleidung –5– abziehen und Verbindungsstück –2– in Richtung Fahrer-Fußraum –Pfeil A– herausziehen. 1 – Schraube, 3 – Fondkanal, 6 – Schraube.

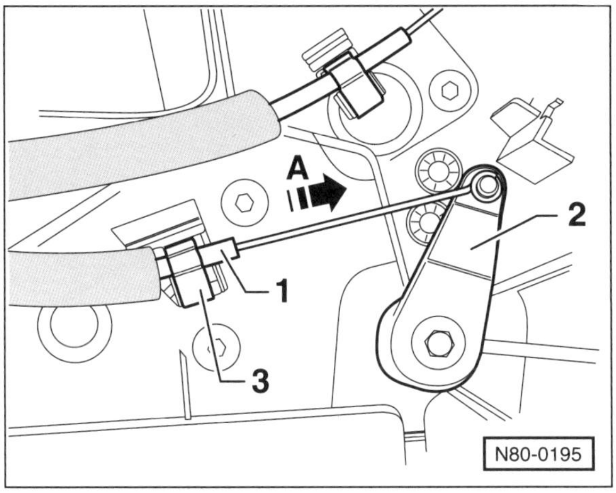

- Temperatur-Drehknopf bis zum Anschlag nach links drehen.
- Drahtende des Zuges –1– auf den Hebel der Temperaturklappe –2– aufstecken.
- Hebel der Temperaturklappe –2– bis zum Anschlag drücken –Pfeil A– und Hülle des Zuges –1– mit der Klammer –3– einclipsen.
- Temperatur-Drehknopf bis zum Anschlag nach links und rechts drehen. Dabei darauf achten, daß beide Endanschläge erreicht werden. Andernfalls Einstellung wiederholen.

Zug an Klappe »Fußraum/Defrost« anbauen und einstellen

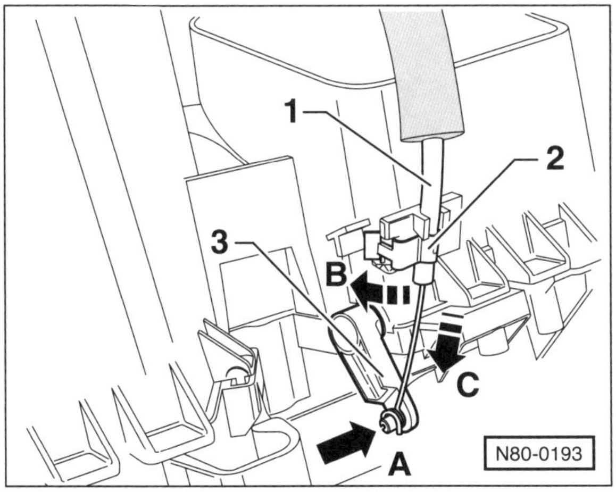

- Luftverteilungs-Drehknopf bis zum Anschlag nach links drehen.
- Drahtende des Zuges –1– auf den Hebel der Temperaturklappe –3– aufstecken –Pfeil A–.
- Hebel der Klappe »Fußraum/Defrost« bis zum Anschlag drücken –Pfeil C– und Hülle des Zuges –1– mit Klammer –2– einhängen und einclipsen –B–.
- Luftverteilungs-Drehknopf bis zum Anschlag nach links und rechts drehen. Dabei darauf achten, daß beide Endanschläge erreicht werden. Andernfalls Einstellung wiederholen.

Zug an Zentralklappe anbauen und einstellen

Als Voraussetzung muß zuvor der Hebel der Zentralklappe richtig eingestellt sein, siehe Abbildung N80-0198. Außerdem muß das Verbindungsstück ausgebaut sein, siehe Abbildung N80-0237.

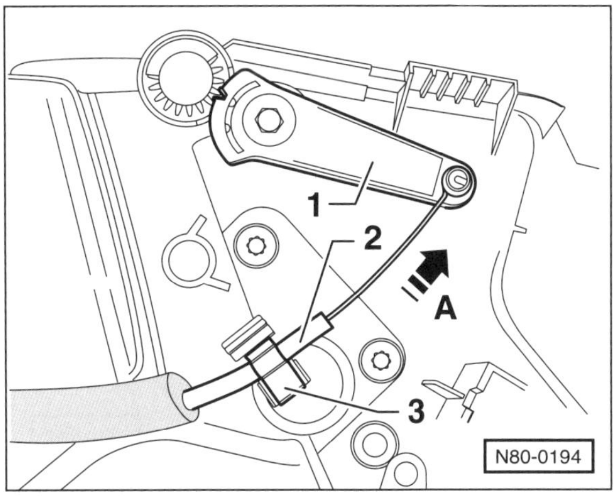

- Luftverteilungs-Drehknopf bis zum Anschlag nach links drehen.
- Drahtende des Zuges –2– auf den Hebel der Zentralklappe –1– aufstecken.
- Hebel der Klappe »Fußraum/Defrost« bis zum Anschlag drücken –Pfeil A– und Hülle des Zuges –2– mit Klammer –3– einclipsen.
- Luftverteilungs-Drehknopf bis zum Anschlag nach links und rechts drehen. Dabei darauf achten, daß beide Endanschläge erreicht werden. Andernfalls Einstellung wiederholen.

Weiterer Einbau

- Verbindungsstück am Fondkanal einsetzen, Verkleidung ansetzen und Halter anschrauben.
- Vordere Mittelkonsole einbauen, siehe Seite 261.
- Verkleidung unterhalb der Lenksäule einbauen, siehe Seite 264.
- Handschuhkasten einbauen, siehe Seite 264.

Regulierung für Heizluft und Frischluft aus- und einbauen

Ausbau

- Handschuhkasten ausbauen, siehe Seite 264.
- Verkleidung unterhalb der Lenksäule ausbauen, siehe Seite 264.
- Vordere Mittelkonsole ausbauen, siehe Seite 261.

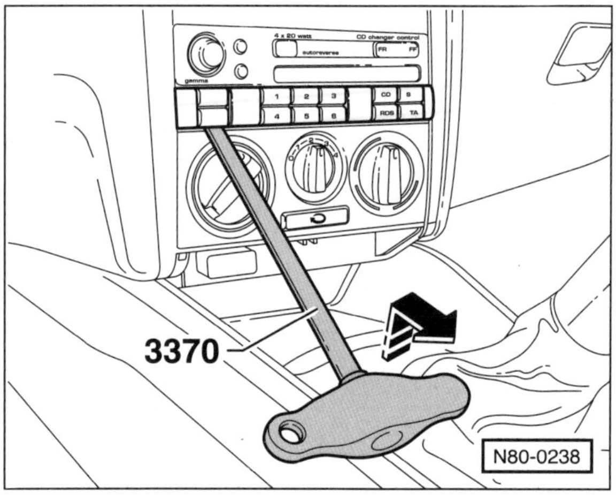

- Blende für Heizungsregulierung mit Ausziehhaken –3370– abziehen, siehe auch Kapitel »Ausströmer aus- und einbauen«.

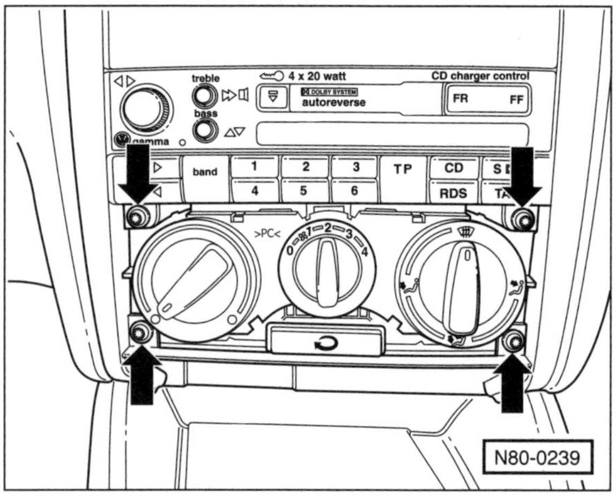

- 4 Schrauben –Pfeile– herausdrehen.
- Regulierung mit angeschlossenen Zügen aus der Armaturentafel herausziehen.
- Heizungszüge an der Regulierung aushängen und Zughüllen ausclipsen.

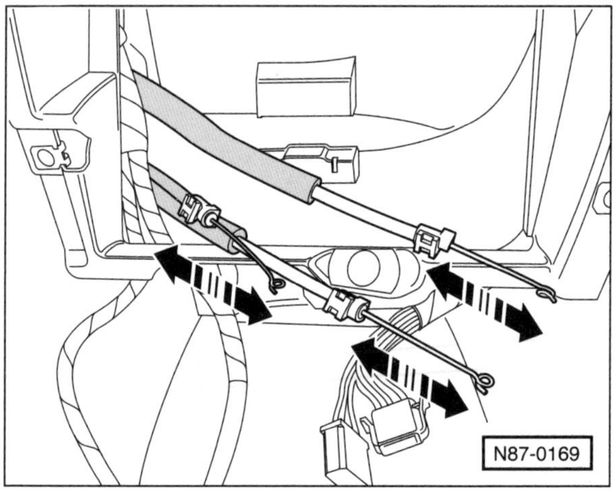

- Leichtgängigkeit der Heizungszüge prüfen. Dazu die Drahtenden der Züge in Pfeilrichtung hin- und herbewegen. Beschädigte oder schwergängige Züge müssen erneuert werden.

Einbau

- Die Heizungszüge sind farblich gekennzeichnet, siehe Abbildung N87-0320 auf Seite 110.

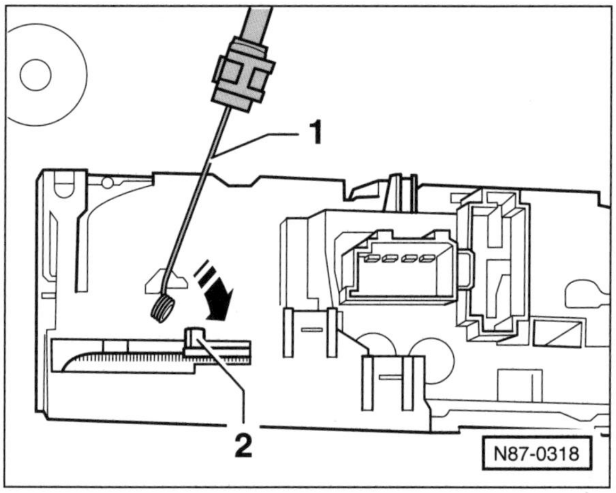

- Heizungszüge an der Regulierung einhängen. Dazu Drahtende der Züge –1– anwinkeln und auf den Hebel der Regulierung –2– aufdrücken –Pfeil–.

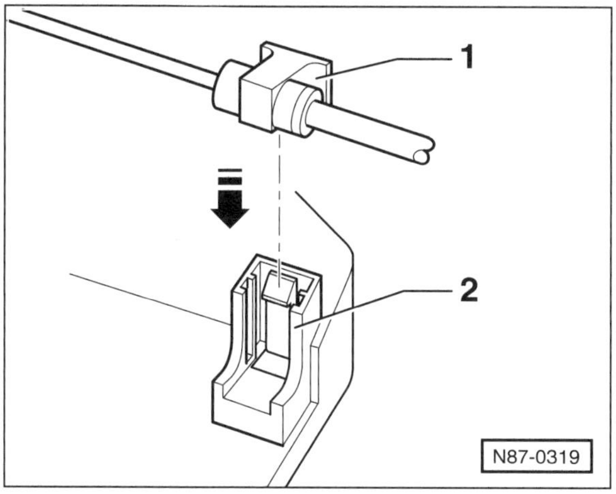

- Zughüllen einclipsen, zum Beispiel Zug für Zentralklappe –1– in den Halter –2– eindrücken und einrasten.
- Regulierung mit angebauten Heizungszügen in die Armaturentafel einschieben.
- Regulierung anschrauben.
- Blende für Regulierung aufdrücken und einrasten.
- Vordere Mittelkonsole einbauen, siehe Seite 262.
- Verkleidung unterhalb der Lenksäule einbauen, siehe Seite 264.
- Handschuhkasten einbauen, siehe Seite 264.

Fahrzeug-Entlüftung prüfen

Die verbrauchte Luft entweicht aus dem Innenraum durch Entlüftungsöffnungen in den Verkleidungen des Kofferraumes. Damit die Belüftung einwandfrei funktioniert, dürfen die Entlüftungsöffnungen nicht verdeckt werden.

Die Entlüftungsrahmen befinden sich jeweils rechts und links im Seitenteil, unter dem Stoßfänger.

Prüfen

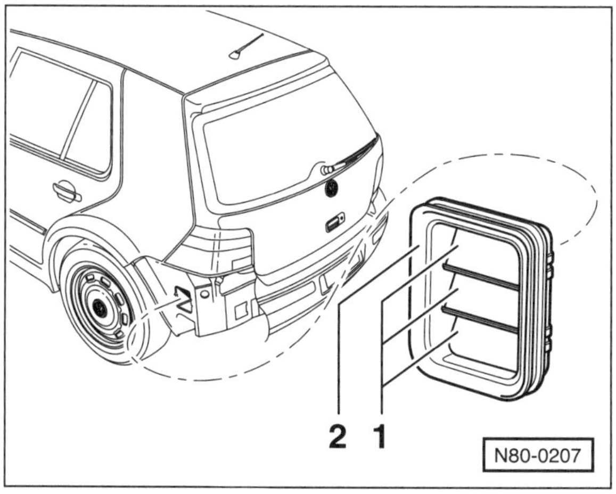

- Die Dichtlippen –1– im Entlüftungsrahmen –2– müssen freigängig sein und selbsttätig schließen.

Stellmotor für Frischluft-/Umluftklappe aus- und einbauen

Ausbau

- Handschuhkasten ausbauen, siehe Seite 264.

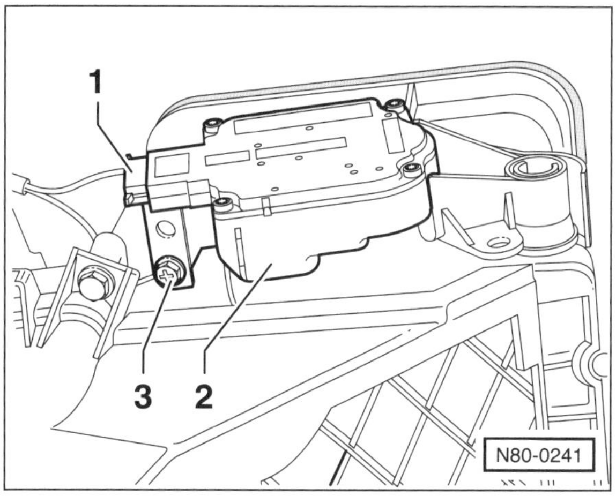

- Stecker –1– abziehen.
- Schraube –3– herausdrehen.
- Stellmotor –2– nach unten klappen.
- Stellmotor vom Hebel der Frischluft-/Umluftklappe abziehen.

Einbau

- Stellmotor auf den Hebel der Frischluft-/Umluftklappe aufstecken. Dabei muß je nach Stellung des Motors der Hebel der Frischluft-/Umluftklappe von Hand positioniert werden.
- Stellmotor anschrauben und Stecker aufschieben.
- Handschuhkasten einbauen, siehe Seite 264.

Klimaanlage

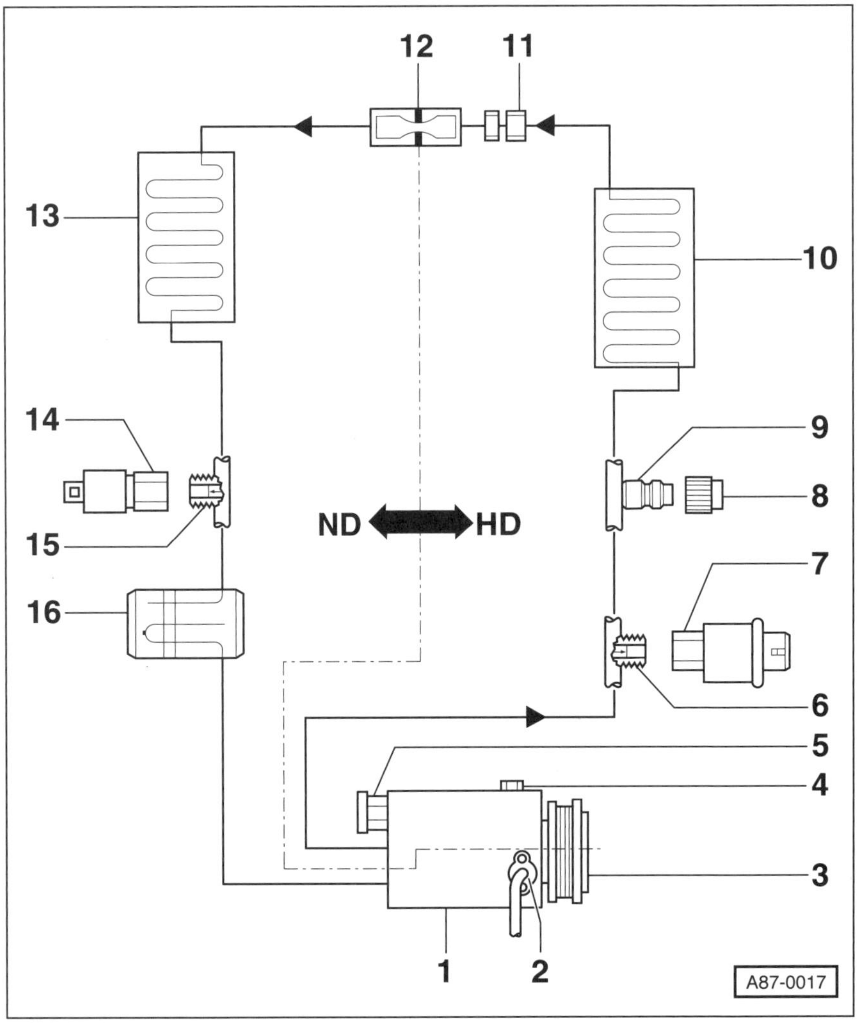

1 – **Kompressor**
2 – **Geber für Klimakompressordrehzahl**
3 – **Magnetkupplung**
4 – **Ölablaßschraube**
5 – **Überdruckablaßventil**
6 – **Anschluß mit Ventil**
7 – **Hochdruckschalter**
Für Klimaanlage und Magnetkupplung.
8 – **Verschlußkappe**
Mit Abdichtung, muß grundsätzlich angeschraubt sein.
9 – **Serviceanschluß**
Am Kondensator.
10 – **Kondensator**
11 – **Verschraubung in der Kältemittelleitung**
12 – **Drossel**
In der Verschraubung –11– eingebaut.
13 – **Verdampfer**
14 – **Niederdruckschalter für Kältemittelkreislauf**
15 – **Anschluß mit Ventil**
16 – **Auffangbehälter**

HD = Hochdruckseite
ND = Niederdruckseite

Achtung: Reparaturen an der **Klimaanlage** werden nicht beschrieben. Arbeiten an der Klimaanlage sollten von einer Fachwerkstatt durchgeführt werden. Auftretende Fehler im Steuergerät oder an Sensoren und Stellgliedern werden in einem Fehlerspeicher des Steuergerätes abgelegt. Zur Fehlersuche kann die VW-Werkstatt den Fehler durch ein spezielles Prüfgerät abrufen.

Sicherheitshinweis:
Der **Kältemittelkreislauf darf nicht geöffnet** werden, da das Kältemittel bei Hautberührung Erfrierungen hervorrufen kann.
Bei versehentlichem Hautkontakt sofort mindestens 15 Minuten lang mit kaltem Wasser spülen. Kältemittel ist farb- und geruchlos sowie schwerer als Luft. Bei austretendem Kältemittel besteht am Boden beziehungsweise in unteren Räumen Erstickungsgefahr (nicht wahrnehmbar).

Funktion der Klimaanlage

Die Klimaanlage arbeitet wie ein Kühlschrank: Der Kompressor, vom Motor angetrieben, verdichtet das dampfförmige, umweltverträgliche, FCKW-freie Kältemittel (R 134 a). Dieses erhitzt sich dabei und wird in den Kondensator geleitet. Dort wird das Medium abgekühlt und verflüssigt sich. Über ein Expansionsventil wird das Kältemittel entspannt und in den Verdampfer eingespritzt, wo es aufgrund seines niedrigen Druckes verdampft. Durch diesen Verdampfungsprozess wird der von außen über das Röhren- oder Wabensystem vorbeistreichenden Luft Wärme entzogen.

Die Luft kühlt also ab, und mitgeführte Luftfeuchtigkeit wird zu Kondenswasser, das ins Freie geleitet wird.

Bei laufendem Motor und eingeschaltetem Gebläse kann dem Innenraum über verschiedene Austrittsöffnungen gekühlte Luft zugeführt werden. Die Intensität der Kühlung ist abhängig von der eingestellten Temperatur und von der Gebläseschalterstellung.

VW unterscheidet zwischen Klimaanlage und Klimatisierungsautomatik (Climatronic). In beiden Fällen ist in das Heizungs- und Lüftungssystem eine Kälteanlage integriert, so daß der Innenraum auch intensiv gekühlt werden kann. Bei beiden Versionen wird die eingestellte Innenraumtemperatur konstant gehalten.

Bei der Climatronic werden zusätzlich zur Temperatur Luftmenge und Luftverteilung automatisch geregelt. Die Luftmengenregelung erfolgt dann stufenlos über die Gebläsedrehzahl in Abhängigkeit von der Temperaturdifferenz zwischen eingestelltem Temperaturwert und der Innenraumtemperatur.

Die Climatronic besitzt zusätzlich einen Sonnensensor, der die Sonneneinstrahlung erfaßt. Er ist mittig in der Armaturentafel unter der Windschutzscheibe angeordnet. Bei besonders hoher Sonneneinstrahlung beeinflußt der Sonnensensor über eine elektronische Steuerung automatisch die Gebläsedrehzahl und damit die geförderte Luftmenge im Fahrgastraum. Die gewählte Innenraumtemperatur wird also entsprechend der Sonnenbelastung korrigiert.

Das elektronische Steuergerät ist im Bedienteil der Klimaanlage integriert. Durch manuelles Verstellen der Gebläsedrehzahl unter Minimum wird das Heizungs-/Klimatisierungssystem ausgeschaltet.

Halter für Klimakompressor aus- und einbauen

Der Halter für Klimakompressor und die zugehörigen Teile können aus- und eingebaut werden, ohne den Kältemittelkreislauf zu öffnen. Das gilt auch, wenn der Kältemittelkompressor in Zusammenhang mit anderen Reparaturen abgebaut und im Motorraum aufgehängt wird.

1,6-l-Motor (100 PS)/1,8-/2,0-l-Motor

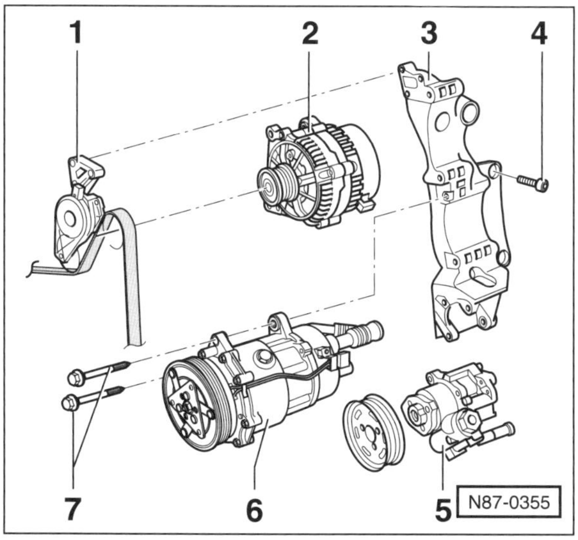

1 – Spannrolle für Keilrippenriemen
2 – Drehstromgenerator
3 – Halter für Kompressor, Generator, Servopumpe
4 – Innensechskantschraube M10x55, **50 Nm**
5 – Servopumpe
6 – Kompressor
7 – Schraube M10x112, **45 Nm**

2,3-l-Motor

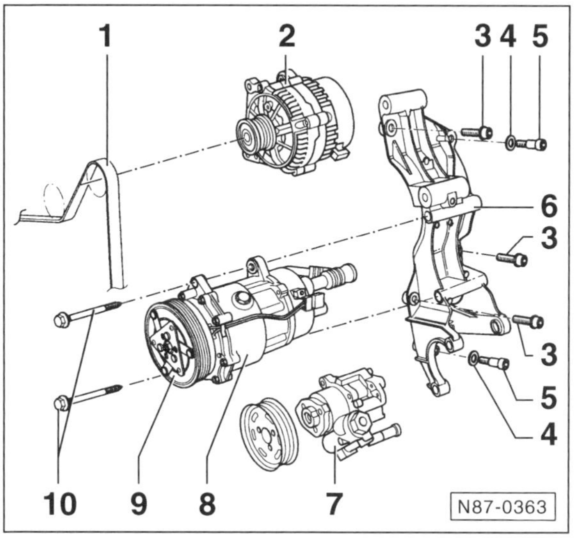

1 – Keilrippenriemen
2 – Drehstromgenerator
3 – Innensechskantschrauben M8x30, **25 Nm**
4 – Unterlegscheibe
5 – Schraube M8x27, **25 Nm**
6 – Halter für Kompressor
7 – Servopumpe
8 – Kompressor
9 – Magnetkupplung
10 – Schraube M10x112, **45 Nm**

1,4-l-Motor (75 PS)/1,6-l-Motor (105 PS)

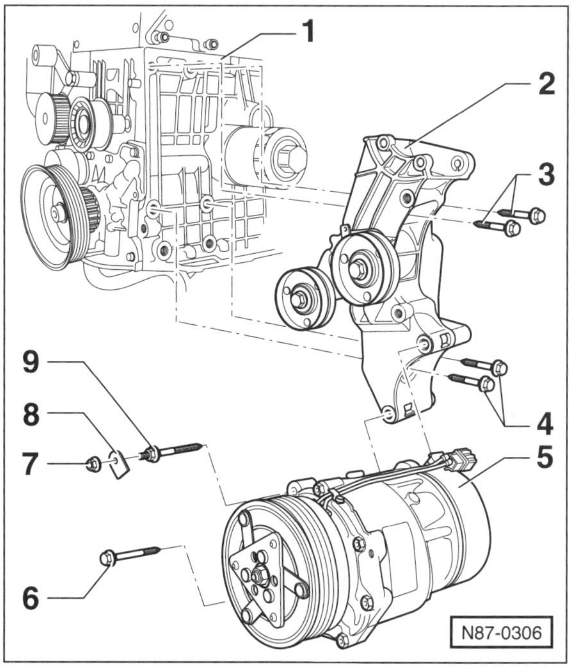

1 – Motorblock
2 – Halter für Kompressor, Generator, Servopumpe
3 – Schraube M10x85, **50 Nm**
4 – Schraube M10x55, **50 Nm**
5 – Kompressor
6 – Schraube M10x112, **45 Nm**
7 – Bundmutter, **10 Nm**
8 – Halter für Druckleitung Servolenkung
9 – Schraube M10x112, **45 Nm,** mit Gewindebolzen M8x15

Störungsdiagnose Heizung

Störung	Ursache	Abhilfe
Heizgebläse läuft nicht.	Sicherung für Gebläsemotor defekt.	■ Sicherung für Gebläse prüfen, gegebenenfalls ersetzen.
	Gebläseschalter defekt.	■ Prüfen, ob an den Vorwiderständen Spannung anliegt. Wenn nicht, Gebläseschalter ausbauen und prüfen.
	Elektromotor defekt.	■ Gebläsemotor prüfen.
Heizgebläse läuft nur in einer Geschwindigkeitsstellung nicht.	Vorwiderstand defekt.	■ Anschlußplatte mit Vorwiderständen ersetzen.
Heizleistung zu gering.	Kühlmittelstand zu niedrig.	■ Kühlmittelstand prüfen, gegebenenfalls Kühlmittel auffüllen.
	Heizungsbetätigung schwergängig, defekt.	■ Heizungsbetätigung prüfen, gegebenenfalls Bowdenzug ersetzen.
	Wärmetauscher undicht oder verstopft.	■ Wärmetauscher ersetzen (Werkstattarbeit).
Heizung läßt sich nicht ausschalten.	Heizungsbetätigung schwergängig, defekt.	■ Heizungsbetätigung prüfen, gegebenenfalls Bowdenzug ersetzen.
Geräusche im Bereich des Heizgebläses.	Eingedrungener Schmutz, Laub.	■ Gebläse ausbauen, reinigen, Luftkanal säubern.
	Lüfterrad hat Unwucht, Lager defekt.	■ Gebläsemotor ausbauen und auf leichten Lauf prüfen.
Frischluft bzw. Heizluft riecht nach faulen Eiern.	Spannungsregler am Generator defekt. Batterie wird zu stark geladen und beginnt zu gasen. Dabei bildet sich Schwefelwasserstoff (H_2S).	■ Ladespannung bzw. Spannungsregler des Generators prüfen, ggf. Spannungsregler ersetzen.

Vorderachse

Aus dem Inhalt:

- **Federbein zerlegen**
- **Stoßdämpferausbau**
- **Gelenkwellenausbau**
- **Manschetten ersetzen**

Bei der Vorderachse des VW GOLF/BORA sind Schraubenfeder und Stoßdämpfer zu jeweils einem platzsparenden Federbein zusammengefaßt. Beide Federbeine sind mit der Karosserie und den Radlagergehäusen verschraubt. Geführt werden die beiden Radlagergehäuse von zwei Dreieckslenkern, die mit dem Aggregateträger verbunden sind. Der Aggregateträger ist über Gummimetallager mit der Bodengruppe des Fahrzeuges verschraubt.

Die Übertragung der Motor-Antriebskraft erfolgt über zwei Gelenkwellen, die über jeweils zwei Gleichlaufgelenke mit den Rädern und dem Achsantrieb verbunden sind.

Optimale Fahreigenschaften und geringster Reifenverschleiß sind nur dann zu erzielen, wenn die Stellung der Räder einwandfrei ist. Bei unnormaler Reifenabnutzung sowie mangelhafter Straßenlage sollte die Werkstatt aufgesucht werden, um den Wagen optisch vermessen zu lassen. Die Fahrwerkvermessung kann ohne eine entsprechende Meßanlage nicht durchgeführt werden. Der Achseinstellwert für die Gesamtspur vorn beträgt 0° ± 10'.

Sicherheitshinweis:
Schweiß- und Richtarbeiten an tragenden und radführenden Bauteilen der Vorderradaufhängung **sind nicht zulässig. Selbstsichernde Muttern**, sowie korrodierte Schrauben/Muttern im Reparaturfall **immer ersetzen.**

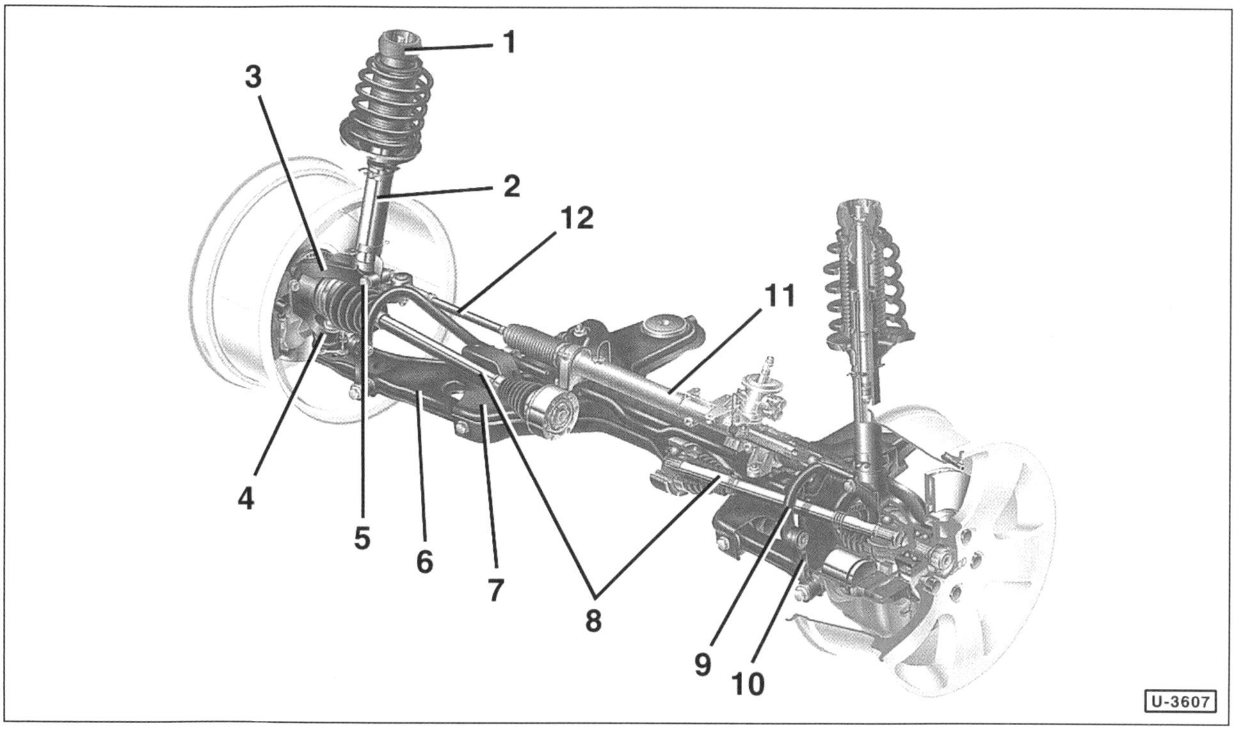

1 – Federbeinlager
2 – Federbein
3 – Radlagergehäuse
4 – Achsgelenk
5 – Klemmschraube
6 – Querlenker
7 – Aggregateträger
8 – Gelenkwellen
9 – Stabilisator
10 – Kunststoff-Koppelstange
11 – Lenkgetriebe
12 – Spurstange

Vordere Aufhängung - Montageübersicht

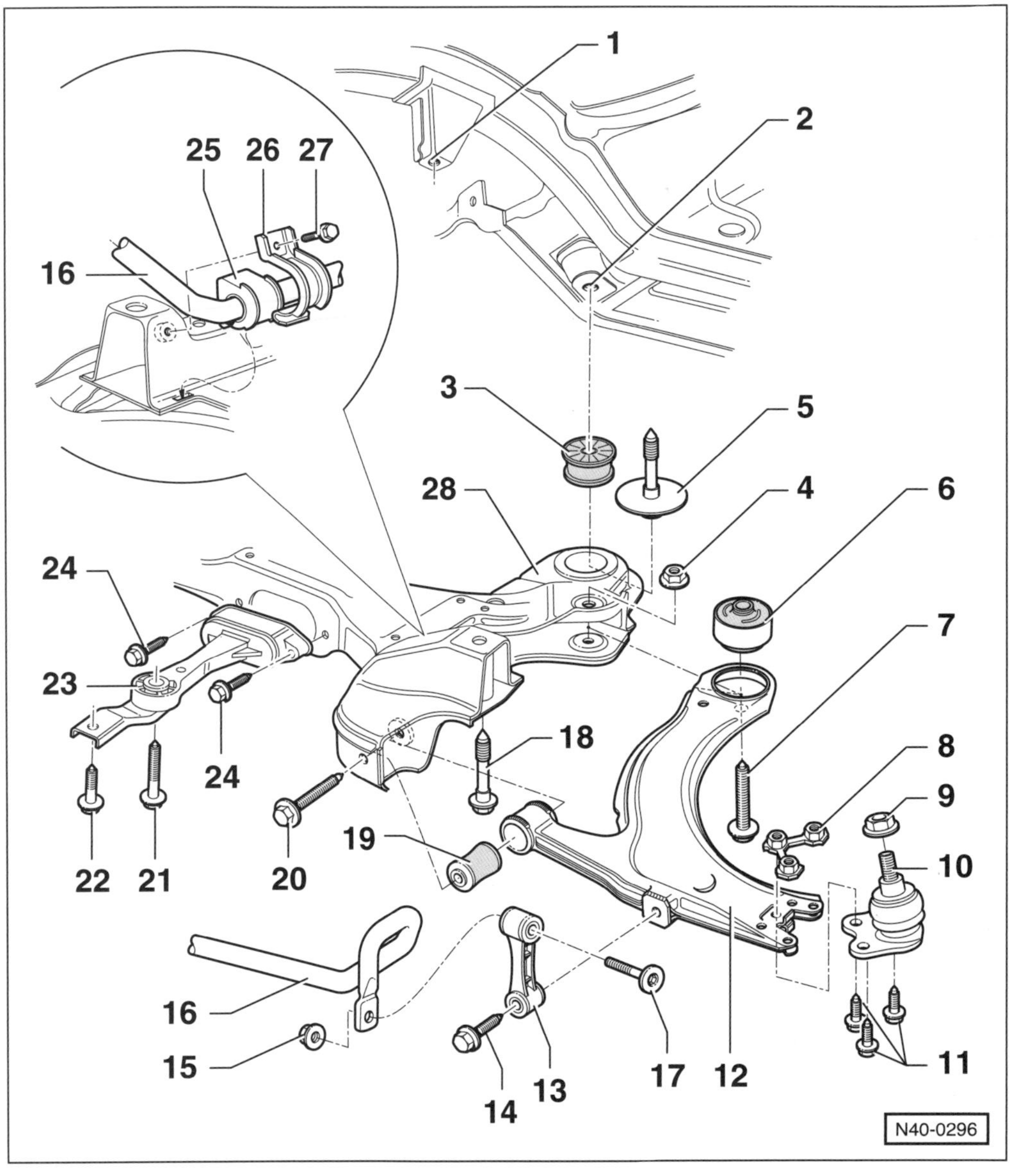

1 – **Haltebock für Aggregateträger**

2 – **Schweißmutter im Aufbau**

3 – **Gummimetallager**

4 – **Mutter**
Selbstsichernd, daher grundsätzlich ersetzen.

5 – **Schraube, 100 Nm + 90° weiterdrehen (¼ Umdrehung)**
Größe M14x1,5x63, grundsätzlich ersetzen.

6 – **Lager hinten für Achslenker**

7 – **Schraube, 70 Nm + 90° weiterdrehen (¼ Umdrehung)**
Größe M12x1,5x70, grundsätzlich ersetzen.

8 – **Blech mit Muttern**

9 – **Mutter, 45 Nm**
Selbstsichernd, daher grundsätzlich ersetzen.

10 – **Achsgelenk**

11 – **Schraube, 20 Nm + 90° weiterdrehen (¼ Umdrehung)**
Grundsätzlich ersetzen.

12 – **Achslenker**

13 – **Koppelstange**

14 – **Schraube, 15 Nm + 90°**
Selbstsichernd, daher grundsätzlich ersetzen.

15 – **Mutter, 15 Nm + 90°**
Selbstsichernd, daher grundsätzlich ersetzen.

16 – **Stabilisator**
Für den Ausbau muß der Aggregateträger abgesenkt werden.

17 – **Innensechskantschraube**

18 – **Schraube, 100 Nm + 90° weiterdrehen (¼ Umdrehung)**
Größe M14x1,5x95, grundsätzlich ersetzen.

19 – **Lager vorn für Achslenker**

20 – **Schraube, 70 Nm + 90° weiterdrehen (¼ Umdrehung)**
Größe M12x1,5x82, grundsätzlich ersetzen.

21 – **Schraube, 50 Nm***
Größe M10x70.

22 – **Schraube, 50 Nm***
Größe M10x30.

23 – **Pendelstütze**

24 – **Schraube, 25 Nm**
Größe M8x48.

25 – **Gummilager**

26 – **Schelle**

27 – **Schraube, 25 Nm**

28 – **Aggregateträger**

*) Bei Fahrzeugen mit Schaltgetriebe 02T: **40 Nm + 45°**.

Federbein aus- und einbauen

Ausbau

- Radzierblende abnehmen, bei Leichtmetallrädern Abdeckkappe mit Abziehhaken aus dem Bordwerkzeug abziehen.

Sicherheitshinweis:
Beim Aufbocken des Fahrzeugs besteht Unfallgefahr! Deshalb vorher das Kapitel »Fahrzeug aufbocken« durchlesen.

- Stellung des jeweiligen Vorderrades zur Radnabe mit Farbe kennzeichnen. Dadurch kann das ausgewuchtete Rad wieder in derselben Position montiert werden. Radschrauben bei auf dem Boden stehendem Fahrzeug lösen. Fahrzeug vorn aufbocken und Vorderrad abnehmen.

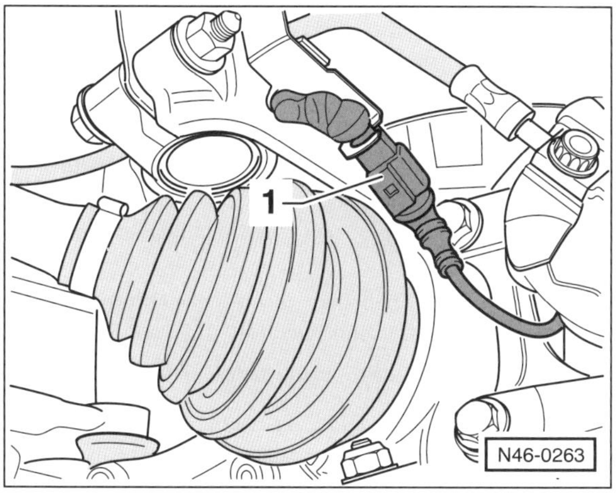

- Falls vorhanden, Steckverbindung –1– für Bremsbelagverschleißanzeige trennen.

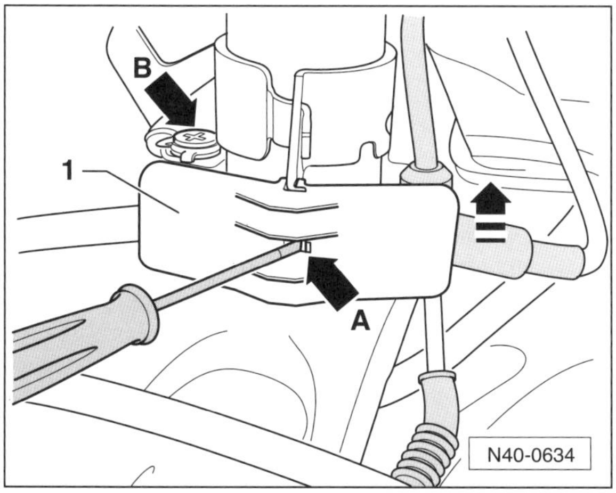

- Wärmeschutzblech –1– ausbauen. Dazu die Lasche –Pfeil A– mit einem Schraubendreher nach innen drücken und gleichzeitig das Wärmeschutzblech –1– in Pfeilrichtung nach oben drücken (Pfeil ganz rechts).
- Halter für die Steckverbindung der Bremsbelagverschleißanzeige abschrauben. Dazu Schraube –Pfeil B– herausdrehen.

Fahrzeuge mit geänderter Stabilisator-Befestigung

In der Regel bei Allradantrieb.

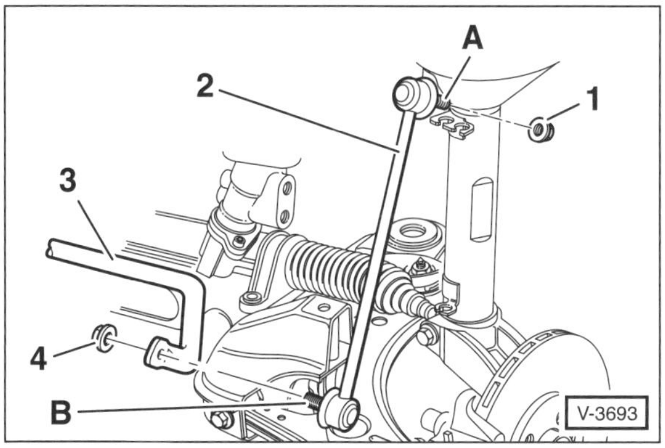

- Obere Sechskantmutter –1– für Koppelstange –2– abschrauben. Dabei am Innenvielzahn des Gelenkzapfens –A– gegenhalten. 3 – Stabilisator, 4 – Untere Mutter, 90 Nm, B – Unterer Gelenkzapfen (ist länger als der obere Gelenkzapfen).
- Bremsschlauch am Halter aushängen, dazu Klammer am Halter herausziehen.

Alle Fahrzeuge

- Befestigungsschrauben –1– am Bremssattel abschrauben, siehe Abbildung U-4408 auf Seite 149.
- Bremssattel mit Bremsbelägen abnehmen und mit Draht am Aufbau aufhängen.
- Abbildung N40-0296: Wo vorhanden, Koppelstange –13– vom Achslenker –12– abschrauben, siehe Seite 118.
- Elektrische Leitung für den Drehzahlfühler am Federbein aushängen.
- Falls das rechte Federbein ausgebaut wird: Untere Motorabdeckung ausbauen und Gelenkwelle von Flanschwelle/Getriebe abschrauben, siehe Seite 168/122.

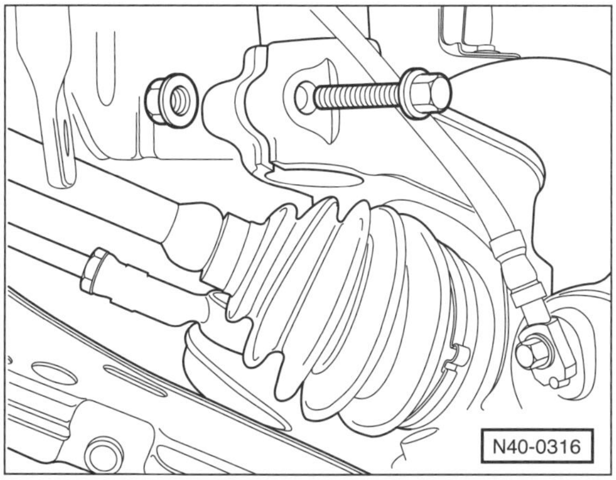

- Klemmschraube für Federbein abschrauben und herausnehmen.

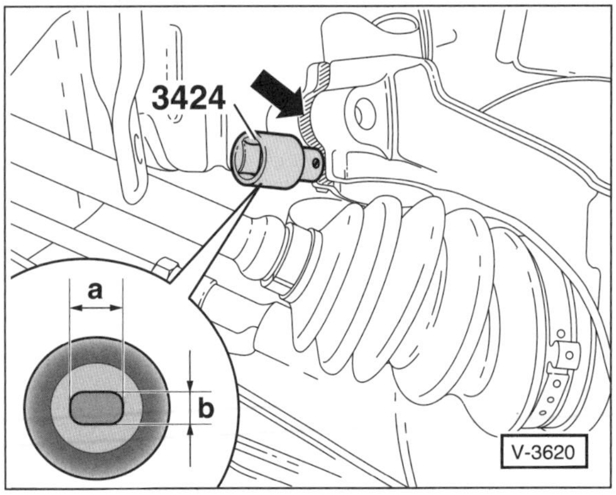

- Schlitz –Pfeil– am Radlagergehäuse spreizen. Die Fachwerkstatt verwendet zum Spreizen das Spezialwerkzeug VW-3424 oder Hazet-4912-1: Werkzeug in den Schlitz einsetzen und mit einer Knarre um 90° (¼ Umdrehung) drehen. Knarre abziehen, das Spreizwerkzeug bleibt im Radlagergehäuse. Gegebenenfalls geeignetes Werkzeug selbst anfertigen: a = 8 mm, b = 5,5 mm; die Kanten müssen abgerundet sein.
- Radlagergehäuse nach unten vomDämpferrohr abziehen. Dabei mit der Hand die Bremsscheibe in Richtung Federbein drücken, sonst kann sich das Dämpferrohr in der Bohrung des Radlagergehäuses verkanten.

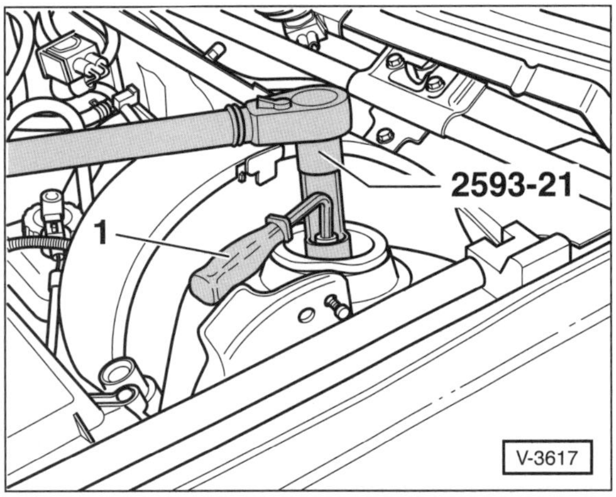

- Sechskantmutter für obere Dämpferbefestigung abschrauben. Dazu werden der HAZET-Schlüsseleinsatz 2593-21 und ein 7-mm-Innensechskantschlüssel –1– oder der HAZET-Werkzeugsatz 4910 benötigt.
- Federbein unten abstützen beziehungsweise von Helfer führen lassen und obere Mutter abschrauben. Mutter und oberen Anschlag abnehmen.
- Federbein herausnehmen.

Einbau

- Federbein einsetzen, oberen Anschlag auflegen und oben mit **neuer** Mutter anschrauben, noch nicht festziehen.
- Radlagergehäuse von unten soweit auf das Federbein aufschieben, daß die Bohrungen am Dämpferrohr und Radlagergehäuse fluchten.
- **Neue** Schraube in Radlagergehäuse/Federbein einsetzen, dabei zeigt die Spitze der Schraube bei eingebautem Federbein in Fahrtrichtung. Radlagergehäuse durch Verdrehen des Spreizwerkzeugs entspannen. **Neue** selbstsichernde Mutter aufschrauben und mit **60 Nm** anziehen, dann mit starrem Schlüssel **90° (¼ Umdrehung)** weiterdrehen. **Achtung:** Drehwinkel auf keinen Fall unterschreiten. Ein Drehwinkel von 90° bis 120° ist erlaubt.
- Obere Federbeinmutter mit **60 Nm** festziehen, dabei Kolbenstange mit Innensechskantschlüssel, Schlüsselweite 7 mm, gegenhalten. **Achtung:** Damit ein Drehmomentschlüssel angesetzt werden kann, wird das HAZET-Werkzeug 2593-21 mit dem Gegenhalter 2100-07 benötigt. Es kann auch der Werkzeugsatz HAZET 4910 oder das VW-Werkzeug 3186 verwendet werden.
- **Rechtes Federbein:** Rechte Gelenkwelle am Getriebe anschrauben. Untere Motorraumabdeckung einbauen, siehe Seite 122, 168.
- Elektrische Leitung für den Drehzahlfühler am Federbein einhängen.
- Wo vorhanden, Koppelstange –13– am Achslenker –12– anschrauben, siehe Abbildung N40-0296 auf Seite 118.
- Bremssattel einbauen, siehe unter »Bremsbeläge vorn aus- und einbauen«.

Fahrzeuge mit geänderter Stabilisator-Befestigung

- Oberen Gelenkzapfen der Koppelstange mit **neuer** Mutter anschrauben und mit **90 Nm** festziehen. Dabei am Innenvielzahn des Gelenkzapfens gegenhalten.
- Bremsschlauch am Halter einhängen und mit Klammer sichern.

Alle Fahrzeuge

- Falls abgebaut, Halter für die Steckverbindung der Bremsbelagverschleißanzeige anschrauben.
- Wärmeschutzblech einclipsen.
- Falls vorhanden, Steckverbindung für Bremsbelagverschleißanzeige verbinden.
- Vorderrad so ansetzen, daß die beim Ausbau angebrachten Markierungen übereinstimmen. Vorher Zentriersitz der Felge an der Radnabe mit mit Hochtemperaturpaste dünn bestreichen, zum Beispiel: VW-G052109A2 oder Castrol Molub-Alloy Paste TA. Radschrauben **nicht** fetten oder ölen. Korrodierte Radschrauben erneuern. Räder anschrauben. Fahrzeug ablassen und Radschrauben über Kreuz mit **120 Nm** festziehen.
- Radzierblende beziehungsweise Schrauben-Abdeckkappen aufdrücken.

Stoßdämpfer/Schraubenfeder aus- und einbauen

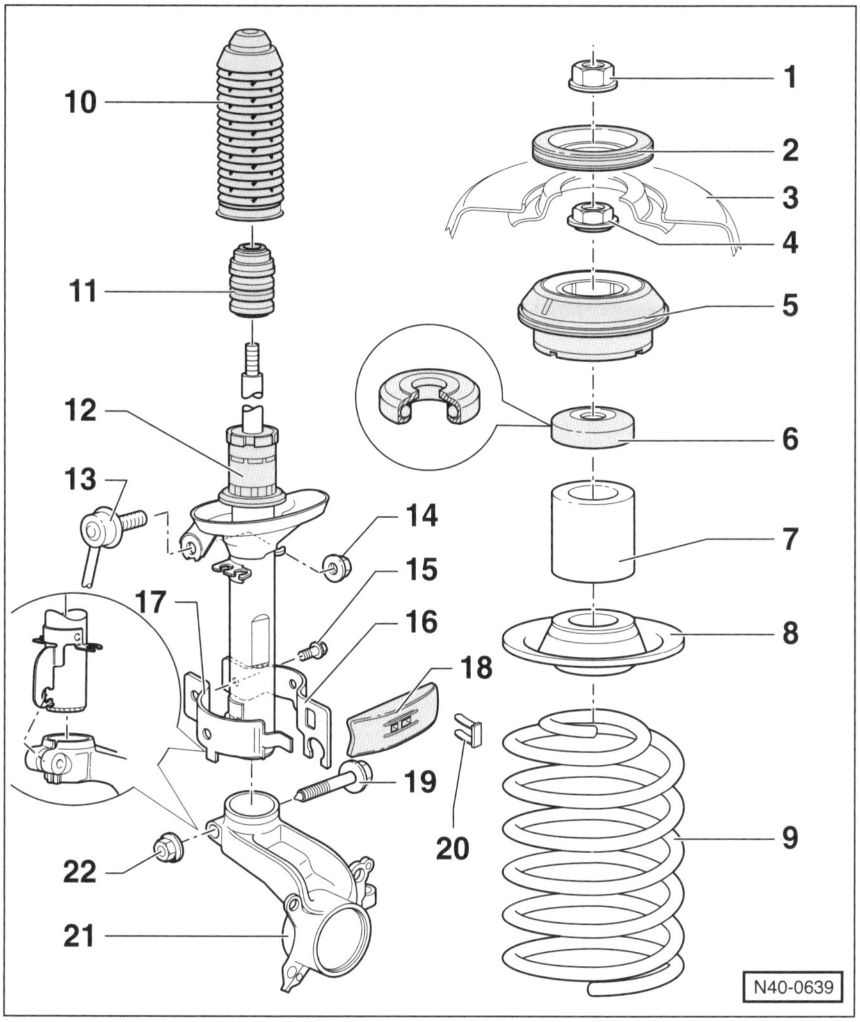

1 – **Sechskantmutter, 60 Nm**
Selbstsichernd, immer ersetzen.

2 – **Anschlag**

3 – **Federbeindom**

4 – **Sechskantmutter, 60 Nm**

5 – **Federbeinlager**

6 – **Axialrillenkugellager**

7 – **Buchse**
Nur bei Fahrzeugen mit Schlechtwegefahrwerk (Bezeichnung »1GB« im Fahrzeugdatenträger am Kofferraumboden oder im Service-Heft).

8 – **Federteller**

9 – **Schraubenfeder**
Bei Ersatz auf gleiche Farbkennzeichnung achten.

10 – **Schutzhülle**

11 – **Anschlagpuffer**

12 – **Stoßdämpfer**
Einzeln austauschbar. Auf Geräusche/Undichtigkeiten überprüfen.

13 – **Koppelstange**

14 – **Mutter, 50 Nm + 90°**
Selbstsichernd, immer ersetzen.

15 – **Sechskantschraube, 10 Nm**

16 – **Halter**

17 – **Schelle**

18 – **Wärmeschutz**

19 – **Sechskantschraube**
Immer ersetzen. Spitze der Schraube muß in Fahrtrichtung zeigen.

20 – **Klammer**

21 – **Radlagergehäuse**

22 – **Mutter, 60 Nm + 90° - 120° (¼ - ⅓ Umdrehung) weiterdrehen**
Selbstsichernd, immer ersetzen.
Achtung: Der Drehwinkel von 90° darf nicht unterschritten werden.

Ausbau

- Federbein ausbauen, siehe entsprechendes Kapitel.

Achtung: Die Schraubenfeder steht unter hoher Spannung. Um den Stoßdämpfer ausbauen zu können, **muß die Schraubenfeder mit einem geeigneten Federspanner zusammengedrückt werden.**

Sicherheitshinweis:
Die Stoßdämpfermutter nur lösen, wenn die Feder mit dem Federspanner gespannt ist. Verletzungsgefahr!

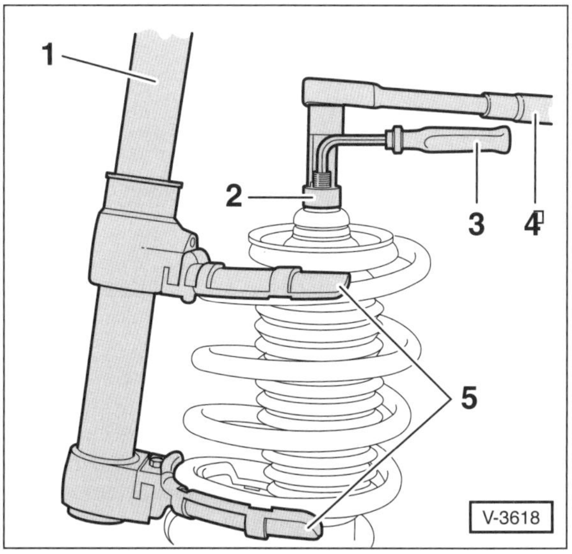

- Schraubenfeder mit geeigneter, handelsüblicher Spannvorrichtung –1– und passenden Spannbacken –5– spannen, bis der Federteller oben frei ist.

Achtung: Federspanner so in die Windungen der Feder einsetzen, daß die Federwindungen sicher umfaßt werden und der Federspanner nicht abrutschen kann. Die Schraubenfeder steht unter großer Vorspannung, deshalb nur stabiles Werkzeug verwenden. Keinesfalls Feder mit Draht zusammenbinden. Unfallgefahr!

- Mutter am Federbein abschrauben, dabei mit Innensechskantschlüssel –3–, Schlüsselweite 7 mm, gegenhalten. Für die Mutter wird ein tiefgekröpfter Ringschlüssel benötigt. Bei der Verwendung des Werkzeugs –2– (HAZET 2593-21 mit 2100-07) kann zum Festziehen ein handelsüblicher Drehmomentschlüssel –4– verwendet werden.
- Einzelteile abnehmen und Stoßdämpfer aus der Feder herausnehmen.
- Wird die Schraubenfeder ersetzt, Feder langsam entspannen. Falls nur der Stoßdämpfer ersetzt wird, bleibt die Schraubenfeder gespannt
- Stoßdämpfer prüfen, siehe Seite 132.
- Gegebenenfalls Stoßdämpfer verschrotten. Dazu muß der Stoßdämpfer an bestimmten Stellen angebohrt und das Hydrauliköl beziehungsweise die Gasfüllung abgelassen werden (Werkstattarbeit).

Einbau

Achtung: Es stehen Federn in verschiedenen Toleranzgruppen zur Verfügung. Nur Federn mit gleicher Kennung (Farbkennzeichnung) verwenden.

- Neue Schraubenfedern sind gegen Korrosion mit Schutzlack geschützt. Vor dem Einbau Feder auf Lackschäden untersuchen und gegebenenfalls ausbessern.

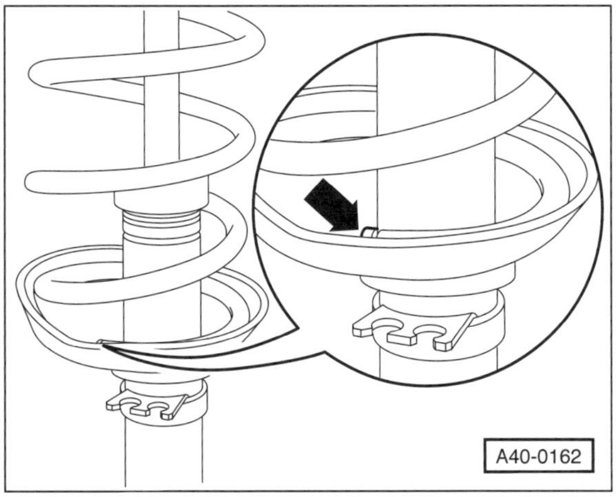

A40-0162

- Schraubenfeder mit geeigneter Spannvorrichtung spannen.
- Einzelteile anbauen, siehe Abbildung N40-0639.
- Stoßdämpfer in die Schraubenfeder einsetzen. Darauf achten, daß das Federende am Anschlag des unteren Federtellers –Pfeil– anliegt.
- Sechskantmutter –4– (Abbildung N40-0639) mit **60 Nm** festziehen. Dabei Kolbenstange mit Innensechskantschlüssel, Schlüsselweite 7 mm, gegenhalten. **Achtung:** Damit ein Drehmomentschlüssel angesetzt werden kann, wird das HAZET-Werkzeug 2593-21 mit dem Gegenhalter 2100-07 benötigt.
- Feder langsam entspannen. Dabei darauf achten, daß die Federwindungen an den Anschlägen der Federteller anliegen.
- Federbein einbauen, siehe entsprechendes Kapitel.

Gelenkwelle aus- und einbauen

Achtung: Bei gelöster Zwölfkantmutter (Achsmutter), mit der die Gelenkwelle an die Radnabe angeschraubt ist, darf das Fahrzeug nicht mit vollem Gewicht auf den Rädern stehen und nicht geschoben werden. Bei fehlender axialer Vorspannung wird das Radlager beschädigt. Gegebenenfalls statt der Gelenkwelle ein Außengelenk einbauen und mit **50 Nm** anziehen.

Ausbau

- Radzierblende abnehmen, bei Leichtmetallrädern Abdeckkappe mit Abziehhaken aus dem Bordwerkzeug abziehen.
- Zwölfkant-Nabenmutter an der Gelenkwelle um ca. ½ Umdrehung lösen, nicht abschrauben. Dabei durch einen Helfer die Fußbremse treten lassen. **Hinweis:** Bei einigen Modellen ist anstelle der Zwölfkantmutter eine Sechskantschraube verbaut.

Sicherheitshinweis:
Beim Aufbocken des Fahrzeugs besteht Unfallgefahr! Deshalb vorher das Kapitel »Fahrzeug aufbocken« durchlesen.

- Stellung des Vorderrades zur Radnabe mit Farbe kennzeichnen. Dadurch kann das ausgewuchtete Rad wieder in derselben Position montiert werden. Radschrauben lösen, dabei muß das Fahrzeug auf dem Boden stehen. Fahrzeug vorn aufbocken und Vorderrad abnehmen.

Sicherheitshinweis:
Beim Lösen der Achsmutter (Zwölfkantmutter) Schlüssel so ansetzen, daß der Druck beim Lösen senkrecht nach unten geht, sonst rutscht das Fahrzeug seitlich von den Böcken. Hohes Lösemoment, Unfallgefahr!

- Zwölfkantmutter beziehungsweise Sechskantschraube an der Gelenkwelle abschrauben.

- Innenvielzahnschrauben für Gelenkwelle am Getriebeflansch herausschrauben. Hierzu wird ein Innenvielzahn-Steckschlüsseleinsatz benötigt, zum Beispiel HAZET 990 Lg-8.

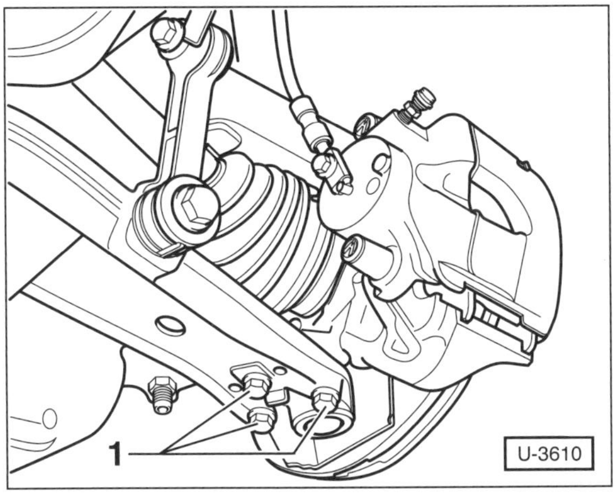

- Einbaulage der Schrauben –1– für Achsgelenk mit einem Filzstift markieren oder mit Reißnadel umkreisen. Sonst muß beim Wiedereinbau die Vorderachse vermessen und eingestellt werden. Schrauben –1– ausschrauben.

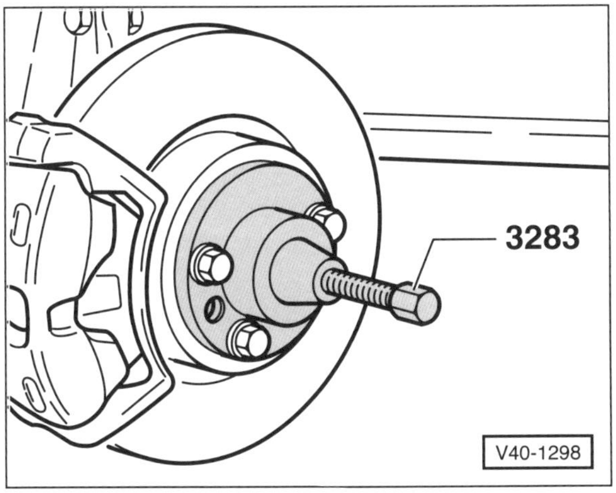

- Federbein nach außen schwenken und Gelenkwelle aus dem Radlagergehäuse herausziehen.
- Falls sich die Gelenkwelle nicht von Hand aus der Radnabe herausziehen läßt, Gelenkwelle mit handelsüblichem Abzieher ausdrücken. Die Fachwerkstatt verwendet hierfür den Abzieher VW-3283.

Achtung: Gelenkwelle nicht herunterhängen lassen, sonst wird das Innengelenk durch Überbeugen überbeansprucht. Gelenkwelle gegebenenfalls mit Draht aufhängen.

Fahrzeuge mit Automatikgetriebe:

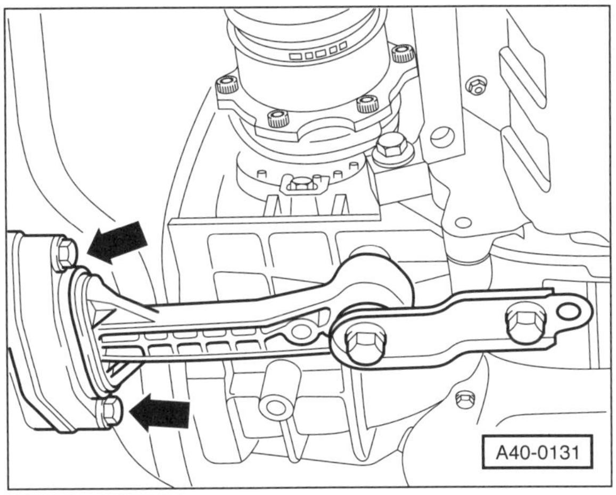

- Schrauben –Pfeile– für Getriebestütze am Aggregateträger abschrauben. Gegebenenfalls linke Seite der unteren Motorraumabdeckung ausbauen, siehe Seite 168.

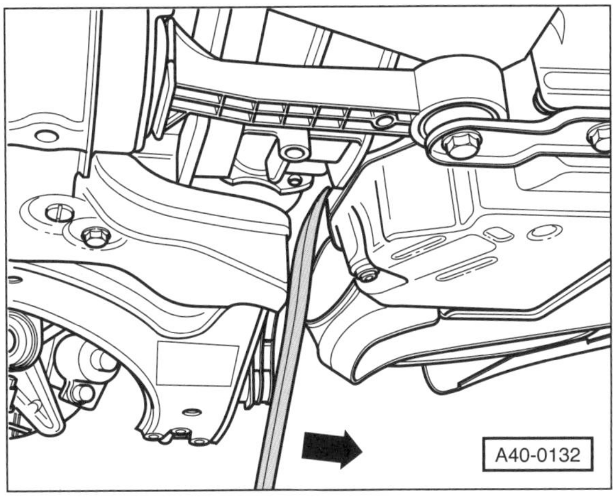

- Montierhebel zwischen Aggregateträger und Motorblock einsetzen und Motorblock nach vorn in Fahrtrichtung –Pfeil– hebeln. Gleichzeitig kann die Tripodegelenkwelle herausgenommen werden.

Einbau

- Gewinde der Gelenkwelle sowie Verzahnung von Welle und Radnabe mit Drahtbürste von eventuell vorhandener Korrosion und anderen Verunreinigungen reinigen.
- Außengelenk in die Verzahnung der Radnabe soweit wie möglich einführen.
- Anlagefläche der Zwölfkantmutter und Verzahnung des Außengelenks mit sauberem Motoröl benetzen.
- **Neue** Zwölfkantmutter soweit wie möglich aufschrauben.
- Außengelenk soweit in die Radnabe einziehen, bis das Gelenk am Radlager zur Anlage kommt.
- Achsgelenk am Achslenker mit **neuen Schrauben** anschrauben. Schrauben in den Länglöchern verschieben, bis die Schraubenköpfe mit den angebrachten Markierungen übereinstimmen. Schrauben mit **20 Nm** anziehen, dann mit starrem Schlüssel **90° (¼ Umdrehung)** weiterdrehen.

Achtung: Bei Einbau eines **neuen** Achslenkers, Befestigungsschrauben in den Langlöchern ausmitteln und festziehen. Anschließend Sturz neu vermessen lassen (Werkstattarbeit).

- Gelenkwelle am Getriebe anflanschen. Innenvielzahnschrauben über Kreuz mit **10 Nm** voranziehen. Anschließend **M8**-Schrauben mit **40 Nm**, **M10**-Schrauben mit **70 Nm** festziehen.
- **Fahrzeuge mit Automatikgetriebe:** Schrauben für Getriebestütze mit **25 Nm** am Aggregateträger anschrauben.

Sicherheitshinweis:
Beim Festziehen der Achsmutter Schlüssel so ansetzen, daß der Druck beim Lösen senkrecht nach unten geht, sonst rutscht das Fahrzeug seitlich von den Böcken. Hohes Anzugsmoment, Unfallgefahr!
Alternativ: Vorderrad anbauen und Fahrzeug soweit absenken, bis die Räder den Boden berühren.

- Zwölfkantmutter für Gelenkwelle mit **200 Nm** festziehen. Dabei von Helfer Fußbremse treten lassen, damit sich das Vorderrad nicht mitdreht.
- Zwölfkantmutter um **eine halbe Umdrehung lösen**.
- Radnabe um **eine halbe Umdrehung** drehen oder Fahrzeug **um etwa 1 Meter verschieben**.
- Zwölfkantmutter mit **50 Nm** anziehen und anschließend mit starrem Schlüssel um **60°** weiterdrehen. Zum Einhalten des Anzugswinkels wird ein Drehwinkelschlüssel, zum Beispiel HAZET-6690, benötigt.

Speziell Fahrzeuge mit Sechskantschraube für Gelenkwelle: Schraube mit **250 Nm** anziehen, um **90°** weiterdrehen, dann um **eine halbe Umdrehung lösen.** Radnabe um **eine halbe Umdrehung** drehen. Anschließend Schraube nochmals mit **250 Nm** anziehen und zuletzt mit starrem Schlüssel um **90°** weiterdrehen.

Achtung: Falls kein Drehwinkelschlüssel zur Verfügung steht, kann der 60°-Winkel für die Nabenmutter folgendermaßen ermittelt werden:

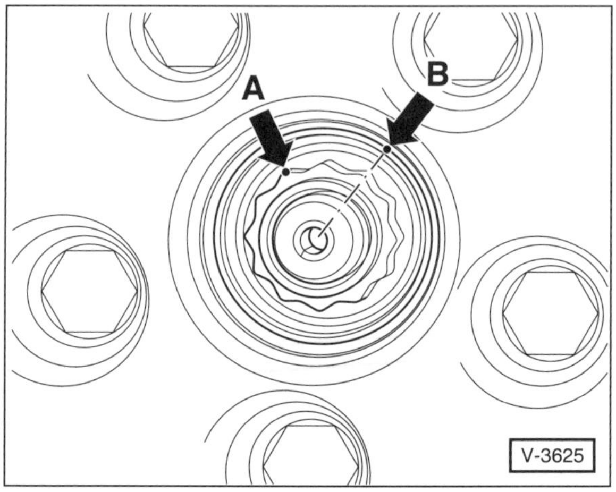

- Einen Zwölfkant der Mutter mit einem Strich –Pfeil A– kennzeichnen. Zweiten Strich –Pfeil B– auf dem Rand der Radnabe über dem übernächsten Zwölfkant anbringen. **Hinweis:** Der Winkel von einem Zwölfkant bis zum nächsten beträgt 30°, bis zum übernächsten Zwölfkant 60°.
- Zwölfkantmutter mit starrem Schlüssel weiterdrehen, bis beide Striche fluchten.

- Falls erforderlich, Vorderrad anbauen. Dabei Rad so ansetzen, daß die beim Ausbau angebrachten Markierungen übereinstimmen. Vorher Zentriersitz der Felge an der Radnabe mit Wälzlagerfett dünn einfetten. Gewinde der Radschrauben **nicht** fetten oder ölen. Korrodierte Radschrauben erneuern. Rad anschrauben. Fahrzeug ablassen und Radschrauben über Kreuz mit **120 Nm** festziehen.
- Radzierblende beziehungsweise Schrauben-Abdeckkappen aufdrücken.

Gelenkwelle zerlegen/Manschetten ersetzen

Defekte Gelenkwellenmanschetten sofort erneuern. Zum Erneuern der Manschetten muß die Gelenkwelle zerlegt werden. Defekte Kugeln im Lager machen sich durch Lastwechselschlagen und Knackgeräusche bemerkbar. In diesem Fall Gelenk komplett erneuern.

Achtung: Je nach Ausstattung ist das innere Gelenk als Gleichlauf-Kugelgelenk oder als Tripode-Gelenk ausgelegt. Das Tripodegelenk hat anstelle von 6 Kugeln 3 Rollen, die um 120° versetzt auf einem Tripodestern angeordnet sind. In diesem Kapitel wird nur der Ausbau der Gleichlauf-Kugelgelenke beschrieben.

Hinweise zum Zerlegen

- Gelenkwelle ausbauen und in Schraubstock spannen. Dabei die Welle mit Aluminiumblechen schützen.
- Rand der Gelenkschutzhülle (Manschette) auf der Welle mit Farbe oder Klebeband anzeichnen, damit die Gelenkschutzhülle in gleicher Lage wieder eingebaut wird. Zum Anzeichnen auf keinen Fall mit scharfem Gegenstand den Lack der Gelenkwelle beschädigen.

● Klemmschellen an beiden Gelenkschutzhüllen mit Seitenschneider aufschneiden und abnehmen. Gelenkschutzhülle zurückschieben.

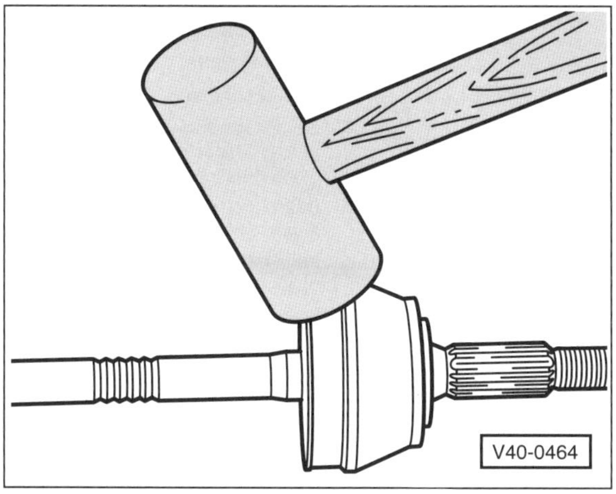
V40-0464

● **Äußeres Gelenk:** Gelenk durch kräftigen Schlag mit einem **Plastikhammer** von der Gelenkwelle abtreiben.

● **Inneres Gelenk:** Sicherungsring mit geeigneter Sprengringzange, zum Beispiel VW-161a, ausfedern. Gelenk mit geeigneter Presse abpressen, dabei die innere Kugelnabe abstützen.

Hinweise zum Zusammenbauen

● Die Gelenkschutzhülle wird beim Aufsetzen auf den Gelenkkörper häufig eingedrückt. Deshalb Schutzhülle am kleinen Durchmesser kurz mit einem Schraubendreher anlüften und so für einen Druckausgleich sorgen.

Einbaulage der Tellerfedern:

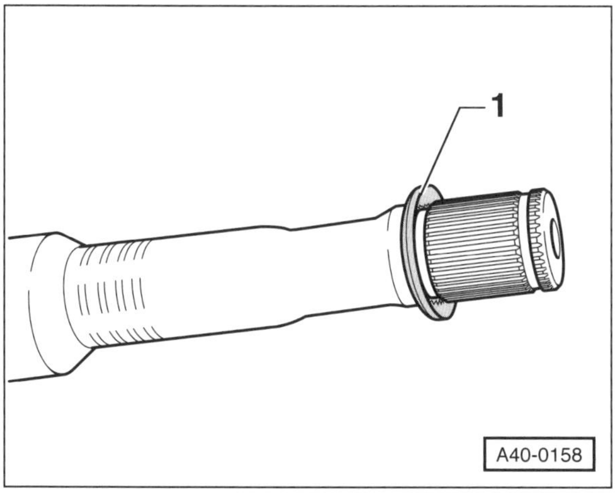

A40-0158

● Die Tellerfeder –1– am Innengelenk zeigt mit dem großen Durchmesser nach außen, siehe auch Position –8– in Abbildung N40-0299.

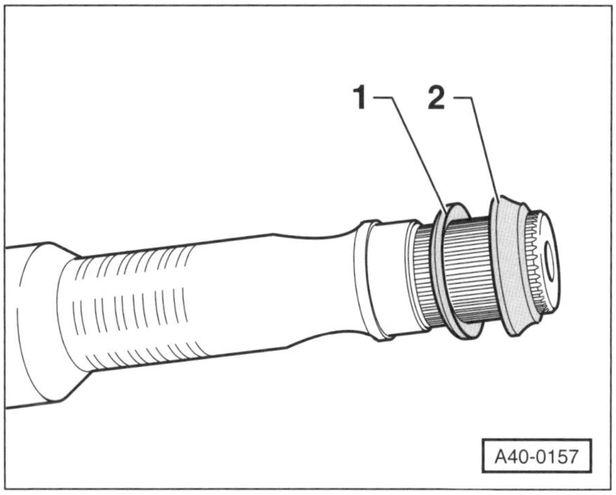

A40-0157

● Die Tellerfeder –1– am Außengelenk zeigt mit dem großen Durchmesser nach außen, der Anlaufring –2– mit dem kleinen Durchmesser nach außen, siehe auch Positionen –16– und –19– in Abbildung N40-0299.

● Gelenk mit Fett »VW-G000603« nachfetten. Halbe Fettmenge in der Schutzhülle verteilen, andere Hälfte ins Gelenk eindrücken. Gesamtfettmenge, siehe Seite 124.

● Einbaulage der Manschetten, siehe Seite 126.

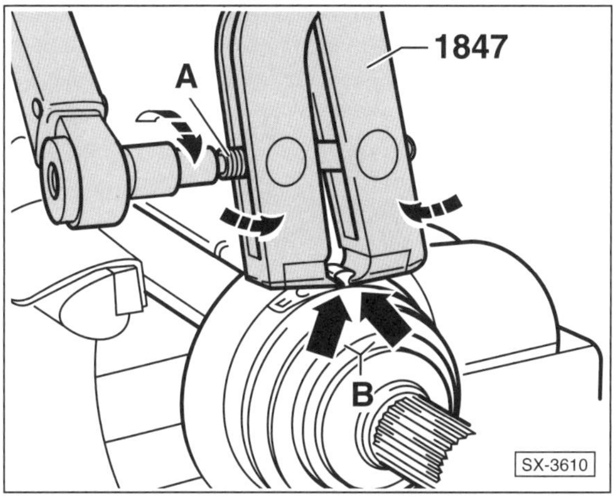

SX-3610

● Zum Spannen der Klemmschellen (Edelstahl) muß die dargestellte Zange HAZET 1847 genommen werden, sonst wird die erforderliche Spannkraft nicht erreicht. Zange so ansetzen, daß die Schneiden der Zange in den Ecken –B– anliegen. In dieser Stellung Schraube –A– mit Drehmomentschlüssel und **20 Nm** anziehen und dadurch Klemmschellen spannen. **Achtung:** Das Gewinde der Zange muß leichtgängig sein, gegebenenfalls vorher mit MoS_2-Fett schmieren.

Gelenkwelle mit Kugelgleichlaufgelenk

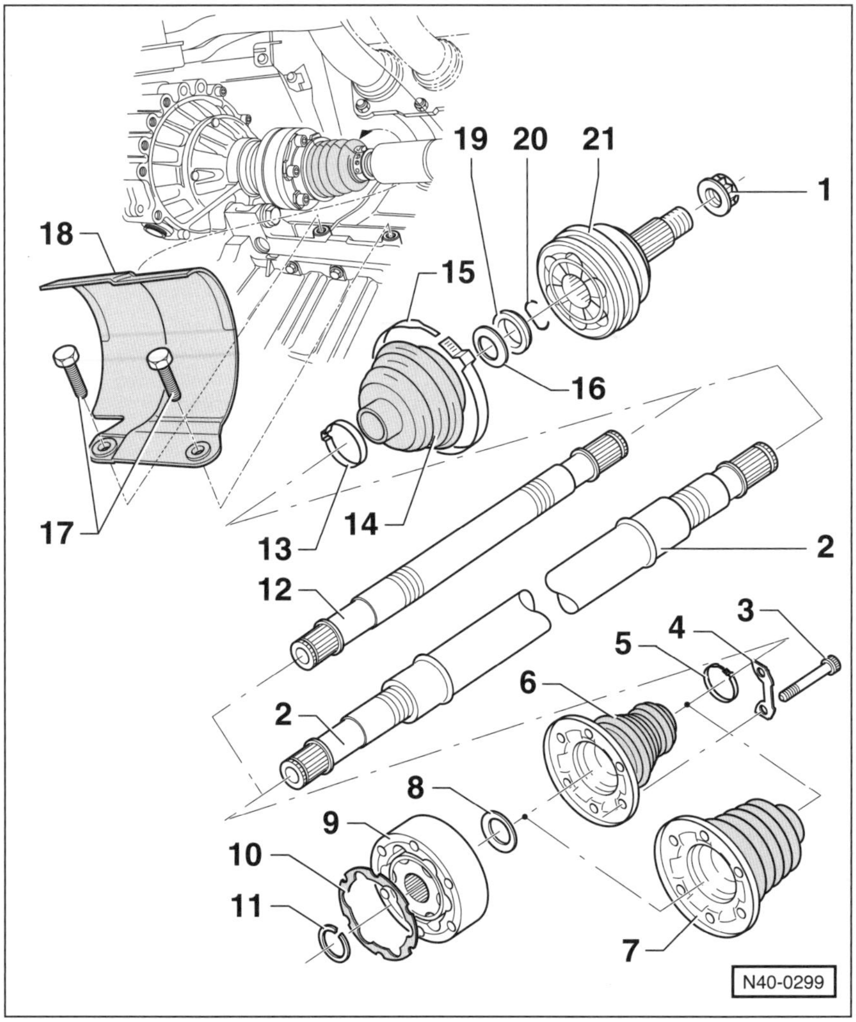

1 – **Zwölfkantmutter***

2 – **Gelenkwelle rechts (Rohrwelle)**

3 – **Innenvielzahnschraube**
1. Stufe:. . . . über Kreuz **10 Nm**
M8-Schraube – **2. Stufe** : . **40 Nm**
M10-Schraube – **2. Stufe** : **70 Nm**

4 – **Unterlegplatte**

5 – **Klemmschelle***

6 – **Gelenkschutzhülle innen**
Innere Manschette aus Kunststoff. Ohne Belüftungsbohrung.

7 – **Gelenkschutzhülle innen**
Innere Manschette aus Gummi. Mit Belüftungsbohrung

8 – **Tellerfeder**

9 – **Gleichlaufgelenk innen**
Nur komplett ersetzen.

10 – **Dichtung***
Schutzfolie abziehen und in das Gelenk einkleben. **Achtung:** Klebefläche am Gelenk muß frei von Fett und Öl sein.

11 – **Sicherungsring***

12 – **Gelenkwelle links (Vollwelle)**

13 – **Klemmschelle***

14 – **Gelenkschutzhülle außen**
Äußere Manschette aus Kunststoff.

15 – **Klemmschelle***

16 – **Tellerfeder**

17 – **Schraube, 35 Nm**

18 – **Schutzkappe**

19 – **Anlaufring**

20 – **Sicherungsring***
In die Nut der Welle einsetzen.

21 – **Gleichlaufgelenk außen**

*) Immer ersetzen.

Fettfüllung der Gleichlaufgelenke mit Schmierfett VW-G000603

Außengelenk Ø mm	Fettmenge gesamt	davon im	
		Gelenk	Faltenbalg
81	80 g	40 g	40 g
90	120 g	80 g	40 g
Innengelenk Ø mm			
94	90 g	40 g	50 g
100	120 g	50 g	70 g

Bei Erneuern der Gelenkschutzhülle Gelenk gegebenenfalls nachfetten.

Einbaulage der Gelenkmanschette für die linke Gelenkwelle –A– und die rechte Gelenkwelle –B–:

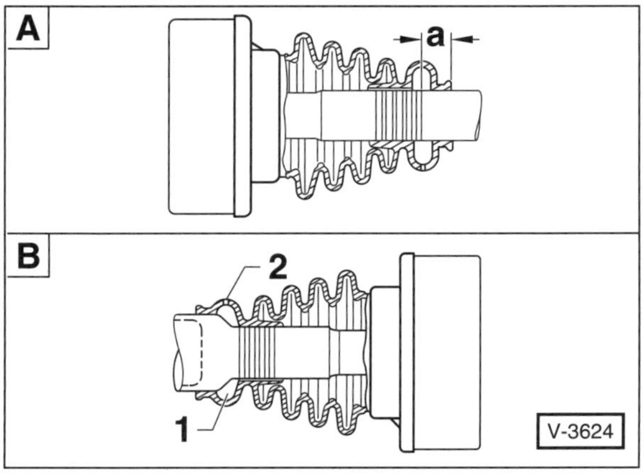

A: Maß a = 17 mm vor dem Einbau der Manschette mit Farbe oder Klebeband kennzeichnen.

B: Die Belüftungskammer –1– muß auf dem Rohr sitzen. 2 – Belüftungsbohrung.

Gelenkwelle mit Tripodegelenk

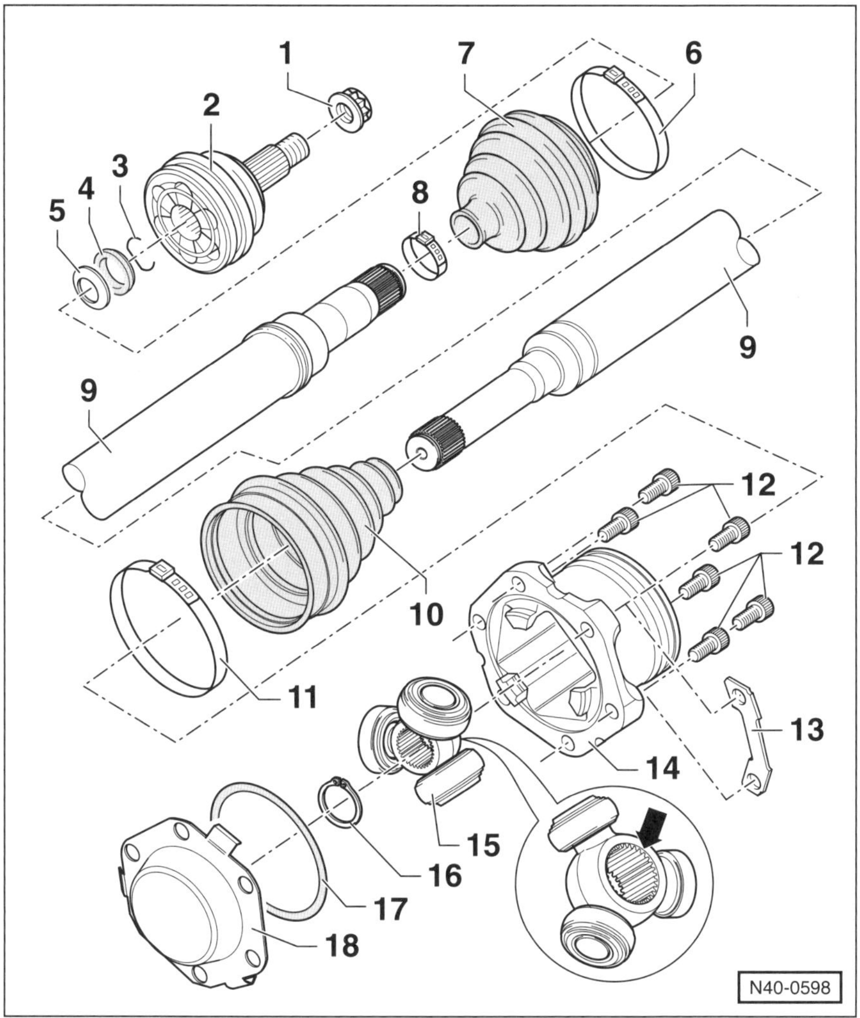

1 – Zwölfkantmutter*
Selbstsichernd, daher grundsätzlich ersetzen. Eventuell vorhandene Korrosion am Gewinde vorher entfernen.

2 – Gleichlaufgelenk außen
Nur komplett ersetzen.

3 – Sicherungsring*
In die Nut der Welle einsetzen.

4 – Anlaufring

5 – Tellerfeder
Großer ∅ liegt am Anlaufring an.

6 – Klemmschelle*

7 – Gelenkschutzhülle außen
Manschette für äußeres Gelenk.

8 – Klemmschelle*

9 – Gelenkwelle

10 – Gelenkschutzhülle innen
Manschette für Tripodegelenk.

11 – Klemmschelle*
Je nach Modell wird auch eine Klemmschelle mit kleinem ∅ benötigt.

12 – Innenvielzahnschraube
1. Stufe:. . . . über Kreuz **10 Nm**
M8-Schraube – **2. Stufe** : . **40 Nm**
M10-Schraube – **2. Stufe** : **70 Nm**

13 – Unterlegplatte
Ist nur an Gelenken mit 108 mm ∅ vorhanden.

14 – Gelenkstück

15 – Tripodestern mit Rollen
Die Fase (Abschrägung) –Pfeil– zeigt zur Verzahnung der Gelenkwelle.

16 – Sicherungsring*
In die Nut der Welle einsetzen.

17 – Runddichtring*
Innengelenk mit 124 mm ∅: Es sind 2 Dichtringe vorhanden. Diese beiden Dichtringe durch den im Reparatursatz vorhandenen ersetzen.

18 – Deckel*
Innengelenk mit 124 mm ∅: Der Deckel wird beim Ausbau zerstört. Stattdessen den Deckel aus dem Reparatursatz einbauen.

Hinweis: Je nach Motorisierung und Baujahr können Abweichungen gegenüber der Abbildung auftreten.

*) Immer ersetzen.

Fettfüllung der äußeren Gleichlaufgelenke mit Gelenkwellenfett VW-G000603:

Außengelenk ∅ mm	Fettmenge Gesamt	davon im	
		Gelenk	Faltenbalg
81	80 g	40 g	40 g
90	100 g	50 g	50 g
98	120 g	80 g	40 g
Innengelenk ∅ mm			
100	110 g	55 g	55 g
108	110 g	55 g	55 g
123 (Gehäuse eckig)	130 g	70 g	60 g
124	140 g	70 g	70 g

■ Bei Erneuern der Gelenkschutzhülle Gelenk gegebenenfalls nachfetten.

Hinterachse

Aus dem Inhalt:

- **Stoßdämpfer**
- **Schraubenfederausbau**
- **Stoßdämpfer prüfen**

Die Verbundlenker-Hinterachse besteht aus dem Achskörper und zwei Längslenkern. Vor dem V-Profil des Achskörpers befindet sich ein Stabilisator, der die Kurvenneigung des Fahrzeuges verringert und dadurch das Fahrverhalten stabilisiert. Die Hinterachse ist über Gummi-Metall-Lager mit dem Aufbau verbunden. Abgefedert wird das Fahrzeug hinten durch 2 Schraubenfedern und 2 Stoßdämpfer. Schraubenfedern und Stoßdämpfer sind getrennt angeordnet, dadurch vergrößert sich die Durchladebreite im Laderaum.

Die Doppelkugellager der hinteren Radlagerung sind wartungs- und einstellfrei.

Fahrzeuge mit Allradantrieb verfügen über eine Doppelquerlenkerhinterachse mit Einzelradaufhängung. Die Hinterräder werden durch je zwei Quer- und einen Längslenker geführt.

Zur Übertragung der Antriebskraft sind eine Kardanwelle, ein Hinterachsantrieb und zwei Antriebswellen eingebaut.

Die Hinterachsvermessung kann nur mit einer optischen Meßanlage durchgeführt werden. Der zulässige Sturz beträgt bei Fahrzeugen mit Frontantrieb 1°27'±10', wobei zwischen beiden Seiten ein maximaler Unterschied von 30' zulässig ist. Die Gesamtspur beträgt bei Frontantrieb, vorgeschriebenem Radsturz und »Basisfahrwerk«: +20'±10'.

Sicherheitshinweis:
Schweiß- und Richtarbeiten an tragenden und radführenden Bauteilen der Hinterradaufhängung **sind nicht zulässig. Selbstsichernde Muttern**, sowie korrodierte Schrauben/Muttern im Reparaturfall **immer ersetzen.**

Hinterachse, Fahrzeuge mit Frontantrieb.

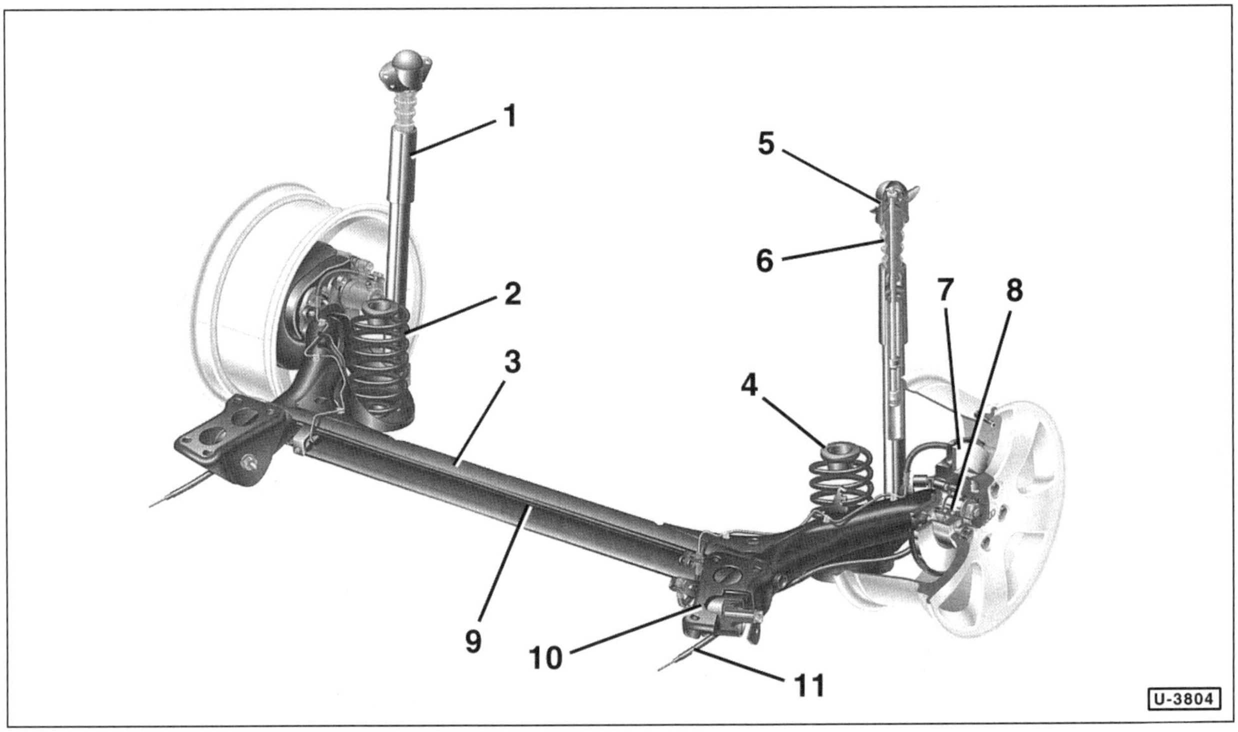

1 – Stoßdämpfer
2 – Schraubenfeder
3 – Hinterachskörper
4 – Obere Federauflage
5 – Dämpferlager
6 – Anschlagpuffer
7 – Bremsscheibe
8 – Radlager
9 – Stabilisator
10 – Gummimetallager
11 – Handbremsseile

Hintere Aufhängung (Übersichtsdarstellung)

Fahrzeuge mit Frontantrieb

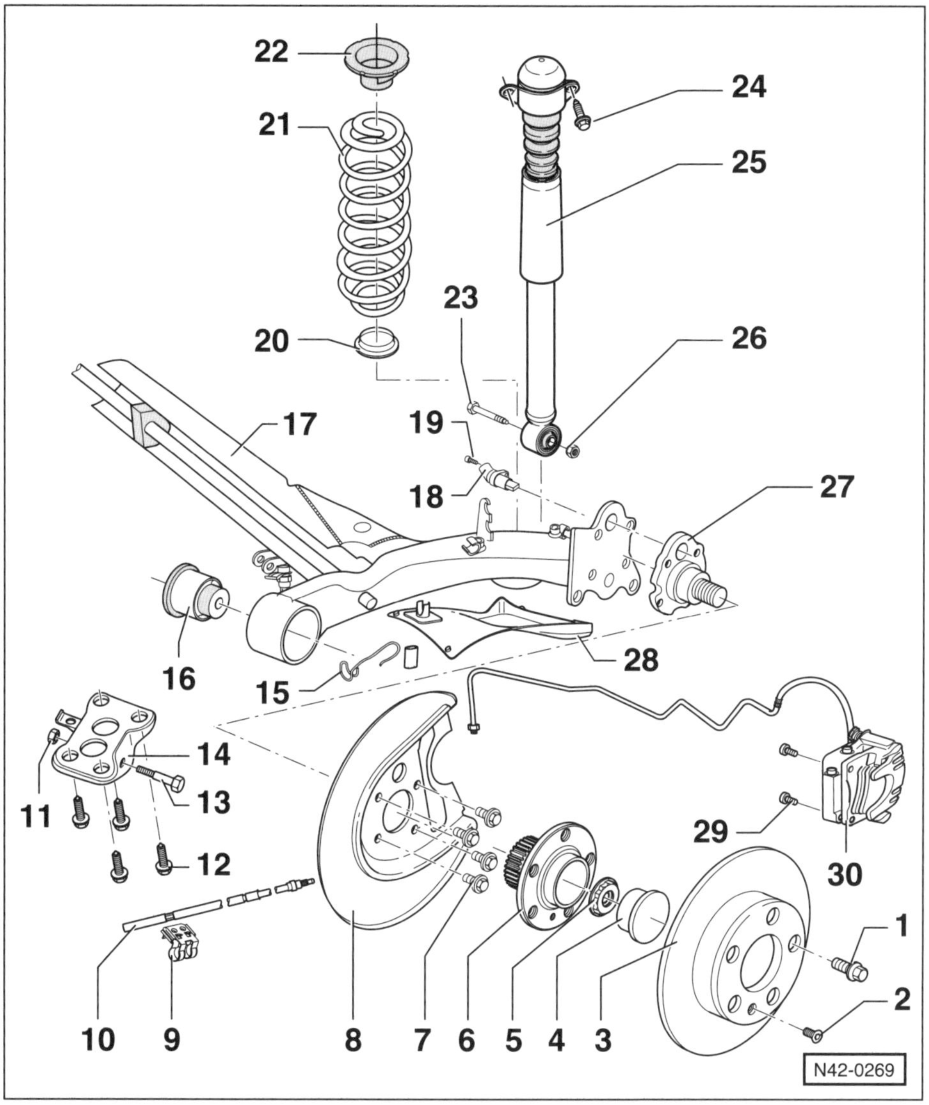

16 – **Gummimetallager oder hydraulisches Gummimetallager**
Hinweis: Bei Defekt eines hydraulischen Gummimetallagers –16– muß der gesamte Achskörper –17– ersetzt werden.

17 – **Achskörper**

18 – **Drehzahlfühler**

19 – **Innensechskantschraube, 8 Nm**

20 – **Unterlage**
Zinkunterlage vor dem Einbau auf Beschädigungen prüfen, gegebenenfalls ersetzen.

21 – **Schraubenfeder**

22 – **Federauflage**

23 – **Schraube, 40 Nm + 90°**
Nach jedem Ausbau ersetzen.

24 – **Schraube, 30 Nm + 90°**
Nach jedem Ausbau ersetzen.

25 – **Stoßdämpfer**

26 – **Mutter**
Nach jedem Ausbau ersetzen.
Beim Festziehen muß das Fahrzeug auf dem Boden stehen und das Heck durch eine Person belastet sein.

27 – **Achszapfen**

28 – **Steinschlagschutz**

29 – **Innensechskantschraube, 65 Nm**
Nach jedem Ausbau ersetzen.

30 – **Bremssattel**

1 – **Radschraube, 120 Nm**

2 – **Kreuzschlitzschraube**

3 – **Bremsscheibe**

4 – **Staubkappe**
Nach jedem Ausbau grundsätzlich ersetzen. Nur dann ist eine ordnungsgemäße Abdichtung sichergestellt.

5 – **Zwölfkantmutter, 175 Nm**
Selbstsichernd, daher grundsätzlich ersetzen.

6 – **Radnabe mit Radlager**
Die Radlager-/Radnabeneinheit ist wartungs- und spielfrei.
Bei Fahrzeugen mit **Allradantrieb** sind die Bauteile Radnabe und Radlager nicht zu einer Einheit zusammengefaßt. Sie können einzeln ersetzt werden. Das Radlager ist in den Hinterachs-Längslenker eingebaut und wird mit einem Sicherungsring gesichert.

7 – **Schraube, 60 Nm**
Nach jedem Ausbau ersetzen.

8 – **Abdeckblech**

9 – **Halter für Handbremsseil**

10 – **Handbremsseil**

11 – **Mutter, 80 Nm**
Selbstsichernd, daher grundsätzlich ersetzen.

12 – **Schraube, 75 Nm**
Nach jedem Ausbau ersetzen.
Hinweis: Bei beschädigtem Gewinde der Schweißmutter kann dieses mit einem Heli-Coil-Gewindereparatursatz instand gesetzt werden. Allerdings darf **nur eine** Schweißmutter pro Seite auf diese Weise repariert werden.

13 – **Schraube, 80 Nm**
Nach jedem Ausbau ersetzen.

14 – **Lagerbock für Hinterachse**
Nach dem Einbau Gesamtspur der Hinterachse prüfen, gegebenenfalls einstellen.
Zum Ausbau Hinterachse nach Möglichkeit nicht lösen.

15 – **Halter für Handbremsseil**

Stoßdämpfer/Schraubenfeder aus- und einbauen

Fahrzeuge mit Frontantrieb

Ausbau

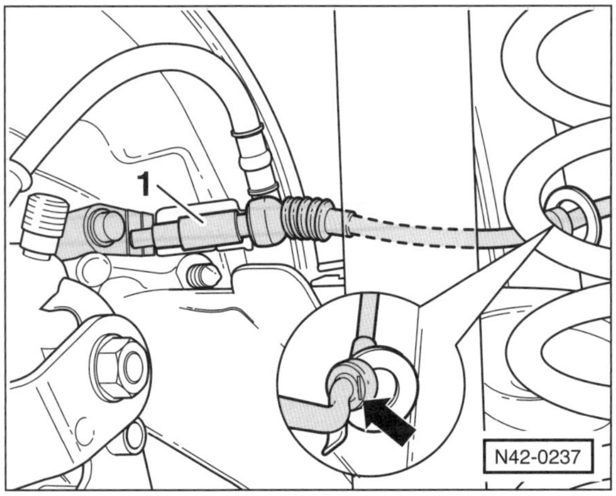

- Stecker –1– vom Drehzahlfühler abziehen.
- Leitung für Drehzahlfühler aus dem Halter ausclipsen.

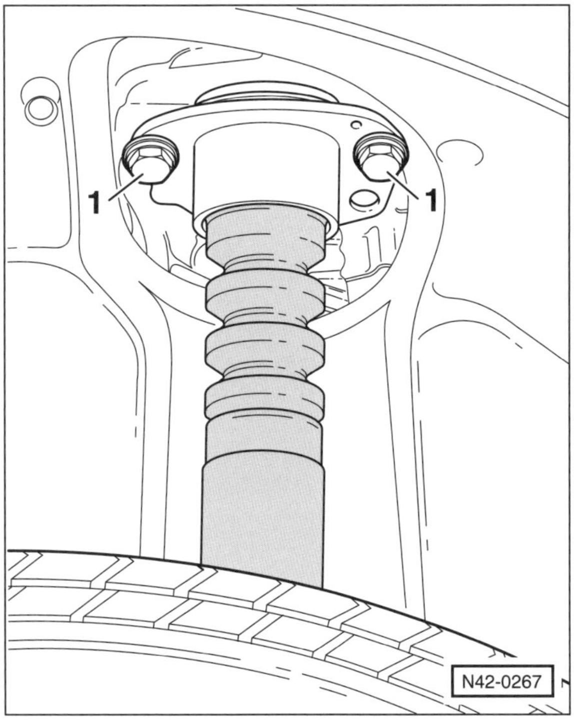

- Obere Befestigungsschrauben für Stoßdämpfer –1– bei auf den Rädern stehendem Fahrzeug herausschrauben. Gegebenenfalls Fahrzeug soweit anheben, bis die Schrauben zugänglich sind.

Sicherheitshinweis:
Beim Aufbocken des Fahrzeugs besteht Unfallgefahr! Deshalb vorher das Kapitel »Fahrzeug aufbocken« durchlesen.

- Fahrzeug langsam anheben und aufbocken. Dabei wird die Schraubenfeder entlastet.
- Schraubenfeder herausnehmen.

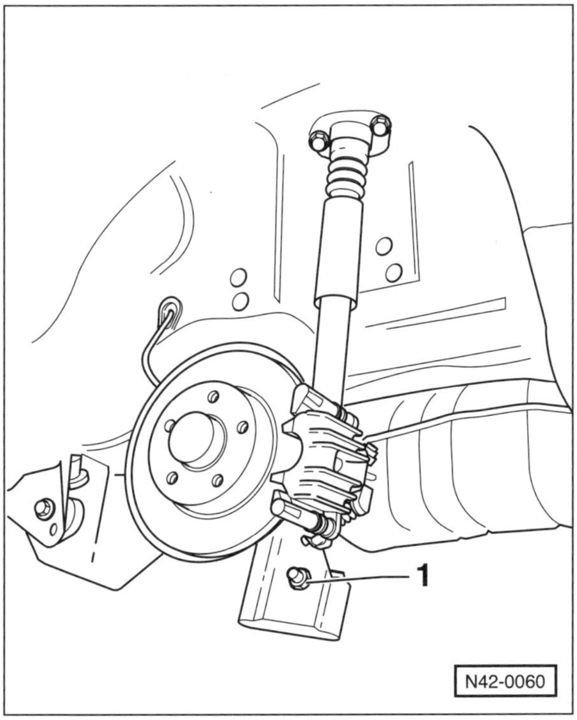

- Stoßdämpfer von der Hinterachse abschrauben –1– und herausnehmen.

Einbau

- Stoßdämpfer an die Hinterachse mit **neuer** Mutter anschrauben, **nicht festziehen.**
- Zinkunterlage für Schraubenfeder auf Beschädigung prüfen gegebenenfalls ersetzen.

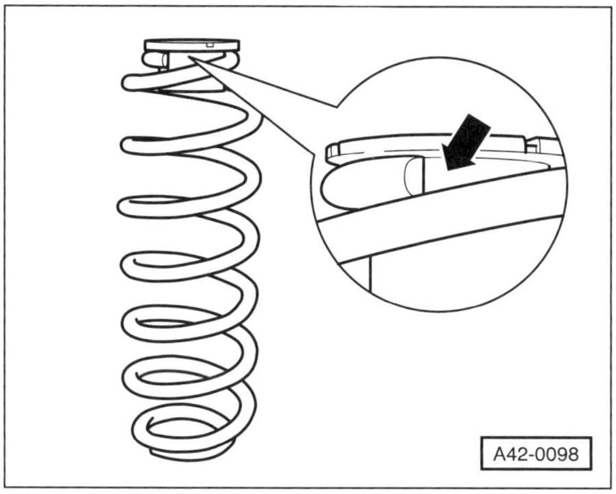

- Schraubenfeder so einsetzen, daß der Federanfang –Pfeil– am Anschlag der oberen Federauflage anliegt.

- Fahrzeug langsam absenken und dabei Schraubenfeder spannen.
- Stoßdämpfer am Aufbau mit **neuen** Schrauben und **30 Nm + 90°** festschrauben.
- Gegebenenfalls Fahrzeug ganz ablassen und Fahrzeugheck durch eine Person belasten.
- Mutter für untere Stoßdämpferbefestigung mit **40 Nm + 90°** festziehen.

Stoßdämpfer hinten

Fahrzeuge mit Frontantrieb

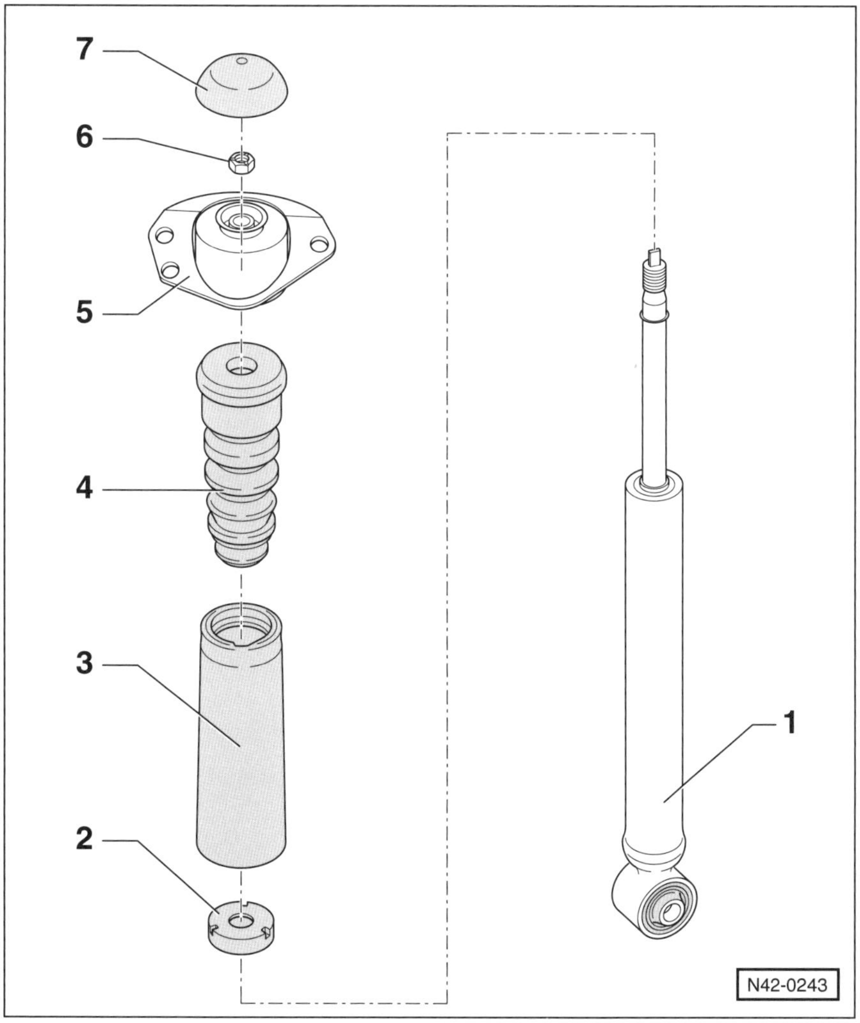

1 – Gasdruck-Stoßdämpfer

2 – Schutzkappe

3 – Schutzrohr

4 – Anschlagpuffer

5 – Dämpferlager

6 – Mutter, 25 Nm
Selbstsichernd, daher grundsätzlich ersetzen.
Beim Lösen und Festziehen Kolbenstange gegenhalten.

7 – Abdeckung

Stoßdämpfer prüfen

Folgende Fahreigenschaften weisen auf defekte Stoßdämpfer hin:

- Langes Nachschwingen der Karosserie bei Bodenunebenheiten.
- Aufschaukeln der Karosserie bei aufeinander folgenden Bodenunebenheiten.
- Springen der Räder auch auf normaler Fahrbahn.
- Ausbrechen des Fahrzeuges beim Bremsen (kann auch andere Ursachen haben).
- Kurvenunsicherheit durch mangelnde Spurhaltung, Schleudern des Fahrzeuges.
- Abnorme Reifenabnutzung mit Abflachungen (Auswaschungen) am Reifenprofil.
- Defekte Dämpfer erkennt man auch während der Fahrt an Polter- und Knackgeräuschen. Allerdings haben diese Geräusche häufig auch andere Ursachen, zum Beispiel lockere Fahrwerksschrauben, Muttern, defektes Radlager oder Gleichlaufgelenk. Daher Dämpfer vor dem Ersetzen immer prüfen, gegebenenfalls auf Stoßdämpferprüfstand prüfen lassen.

Der Stoßdämpfer kann von Hand geprüft werden. Eine genaue Überprüfung der Stoßdämpferleistung ist jedoch nur mit einem Shock-Tester (Stoßdämpfer eingebaut) oder einer Stoßdämpfer-Prüfmaschine möglich.

Prüfung von Hand

- Stoßdämpfer ausbauen.

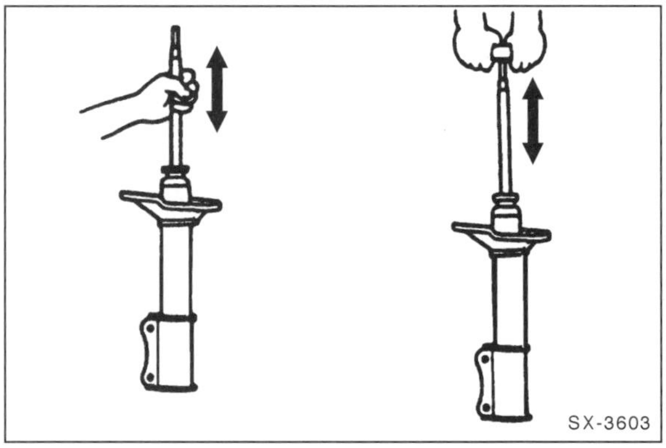

- Stoßdämpfer in Einbaulage halten, Stoßdämpfer auseinanderziehen und zusammendrücken. Der Stoßdämpfer muß sich über den gesamten Hub gleichmäßig schwer und ruckfrei bewegen lassen.
- Bei Gasdruck-Stoßdämpfern geht die Kolbenstange bei ausreichendem Gasfülldruck von selbst wieder in die Ausgangslage zurück. Ist dies nicht der Fall, braucht der Dämpfer nicht unbedingt ersetzt werden. Die Wirkungsweise entspricht, solange kein größerer Ölverlust eingetreten ist, der Wirkungsweise eines konventionellen Dämpfers. Die dämpfende Funktion ist auch ohne Gasdruck vollständig vorhanden. Allerdings kann sich das Geräuschverhalten verschlechtern.
- Bei einwandfreier Funktion sind geringe Spuren von Stoßdämpferöl kein Grund zum Austausch. Als Faustregel gilt: Wenn ein Ölfleck sichtbar ist und sich nicht weiter ausbreitet als vom oberen Stoßdämpferverschluß (Kolbenstangendichtring) bis zum unteren Federteller, gilt der Dämpfer als in Ordnung. Voraussetzung ist, daß der Ölfleck stumpf, matt beziehungsweise durch Staub getrocknet ist. Ein geringfügiger Ölaustritt ist sogar von Vorteil, weil dadurch der Dichtring geschmiert wird und sich somit dessen Lebensdauer erhöht.
- Bei starkem Ölverlust Stoßdämpfer austauschen.

Räder und Reifen

Aus dem Inhalt:

- Profiltiefe prüfen
- Räder austauschen
- Reifenfülldruck
- Radschrauben anziehen
- Reifenpflege
- Fahrzeug aufbocken
- Reifencode
- Schneeketten

Das Fahrzeug ist je nach Modell und Ausstattung mit schlauchlosen Gürtelreifen sowie Felgen unterschiedlicher Größe ausgerüstet. Sofern Reifen und/oder Felgen montiert werden, die nicht in den Fahrzeugpapieren vermerkt sind, ist eine Eintragung in die Fahrzeugpapiere erforderlich. Dazu wird in der Regel eine Freigabebescheinigung vom Fahrzeughersteller benötigt. Seit ca. 2000 müssen montierte Reifen, die nicht in den Fahrzeugpapieren stehen, in der EU-Übereinstimmungsbescheinigung (CoC = Certificate of Conformity) zum Fahrzeug aufgeführt sein. Diese Bescheinigung oder eine Kopie davon ist dann grundsätzlich im Fahrzeug mitzuführen. **Achtung:** Bei einigen Reifen-/Felgengrößen dürfen keine Schneeketten aufgezogen werden.

Neben der Felgenbreite und dem Felgendurchmesser ist bei einem Wechsel der Felge auch die Einpreßtiefe zu beachten. Die Einpreßtiefe ist das Maß von der Felgenmitte bis zur Anlagefläche der Radschüssel an die Bremsscheibe.

Alle Scheibenräder sind als Hump-Felgen ausgelegt. Der Hump ist ein in die Felgenschulter eingepreßter Wulst, der auch bei extrem scharfer Kurvenfahrt nicht zuläßt, daß der schlauchlose Reifen von der Felge gedrückt wird.

Achtung: Beim Wechsel des Reifenformats muß das Navigationssystem in der VW-Werkstatt neu kalibriert werden.

Profiltiefe messen

Reifen dürfen aufgrund gesetzlicher Vorschriften lediglich bis zu einer Profiltiefe von 1,6 mm abgefahren werden, und zwar muß die gesamte Lauffläche noch 1,6 mm Tiefe aufweisen. Es empfiehlt sich aus Sicherheitsgründen, die Sommerreifen bei einer Profiltiefe von 2 mm und die Winterreifen bei einer Tiefe von 4 mm auszutauschen.

Die Tiefe der Reifenprofilrillen ist in den Hauptprofilrillen an den am stärksten verschlissenen Stellen des Reifens zu

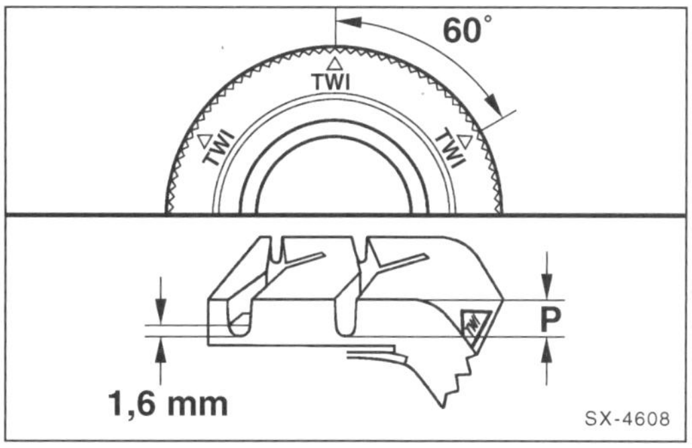

messen. Hauptprofilrillen sind an den Abnutzungsindikatoren (TWI) zu erkennen. Die Positionen der TWI-Indikatoren sind mehrmals an der Reifenflanke gekennzeichnet. Die Flächen der Abnutzungsindikatoren haben eine Höhe von 1,6 mm. Sie dürfen nicht in die Messung mit einbezogen werden. Für die Meßwerte entscheidend ist das Maß an der Stelle mit der geringsten Profiltiefe –P–.

Reifenfülldruck

Für den VW GOLF/BORA sind viele unterschiedliche Reifendimensionen und Felgengrößen vom Werk zugelassen. Die

Eine Auswahl von Reifen-/Felgenkombinationen für den VW GOLF / VW BORA

Modell	Motorisierung	Reifengröße	Felgengröße	Einpreßtiefe	Reifenfülldruck (Überdruck) in bar			
					halbe Zuladung		volle Zuladung	
					vorn	hinten	vorn	hinten
GOLF	55/74/75/77 kW	175/80 R14	6 J x 14	38	1,9	1,9	2,2	3,0
	85/92 kW	195/65 R 15	6 J x 15	38	1,9	1,9	2,1	2,6
	110 kW (1,8-/2,3-l)	195/65 R 15	6 J x 15	38	2,1	1,9	2,3	2,6
BORA	55/74/75/77/85/92 kW	195/65 R 15	6 J x 15	38	1,9	1,9	2,1	2,8
	110 kW (1,8-/2,3-l)	195/65 R 15	6 J x 15	38	2,1	1,9	2,3	2,9
GOLF/BORA VARIANT	55/74/75/77/85/92 kW	195/65 R 15	6 J x 15	38	1,9	1,9	2,3	3,0
	110 kW (1,8-/2,3-l)	195/65 R 15	6 J x 15	38	2,0	2,0	2,5	3,2

vorliegende Reifentabelle listet nur einen kleinen Querschnitt möglicher Reifen-/Felgenkombinationen auf. Eine komplette Liste aller für den VW GOLF/BORA zugelassenen Reifen und Felgen hat jede VW-Vertragswerkstatt. Der Reifenfülldruck wird vom Automobilhersteller in Abhängigkeit verschiedener Parameter festgelegt. Dazu zählen unter anderem die Fahrzeugbelastung und die Fahrzeug-Höchstgeschwindigkeit.

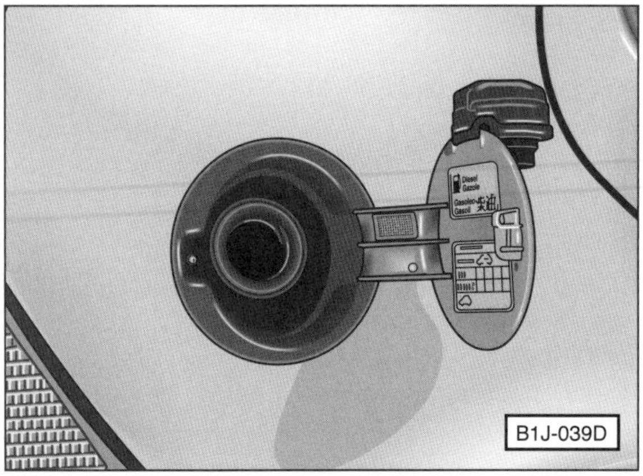

Es ist wichtig, daß der für den speziellen Reifen ermittelte Reifenfülldruck eingehalten wird. Der vorgeschriebene Reifenfülldruck für Normal- oder Sommerreifen steht auf einem Aufkleber in der Tankklappe, für Winterreifen in der Betriebsanleitung. Wird das Reifenformat gewechselt, neue Reifenfülldruckwerte in der Tankklappe vermerken. Für die Lebensdauer und die Fahrzeugsicherheit ist das Einhalten des Reifenfülldrucks von großer Wichtigkeit. Reifenfülldruck deshalb möglichst alle 2 Wochen prüfen.

- Reifendruckangaben beziehen sich auf **kalte** Reifen. Der sich bei längerer Fahrt einstellende und um ca. 0,2 bis 0,4 bar höhere Überdruck darf nicht reduziert werden. Winterreifen werden in der Regel mit einem etwa 0,2 bar höheren Überdruck gefahren, die Fülldruckempfehlungen des jeweiligen Reifenherstellers bei Winterreifen sind zu beachten. Unterliegen die Winterreifen einer Geschwindigkeitsbeschränkung, muß ein Hinweis über die zulässige Höchstgeschwindigkeit im Blickfeld des Fahrers angebracht werden (§ 36, Absatz 1 StVZO).
- Bei sportlicher Fahrweise sowie längeren Autobahnfahrten mit Geschwindigkeiten über 160 km/h empfiehlt es sich, den Reifenüberdruck an Vorder- und Hinterrädern um 0,2 bar zu erhöhen. Bei dieser Erhöhung ist vom Basis-Überdruck auszugehen, wie er für die verschiedenen Belastungszustände vorgeschrieben ist.
- Bei Anhängerbetrieb Reifenfülldruck auf den unter »volle Zuladung« angegebenen Wert erhöhen.
- Der Reifenfülldruck für das **Reserverad** entspricht dem höchsten Fülldruck bei der maximalen Belastung. Ist ein **Reserve-Notrad** vorhanden, beträgt der Reifenfülldruck: 4,2 bar. Außerdem steht der richtige Fülldruck für das Notrad auf der Reifenflanke. **Achtung: Das Notrad ist nur für den vorübergehenden und kurzzeitigen Einsatz bestimmt.** Nicht über 80 km/h fahren. Vollgasbeschleunigung, starkes Bremsen und rasante Kurvenfahrten vermeiden. Niemals mit mehr als einem Notrad fahren. Keine Schneekette montieren.

Schneeketten

Die Verwendung von Schneeketten (Gleitschutzketten) ist nur an der Vorderachse erlaubt. Bei einigen Breitreifen-/Felgenkombinationen ist die Verwendung von Schneeketten generell verboten, zum Beispiel: Reifen 205/55 R16 auf Felge 6,5 J x 16 sowie 225/45 R17 mit 7 J x 17.

Mit Schneeketten darf nicht schneller als 50 km/h gefahren werden. Auf schnee- und eisfreien Straßen sind die Gleitschutzketten abzunehmen.

Nur Schneeketten verwenden, die nicht mehr als 15 mm auftragen.

Um Beschädigungen an den Radblenden zu vermeiden, sollten diese bei Schneekettenbetrieb abgenommen werden.

Austauschen der Räder/ Laufrichtung beachten

Es ist nicht zweckmäßig, bei einem Austausch der Räder die Drehrichtung der Reifen zu ändern, da sich die Reifen nur unter vorübergehend stärkerem Verschleiß der veränderten Drehrichtung anpassen. Bei einigen Reifen ist eine Laufrichtung durch einen Pfeil auf der Seitenwand vorgegeben, die Laufrichtung ist dann unbedingt einzuhalten.

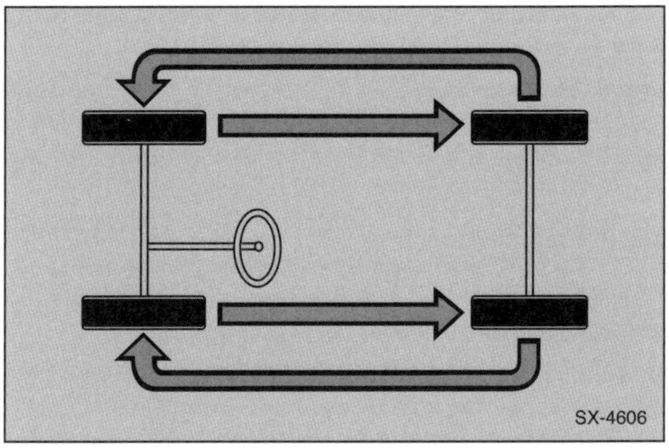

Bei deutlich stärkerer Abnutzung der vorderen Reifen empfiehlt es sich, die Vorderräder gegen die Hinterräder zu tauschen. Dadurch haben alle 4 Reifen etwa die gleiche Lebensdauer.

Sicherheitshinweise:
Reifen nicht einzeln, sondern mindestens achsweise ersetzen. Reifen mit der größeren Profiltiefe vorn montieren. An Vorder- und Hinterachse nur Reifen gleicher Größe und Bauart, möglichst auch gleichen Fabrikats und Profilausführung montieren. Reifen, die älter als 6 Jahre sind, nur im Notfall und bei vorsichtiger Fahrweise verwenden. Beim Erneuern und Demontieren schlauchloser Reifen unbedingt das Reifenventil mit austauschen.

- Bei **laufrichtungsgebundenem Profil**, erkennbar an Pfeilen auf der Reifenflanke in Laufrichtung, muß die Laufrichtung des Reifens unbedingt eingehalten werden. Dadurch werden optimale Laufeigenschaften bezüglich Aquaplaning, Haftvermögen, Geräusch und Abrieb sichergestellt. Falls das Reserverad bei einer Reifenpanne einmal entgegen der Laufrichtung montiert werden muß, sollte dieser Einsatz nur vorübergehend sein, denn die optimalen Laufeigenschaften des Reifens bezüglich Aquaplaning, Geräusch und Abriebverhalten sind dann nicht mehr voll gegeben. Das gilt insbesondere bei Nässe. Deshalb empfiehlt es sich, die Geschwindigkeit den Fahrbahnverhältnissen anzupassen und den entgegen der Laufrichtung montierten Reifen in die vorgeschriebene Laufrichtung zu montieren.
- Vor der Demontage des Rades dieses mit Kreide oder Farbstift zur Radnabe markieren, damit es in gleicher Stellung wieder montiert werden kann.

- Radblende abnehmen. Dazu Radschlüssel und Drahtbügel aus dem Bordwerkzeug verwenden. Je nach Ausführung der Abdeckung den Drahtbügel in das Lochpaar am Rand der Abdeckung beziehungsweise in den Rand der Abdeckung selbst einhängen. Radschlüssel durch den Bügel schieben und Abdeckung abhebeln.
- Bei einigen Leichtmetallfelgen-Ausführungen sitzen Abdeckkappen auf den Radschrauben. Zum Abnehmen Drahthaken aus dem Bordwerkzeug in die Öffnung der Abdeckkappe stecken und Kappe mit dem Haken abziehen.
- **Radschrauben lösen, wenn das Fahrzeug auf dem Boden steht.** Dazu Handbremse anziehen und 1. Gang einlegen und gegenüberliegendes Rad mit einem Stein oder dergleichen sichern, damit das Fahrzeug nicht wegrollt.

Achtung: Leichtmetallfelgen sind durch einen Klarlacküberzug gegen Korrosion geschützt. Beim Radwechsel darauf achten, daß die Schutzschicht nicht beschädigt wird, andernfalls mit Klarlack ausbessern.

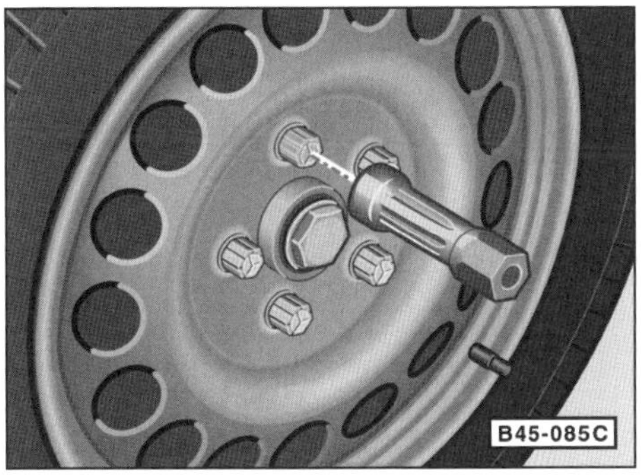

- Radschrauben mit Hilfe des Innensechskantes im Schraubendrehergriff (Bordwerkzeug) herausdrehen.

Hinweis: Zum Lösen diebstahlhemmender Radschrauben ist ein Adapter für die Radschrauben erforderlich, der in der Regel dem Bordwerkzeug beigelegt ist. Vor dem Lösen der diebstahlhemmenden Radschrauben die Kappe abnehmen. Adapter in Radschraube einsetzen und Radschraube mit Radschlüssel lösen. An der Stirnseite des Adapters ist eine Code-Nummer eingeschlagen. Nummer notieren und sicher aufbewahren, damit ein verlorengegangener Adapter wiederbeschafft werden kann.

- Zum Schutz gegen das Festrosten des Rades den Zentriersitz des Scheibenrades an der Radnabe vorn und hinten bei jeder Demontage des jeweiligen Rades dünn mit Hochtemperaturpaste bestreichen, zum Beispiel: VW-G052109A2 oder Castrol Molub-Alloy Paste TA.
- Verschmutzte Schrauben und Gewinde reinigen. Gewinde der Radschrauben **nicht** fetten oder ölen.

Radschrauben anziehen

Felgen und Radschrauben sind aufeinander abgestimmt. Bei jeder Umrüstung auf andere Felgen, zum Beispiel Leichtmetallfelgen oder Räder mit Winterbereifung, müssen deshalb die dazugehörigen Radschrauben mit der richtigen Länge und Kalottenform verwendet werden. Der Festsitz der Räder und die Funktion der Bremsanlage hängen davon ab.

- Radschrauben über Kreuz in mehreren Durchgängen festziehen. Zum Festziehen der Radschrauben sollte immer ein Drehmomentschlüssel verwendet werden. Dadurch wird sichergestellt, daß die Radschrauben gleichmäßig fest angezogen sind. **Das Anzugsdrehmoment beträgt für alle Radschrauben 120 Nm.**
- Wurde beim Radwechsel festgestellt, daß die Radschrauben korrodiert und schwergängig sind, müssen sie vor dem Prüfen des Anzugsdrehmomentes erneuert werden. Bis dahin vorsichtshalber nur mit mäßiger Geschwindigkeit fahren.

Achtung: Durch einseitiges oder unterschiedlich starkes Anziehen der Radschrauben können das Rad und/oder die Radnabe verspannt werden. Korrodierte und schwergängige Schrauben können nicht mit dem korrekten Drehmoment angezogen werden.

- Nach dem Reifenwechsel unbedingt Reifenfülldruck prüfen und gegebenenfalls korrigieren.
- Nach einer Fahrstrecke von etwa 50 km alle Radschrauben über Kreuz mit dem Drehmomentschlüssel und dem richtigen Anzugsdrehmoment nochmals »nachknicken«.

Reifen- und Scheibenrad-Bezeichnungen/Herstellungsdatum

Reifen-Bezeichnungen

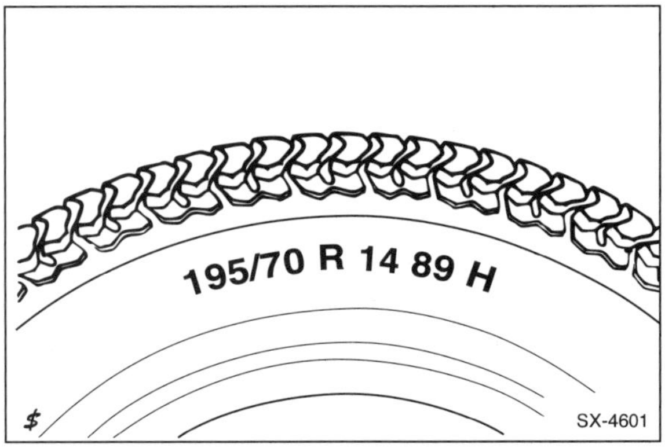

195 = Reifenbreite in mm

70 = Verhältnis Höhe zu Breite (die Höhe des Reifenquerschnitts beträgt 70 % von der Breite)

Fehlt eine besondere Angabe des Querschnittverhältnisses (z. B. 155 R 13), so handelt es sich um das »normale« Höhen-Breiten-Verhältnis. Es beträgt bei Gürtelreifen 82 %.

R = Radial-Bauart (= Gürtelreifen).

14 = Felgendurchmesser in Zoll.

89 = Tragfähigkeits-Kennzahl.

Achtung: Steht zwischen den Angaben 14 und 89 die Bezeichnung M+S, dann handelt es sich um einen Reifen mit Winterprofil.

H = Kennbuchstabe für zulässige Höchstgeschwindigkeit, H: bis 210 km/h.

Der Geschwindigkeitsbuchstabe steht hinter der Reifengröße. Die Geschwindigkeitssymbole gelten sowohl für Sommer- als auch für Winterreifen.

Achtung: Neureifen müssen seit 10/98 zusätzlich mit einer ECE-Prüfnummer an der Reifenflanke versehen sein. Diese Prüfnummer weist nach, daß der Reifen dem ECE-Standard entspricht. Reifen seit 10/98 **ohne** ECE-Prüfnummer haben keine Allgemeine Betriebserlaubnis (ABE).

Geschwindigkeits-Kennbuchstabe

Kennbuchstabe	Zulässige Höchstgeschwindigkeit
Q	160 km/h
S	180 km/h
T	190 km/h
H	210 km/h
V	240 km/h
W	270 km/h

Achtung: Steht hinter der Reifenbezeichnung das Wort »reinforced«, handelt es sich um einen Reifen in verstärkter Ausführung, beispielsweise für Vans und Transporter.

Reifen-Herstellungsdatum

Das Herstellungsdatum steht auf dem Reifen im Hersteller-Code.

Beispiel: DOT CUL2 UM8 4805 TUBELESS

DOT = Department of Transportation (US-Verkehrsministerium)

CU = Kürzel für Reifenhersteller

L2 = Reifengröße

UM8 = Reifenausführung

4805 = Herstellungsdatum = 48. Produktionswoche 2005 **Hinweis:** Falls anstelle der 4-stelligen Ziffer eine 3-stellige Ziffer, gefolgt von einem ◁-Symbol aufgeführt ist, dann wurde der Reifen im vergangenen Jahrzehnt produziert. Die Bezeichnung 509◁ bedeutet beispielsweise: 50. Produktionswoche 1999.

TUBELESS = schlauchlos (TUBETYPE = Schlauchreifen)

Scheibenrad-Bezeichnungen

Beispiel : 6J x 15 H2, LK5/100, ET 38

6 = Maulweite (Innenbreite) der Felge in Zoll.

J = Kennbuchstabe für Höhe und Kontur des Felgenhorns (B = niedrigere Hornform).

x = Kennzeichen für einteilige Tiefbettfelge.

15 = Felgen-Durchmesser in Zoll.

H2 = Felgenprofil an Außen- und Innenseite mit Hump-Schulter (Hump = Sicherheitswulst, damit der Reifen nicht von der Felge rutscht).

LK5 = Anzahl der Bohrungen in der Felge für die Radschrauben/-muttern (= Lochkreise).

100 = Lochkreis-Durchmesser in mm.

ET 38 = Einpresstiefe des Scheibenrades von 38 mm.

Auswuchten von Rädern

Die serienmäßigen Räder werden im Werk ausgewuchtet. Das Auswuchten ist notwendig, um unterschiedliche Gewichtsverteilung und Materialungenauigkeiten auszugleichen.

Im Fahrbetrieb macht sich die Unwucht durch Trampel- und Flattererscheinungen bemerkbar. Das Lenkrad beginnt dann bei höherem Tempo zu zittern.

In der Regel tritt dieses Zittern nur in einem bestimmten Geschwindigkeitsbereich auf und verschwindet wieder bei niedrigerer und höherer Geschwindigkeit.

Solche Unwuchterscheinungen können mit der Zeit zu Schäden an Achsgelenken, Lenkgetriebe und Stoßdämpfern führen.

Räder nach jeder Reifenreparatur auswuchten lassen, da sich durch Abnutzung und Reparatur die Gewichts- und Materialverteilung am Reifen ändert.

Reifenpflegetips

Reifen haben ein »Gedächtnis«. Unsachgemäße Behandlung – und dazu zählt beispielsweise auch schon schnelles oder häufiges Überfahren von Bordstein- oder Schienenkanten – führt deshalb zu Reifenpannen, mitunter sogar erst nach längerer Laufleistung.

Reifen reinigen

- Reifen generell **nicht** mit einem Dampfstrahlgerät reinigen. Wird die Düse des Dampfstrahlers zu nahe an den Reifen gehalten, dann wird die Gummischicht innerhalb weniger Sekunden irreparabel zerstört, selbst bei Verwendung von kaltem Wasser. Ein auf diese Weise gereinigter Reifen sollte sicherheitshalber ersetzt werden.
- Ersetzt werden sollte auch ein Reifen, der über längere Zeit mit Öl oder Fett in Berührung kam. Der Reifen quillt an den betreffenden Stellen zunächst auf, nimmt jedoch später wieder seine normale Form an und sieht äußerlich unbeschädigt aus. Die Belastungsfähigkeit des Reifens nimmt aber ab.

Reifen lagern

- Reifen sollten kühl, dunkel und trocken aufbewahrt werden. Sie dürfen nicht mit Fett und Öl in Berührung kommen.
- Räder liegend oder an den Felgen aufgehängt in der Garage oder im Keller lagern.
- Bevor die Räder abmontiert werden, Reifenfülldruck etwas erhöhen (ca. 0,3–0,5 bar).
- Für Winterreifen eigene Felgen verwenden, denn das Ummontieren der Reifen lohnt sich aus Kostengründen nicht.

Reifen einfahren

Neue Reifen haben vom Produktionsprozeß her eine besonders glatte Oberfläche. Deshalb müssen neue Reifen – das gilt auch für das neue Ersatzrad – eingefahren werden. Bei diesem Einfahren rauht sich durch die beginnende Abnutzung die glatte Oberfläche auf.

Während der ersten 300 km sollte man mit neuen Reifen speziell auf Nässe besonders vorsichtig fahren.

Fehlerhafte Reifenabnutzung

- In erster Linie ist auf vorschriftsmäßigen Reifenfülldruck zu achten, wobei spätestens alle vier Wochen eine Prüfung vorgenommen werden sollte.
- Reifenfülldruck nur bei kühlen Reifen prüfen. Der Reifenfülldruck steigt nämlich mit zunehmender Erhitzung bei schneller Fahrt an. Dennoch ist es völlig falsch, aus erhitzten Reifen Luft abzulassen.

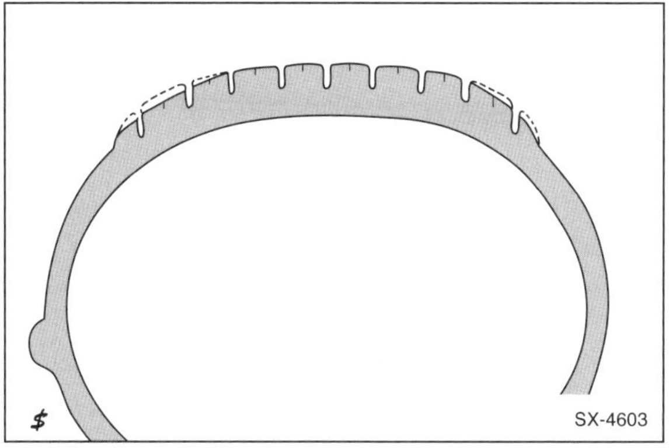

SX-4603

- An den Vorderrädern ist eine etwas größere Abnutzung der Reifenschultern gegenüber der Laufflächenmitte normal, wobei aufgrund der Straßenneigung die Abnutzung der zur Straßenmitte zeigenden Reifenschulter (linkes Rad: außen, rechtes Rad: innen) deutlicher ausgeprägt sein kann.
- Ungleichmäßiger Reifenverschleiß ist zumeist die Folge zu geringen oder zu hohen Reifenfülldrucks und kann auf Fehler in der Radeinstellung oder Radauswuchtung sowie auf mangelhafte Stoßdämpfer oder Felgen zurückzuführen sein.
- Bei zu hohem Reifenfülldruck wird die Laufflächenmitte mehr abgenutzt, da der Reifen an der Lauffläche durch den hohen Innendruck mehr gewölbt ist.
- Bei zu niedrigem Reifenfülldruck liegt die Lauffläche an den Reifenschultern stärker auf, und die Laufflächenmitte wölbt sich nach innen durch. Dadurch ergibt sich ein stärkerer Reifenverschleiß der Reifenschultern.

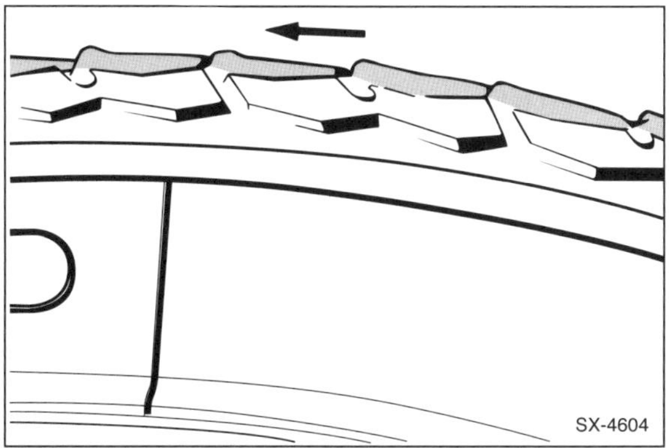

SX-4604

- Sägezahnförmige Abnutzung des Profils ist in der Regel auf eine Überbelastung des Fahrzeuges zurückzuführen.

Fahrzeug aufbocken

Bei Arbeiten unter dem Fahrzeug muß dieses, falls es nicht auf einer Hebebühne steht, auf zwei oder vier stabilen Unterstellböcken stehen.

Sicherheitshinweis:
Wenn unter dem Fahrzeug gearbeitet werden soll, muß es mit geeigneten Unterstellböcken sicher abgestützt werden. Abstützen nur mit dem Wagenheber ist unzureichend. **Lebensgefahr!**

- Das Fahrzeug nur in unbeladenem Zustand auf ebener, fester Fläche aufbocken.
- Fahrzeug mit Unterstellböcken so abstützen, daß jeweils ein Bein seitlich nach außen zeigt.

Anheb- und Aufbockpunkte für Bordwagenheber

B1J-046D

Die Aufnahmepunkte für den Bordwagenheber sind am Unterholm des Fahrzeuges vorn ca. 13 cm und hinten ca. 22 cm vom jeweiligen Radausschnitt entfernt.

B1J-047D

- Wagenheber an der senkrechten Versteifung des Unterholms im Bereich der eingeprägten Markierung ansetzen.
- Wagenheber hochkurbeln, bis das Rad vom Boden abgehoben hat. Fahrzeug mit Unterstellböcken abstützen.

- Die Räder, die beim Anheben auf dem Boden stehen bleiben, mit Keilen gegen Vor- oder Zurückrollen sichern. Nicht auf die Feststellbremse verlassen, diese muß bei einigen Reparaturen gelöst werden.

Aufnahmepunkte für Hebebühne und Werkstattwagenheber

Achtung: Um Beschädigungen am Unterbau zu vermeiden, geeignete Gummi- oder Holzzwischenlage verwenden. Der Wagen darf keinesfalls am Antriebsaggregat, an Vorder- oder Hinterachse angehoben werden, da dadurch große Schäden entstehen können.

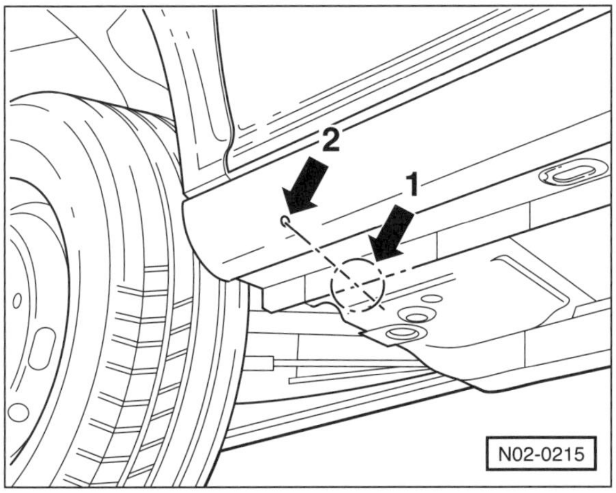

N02-0215

- **Vorn** an der senkrechten Versteifung des Unterholms –Pfeil 1–. Die Mitte des Aufnahmetellers muß mit der Markierung –Pfeil 2– fluchten; beim R32 mit der Aussparung in der Schwellerverkleidung.

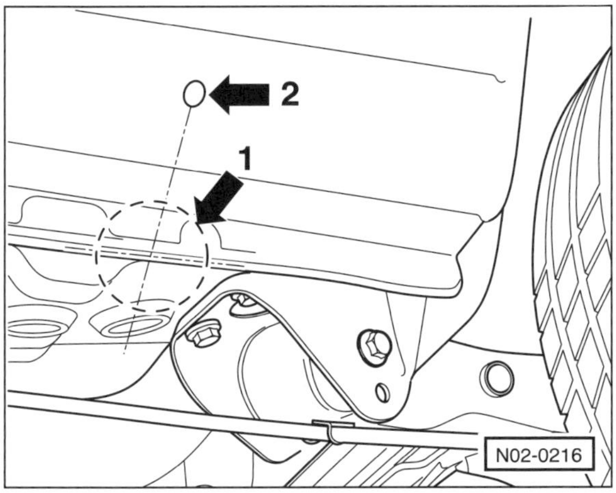

N02-0216

- **Hinten** an der senkrechten Versteifung des Unterholms –Pfeil 1–. Die Mitte des Aufnahmetellers muß mit der Markierung –Pfeil 2– fluchten.

Achtung: Die Befestigungslasche des Längslenkers darf vom Aufnahmeteller nicht berührt werden, da sonst die Radführung beschädigt werden könnte.

Lenkung

Aus dem Inhalt:

- **Airbag ausbauen**
- **Airbag-Sicherheitshinweise**
- **Lenkradausbau**
- **Spurstangenkopfausbau**
- **Servopumpe**

Die Lenkbewegungen des Fahrers werden vom Lenkrad über die Lenksäule und das Lenkgetriebe sowie dem Lenkgestänge auf die Räder übertragen. Die Lenksäule läßt sich manuell in der Höhe um 44 mm und in Längsrichtung um 50 mm verstellen.

Der Kraftaufwand beim Einschlagen der Räder, insbesondere bei stehendem Fahrzeug, wird durch eine hydraulische Lenkhilfe (Servolenkung) verringert. Die Lenkhilfe besteht aus der Ölpumpe, dem Vorratsbehälter und den Öldruckleitungen. Angetrieben wird die Ölpumpe vom Motor über den Keilrippenriemen. Die Pumpe saugt das Hydrauliköl aus dem Vorratsbehälter an und fördert es mit hohem Druck zum Ventilkörper. Der Ventilkörper sitzt im Lenkgetriebe. Er ist mit der Lenksäule mechanisch verbunden und leitet das Öl je nach Lenkeinschlag in die entsprechende Seite des Arbeitszylinders. Dort drückt das Öl gegen den Zahnstangenkolben und unterstützt dadurch die Lenkbewegung.

Im Lenkrad ist der Fahrer-**Airbag** untergebracht. Der Airbag ist ein zusammengefalteter Luftsack, der im Fall einer Frontalkollision aufgeblasen wird und dadurch Oberkörper und Kopf des Fahrers vor einem Aufprall auf das Lenkrad schützt. Bei einer entsprechend starken Frontalkollision wird über ein Steuergerät eine kleine Sprengladung in der Airbag-Einheit gezündet, und die Abgase der Explosion blasen den Luftsack innerhalb weniger Millisekunden auf. Diese Zeit reicht aus, den Aufprall des nach vorn schnellenden Fahrer-Oberkörpers zu dämpfen. Der Airbag fällt anschließend innerhalb weniger Sekunden wieder in sich zusammen, da die Gase durch Austrittsöffnungen entweichen.

Achtung: Schweiß- und Richtarbeiten an Lenkungsteilen sind nicht zulässig. Selbstsichernde Muttern immer ersetzen.

Airbag-Sicherheitshinweise

Neben dem Fahrer-Airbag gibt es auch den Beifahrer-Airbag sowie Seitenairbags. Wird auf dem Beifahrersitz ein gegen die Fahrtrichtung angeordneter Babysitz montiert, muß der Beifahrer-Airbag deaktiviert werden. Diese Arbeit kann nur von einer VW-Werkstatt durchgeführt werden. Außerdem muß ein entsprechendes Warnschild (kein Babysitz vorn) an Türholm, Sonnenblende oder Armaturenbrett auf der rechten Fahrzeugseite vorhanden sein, sonst kann es bei einer polizeilichen Überprüfung zu einem Bußgeldverfahren kommen.

Bei Ausstattung mit Seitenairbags dürfen für die Sitzlehnen nur spezielle und von VW freigegebenen Bezüge verwendet werden.

Vor Aus- und Einbau der Fahrer-Airbag-Einheit folgende Hinweise unbedingt befolgen:

- **Batterie-Massekabel (–) bei eingeschalteter Zündung *abklemmen.*** Anschließend Minuspol isolieren, um einen versehentlichen Kontakt zu vermeiden. Nach dem Abklemmen ist eine **Wartezeit** von mindestens **10 Sekunden** erforderlich, bis sich sämtliche Kondensatoren entladen haben. **Achtung:** Hinweise im Kapitel »Batterie aus- und einbauen« durchlesen.
- **Batterie-Massekabel (–)** nur bei **eingeschalteter Zündung *anklemmen*. Achtung:** Beim **Anklemmen** der Batterie darf sich **keine Person** im **Innenraum** des Fahrzeuges **aufhalten**.
- Räder in Geradeausstellung, Lenkrad in Mittelstellung bringen.
- Vor dem Abnehmen (Berühren) der Airbag-Einheit **elektrostatische Aufladung** abbauen. Dazu kurz den **Schließkeil der Tür oder die Karosserie anfassen.**

Allgemeine Hinweise:

- Die Airbageinheit ist im ausgebauten Zustand immer so abzulegen, daß die gepolsterte Seite nach oben zeigt.
- Bei Arbeitsunterbrechung die Airbageinheit nicht unbeaufsichtigt liegen lassen.
- Die Airbageinheit darf nicht zerlegt werden, bei Defekt ist sie immer komplett zu ersetzen. Da die Airbageinheit Explosivstoffe enthält, ist sie unter Verschluß oder geeigneter Aufsicht aufzubewahren. Die Entsorgung sollte die VW-Werkstatt vornehmen.
- Das Airbagsystem darf nur in der Fachwerkstatt geprüft werden. Keinesfalls mit Prüflampe, Voltmeter oder Ohmmeter prüfen.
- Die Airbageinheit darf nicht mit Flüssigkeiten wie Fett oder Reinigungsmitteln behandelt werden.
- Eine Airbageinheit, die auf eine harte Unterlage herabgefallen ist, darf nicht mehr eingebaut werden.

Airbageinheit aus- und einbauen

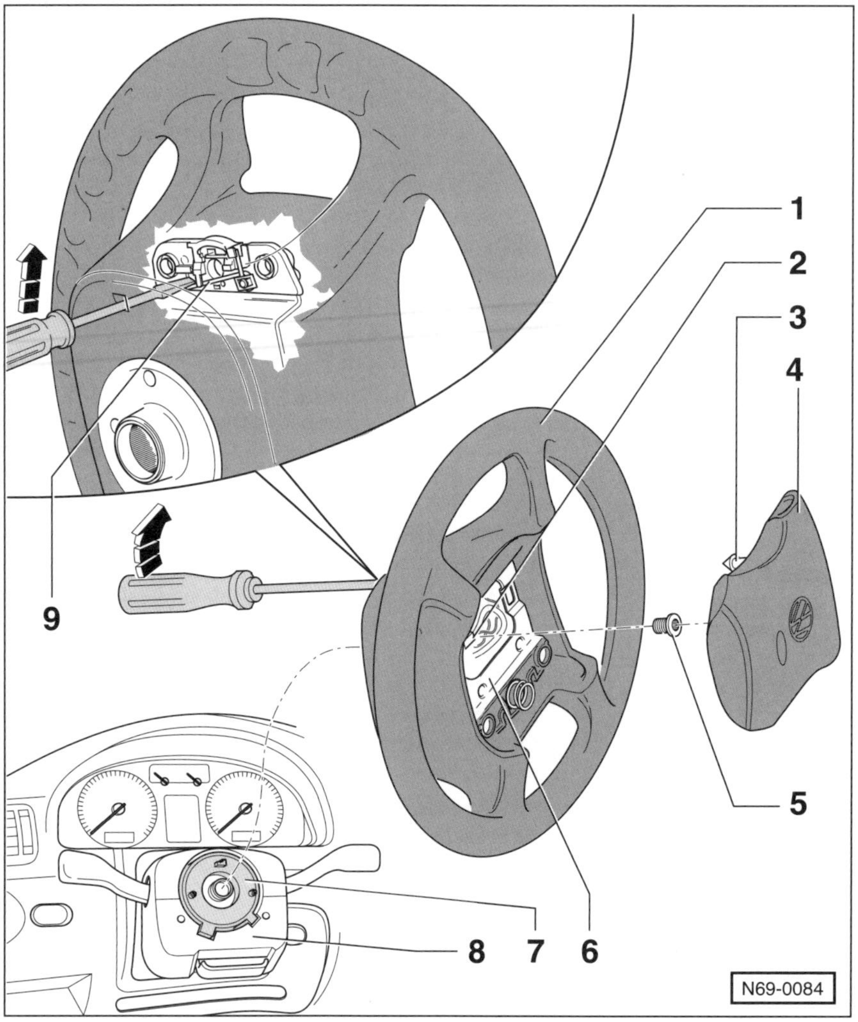

Vierspeichen-Lenkrad

1 – Lenkrad

2 – Stecker
Achtung: Vor dem Abziehen der Airbag-Steckverbindung eventuelle elektrostatische Aufladung abbauen. Dazu die Karosserie oder den Schließkeil der Tür kurz anfassen.

3 – Rasthaken
Werden von der Lenkradrückseite entriegelt.

4 – Airbageinheit
Achtung: Aufgrund unterschiedlicher Befestigungssysteme müssen Lenkrad und Airbag vom gleichen Hersteller sein.

5 – Innenvielzahnschraube, 50 Nm
Die Schraube ist mit Sicherungsmittel beschichtet und kann bis zu 5mal verwendet werden. Daher nach jedem Einbau einen Körnerpunkt an der Schraube einschlagen.

6 – Befestigungsplatte

7 – Rückstellring mit Schleifring

8 – Verkleidung

9 – Klammer

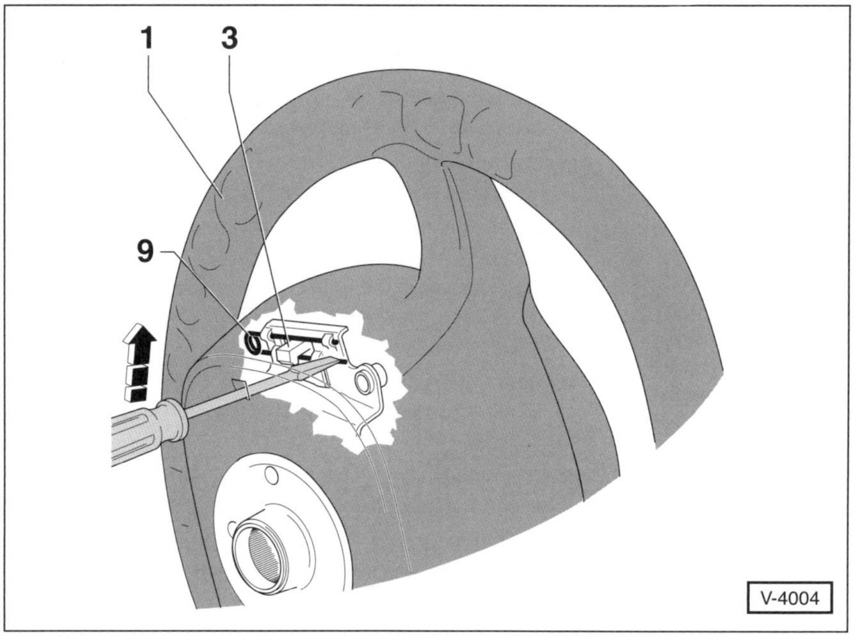

Airbag entriegeln beim Dreispeichen-Lenkrad

1 – Lenkrad

3 – Rasthaken
Werden von der Lenkradrückseite entriegelt.

9 – Klammer

Ausbau

- **Airbag-Sicherheitshinweise durchlesen und befolgen.**
- Räder in Geradeausstellung, Lenkrad in Mittelstellung bringen.
- **Batterie-Massekabel (–) bei eingeschalteter Zündung abklemmen.**

Achtung: Hinweise im Kapitel »Batterie aus- und einbauen« durchlesen.

- **Minuspol** der Batterie **isolieren**, um einen versehentlichen Kontakt zu vermeiden.

Achtung: Vor dem Abnehmen der Airbag-Einheit beziehungsweise dem Trennen von elektrischen Leitungen eine eventuelle elektrostatische Aufladung abbauen. Dazu kurz den Schließkeil der Tür oder die Karosserie anfassen.

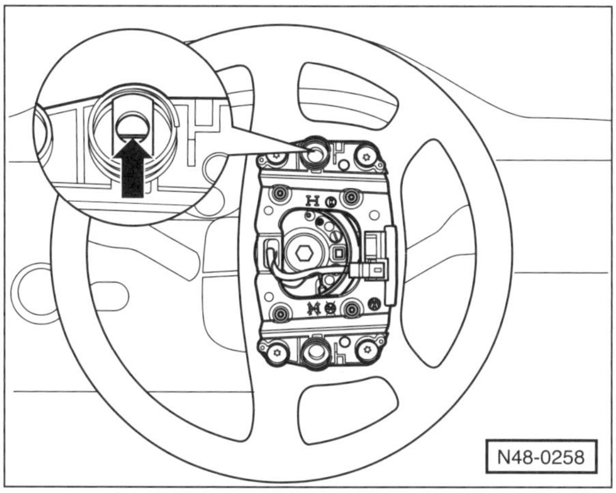

- Lenkrad um 90° (¼ Umdrehung) drehen.
- Lenksäule entriegeln. Dazu Hebel unter der Lenksäule nach unten drücken.
- Lenkrad ganz herausziehen und in die unterste Position drücken.
- Lenksäulenverstellung sichern. Dazu Hebel unter der Lenksäule fest nach oben drücken.
- Airbag entriegeln. Dazu einen ca. 175 mm langen Schraubendreher an der Rückseite des Lenkrades in die Bohrung am Lenkradtopf stecken. Schraubendreher ca. 45 mm tief einstecken.

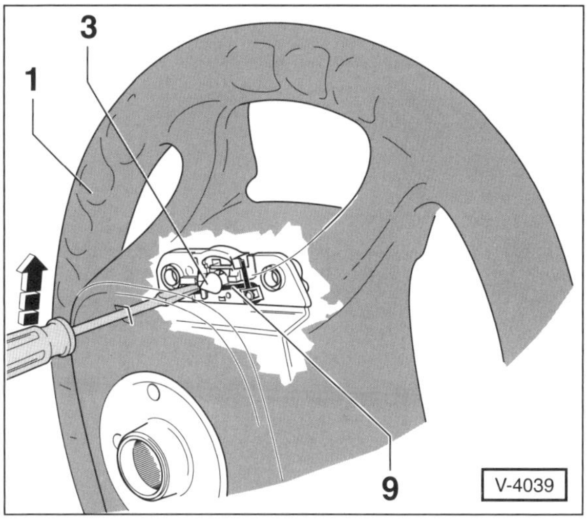

- Schraubendrehergriff in Pfeilrichtung nach oben drücken. Dadurch wird mit der Schraubendreherklinge die Klammer –9– nach unten gedrückt und damit der Rasthaken –3– der Airbageinheit entriegelt. Airbageinheit oben etwas vom Lenkrad –1– wegziehen. Die Abbildung zeigt das Vierspeichen-Lenkrad.
- Lenkrad um 180° (½ Umdrehung) in die entgegengesetzte Richtung drehen und 2. Rasthaken entriegeln.
- Lenkrad in Mittelstellung, Räder in Geradeausstellung bringen.

Achtung: Eventuelle elektrostatische Aufladung abbauen. Dazu kurz den Schließkeil der Tür oder die Karosserie anfassen.

- Einpolige Steckverbindung von Airbageinheit abziehen.
- Airbageinheit abnehmen und mit der gepolsterten Seite nach oben ablegen.
- Stellung der Lenksäule (Geradeausstellung der Räder) nicht verändern.

Einbau

Achtung: Vor dem Ansetzen der Airbag-Einheit beziehungsweise dem Verbinden von elektrischen Leitungen eine eventuelle elektrostatische Aufladung abbauen. Dazu kurz den Schließkeil der Tür oder die Karosserie anfassen.

- Elektrische Airbag-Steckverbindung verbinden. Dabei darauf achten, dass die elektrischen Steckverbindungen bis zum Anschlag aufgeschoben sind und hörbar einrasten.
- Airbag am Lenkrad so ansetzen, daß die Rasthaken über den Aufnahmebohrungen liegen. Airbag vorsichtig andrücken und einrasten.
- Zündung einschalten. Zündschlüssel steht auf Position »Fahren«. Die Batterie ist noch nicht angeklemmt.

Sicherheitshinweis:
Während des Anklemmens der Batterie dürfen sich keine Personen im Fahrzeug aufhalten.

- Batterie-Massekabel (–) anklemmen. **Achtung:** Hoch-/Tieflaufautomatik für elektrische Fensterheber aktivieren sowie Zeituhr stellen und Radiocode eingeben, siehe Kapitel »Batterie aus- und einbauen«.

Lenkrad aus- und einbauen

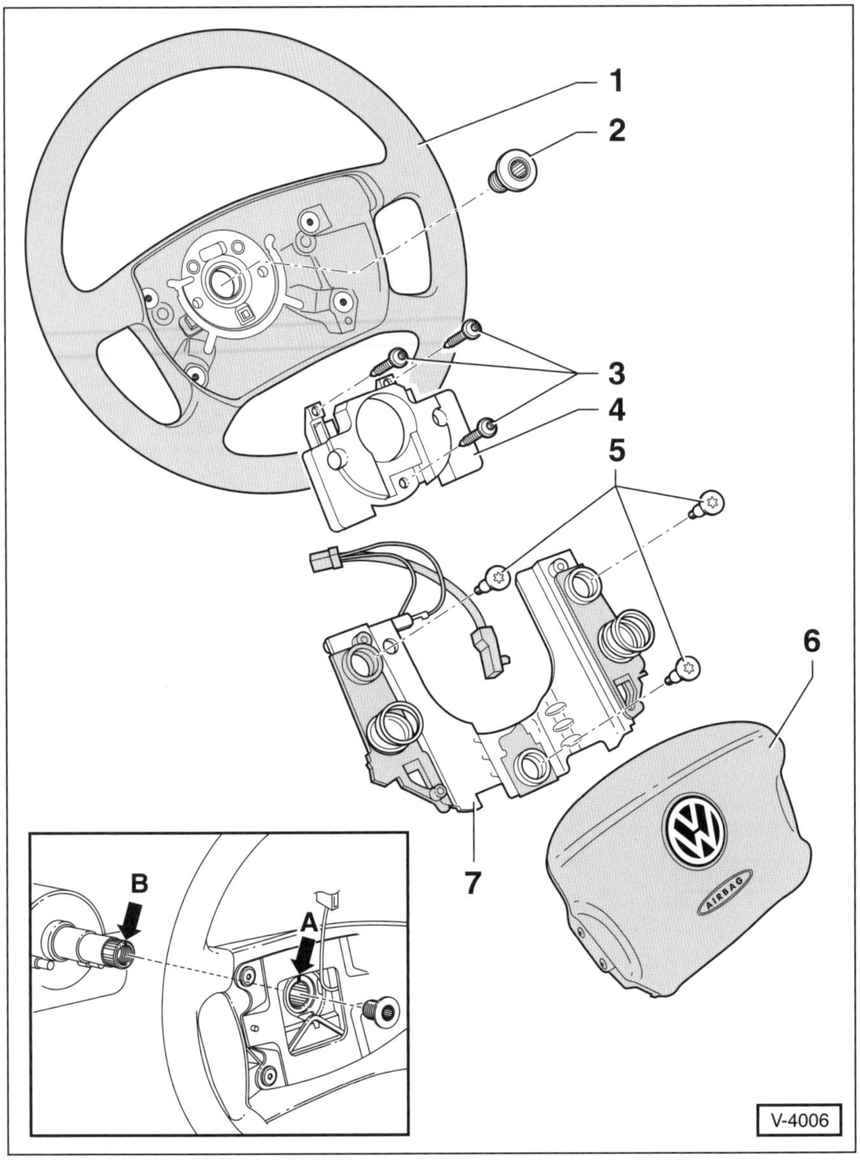

1 – **Lenkrad**

2 – **Innenvielzahnschraube, 50 Nm**
Die Schraube ist mit Sicherungsmittel beschichtet und kann bis zu 5mal verwendet werden. Daher nach jedem Einbau einen Körnerpunkt an der Schraube einschlagen.
Zum Abschrauben wird ein Innenvielzahnschlüssel, zum Beispiel HAZET 2567-16, benötigt.

3 – **Torxschraube**

4 – **Tilger**
Nur bei Fahrzeugem mit TDI-Dieselmotor und automatischem Getriebe.

5 – **Torxschraube, 5 Nm**

6 – **Airbageinheit**

7 – **Befestigungsplatte**

A – **Strichmarkierung**

B – **Körnerpunkt**

Hinweis: In der Abbildung ist das Vierspeichen-Lenkrad gezeigt.

Ausbau

Achtung: Bevor die Airbageinheit ausgebaut wird, unbedingt Sicherheitshinweise zum Airbag durchlesen.

- Airbageinheit –6– am Lenkrad ausbauen, siehe entsprechendes Kapitel.
- Räder in Geradeausstellung, Lenkrad in Mittelstellung bringen.
- Lenkrad –1– abschrauben und von der Lenkspindel abziehen.

Einbau

- Lenkrad so auf die Verzahnung der Spindel aufschieben, daß die Strichmarkierung –Pfeil A– und der Körnerpunkt –Pfeil B– auf der Lenksäule übereinstimmen. **Achtung:** Beim Aufsetzen des Lenkrades müssen sich die Räder in Geradeausstellung und der Blinkerschalter in Mittelstellung befinden.
- Lenkrad anschrauben. Innenvielzahnschraube –2– mit **50 Nm** festziehen. Körnerschlag auf der Schraube anbringen.
- Airbageinheit einbauen, siehe entsprechendes Kapitel.
- Probefahrt durchführen und bei Geradeausfahrt Stellung des Lenkrades überprüfen. Die Speichen des Lenkrades müssen sich in waagerechter Lage befinden.
- Falls das Lenkrad schräg steht, Lenkrad ausbauen und entsprechend umsetzen. Gegebenenfalls Spur der Vorderräder überprüfen lassen (Werkstattarbeit)
- Hupe und automatische Rückstellung des Blinkerschalters prüfen.

Lenkgetriebe/Spurstange/Spurstangenkopf

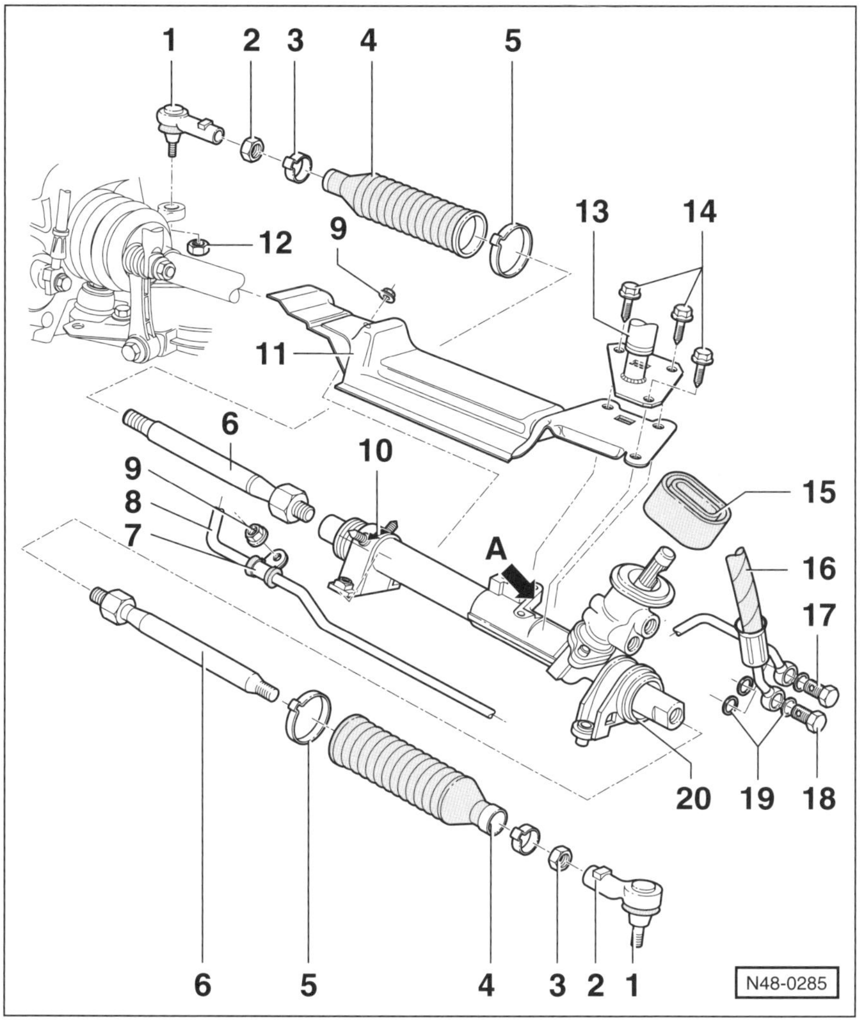

1 – **Spurstangenkopf**

2 – **Mutter, 50 Nm**

3 – **Klemmschelle**
Grundsätzlich ersetzen.

4 – **Faltenbalg**
Darf nach dem Spureinstellen nicht verdrillt sein. Kann nur bei ausgebautem Lenkgetriebe ersetzt werden (Werkstattarbeit).

5 – **Klemmschelle**
Grundsätzlich ersetzen.

6 – **Spurstange, 75 Nm**
Kann nur bei ausgebautem Lenkgetriebe ersetzt werden (Werkstattarbeit).

7 – **Schelle mit Gummi**

8 – **Rücklaufleitung**

9 – **Mutter, 22 Nm**

10 – **Schelle mit Gummilager**
In Einbaulage zeigt der Pfeil auf der Schelle in Fahrtrichtung.
Bei Schäden im Gewinde der Schweißmutter, Schelle ersetzen.

11 – **Wärmeabschirmblech**

12 – **Mutter, 45 Nm**
Selbstsichernd, daher grundsätzlich ersetzen.

13 – **Lagerbock für Schaltbetätigung**
Muß bei der Montage mit dem Wärmeabschirmblech –11– auf dem Stutzen –Pfeil A– zentriert werden.

14 – **Schraube, 24 Nm**

15 – **Dichtung**

16 – **Hydraulikleitung**

17 – **Hohlschraube, 45 Nm**
Größe M16x1,5.

18 – **Hohlschraube, 40 Nm**
Größe M14x1,5

19 – **Dichtringe**
Grundsätzlich ersetzen.

20 – **Lenkgetriebe**

Spurstangenkopf aus- und einbauen

Die Spurstangenköpfe müssen spielfrei sein. Die Staubkappen dürfen nicht beschädigt sein, gegebenenfalls sofort erneuern. Die Spurstangenköpfe sind links und rechts unterschiedlich gekröpft, daher Ersatzteilzuordnung beachten.

Ausbau

- Stellung des jeweiligen Vorderrades zur Radnabe mit Farbe kennzeichnen. Dadurch kann das ausgewuchtete Rad wieder in derselben Position montiert werden. Radschrauben lösen, dabei muß das Fahrzeug auf dem Boden stehen. Fahrzeug vorn aufbocken und Vorderrad abnehmen.

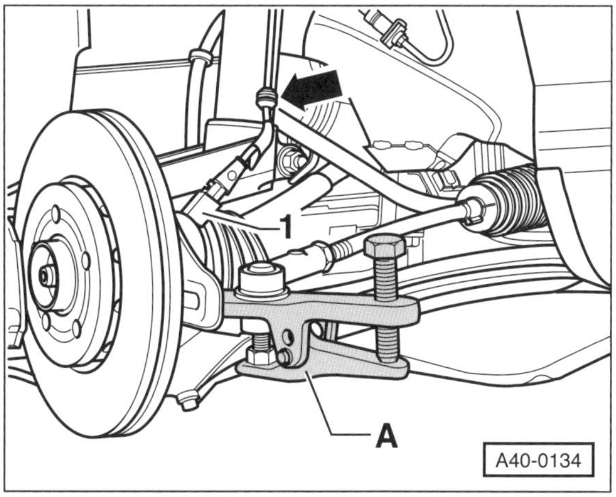

- Befestigungsmutter für Spurstangengelenk lösen, dabei Gelenkzapfen mit Innensechskantschlüssel gegenhalten. Mutter bis an das Ende des Gewindes drehen, sie dient als Auflage für das Abziehwerkzeug. 1 – Stecker für ABS-Drehzahlfühler.

- Zapfen des Spurstangengelenks mit handelsüblichem Abzieher –A–, zum Beispiel Hazet 779, vom Lenkspurhebel abdrücken.
- Kontermutter –2– für Spurstangenkopf an der Spurstange lösen, siehe Abbildung A48-0285.
- Spurstangenkopf von der Spurstange abschrauben, dabei Umdrehungen zählen und diese für den späteren Einbau notieren.

Einbau

- Spurstangenkopf mit der gleichen (notierten) Umdrehungsanzahl auf die Spurstange aufschrauben und Kontermutter handfest anziehen.
- Spurstangenkopf in den Lenkspurhebel am Radlagergehäuse einsetzen und **neue** selbstsichernde Mutter mit **45 Nm** festziehen. Dabei Gelenkzapfen mit Innensechskantschlüssel gegenhalten.
- Kontermutter mit **50 Nm** am Spurstangenkopf festziehen.
- Vorderrad so ansetzen, daß die beim Ausbau angebrachten Markierungen übereinstimmen. Vorher Zentriersitz der Felge an der Radnabe mit Wälzlagerfett dünn einfetten. Radschrauben **nicht** fetten oder ölen. Korrodierte Radschrauben erneuern. Rad anschrauben. Fahrzeug ablassen und Radschrauben über Kreuz mit **120 Nm** festziehen.
- Spur prüfen lassen (Werkstattarbeit).

Servopumpe mit Halter

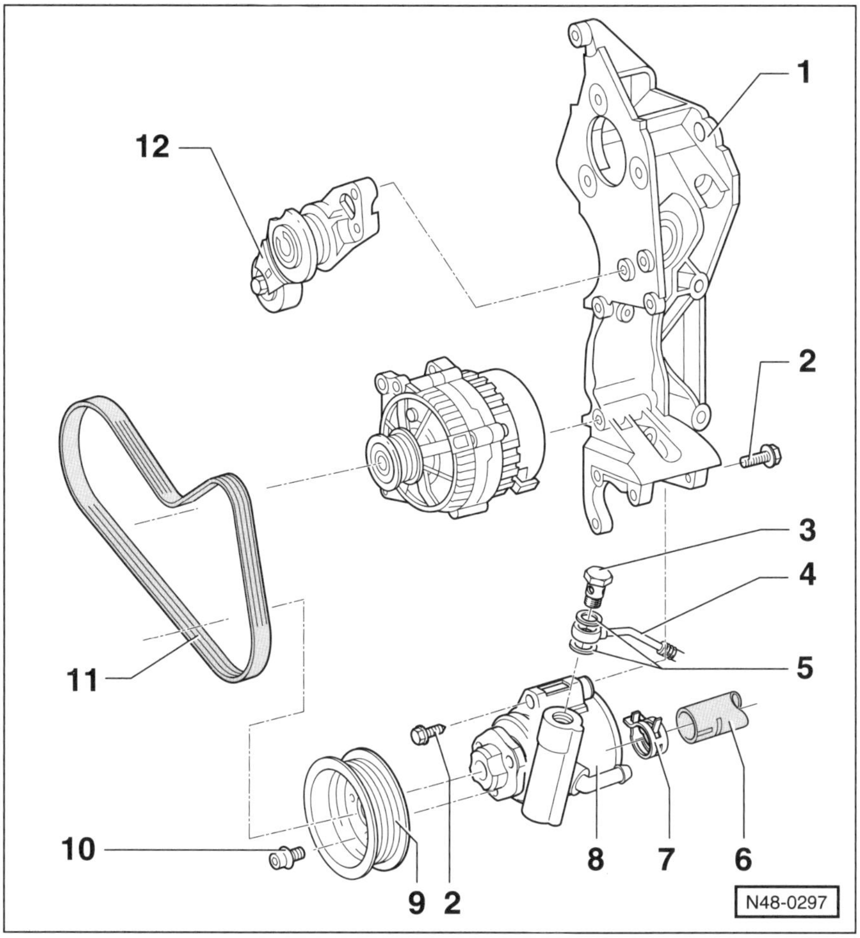

Die Abbildung stellt die Ausführung bei **untenliegender** Servopumpe dar.

1 – **Halter**

2 – **Schraube, 25 Nm**

3 – **Hohlschraube, 38 Nm**

4 – **Druckleitung**

5 – **Dichtring**
Grundsätzlich ersetzen.

6 – **Saugschlauch**

7 – **Schelle**

8 – **Servopumpe**
Vor dem Einbau mit Hydrauliköl füllen. Dazu Servoöl am Saugstutzen der Pumpe einfüllen und die Nabe von Hand drehen, bis Öl an der Druckseite der Pumpe austritt.

9 – **Riemenscheibe**

10 – **Innensechskantschraube, 25 Nm**

11 – **Keilrippenriemen**

12 – **Spannvorrichtung für Keilrippenriemen**

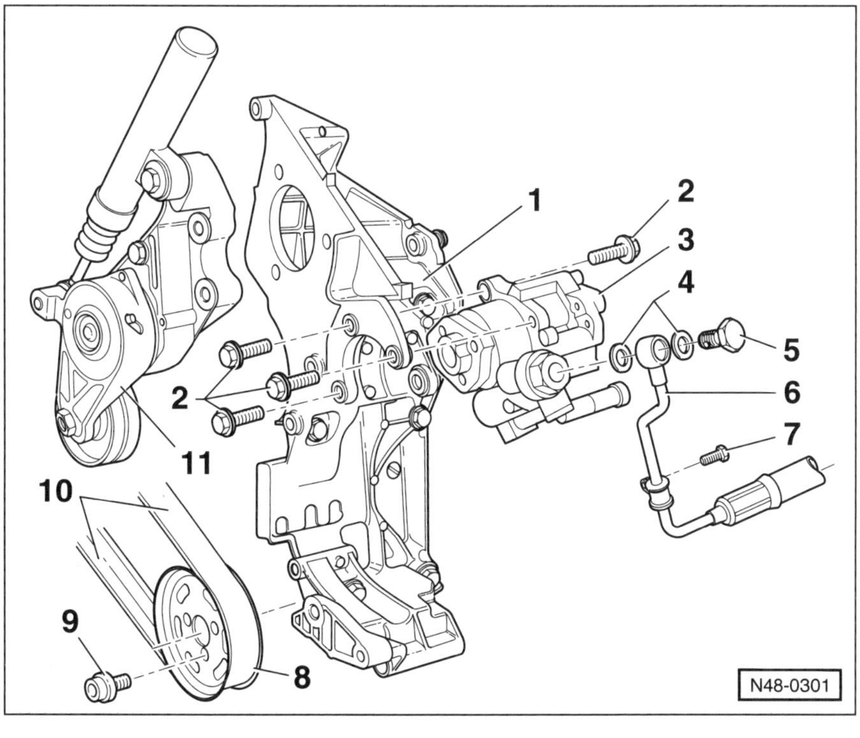

Die Abbildung stellt die Ausführung bei **obenliegender** Servopumpe dar.

1 – **Halter**

2 – **Schraube, 25 Nm**

3 – **Servopumpe**
Vor dem Einbau mit Hydrauliköl füllen. Dazu Servoöl am Saugstutzen der Pumpe einfüllen und die Nabe von Hand drehen, bis Öl an der Druckseite der Pumpe austritt.

4 – **Dichtring**
Grundsätzlich ersetzen.

5 – **Hohlschraube, 38 Nm**

6 – **Druckleitung**

7 – **Schraube, 22 Nm**

8 – **Riemenscheibe**

9 – **Innensechskantschraube, 25 Nm**

10 – **Keilrippenriemen**

11 – **Spannvorrichtung für Keilrippenriemen**

Bremsanlage

Aus dem Inhalt:

- Bremsbeläge wechseln
- Bremsscheibe prüfen
- Bremsscheibe wechseln
- Bremse entlüften
- Handbremse einstellen
- ABS/EBV/EDS
- Bremskraftverstärker
- Bremslichtschalter

Das Bremssystem besteht aus dem Bremskraftverstärker, dem Hauptbremszylinder mit nachgeschaltetem ABS-Gerät und den Bremsen für die Vorder- und Hinterräder. Das hydraulische Bremssystem ist in zwei Kreise aufgeteilt, die diagonal wirken. Ein Bremskreis arbeitet vorn rechts/hinten links, der zweite vorn links/hinten rechts. Dadurch bremst bei Ausfall eines Bremskreises ein Vorderrad und das entgegengesetzte Hinterrad.

An den Vorderrädern sind Scheibenbremsen eingebaut, die zur besseren Wärmeabfuhr innenbelüftet sind. Die Hinterräder werden durch massive Scheibenbremsen verzögert.

Der Bremskraftverstärker speichert beim Benzinmotor einen Teil des vom Motor erzeugten Ansaugunterdruckes. Beim Betätigen des Bremspedals wird dann die Pedalkraft durch den Unterdruck verstärkt. Da beim Dieselmotor der Ansaug-Unterdruck nicht vorhanden ist, erzeugt eine Vakuumpumpe den Unterdruck für den Bremskraftverstärker. Die Vakuumpumpe ist am Zylinderkopf angeflanscht und wird über die Nockenwelle angetrieben.

Die Scheibenbremsen sind mit einem sogenannten Faustsattel ausgestattet. Bei dem Faustsattel wird nur ein Kolben benötigt, um beide Bremsbeläge gegen die Bremsscheibe zu drücken.

Die Handbremse wirkt über Seilzüge auf die Hinterräder.

Sicherheitshinweis:
Das Arbeiten an der Bremsanlage erfordert peinliche Sauberkeit und exakte Arbeitsweise. Falls die nötige Arbeitserfahrung fehlt, sollten die Arbeiten an der Bremse von einer Fachwerkstatt durchgeführt werden.

Die Bremsbeläge sind Bestandteil der Allgemeinen Betriebserlaubnis (ABE), außerdem sind sie vom Werk auf das jeweilige Fahrzeugmodell abgestimmt. Es empfiehlt sich deshalb, nur die vom Automobilhersteller beziehungsweise vom Kraftfahrtbundesamt freigegebenen Bremsbeläge zu verwenden. Diese Bremsbeläge haben eine KBA-Freigabenummer.

Hinweis: Auf stark regennassen Fahrbahnen sollte während des Fahrens die Bremse von Zeit zu Zeit betätigt werden, um die Bremsscheiben von Rückständen zu befreien. Durch die Zentrifugalkraft während der Fahrt wird zwar das Wasser von den Bremsscheiben geschleudert, doch bleibt teilweise ein dünner Film von Silikonen, Gummiabrieb, Fett und Verschmutzungen zurück, der das Ansprechen der Bremse vermindert.

Eingebrannter Schmutz auf den Bremsbelägen und zugesetzte Regennuten in den Bremsbelägen führen zur Riefenbildung auf den Bremsscheiben. Dadurch kann eine verminderte Bremswirkung eintreten.

Sicherheitshinweis:
Beim Reinigen der Bremsanlage fällt Bremsstaub an. Dieser Staub kann zu gesundheitlichen Schäden führen. Deshalb beim Reinigen der Bremsanlage darauf achten, daß der Bremsstaub nicht eingeatmet wird.

ABS/EBV/EDS/ASR/MSR

ABS: Das **A**nti-**B**lockier-**S**ystem verhindert bei scharfem Abbremsen das Blockieren der Räder, dadurch bleibt das Fahrzeug lenkbar.

EBV: Die **E**lektronische **B**remskraft**v**erteilung verteilt mittels ABS-Hydraulik die Bremskraft an die Hinterräder. Da die elektronische EBV-Steuerung wesentlich sensibler arbeitet als ein mechanisch wirkender Bremskraftregler, wird ein deutlich größerer Regelbereich ausgenutzt.

Bei Geradeausfahrt wird die Hinterradbremse voll an der Bremsleistung beteiligt. Um auch bei Kurvenbremsungen die Fahrstabilität zu gewährleisten, muß der Bremskraftanteil der Hinterachse reduziert werden. Über die ABS-Drehzahlsensoren erkennt die EBV, ob das Fahrzeug geradeaus oder durch eine Kurve fährt. Bei Kurvenfahrt wird der Bremsdruck für die Hinterräder reduziert. Dadurch können die Hinterräder die maximale Seitenführungskraft aufbringen.

EDS: Mit der **E**lektronischen **D**ifferential**s**perre werden beim Anfahren durchdrehende Räder abgebremst. Dadurch wird das Antriebsdrehmoment auf »greifende« Räder umgelenkt.

Die elektronische Differentialsperre wird beim Anfahren wirksam und schaltet sich bei einer Geschwindigkeit von 80 km/h automatisch ab. Besonders vorteilhaft an dieser Traktionshilfe: Sie beeinflußt weder das Fahrverhalten negativ noch beeinträchtigt sie den Lenkkomfort beim Anfahren.

ASR: Die **A**ntriebs-**S**chlupf-**R**egelung verringert das Antriebsdrehmoment beim Durchdrehen beider Antriebsräder durch Zurücknahme der Motorleistung.

Während EDS den gezielten Bremseneingriff zur Traktionsverbesserung einsetzt, sorgt die Antriebs-Schlupf-Regelung ASR bei Bedarf für einen zusätzlichen Eingriff in die Motorsteuerung. Und zwar wird bei aufkommendem Schlupf der Antriebsräder die Motorleistung so weit abgeregelt, daß nur noch das auf die Fahrbahn übertragbare Drehmoment bereitgestellt wird.

Sinn der Antriebs-Schlupf-Regelung ist es, die aktive Sicherheit durch Gewinn an Fahrstabilität und Lenkbarkeit auch bei Kurvenfahrt zu erhöhen, und zwar unabhängig davon, wieviel Gas der Fahrer gibt. ASR wirkt vom Anfahren bis zur Höchstgeschwindigkeit.

MSR: Die **M**otor-**S**chleppmoment-**R**egelung ist in die Modelle mit TDI-Motor eingebaut. Sie verhindert das Blockieren der Antriebsräder auf glatter Fahrbahn, wenn der Fahrer den Fuß schnell vom Gaspedal nimmt. Dann sendet das ABS-Steuergerät ein Signal an das Motorsteuergerät. Dieses erhöht kurzzeitig die Motordrehzahl, so daß die Räder wieder frei drehen und das Fahrzeug lenkfähig bleibt.

Hinweise zur ABS/EBV/EDS/ASR/MSR-Anlage

Eine Sicherheitsschaltung im elektronischen Steuergerät sorgt dafür, daß sich die Anlage bei einem Defekt (z. B. Kabelbruch) oder bei zu niedriger Betriebsspannung (Batteriespannung unter 10 Volt) selbst abschaltet. Angezeigt wird dies durch das Leuchten der Kontrollampen im Armaturenbrett. Die herkömmliche Bremsanlage bleibt dabei in Betrieb. Das Fahrzeug verhält sich dann beispielsweise beim Bremsen so, als ob keine ABS-Anlage eingebaut wäre.

Sicherheitshinweis:
Wenn während der Fahrt die beiden Kontrolleuchten für ABS **und** für Bremsflüssigkeitsstand leuchten, können bei starkem Bremsen die Hinterräder blockieren, da die Bremskraftverteilung (EBV) ausgefallen ist.

Leuchten eine oder mehrere Kontrollampen im Armaturenbrett während der Fahrt auf, folgende Punkte beachten:

- Fahrzeug kurz anhalten, Motor abstellen und wieder starten.
- Batteriespannung prüfen. Wenn die Spannung unter 10,5 Volt liegt, Batterie laden.

Achtung: Wenn die Kontrolleuchten am Anfang einer Fahrt aufleuchten und nach einiger Zeit wieder erlöschen, deutet das darauf hin, daß die Batteriespannung zunächst zu gering war, bis sie sich während der Fahrt durch Ladung vom Generator wieder erhöht hat.

- Prüfen, ob die Batterieklemmen richtig festgezogen sind und einwandfreien Kontakt haben.
- Fahrzeug aufbocken, Räder abnehmen, elektrische Leitungen zu den Drehzahlfühlern auf äußere Beschädigungen (Scheuerstellen) prüfen. Weitere Prüfungen der ABS/EBV/EDS/ASR/MSR-Anlage sollten der Werkstatt vorbehalten bleiben.

Achtung: Vor Schweißarbeiten mit einem elektrischen Schweißgerät muß der Stecker von der Hydraulik-Steuereinheit im Motorraum abgezogen werden. Stecker nur bei ausgeschalteter Zündung abziehen. Bei Lackierarbeiten darf das Steuergerät kurzzeitig mit max. +95° C, langzeitig (max. 2 Std.) mit +85° C belastet werden.

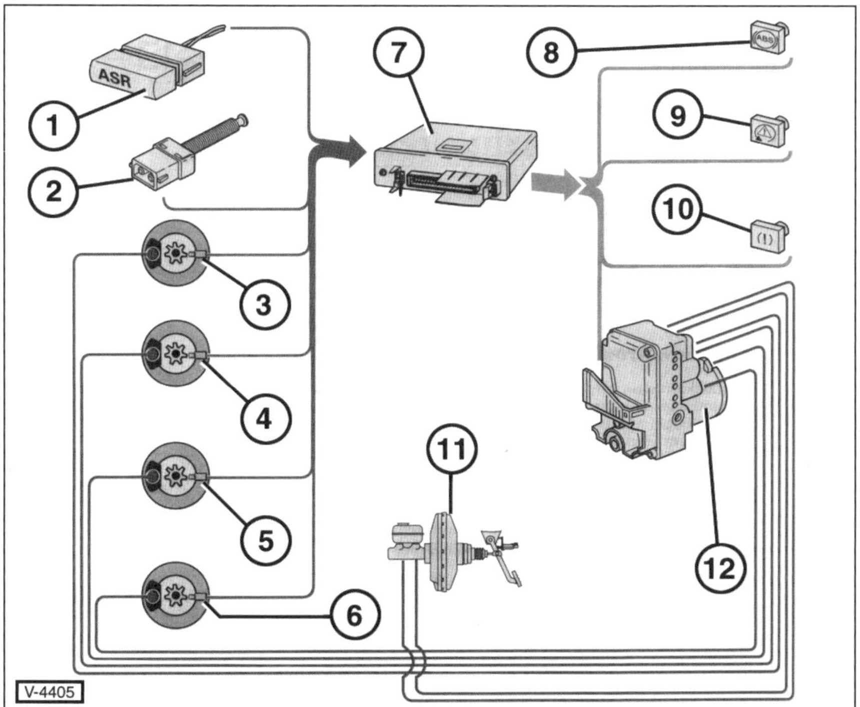

1 – **Schalter für ASR**
2 – **Bremslichtschalter**
3 – **Drehzahlfühler hinten links**
4 – **Drehzahlfühler hinten rechts**
5 – **Drehzahlfühler vorn rechts**
6 – **Drehzahlfühler vorn links**
7 – **Steuergerät für ABS/EBV/EDS/ASR/MSR**
In der Hydraulikeinheit integriert.
8 – **Kontrollampe ABS/EDS**
9 – **Kontrollampe ASR**
10 – **Kontrollampe Bremsflüssigkeitsstand**
11 – **Hauptbremszylinder, Bremskraftverstärker, Bremspedal**
12 – **Hydraulikeinheit**

Technische Daten Bremsanlage

Scheibenbremsanlage		vorn	vorn	vorn	hinten	hinten
Bremssattel		**FS-III**	**FN-3**	**2FN**	**C 38/C 41**	**C 38 (16")**
Bremsbelagdicke neu	mm	14	14	14	12	12
Verschleißgrenze (mit Rückenplatte)	mm	7	7	7	7,5	7,5
Bremsscheibendurchmesser	mm	256/280	288/312	334	232/239	256
Bremsscheibendicke neu	mm	22	25	32	9	22
Verschleißgrenze	mm	19	22	30	7	20
Bremssattelkolben-Durchmesser	mm	54	54	2 x 42	38/41	38

Vorderradbremse

FS-III-Bremssattel

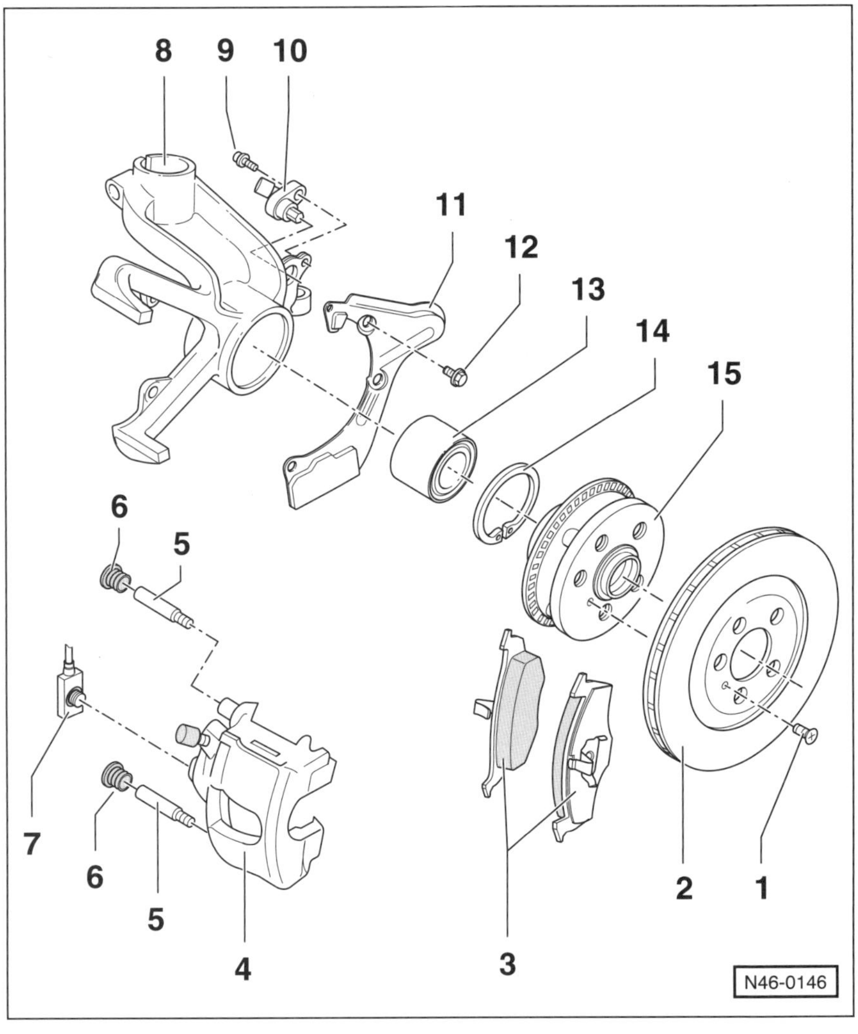

1 – **Kreuzschlitzschraube, 4 Nm**

2 – **Bremsscheibe**
Nur achsweise ersetzen. Zum Ausbauen vorher Bremssattel abschrauben.

3 – **Bremsbeläge**
Grundsätzlich alle 4 Beläge einer Achse ersetzen.

4 – **Bremssattel**

5 – **Führungsbolzen, 30 Nm**

6 – **Abdeckkappe**

7 – **Bremsschlauch mit Anschluß und Hohlschraube, 35 Nm**
Zum Ersetzen der Bremsbeläge nicht abschrauben.

8 – **Radlagergehäuse**

9 – **Innensechskantschraube, 8 Nm**

10 – **Drehzahlfühler ABS**
Vor dem Einsetzen die Aufnahmebohrung reinigen und mit Festschmierstoffpaste VW-G000650 bestreichen.

11 – **Abdeckblech**

12 – **Schraube, 10 Nm**

13 – **Radlager**

14 – **Sicherungsring**

15 – **Radnabe mit Rotor**

Hinweis: Alle außenliegenden Schrauben sind gegen Korrosion beschichtet. Daher nur Original-Ersatzteilschrauben verwenden.

Bremsbeläge vorn aus- und einbauen

FS-III-Bremssattel

Achtung: Es gibt unterschiedliche Ausführungen von der Vorderradbremse. Deshalb anhand der Abbildungen identifizieren, welche Ausführung im eigenen Fahrzeug eingebaut ist. Dies ist auch wichtig, damit die richtigen Bremsbeläge gekauft werden. Der FS-III-Bremssattel ist erkennbar am Bremsträger, welcher eine Einheit mit dem Radlagergehäuse bildet.

Ausbau

Achtung: Die Bremsbeläge sind Bestandteil der Allgemeinen Betriebserlaubnis (ABE), außerdem sind sie vom Werk auf das jeweilige Modell abgestimmt. Es empfiehlt sich deshalb, nur vom Automobilhersteller freigegebene Bremsbeläge zu verwenden.

- Stellung der Vorderräder zur Radnabe mit Farbe kennzeichnen. Dadurch kann das ausgewuchtete Rad wieder in derselben Position montiert werden. Radschrauben bei auf dem Boden stehendem Fahrzeug lösen. Fahrzeug vorn aufbocken und Vorderräder abnehmen.

Achtung: Sollen die Bremsbeläge wieder verwendet werden, so müssen sie beim Ausbau gekennzeichnet werden. Ein Wechsel der Beläge von der Außen- zur Innenseite und umgekehrt oder auch vom rechten zum linken Rad ist nicht zulässig. **Grundsätzlich alle Scheibenbremsbeläge vorn gleichzeitig ersetzen, auch wenn nur ein Belag die Verschleißgrenze erreicht hat.**

- Falls vorhanden, Steckverbindung für Bremsbelagverschleißanzeige trennen.

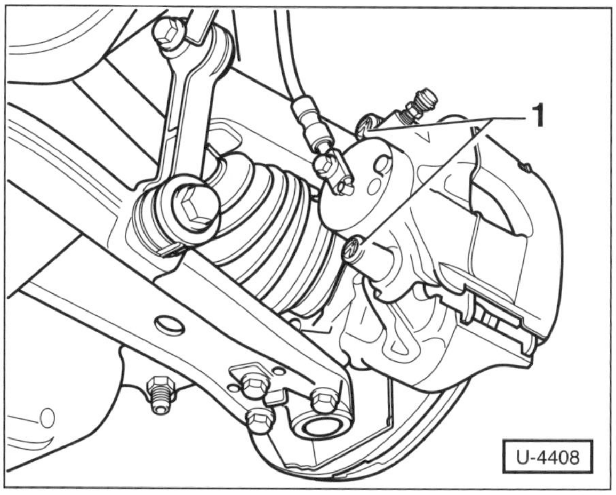

- Abdeckkappen –1– von beiden Führungsbolzen abnehmen. Beide Führungsbolzen mit Innensechskantschlüssel aus dem Bremssattel herausdrehen.

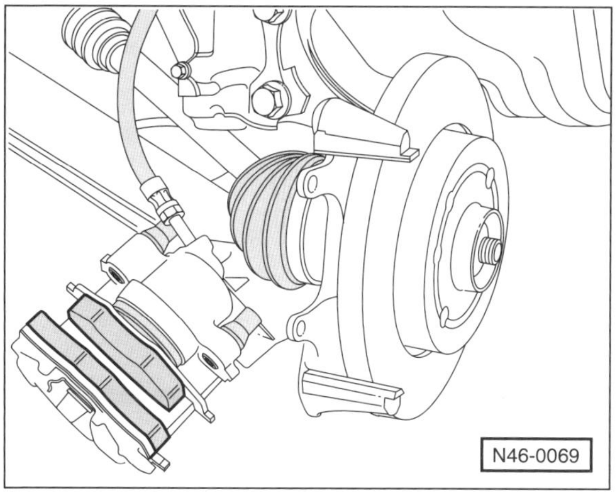

- Bremssattel mit Draht am Aufbau aufhängen. **Achtung:** Bremssattel nicht einfach nach unten hängen lassen; der Bremsschlauch darf nicht auf Zug beansprucht oder verdreht werden.
- Bremsbeläge herausnehmen.

Einbau

Achtung: Bei ausgebauten Bremsbelägen nicht auf das Bremspedal treten, sonst wird der Kolben aus dem Gehäuse herausgedrückt. In diesem Fall Bremssattel komplett ausbauen und Kolben in der Werkstatt einsetzen lassen.

- Führungsfläche beziehungsweise Sitz der Beläge im Gehäuseschacht mit einem Lappen und Spiritus reinigen (fettfrei). Keine mineralölhaltigen Lösungsmittel oder scharfkantigen Werkzeuge verwenden. **Achtung:** Zum Reinigen der Bremse ausschließlich Spiritus verwenden.
- Vor Einbau der Beläge ist die Bremsscheibe durch Abtasten mit den Fingern auf Riefen zu untersuchen. Riefige Bremsscheiben können abgedreht werden (Werkstattarbeit), sofern sie noch eine ausreichende Dicke aufweisen.
- Bremsscheibendicke messen, siehe Seite 158.
- Staubkappe für Bremskolben auf Anrisse prüfen. Eine beschädigte Staubkappe umgehend ersetzen lassen, da eingedrungener Schmutz schnell zu Undichtigkeiten des Bremssattels führt. Der Bremssattel muß hierzu zerlegt werden (Werkstattarbeit).

Achtung: Bei hohem Bremsbelagverschleiß Leichtgängigkeit des Kolbens prüfen. Dazu einen Holzklotz in den Bremssattel einsetzen und durch Helfer langsam auf das Bremspedal treten lassen. Der Bremskolben muß sich leicht heraus- und hineindrücken lassen. Zur Prüfung muß der andere Bremssattel eingebaut sein. Darauf achten, daß der Bremskolben nicht ganz herausgedrückt wird. Bei schwergängigem Kolben Bremssattel instandsetzen (Werkstattarbeit).

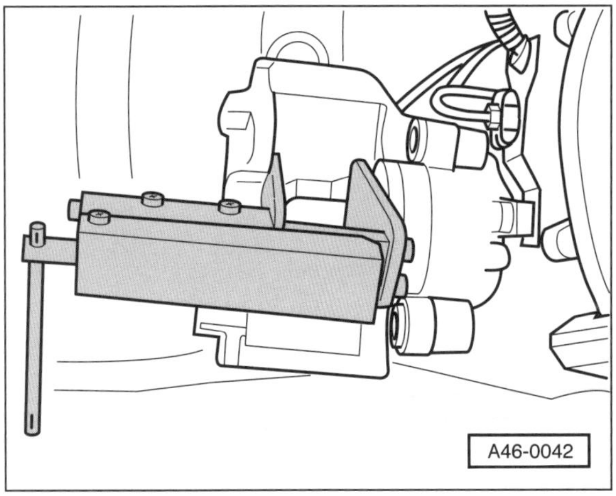

- Bremskolben mit Rücksetzvorrichtung, zum Beispiel HAZET 4971-1, zurückdrücken. Es geht auch mit einem Hartholzstab (Hammerstiel), dabei jedoch besonders darauf achten, daß der Kolben nicht verkantet wird und Kolbenfläche sowie Staubkappe nicht beschädigt werden.

Achtung: Beim Zurückdrücken des Kolbens wird Bremsflüssigkeit aus dem Bremszylinder in den Ausgleichbehälter gedrückt. Flüssigkeit im Behälter beobachten, eventuell Bremsflüssigkeit mit einem Saugheber absaugen.

Sicherheitshinweis:
Zum Absaugen eine Entlüfter- oder Plastikflasche verwenden, die nur mit Bremsflüssigkeit in Berührung kommt. Keine Trinkflaschen verwenden! **Bremsflüssigkeit ist giftig und darf auf gar keinen Fall mit dem Mund über einen Schlauch abgesaugt werden. Saugheber verwenden.** Auch nach dem Belagwechsel darf die MAX.-Marke am Bremsflüssigkeitsbehälter nicht überschritten werden, da sich die Flüssigkeit bei Erwärmung ausdehnt. Ausgelaufene Bremsflüssigkeit läuft am Hauptbremszylinder herunter, zerstört den Lack und führt zur Rostbildung.

- Bremsbeläge in die Führungen des Bremsträgers einsetzen.

Achtung: Seit etwa 5/98 sind die Bremsbeläge geändert: Der innere Bremsbelag (Kolbenseite) ist an der Rückseite weiß eingefärbt. Der Bremsbelag mit dem schwarz gefärbten Dreifingerclip muß an der Außenseite des Bremssattelgehäuses eingesetzt werden.

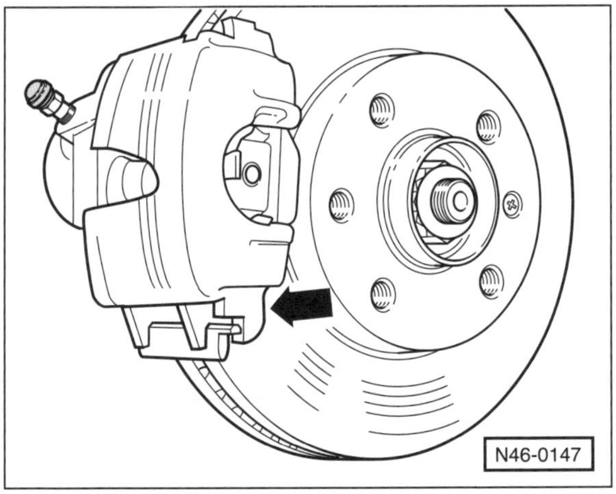

- Bremssattel zuerst unten –Pfeil– ansetzen. **Achtung:** Der Zapfen –Pfeil– vom Bremssattel muß hinter der Führung vom Radlagergehäuse stehen.
- Bremssattel mit beiden Führungsbolzen am Radlagergehäuse mit **28 Nm** anschrauben.
- Beide Abdeckkappen einsetzen.
- Stecker für Bremsbelagverschleißanzeige verbinden und in den Halter am Bremssattel einsetzen.
- Vorderräder so ansetzen, daß die beim Ausbau angebrachten Markierungen übereinstimmen. Räder anschrauben. Fahrzeug ablassen und Radschrauben über Kreuz mit **120 Nm** festziehen.

Achtung: Bremspedal im Stand mehrmals kräftig niedertreten, bis fester Widerstand spürbar ist. Dadurch legen sich die Bremsbeläge an die Bremsscheiben an und nehmen einen dem Betriebszustand entsprechenden Sitz ein.

- Bremsflüssigkeit im Ausgleichbehälter prüfen, gegebenenfalls bis zur Max.-Marke auffüllen.
- Neue Bremsbeläge vorsichtig einbremsen, dazu Fahrzeug mehrmals von ca. 80 km/h auf 40 km/h mit geringem Pedaldruck abbremsen. Dazwischen Bremse etwas abkühlen lassen.

Achtung: Nach dem Einbau von neuen Bremsbelägen müssen diese eingebremst werden. Während einer Fahrtstrecke von rund 200 km sollten unnötige Vollbremsungen unterbleiben.

Hinweis: Bremsbeläge müssen in einigen Kommunen als Sondermüll entsorgt werden. Die örtlichen Behörden geben darüber Auskunft, ob auch eine Entsorgung über den hausmüllähnlichen Gewerbemüll zulässig ist.

Achtung, Sicherheitskontrolle durchführen:
- Sind die Bremsschläuche festgezogen?
- Befindet sich der Bremsschlauch in der Halterung?
- Sind die Entlüftungsschrauben angezogen?
- Ist genügend Bremsflüssigkeit eingefüllt?
- Bei laufendem Motor Dichtheitskontrolle durchführen. Hierzu Bremspedal mit 200 bis 300 N (entspricht 20 bis 30 kg) etwa 10 sec. betätigen. Das Bremspedal darf nicht nachgeben. Sämtliche Anschlüsse auf Dichtheit kontrollieren.

Vorderradbremse

2FN-Bremssattel

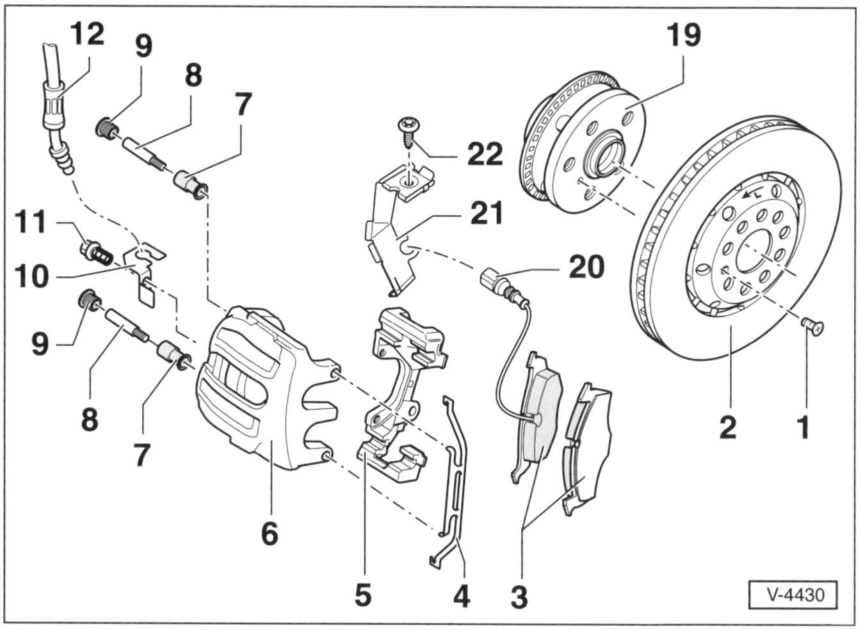

1 – **Kreuzschlitzschraube, 4 Nm**

2 – **Bremsscheibe**
Innenbelüftet, ∅ = 334 mm, Dicke = 32 mm, Verschleißgrenze = 30 mm. Links und rechts unterschiedlich; der Pfeil zeigt in Laufrichtung.

3 – **Bremsbelag**

4 – **Haltefeder**
Unter den Bremsträger drücken und in beide Bohrungen des Bremssattels einsetzen.

5 – **Bremsträger**

6 – **Bremssattel**

7 – **Lagerbuchse**

8 – **Führungsbolzen, 25 Nm**

9 – **Abdeckkappe**

10 – **Halter**

11 – **Schraube, 8 Nm**

12 – **Bremsschlauch, 15 Nm**

19 – **Radnabe mit Rotor**

20 – **Steckverbindung**

21 – **Halter**

22 – **Schraube**

FN-3-Bremssattel

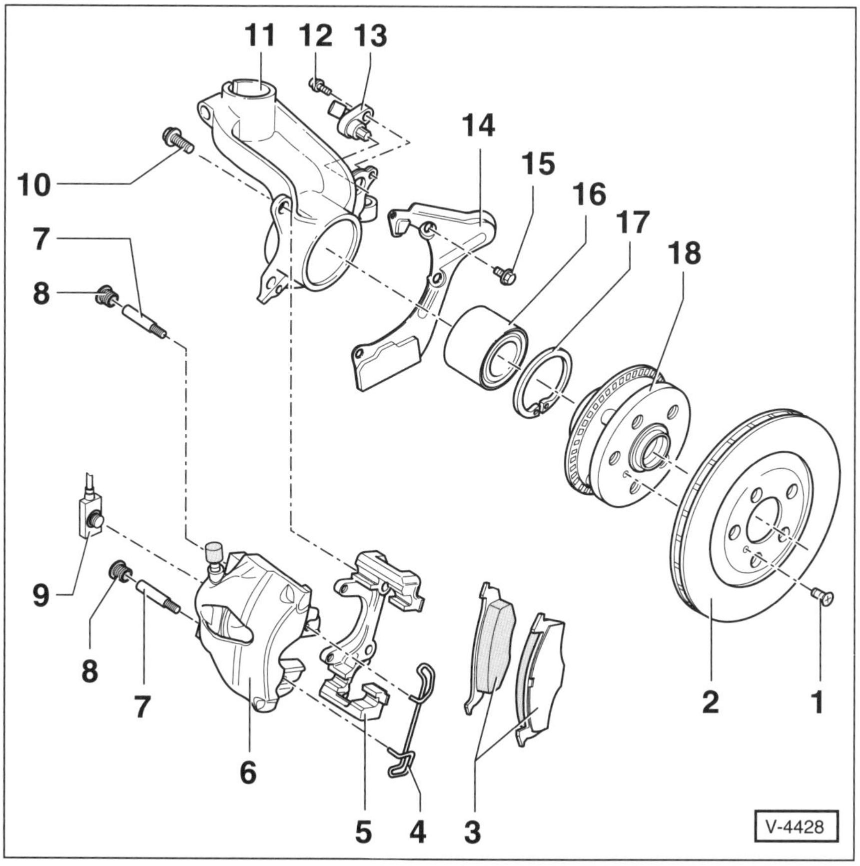

1 – **Kreuzschlitzschraube, 4 Nm**

2 – **Bremsscheibe**
Nur achsweise ersetzen.

3 – **Bremsbeläge**
Der äußere Bremsbelag ist auf der Belagrückenplatte mit einer Klebefolie versehen. Schutzfolie nach dem Einsetzen abziehen.
Beläge nur achsweise ersetzen.
Hinweis: Vor Einsetzen neuer Beläge Bremssättel gründlich fettfrei reinigen. Eventuelle Klebefolienreste entfernen.

4 – **Haltefeder**
In beide Bohrungen des Bremssattels einsetzen.

5 – **Bremsträger**
Beschädigte Schutzkappen erneuern. Dem Reparatursatz liegt ein Fettkissen bei, Fett zum Schmieren der Führungsbolzen verwenden.

6 – **Bremssattel**

7 – **Führungsbolzen, 30 Nm**

8 – **Abdeckkappe**

9 – **Bremsschlauch mit Anschluß und Hohlschraube, 35 Nm**
Zum Ersetzen der Bremsbeläge nicht abschrauben.

10 – **Rippschraube, 125 Nm**
Anlagefläche und Gewinde vor dem Einschrauben säubern.

11 – **Radlagergehäuse**

12 – **Innensechskantschraube, 8 Nm**

13 – **Drehzahlfühler ABS**
Aufnahmebohrung reinigen und mit VW-G000650 bestreichen.

14 – **Abdeckblech**

15 – **Schraube, 10 Nm**

16 – **Radlager**

17 – **Sicherungsring**

18 – **Radnabe mit Rotor**

Hinweis: Alle außenliegenden Schrauben sind gegen Korrosion beschichtet. Daher nur Original-Ersatzteilschrauben verwenden.

Bremsbeläge vorn aus- und einbauen

FN-3-Bremssattel

Achtung: Es gibt unterschiedliche Ausführungen von der Vorderradbremse. Deshalb anhand der Abbildungen identifizieren, welche Ausführung im eigenen Fahrzeug eingebaut ist. Dies ist auch wichtig, damit die richtigen Bremsbeläge gekauft werden. Der FN-3-Bremssattel ist erkennbar am separaten Bremsträger. Außerdem sind die Bremsbeläge mit einer Belaghaltefeder befestigt.

Achtung: Spezielle Hinweise zum 2FN-Bremssattel stehen am Ende des Kapitels.

Ausbau

Achtung: Die Bremsbeläge sind Bestandteil der Allgemeinen Betriebserlaubnis (ABE), außerdem sind sie vom Werk auf das jeweilige Modell abgestimmt. Es empfiehlt sich deshalb, nur vom Automobilhersteller freigegebene Bremsbeläge zu verwenden.

- Stellung der Vorderräder zur Radnabe mit Farbe kennzeichnen. Dadurch kann das ausgewuchtete Rad wieder in derselben Position montiert werden. Radschrauben bei auf dem Boden stehendem Fahrzeug lösen. Fahrzeug vorn aufbocken und Vorderräder abnehmen.

Achtung: Sollen die Bremsbeläge wieder verwendet werden, so müssen sie beim Ausbau gekennzeichnet werden. Ein Wechsel der Beläge von der Außen- zur Innenseite und umgekehrt oder auch vom rechten zum linken Rad ist nicht zulässig. **Grundsätzlich alle Scheibenbremsbeläge vorn gleichzeitig ersetzen, auch wenn nur ein Belag die Verschleißgrenze erreicht hat.**

- Falls vorhanden, Steckverbindung für Bremsbelagverschleißanzeige trennen.

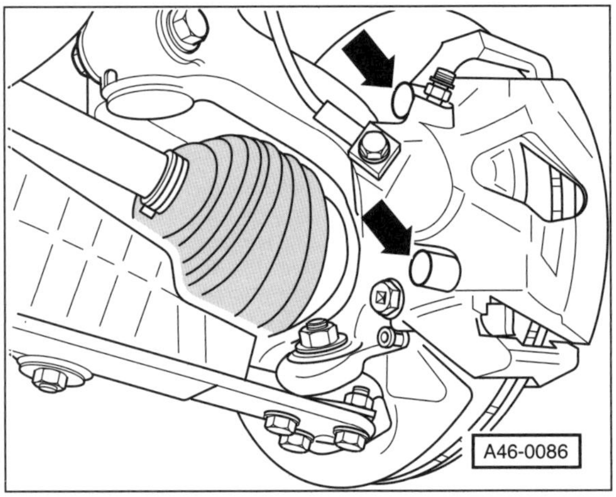

- Abdeckkappen –Pfeile– von beiden Führungsbolzen abnehmen. Beide Führungsbolzen mit Innensechskantschlüssel aus dem Bremssattel herausdrehen.

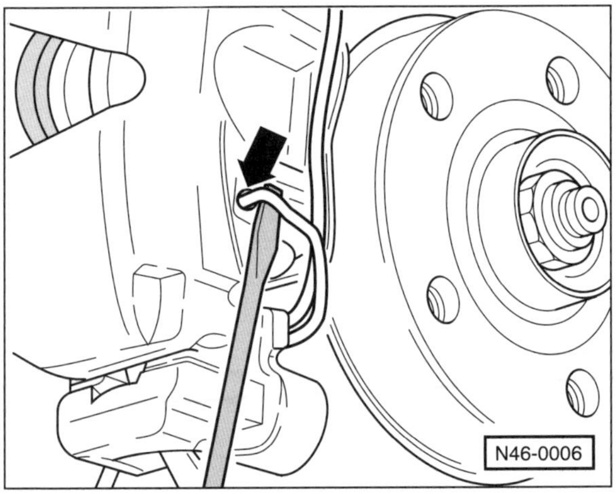

- Haltefeder für Bremsbeläge aus Bremssattel mit Schraubendreher heraushebeln und abnehmen.

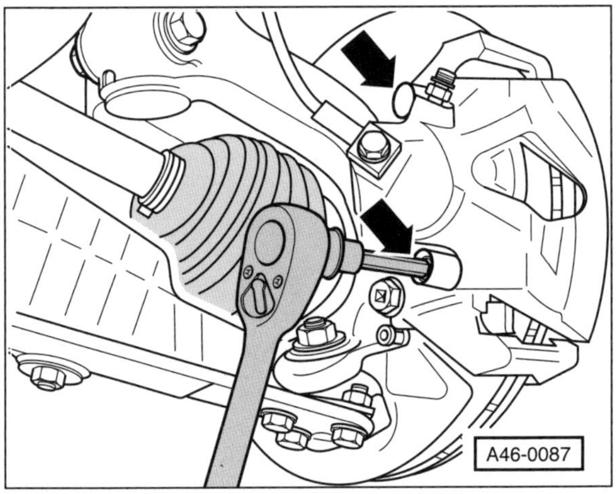

- Beide Führungsbolzen aus Bremssattel herausschrauben.
- Bremssattel abnehmen und mit Draht am Aufbau aufhängen. **Achtung:** Bremssattel nicht einfach nach unten hängen lassen; der Bremsschlauch darf nicht auf Zug beansprucht oder verdreht werden.
- Äußeren Bremsbelag aus Bremsträger nehmen.
- Inneren Bremsbelag (mit Spreizfeder) aus Bremskolben ziehen.

Einbau

Achtung: Bei ausgebauten Bremsbelägen nicht auf das Bremspedal treten, sonst wird der Kolben aus dem Gehäuse herausgedrückt. In diesem Fall Bremssattel komplett ausbauen und Kolben in der Werkstatt einsetzen lassen.

- Führungsfläche beziehungsweise Sitz der Beläge im Gehäuseschacht mit einem Lappen und Spiritus reinigen (fettfrei). Keine mineralölhaltigen Lösungsmittel oder scharfkantigen Werkzeuge verwenden. Besonders auf das Entfernen eventueller Klebefolienreste an den Anlageflächen der äußeren Bremsbeläge achten. **Achtung:** Zum Reinigen der Bremse ausschließlich Spiritus verwenden.

- Vor Einbau der Beläge ist die Bremsscheibe durch Abtasten mit den Fingern auf Riefen zu untersuchen. Riefige Bremsscheiben können abgedreht werden (Werkstattarbeit), sofern sie noch eine ausreichende Dicke aufweisen.
- Bremsscheibendicke messen, siehe Seite 158.
- Staubkappe für Bremskolben auf Anrisse prüfen. Eine beschädigte Staubkappe umgehend ersetzen lassen, da eingedrungener Schmutz schnell zu Undichtigkeiten des Bremssattels führt. Der Bremssattel muß hierzu zerlegt werden (Werkstattarbeit).

Achtung: Bei hohem Bremsbelagverschleiß Leichtgängigkeit des Kolbens prüfen. Dazu einen Holzklotz in den Bremssattel einsetzen und durch Helfer langsam auf das Bremspedal treten lassen. Der Bremskolben muß sich leicht heraus- und hineindrücken lassen. Zur Prüfung muß der andere Bremssattel eingebaut sein. Darauf achten, daß der Bremskolben nicht ganz herausgedrückt wird. Bei schwergängigem Kolben Bremssattel instandsetzen (Werkstattarbeit).

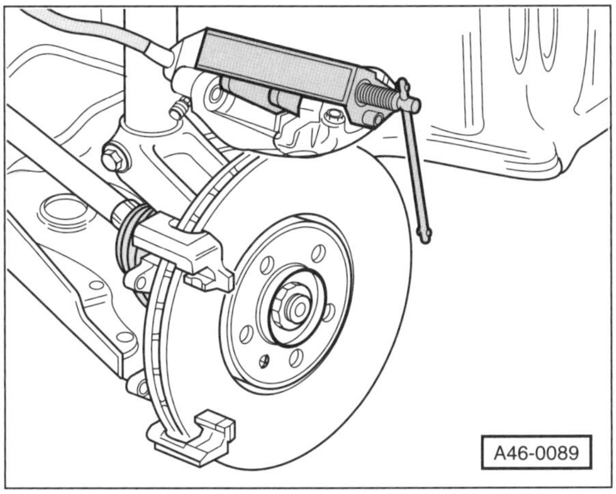
A46-0089

- Bremskolben mit Rücksetzvorrichtung, zum Beispiel HAZET 4971-1, zurückdrücken. Es geht auch mit einem Hartholzstab (Hammerstiel), dabei jedoch besonders darauf achten, daß der Kolben nicht verkantet wird und Kolbenfläche sowie Staubkappe nicht beschädigt werden.

Achtung: Beim Zurückdrücken des Kolbens wird Bremsflüssigkeit aus dem Bremszylinder in den Ausgleichbehälter gedrückt. Flüssigkeit im Behälter beobachten, eventuell Bremsflüssigkeit mit einem Saugheber absaugen.

Sicherheitshinweis:
Zum Absaugen eine Entlüfter- oder Plastikflasche verwenden, die nur mit Bremsflüssigkeit in Berührung kommt. Keine Trinkflaschen verwenden! **Bremsflüssigkeit ist giftig und darf auf gar keinen Fall mit dem Mund über einen Schlauch abgesaugt werden. Saugheber verwenden.** Auch nach dem Belagwechsel darf die MAX.-Marke am Bremsflüssigkeitsbehälter nicht überschritten werden, da sich die Flüssigkeit bei Erwärmung ausdehnt. Ausgelaufene Bremsflüssigkeit läuft am Hauptbremszylinder herunter, zerstört den Lack und führt zur Rostbildung.

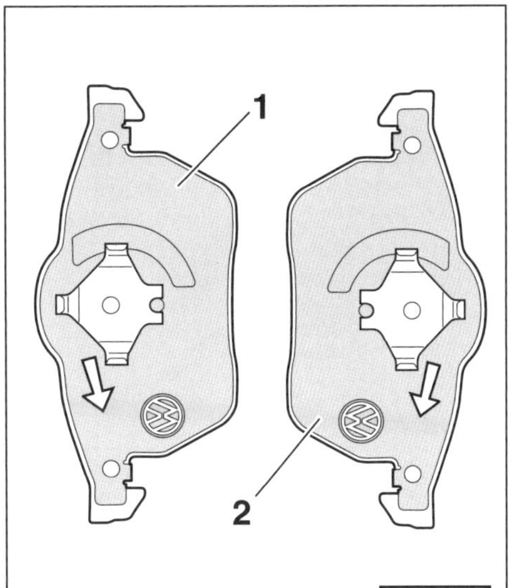

N46-0058

1 – innerer Bremsbelag am rechten Vorderrad; 2 – innerer Bremsbelag am linken Vorderrad.

- Inneren Bremsbelag (mit Spreizfeder) in den Bremskolben einsetzen.

Achtung: Der innere Bremsbelag (mit Spreizfeder) ist mit einem Pfeil versehen, siehe Abbildung. Der Pfeil muß in Drehrichtung der Bremsscheibe bei Vorwärtsfahrt zeigen. Bei Falschmontage (auf der anderen Fahrzeugseite) kann es zu Geräuschen kommen.

- Äußeren Bremsbelag auf den Bremsträger aufsetzen.

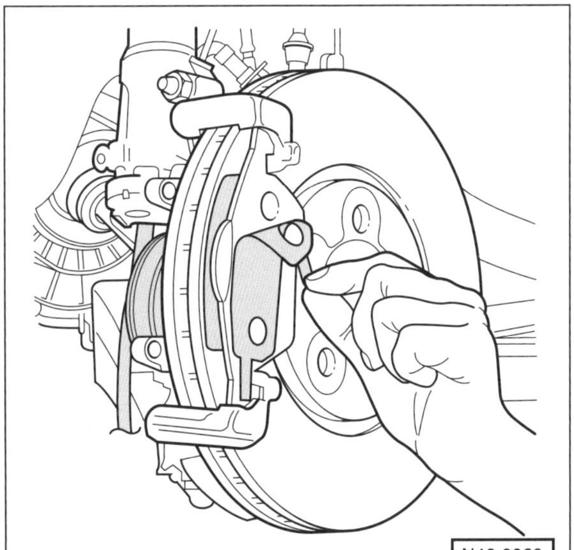
N46-0060

- Schutzfolie von der Rückenplatte des äußeren Bremsbelages abziehen.

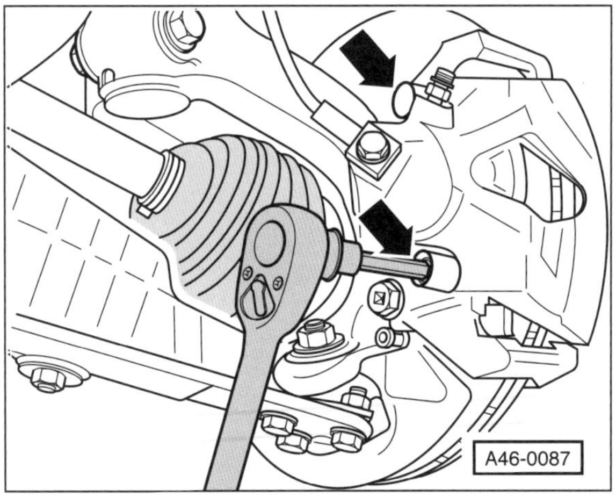

- Bremssattel aufsetzen und mit beiden Führungsbolzen am Bremsträger mit **28 Nm** anschrauben.
- Beide Abdeckkappen einsetzen.

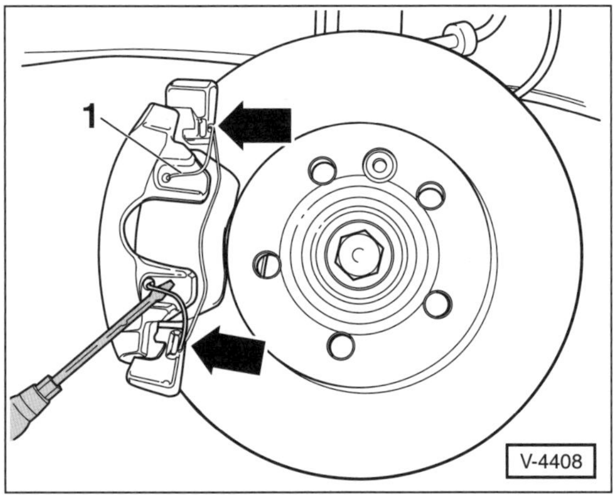

- Haltefeder –1– in den Bremssattel einsetzen. **Achtung:** Nach dem Einsetzen in die beiden Bohrungen muß die Haltefeder unter den Bremsträger gedrückt werden. Bei fehlerhafter Montage stellt sich trotz Verschleiß der äußere Bremsbelag nicht nach, so daß sich der Pedalweg vergrößert.
- Stecker für Bremsbelagverschleißanzeige verbinden und in den Halter am Bremssattel einsetzen.
- Vorderräder so ansetzen, daß die beim Ausbau angebrachten Markierungen übereinstimmen. Räder anschrauben. Fahrzeug ablassen und Radschrauben über Kreuz mit **120 Nm** festziehen.

Achtung: Bremspedal im Stand mehrmals kräftig niedertreten, bis fester Widerstand spürbar ist. Dadurch legen sich die Bremsbeläge an die Bremsscheiben an und nehmen einen dem Betriebszustand entsprechenden Sitz ein.

- Bremsflüssigkeit im Ausgleichbehälter prüfen, gegebenenfalls bis zur Max.-Marke auffüllen.
- Neue Bremsbeläge vorsichtig einbremsen, dazu Fahrzeug mehrmals von ca. 80 km/h auf 40 km/h mit geringem Pedaldruck abbremsen. Dazwischen Bremse etwas abkühlen lassen.

Achtung: Nach dem Einbau von neuen Bremsbelägen müssen diese eingebremst werden. Während einer Fahrtstrecke von rund 200 km sollten unnötige Vollbremsungen unterbleiben.

Hinweis: Bremsbeläge müssen in einigen Kommunen als Sondermüll entsorgt werden. Die örtlichen Behörden geben darüber Auskunft, ob auch eine Entsorgung über den hausmüllähnlichen Gewerbemüll zulässig ist.

Achtung, Sicherheitskontrolle durchführen:

- Sind die Bremsschläuche festgezogen?
- Befindet sich der Bremsschlauch in der Halterung?
- Sind die Entlüftungsschrauben angezogen?
- Ist genügend Bremsflüssigkeit eingefüllt?
- Bei laufendem Motor Dichtheitskontrolle durchführen. Hierzu Bremspedal mit 200 bis 300 N (entspricht 20 bis 30 kg) etwa 10 sec. betätigen. Das Bremspedal darf nicht nachgeben. Sämtliche Anschlüsse auf Dichtheit kontrollieren.

Speziell 2FN-Bremssattel

Hinweis: Der Aus- und Einbau erfolgt im Prinzip wie beim FN3-Bremssattel. Hier werden nur die Unterschiede beschrieben.

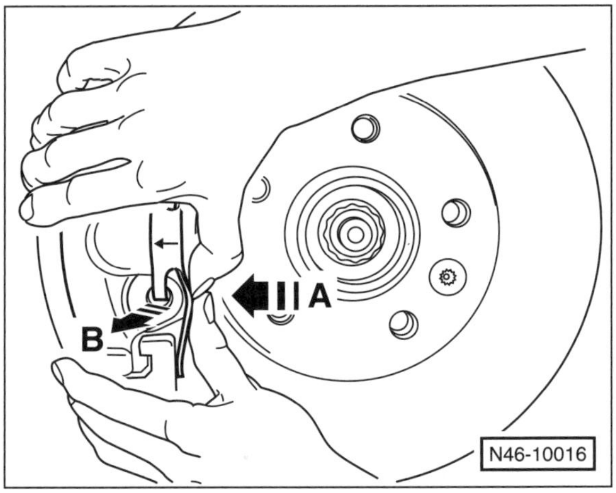

- Haltefeder nach vorne drücken –Pfeil A– (Fahrtrichtung), bis sie aus der unteren Bohrung des Bremssattels herausgezogen werden kann –Pfeil B–.
- Dann Haltefeder am unteren Ende nach hinten drücken und so halten. Nun Haltefeder oben nach vorne drücken und aus der oberen Bohrung herausdrücken.
- Abdeckkappen von beiden Führungsbolzen abnehmen. **Hinweis:** An der oberen Abdeckkappe ist der Leitungshalter für Bremsbelagverschleißanzeige angebracht.
- Beide Führungsbolzen aus Bremssattel herausschrauben. Bremssattel abnehmen und Beläge herausnehmen.
- Beim Einbau Haltefeder oben am Bremssattel ansetzen, Haltefeder oben nach vorne drücken und in die obere Bohrung drücken; dabei unten gegenhalten. Dann Haltefeder unten nach vorne drücken und in die untere Bohrung drücken.

Hinterrad-Scheibenbremse

Fahrzeuge mit Frontantrieb

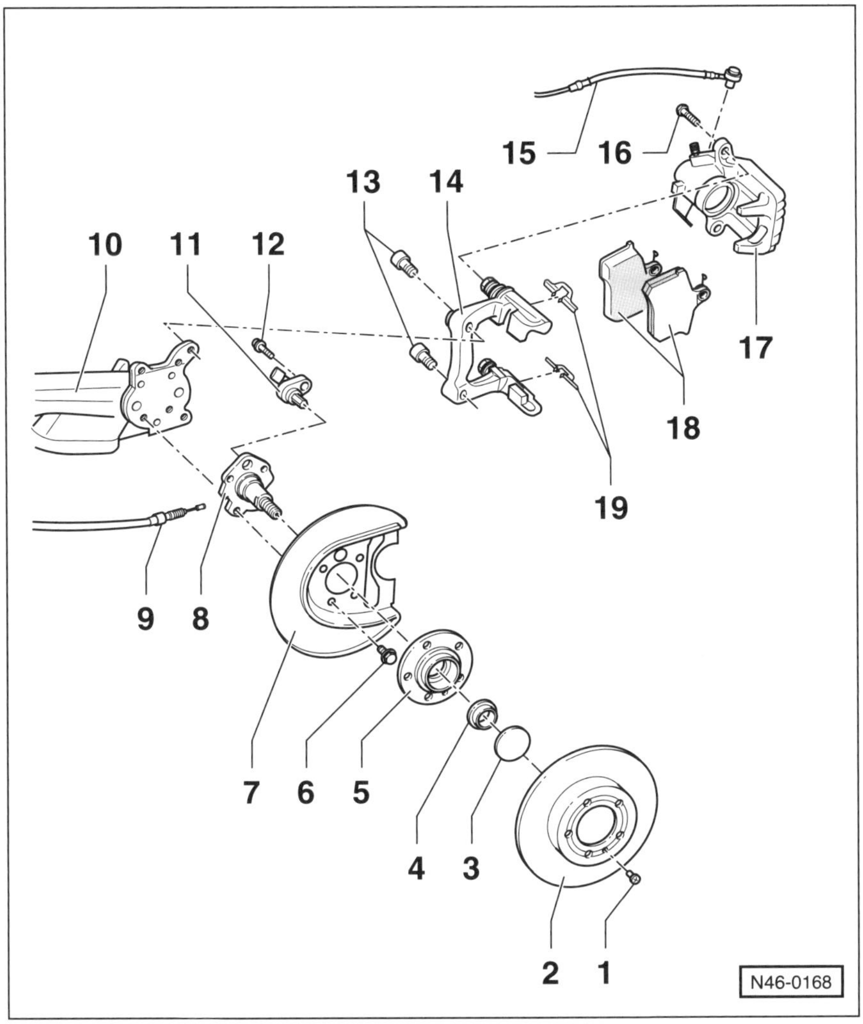

1 – **Kreuzschlitzschraube, 4 Nm**

2 – **Bremsscheibe**
Nur achsweise ersetzen. Zum Ausbauen vorher Bremssattel abschrauben.

3 – **Fettkappe**
Grundsätzlich erneuern.

4 – **Zwölfkantbundmutter, 175 Nm**
Selbstsichernd, daher grundsätzlich erneuern.

5 – **Radnabe mit Radlager**

6 – **Schraube, 60 Nm**
Mit Tellerfeder.

7 – **Abdeckblech**

8 – **Achszapfen**

9 – **Handbremsseil**

10 – **Achskörper**

11 – **Drehzahlfühler ABS**
Vor dem Einsetzen die Aufnahmebohrung reinigen und mit Festschmierstoffpaste VW-G000650 bestreichen.

12 – **Innensechskantschraube, 8 Nm**

13 – **Innensechskantschraube, 80 Nm**

14 – **Bremsträger mit Führungsbolzen und Schutzkappe**
Beschädigte Schutzkappen erneuern. Dem Reparatursatz liegt ein Fettkissen bei, Fett zum Schmieren der Führungsbolzen verwenden.

15 – **Bremsschlauch**
Mit Hohlschraube und Dichtringen und **35 Nm** am Bremssattel anschrauben.

16 – **Schraube, 35 Nm**
Selbstsichernd, daher grundsätzlich erneuern.

17 – **Bremssattel**
Nach Reparaturarbeiten zuerst Handbremse einstellen, bevor die Fußbremse betätigt wird.

18 – **Bremsbeläge**
Grundsätzlich alle 4 Beläge einer Achse ersetzen.

19 – **Belaghaltefeder**
Beim Belagwechsel immer erneuern.

Fahrzeuge mit Allradantrieb

Bei Fahrzeugen mit Allradantrieb sind die Bauteile Radnabe/Rotor und Radlager nicht zu einer Einheit zusammengefaßt. Das Radlager ist in den Längslenker der Hinterachse eingebaut und mit einem Sicherungsring gesichert. Es kann einzeln ersetzt werden.

Die Bremsen für die Hinterräder bei Fahrzeugen mit Allradantrieb sehen zwar etwas anders aus, dennoch geschieht der Aus- und Einbau der Scheibenbremsbeläge auf die gleiche Weise, wie bei Fahrzeugen mit Frontantrieb. Hauptsächlich unterscheiden sich die Bremsen durch die geänderte Führung des Bremsschlauches, bedingt durch die Verwendung einer Doppelquerlenker-Hinterachse.

Scheibenbremsbeläge hinten aus- und einbauen

Ausbau

Achtung: Sollen die Bremsbeläge wieder verwendet werden, so müssen sie beim Ausbau gekennzeichnet werden. Ein Wechsel der Beläge vom rechten zum linken Rad und umgekehrt ist nicht zulässig. Der Wechsel kann zu ungleichmäßiger Bremswirkung führen. Grundsätzlich sollte man nur Original-Ersatzteil-Bremsbeläge, beziehungsweise vom Hersteller freigegebene Bremsbeläge verwenden. **Grundsätzlich alle Scheibenbremsbeläge gleichzeitig ersetzen, auch wenn nur ein Belag die Verschleißgrenze erreicht hat.**

- Stellung der Hinterräder zur Radnabe mit Farbe kennzeichnen. Radschrauben lösen, dabei muß das Fahrzeug auf dem Boden stehen. Fahrzeug aufbocken und Hinterräder abnehmen.

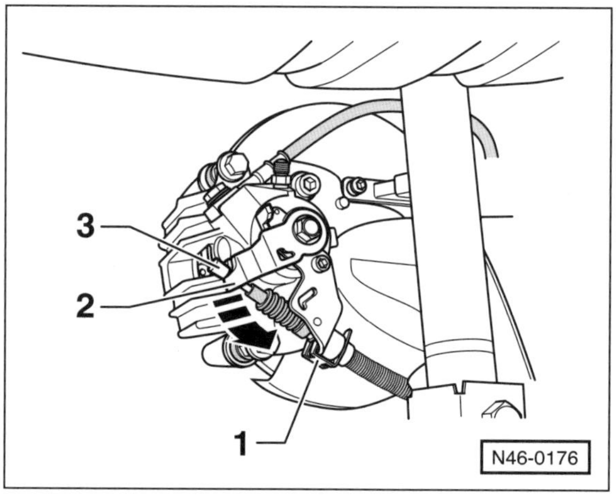

- Handbremshebel lösen. Clip –1– seitlich abziehen, Hebel –2– am Bremssattel in –Pfeilrichtung– drücken und Handbremsseil –3– aushängen.

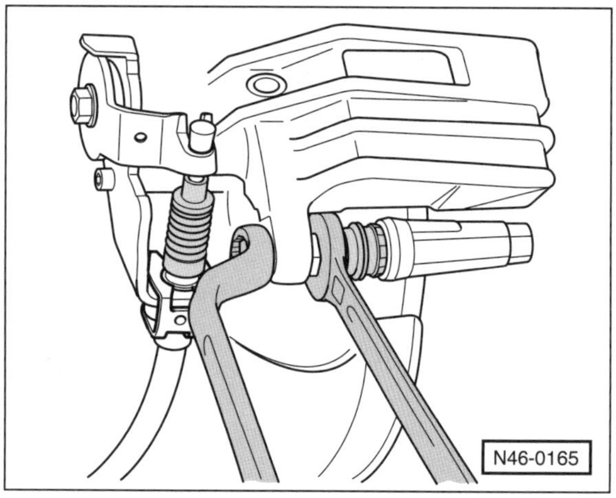

- Bremssattel oben und unten abschrauben. Dabei am Führungsbolzen mit Gabelschlüssel gegenhalten. Gehäuse abnehmen, der Bremsschlauch bleibt angeschlossen.
- Bremssattel abnehmen und mit Draht am Aufbau aufhängen. Dabei darf der Bremsschlauch nicht auf Zug beansprucht werden.
- Bremsbeläge und Haltefedern aus dem Bremsträger herausnehmen.

Einbau

Achtung: Bei ausgebauten Bremsbelägen nicht auf das Bremspedal treten, sonst wird der Kolben aus dem Gehäuse herausgedrückt. In diesem Fall Bremssattel komplett ausbauen und Kolben in der Werkstatt einsetzen lassen.

- Führungsfläche beziehungsweise Sitz der Beläge im Gehäuseschacht mit einem Lappen und Spiritus reinigen (fettfrei). Keine mineralölhaltigen Lösungsmittel oder scharfkantigen Werkzeuge verwenden. Besonders auf das Entfernen eventueller Klebefolienreste an den Anlageflächen der Bremsbeläge achten. **Achtung:** Zum Reinigen der Bremse ausschließlich Spiritus verwenden.
- Vor Einbau der Beläge ist die Bremsscheibe durch Abtasten mit den Fingern auf Riefen zu untersuchen. Riefige Bremsscheiben sind zu erneuern.
- Bremsscheibendicke messen, gegebenenfalls verschlissene Bremsscheibe erneuern, siehe Seite 158.
- Staubkappe am Bremskolben auf Anrisse prüfen. Beschädigte Teile umgehend ersetzen lassen, da eingedrungener Schmutz schnell zu Undichtigkeiten des Bremssattels führt. Der Bremssattel muß hierzu ausgebaut und zerlegt werden (Werkstattarbeit).

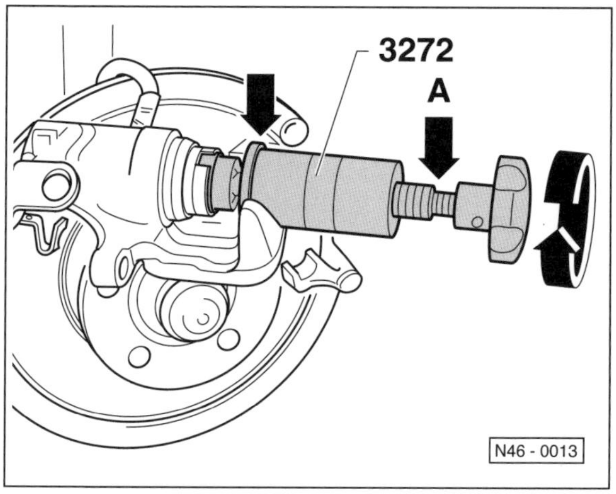

- Kolben durch Rechtsdrehen (im Uhrzeigersinn) mit dem Spezial-Schlüssel VW-3272 unter kräftigem Druck einschrauben. Der Bund –Pfeil links– des Werkzeugs muß am Bremssattel anliegen. Bei schwergängigem Kolben mit Maulschlüssel SW 13 an den Abflachungen –A– des Werkzeugs drehen. **Achtung:** Der Bremskolben darf **nicht** mit einer Kolbenrücksetzvorrichtung oder mit einem Hammerstiel zurückgedrückt werden, sonst wird der Feststellmechanismus für die Handbremse beschädigt. **Hinweis:** Ein entsprechendes Werkzeug ist auch von HAZET unter Nr. 4970/6 erhältlich.

- Falls das Spezialwerkzeug nicht zur Verfügung steht, Flacheisen entsprechend zurechtfeilen und in die beiden Nuten des Bremskolbens einsetzen. Kolben unter kräftigem Druck zurückdrehen.

Achtung: Beim Zurückdrehen der Kolben wird Bremsflüssigkeit aus den Bremszylindern in den Ausgleichbehälter gedrückt. Flüssigkeit im Behälter beobachten, eventuell Bremsflüssigkeit mit einem Saugheber absaugen.

Sicherheitshinweis:
Zum Absaugen eine Entlüfter- oder Plastikflasche verwenden, die nur mit Bremsflüssigkeit in Berührung kommt. Keine Trinkflaschen verwenden! **Bremsflüssigkeit ist giftig und darf auf gar keinen Fall mit dem Mund über einen Schlauch abgesaugt werden. Saugheber verwenden. Auch nach dem Belagwechsel darf die MAX.-Marke am Bremsflüssigkeitsbehälter nicht überschritten werden, da sich die Flüssigkeit bei Erwärmung ausdehnt. Ausgelaufene Bremsflüssigkeit läuft am Hauptbremszylinder herunter, zerstört den Lack und führt zur Rostbildung.**

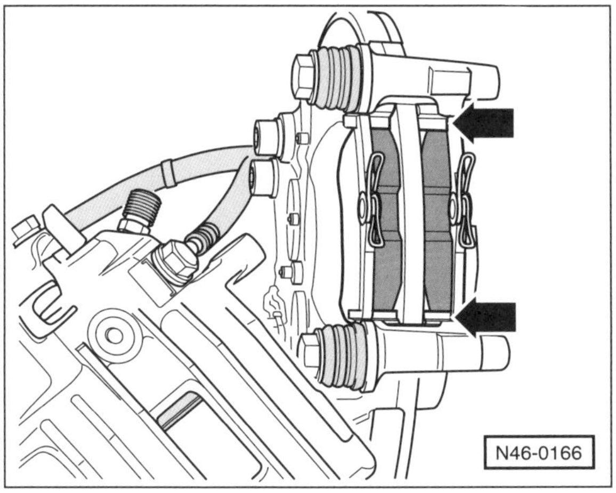

- **Neue** Haltefedern –Pfeile– in den Bremsträger einsetzen.
- Bremsbeläge in den Bremsträger einsetzen. Von neuen Bremsbelägen anschließend die Schutzfolie an der Rückenplatte abziehen.
- Bremssattel ansetzen und **neue** Befestigungsschrauben mit **35 Nm** anziehen. **Achtung:** Im Reparatursatz sind vier selbstsichernde Sechskantschrauben enthalten, die in jedem Fall einzubauen sind.

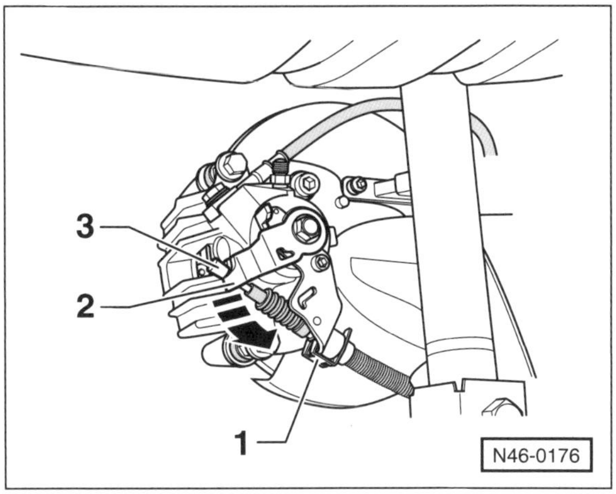

- Hebel –2– am Bremssattel in –Pfeilrichtung– drücken und Handbremsseil –3– einhängen. Clip –1– seitlich am Widerlager aufdrücken.
- Handbremse einstellen, siehe Seite 159.
- Hinterräder so ansetzen, daß die beim Ausbau angebrachten Markierungen übereinstimmen. Räder anschrauben. Fahrzeug ablassen und Radschrauben über Kreuz mit **120 Nm** festziehen. Radschrauben nicht ölen oder fetten.

Achtung: Bremspedal im Stand mehrmals kräftig niedertreten, bis fester Widerstand spürbar ist. Dadurch nehmen die Beläge den richtigen Sitz ein.

- Bremsflüssigkeit im Ausgleichbehälter prüfen, gegebenenfalls bis zur Max.-Marke auffüllen.

Achtung, Sicherheitskontrolle durchführen:
- ◆ Sind die Bremsschläuche festgezogen?
- ◆ Befindet sich der Bremsschlauch in der Halterung?
- ◆ Sind die Entlüftungsschrauben angezogen?
- ◆ Ist genügend Bremsflüssigkeit eingefüllt?
- ◆ Bei laufendem Motor Dichtheitskontrolle durchführen. Hierzu Bremspedal mit 200 bis 300 N (entspricht 20 bis 30 kg) etwa 10 sec. betätigen. Das Bremspedal darf nicht nachgeben. Sämtliche Anschlüsse auf Dichtheit kontrollieren.

- Neue Bremsbeläge vorsichtig einbremsen, dazu Fahrzeug auf wenig befahrener Straße mehrmals von ca. 80 km/h auf 40 km/h mit geringem Pedaldruck abbremsen. Dazwischen Bremse etwas abkühlen lassen.

Hinweis: Bremsbeläge müssen in einigen Kommunen als Sondermüll entsorgt werden. Die örtlichen Behörden geben darüber Auskunft, ob auch eine Entsorgung über den hausmüllähnlichen Gewerbemüll zulässig ist.

Bremsscheibendicke prüfen

Prüfen

- Stellung der Räder zur Radnabe mit Farbe kennzeichnen. Dadurch kann das ausgewuchtete Rad wieder in derselben Position montiert werden. Radschrauben bei auf dem Boden stehendem Fahrzeug lösen. Fahrzeug aufbocken und Räder abnehmen.

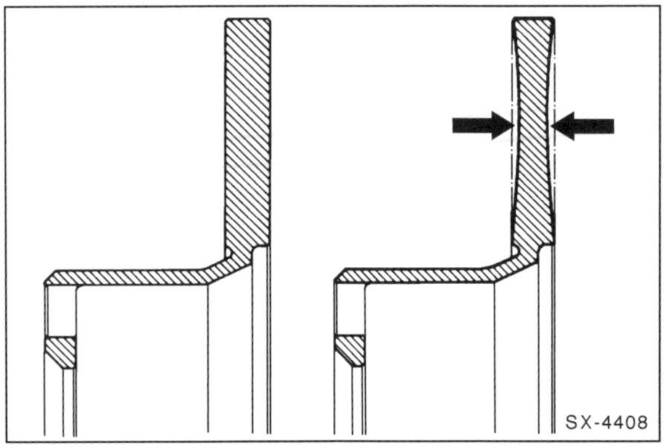

- Bremsscheibendicke immer an der dünnsten Stelle –Pfeile– messen. Die Werkstätten benutzen dazu einen speziellen Meßschieber oder eine Mikrometer-Bügelmeßschraube, da sich durch Abnutzung der Bremsscheibe ein Rand bildet. Man kann die Bremsscheibendicke auch mit einer normalen Schieblehre messen, allerdings muß dann auf jeder Seite der Bremsscheibe eine entsprechend starke Unterlage zwischengelegt werden (beispielsweise 2 Münzen). Um das exakte Maß der Bremsscheiben zu ermitteln, müssen von dem gemessenen Wert die Dicke der Münzen beziehungsweise der Unterlage abgezogen werden. **Achtung:** Messung an mehreren Punkten der Bremsscheibe vornehmen.
- Maße für Bremsscheibe, siehe Seite 148.
- Wird die Verschleißgrenze erreicht, Bremsscheibe erneuern.
- Bei größeren Rissen oder bei Riefen, die tiefer als 0,5 mm sind, Bremsscheibe erneuern.
- Räder so ansetzen, daß die beim Ausbau angebrachten Markierungen übereinstimmen. Räder anschrauben. Fahrzeug ablassen und Radschrauben über Kreuz mit **120 Nm** festziehen. Radschrauben nicht ölen oder fetten.

Bremsscheibe/Bremsträger/ Bremssattel aus- und einbauen

Korrodierte Bremsscheiben erzeugen beim Abbremsen einen Rubbeleffekt, der sich auch durch längeres Abbremsen nicht beseitigen läßt. In diesem Fall müssen die Bremsscheiben erneuert werden.

Vorderradbremse mit FN-3- und 2FN-Bremssattel sowie Hinterradbremse: Zum Ausbau der Bremsscheibe genügt es, den Bremsträger zusammen mit angeschraubtem Bremssattel auszubauen.

Ausbau

- Stellung der Räder zur Radnabe mit Farbe kennzeichnen. Dadurch kann das ausgewuchtete Rad wieder in derselben Position montiert werden. Radschrauben bei auf dem Boden stehendem Fahrzeug lösen. Fahrzeug aufbocken und Räder abnehmen.
- **Vorderradbremse mit FS-III-Bremssattel:** Bremsbeläge ausbauen, siehe Seite 148.
- Soll der Bremssattel ganz abgenommen werden:
  - **Vorderradbremse FN-3 / 2FN und Hinterradbremse:** Bremssattel vom Bremsträger trennen und Bremsbeläge ausbauen.
  - Beim vorderen Bremssattel Bremsleitung an der Bremsschlauchkupplung abschrauben.
  - Beim hinteren Bremssattel zuerst die Bremsleitung an der Verbindungsstelle vom Bremsschlauch abschrauben, dann, falls erforderlich, Bremsschlauch am Bremssattel abschrauben. Zusätzlich Handbremsseil aushängen.

Sicherheitshinweis:
Beim Öffnen vom Bremskreis läuft Bremsflüssigkeit aus. Bremsflüssigkeit in einer Flasche sammeln, die ausschließlich für Bremsflüssigkeit vorgesehen ist. Man kann auch zuvor die Bremsflüssigkeit mit einem Saugheber aus dem Vorratsbehälter absaugen.

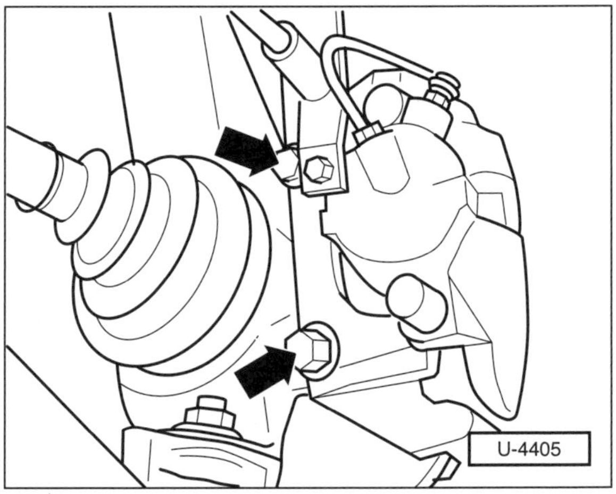

- **Vorderradbremse FN-3 / 2FN und Hinterradbremse:** 2 Schrauben –Pfeile– aus dem Radlagergehäuse herausdrehen und Bremsträger zusammen mit Bremssattel von der Bremsscheibe ziehen.

Achtung: Hohes Löse- und Anzugsdrehmoment der Schrauben für den Bremsträger. Gewährleisten, daß das Fahrzeug sicher aufgebockt ist.

Hinweis: Beim **FS-III-Bremssattel** ist der Bremsträger ein Teil des Radlagergehäuses und kann nicht abgeschraubt werden.

- Bremssattel – gegebenenfalls mit angeschraubtem Bremsträger – mit Drahthaken so am Aufbau aufhängen, daß der Bremsschlauch nicht verdreht oder auf Zug beansprucht wird.

Achtung: Bremsschlauch nicht lösen, sonst muß das Bremssystem nach dem Einbau entlüftet werden.

- Kreuzschlitzschraube für Bremsscheiben-Befestigung herausdrehen.
- Bremsscheibe abnehmen.

Achtung: Die Bremsscheibe darf **nicht** durch Gewaltanwendung (Hammerschläge) von der Radnabe getrennt werden. Stattdessen handelsübliche Rostlöser anwenden, um Schäden an den Bremsscheiben zu vermeiden. Falls der Ausbau nur durch kräftige Hammerschläge möglich ist, aus Sicherheitsgründen sowohl die Bremsscheiben wie auch die Radlager erneuern. Das Erneuern der Radlager sollte der Werkstatt vorbehalten bleiben, da in der Regel nur dort eine entsprechende Presse vorhanden ist. Auch nach Verwendung eines Abziehers die Bremsscheiben erneuern.

Einbau

Um ein gleichmäßiges Bremsen beidseitig zu gewährleisten, müssen beide Bremsscheiben die gleiche Oberfläche bezüglich Schliffbild und Rauhtiefe aufweisen. Deshalb **grundsätzlich beide** Bremsscheiben ersetzen.

Die Werkstatt kann die Bremsscheibe auf Schlag prüfen. Maximaler Scheibenschlag an der Bremsfläche gemessen: 0,05 mm. Maximal zulässige Dickentoleranz: 0,01 mm.

- Bremsscheibendicke messen, siehe entsprechendes Kapitel.
- Falls vorhanden, Rost am Flansch der Bremsscheibe und der Radnabe entfernen.
- Neue Bremsscheiben mit Verdünnung vom Schutzlack reinigen.
- Bremsscheibe auf Radnabe aufsetzen und mit Kreuzschlitzschraube sichern.
- **Vorderradbremse mit FS-III-Bremssattel:** Bremsbeläge einbauen, siehe Seite 148.
- **Vorderradbremse FN-3 / 2FN und Hinterradbremse:** Bremsträger – gegebenenfalls zusammen mit Bremssattel und eingesetzten Bremsbelägen – über die Bremsscheibe ziehen und am Radlagergehäuse anschrauben. Dabei darf der Bremsschlauch nicht verdreht oder gedehnt werden. **Achtung:** Werden die bisherigen Rippschrauben wiederverwendet, vorher Verrippung mit Drahtbürste reinigen.

Achtung: Hohes Anzugsdrehmoment der Schrauben für den Bremsträger.

- **Vorderradbremse mit FN-3- und 2FN-Bremssattel:** Schrauben für Bremsträger mit **125 Nm** festziehen.
- **Hinterradbremse:** Schrauben für Bremsträger mit **80 Nm** festziehen.
- **Vorderradbremse FN-3 / 2FN und Hinterradbremse:** Falls der Bremssattel ganz abgebaut war, Bremsbeläge einbauen und Bremssattel am Bremsträger anschrauben, siehe Seite 151/155.

Achtung: War der Bremsschlauch demontiert, Bremsschlauch anschrauben und Bremsanlage entlüften, siehe Seite 162.

- **Hinterradbremse:** Handbremsseil einhängen.
- Räder so ansetzen, daß die beim Ausbau angebrachten Markierungen übereinstimmen. Vorher Zentriersitz der Felge an der Radnabe mit Wälzlagerfett dünn einfetten. Räder anschrauben. Fahrzeug ablassen und Radschrauben über Kreuz mit **120 Nm** festziehen.

Achtung: Bremspedal im Stand mehrmals kräftig niedertreten, bis fester Widerstand spürbar ist.

- Bremsflüssigkeitsstand im Ausgleichbehälter prüfen, gegebenenfalls auffüllen.
- **Hinterradbremse:** Handbremse einstellen, siehe Seite 159.

Achtung, Sicherheitskontrolle durchführen:

- ◆ Sind die Bremsschläuche festgezogen?
- ◆ Befindet sich der Bremsschlauch in der Halterung?
- ◆ Sind die Entlüftungsschrauben angezogen?
- ◆ Ist genügend Bremsflüssigkeit eingefüllt?
- ◆ Bei laufendem Motor Dichtheitskontrolle durchführen. Hierzu Bremspedal mit 200 bis 300 N (entspricht 20 bis 30 kg) etwa 10 sec. betätigen. Das Bremspedal darf nicht nachgeben. Sämtliche Anschlüsse auf Dichtheit kontrollieren.

- Neue Bremsscheiben vorsichtig einbremsen, dazu Fahrzeug mehrmals von ca. 80 km/h auf 40 km/h mit geringem Pedaldruck abbremsen. Dazwischen Bremse etwas abkühlen lassen.

Handbremse einstellen

Achtung: Durch die automatische Nachstellung der Hinterradbremse ist ein Nachstellen der Handbremse in der Regel nicht erforderlich. Nur bei Ersatz der Handbremsseile, der hinteren Bremssättel/Bremsträger oder Bremsscheiben muß die Handbremse neu eingestellt werden.

- Verkleidung vom Handbremshebel abnehmen und hintere Mittelkonsole ausbauen, siehe Kapitel »Innenausstattung«.

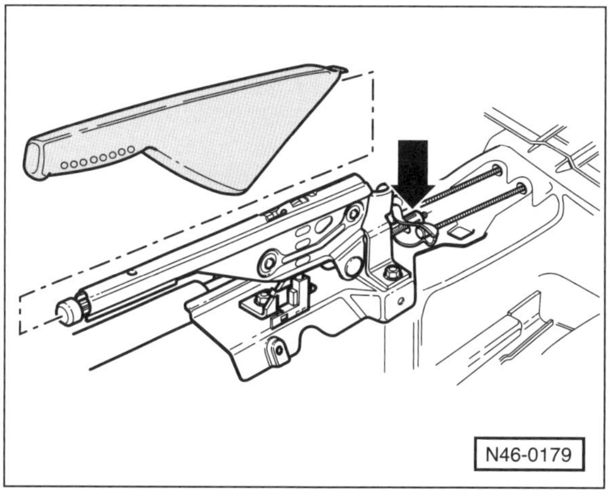

- Die Nachstellmutter –Pfeil– befindet sich am Handbremshebel.

- Fußbremse mindestens 3-mal kräftig betätigen. Es muß ein fester Widerstand am Pedal spürbar sein.
- Handbremse 3-mal kräftig anziehen und anschließend wieder lösen.
- Fahrzeug hinten aufbocken, die Hinterräder müssen vom Boden abheben.

Sicherheitshinweis:
Beim Aufbocken des Fahrzeugs besteht Unfallgefahr! Deshalb vorher das Kapitel »Fahrzeug aufbocken« durchlesen.

- Falls erforderlich, Handbremshebel lösen (in Lösestellung bringen).

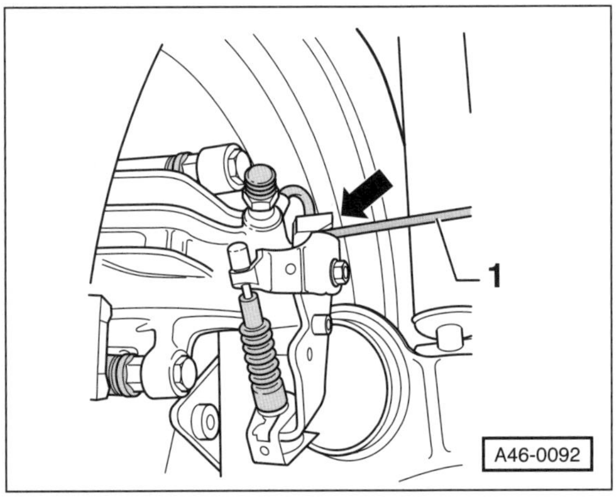

- Bei gelöstem Handbremshebel die Nachstellmutter am Handbremshebel soweit anziehen, daß sich die Hebel –Pfeil– an den Bremssätteln von den Anschlägen abheben. Gegebenenfalls mit Fühlerblattlehre –1– prüfen. Der Abstand vom Betätigungshebel zum Bremssattel –Pfeil– darf auf beiden Fahrzeugseiten zusammengerechnet **nicht weniger als 1 mm** und **nicht mehr als 3 mm** betragen.
- Sicherstellen, daß bei gelöstem Handbremshebel beide Hinterräder frei drehbar sind.
- Fahrzeug ablassen.
- Mittelkonsole einbauen, siehe Kapitel »Innenausstattung«.

Die Bremsflüssigkeit

Beim Umgang mit Bremsflüssigkeit ist zu beachten:

Sicherheitshinweis:
Bremsflüssigkeit ist giftig. Keinesfalls Bremsflüssigkeit mit dem Mund über einen Schlauch absaugen. Bremsflüssigkeit nur in Behälter füllen, bei denen ein versehentlicher Genuß ausgeschlossen ist.

- Bremsflüssigkeit ist ätzend und darf deshalb nicht mit dem Autolack in Berührung kommen, gegebenenfalls sofort abwischen und mit viel Wasser abwaschen.
- Bremsflüssigkeit ist hygroskopisch, das heißt, sie nimmt aus der Luft Feuchtigkeit auf. Bremsflüssigkeit deshalb nur in geschlossenen Behältern aufbewahren.
- **Bremsflüssigkeit, die schon einmal im Bremssystem verwendet wurde, darf nicht wieder verwendet werden. Auch beim Entlüften der Bremsanlage nur neue Bremsflüssigkeit verwenden.**
- Bremsflüssigkeits-Spezifikation: **FMVSS 116 DOT 4.**
- **Bremsflüssigkeit darf nicht mit Mineralöl in Berührung kommen.** Schon geringe Spuren Mineralöl machen die Bremsflüssigkeit unbrauchbar, beziehungsweise führen zum Ausfall des Bremssystems. Stopfen und Manschetten der Bremsanlage werden beschädigt, wenn sie mit mineralölhaltigen Mitteln zusammenkommen. Zum Reinigen keine mineralölhaltigen Putzlappen verwenden.
- Bremsflüssigkeit alle 2 Jahre wechseln, möglichst nach der kalten Jahreszeit.

Achtung: Bremsflüssigkeit ist ein Problemstoff und darf auf keinen Fall einfach weggeschüttet oder dem Hausmüll mitgegeben werden. Gemeinde- und Stadtverwaltungen informieren darüber, wo sich die nächste Problemstoff-Sammelstelle befindet.

Bremsanlage entlüften

Nach jeder Reparatur an der Bremse, bei der die Anlage geöffnet wurde, kann Luft in die Druckleitungen eingedrungen sein. Dann ist das Bremssystem zu entlüften. Luft ist auch dann in den Leitungen, wenn sich beim Tritt auf das Bremspedal der Bremsdruck schwammig anfühlt. In diesem Fall muß die Undichtigkeit beseitigt und die Bremsanlage entlüftet werden.

In der Werkstatt wird die Bremse in der Regel mit einem Bremsenfüll- und Entlüftungsgerät entlüftet. **Hinweis:** Beim Einsatz dieses Geräts darf ein Befülldruck von 1 bar nicht überschritten werden.

Es geht aber auch ohne das Gerät. Die Bremsanlage wird dann durch Pumpen mit dem Bremspedal entlüftet, dazu ist eine zweite Person notwendig.

Muß die ganze Anlage entlüftet werden, jede Radbremse einzeln entlüften. Das ist immer dann der Fall, wenn Luft in jeden einzelnen Bremszylinder gedrungen ist. Falls nur ein

Bremssattel erneuert bzw. überholt wurde, genügt in der Regel das Entlüften des betreffenden Bremszylinders.

Sicherheitshinweis, Fahrzeuge mit ABS:
Ist eine Kammer des Bremsflüssigkeit-Ausgleichbehälters komplett leergelaufen (zum Beispiel bei Undichtigkeiten im Bremssystem oder wenn beim Entlüften vergessen wurde, Bremsflüssigkeit nachzufüllen), wird Luft angesaugt, die in die ABS-Hydraulikpumpe gelangt. Die Bremsanlage muß dann in der Werkstatt mit dem Entlüftergerät entlüftet werden, bei Ausstattung mit EDS muß zusätzlich eine Grundeinstellung durch ein Testgerät eingeleitet werden. Bei Einbau eines neuen Bremsschlauchs muß die Anlage ebenfalls mit einem Entlüftergerät entlüftet werden.

Die Reihenfolge der Entlüftung: 1. Bremssattel hinten rechts, 2. Bremssattel hinten links, 3. Bremssattel vorn rechts, 4. Bremssattel vorn links.

Achtung: Entlüftungsventile vorsichtig öffnen, damit sie nicht abgedreht werden. Es empfiehlt sich, die Ventile ca. 2 Stunden vor dem Entlüften mit Rostlöser einzusprühen. Bei festsitzenden Ventilen das Entlüften von einer Werkstatt durchführen lassen.

Achtung: Während des Entlüftens ab und zu den Ausgleichbehälter beobachten. Der Flüssigkeitsspiegel darf nicht zu weit sinken, sonst wird über den Ausgleichbehälter Luft angesaugt. **Immer nur neue Bremsflüssigkeit nachgießen!**

- Staubkappe vom Entlüfterventil des Bremszylinders abnehmen. Entlüfterventil reinigen, sauberen Schlauch aufstecken, anderes Schlauchende in eine mit Bremsflüssigkeit halbvoll gefüllte Flasche stecken (geeigneten Schlauch und passendes Gefäß gibt es auch im Autozubehör-Handel).
- Von einer Hilfsperson Bremspedal so oft niedertreten lassen, »pumpen«, bis sich im Bremssystem Druck aufgebaut hat. Zu spüren am wachsenden Widerstand beim Betätigen des Pedals.
- Ist genügend Druck vorhanden, Bremspedal ganz durchtreten, Fuß auf dem Bremspedal halten.

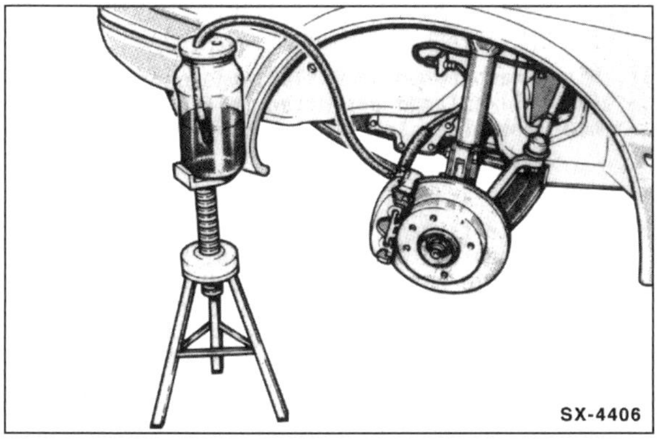

SX-4406

- Entlüfterventil am Bremssattel etwa eine halbe Umdrehung mit Ringschlüssel öffnen. Ausfließende Bremsflüssigkeit in der Flasche sammeln. Darauf achten, daß sich das Schlauchende in der Flasche ständig unterhalb des Flüssigkeitsspiegels befindet.
- Sobald der Flüssigkeitsdruck nachläßt, Entlüfterventil schließen.
- Pumpvorgang wiederholen, bis sich Druck aufgebaut hat. Bremspedal niedertreten, Fuß auf dem Bremspedal lassen, Entlüfterschraube öffnen, bis der Druck nachläßt, Entlüfterschraube schließen.
- Entlüftungsvorgang an einem Bremszylinder so lange wiederholen, bis sich in der Bremsflüssigkeit, die in die Entlüfterflasche strömt, keine Luftblasen mehr zeigen.
- Nach dem Entlüften Schlauch von Entlüfterschraube abziehen, Staubkappe auf Ventil stecken.
- Die Bremszylinder an den anderen Rädern auf gleiche Weise entlüften, Reihenfolge einhalten.
- Nach dem Entlüften den Ausgleichbehälter bis zur Max.-Markierung auffüllen.

Achtung, Sicherheitskontrolle durchführen:
- Sind die Entlüftungsschrauben angezogen?
- Ist genügend Bremsflüssigkeit eingefüllt?
- Bei laufendem Motor Dichtheitskontrolle durchführen. Hierzu Bremspedal mit 200 bis 300 N (entspricht 20 bis 30 kg) etwa 10 sec. betätigen. Das Bremspedal darf nicht nachgeben. Sämtliche Anschlüsse auf Dichtheit kontrollieren.

- Nach dem Entlüften darf sich beim Treten auf das Bremspedal der Druck nicht schwammig anfühlen. Falls doch, Anlage nochmals entlüften.
- Anschließend einige Bremsungen auf einer Straße ohne Verkehr durchführen. Dabei sollte mindestens einmal die Bremsregelung des ABS-Systems geprüft werden, beispielsweise auf losem Untergrund. Dazu Bremse stark betätigen, bis am spürbaren Pulsieren des Bremspedals der Beginn der Bremsregelung erkennbar ist.

Achtung: Falls der Bremspedalweg nach der Probefahrt zu groß ist, obwohl er direkt nach dem Entlüften in Ordnung war, dann ist möglicherweise Luft in der ABS-Hydraulikeinheit. In diesem Fall Bremsanlage umgehend in der Fachwerkstatt entlüften lassen.

Bremsschlauch aus- und einbauen

Das Bremsleitungssystem stellt die Verbindung vom Hauptbremszylinder zu den vier Radbremsen her.

Achtung: Die starren Bremsleitungen aus Metall sollen von einer Fachwerkstatt verlegt werden, da zur fachgerechten Montage einige Erfahrung nötig ist.

Als flexible Verbindungen zwischen den starren und beweglichen Fahrzeugteilen, beispielsweise den Bremssätteln, werden druckfeste Bremsschläuche verwendet. Diese müssen bei erkennbaren Schäden ausgewechselt werden.

Sicherheitshinweis, Fahrzeuge mit ABS:
Ist eine Kammer des Bremsflüssigkeit-Ausgleichbehälters komplett leergelaufen (zum Beispiel bei Undichtigkeiten im Bremssystem oder wenn beim Entlüften vergessen wurde, Bremsflüssigkeit nachzufüllen), wird Luft angesaugt, die in die ABS-Hydraulikpumpe gelangt. Die Bremsanlage muß dann in der Werkstatt mit dem Entlüftergerät entlüftet werden, bei Ausstattung mit EDS muß zusätzlich eine Grundeinstellung durch ein Testgerät eingeleitet werden. **Bei Einbau eines neuen Bremsschlauchs muß die Anlage in der Werkstatt ebenfalls mit einem Entlüftergerät entlüftet werden.** Das Fahrzeug darf solange nicht gefahren werden.

Achtung: Bremsschläuche nicht mit Öl oder Petroleum in Berührung bringen, nicht lackieren oder mit Unterbodenschutz besprühen.

Ausbau

Achtung: Regeln im Umgang mit Bremsflüssigkeit beachten, siehe Seite 160.

- Fahrzeug aufbocken.
- Bremssattel ausbauen, siehe Seite 151.
- Bremsschlauch an Führung und Halter der Kupplung ausclipsen.
- Bremsschlauch an der starren Leitung und am Bremssattel abschrauben, dabei Bremsschlauch nicht verdrillen. Soll der Bremsschlauch am Bremssattel erneuert werden, muß vorher der Bremssattel ausgebaut werden. **Achtung:** Auslaufende Bremsflüssigkeit mit Lappen auffangen. Gegebenenfalls Leitungsanschluß in Richtung Hauptbremszylinder mit geeignetem Stopfen verschließen.

Einbau

- Nur vom Werk freigegebene Bremsschläuche einbauen. Neuen Bremsschlauch so einbauen, daß er ohne Drall durchhängt. Leitungsverbindung mit **15 Nm** festziehen, Bremsschlauch am Bremssattel mit **35 Nm** festziehen.
- Nach dem Einbau bei entlasteten Rädern (Wagen angehoben) Lenkung nach links und rechts einschlagen und sicherstellen, daß der Schlauch allen Radbewegungen folgt, ohne irgendwo anzuscheuern.
- Bremssattel einbauen, siehe Seite 151.
- Fahrzeug ablassen.
- Bei auf dem Boden stehendem Fahrzeug prüfen, ob der Bremsschlauch allen Radbewegungen folgt, ohne irgendwo anzuscheuern.

Achtung, Sicherheitskontrolle durchführen:

- ◆ Sind die Bremsschläuche festgezogen?
- ◆ Befindet sich der Bremsschlauch in der Halterung?
- ◆ Sind die Entlüftungsschrauben angezogen?
- ◆ Ist genügend Bremsflüssigkeit eingefüllt?
- ◆ Bei laufendem Motor Dichtheitskontrolle durchführen. Hierzu Bremspedal mit 200 bis 300 N (entspricht 20 bis 30 kg) etwa 10 sec. betätigen. Das Bremspedal darf nicht nachgeben. Sämtliche Anschlüsse auf Dichtheit kontrollieren.

- Bremsanlage in der Werkstatt entlüften lassen.
- Anschließend einige Bremsungen auf Straße mit geringem Verkehr durchführen.

Bremskraftverstärker prüfen

Der Bremskraftverstärker ist auf Funktion zu überprüfen, wenn zur Erzielung ausreichender Bremswirkung die Pedalkraft außergewöhnlich hoch ist.

- Bremspedal bei stehendem Motor mindestens 5mal kräftig durchtreten, dann bei belastetem Bremspedal Motor starten. Das Bremspedal muß jetzt unter dem Fuß spürbar nachgeben.
- Andernfalls Unterdruckschlauch am Bremskraftverstärker abschrauben, Motor starten. Durch Fingerauflegen am Ende des Unterdruckschlauches prüfen, ob Unterdruck vorhanden ist.
- Ist kein Unterdruck vorhanden: Unterdruckschlauch auf Undichtigkeiten und Beschädigungen prüfen, gegebenenfalls ersetzen. Sämtliche Schellen fest anziehen.
- Dieselmotor: Unterdruckschlauch von der Vakuumpumpe abziehen und mit dem Finger prüfen, ob Unterdruck am Schlauchanschluß anliegt.
- Ist Unterdruck vorhanden: Unterdruck messen, gegebenenfalls Bremsservo ersetzen (Werkstattarbeit).

Bremslichtschalter aus- und einbauen

Der Bremslichtschalter sitzt am Pedalbock. Bei Betätigung des Bremspedals schaltet der Schalter das Bremslicht ein. Außerdem dient der Bremslichtschalter dem ABS/EDS-Steuergerät als Signalgeber, daß eine Bremsung eingeleitet wurde. Daher ist eine korrekte Funktion und Einstellung äußerst wichtig.

Ausbau

- Abdeckung im Fahrerfußraum ausbauen, siehe Seite 264.
- Stecker vom Bremslichtschalter abziehen.

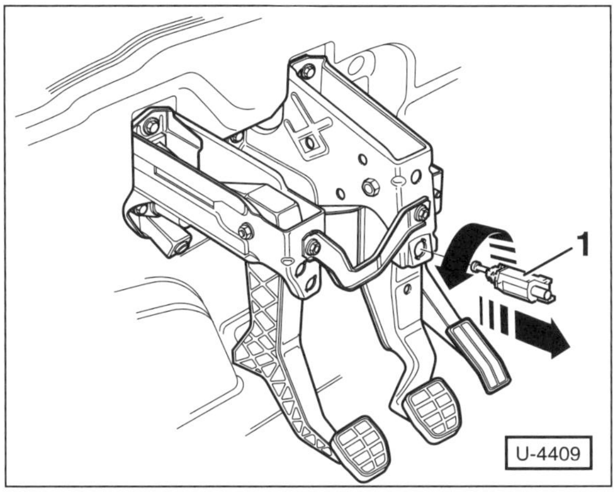

- Bremslichtschalter –1– um 90° (¼ Umdrehung) linksherum drehen und herausnehmen.

Einbau/Einstellung

Hinweis: Zum Einstellen muß der Bremslichtschalter zuvor ausgebaut werden.

- Stößel des Bremslichtschalters ganz herausziehen.
- Bremspedal von Hand soweit wie möglich herunterdrücken, Bremslichtschalter in Pedalbock einsetzen und durch 90°-Rechtsdrehung befestigen.
- Bremspedal loslassen. Der Betätigungsstift stellt sich automatisch ein.
- Stecker auf Bremslichtschalter aufschieben.
- Bremslicht mit Helfer überprüfen. Schon bei geringem Pedaldruck muß das Bremslicht aufleuchten.
- Ablage im Fahrerfußraum einbauen.

Handbremshebel aus- und einbauen

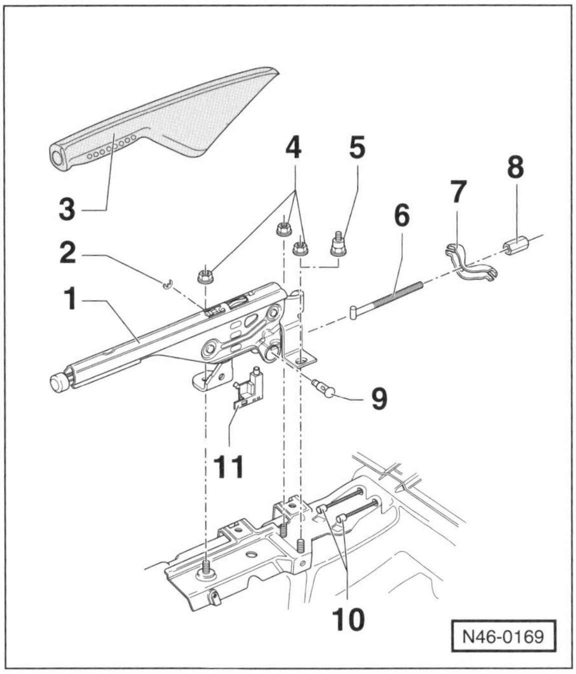

1 – **Handbremshebel**
Vor Ausbau die Mittelkonsole ausbauen.

2 – **Sicherungsscheibe**

3 – **Verkleidung für Handbremshebel**
Nach vorn abziehen.

4 – **Sechskantmutter, 25 Nm**

5 – **Adapter**
Für Fahrzeuge mit Mittelarmlehne.

6 – **Zugstange**

7 – **Ausgleichbügel**

8 – **Nachstellmutter**

9 – **Lagerbolzen**

10 – **Handbremsseile**

11 – **Schalter für Handbremskontrolle**

Handbremsseile aus- und einbauen

Fahrzeuge mit Frontantrieb

Ausbau

- Hintere Mittelkonsole ausbauen, siehe Seite 262.
- Handbremse lösen.

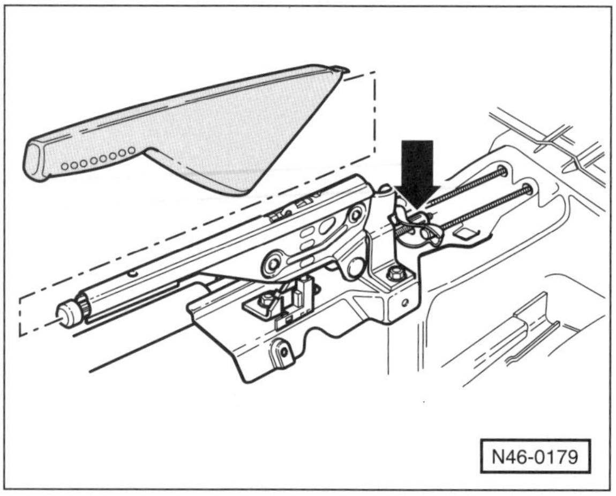

- Nachstellmutter –Pfeil– so weit lösen, bis das Handbremsseil aus dem Ausgleichbügel ausgehängt werden kann. Handbremsseil aushängen.
- Handbremsseil am Bremssattel aushängen, siehe Seite 155.
- Stellung der Hinterräder zur Radnabe mit Farbe kennzeichnen. Dadurch kann das ausgewuchtete Rad wieder in derselben Position montiert werden. Radschrauben bei auf dem Boden stehendem Fahrzeug lösen. Fahrzeug hinten aufbocken und Hinterräder abnehmen.

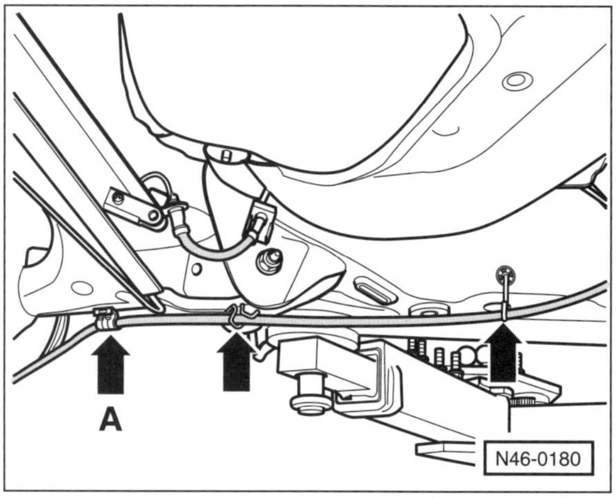

- Handbremsseil aus Halterung –A– am Hinterachskörper ausclipsen und aus den Halterungen –Pfeile– aushängen.

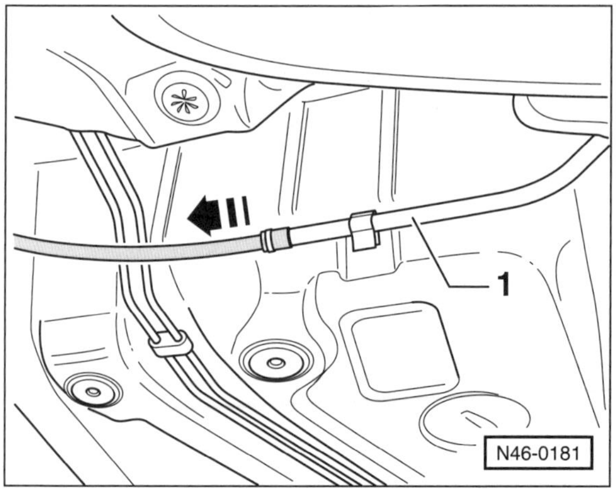

- Handbremsseil in Pfeilrichtung aus dem Führungsrohr –1– herausziehen.
- Handbremsseil herausnehmen.

Einbau

- Handbremsseil in Führungsrohr einschieben.
- Handbremsseil am Bremssattel einhängen, siehe Seite 155.
- Handbremsseil in Halterung –A– am Hinterachskörper einclipsen. Der Klemmring am Handbremsseil muß in der Mitte des Clips liegen, siehe Abbildung N46-0180.
- Handbremsseil in die Halterungen am Hinterachskörper einhängen.
- Handbremsseil am Handbremshebel einhängen und Einstellmutter etwas vorspannen.
- Handbremse einstellen, siehe Seite 159.
- Hinterteil der Mittelkonsole einbauen, siehe Seite 262.

Störungsdiagnose Bremse

Störung	Ursache	Abhilfe
Leerweg des Bremspedals zu groß.	Ein Bremskreis ausgefallen.	■ Bremskreise auf Flüssigkeitsverlust prüfen.
Bremspedal läßt sich weit und federnd durchtreten.	Luft im Bremssystem.	■ Bremse entlüften.
	Zu wenig Bremsflüssigkeit im Ausgleichbehälter.	■ Neue Bremsflüssigkeit nachfüllen Bremse entlüften.
	Dampfblasenbildung. Tritt meist nach starker Beanspruchung auf, z. B. Paßabfahrt.	■ Bremsflüssigkeit wechseln. Bremse entlüften.
Bremswirkung läßt nach, und Bremspedal läßt sich durchtreten.	Undichte Leitung.	■ Leitungsanschlüsse nachziehen oder Leitung erneuern.
	Beschädigte Manschette im Haupt- oder Radbremszylinder.	■ Manschette erneuern. Beim Hauptbremszylinder Innenteile ersetzen, ggf. Hauptbremszylinder ersetzen.
Schlechte Bremswirkung trotz hohen Fußdrucks.	Bremsbeläge verölt.	■ Bremsbeläge erneuern.
	Ungeeigneter oder verhärteter Bremsbelag.	■ Beläge erneuern. Nur Original-Bremsbeläge vom Automobilhersteller verwenden.
	Bremskraftverstärker defekt, Unterdruckleitung porös, defekt.	■ Bremskraftverstärker, Unterdruckleitung prüfen.
	Bremsbeläge abgenutzt.	■ Bremsbeläge erneuern.
Bremse zieht einseitig.	Unvorschriftsmäßiger Reifendruck.	■ Reifendruck prüfen und berichtigen.
	Bereifung ungleichmäßig abgefahren.	■ Abgefahrene Reifen ersetzen.
	Bremsbeläge verölt.	■ Bremsbeläge erneuern.
	Verschiedene Bremsbelagsorten auf einer Achse.	■ Beläge erneuern. Nur Original-Bremsbeläge vom Automobilhersteller verwenden.
	Schlechtes Tragbild der Bremsbeläge.	■ Bremsbeläge austauschen.
	Verschmutzte Bremssattelschächte.	■ Sitz- und Führungsflächen der Bremsbeläge im Bremssattel reinigen.
	Korrosion in den Bremssattelzylindern.	■ Bremssattel erneuern.
	Bremsbelag ungleichmäßig verschlissen.	■ Bremsbeläge erneuern (beide Räder), Bremssättel auf Leichtgängigkeit prüfen.
Bremse zieht von selbst an.	Ausgleichsbohrung im Hauptbremszylinder verstopft.	■ Hauptbremszylinder reinigen und Innenteile erneuern lassen.
	Spiel zwischen Betätigungsstange und Hauptbremszylinderkolben zu gering.	■ Spiel prüfen.
Bremsen erhitzen sich während der Fahrt.	Ausgleichsbohrung im Hauptbremszylinder verstopft.	■ Hauptbremszylinder reinigen und Innenteile erneuern lassen.
	Spiel zwischen Betätigungsstange und Hauptbremszylinder zu gering.	■ Spiel prüfen.
	Bremse schwergängig.	■ Bewegliche Teile der Scheibenbremse schmieren. Bremssattel überholen lassen (Werkstattarbeit).

Störung	Ursache	Abhilfe
Bremsen rattern.	Ungeeigneter Bremsbelag.	■ Beläge erneuern. Nur Original-Bremsbeläge vom Automobilhersteller verwenden.
	Bremsscheibe stellenweise korrodiert.	■ Scheibe mit Schleifklötzen sorgfältig glätten.
	Bremsscheibe hat Seitenschlag.	■ Scheibe nacharbeiten oder ersetzen.
Bremsbeläge lösen sich nicht von der Bremsscheibe, Räder lassen sich schwer von Hand drehen.	Korrosion in den Bremssattelzylindern.	■ Bremssattel überholen, eventuell austauschen.
Ungleichmäßiger Belag-Verschleiß.	Ungeeigneter Bremsbelag.	■ Beläge erneuern, Nur Original-Bremsbeläge vom Automobilhersteller verwenden.
	Bremssattel verschmutzt.	■ Bremssattelschächte reinigen.
	Kolben nicht leichtgängig.	■ Kolben gangbar machen.
	Bremssystem undicht.	■ Bremssystem auf Dichtigkeit prüfen.
Keilförmiger Bremsbelag-verschleiß.	Bremsscheibe läuft nicht parallel zum Bremssattel.	■ Anlagefläche des Bremssattels prüfen.
	Korrosion in den Bremssätteln.	■ Verschmutzung beseitigen.
Bremse quietscht.	Oft auf atmosphärische Einflüsse (Luftfeuchtigkeit) zurückzuführen.	■ Keine Abhilfe erforderlich, und zwar dann, wenn Quietschen nach längerem Stillstand des Wagens bei hoher Luftfeuchtigkeit auftrat, aber nach den ersten Bremsungen sich nicht wiederholt.
	Ungeeigneter Bremsbelag.	■ Beläge erneuern. Nur Original-Bremsbeläge vom Automobilhersteller verwenden Rückenplatte mit Anti-Quietsch-Paste bestreichen.
	Bremsscheibe läuft nicht parallel zum Bremssattel.	■ Anlagefläche des Bremssattels prüfen.
	Verschmutzte Schächte im Bremssattel.	■ Bremssattelschächte reinigen.
Bremse pulsiert.	**ABS** bei Vollbremsung in Funktion.	■ Normal, keine Abhilfe.
	Seitenschlag oder Dickentoleranz der Bremsscheibe zu groß.	■ Schlag und Toleranz prüfen. Scheibe nacharbeiten oder ersetzen.
	Bremsscheibe läuft nicht parallel zum Bremssattel.	■ Anlagefläche des Bremssattels prüfen.
ABS-Kontrolleuchte leuchtet während der Fahrt.	Betriebsspannung zu niedrig (unter ca. 10 Volt).	■ Batteriespannung prüfen. Prüfen, ob Kontrollampe für Generator nach dem Motorstart erlischt, andernfalls Keilrippenriemen und Generator prüfen.
		■ Hinweise zum ABS/EBV/EDS am Anfang des Kapitels beachten.
	ABS-Anlage defekt	■ ABS-Anlage in der Fachwerkstatt prüfen lassen.
Wirkung der Handbremse nicht ausreichend.	Leerweg des Handbremshebels zu groß.	■ Handbremse einstellen.
	Bowdenzüge korrodiert.	■ Neuteile einbauen.

Motor-Mechanik

Aus dem Inhalt:

- Zahnriemen
- Zylinderkopf
- Keilrippenriemen
- Kompression

Für den Antrieb stehen im VW GOLF/BORA 4- und 5-Zylinder-Benzinmotoren zur Verfügung. Für die Dieselmotoren gibt es einen separaten »So wird's gemacht«-Band. Alle Triebwerke sind flüssigkeitsgekühlt und im Motorraum quer zur Fahrtrichtung eingebaut. Das Antriebsaggregat ist oben links und rechts in Gummi-/Metallagern aufgehängt und kann wie ein Pendel schwingen. Auftretende Drehmomentkräfte werden von einer weit unten angeordneten Stütze abgefangen. Durch diese Lagerung werden nur geringe Schwingungen auf die Karosserie übertragen und somit der Fahrkomfort erhöht.

Der Motorblock besteht beim 1,4- und 1,6-l-Motor aus Aluminium mit eingegossenen Graugußzylindern, bei den anderen Motoren ist er ganz aus Grauguß. Der Zylinderkopf ist auf den Motorblock aufgeschraubt. Er besteht aus Aluguß mit eingepreßten Ventilsitzringen und Ventilführungen aus Stahl. Den unteren Abschluß des Motors bildet eine Leichtmetall-Ölwanne, in der sich das für die Schmierung und Kühlung erforderliche Motoröl sammelt.

Beim Zylinderkopf für die Benzinmotoren wird das Querstromprinzip angewendet. Das bedeutet, daß das frische Kraftstoff-Luftgemisch auf der einen Seite des Zylinderkopfs einströmt, während die verbrannten Gase auf der gegenüberliegenden Seite ausgestoßen werden. Durch diese Bauart ist ein schneller Gaswechsel über die Ein- und Auslaßventile sichergestellt.

1,4-l-Motor (75 PS)/1,6-l-Motor (105/110 PS): Der Motor hat für jeden Zylinder 2 Einlaß- und 2 Auslaßventile. Über Schlepphebel betätigt eine Nockenwelle die Einlaßventile, eine zweite die Auslaßventile. Die Einlaßnockenwelle wird von der Kurbelwelle durch einen Zahnriemen angetrieben. Für den Antrieb der Auslaßnockenwelle sind beide Nockenwellen mit einem zusätzlichen Zahnriemen verbunden.

1,6-l-Motor (100 PS): Die im Zylinderkopf gelagerte Nockenwelle wird über einen Zahnriemen von der Kurbelwelle angetrieben. Die Nockenwelle betätigt über hydraulische Tassenstößel die senkrecht hängenden Ein- und Auslaßventile.

1,8-l-Motor: Der 1,8-l-Motor hat für jeden Zylinder 3 Einlaß- und 2 Auslaßventile. Eine Nockenwelle steuert die Einlaßventile, eine zweite ist für die Auslaßventile zuständig. Die Auslaßnockenwelle wird von der Kurbelwelle durch einen Zahnriemen angetrieben. Für den Antrieb der Einlaßnockenwelle sind beide Nockenwellen mit einer Antriebskette verbunden. Die Mehrventiltechnik ermöglicht eine bessere Füllung der Zylinder und einen effektiveren Gasaustausch, so daß die Energie des Kraftstoff-Luftgemisches besser ausgenutzt wird.

2,0-l-Motor: Für jeden Zylinder sind bei diesem Motor 2 Ventile vorhanden, je eines für Ein- und eines für Auslaß. Die im Zylinderkopf gelagerte Nockenwelle wird über einen Zahnriemen angetrieben, der auch die Kühlmittelpumpe antreibt. Zur Verbesserung der Abgaswerte ist eine Sekundärlufteinblasung eingebaut, die für eine effektive Nachverbrennung der Abgase im Katalysator sorgt.

2,3-l-Motor: Dieses Triebwerk trägt auch die Bezeichnung VR5-Motor, da die 5 Zylinderbohrungen **V**-förmig in einem Winkel von 15° angeordnet sind, jedoch wie bei einem **Re**ihenmotor in einem Block sitzen. Die beiden obenliegenden Nockenwellen werden von Steuerketten angetrieben. Sie betätigen pro Zylinder je ein Einlaß- und ein Auslaßventil über hydraulische Tassenstößel.

2,8-l-Motor: Die 6 Zylinder des 2,8-l-Motors sind ebenso wie beim 5-Zylinder-Motor in VR-Bauweise angeordnet. Die beiden obenliegenden Nockenwellen betätigen die 4 Ventile pro Zylinder über Rollenschlepphebel, die sich wiederum an hydraulischen Ausgleichelementen abstützen. Die Einlaßnockenwelle kann vom Motor-Steuergerät je nach Motordrehzahl und Motorlast gegenüber der Kurbelwelle verstellt werden. Dadurch ergeben sich optimale Ventilsteuerzeiten, die bei niedrigen und mittleren Drehzahlen für mehr Drehmoment, bei hohen Drehzahlen für mehr Leistung sorgen.

Alle Motoren: Durch hydraulische Ventilspielausgleicher wird bei allen Motoren automatisch das Ventilspiel konstant gehalten, so daß das Einstellen des Ventilspiels im Rahmen der Wartung entfällt.

Für die Motorschmierung sorgt eine Ölpumpe in der Ölwanne, die beim 1,6-l-100-PS-Motor sowie beim 1,8-/2,0-l-Motor über eine Kette von der Kurbelwelle angetrieben wird. Beim 1,4-l-Motor (75 PS)/1,6-l-Motor (105/110 PS) sitzt die Ölpumpe im Kurbelwellendeckel und ist direkt mit der Kurbelwelle verzahnt, beim 5-/6-Zylinder-Motor wird die Ölpumpe über eine Nebenwelle von der Steuerkette angetrieben. Das im Ölsumpf angesaugte Öl gelangt über Kanäle zu den Lagern der Kurbel- und Nockenwelle sowie in die Zylinderlaufbahnen.

Die Kühlmittelpumpe sitzt seitlich im Motorblock und wird über den Zahnriemen der Motorsteuerung angetrieben, beim 5- und 6-Zylinder-Motor vom Keilrippenriemen der Nebenaggregate. Alle Motoren haben einen Keilrippenriemen, welcher die Nebenaggregate wie Generator, Servopumpe und gegebenenfalls den Klimakompressor antreibt.

Für die Aufbereitung und Zündung des Kraftstoff-Luftgemisches sind wartungsfreie Motormanagement-Systeme vorhanden. Das Einstellen des Zündzeitpunktes oder Leerlaufs im Rahmen der Wartung ist nicht erforderlich, nur die Zündkerzen und der Luftfiltereinsatz müssen regelmäßig erneuert werden.

Sicherheitshinweis:
Der Kühler-Lüfter kann sich auch bei abgestelltem Motor und ausgeschalteter Zündanlage einschalten. Hervorgerufen durch Stauwärme im Motorraum kann dies auch mehrmals geschehen. Bei Arbeiten im Motorraum und warmem Motor muß deshalb immer mit einem plötzlichen Einschalten des Kühler-Lüfters gerechnet werden. **Abhilfe:** Stecker vom Lüftermotor abziehen.

Motorraumabdeckung unten aus- und einbauen

Ausbau

Sicherheitshinweis:
Beim Aufbocken des Fahrzeugs besteht Unfallgefahr! Deshalb vorher das Kapitel »Fahrzeug aufbocken« durchlesen.

- Fahrzeug aufbocken.

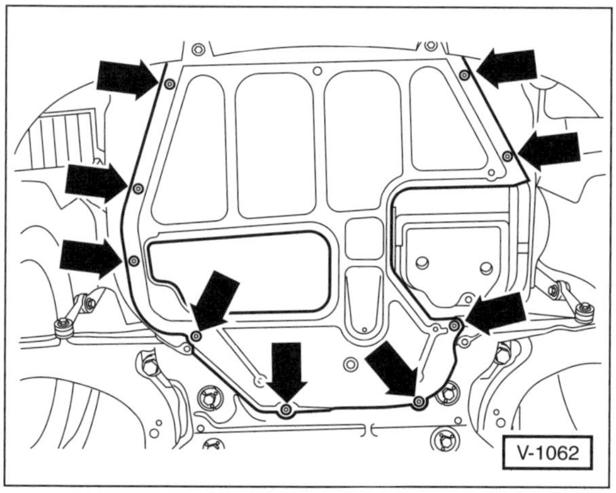

- Untere Abdeckung ausbauen: Schrauben –Pfeile– herausdrehen.

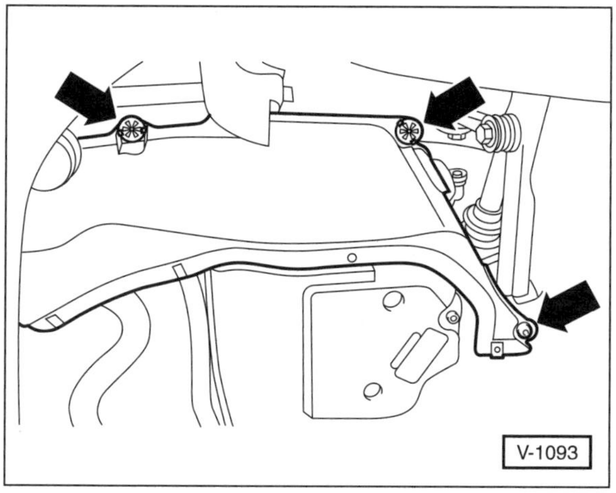

- Seitliche Abdeckungen in den Radhäusern ausbauen: Schrauben –Pfeile– lösen.
- Abdeckungen abziehen.

Einbau

- Abdeckungen einsetzen. Schrauben festziehen.
- Fahrzeug ablassen.

Zahnriementrieb

1,6-l-Motor (100 PS)/1,8-l-Motor

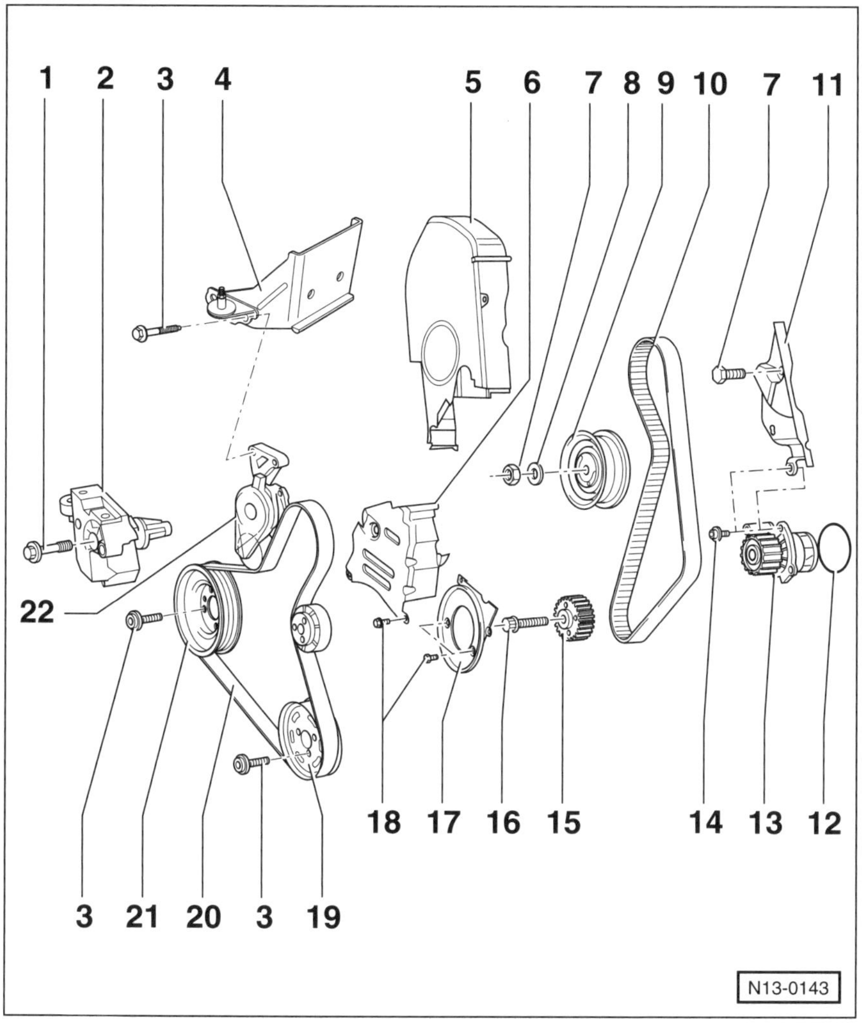

Hinweis: Die Abbildung zeigt den 1,6-l-Motor mit 100 PS.

1 – **Schraube, 45 Nm**

2 – **Motorhalter**

3 – **Schraube, 25 Nm**

4 – **Halter**

5 – **Zahnriemenabdeckung oben**

6 – **Zahnriemenabdeckung Mitte**

7 – **Mutter, 20 Nm**

8 – **Scheibe**

9 – **Spannrolle**

10 – **Zahnriemen**
Auf Verschleiß prüfen. Vor dem Ausbau Laufrichtung mit Pfeil markieren. Zahnriemen nicht knicken.

11 – **Zahnriemenabdeckung hinten**

12 – **O-Ring**
immer erneuern.

13 – **Kühlmittelpumpe**

14 – **Schraube, 15 Nm**

15 – **Zahnriemenrad Kurbelwelle**

16 – **Schraube, 90 Nm + 1/4 Umdrehung**
Immer erneuern. Gewinde und Bund müssen fettfrei sein.
Schraube mit 90 Nm anziehen und anschließend mit starrem Schlüssel 1/4 Umdrehung (90°) weiterdrehen. **Achtung:** Das Weiterdrehen kann in mehreren Stufen erfolgen.

17 – **Zahnriemenabdeckung unten**

18 – **Schraube, 10 Nm**

19 – **Riemenscheibe Servopumpe**

20 – **Keilrippenriemen**
Vor dem Ausbau Laufrichtung markieren.

21 – **Kurbelwellen-Riemenscheibe/ Schwingungsdämpfer**
Die Montage ist nur in einer Stellung möglich, die Bohrungen sind entsprechend versetzt.

22 – **Spannvorrichtung für Keilrippenriemen**
Zum Entspannen des Keilrippenriemens mit Gabelschlüssel schwenken.

Zahnriemen aus- und einbauen/ spannen

1,6-l-Motor (100/102 PS)/1,8-/2,0-l-Motor

Die Motoren sind mit einer automatisch arbeitenden Spannrolle am Zahnriementrieb ausgestattet, welche die Zahnriemenspannung immer konstant hält. Dadurch werden Lebensdauer und Laufruhe des Zahnriemens erhöht.

Ausbau

- Keilrippenriemen ausbauen, siehe Seite 190.
- Spannelement für Keilrippenriemen abschrauben, siehe Abbildung N13-0143.

Motor auf OT für Zylinder 1 stellen

- Oberen Zahnriemenschutz ausbauen.
- Laufrichtung auf dem Zahnriemen mit Filz- oder Fettstift durch einen Pfeil kennzeichnen. Der Motor dreht, von seitlich gesehen, rechtsherum, also im Uhrzeigersinn.

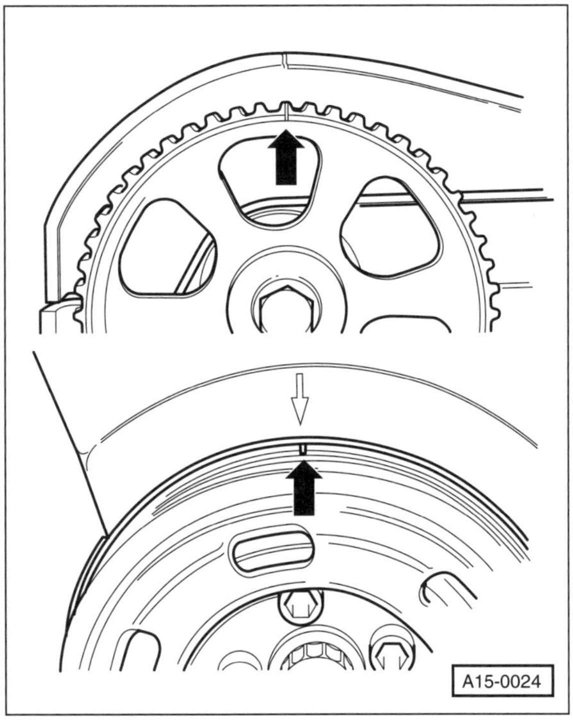

- Motor-Kurbelwelle drehen, bis sich die Nockenwelle in OT-Stellung für Zylinder 1 befindet.
- Das Durchdrehen des Motors kann auf mehrere Arten erfolgen:
  1. Fahrzeug seitlich vorn aufbocken. Fünften Gang einlegen, Handbremse anziehen. Angehobenes Vorderrad von Hand durchdrehen. Dadurch dreht sich auch die Motor-Kurbelwelle. Zum Drehen des Rades wird eine Hilfsperson benötigt.
  2. Fahrzeug auf ebene Fläche stellen. Fünften Gang einlegen. Fahrzeug vor- oder zurückschieben.
  3. Getriebe in Leerlaufstellung schalten, Handbremse anziehen. Kurbelwelle an der Zentralschraube der Riemenscheibe durchdrehen.

Achtung: Motor **nicht** an der Befestigungsschraube des Nockenwellenrades durchdrehen. Dadurch wird der Zahnriemen überbeansprucht.

- Motor durchdrehen, bis die Markierung auf dem Nockenwellenrad mit der OT-Markierung am Zylinderkopfdeckel übereinstimmt (oberer Teil der Abbildung A15-0024). Gleichzeitig steht die Markierung des Kurbelwellenrades auf dem Pfeil der unteren Zahnriemenabdeckung. Der Motor steht dann in Zünd-OT-Stellung für Zylinder 1.

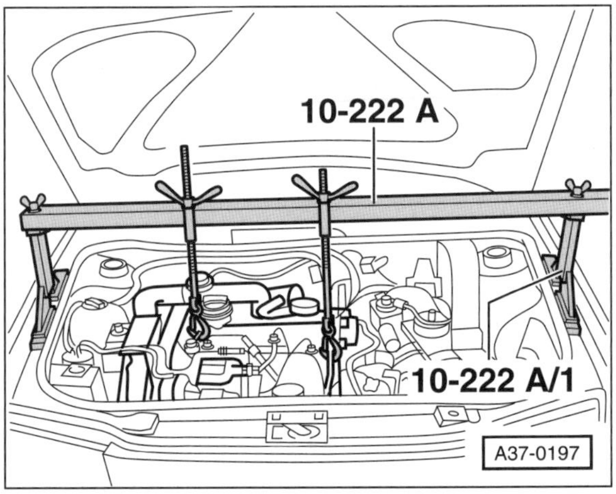

- Da das rechte Motorlager gelöst wird, Motor mit Abfangvorrichtung VW-10-222A und 10-222A/1 abfangen. Abfangvorrichtung auf die Kotflügelverschraubung aufsetzen und Zughaken in die Aufnahmeösen des Motors einhängen. **Achtung:** Steht das VW-Werkzeug nicht zur Verfügung, Werkstattwagenheber mit breiter Holzauflage unter die Ölwanne fahren und Motor leicht vorspannen.

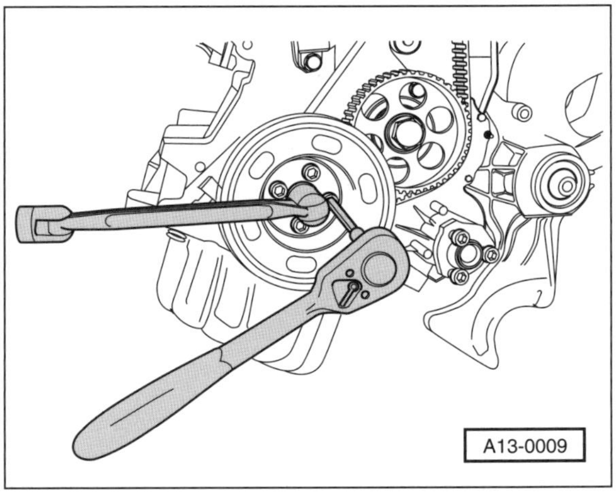

- Riemenscheibe (Schwingungsdämpfer) mit 4 Innensechskantschrauben von der Kurbelwelle abschrauben. Dabei an der Zentralschraube gegenhalten, sie wird nicht gelöst.
- Untere und mittlere Zahnriemenabdeckung abschrauben.

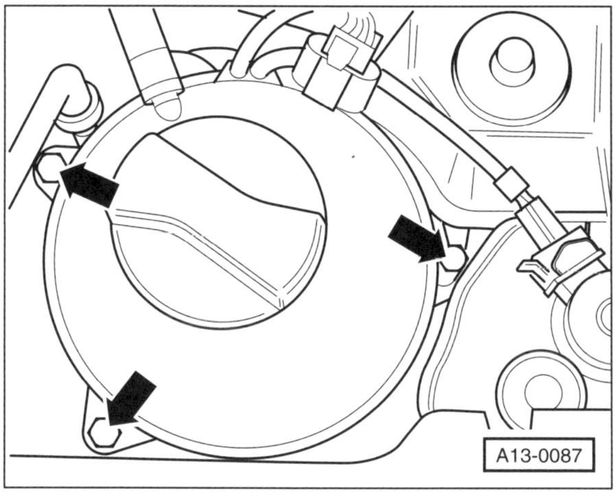

- Ausgleichbehälter für Kühlmittel und Nachfüllbehälter für Servolenkung abschrauben –Pfeile– und mit angeschlossenen Leitungen zur Seite legen.

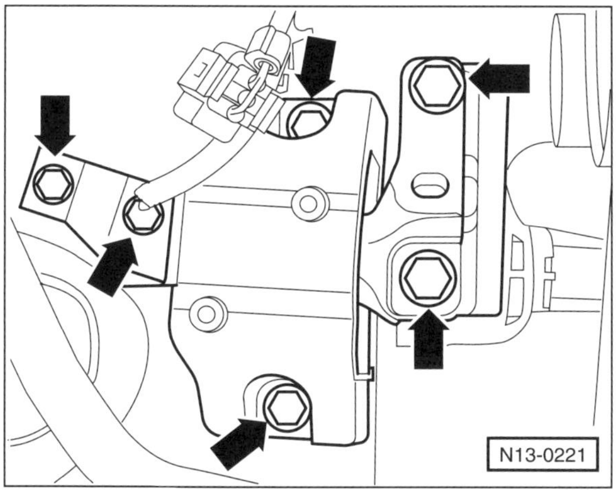

- Rechtes Motorlager von der Karosserie und am Motorhalter abschrauben –Pfeile–.

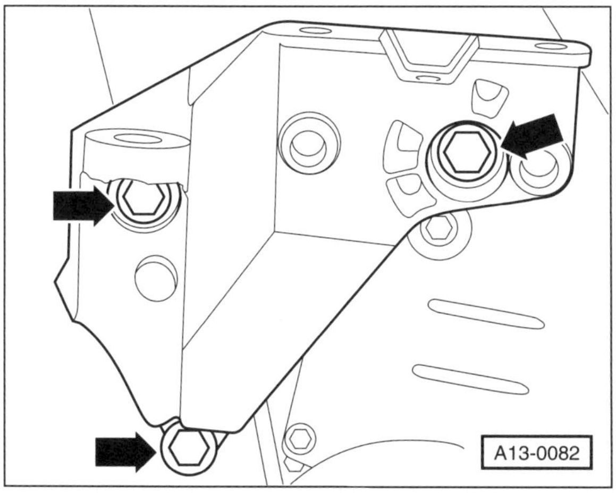

- Rechten Motorhalter vom Motor abschrauben –Pfeile–. Hinweis: Zum Lösen der vorderen Schraube muß der Motor mit der Abfangvorrichtung etwas angehoben werden.

- **1,6-l-Motor (100/102 PS):** Befestigungsmutter für Zahnriemenspannrolle lösen, siehe Abbildung A13-0075 unter »Einbau«.

1,8-l-Motor:

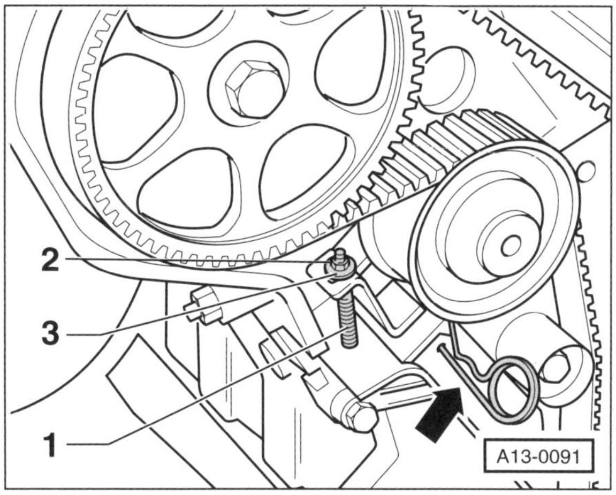

- Gewindestift –1–, Größe M5x55, in die Spannvorrichtung für Zahnriemen einschrauben.
- Sechskantmutter –2– mit großer Unterlegscheibe –3– auf den Gewindestift –1– drehen.

  Druckkolben der Spannvorrichtung nur soweit spannen, bis die Bohrungen von Spannkolben und Gehäuse fluchten und sich ein kleiner Dorn ∅ 1,5 mm, beispielsweise Bohrerschaft oder Splint –Pfeil–, einsetzen läßt. Der Spannkolben ist jetzt arretiert, der Zahnriemen ist entspannt. **Hinweis:** Fluchten die Bohrungen von Spannkolben und Gehäuse nicht, Spannkolben vorsichtig mit einer Spitzzange verdrehen, bis die Bohrungen fluchten.

- Zahnriemen abnehmen.

Achtung: Der Zahnriemen darf nicht geknickt werden. Ein einmal geknickter Zahnriemen muß immer ersetzt werden, da der Riemen im späteren Betrieb reißen kann, was zu schweren Motorschäden führt.

- Stellung der Zahnriemenräder möglichst nicht verändern.

Achtung: OT-Stellung von Nockenwelle und Kurbelwelle bei ausgebautem Zahnriemen **nicht** mehr verändern. Falls die Nockenwelle bei ausgebautem Zahnriemen verdreht werden muß, darauf achten, daß die Kurbelwelle nicht auf OT steht, sonst Beschädigungsgefahr für Ventile und Kolbenböden. Dazu Stellung des Kurbelwellenrades markieren: Mit Farbe Markierungen auf Kurbelwellenrad und Motorblock anbringen. Anschließend Kurbelwellenrad um ¼ Umdrehung (90°) vor- oder zurückdrehen.

Einbau

- Der Motor muß beim Spannen des Zahnriemens abgekühlt sein, er darf maximal handwarm sein.
- Zahnriemen auf das Kurbelwellenrad und Rad der Kühlmittelpumpe auflegen. **Achtung:** Wird der bisherige Zahnriemen wiederverwendet, unbedingt Laufrichtung beachten. Der Einbau des Zahnriemens in umgekehrter Laufrichtung kann zum Reißen des Riemens und dadurch zu Motorschäden führen. Daher Zahnriemen immer so einbauen, daß der beim Ausbau angebrachte Pfeil in Drehrichtung des Motors zeigt. Der Motor dreht, von der rechten Fahrzeugseite her gesehen, im Uhrzeigersinn.
- Sicherstellen, daß die Markierungen an der Kurbelwellen-Riemenscheibe und am Nockenwellenrad mit den OT-Markierungen fluchten. Der Motor befindet sich dann in OT-Stellung für Zylinder 1.
- Untere Zahnriemenabdeckung einsetzen und anschrauben.
- Kurbelwellen-Riemenscheibe mit **25 Nm** anschrauben. **Hinweis:** Die Riemenscheibe läßt sich nur in einer Stellung richtig aufsetzen, Fixierung beachten.
- Zahnriemen auf die Spannrolle und das Nockenwellenrad auflegen.

1,6-l-Motor (100/102 PS)/2,0-l-Motor:

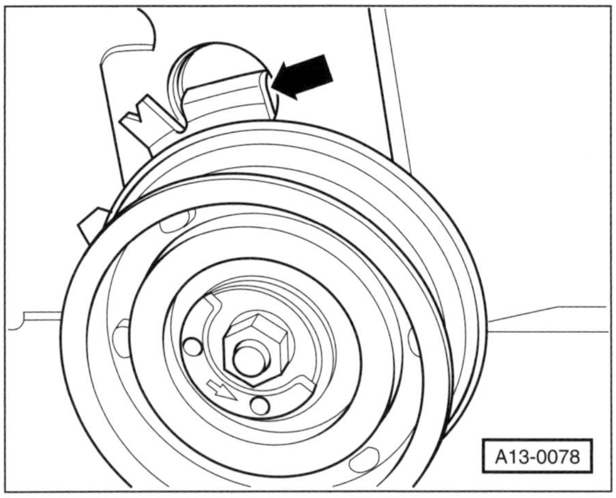

- Einbaulage der Spannrolle überprüfen: Die Haltekralle –Pfeil– muß in die Aussparung am Zylinderkopf eingreifen, andernfalls Halterung entsprechend verdrehen.

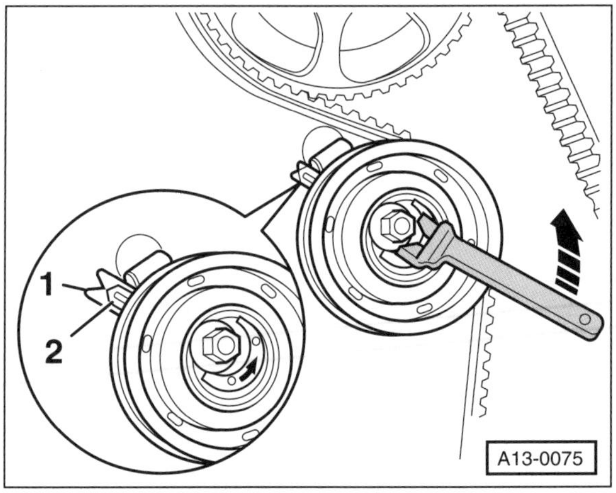

- Spannrolle am Exzenter mit Mutterndreher, zum Beispiel HAZET 2587, linksherum –Pfeilrichtung– drehen, bis sich die Kerbe –1– und der Zeiger –2– gegenüberstehen. Zur Kontrolle gegebenenfalls einen Spiegel verwenden. In dieser Stellung Befestigungsmutter mit **20 Nm** anziehen.
- Motor 2 Umdrehungen in Motordrehrichtung, also rechtsherum, durchdrehen und wieder auf OT-Markierung der Nockenwelle stellen. Dabei ist es wichtig, daß die letzten 45° (1/8 Umdrehung) ohne Absetzen gedreht werden.
- Stellung von Kerbe –1– und Zeiger –2– überprüfen, sie müssen sich gegenüberstehen, sonst Spannrolle nochmals einstellen.

1,8-l-Motor;

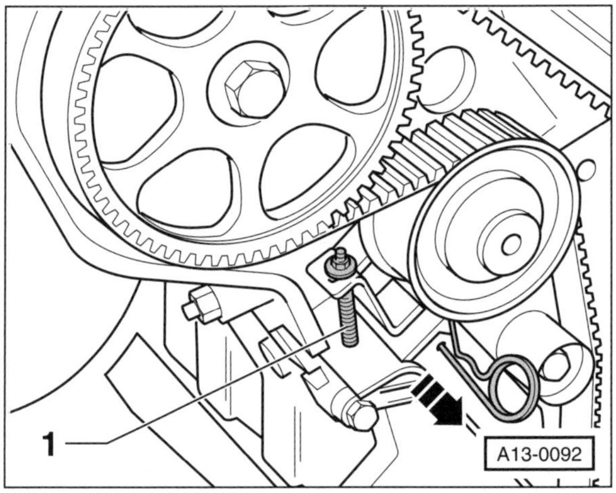

- Sicherungsdorn herausziehen –Pfeil– und Gewindestift –1– herausdrehen. Der Druckkolben am Spannelement sorgt für die richtige Zahnriemenspannung.

Alle Motoren:

- Motor zweimal durchdrehen und OT-Stellung von Nocken- und Kurbelwelle prüfen. **Sämtliche Markierungen müssen bei gespanntem Zahnriemen gleichzeitig übereinstimmen,** gegebenenfalls Zahnriemen wieder abnehmen und Einstellung wiederholen.

- Oberen Zahnriemenschutz einbauen.
- Rechten Motorhalter mit **45 Nm** am Motor anschrauben.
- Rechtes Motorlager mit **neuen** Schrauben an der Karosserie anschrauben. Dabei Schrauben zuerst mit **40 Nm** anziehen und anschließend mit starrem Schlüssel um **90°** (1/4 Umdrehung) weiterdrehen. **Achtung:** Die Schrauben werden beim Anziehen bleibend gedehnt, daher müssen nach jedem Lösen **neue** Schrauben verwendet werden.
- Rechtes Motorlager am Motorhalter mit **100 Nm** anschrauben.
- Motor-Abfangvorrichtung beziehungsweise Werkstattwagenheber entfernen.
- Spannelement für Keilrippenriemen mit **25 Nm** anschrauben.
- Keilrippenriemen einbauen, siehe Seite 190.
- Ausgleichbehälter für Kühlmittel und Nachfüllbehälter für Servolenkung anschrauben.

Zylinderkopf

1,6-l-Motor (100 PS)

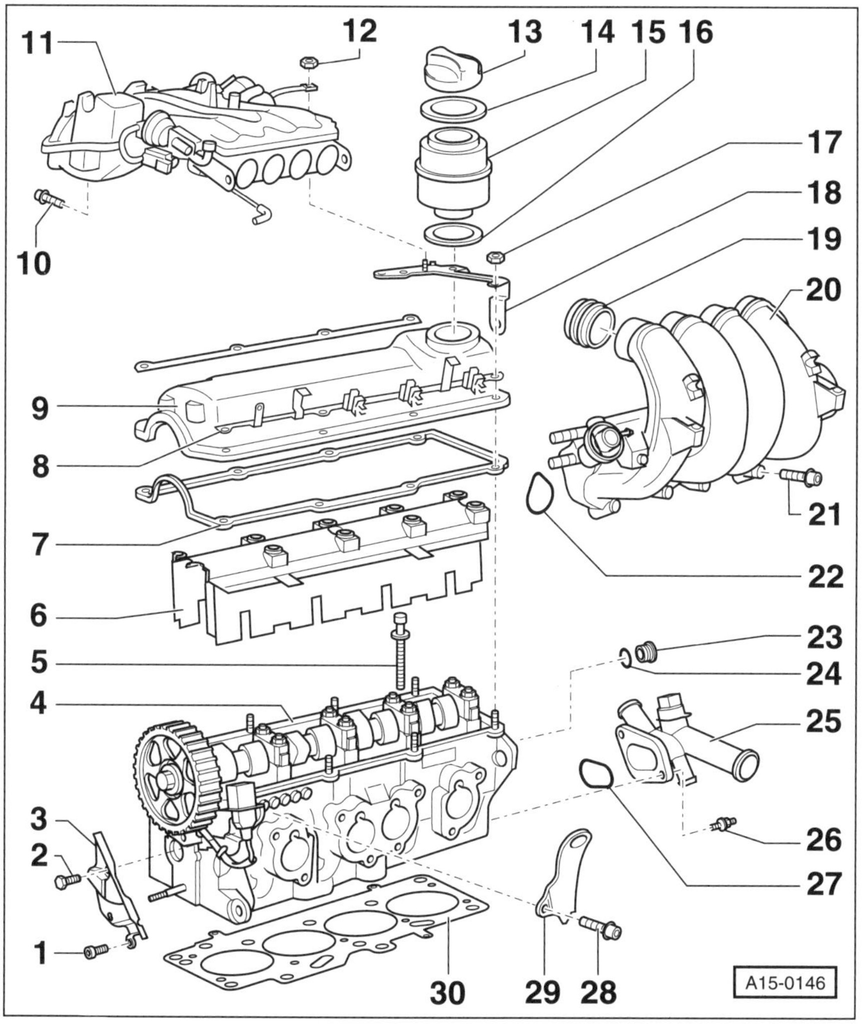

1 – **Schraube, 15 Nm**
2 – **Schraube, 20 Nm**
3 – **Zahnriemenschutz hinten**
4 – **Zylinderkopf**
5 – **Zylinderkopfschrauben**
Immer erneuern.
6 – **Ölabweiser**
7 – **Dichtung für Zylinderkopfdeckel**
Bei Beschädigung erneuern. Vor dem Auflegen, Übergänge Lagerdeckel/Zylinderkopf mit Dichtmittel VW-»D2« bestreichen.
8 – **Verstärkungsleiste**
9 – **Zylinderkopfdeckel**
10 – **Schraube, 10 Nm**
11 – **Sammelsaugrohr-Oberteil**
12 – **Mutter, 10 Nm**
13 – **Öleinfülldeckel**
14 – **Dichtring**
15 – **Entlüftungsgehäuse**
16 – **Dichtung**
Bei Beschädigung erneuern.
17 – **Mutter, 10 Nm**
18 – **Halter**
19 – **Dichtung**
20 – **Saugrohr-Unterteil**
21 – **Schraube, 20 Nm**
Immer erneuern.
22 – **Dichtung für Ansaugrohr**
Immer erneuern.
23 – **Verschlußschraube, 15 Nm**
24 – **Dichtring**
Immer erneuern.
25 – **Flansch**
26 – **Schraube, 10 Nm**
27 – **Dichtung**
Immer erneuern.
28 – **Schraube, 20 Nm**
29 – **Aufhängeöse**
30 – **Zylinderkopfdichtung**
Immer erneuern, auf Einbaulage achten. Nach Einbau des Zylinderkopfs neues Kühlmittel einfüllen.

Zylinderkopf aus- und einbauen

1,6-l-Motor (100/102 PS)/1,8-/2,0-l-Motor

Eine defekte Zylinderkopfdichtung ist an einem oder mehreren der folgenden Merkmale erkennbar:

- Leistungsverlust.
- Kühlflüssigkeitsverlust. Weiße Abgaswolken bei warmem Motor.
- Ölverlust.
- Kühlflüssigkeit im Motoröl, Ölstand nimmt nicht ab, sondern zu. Graue Farbe des Motoröls, Schaumbläschen am Peilstab, Öl dünnflüssig.
- Motoröl in der Kühlflüssigkeit.
- Kühlflüssigkeit sprudelt stark.
- Keine Kompression auf 2 benachbarten Zylindern.

Achtung: Es wird der Ausbau am 1,8-l-Benzinmotor beschrieben, spezielle Hinweise für den 1,6-l-Motor (100 PS) und den 2,0-l-Motor werden ebenfalls gegeben. Da jedoch nicht auf jede Modellvariante eingegangen werden kann, vor dem Abheben des Zylinderkopfes nochmals prüfen, ob alle Leitungen und sonstigen Verbindungen vom und zum Zylinderkopf gelöst wurden.

Zylinderkopf nur bei abgekühltem Motor (Raumtemperatur) ausbauen. Der Abgaskrümmer bleibt angeschlossen, der Ansaugkrümmer wird ausgebaut.

Ausbau

- Der Motor darf höchstens handwarm sein, andernfalls abkühlen lassen.
- Batterie-Massekabel (–) bei ausgeschalteter Zündung abklemmen. **Achtung:** Dadurch werden elektronische Speicher gelöscht, wie zum Beispiel der Radiocode. Ohne Code kann das Radio nur vom Radiohersteller freigeschaltet werden, beziehungsweise beim VW-Radio von einer VW-Werkstatt. Deshalb Hinweise im Kapitel »Batterie aus- und einbauen« durchlesen.
- Kühlmittel ablassen, siehe Seite 202.
- Zündkerzen ausbauen, siehe Seite 23.
- Luftfilter ausbauen, siehe Seite 214.

Sicherheitshinweis:
Das Kraftstoffsystem steht unter Druck! Vor dem Lösen der Schlauchverbindungen dicken Putzlappen um die Verbindungsstelle legen. Dann durch vorsichtiges Abziehen des Schlauches den Druck abbauen. **Schutzbrille tragen, Spritzgefahr!**

- Kraftstoffvorlaufleitung und Rücklaufleitung am Kraftstoffverteiler abziehen, dabei Entriegelungstasten an der Kupplung zusammendrücken. Leitungen für den leichteren Einbau mit Tesaband markieren.
- Kraftstoffleitungen mit Plastiktüten und Gummiringen verschließen, damit kein Schmutz in die Leitungen gelangt.
- Stecker an den Einspritzventilen abziehen und zur Seite legen.
- **2,0-l-Motor:** Stecker für Sekundärluftpumpe abziehen.
- Alle elektrischen Leitungen vom Zylinderkopf zum Aufbau abklemmen. Markierungen mit Tesaband an den Leitungen anbringen, damit sie beim Einbau wieder an gleicher Stelle angeschlossen werden.

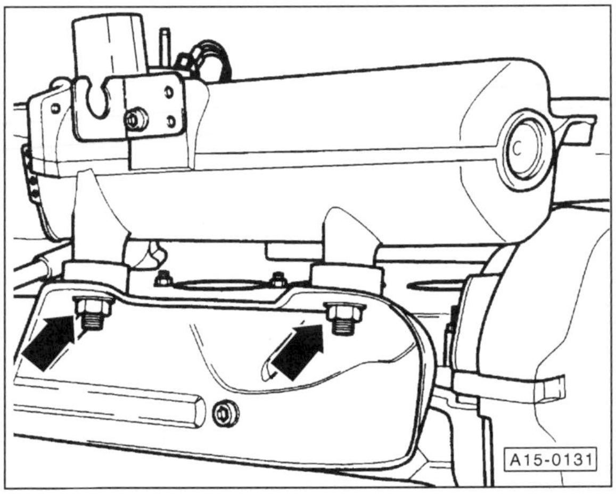

- Ansaugrohr-Oberteil vom Halter abschrauben. Hinweis: Die Abbildung zeigt den 125-PS-Motor.

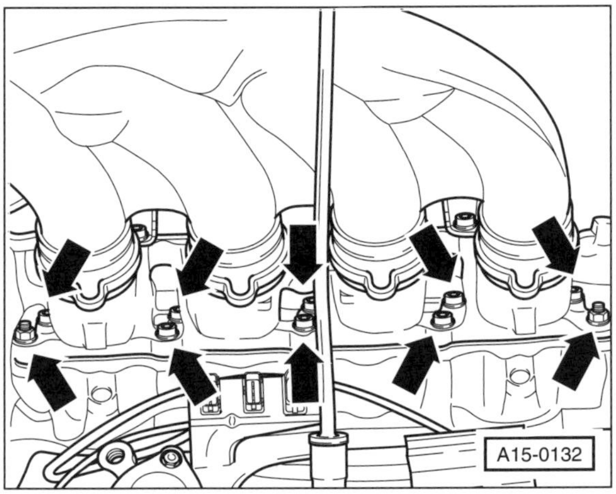

- Ansaugrohr vom Zylinderkopf abschrauben.

1,6-l-Motor (100/102 PS):

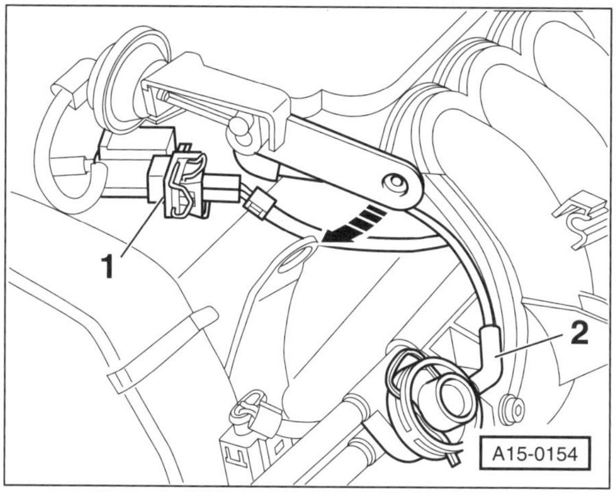

- Stecker –1– am Ventil für Saugrohrumschaltung abziehen. Unterdruckschlauch –2– am Druckregler abziehen.
- Halteösen links und rechts am Ansaugrohr ausklinken –Pfeil–.

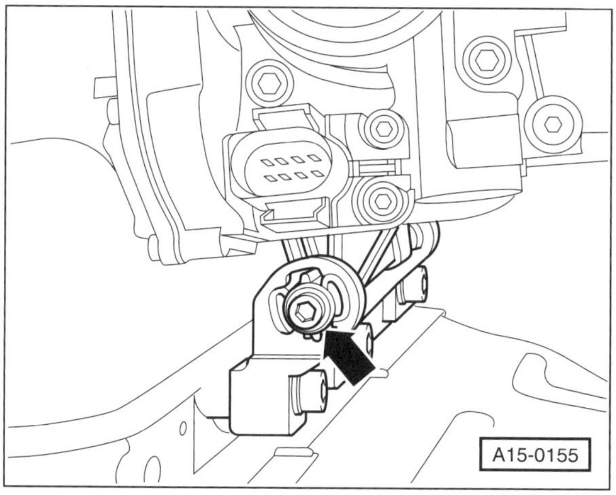

- Ansaugrohr beidseitig vom Zylinderkopf abschrauben.

- Alle Kühlmittelschläuche vom Zylinderkopf abbauen, dazu Schlauchklemmen lösen und ganz zurückschieben. Gegebenenfalls Markierungen an den Schläuchen und zugehörigen Stutzen anbringen, damit sie beim Einbau nicht vertauscht werden.
- Vorderes Abgasrohr mit Katalysator am Krümmer abschrauben, siehe Seite 232.

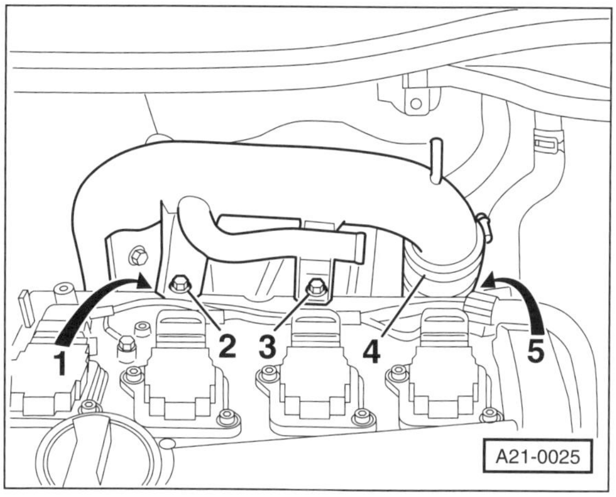

- **1,8-l-Motor (150 PS):** Luftführungsrohr an Schelle –4– lösen, mit Schrauben –2– und –3– am Halter abschrauben. Wärmeschutzblech für Ladeluftsystem mit Schrauben –1– und –5– hinten am Zylinderkopf abschrauben.
- Keilrippenriemen ausbauen, siehe Seite 190.
- **1,8-l-Motor:** Spannvorrichtung für Keilrippenriemen abschrauben, siehe Seite 169.
- Oberen Zahnriemenschutz vom Motorblock abschrauben.
- Motor auf OT für Zylinder 1 stellen, siehe Seite 170.
- Zahnriemen durch Lösen der Spannrolle entspannen und oben vom Nockenwellenrad abnehmen, er muß nicht ausgebaut werden, siehe Seite 170.
- Stellung des Kurbelwellenrades markieren. Dazu mit Farbe Markierungen auf Kurbelwellenrad und Motorblock anbringen. Anschließend Kurbelwellenrad um ¼ Umdrehung (90°) vor- oder zurückdrehen, damit kein Kolben ganz oben im Oberen Totpunkt steht. **Vor dem Einbau des Zahnriemens muß die Kurbelwelle wieder auf OT für Zylinder 1 gestellt werden.**

1,6-l-Motor (102 PS):

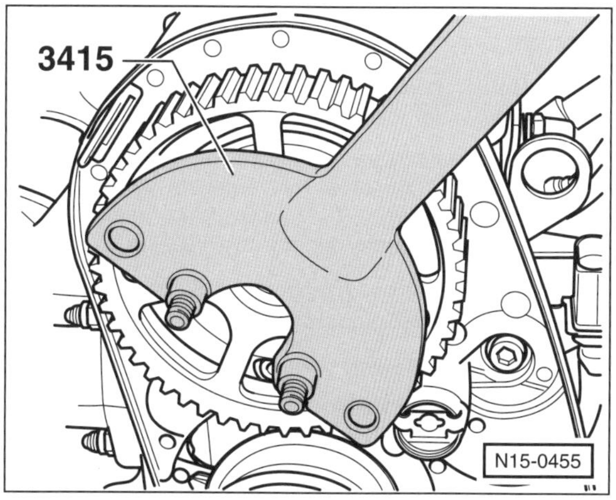

- Nockenwellenrad ausbauen. Dazu Nockenwellenrad mit dem Gegenhalteschlüssel VW-3415, oder KL-0282-2 von KLANN, festhalten und Schraube aus der Welle herausdrehen.

- Passfeder aus der Nockenwelle entfernen.
- Hinteren Zahnriemenschutz am Motorblock abschrauben.

- Zylinderkopfdeckel abschrauben und mit Dichtungen abnehmen.

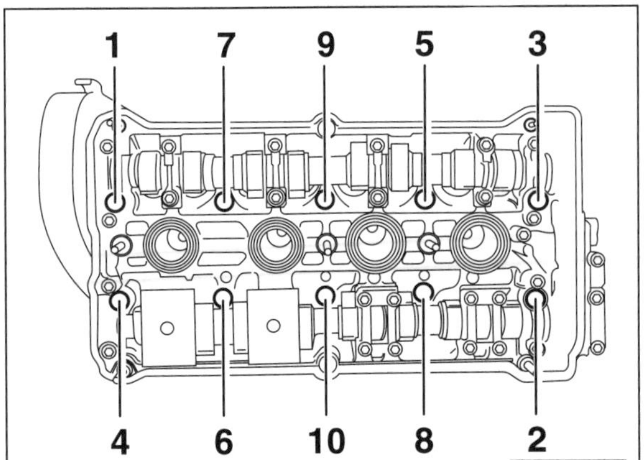

A15-0134

- **1,8-l-Motor:** Zylinderkopfschrauben in der Reihenfolge der Numerierung von 1 bis 10 lösen.

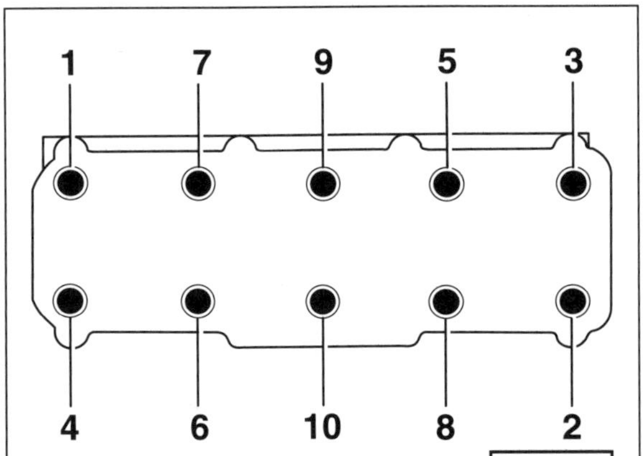

N15-0026

- **1,6-l-Motor (100/102 PS)/2,0-l-Motor:** Zylinderkopfschrauben in der Reihenfolge 1 bis 10 lösen.
- Zylinderkopfschrauben herausdrehen. Dazu wird beim 1,8-l-Motor ein langer 8 mm Innensechskantschlüssel (z. B. HAZET 2749), beim 1,6-l-Motor ein Innenvielzahnschlüssel (z. B. HAZET 990 S Lg-12) benötigt.
- Prüfen, ob sämtliche Leitungen und Schläuche, die zum Zylinderkopf führen, abgezogen sind.
- Zylinderkopf abheben und auf zwei Holzleisten legen.
- Zylinderkopfdichtung abnehmen.

Einbau

Achtung: Bei einem neuen Zylinderkopf sind Plastikunterlagen zum Schutz der offenen Ventile vorhanden. Plastikunterlagen erst unmittelbar vor dem Aufsetzen des Zylinderkopfes abnehmen.

Hinweis: Zylinderkopfdichtung erst unmittelbar vor dem Einbau aus der Verpackung nehmen. Dichtung äußerst sorgfältig behandeln. Beschädigungen führen zu späteren Undichtigkeiten.

- Vor dem Einbau Zylinderkopf und Motorblock mit geeignetem Schaber vorsichtig von Dichtungsresten freimachen. Darauf achten, daß kein Schmutz in die Motorblock-Öffnungen fällt. Bohrungen mit Lappen verschließen. **Achtung:** Darauf achten, daß keine langgezogenen Riefen oder Kratzer entstehen. Falls Schleifpapier verwendet wird, darf die Körnung nicht unter 100 liegen.
- Prüfen, ob die Bohrungen für die Zylinderkopfschrauben frei von Öl sind, gegebenenfalls Öl entfernen. Dazu einen sauberen Lappen in die Bohrungen einführen und Öl aufsaugen. **Achtung:** Verbleibt Öl in den Bohrungen, kann beim Anziehen der Schrauben der Motorblock beschädigt werden.

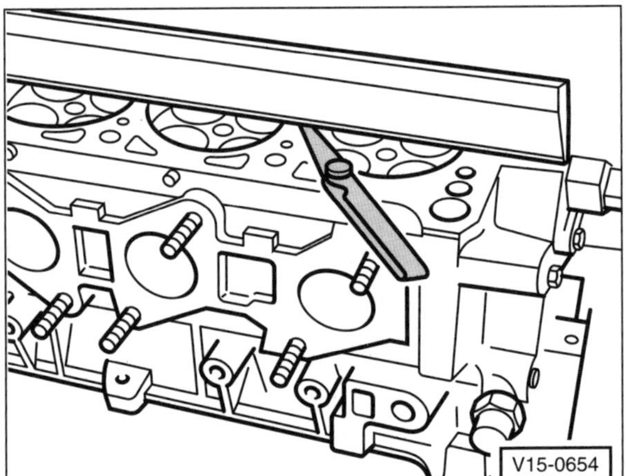
V15-0654

- Verzug mit Stahllineal und Fühlerblattlehre an verschiedenen Stellen des Zylinderkopfes prüfen. Die zulässigen Unebenheiten dürfen maximal 0,1 mm nicht überschreiten.

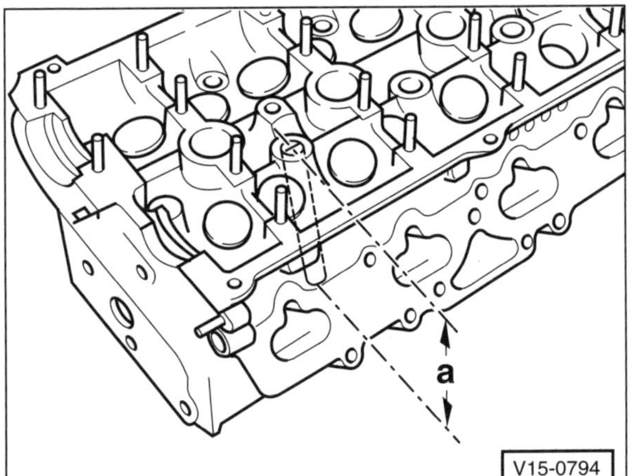

V15-0794

Achtung: Werden die Dichtflächen des Zylinderkopfes plangeschliffen, darf die zulässige Mindesthöhe nicht unterschritten werden. Die Mindesthöhe des Zylinderkopfs wird von Dichtfläche zu Dichtfläche gemessen.

1,6-l-Motor (100 PS)/2,0-l-Motor: . . . . a = 132,6 mm;
1,6-l-Motor (102 PS): . . . . a = 132,9 mm;
1,8-l-Motor: . . . . a = 139,2 mm.

- Zylinderköpfe mit Rissen zwischen den Ventilsitzen beziehungsweise dem Ventilsitzring und den ersten Gewindegängen des Zündkerzengewindes können ohne Herabsetzung der Lebensdauer weiterverwendet und überholt werden, wenn die Risse eine Breite von max. 0,5 mm nicht überschreiten.
- Zylinderkopfschrauben und Zylinderkopfdichtung **immer erneuern**.

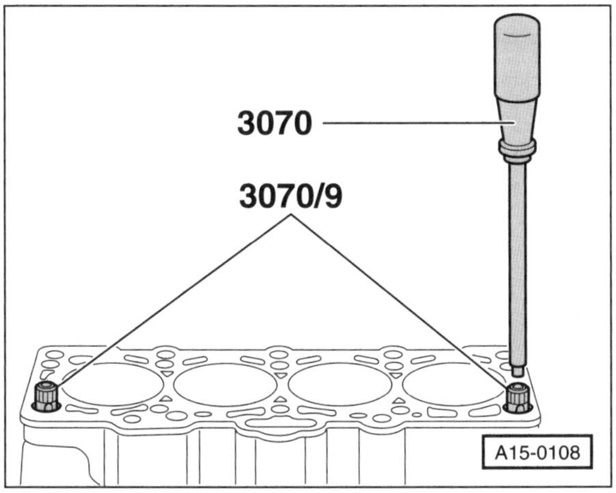

Achtung: Bei einigen Motoren sind zum Zentrieren des Zylinderkopfes 2 Zentrierstifte vorhanden. In diesem Fall müssen keine Führungsbolzen eingeschraubt werden.

- Zum Zentrieren des Zylinderkopfes Führungsbolzen VW-3070/9 mit Bolzendreher 3070 (1,6-l-Motor: Führungsbolzen VW-3450/2A mit Bolzendreher 3450/3) in die äußeren Bohrungen der Zylinderkopfschrauben an der Ansaugseite einschrauben.

Hinweis: Es gibt auch einen Führungsbolzensatz von HAZET, Nr. 2570. Stehen keine Führungsbolzen zur Verfügung, stattdessen 2 alte Zylinderkopfschrauben mit abgesägten Köpfen verwenden. Zum späteren Herausdrehen oben jeweils eine Nut für den Schraubendreher einsägen.

- **Neue** Zylinderkopfdichtung so auflegen, daß die Beschriftung (Ersatzteil-Nr.) von der Seite des Einlaßkrümmers her lesbar ist. Zylinderkopfdichtung ohne Dichtungsmittel so auflegen, daß keine Bohrungen verdeckt werden. **Achtung:** Zylinderkopfdichtung sorgfältig behandeln. Selbst kleine Beschädigungen führen zu Undichtigkeiten. Neue Dichtung erst unmittelbar vor dem Einbau aus der Verpackung nehmen.
- Zylinderkopf vorsichtig mit Helfer aufsetzen, dabei Führungsstifte im Motorblock beachten.
- Die 8 Zylinderkopfschrauben mit Unterlegscheiben ansetzen und handfest anziehen. **Zylinderkopfschrauben grundsätzlich ersetzen.**
- **1,6-l-Motor (100/102 PS):** Führungsbolzen mit Bolzendreher beziehungsweise mit Schraubendreher herausdrehen, die 2 restlichen Zylinderkopfschrauben einsetzen und handfest anziehen.

Achtung: Das Anziehen der Zylinderkopfschrauben ist mit größter Sorgfalt durchzuführen. Vor dem Anziehen der Schrauben Drehmomentschlüssel auf seine Genauigkeit prüfen. Die Schrauben bei kaltem Motor anziehen.

- Die Zylinderkopfschrauben werden in mehreren Stufen angezogen. Schrauben in jeder Stufe jeweils in der Reihenfolge von 1 bis 10 anziehen.

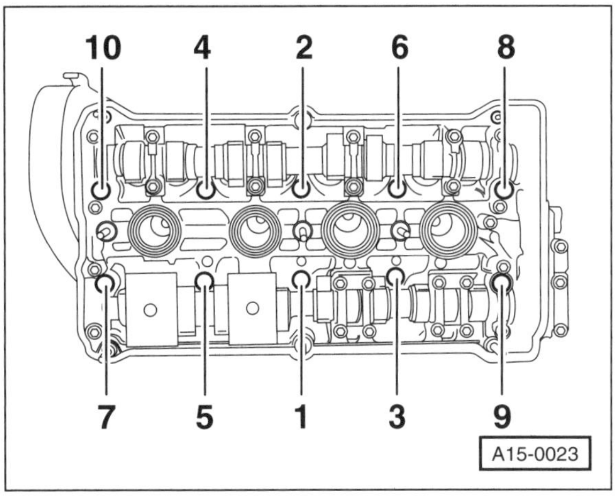

1,8-l-Motor AGN/AGU/AQA/ARZ/AUM:

1. Stufe: mit Drehmomentschlüssel **40 Nm**
2. Stufe: **1/4 Umdrehung (90°)** mit **starrem** Schlüssel ohne abzusetzen weiterdrehen.
3. Stufe: **1/4 Umdrehung (90°)** mit **starrem** Schlüssel ohne abzusetzen weiterdrehen.

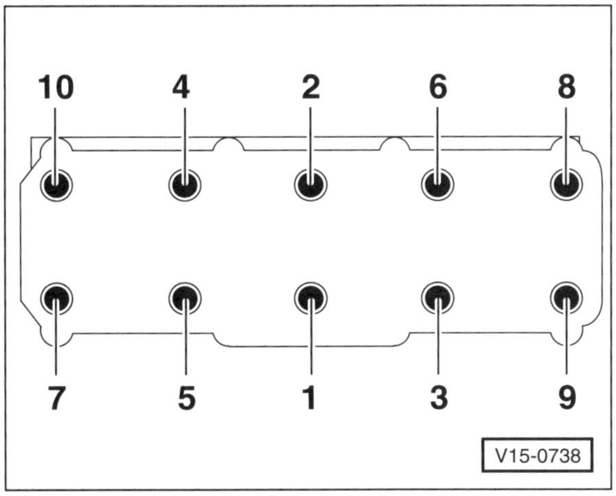

1,6-l-Motor AEH/AKL/APF/AVU,
2,0-l-Motor APK/AQY/AZH/AZJ:

1. Stufe: mit Drehmomentschlüssel **40 Nm**
2. Stufe: **1/4 Umdrehung (90°)** mit **starrem** Schlüssel ohne abzusetzen weiterdrehen.
3. Stufe: **1/4 Umdrehung (90°)** mit **starrem** Schlüssel ohne abzusetzen weiterdrehen.

Hinweis: Beim Anziehen der Zylinderkopfschrauben Drehwinkel abschätzen. Schlüsselgriff längs zum Motor ansetzen und in einem Zug drehen, bis der Griff quer zum Motor steht (1/4 Umdrehung = 90°).

Achtung: Ein Nachziehen der Zylinderkopfschrauben bei warmem Motor, im Rahmen der Wartung oder nach Reparaturen, ist **nicht zulässig.**

Achtung: Berührungsflächen zwischen Tassenstößel und Nockenbahn nach Einbau des Zylinderkopfes mit Motoröl ölen.

- Nockenwelle und Kurbelwelle auf OT für Zylinder 1 stellen, siehe Seite 170.

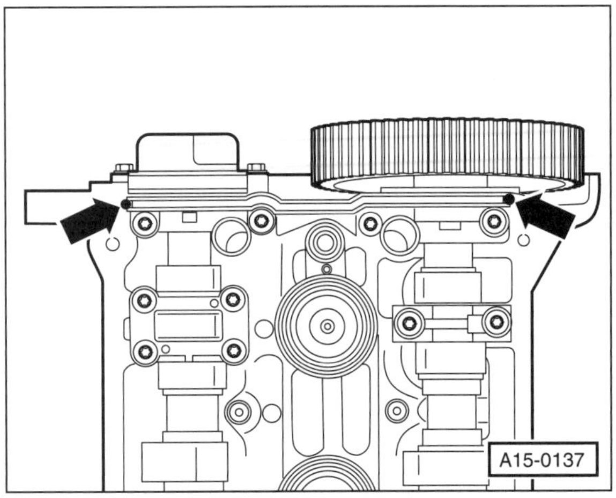

- Vor dem Auflegen der Zylinderkopfdeckel-Dichtung die Übergänge vom Lagerdeckel zum Zylinderkopf mit VW-Dichtmittel »D2« bestreichen, ebenso auf der gegenüberliegenden Seite. Dichtung für Zylinderkopfdeckel auflegen, beschädigte Dichtung erneuern.
- Zylinderkopfdeckel auflegen und mit **10 Nm** über Kreuz anschrauben.
- **1,6-l-Motor (102 PS):** Hinteren Zahnriemenschutz am Zylinderkopf anschrauben. Passfeder in die Nockenwelle setzen. Nockenwellenrad auf Nockenwelle schrauben, dabei Nockenwellenrad mit dem Gegenhalteschlüssel VW-3415, oder KL-0282-2 von KLANN, festhalten.
- Zahnriemen auf das Nockenwellenzahnrad auflegen und spannen, siehe Seite 170.
- Vorderes Abgasrohr mit Katalysator am Krümmer anschrauben, siehe Seite 232.
- **1,8-l-Motor (150 PS):** Luftführungsrohr und Wärmeschutzblech für Ladeluftsystem hinten am Zylinderkopf anschrauben.
- Ansaugrohr mit **neuer** Dichtung und **10 Nm** über Kreuz am Zylinderkopf anschrauben.
- Ansaugrohr am Halter mit **25 Nm** anschrauben.
- Kraftstoffvor- und -rücklaufleitungen am Verteilerrohr anschrauben.
- Elektrische Leitungen, beispielsweise am Hallgeber und an den Einspritzventilen, entsprechend der beim Ausbau angebrachten Kennzeichnungen aufschieben und einrasten beziehungsweise anklemmen.
- **2,0-l-Motor:** Stecker für Sekundärluftpumpe einstecken.
- **1,8-l-Motor:** Spannvorrichtung für Keilrippenriemen mit **25 Nm** anschrauben.
- Keilrippenriemen einbauen, siehe Seite 190.
- Obere Zahnriemenabdeckung am Zylinderkopf anschrauben.
- Zündkerzen einbauen, siehe Seite 23.
- Prüfen, ob alle elektrischen Leitungen, Unterdruck-, Kühlmittel- und Kraftstoffschläuche entsprechend den angebrachten Markierungen angeschlossen sind.
- Ölstand im Motor prüfen, gegebenenfalls auffüllen. **Achtung:** Wurde der Zylinderkopf aufgrund einer defekten Zylinderkopfdichtung abgebaut, empfiehlt sich ein vorgezogener Ölwechsel einschließlich eines Ölfilterwechsels, da sich im Motoröl Kühlflüssigkeit befinden kann.
- **Neues** Kühlmittel aus Frostschutzmittel und Wasser mischen und auffüllen, siehe Seite 202.
- Luftfilter einbauen, siehe Seite 214.
- Batterie-Massekabel (–) anklemmen. **Achtung:** Hoch-/Tieflaufautomatik für elektrische Fensterheber aktivieren sowie Zeituhr stellen und Radiocode eingeben, siehe Kapitel »Batterie aus- und einbauen«.
- Probefahrt unternehmen, anschließend Ölstand und Kühlmittelstand überprüfen und sämtliche Schlauchanschlüsse auf Dichtheit prüfen.

1,4-l-Motor (75 PS)/1,6-l-Motor (105/110 PS)

Zahnriementrieb

Die Einlaßnockenwelle wird von der Kurbelwelle über einen Zahnriemen angetrieben. Für den Antrieb der Auslaßnockenwelle sind beide Nockenwellen mit einem zusätzlichen Zahnriemen gekoppelt.

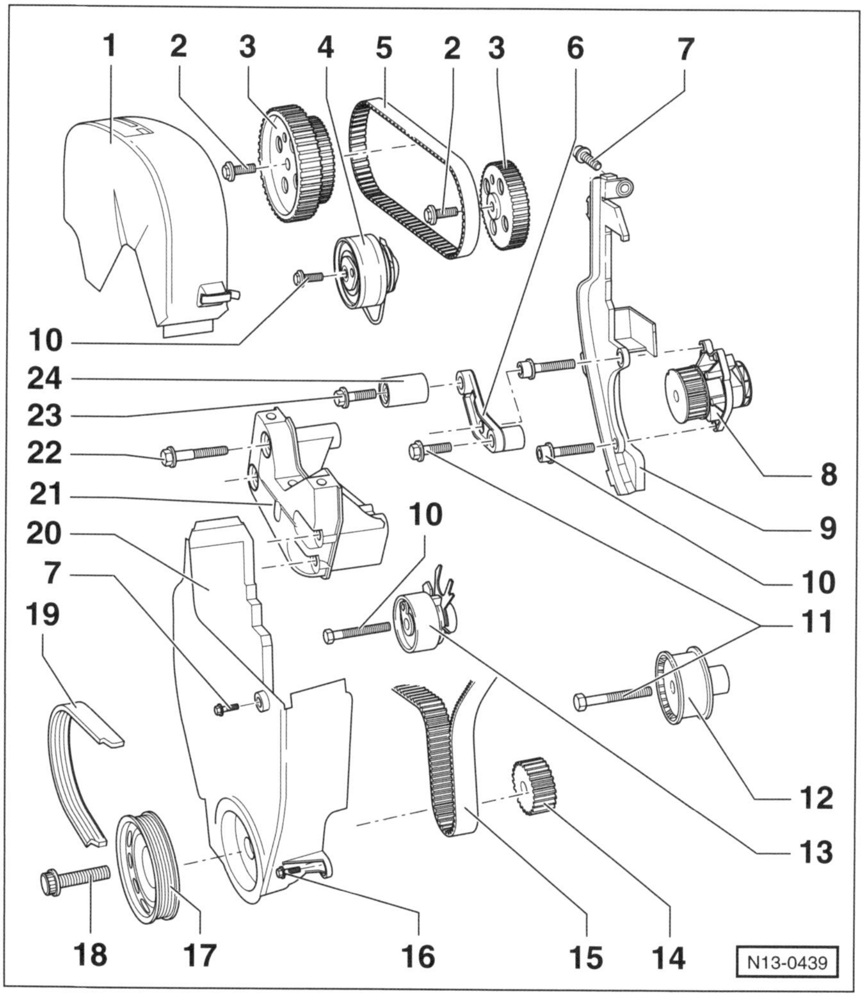

1 – Zahnriemen-Abdeckung oben

2 – Schraube, 20 Nm + ¼ Umdrehung (90°) weiterdrehen
Immer ersetzen. Zum Lösen und Anziehen wird das Absteckwerkzeug VW-T-10016 benötigt.

3 – Nockenwellenrad
Die Fixierbohrungen in den Nockenwellenrädern müssen mit den Passbohrungen im Nockenwellengehäuse fluchten.

4 – Koppeltrieb-Spannrolle

5 – Koppeltrieb-Zahnriemen
Vor dem Ausbau Laufrichtung auf dem Riemen kennzeichnen. Auf Verschleiß prüfen, nicht knicken.

6 – Halter

7 – Schraube, 10 Nm

8 – Kühlmittelpumpe
Bei Beschädigungen und Undichtigkeiten komplett ersetzen.

9 – Zahnriemen-Abdeckung hinten

10 – Schraube, 20 Nm

11 – Schraube, 50 Nm

12 – Umlenkrolle für Haupttrieb-Zahnriemen

13 – Haupttrieb-Spannrolle

14 – Kurbelwellen-Zahnriemenrad
OT-Stellung: Der abgeschrägte Zahn muß mit der Markierung auf dem Öpumpengehäuse übereinstimmen.

15 – Haupttrieb-Zahnriemen
Vor dem Ausbau Laufrichtung auf dem Riemen kennzeichnen. Auf Verschleiß prüfen, nicht knicken.

16 – Schraube, 12 Nm
Immer ersetzen.

17 – Kurbelwellen-Riemenscheibe
Bei der Montage Fixierung beachten.

18 – Schraube, 90 Nm + ¼ Umdrehung (90°) weiterdrehen
Immer ersetzen, geölt einsetzen. Das Weiterdrehen kann in mehreren Stufen erfolgen. Der Weiterdrehwinkel kann mit einer handelsüblichen Winkelmessscheibe, zum Beispiel HAZET 6690, gemessen werden.

19 – Keilrippenriemen
Vor dem Ausbau Laufrichtung auf dem Riemen kennzeichnen. Auf Verschleiß prüfen, nicht knicken.

20 – Zahnriemen-Abdeckung unten

21 – Konsole

22 – Schraube, 50 Nm
Immer ersetzen.

23 – Schraube, 25 Nm

24 – Umlenkrolle

Zahnriemen aus- und einbauen/spannen

1,4-l-Motor (75 PS)/1,6-l-Motor (105/110 PS)

Achtung: Arbeitsschritte und Hinweise, die für alle Motoren gelten, stehen im Kapitel für den 1,6-l-Motor (100 PS))/1,8-/2,0-l-Motor. In diesem Kapitel sind nur die Abweichungen beschrieben, die speziell den 1,4-l-Motor (75 PS)/1,6-l-Motor (105/110 PS) betreffen.

- Motorabdeckung mit 4 Schrauben abschrauben.
- Luftfilter ausbauen, siehe Seite 214.
- Zahnriemenschutz-Oberteil abnehmen.

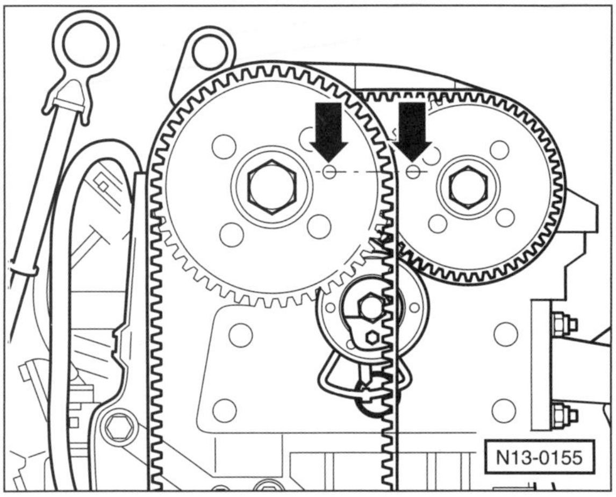

- Motor auf OT Zylinder 1 stellen. In dieser Stellung stehen sich die Fixierbohrungen –Pfeile– der Nockenwellen gegenüber und stimmen mit den dahinter liegenden Paßbohrungen überein. Hinweis: Die VW-Werkstätten setzen das Arretierwerkzeug T10016 in die Fixierbohrungen ein. Anstelle des Werkzeugs können auch zwei andere, passende Dorne ∅ 8 mm in die Bohrungen eingesetzt werden.

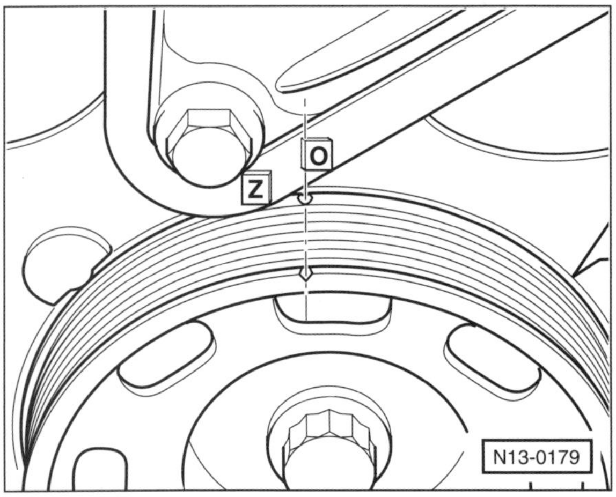

- Im OT Zylinder 1 muß die Kerbe auf dem Kurbelwellenrad mit der Kante der Markierung –0– übereinstimmen, siehe Abbildung.
- Motor anseilen und rechtes Motorlager komplett abschrauben, siehe Kapitel »Zahnriemen aus- und einbauen« für 1,6-l-Motor (100 PS)/1,8-l-Motor.
- Motor rechts soweit absenken, daß die Schraube der Kurbelwellen-Riemenscheibe zugänglich ist.
- Keilrippenriemen ausbauen, siehe Seite 190.

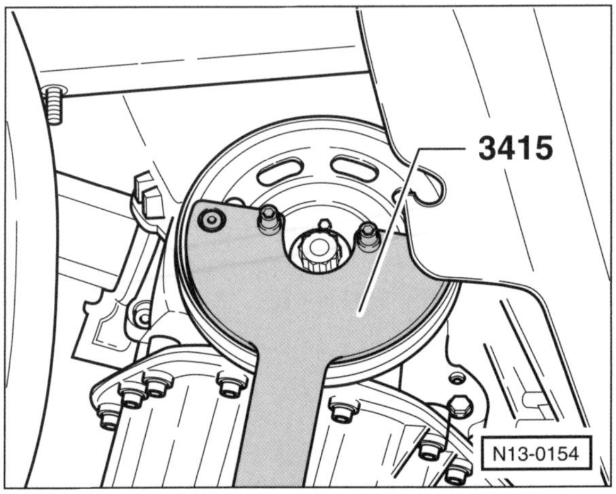

- Zentralschraube für Kurbelwellen-Riemenscheibe/Zahnriemenrad abschrauben. Dabei zum Festhalten der Riemenscheibe ein geeignetes Werkzeug anfertigen, die VW-Werkstatt verwendet den Gegenhalter 3415.
- Kurbelwellen-Riemenscheibe abnehmen. Zum Sichern des darunter liegenden Zahnriemenrades anschließend die Befestigungsschraube mit 2 Unterlegscheiben handfest wieder anschrauben.
- Fahrzeuge mit Klimaanlage: Umlenkrolle und Spannrolle für Keilrippenriemen abschrauben.
- Zahnriemenschutz-Unterteil abschrauben.
- Laufrichtung der beiden Zahnriemen mit Pfeil kennzeichnen, wenn sie wiederverwendet werden sollen.
- Mutter an der Spannrolle lösen und Haupttrieb-Zahnriemen durch Verdrehen der Spannrolle entlasten. Zahnriemen abnehmen.

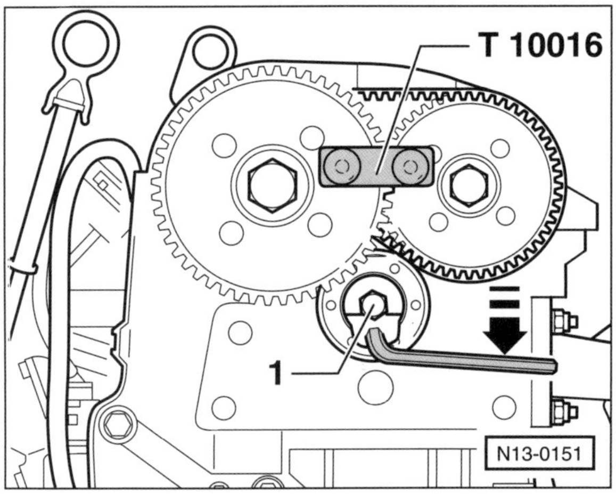

- Spannrolle vom Koppeltrieb-Zahnriemen lösen –1– und Zahnriemen durch Verdrehen der Spannrolle im Uhrzeigersinn lösen. Die Nockenwellenräder sind mit Werkzeug T10016 fixiert. Hinweis: Das Spezialwerkzeug muß so eingesetzt sein, daß die kugelförmigen Endstücke in einer Flucht und parallel zur Zylinderkopf-Stirnseite liegen.
- Zahnriemen abnehmen.

Achtung: Nockenwellen bei abgenommenem Zahnriemen nicht verdrehen, Ventile können sonst an Kolben anstoßen.

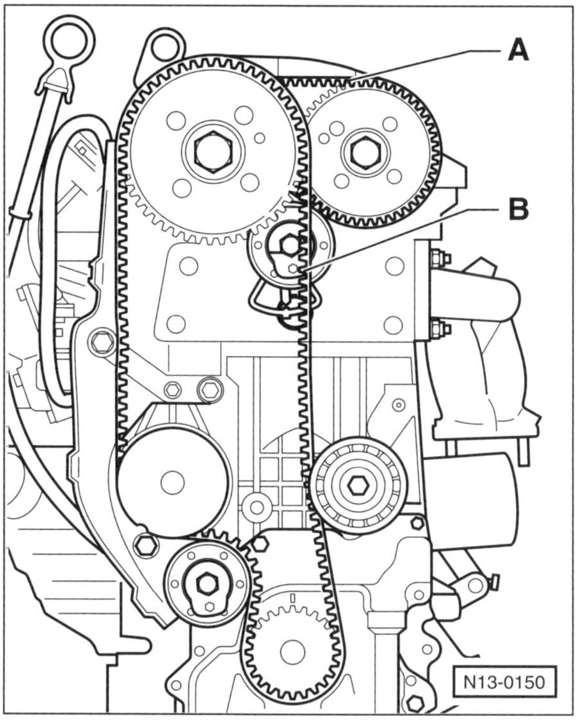

A – Koppeltrieb-Zahnriemen
B – Haupttrieb-Zahnriemen

Achtung: Bei gebrauchtem Zahnriemen unbedingt Laufrichtung beibehalten. Der beim Ausbau angebrachte Pfeil zeigt in Drehrichtung des Motors, in Uhrzeigersinn.

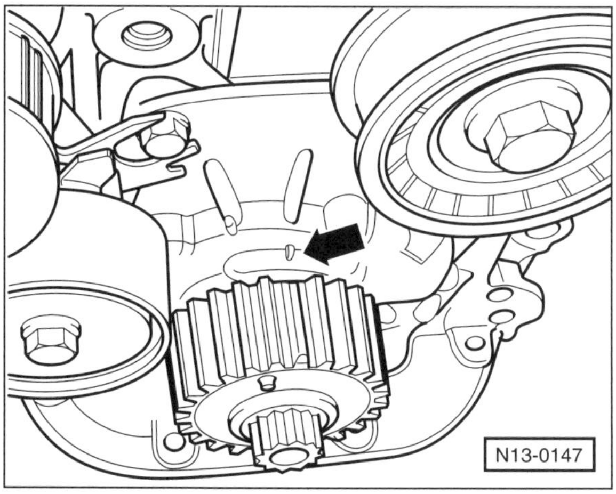

- OT-Stellung am Kurbelwellen-Zahnriemenrad kontrollieren. Der abgeschrägte Zahn muß mit der Markierung auf dem Dichtflansch übereinstimmen.
- Koppeltrieb-Zahnriemen zuerst oben auf das Auslaßnockenwellenrad, dann auf das Einlaßnockenwellenrad auflegen. Der entspannte Teil des Zahnriemens muß sich unten, bei der Spannrolle, befinden.

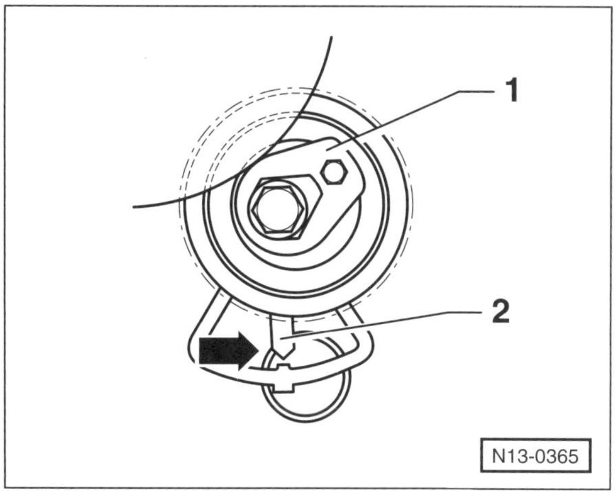

- Spannrolle für Koppeltrieb-Zahnriemen einsetzen und handfest anschrauben, dabei muß die Nase der Grundplatte in die Bohrung am Zylinderkopf eingreifen –2–.
- Spannrolle am Innensechskant –1– entgegen dem Uhrzeigersinn spannen, bis der Zeiger –2– über der Nase in der Grundplatte im Markierungsfenster steht –Pfeil–.
- Klemmutter an der Spannrolle mit **20 Nm** festziehen.
- Haupttrieb-Zahnriemen entgegen dem Uhrzeigersinn auflegen, zuerst auf Kühlmittelpumpe, dann Spannrolle, Kurbelwellenrad, Umlenkrolle und Einlaßnockenwellenrad. Bei einem gebrauchten Zahnriemen, Laufrichtung beibehalten.

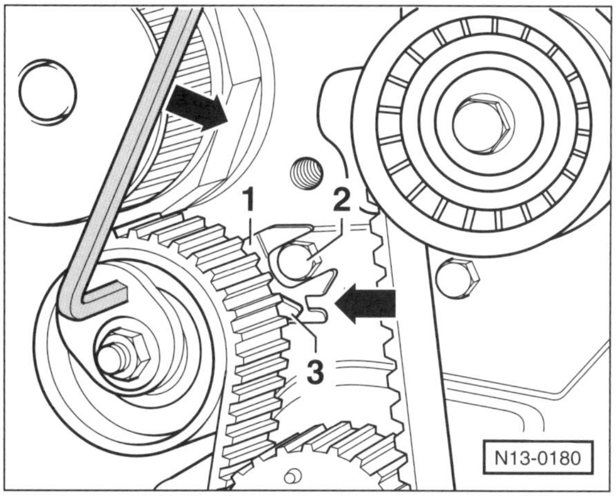

- Einbaulage der Spannrolle kontrollieren. Die Aussparung der Grundplatte –1– muß über die Befestigungsschraube –2– fassen.
- Zahnriemen durch Verdrehen der Spannrolle mit Innensechskantschlüssel rechtsherum spannen, bis der Zeiger –3– über der Kerbe –Pfeil– in der Grundplatte steht. Klemmutter an der Spannrolle mit **20 Nm** festziehen.
- **Achtung:** Absteckstifte aus den Nockenwellenrädern entfernen.

- Kurbelwelle um 2 Umdrehungen weiterdrehen und wieder auf OT für Zylinder 1 stellen. Nochmals prüfen, ob OT-Markierungen an Nockenwelle und Kurbelwelle übereinstimmen. Wenn nicht, Einstellung wiederholen.
- Zahnriemenschutz wieder einbauen.
- Kurbelwellen-Riemenscheibe aufsetzen, sie läßt sich nur in einer Stellung aufsetzen. **Neue** Befestigungsschraube vor dem Einschrauben an Gewinde und Kopfauflage mit sauberem Motoröl einölen. Befestigungsschraube **90 Nm** anziehen und anschließend mit starrem Schlüssel um **90°** (1/4 Umdrehung) weiterdrehen.
- Motorhalter an Motorblock mit **50 Nm** festziehen.
- Rechtes Motorlager mit **neuen** Schrauben anschrauben.
  Anzugsdrehmomente:
  Lager an Karrosserie . . . . .**40 Nm + 90°** (1/4 Umdrehung)
  Lager an Motorhalterung . .**60 Nm + 90°** (1/4 Umdrehung)
- Ausgleichbehälter für Servolenkung anschrauben.
- Keilrippenriemen einbauen, siehe Seite 190.

Zylinderkopf aus- und einbauen

1,4-l-Motor (75 PS)/1,6-l-Motor (105/110 PS)

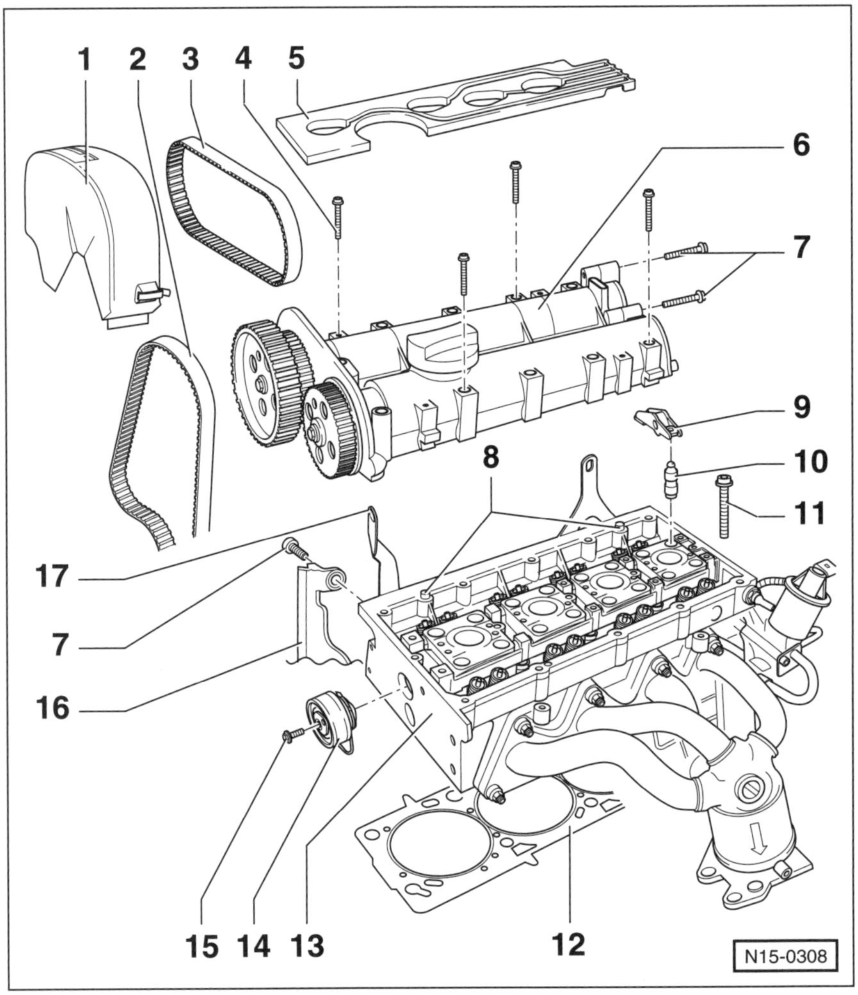

1 – Zahnriemen-Abdeckung oben

2 – Haupttrieb-Zahnriemen

3 – Koppeltrieb-Zahnriemen

4 – Schraube, 10 Nm + 1/4 Umdrehung (90°) weiterdrehen
Immer ersetzen.
Von außen nach innen anziehen.

5 – Zündleitungsführung

6 – Nockenwellengehäuse
Alte Dichtmittelreste entfernen. Vor dem Auflegen mit Dichtmittel VW-D188003A1 bestreichen, siehe Abbildung N15-0075. Beim Einbau vorsichtig senkrecht von oben auf die Stehbolzen und Passstifte aufsetzen.

7 – Schrauben, 10 Nm

8 – Paßstifte

9 – Rollenschlepphebel
Rollenlager auf leichten Lauf prüfen. Lauffläche ölen. Zur Montage mit der Sicherungsklammer auf das Abstützelement aufclipsen.

10 – Abstützelement
Beim Einbau nicht vertauschen. Mit hydraulischem Ventilspielausgleich. Lauffläche ölen.

11 – Zylinderkopfschraube
Immer ersetzen.

12 – Zylinderkopfdichtung
Immer ersetzen.

13 – Zylinderkopf

14 – Koppeltrieb-Spannrolle

15 – Schraube, 20 Nm

16 – Zahnriemen-Abdeckung hinten

17 – Aufhängeöse

Hinweis: Das Ventil für Nockenwellenverstellung beim Motor **BAD** ist nicht abgebildet. Anzugsdrehmoment: **10 Nm.**

Achtung: Arbeitsschritte und Hinweise, die für alle Motoren gelten, stehen im Kapitel für den 1,6-l-Motor (100/102 PS)/1,8-/2,0-l-Motor. In diesem Kapitel sind nur die Abweichungen beschrieben, die speziell den 1,4-l-Motor (75 PS) /1,6-l-Motor (105/110 PS) betreffen.

Beim 1,4-l-Motor (75 PS)/1,6-l-Motor (105/110 PS) sind die Nockenwellen in einem separaten Nockenwellengehäuse gelagert.

- Beide Zahnriemen ausbauen, siehe Seite 180.

Achtung: Da das rechte Motorlager gelöst wird, muß der Motor angeseilt und angehoben werden, siehe Kapitel »Motorausbau«. Da der Zylinderkopf ausgebaut wird, muß die Aufhängeöse für den Kran am Motorblock angeschraubt werden, dazu befindet sich im Bereich der Kühlmittelpumpe eine Gewindebohrung im Motorblock. Gegebenenfalls Aufhängeöse selbst anfertigen.

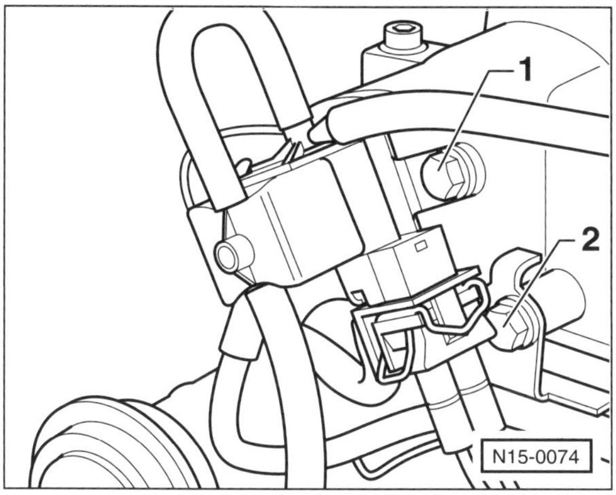

- Schrauben für Abgasrückführungsventil –1– sowie Halter der Kabelführung –2– ausschrauben.
- Hintere Zahnriemenabdeckung im Bereich der Motor-Aufhängeöse abschrauben.
- Nockenwellengehäuseschrauben von außen nach innen über Kreuz zuerst lösen, dann im zweiten Durchgang ganz herausschrauben.
- Nockenwellengehäuse nach oben abnehmen.

Achtung: Werden Teile der Ventilsteuerung ausgebaut, müssen diese an gleicher Stelle eingebaut werden. Damit keine Verwechslungen vorkommen, empfiehlt es sich, ein entsprechendes Ablagebrett anzufertigen.

- Rollenschlepphebel zusammen mit den Abstützelementen herausnehmen und geordnet ablegen, damit sie beim Einbau nicht vertauscht werden, siehe Abbildung N15-0084.
- Klammer am Kühlmittelreglergehäuse abziehen, die das Kühlmittelrohr zur Kühlmittelpumpe sichert.

Einbau

Zum Zentrieren des Zylinderkopfes sind 2 Zentrierstifte vorhanden, es müssen keine Führungsbolzen eingeschraubt werden.

- Verzug mit Stahllineal und Fühlerblattlehre an verschiedenen Stellen des Zylinderkopfes prüfen. Die zulässigen Unebenheiten dürfen maximal 0,05 mm nicht überschreiten.
- **Neue** Zylinderkopfdichtung so auflegen, daß die Beschriftung (Ersatzteil-Nr.) lesbar ist.

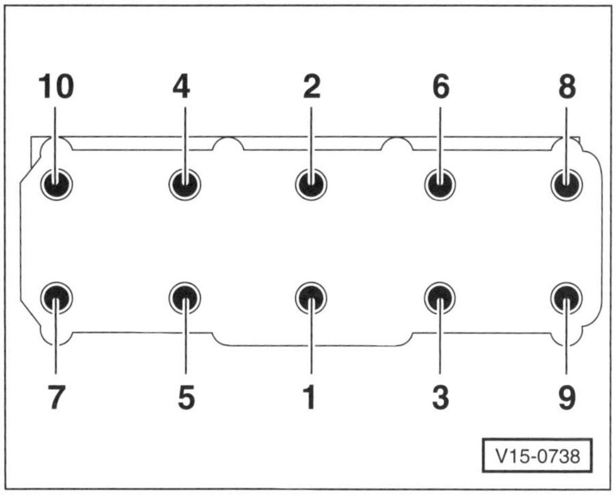

- Die Zylinderkopfschrauben werden in mehreren Stufen angezogen. Schrauben in jeder Stufe jeweils in der Reihenfolge von 1 bis 10 anziehen.

1. Stufe: mit Drehmomentschlüssel **30 Nm**
2. Stufe: **1/4 Umdrehung (90°)** mit **starrem** Schlüssel ohne abzusetzen weiterdrehen.
3. Stufe: **1/4 Umdrehung (90°)** mit **starrem** Schlüssel ohne abzusetzen weiterdrehen.

- Dichtmittelreste am Zylinderkopf und Nockenwellengehäuse mit einem handelsüblichen Dichtmittelentferner entfernen. Dabei Dichtflächen nicht beschädigen. Die Dichtfläche darf nicht bearbeitet werden.
- Dichtflächen öl- und fettfrei abwischen.

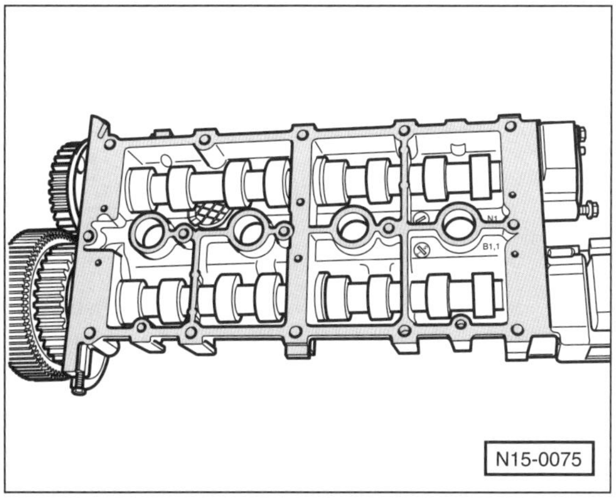

- Dichtmittel »AMV 188 003« von VW auf die Dichtfläche des Nockenwellengehäuses dünn und gleichmäßig auftragen, siehe grau unterlegte Fläche in der Abbildung.

Achtung: Wird das Dichtmittel zu dick aufgetragen, kann es in den Ölkreislauf gelangen, Bohrungen verstopfen und somit Motorschäden verursachen.

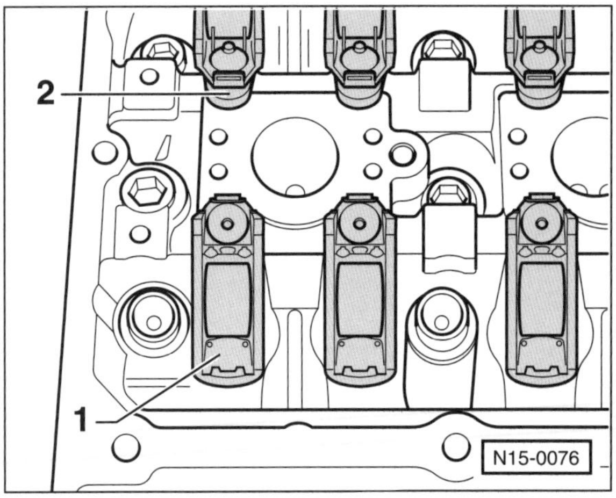

- Abstützelemente an gleicher Stelle wie ausgebaut in den Zylinderkopf einsetzen. Rollenschlepphebel einsetzen, dabei darauf achten, daß sie richtig auf den Ventilschaftenden –1– aufliegen und auf den jeweiligen Abstützelementen –2– eingeclipst sind.
- Nockenwellen-Laufflächen mit sauberem Motoröl einölen.

- Vor dem Aufsetzen des Nockenwellengehäuses zwei Stehbolzen –Pfeile–, Größe M6x70, in die äußeren Gewindebohrungen in den Zylinderkopf einschrauben. Dadurch kann das Gehäuse lagerichtig von oben aufgesetzt werden.
- Nockenwellengehäuse aufsetzen und Stehbolzen ausschrauben. **Neue** Schrauben einschrauben, über Kreuz gleichmäßig mit **10 Nm** anziehen. Anschließend Schrauben um **90° (¼ Umdrehung)** weiterdrehen.

Achtung: Nach der Montage des Nockenwellengehäuses muß das Dichtmittel ca. 30 Minuten trocknen, bevor der Motor gestartet wird.

2,3-l-VR5-Motor/2,8-l-VR6-Motor

Kettentrieb

Die Abbildung zeigt den 2,3-l-Motor (150 PS)

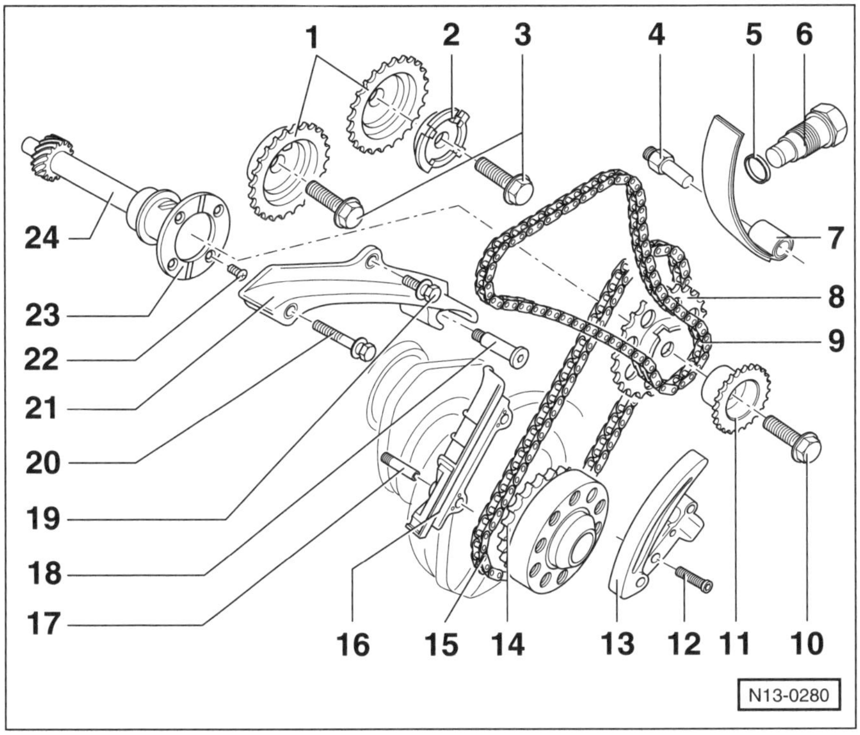

1 – **Nockenwellenkettenrad**

2 – **Geberrad**
Für Hallgeber.

3 – **Schraube, 100 Nm**
Anlagefläche des Schraubenkopfes vor dem Einbau ölen. Mit Gabelschlüssel SW24 an Nockenwelle gegenhalten.

4 – **Lagerbolzen, 18 Nm**

5 – **Dichtring**
Bei Beschädigung ersetzen.

6 – **Kettenspanner, 40 Nm**

7 – **Spannschiene**

8 – **Kettenrad**

9 – **Rollenkette**
Vor Ausbau Laufrichtung (Einbaulage) kennzeichnen.

10 – **Schraube, 100 Nm**

11 – **Kettenrad**

12 – **Schraube, 10 Nm**

13 – **Kettenspanner mit Spannschiene**
Vor dem Einbau Sperrverzahnung im Kettenspanner mit kleinem Schraubendreher entspannen und Spannschiene gegen den Kettenspanner drücken. Motor nur mit eingebautem Kettenspanner durchdrehen.

14 – **Antriebszahnrad**
OT Zyl. 1 = Angeschliffener Zahn zeigt zur Lagertrennfuge.

15 – **Einfachrollenkette**
Laufrichtung (Einbaulage) nicht verändern.

16 – **Gleitschiene**

17 – **Bolzen ohne Bund, 10 Nm**
Für Gleitschiene –16–.

18 – **Bolzen mit Bund, 10 Nm**
Für Gleitschiene –21–.

19 – **Schraube, 20 Nm**
Mit Schrauben-Sicherungsmittel, z. B. VW-D6, einsetzen.

20 – **Schraube, 20 Nm**

21 – **Gleitschiene**

22 – **Schraube, 10 Nm**
Mit Schrauben-Sicherungsmittel, z. B. VW-D6, einsetzen.

23 – **Anlaufscheibe**

24 – **Zwischenwelle**

Steuerketten kennzeichnen

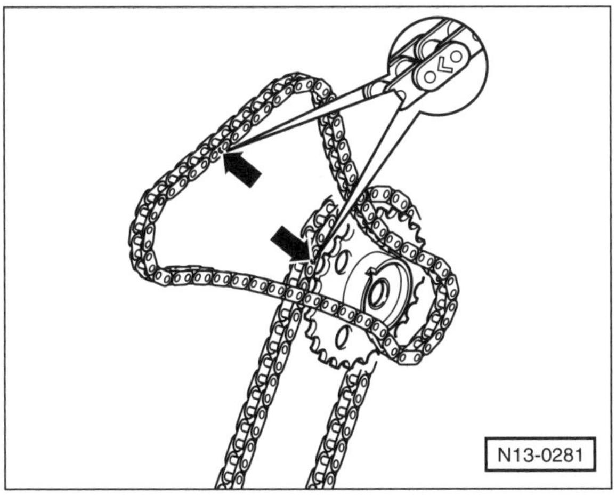

- Auf den Steuerketten vor dem Ausbau mit Farbe einen Pfeil in Laufrichtung anbringen –Pfeile–. **Hinweis:** Die Abbildung zeigt den 2,3-l-Motor (150 PS).

Achtung: Kette nicht durch Körnerschlag, Kerbe oder ähnlichem kennzeichnen.

Steuerzeiten der Nockenwellen prüfen

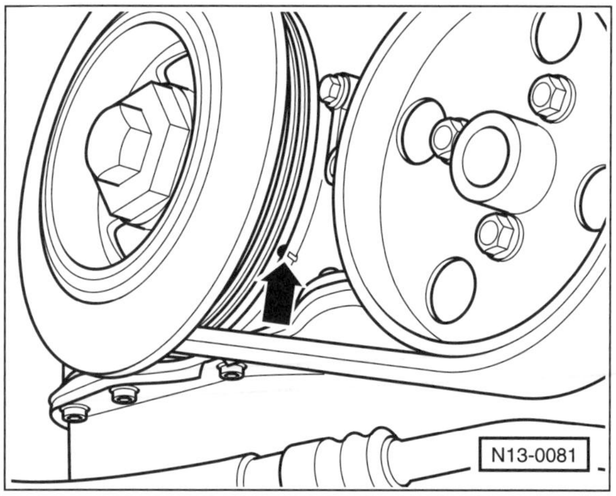

- OT-Stellung Zylinder 1 der Kurbelwelle: Die Markierung auf dem Schwingungsdämpfer muß mit der Markierung auf der Kettenabdeckung übereinstimmen.

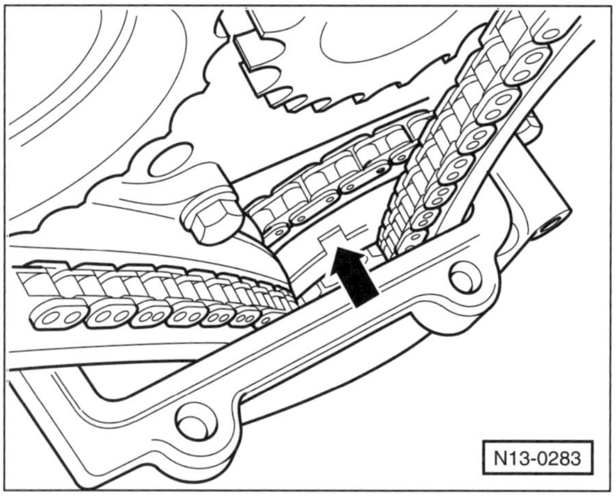

- OT-Stellung der Zwischenwelle bei eingebautem Motor: An den Kettenrädern der Zwischenwelle muß eine Nut –Pfeil– zu erkennen sein. Andernfalls Kurbelwelle um eine Umdrehung durchdrehen, bis die Markierungen auf dem Schwingungsdämpfer wieder übereinstimmen. Die OT-Stellung der Zwischenwelle wird nur bei jeder 2. OT-Stellung erreicht.

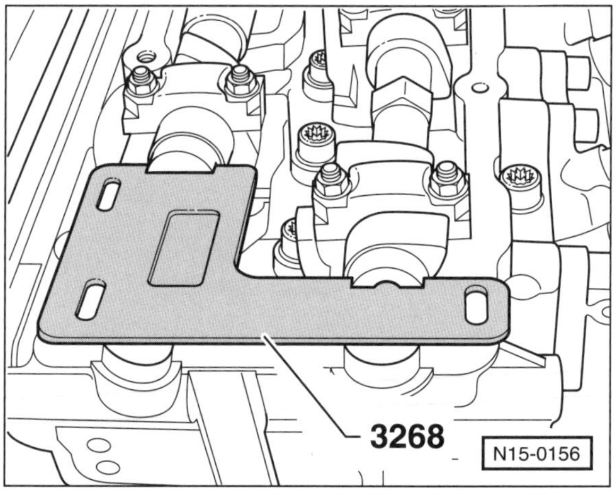

- Die Nockenwellen werden mit dem Einstellineal VW-3268 in OT-Stellung arretiert. Das Lineal muß sich in die Wellennut der längeren Nockenwelle einlegen lassen und am Absatz der kurzen Nockenwelle fluchten. **Hinweis:** Die Abbildung zeigt den 2,3-l-Motor (150 PS). Beim 2,3-l-Motor (170 PS) sowie beim 2,8-l-Motor wird das VW-Werkzeug T10068 benötigt.

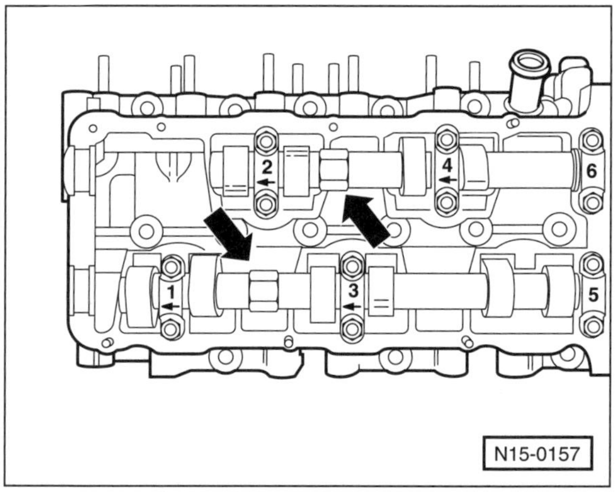

- Beim Abschrauben der Kettenräder von den Nockenwellen, diese mit Maulschlüssel SW 24 an den Abflachungen –Pfeile– gegenhalten. **Achtung:** Das Nockenwellenlineal VW-3268 darf dabei **nicht** eingelegt sein.

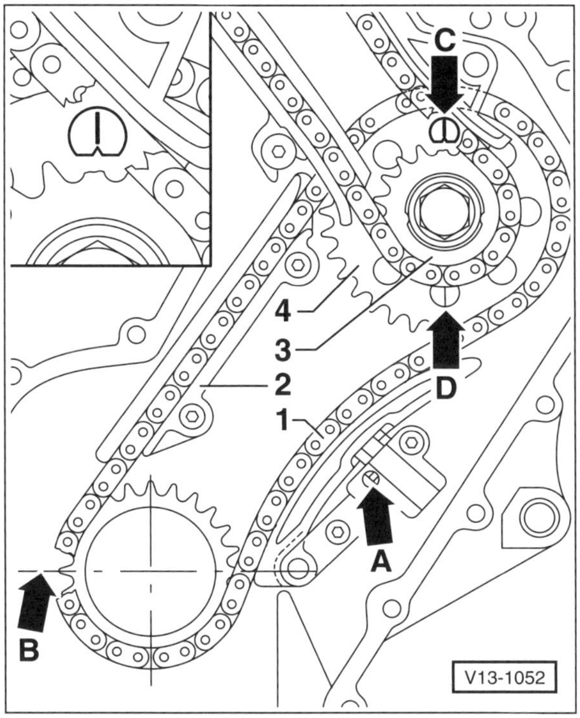

- OT-Stellung von Kurbel- und Zwischenwelle bei ausgebautem Motor:
  1 – Rollenkette
  2 – Gleitschiene
  3 – Vorderes Kettenrad Zwischenwelle
  4 – Hinteres Kettenrad Zwischenwelle
  A – Sperrverzahnung für Kettenspanner
  Der angeschliffene Zahn –B– des Kurbelwellen-Kettenrades muß mit der Lagerfuge fluchten, also waagerecht stehen (OT-Stellung), siehe Abbildung.
  Gleichzeitig muß die Markierung am hinteren Kettenrad –4– mit der Kerbe –C– oder –D– auf der Anlaufscheibe fluchten.

Zylinderkopf aus- und einbauen

Achtung: Arbeitsschritte und Hinweise, die für alle Motoren gelten, stehen im Kapitel für den 1,6-l-Motor (100/102 PS)/1,8-/2,0-l-Motor. In diesem Kapitel sind nur die Abweichungen beschrieben, die speziell den 2,3-/2,8-l-Motor betreffen.

- Anbauteile/Zylinderkopfdeckel ausbauen, dabei Hinweise beachten, siehe Abbildung auf Seite 188/189.

Hinweis: Die Zylinderkopfschrauben werden in entgegengesetzter Anzugs-Reihenfolge gelöst, siehe Abbildungen N15-0164 für den 2,3-l-Motor sowie N15-0322 für 2,8-l-Motor auf Seite 188/189.

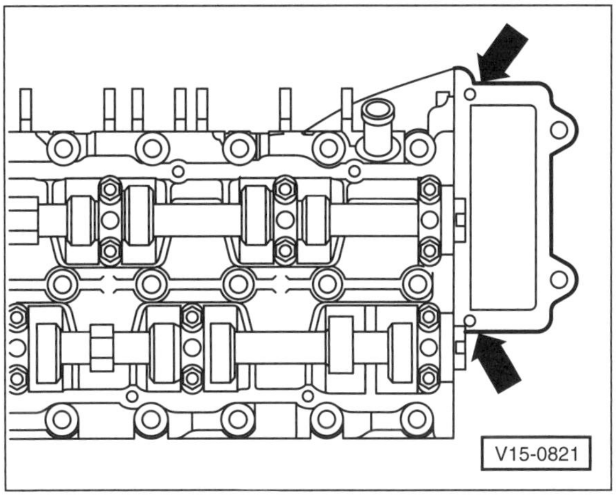

- Zylinderkopfdichtung zur Montage vorbereiten: Die 3 mm-Bohrungen im Abdeckteil und Dichtflansch von alter Dichtmasse säubern –Pfeile–.
- **2,3-l-Motor (170 PS)/2,8-l-Motor:** Verzug mit Stahllineal und Fühlerblattlehre an verschiedenen Stellen des Zylinderkopfes prüfen. Die zulässigen Unebenheiten dürfen maximal 0,05 mm nicht überschreiten.
- Die 3 mm-Bohrungen in der neuen Zylinderkopfdichtung mit Dichtmittel, z. B. VW-AMV 18800102, auffüllen.

Achtung: Bei eingebautem Zylinderkopf sind die Bohrungen in der Zylinderkopfdichtung nur zur Hälfte sichtbar. Wenn nur die Nockenwellenradabdeckung abgebaut wurde, müssen die Bohrungen in der alten Zylinderkopfdichtung gereinigt und mit Dichtmittel aufgefüllt werden.

- Vor Aufsetzen der Zylinderkopfdichtung sicherstellen, daß die Paßhülsen in die richtigen Bohrungen im Motorblock eingesetzt sind.
- **Neue** Zylinderkopfschrauben in der angegebenen Reihenfolge festziehen, siehe Abbildungen N15-0164 für den 2,3-l-Motor sowie N15-0322 für 2,8-l-Motor auf Seite 188/189.
- Die Zylinderkopfschrauben werden in mehreren Stufen angezogen. Schrauben in jeder Stufe jeweils in der Reihenfolge von 1 bis 18 beziehungsweise 20 anziehen.

1. Stufe: mit Drehmomentschlüssel **30 Nm**
2. Stufe: mit Drehmomentschlüssel **50 Nm**
3. Stufe: **1/4 Umdrehung (90°)** mit **starrem** Schlüssel ohne abzusetzen weiterdrehen.
4. Stufe: **1/4 Umdrehung (90°)** mit **starrem** Schlüssel ohne abzusetzen weiterdrehen.

Hinweis: Ein weiteres Nachziehen der Zylinderkopfschrauben, nach Reparaturen, ist nicht erforderlich.

Zylinderkopf 2,3-l-Motor (VR5/150 PS)

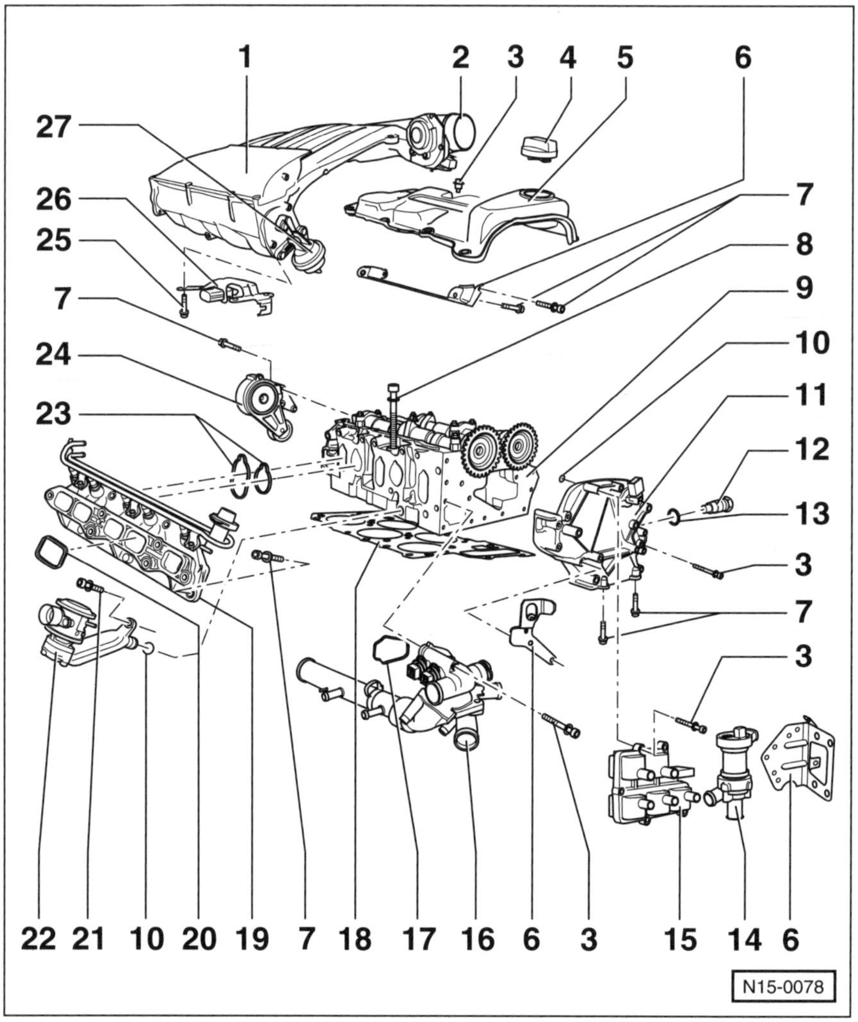

1 – **Saugrohr-Oberteil**
Zuerst am Saugrohr-Unterteil festziehen, dann die beiden Abstützungen festziehen.

2 – **Drosselklappen-Steuereinheit**

3 – **Schraube, 10 Nm**

4 – **Verschlußdeckel**

5 – **Zylinderkopfdeckel**
An der Dichtfläche die Übergänge Abdeckteil/Zylinderkopf und die halbmondförmige Aussparung mit Dichtmittel VW-D454300A3 bestreichen.

6 – **Halter**

7 – **Schraube, 25 Nm**

8 – **Zylinderkopfschraube**
Immer ersetzen. Reihenfolge beim Lösen und Anziehen beachten.

9 – **Zylinderkopf**
Bei Verzug über 0,1 mm, nacharbeiten. Mindesthöhe: 139,5 mm.

10 – **O-Ring**
Immer ersetzen.

11 – **Abdeckteil**
Kann bei eingebautem Zylinderkopf aus- und eingebaut werden. Dichtflächen mit Dichtmittel, z. B. VW-AMV18800102, einstreichen. Wenn nur das Abdeckteil abgebaut wurde, Bohrungen in der vorhandenen Zylinderkopfdichtung reinigen und mit Dichtmittel einstreichen, siehe Abbildung V15-0821.

12 – **Kettenspanner, 40 Nm**
Für Nockwellenkette. **Achtung:** Motor nur mit eingebautem Kettenspanner durchdrehen.

13 – **Dichtring**
Immer ersetzen.

14 – **Pumpe für Kühlmittelnachlauf**

15 – **Zündtrafo**

16 – **Kühlmittelregler-Gehäuse**

17 – **Dichtung**
Immer ersetzen.

18 – **Zylinderkopfdichtung**
Immer ersetzen.

19 – **Saugrohr-Unterteil**

20 – **Dichtung für Saugrohr-Oberteil**
Bei Beschädigung ersetzen.

21 – **Schraube, 5 Nm**

22 – **Kombiventil**

23 – **Dichtung für Saugrohr-Unterteil**
Bei Beschädigung ersetzen.

24 – **Spannelement für Keilrippenriemen**

25 – **Schraube, 5 Nm**

26 – **Halter**

27 – **Unterdruck-Stellelement für Registersaugrohrumschaltung**

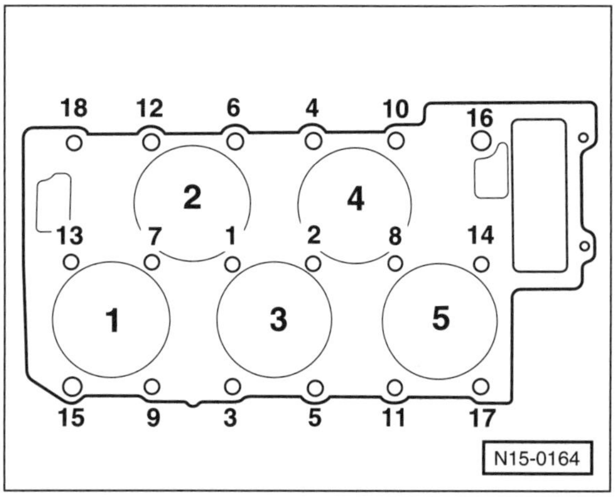

Hinweis zu Abbildung N15-0164: Die Paßhülsen werden in die Bohrungen –15– und –16– eingesetzt.

Zylinderkopf 2,8-l-Motor (VR6)

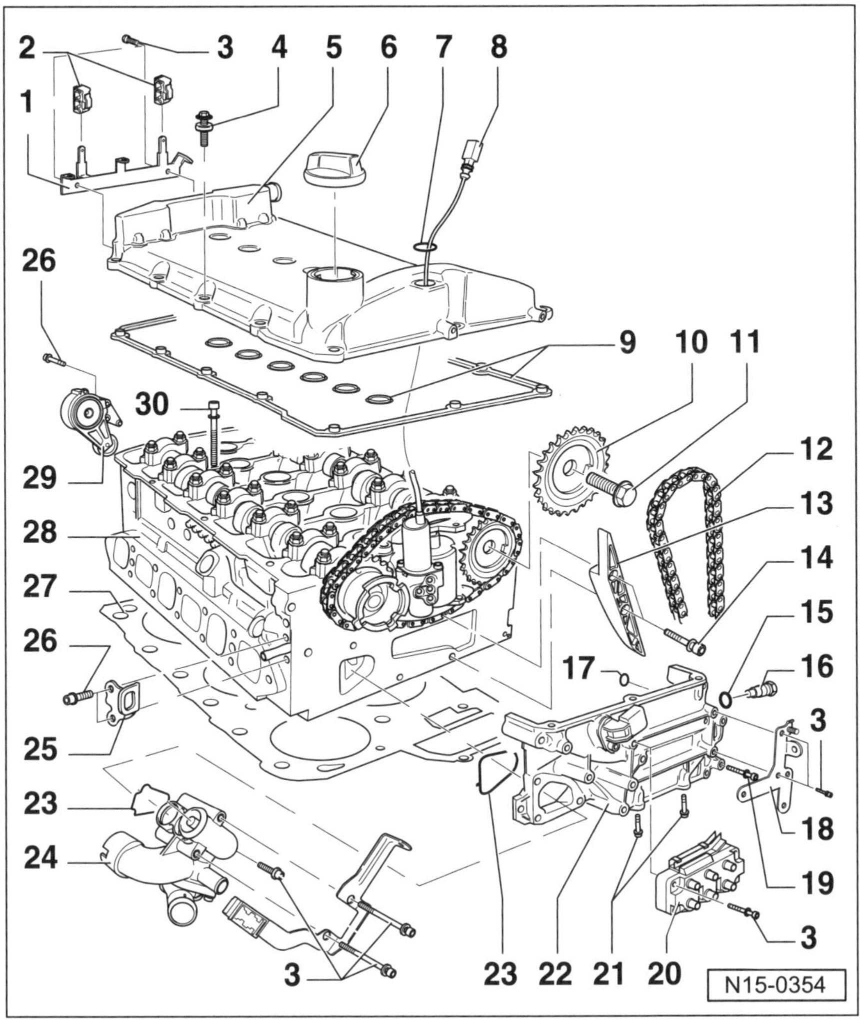

10 – **Kettenrad**[2)]
Für Nockenwellenkette –12–.

11 – **Schraube, 60 Nm + ¼ Umdr. (90°)**[2)3)]

12 – **Nockenwellenrollenkette**

13 – **Gleitschiene**
Für Nockenwellenrollenkette –12–.

14 – **Schraube, 23 Nm**
Für Gleitschiene –13–.

15 – **Dichtring**[1)]

16 – **Kettenspanner, 40 Nm**
Für Nockenwellenrollenkette –12–. Motor nur mit eingebautem Kettenspanner durchdrehen.

17 – **O-Ring**[1)]
Für Ölkanalabdichtung, vor der Montage einölen.

18 – **Halter**

19 – **Schraube, 10 Nm**
Zuerst Schrauben –21– festziehen.

20 – **Zündtrafo**

21 – **Schrauben, 25 Nm**

22 – **Abdeckteil**
Kann bei eingebautem Zylinderkopf aus- und eingebaut werden. Dichtflächen mit AMV18800102 einstreichen. Wenn nur das Abdeckteil abgebaut war, Zylinderkopfdichtung zur Montage vorbereiten.

23 – **Dichtring**[3)]

24 – **Kühlmittelregler-Gehäuse**

25 – **Aufhängeöse**

26 – **Schraube, 25 Nm**

27 – **Zylinderkopfdichtung**[3)]

28 – **Zylinderkopf**

29 – **Spannelement**
Für Keilrippenriemen.

30 – **Zylinderkopfschraube**[3)]

1 – **Halterahmen**

2 – **Halter**

3 – **Schraube, 10 Nm**

4 – **Schraube, 10 Nm**[1)]
Mit Abstandshülse und Dichtring.

5 – **Zylinderkopfdeckel**

6 – **Verschlußdeckel**[1)]

7 – **O-Ring**[1)]
O-Ring vor der Montage einölen.

8 – **Anschlußstecker, schwarz, 2-pol.**

9 – **Dichtung für Zylinderkopfdeckel**[1)]

---

1) Dichtung bei Beschädigung ersetzen.

2) Anlagefläche des Kettenrades am Schraubenkopf muß beim Einbau trocken sein.

3) Immer ersetzen.

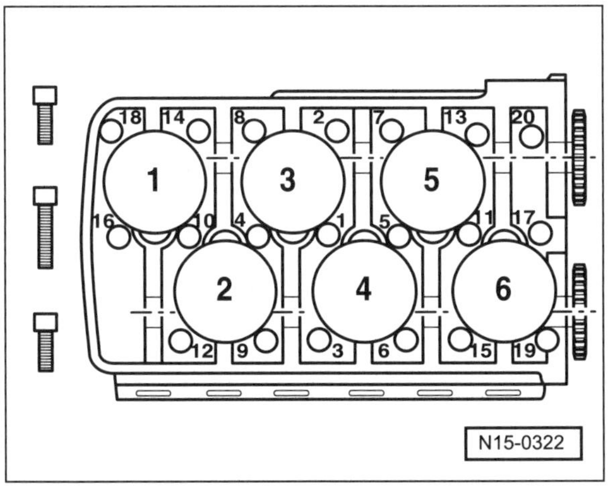

Hinweis zu Abbildung N15-0322: Die Paßhülsen werden in die Bohrungen –12– und –20– eingesetzt.

Die längeren Zylinderkopfschrauben werden in die mittleren Bohrungen –16– bis –17– eingesetzt.

Kompression prüfen

Die Kompressionsprüfung erlaubt Rückschlüsse über den Zustand des Motors. Die Prüfwerte zeigen an, ob der Motor austauschreif ist beziehungsweise komplett überholt werden muß. Für die Prüfung wird ein Kompressionsdruckprüfer benötigt, der für Benzinmotoren recht preiswert in Fachgeschäften angeboten wird.

Der Druckunterschied zwischen den einzelnen Zylindern darf maximal 3,0 bar betragen. Falls ein oder mehrere Zylinder gegenüber den anderen einen Druckunterschied von mehr als 3,0 bar haben, ist dies ein Hinweis auf eine undichte Zylinderkopfdichtung, defekte Ventile, verschlissene Kolbenringe beziehungsweise Zylinderlaufbahnen. Ist die Verschleißgrenze erreicht, muß der Motor überholt beziehungsweise ausgetauscht werden.

Motor	Kompressionsdruck in bar	
	Neu	Verschleißgrenze
1,4-l/1,6-l (75/105/110 PS)	10 – 15	7,0
1,6-l(100/102 PS)/2,0-l/2,3-l/2,8-l	10 – 13	7,5
1,8-l (125 PS)	9 – 14	7,5
1,8-l (150 PS)	10 – 13	7,0

- Zur Prüfung der Kompression muß die Motoröltemperatur mindestens +30° C betragen. Der Ölfilter ist dann gut handwarm, gegebenenfalls Motor warmfahren. Die Motortemperatur darf nicht zu hoch sein, da sonst beim Herausschrauben der Zündkerzen das Gewinde im Zylinderkopf beschädigt werden kann.
- Zündung ausschalten.
- **1,8-l-Motor (150 PS):** Stecker von den Zündspulen abziehen und Zündspulen ausbauen.
- Sämtliche Zündkerzen ausbauen, siehe Seite 23.
- Sicherung 28 für Kraftstoffpumpe und Nr. 32 für Einspritzventile herausziehen.
- **1,4-l-Motor (75 PS)/1,6-l-Motor (105/110 PS):** Mehrfachstecker von der Zündspule abziehen.
- **1,6-l-Motor (100/102 PS):** Stecker von den Einspritzventilen der beiden außenliegenden Zylinder abziehen.
- **1,6-l-Motor (100/102 PS)/2,0-/2,3-/2,8-l-Motor:** Stecker von der Leistungsendstufe der Zündung abziehen. Die Leistungsendstufe ist zwischen Steuergerät und Zündspulen geschaltet.
- **2,3-Motor (150)/2,8-l-Motor:** Luftansaugschlauch zwischen Luftfilter und Saugrohr ausbauen, dazu Schlauchschellen lösen. Stecker vom Luftmassenmesser abziehen. Ansaugschlauch zusammen mit dem Kurbelgehäuse-Entlüftungsventil abnehmen.
- Motor mit Anlasser durchdrehen, damit Rückstände und Ruß herausgeschleudert werden. **Achtung:** Getriebe in Leerlaufstellung und Handbremse angezogen.

Sicherheitshinweis:
Bei diesem Vorgang **nicht** über den Motor beugen, Verletzungsgefahr durch herausschleudernde Rußpartikel.

- Kompressionsdruckprüfer entsprechend der Bedienungsanleitung in die Zündkerzenöffnung drücken oder einschrauben.
- Von Helfer Gaspedal ganz durchtreten lassen und während der ganzen Prüfung mit dem Fuß festhalten.
- Motor ca. 8 Umdrehungen drehen lassen, bis kein Druckanstieg mehr auf dem Meßgerät erfolgt.
- Nacheinander sämtliche Zylinder prüfen und mit Sollwert vergleichen.
- Anschließend Zündkerzen einbauen, siehe Seite 23.
- **1,8-l-Motor (150 PS):** Zündspulen einbauen.
- Wo nötig Stecker für Zündspule beziehungsweise Leistungsendstufe aufstecken.
- **1,6-l-Motor (100/102 PS):** Stecker an den äußeren Einspritzventilen aufstecken.
- **2,3-Motor (150)/2,8-l-Motor:** Luftansaugschlauch einbauen. Stecker für Luftmassenmesser aufstecken.

Achtung: Durch Abziehen der Anschlußstecker wird ein Fehler im Motor-Steuergerät abgespeichert. Es empfiehlt sich, den gespeicherten Fehler baldmöglichst von einer VW-Werkstatt löschen zu lassen.

Keilrippenriemen aus- und einbauen

Ein Keilrippenriemen ist breiter als ein herkömmlicher Keilriemen und besitzt mehrere längslaufende Rippen. Der Keilrippenriemen treibt Nebenaggregate wie den Generator, die Ölpumpe für die Servolenkung, den Kühlerlüfter und je nach Ausstattung auch den Klimakompressor an.

1,6-l-Motor (100/102 PS)/1,8-/2,0-l-Motor

Ausbau

- Wird der bisherige Keilrippenriemen wieder eingebaut, Laufrichtung kennzeichnen. Dazu mit Filz- oder Fettstift auf dem Riemen einen Pfeil in Laufrichtung anbringen. Der Motor dreht von der rechten Fahrzeugseite aus gesehen rechtsherum, also im Uhrzeigersinn.

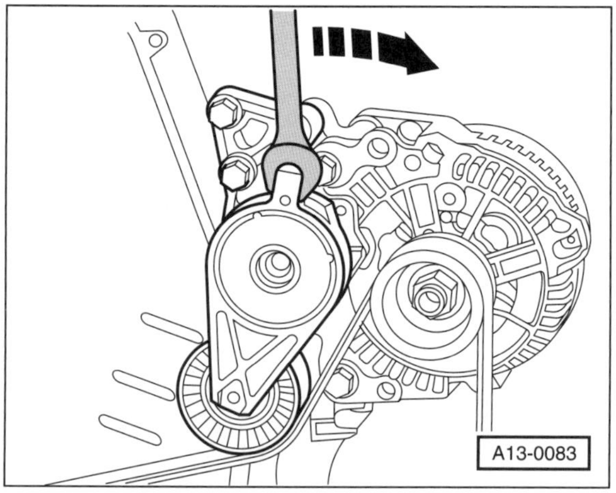

- Keilrippenriemen entspannen. Dazu Spannvorrichtung mit Maulschlüssel in Pfeilrichtung drehen.

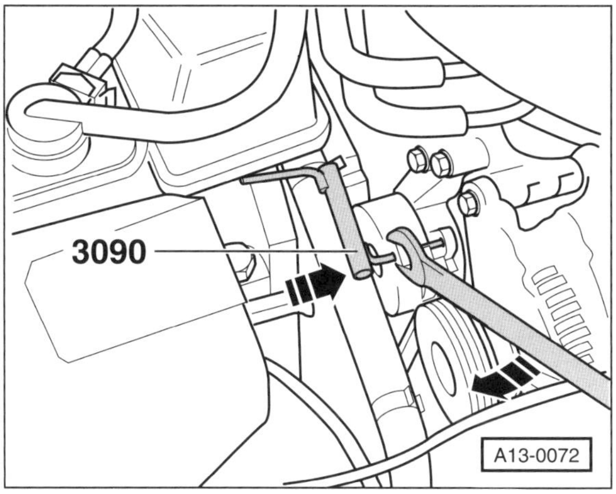

- In dieser Stellung geeigneten Absteckdorn (∅ 4,5 mm, Länge 55 mm) einsetzen, z. B. VW-3090 oder Bohrerschaft. Die Spannvorrichtung ist dadurch arretiert.
- Keilrippenriemen abnehmen.

Einbau

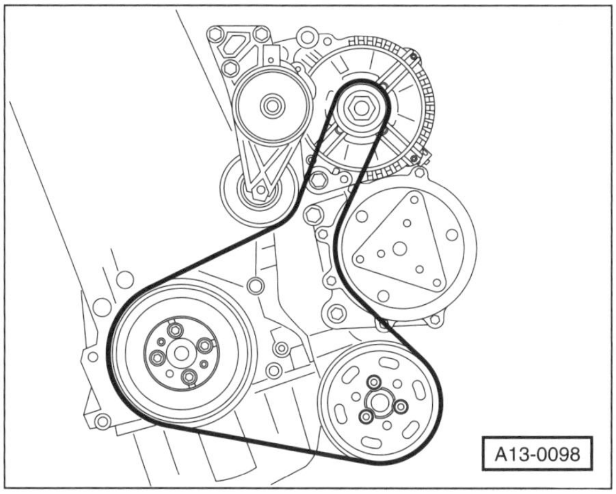

- Keilrippenriemen auf die Riemenscheiben auflegen. In der Abbildung ist der Riemenverlauf bei Fahrzeugen mit Klimaanlage dargestellt. **Achtung:** Gebrauchten Keilrippenriemen immer so einbauen, daß der beim Ausbau angebrachte Pfeil in Drehrichtung des Motors zeigt. Der Motor dreht von der rechten Fahrzeugseite aus gesehen rechtsherum, also im Uhrzeigersinn. Ein Einbau entgegen der bisherigen Laufrichtung erhöht den Verschleiß.

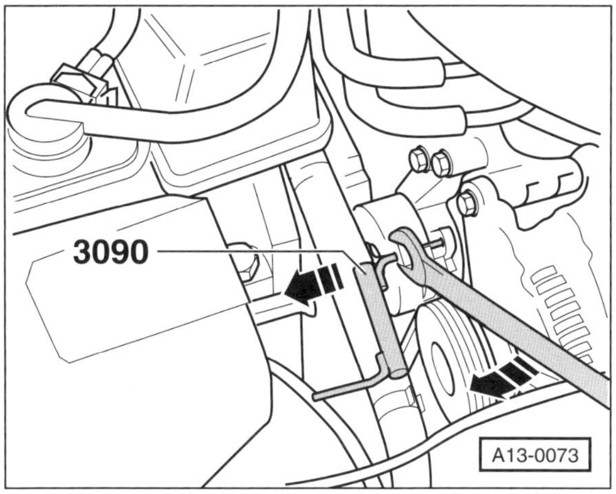

- Spannvorrichtung etwas in Pfeilrichtung drücken, Absteckdorn VW-3090 herausziehen. Anschließend Spanner langsam loslassen, dabei auf richtige Lage des Keilriemenrippens auf den Riemenscheiben achten. Die Spannung stellt sich automatisch ein.
- Motor starten und Riemenlauf sichtprüfen.

1,4-l-Motor (75 PS)/1,6-l-Motor (105/110 PS)

Ausbau

- Motorraumabdeckung ausbauen, siehe Seite 168.
- Wird der bisherige Keilrippenriemen wieder eingebaut, Laufrichtung kennzeichnen. Dazu mit Filz- oder Fettstift auf dem Riemen einen Pfeil in Laufrichtung anbringen. Der Motor dreht von der rechten Fahrzeugseite aus gesehen rechtsherum, also im Uhrzeigersinn.

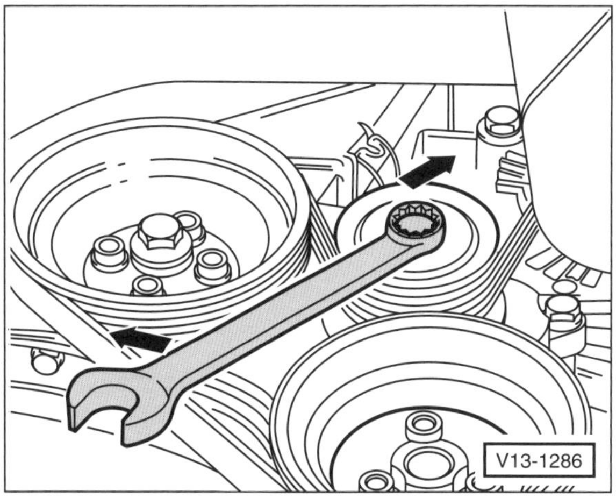

- Keilrippenriemen entspannen und abnehmen. Dazu Spannrolle an der Zentralschraube in Pfeilrichtung drehen.

Einbau

Riemenverlauf ohne Klimaanlage:

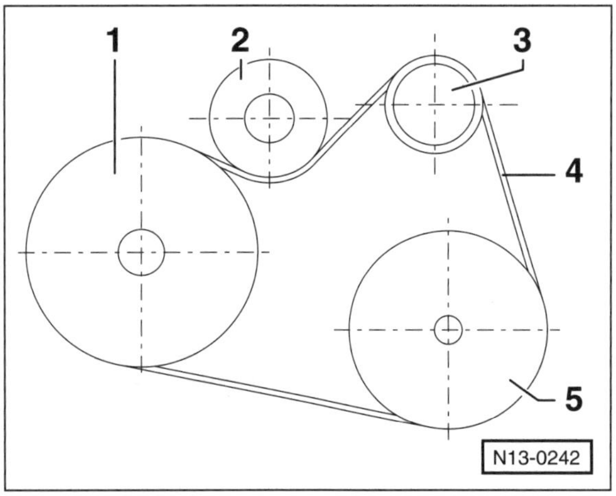

1 – Kurbelwelle
2 – Spannrolle
3 – Drehstromgenerator
4 – Keilrippenriemen
5 – Servopumpe

Riemenverlauf mit Klimaanlage (Doppelkeilrippenriemen):

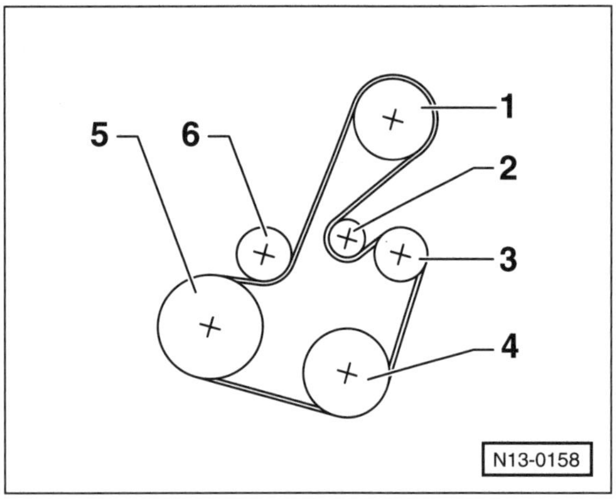

1 – Servopumpe
2 – Umlenkrolle
3 – Drehstromgenerator
4 – Klimakompressor
5 – Kurbelwelle
6 – Spannrolle

- Keilrippenriemen auf die Riemenscheiben auflegen. **Achtung:** Gebrauchten Keilrippenriemen immer so einbauen, daß der beim Ausbau angebrachte Pfeil in Drehrichtung des Motors zeigt Der Motor dreht von der rechten Fahrzeugseite aus gesehen rechtsherum, also im Uhrzeigersinn. Ein Einbau entgegen der bisherigen Laufrichtung erhöht den Verschleiß.
- Spannrolle langsam loslassen, dabei auf richtige Lage des Keilriemenrippens auf den Riemenscheiben achten. Die Spannung stellt sich automatisch ein.
- Motorraumabdeckung einbauen, siehe Seite 168.
- Motor starten und Riemenlauf sichtprüfen.

2,3-l-Motor (150PS)

Ausbau

- Motorraumabdeckung ausbauen, siehe Seite 168.
- Wird der bisherige Keilrippenriemen wieder eingebaut, Laufrichtung kennzeichnen. Dazu mit Filz- oder Fettstift auf dem Riemen einen Pfeil in Laufrichtung anbringen. Der Motor dreht, von vorn gesehen, rechts herum, also im Uhrzeigersinn.

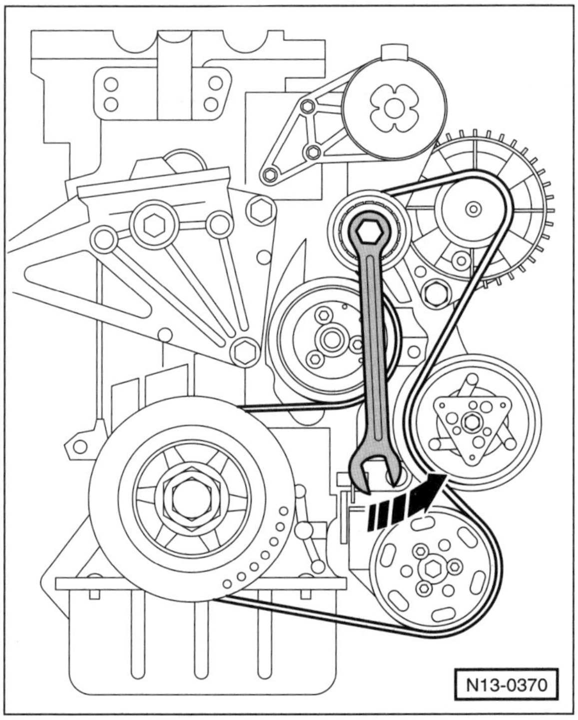

- Keilrippenriemen entspannen und abnehmen. Dazu Spannvorrichtung mit flachem Ringschlüssel, Schlüsselweite 16 mm, in Pfeilrichtung drehen.

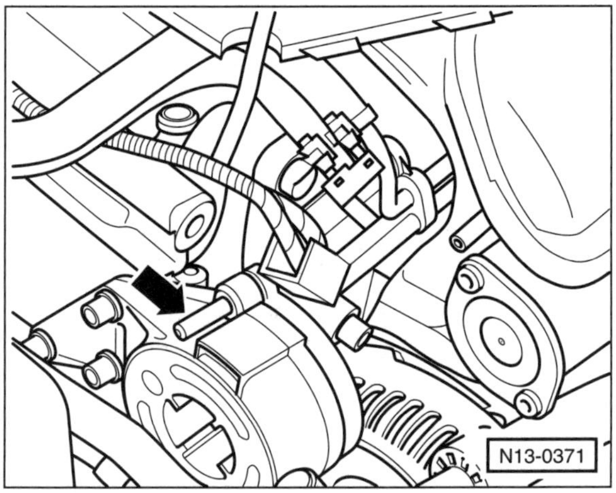

- In dieser Stellung von einem Helfer einen geeigneten Absteckdorn, zum Beispiel Bohrerschaft mit 6 mm ∅, an der Spannvorrichtung einsetzen lassen. Die Spannvorrichtung ist dadurch arretiert.

- Keilrippenriemen abnehmen.

Einbau

- Sicherstellen, daß alle angetriebenen Aggregate und Riemenscheiben fest montiert sind, andernfalls Schrauben nachziehen.
- Keilrippenriemen auf die Riemenscheiben auflegen. **Achtung:** Gebrauchten Keilrippenriemen immer so einbauen, daß der beim Ausbau angebrachte Pfeil in Drehrichtung des Motors zeigt Der Motor dreht von der rechten Fahrzeugseite aus gesehen rechtsherum, also im Uhrzeigersinn. Ein Einbau entgegen der bisherigen Laufrichtung erhöht den Verschleiß.
- Spannvorrichtung mit flachem 16-mm-Ringschlüssel spannen, dabei Absteckdorn herausziehen. Anschließend Spannvorrichtung langsam loslassen, dabei auf richtige Lage des Keilriemenrippens auf den Riemenscheiben achten. Die Spannung stellt sich automatisch ein.
- Motor starten und Riemenlauf sichtprüfen.
- Motorraumabdeckung einbauen, siehe Seite 168.

2,3-l-Motor (170 PS)/2,8-l-Motor

Ausbau

- Obere Motorabdeckung ausbauen.
- Untere Motorraumabdeckung ausbauen, siehe Seite 168.
- Wird der bisherige Keilrippenriemen wieder eingebaut, Laufrichtung kennzeichnen. Dazu mit Filz- oder Fettstift auf dem Riemen einen Pfeil in Laufrichtung anbringen. Der Motor dreht, von vorn gesehen, rechts herum, also im Uhrzeigersinn.

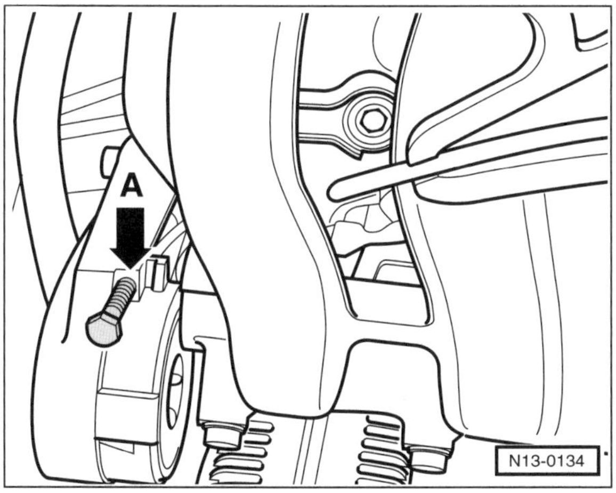

- Schraube M8x50 in die Gewindebohrung –A– der Spannrolle soweit einschrauben, bis der Keilrippenriemen entspannt ist.

Achtung: Schraube nur soweit einschrauben, bis der Keilrippenriemen abgenommen werden kann. Wird die Schraube zu weit hineingedreht, kann das Gehäuse der Spannrolle beschädigt werden.

- Keilrippenriemen abnehmen.

Einbau

Hinweis: Vor dem Einbau des Keilrippenriemens sicherstellen, daß alle Aggegate wie Generator, Klimakompressor und Servopumpe, fest montiert sind.

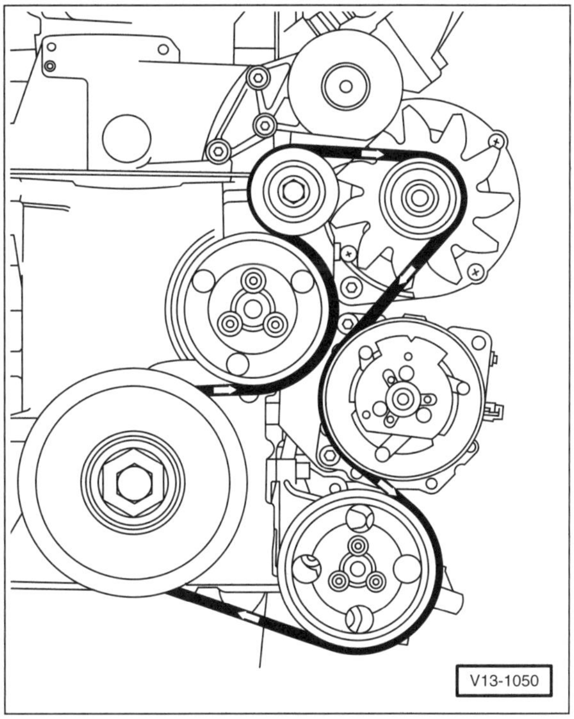

- Keilrippenriemen so auflegen, daß er bündig in den Rillen der Riemenscheiben liegt.
- Schraube M8 aus der Spannrolle herausdrehen.
- Motor starten und Riemenlauf sichtprüfen.
- Obere Motorabdeckung einbauen.
- Untere Motorraumabdeckung einbauen.

Störungsdiagnose Motor

Wenn der Motor nicht anspringt, Fehler systematisch einkreisen. Damit der Motor überhaupt anspringen kann, müssen beim Benzinmotor immer zwei Grundvoraussetzungen erfüllt sein: Der Zündfunke muß an den Zündkerzenelektroden überschlagen und das Kraftstoff-Luftgemisch muß bis in die Zylinder gelangen.

Als erstes ist deshalb immer zu prüfen, ob ein Zündfunke vorhanden ist. Dazu Zündkerzen herausschrauben, in Zündkerzenstecker stecken und einzeln gegen Masse halten. Dabei Kerzenstecker oder Zündkabel **nicht** mit der Hand festhalten, sondern eine gut isolierte Zange nehmen. Von Hilfsperson Motor starten lassen. **Achtung:** Um Schäden am Katalysator zu vermeiden, darf dabei kein Benzin eingespritzt werden. Daher Stecker von den Einspritzventilen abziehen. Wenn kein Zündfunke überspringt, Zündanlage prüfen. **Achtung: Sicherheitshinweise für elektronische Zündanlage beachten, siehe Kapitel »Motormanagement«.**

Als nächsten Schritt feststellen, ob Kraftstoff gefördert wird. Wie man dabei vorgeht, steht im Kapitel »Kraftstoffanlage«.

Störung: Der Motor springt schlecht oder gar nicht an.

Ursache		Abhilfe
Bedienungsfehler beim Starten	**Benzinmotor**	■ Handbremse anziehen, Kupplung treten. Bei Automatikgetriebe, Wählhebel in Stellung »P« oder »N« bringen. Zündschlüssel drehen und starten bis der Motor anspringt. Sobald der Motor anspringt, Zündschlüssel loslassen. Kein Gas geben. Grundsätzlich sofort losfahren, auch bei Frost. Springt der Motor nicht an, Startvorgang nach 10 Sekunden unterbrechen und nach etwa einer halben Minute wiederholen. **Achtung:** Mehrere vergebliche Startversuche hintereinander können den Katalysator schädigen, da unverbranntes Benzin in den Katalysator gelangt und bei Erwärmung explosionsartig verbrennt. ■ **Nur bei heißem Motor** nach dem Anspringen etwas Gas geben.
Sicherung defekt für: – Elektrische Kraftstoffpumpe, – Elektronische Einspritzanlage.		■ Sicherungen prüfen, siehe Kapitel »Elektrische Anlage«.
Kraftstoffanlage defekt, verschmutzt Leitung geknickt, verstopft.		■ Kraftstoff-Fördermenge überprüfen.
Anlasser dreht zu langsam.		■ Batterie laden. Anlasserstromkreis überprüfen.
Kompressionsdruck zu niedrig.		■ Zylinderkopfdichtung erneuern, gegebenenfalls kompletten Motor überholen.
Falsche Steuerzeiten.		■ Steuerzeiten überprüfen. Zahnriemenspannung kontrollieren.
Wegfahrsperre sperrt den Motor. Der Motor springt normal an und geht kurz danach wieder aus. Dabei leuchtet das Symbol für Wegfahrsperre im Kombiinstrument kurz auf.		■ Zündung ausschalten, etwas warten, dann Zündung einschalten, dabei Zündschlüssel langsam drehen. Wenn die Kontrollleuchte für Wegfahrsperre jetzt leuchtet (nicht blinkt) kann der Motor gestartet werden. Fehlerspeicher der Wegfahrsperre auslesen lassen. Steckverbindung zwischen Lesespule und Kombiinstrument reparieren.

Motor-Schmierung

Aus dem Inhalt:

- Ölvorschriften
- Ölverbrauch
- Ölkreislauf im Motor
- Öldruckkontrolle
- Ölwannenausbau
- Ölpumpe/Ölfilter

Für die Motor-Schmierung sind **Mehrbereichsöle** vorgeschrieben, so daß ein jahreszeitbedingter (Sommer/Winter) Ölwechsel nicht erforderlich ist. Mehrbereichsöle bauen auf einem dünnflüssigen Einbereichsöl auf (z. B. 10 W) und werden durch sogenannte »Viskositätsindexverbesserer« im heißen Zustand stabilisiert. Dadurch ist sowohl für den kalten wie auch für den heißen Motor die richtige Schmierfähigkeit gegeben.

Die SAE-Bezeichnung gibt die Viskosität des Motoröls an. Beispiel: SAE 10 W 40:

10 – Viskosität des Öls in kaltem Zustand. Je kleiner die Zahl, desto dünnflüssiger ist das kalte Motoröl.

W – Das Motoröl ist wintertauglich.

40 – Viskosität des Öls in heißem Zustand. Je größer die Zahl, desto dickflüssiger ist das heiße Motoröl.

Es können auch **Leichtlauföle** (Hochleistungsöle) verwendet werden. Dabei handelt es sich um Mehrbereichsöle, denen unter anderem Reibwertverminderer zugesetzt wurden, wodurch sich die Reibung innerhalb des Motors vermindert. Für das Leichtlauföl wird als Grundöl ein Synthetiköl verwendet.

Anwendungsbereich/Viskositätsklassen

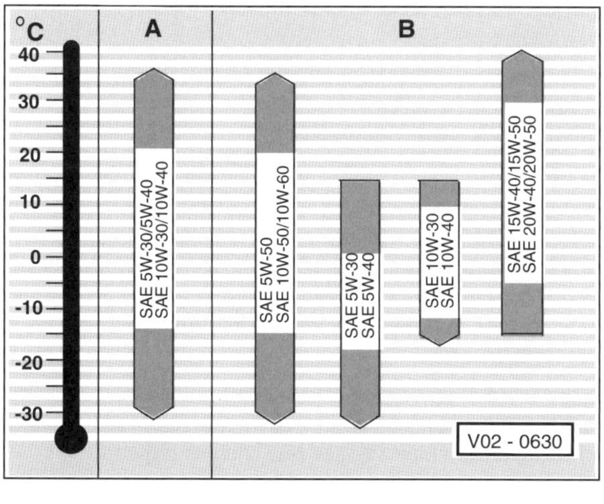

Benziner

A – Mehrbereichs-Leichtlauföle, Spezifikation VW-500 00.

B – Mehrbereichsöle, Spezifikation VW-501 01 beziehungsweise API-SF oder SG.

In der Abbildung wird die Motoröl-Viskosität in Abhängigkeit von der Außentemperatur für Benzin- und Dieselmotoren dargestellt. Da die Einsatzbereiche benachbarter SAE-Klassen sich überschneiden, können kurzfristige Temperaturschwankungen unberücksichtigt bleiben. Es ist zulässig, Öle verschiedener Viskositätsklassen miteinander zu mischen, wenn einmal Öl nachgefüllt werden muß und die Außentemperaturen nicht mehr der Viskositätsklasse des im Motor befindlichen Öles entsprechen.

Achtung: Bei Verwendung von Mehrbereichsöl SAE 5W-30 müssen anhaltend hohe Motordrehzahlen und ständige starke Belastung vermieden werden. Diese Einschränkung gilt nicht für Mehrbereichs-Leichtlauföle.

Zusatzschmiermittel – gleich welcher Art – sollen weder dem Kraftstoff noch den Schmierölen beigemischt werden.

Spezifikation des Motoröls

Die Qualität eines Motoröls wird durch Normen der Automobil- sowie der Ölhersteller gekennzeichnet.

Die Klassifikation der Motoröle amerikanischer Ölhersteller erfolgt nach dem **API**-System (API: American Petroleum Institut): Die Kennzeichnung erfolgt durch jeweils zwei Buchstaben. Der erste Buchstabe gibt den Anwendungsbereich an: **S** = Service, für **Ottomotoren** geeignet; **C** = Commercial, für **Dieselmotoren** geeignet. Der zweite Buchstabe gibt die Qualität in alphabetischer Reihenfolge an. Von höchster Qualität sind Öle der API-Spezifikation **SJ** für Ottomotoren und **CF** für Dieselmotoren.

Europäische Ölhersteller klassifizieren ihre Öle nach der »ACEA«-Spezifikation (Association des Constructeurs Européens de l'Automobile), die vor allem die europäische Motorentechnologie berücksichtigt. Öle für PKW-Benzinmotoren haben die ACEA-Qualitätsklassen A1-96 bis A3-96; Dieselmotoröle von B1-96 bis B4-96, wobei A3 beziehungsweise B3 die höchsten Qualitätsstufen markieren, B4 ist speziell auf Diesel-Direkteinspritzer abgestimmt. »**96**« steht für den Beginn der Gültigkeit der ACEA-Klassifikation im Jahr 1996 an. Motoröle mit höheren Jahreszahlangaben können ebenfalls verwendet werden.

Achtung: Motoröle, die vom Hersteller ausdrücklich als Öle für Diesel-Motoren bezeichnet werden, sind für Ottomotoren nicht geeignet.

Das richtige Motoröl für den VW GOLF/BORA

VW hat für seine Modelle **eigene Ölnormen** festgelegt. Grundsätzlich sollen nur Öle verwendet werden, die diese Normen erfüllen. Die VW-Norm steht dann auf der Öldose.

Fahrzeuge ab Modelljahr 2000 (ab ca. 5/99) werden nach dem Longlife-Service-System gewartet. Dafür ist ein spezielles Longlife-Motoröl erforderlich. Fahrzeuge mit Longlife-Service tragen die »PR«-Nummer QG1 im Fahrzeugdatenträger.

Fahrzeuge	VW-Norm für Benzinmotoren
bis einschließlich Modelljahr 1999 (Herstellungs-Kennbuchstabe **X**)	500 00 501 01 502 00
ab Modelljahr 2000 bzw. ab ca. 5/99 (Herstellungs-Kennbuchstabe **Y**) **ohne** Longlife-Service	500 00 501 01 502 00
ab Modelljahr 2000 bzw. ab ca. 5/99 (Herstellungs-Kennbuchstabe **Y**) **mit** Longlife-Service	503 00

Achtung: Motoröl der Spezifikation 503 00 ist nur für Benzinmotoren mit Longlife-Service vorgesehen und darf **nicht** in Motoren vor Modelljahr 2000 eingefüllt werden, **sonst können Motorschäden auftreten.**

Hinweise zu den VW-Motoröl-Normen

- Hinter der VW-Norm muß ein Datum nicht älter als 10/91 stehen.
- Das Mehrbereichs-Leichtlauföl VW-502 00 ist besonders für Turbo-Benzinmotoren **ohne** Longlife-Service geeignet.
- Wenn bei Fahrzeugen **ohne** Longlife-Service Motoröl nachgefüllt werden muß und kein Öl der VW-Norm zur Verfügung steht, kann vorübergehend auch ein Motoröl nach ACEA-A2/A3 oder API-SF/SG verwendet werden.
- Wird bei Fahrzeugen ab Modelljahr 2000 **mit** Longlife-Service Motoröl für Fahrzeuge bis Modelljahr 2000 verwendet, dann muß die flexible Service-Intervallanzeige auf »nicht flexibel« umprogrammiert werden, siehe Seite 14.
- Bei Fahrzeugen **mit** Longlife-Service empfiehlt es sich, für längere Fahrten oder Fahrten ins Ausland eine Öldose mit dem richtigen Motoröl im Kofferraum mitzuführen. Falls zum Nachfüllen kein Longlife-Öl verfügbar ist, kann beim Benzinmotor bis zu 0,5 l Motoröl der VW-Norm 502 00 nachgefüllt werden, ohne daß die Service-Intervallanzeige auf »nicht flexibel« umgestellt werden muß.

Ölkreislauf

Die Motoren sind mit einer sogenannten Druckumlaufschmierung ausgestattet. Die Ölpumpe saugt über ein Ölsieb das Motoröl aus der Ölwanne an und drückt es durch den Ölfilter. An der Druckseite der Ölpumpe befindet sich ein Überdruckventil (Druckregelventil), das bei zu hohem Öldruck öffnet und einen Teil des Öls in die Ölwanne zurückfließen läßt.

Durch die Mittelachse der Filterpatrone gelangt das gefilterte Öl direkt in den Hauptölkanal. Dort sitzt auch der Öldruckschalter, der über die Öldruck-Kontrollampe im Schalttafeleinsatz dem Fahrer einen zu niedrigen Öldruck anzeigt. Bei einem verstopften Ölfilter leitet ein Kurzschlußventil das Öl direkt und ungefiltert in den Hauptölkanal.

Vom Hauptölkanal zweigen Kanäle ab zur Schmierung der Kurbelwellenlager. Gleichzeitig gelangt das Motoröl über Steigleitungen in den Zylinderkopf und versorgt dort die Nockenwellenlager und die Hydrostößel.

Je nach Ausführung wird das Öl durch einen Wärmetauscher am Ölfilterflansch gekühlt, der am Kühlmittelkreislauf angeschlossen ist.

Ölverbrauch

Bei einem Verbrennungsmotor versteht man unter dem Ölverbrauch diejenige Ölmenge, die als Folge des Verbrennungsvorganges verbraucht wird. Auf keinen Fall ist Ölverbrauch mit Ölverlust gleichzusetzen, wie er durch Undichtigkeiten an Ölwanne, Zylinderkopfdeckel usw. auftritt.

Normaler Ölverbrauch entsteht durch Verbrennung jeweils kleiner Mengen im Zylinder; durch Abführen von Verbrennungsrückständen und Abrieb-Partikeln. Zudem verschleißt das Öl durch hohe Temperaturen und hohe Drücke, denen es im Motor fortwährend ausgesetzt ist. Auch äußere Betriebsverhältnisse, wie Fahrweise sowie Fertigungstoleranzen haben einen Einfluß auf den Ölverbrauch. Der Ölverbrauch darf höchstens 1,0 l/1000 km betragen.

Achtung: Auf keinen Fall Öl über die »Maximal«-Markierung einfüllen. Wurde zuviel Öl eingefüllt, muß das überschüssige Öl abgelassen werden. Sonst kann der Katalysator beschädigt werden, da unverbranntes Öl in die Abgasanlage gelangt.

Dynamische Öldruckkontrolle

Blinkt während der Fahrt die Öl-Warnleuchte und ertönt ein Warnton, so kann das folgende Ursachen haben:

1. Ölstand zu niedrig
2. Störung in der Elektrik von Schalter und Warnleuchte
3. Ölpumpe fördert nicht
4. Lager der Kurbelwelle defekt

Zunächst also sofort den Motor abstellen und den Ölstand am Ölmeßstab kontrollieren, gegebenenfalls Öl nachfüllen. Anschließend Motor starten und im Leerlauf drehen lassen, die Warnleuchte darf nun nicht mehr blinken. Drehzahl auf über 1500/min erhöhen, Leuchte darf nicht blinken und der Summer darf nicht ertönen. Ist dies der Fall, kann die Fahrt fortgesetzt werden.

Ist der Ölstand jedoch in Ordnung und besteht am Ort keine weitere Prüfmöglichkeit, keinesfalls weiterfahren, sondern Fahrzeug abschleppen lassen und Öldruck prüfen.

Bei ausreichendem Öldruck den Öldruckschalter und die elektrische Zuleitung prüfen. In der Fachwerkstatt kann zusätzlich das Steuergerät im Schalttafeleinsatz geprüft werden.

Öldruck und Öldruckschalter prüfen

Zur Prüfung ist ein Manometer mit Einschraubmöglichkeit für den Öldruckschalter erforderlich. Der Öldruckschalter befindet sich am Ölfilterhalter.

Prüfen

- Ölstand kontrollieren, gegebenenfalls richtigstellen.
- Motor warmfahren, die Öltemperatur soll ca. +80° C betragen. Die Kühlmittel-Temperaturanzeige zeigt dann normale Betriebstemperatur an.

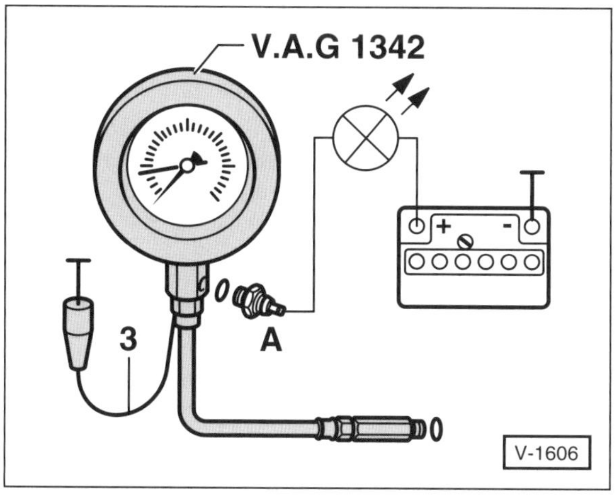

- Öldruckschalter –A– am Ölfilterhalter abschrauben und in das Manometer einschrauben.
- Manometer anstelle des Öldruckschalters in den Zylinderkopf einschrauben.
- Braune Leitung –3– des VW-Prüfgerätes (V.A.G 1342) an Masse (–) legen.
- Diodenprüflampe mit Hilfsleitungen an Batterie-Pluspol (+) und Öldruckschalter –A– anschließen. Die Leuchtdiode darf **nicht** leuchten, sonst Öldruckschalter ersetzen.
- Motor anlassen und Drehzahl langsam erhöhen. Bei dem für den jeweiligen Motor angegebenen Überdruck muß die Leuchtdiode aufleuchten, andernfalls Öldruckschalter ersetzen.
  1,4-l-Motor/1,6-l-Motor (105/110 PS) . . . . **0,3 - 0,7 bar**
  1,6-l-Motor (100/102 PS)/1,8-l-Motor: . . . . **1,2 - 1,6 bar**
  2,0-/2,3-/2,8-l-Motor:. **1,2 - 1,6 bar**
- Drehzahl weiter erhöhen. Bei **2000/min** und +80 °C Öltemperatur soll der Öldruck mindestens den folgenden Wert erreichen:
  1,4-l-Motor/1,6-l-Motor (105/110 PS)/2,3-l-Motor (150 PS):. . **2,0 bar**
  1,6-l-Motor (100/102 PS)/1,8-/2,0-l-Motor:. . . . . **2,7 - 4,5 bar**
  2,3-l-Motor (170 PS)/2,8-l-Motor: . . . . **3,0 - 5,5 bar**
- Geringerer Öldruck weist auf defektes Öldruckregelventil, defekte Ölpumpe oder verschlissene Kurbelwellenlager hin, siehe Kapitel »Störungsdiagnose Ölkreislauf«.
- Bei höherer Drehzahl darf der Öldruck 7,0 bar nicht überschreiten. Sonst Öldruckregelventil erneuern lassen.
- Öldruckschalter einsetzen und mit **25 Nm** (2,3-l/170-PS-Motor: 20 Nm) festziehen. Bei Undichtigkeit Dichtring mit Seitenschneider aufkneifen und ersetzen.

Ölwanne aus- und einbauen/ Dichtung für Ölwanne ersetzen

Ausbau

Sicherheitshinweis:
Beim Aufbocken des Fahrzeugs besteht Unfallgefahr! Deshalb vorher das Kapitel »Fahrzeug aufbocken« durchlesen.

- Fahrzeug aufbocken und Motoröl ablassen, siehe Seite 17.

Achtung: Um Umweltschäden zu vermeiden, keinesfalls Altöl einfach wegschütten oder dem Hausmüll mitgeben. Die Öl-Verkaufsstellen nehmen die entsprechende Menge Altöl kostenlos entgegen, daher beim Ölkauf Quittung und Ölkanister für spätere Altölrückgabe aufbewahren!

- Motoröl-Ablaßschraube mit **neuem** Dichtring einschrauben und mit **30 Nm** festziehen.
- Untere sowie seitliche Motorraumabdeckungen links und rechts abschrauben, siehe Seite 168.
- 2 beziehungsweise 3 Verbindungsschrauben Motor-Getriebe im Ölwannenbereich abschrauben.
- Ölwanne mit Gelenkschlüssel, zum Beispiel HAZET 2528-10, am Motorblock abschrauben und herausnehmen. Gegebenenfalls eine festsitzende Ölwanne durch leichte Schläge mit einem Gummihammer lösen.

Einbau

- Dichtungsmittelreste am Motorblock sorgfältig mit einem Flachschaber entfernen.

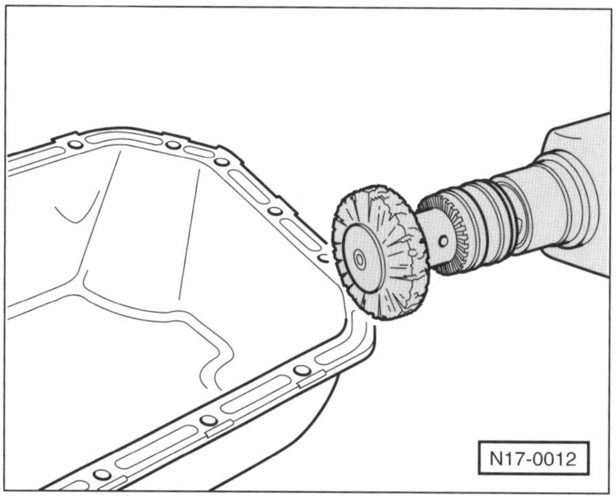

- Dichtungsmittelreste an der Ölwanne mit einer rotierenden Bürste entfernen, zum Beispiel mit einer Handbohrmaschine und einem Kunststoffbürsten-Einsatz.

Sicherheitshinweis:
Bei diesem Vorgang eine Schutzbrille tragen, Verletzungsgefahr durch herausgeschleuderte Dichtmittelreste.

- Dichtflächen reinigen, sie müssen öl- und fettfrei sein.
- Die Ölwanne läßt sich genauer ansetzen, wenn zwei M6-Gewindestifte zur Führung in den Flansch des Motorblocks eingeschraubt werden.

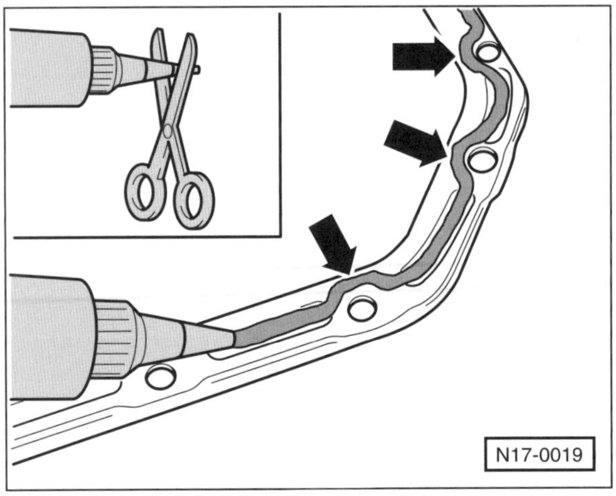

N17-0019

- Beim Kauf das Haltbarkeitsdatum des Dichtmittels VW-D176404 A2 überprüfen. Tubendüse so abschneiden, daß die Öffnung etwa 3 mm Durchmesser hat.

Achtung: Die Ölwanne muß nach dem Auftragen des Silikon-Dichtmittels **innerhalb von 5 Minuten** eingebaut werden. Nach der Montage der Ölwanne muß das Dichtmittel mindestens 30 Minuten trocknen. Erst danach darf Motoröl eingefüllt werden.

- Silikon-Dichtmittel auf die saubere Dichtfläche der Ölwanne auftragen. Die Dichtmittelraupe muß 2 – 3 mm dick sein und im Bereich der Schraubenbohrungen an der Innenseite vorbeilaufen, siehe Abbildung.

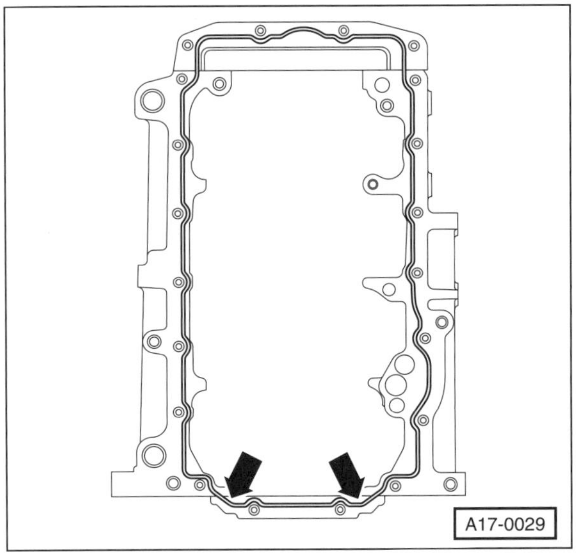

A17-0029

- Die Abbildung zeigt die Lage der Dichtmittelraupe am Motorblock. Aufgetragen wird das Dichtmittel jedoch nur an der Dichtfläche der Ölwanne. Am Übergang zum hinteren Flansch –Pfeile– muß das Dichtmittel besonders sorgfältig in einem Strang auf die Ölwanne aufgetragen werden.

Achtung: Die Dichtmittelraupe darf nicht zu dick sein, sonst gelangt überschüssiges Dichtmittel in den Ölkreislauf und verstopft das Sieb in der Ansaugleitung der Ölpumpe.

- Ölwanne sofort ansetzen und gleichmäßig ganz leicht am Motorblock anschrauben.

Hinweis: Beim Einbau der Ölwanne am **ausgebauten** Motor Ölwanne so ausrichten, daß sie an der Getriebeseite bündig mit dem Motorblock abschließt.

- Falls verwendet, M6-Gewindestifte ausschrauben und stattdessen restliche Ölwannenschrauben einschrauben.

Anzugsmethode Ölwanne

1,4-l-Motor/1,6-l-Motor (105 PS)/1,8-/2,3-/2,8-l-Motor

1. Stufe: Alle Schrauben Ölwanne/**Motorblock** über Kreuz leicht anziehen.

2. Stufe: Alle Schrauben Ölwanne/**Motorblock** über Kreuz festziehen.
1,4-l-Motor/1,6-l-Motor (105 PS): **13 Nm**
1,8-/2,3-l-Motor (150 PS): **15 Nm**
2,3-l-Motor (170 PS): **12 Nm**
2,8-l-Motor: **20 Nm**

3. Stufe: Schrauben Ölwanne/**Getriebe** mit **45 Nm** anziehen.

1,6-l-Motor (100/102 PS), 2,0-l-Motor

1. Stufe: Alle Schrauben Ölwanne/**Motorblock** nur sehr leicht über Kreuz anziehen.

2. Stufe: 3 Schrauben Ölwanne/**Getriebe** leicht anziehen.

3. Stufe: Alle Schrauben Ölwanne/**Motorblock** über Kreuz leicht nachziehen.

4. Stufe: 3 Schrauben Ölwanne/Getriebe festziehen.
1,6-l-Motor (100/102 PS): **25 Nm**
2,0-l-Motor (115 PS): **45 Nm**

5. Stufe: Alle Schrauben Ölwanne/**Motorblock** über Kreuz mit **15 Nm** anziehen.

Achtung: Nach der Ölwannenmontage muß das Dichtmittel mindestens **30 Minuten** trocknen. Erst danach darf Motoröl eingefüllt werden.

- Motoröl auffüllen, siehe Seite 17.
- Untere sowie seitliche Motorraumabdeckungen links und rechts anschrauben.

Ölwanne/Ölpumpe/Ölfilter

1,6-l-Motor (100 PS)/1,8-l-Motor

Hinweis: Abgebildet ist der 1,8-l-Motor.

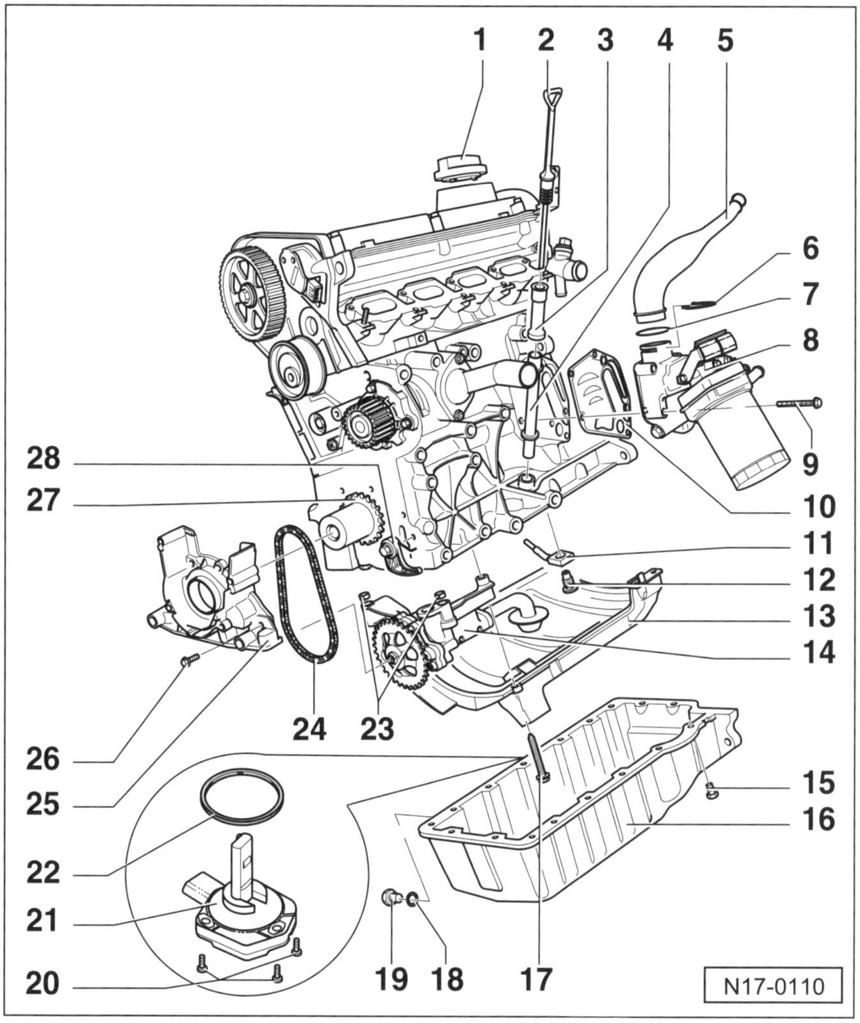

1 – **Verschlußdeckel**
Dichtung bei Beschädigung ersetzen.

2 – **Ölmeßstab**

3 – **Einführtrichter**
Zum Ölabsaugen abziehen.

4 – **Führungsrohr**

5 – **Verbindungsrohr**
Zum Ansaugschlauch, nur 1,8-l-Motor.

6 – **Halteklammer**

7 – **O-Ring**
Bei Beschädigung ersetzen.

8 – **Ölfilterhalter mit Ölkühler und Ölfilter**
Einbauhinweise auf dem Ölfilter beachten. Von Hand anziehen.

9 – **Schraube, 15 Nm + ¼ Umdrehung (90°) weiterdrehen**

10 – **Dichtung mit Schwallblech**
Erneuern, dabei Einbaulage beachten.

11 – **Ölspritzdüse**
Zur Kolbenkühlung.

12 – **Überdruckventil, 27 Nm**
Öffnungsdruck: 2,5 – 3,2 bar (1,3 – 1,6 bar bei Motoren mit gecrackten Pleuelstangen).

13 – **Schwallwand**

14 – **Ölpumpe mit Kettenrad**

15 – **Schraube, 15 Nm**
Schrauben mit Gelenkschlüssel, zum Beispiel VW-3185 oder HAZET 2528-10, ausschrauben.

16 – **Ölwanne**
Hinweis: Die Ölwanne hat keine Dichtung, es wird Silikon-Flüssigdichtmittel »D 176 404 A2« von VW aufgetragen.

17 – **Schraube, 15 Nm**

18 – **Dichtring**
Immer ersetzen.

19 – **Ölablaßschraube, 30 Nm**

20 – **Schrauben, 10 Nm**

21 – **Geber für Ölstand/Öltemperatur**
Nur Motoren mit Longlife-Service.

22 – **Dichtring**
Immer ersetzen.

23 – **Paßhülsen**
Zur Zentrierung der Ölpumpe am Motor.

24 – **Kette für Ölpumpe**
Laufrichtung (Einbaulage) nicht verändern, daher beim Ausbau mit Farbe markieren.

25 – **Dichtflansch vorn**
Mit VW-Silikon-Dichtmittel »D 176 404 A2« einsetzen.

26 – **Schraube, 15 Nm**

27 – **Kettenrad**
Für Ölpumpenantrieb.

28 – **Kettenspanner mit Spannschiene, 15 Nm**
Beim Einbau Feder vorspannen und einhängen.

Störungsdiagnose Ölkreislauf

Störung	Ursache	Abhilfe
Kontrolleuchte leuchtet nicht nach Einschalten der Zündung.	Öldruckschalter defekt.	■ Zündung einschalten, Leitung vom Öldruckschalter abziehen und gegen Masse halten. Wenn die Kontrollampe leuchtet, Schalter ersetzen.
	Strom zum Schalter unterbrochen, Kontakte korrodiert.	■ Elektrische Leitung und Anschlüsse prüfen.
	Kontrollampe defekt.	■ Kontrollampe ersetzen.
Kontrollicht verlischt nicht nach Anspringen des Motors.	Öl sehr warm.	■ Unbedenklich, wenn Kontrollicht beim Gasgeben verlischt.
Kontrollicht verlischt nicht beim Gasgeben bzw. leuchtet während der Fahrt.	Öldruck zu gering.	■ Ölstand prüfen, ggf. auffüllen; Öldruck nach Vorschrift prüfen.
	Elektrische Leitung zum Öldruckschalter hat Kurzschluß gegenüber Masse.	■ Kabel am Schalter abziehen und isoliert ablegen (nicht gegen Masse legen), Zündung einschalten. Wenn die Kontrollampe aufleuchtet, Leitung überprüfen.
	Öldruckschalter defekt.	■ Schalter auswechseln.
Zu niedriger Öldruck im gesamten Drehzahlbereich.	Zu wenig Öl im Motor.	■ Motoröl nachfüllen.
	Ansaugsieb in der Saugglocke verschmutzt, Saugrohr gebrochen.	■ Ölwanne ausbauen, Ansaugsieb reinigen, ggf. Saugrohr ersetzen.
	Ölpumpe defekt.	■ Ölpumpe ausbauen und prüfen, gegebenenfalls ersetzen.
	Lagerschaden.	■ Motor demontieren.
Zu niedriger Öldruck im unteren Drehzahlbereich.	Öldruckregelventil klemmt im offenen Zustand durch Verschmutzung.	■ Öldruckregelventil (am Ölfilterflansch) ausbauen und prüfen.
Zu hoher Öldruck bei Drehzahlen über 2.000/min.	Öldruckregelventil öffnet nicht wegen Verschmutzung.	■ Öldruckregelventil ausbauen und prüfen.

Motor-Kühlung

Aus dem Inhalt:

- Kühlmittelkreislauf
- Kühler
- Kühlflüssigkeit mischen
- Kühlmittelpumpe
- Kühlmittel wechseln
- Kühlsystem prüfen

Kühlmittelkreislauf

Solange der Motor kalt ist, zirkuliert das Kühlmittel nur im Zylinderkopf sowie im Motorblock und im Wärmetauscher der Innenraumheizung. Mit zunehmender Erwärmung öffnet der Kühlmittelregler den großen Kühlmittelkreislauf. Das Kühlmittel wird von der ständig im Einsatz befindlichen Kühlmittelpumpe über den Kühler geleitet. Die Kühlflüssigkeit durchströmt den Kühler von oben nach unten und wird dabei durch die an den Kühlrippen vorbeistreichende Luft gekühlt.

Zur Verstärkung der Kühlluft ist ein temperaturgesteuerter Lüfter eingebaut. Angesteuert wird der Lüfter über einen zweistufigen Thermoschalter, der links am Wasserkasten des Kühlers eingeschraubt ist. Bei einer Kühlmitteltemperatur von +92° bis +97° C schaltet der Thermoschalter den Lüfter in der ersten Stufe (halbe Drehzahl) ein. Steigt die Kühl-

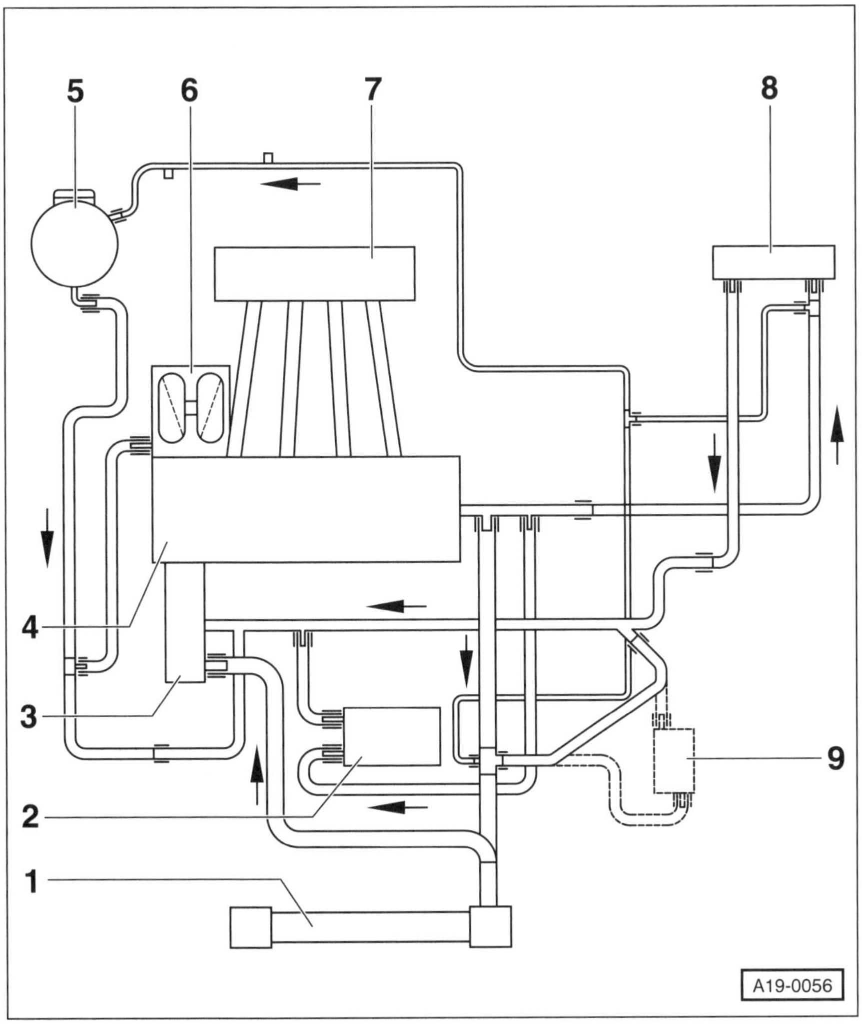

Kühlmittelkreislauf 1,8-l-Turbomotor

Hinweis: Der Kühlmittelkreislauf der anderen 4-Zylinder-Motoren ist weitgehend gleich aufgebaut. Beim 1,6-l-Motor (100 PS) sowie beim 1,8-l-Motor (125 PS) und beim 2,0-l-Motor wird zusätzlich der Drosselklappenstutzen (Ansaugrohr) kühlmittelbeheizt.

1 – Kühler
2 – Ölkühler
3 – Kühlmittelpumpe/Kühlmittelregler
4 – Zylinderkopf/Motorblock
5 – Ausgleichbehälter
6 – Abgasturbolader
7 – Ansaugrohr
8 – Heizungs-Wärmetauscher
9 – ATF-Kühler
Nur bei Automatikgetriebe.

mitteltemperatur auf +99° bis +105° C wird der Lüfter auf volle Drehzahl geschaltet.

Durch den nicht ständig mitlaufenden Lüfter und die thermostatische Regelung des Kühlmittelstroms wird die Betriebstemperatur schneller erreicht und der Kraftstoffverbrauch reduziert.

Achtung: Bei Arbeiten am Kühlsystem unbedingt darauf achten, daß **kein Kühlmittel auf den Zahnriemen** gelangt. Der Glykolanteil des Kühlmittels kann das Gewebe des Zahnriemens so schädigen, daß der Riemen nach einiger Betriebszeit reißt, wodurch schwerwiegende Motorschäden auftreten können.

Sicherheitshinweis:
Der Elektrolüfter kann sich auch bei ausgeschalteter Zündung einschalten. Durch Stauwärme im Motorraum ist auch **mehrmaliges Einschalten möglich.** Abhilfe: **Stecker für Kühlerlüfter abziehen.**

Kühler-Frostschutzmittel

Die Kühlanlage wird ganzjährig mit einer Mischung aus destilliertem Wasser und VW-Kühlerfrost- und Korrosions-Schutzmittel befüllt. Dies verhindert Frost- und Korrosionsschäden, Kalkansatz und hebt außerdem die Siedetemperatur des Kühlmittels an. Im Kühlkreislauf entsteht durch die Ausdehnung der Flüssigkeit bei Erwärmung ein Überdruck, was ebenfalls zur Siedepunkterhöhung der Kühlflüssigkeit beiträgt. Der Druck wird durch ein Ventil im Verschlußdeckel am Ausgleichbehälter begrenzt, das bei 1,4 bar – 1,6 bar öffnet. Erforderlich ist der höhere Siedepunkt der Kühlflüssigkeit für ein einwandfreies Funktionieren der Motorkühlung. Bei zu niedrigem Siedepunkt der Flüssigkeit kann es zu einem Hitzestau kommen, wodurch der Kühlkreislauf behindert und die Kühlung des Motors vermindert wird.

Zum Nachfüllen – auch in der warmen Jahreszeit – nur eine Mischung aus VW-Kühlerfrost- und Korrosionsschutzmittel **»G12 Plus«** (Farbe **lila**, Spezifikation TL-VW-774-**F**) oder **»G12 Plus Plus«** (Farbe **lila**, Spezifikation TL-VW-774-**G**) und destilliertes Wasser verwenden. Auch im Sommer darf der Kühlerfrostschutz-Anteil im Kühlmittel nicht unter 40% liegen. Daher beim Nachfüllen Frostschutz ergänzen, siehe Kapitel »Frostschutz prüfen«.

Hinweis: Wasser hat auf die die Effektivität der Kühlflüssigkeit einen großen Einfluss. Da die Inhaltsstoffe im Trinkwasser regional sehr unterschiedlich sind, ist zum Mischen der Kühlflüssigkeit nur noch destilliertes Wasser zu verwenden.

Achtung: Ist versehentlich ein falsches Frostschutzmittel eingefüllt worden, Kühlsystem vollständig entleeren. Kühlsystem mit reinem Wasser auffüllen und Motor 2 Minuten laufen lassen, damit es durchgespült wird. Wasser wieder ablassen und anschließend mit Druckluft in den Ausgleichbehälter blasen, damit das Kühlsystem vollständig entleert wird. Ablaßöffnung schließen und neue Mischung aus destilliertem Wasser und G12-Plus/G12-PlusPlus einfüllen.

Kühlmittel-Mischungsverhältnis in Litern

Motor	Frostschutz				Füll-menge
	bis –25° C		bis –35° C		
	G 12	Wasser*	G 12	Wasser*	
1,6-l (100 PS) 1,8-/2,0-l	2,0	3,0	2,5	2,5	5,0
1,4-l (75 PS) 1,6-l (105 PS)	2,4	3,6	3,0	3,0	6,0
2,3-l	3,6	5,4	4,5	4,5	9,0
2,8-l	3,7	5,5	4,6	4,6	9,2

*) Nur destilliertes Wasser verwenden.

Der Frostschutz sollte in unseren Breiten bis –25° C, besser bis –35° C reichen. Der Anteil des Frostschutzmittels darf 60 % (Frostschutz dann bis –40° C) nicht überschreiten, sonst verringern sich Frostschutz und Kühlwirkung wieder.
Hinweis: Die Kühlmittel-Füllmenge kann je nach Ausstattung des Fahrzeuges von dem angegebenen Wert etwas abweichen.

Kühlmittel wechseln

Achtung: Bei Arbeiten am Kühlsystem unbedingt darauf achten, daß **kein Kühlmittel auf den Zahnriemen** gelangt. Der Glykolanteil des Kühlmittels kann das Gewebe des Zahnriemens so schädigen, daß der Riemen nach einiger Betriebszeit reißt, wodurch schwerwiegende Motorschäden auftreten können.

Das Kühlmittel muß nur nach Reparaturen am Kühlsystem erneuert werden, wenn dabei das Kühlmittel abgelassen wurde. Ein Wechsel im Rahmen der Wartung ist nicht vorgesehen. Falls bei Reparaturen der Zylinderkopf, die Zylinderkopfdichtung, der Kühler, der Wärmetauscher oder der Motor ersetzt wurden, muß die Kühlflüssigkeit auf jeden Fall ersetzt werden. Das ist erforderlich, weil sich die Korrosionsschutzanteile in der Einlaufphase an den neuen Leichtmetallteilen absetzen und somit eine dauerhafte Korrosionsschutzschicht bilden. Bei gebrauchter Kühlflüssigkeit ist der Korrosionsschutzanteil in der Regel nicht mehr groß genug, um eine ausreichende Schutzschicht an den neuen Teilen zu bilden.

Achtung: Kühlflüssigkeit ist leicht giftig und sollte nicht einfach weggeschüttet werden. Daher bei der örtlichen Kommunalverwaltung anfragen, wo sich die nächste Sondermüll-Sammelstelle befindet beziehungsweise wie die Kühlflüssigkeit entsorgt werden soll.

Ablassen

Sicherheitshinweis:
Beim Aufbocken des Fahrzeugs besteht Unfallgefahr! Deshalb vorher das Kapitel »Fahrzeug aufbocken« durchlesen.

- Fahrzeug aufbocken.
- Motorraumabdeckung unten ausbauen, siehe Seite 168.

Sicherheitshinweis:
Bei heißem Motor vor dem Öffnen des Ausgleichbehälters einen dicken Lappen auflegen, um Verbrühungen durch heiße Kühlflüssigkeit oder Dampf zu vermeiden. Deckel nur bei Kühlmitteltemperaturen unter +90° C abnehmen.

- Verschlußdeckel am Ausgleichbehälter öffnen.
- Sauberes Auffanggefäß unter den Kühler stellen.

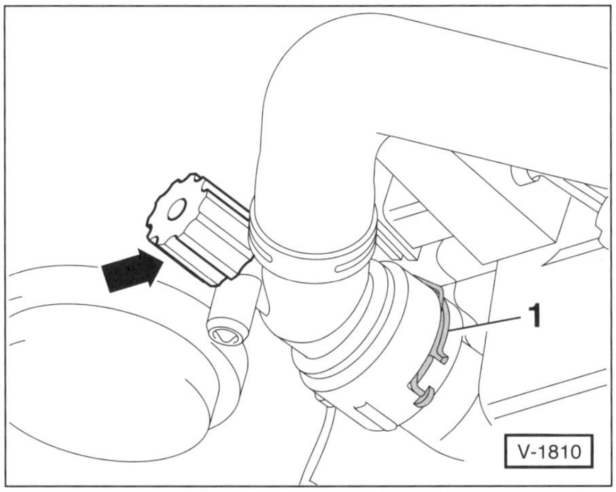

- Ablaßschraube –Pfeil– linksherum öffnen. Es empfiehlt sich, einen Schlauch am Ablaßstutzen aufzuschieben. Kühlmittel auffangen. Wenn keine Ablaßschraube vorhanden ist, Halteklammer –1– herausziehen, anschließend Kühlmittelschlauch abziehen und Kühlflüssigkeit in Auffangbehälter ablaufen lassen.

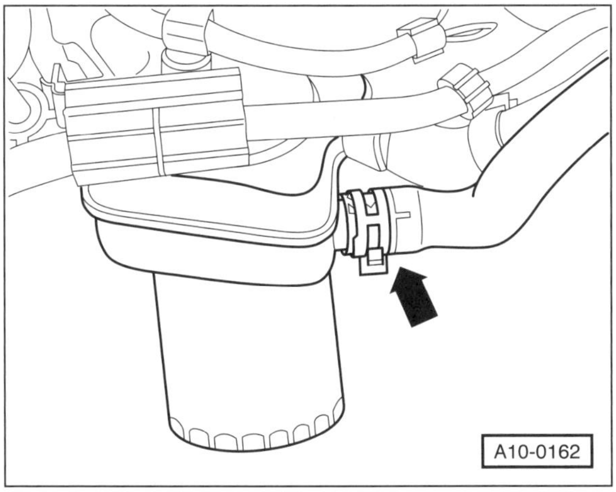

- **1,6-l-Motor (100/102 PS)/1,8-/2,0-/2,3-/2,8-l-Motor:** Zusätzlich Kühlmittelschlauch unten am Öl-/Kühlmittel-Wärmetauscher (Ölkühler) abziehen, dazu Schelle –Pfeil– mit Zange, zum Beispiel HAZET 798-5, entspannen und ganz zurückschieben. Der Ölkühler befindet sich am Ölfilterflansch. Kühlmittel vollständig ablassen.

Auffüllen

- Kühlmittelmischung aus 50 % destilliertem Wasser und 50 % VW-Kühlerfrost- und Korrosions-Schutzmittel herstellen, siehe Kapitel »Kühler-Frostschutzmittel«.
- **1,6-l-Motor (100/102 PS)/1,8-/2,0-/2,3-/2,8-l-Motor:** Den Kühlmittelschlauch am Ölkühler aufschieben und mit Schelle sichern.
- Ablaßschraube am Kühler festziehen.
- Untere Motorraumabdeckung einbauen, siehe Seite 168.
- Fahrzeug ablassen.

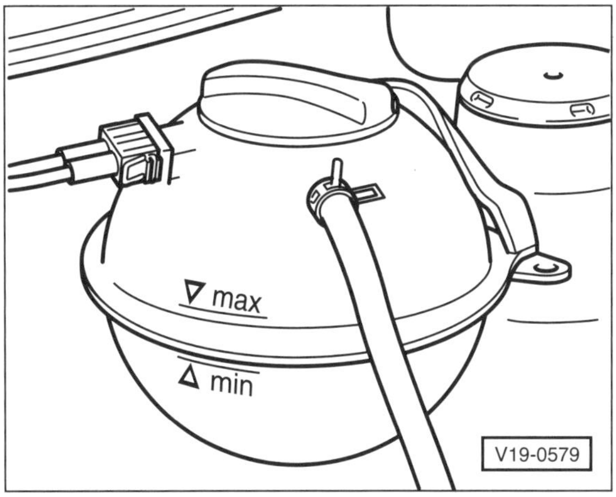

- Kühlmittel langsam bis zur MAX-Markierung am Ausgleichbehälter auffüllen. **Hinweis:** Falls keine MAX-Markierung am Ausgleichbehälter vorhanden ist, Kühlmittel bis zur oberen Markierung des gerasterten Feldes am Ausgleichbehälter auffüllen.
- **2,3-l-Motor:** Heizungsbetätigung auf volle Heizleistung stellen. Klimaanlage, wo vorhanden, ausschalten.
- Motor starten und mit erhöhter Drehzahl von ca. 2000/min etwa 3 Minuten lang laufen lassen. Dabei Kühlmittel bis zur Überlaufbohrung am Ausgleichbehälter auffüllen.
- Ausgleichbehälter verschließen.
- Motor laufen lassen, bis der Elektrolüfter anläuft.
- Motor abstellen und abkühlen lassen.
- Kühlmittelstand prüfen und gegebenenfalls ergänzen. Bei betriebswarmem Motor muß der Kühlmittelstand an der MAX-Markierung, bei kaltem Motor zwischen der MAX- und der MIN-Markierung liegen.

Kühlmittelregler (Thermostat) aus- und einbauen/prüfen

4-Zylinder-Motor außer 1,6-l-Motor (APF/AVU/BFQ/BAD)

Ausbau

Der Kühlmittelregler befindet sich im Kühlmittel-Auslaßstutzen vorn am Motorblock. Beim 1,4-l-Motor (75 PS)/1,6-l-Motor (105 PS) sitzt der Kühlmittelregler in einem separaten Gehäuse, an dem der untere dicke Kühlerschlauch (Rücklaufschlauch) befestigt ist.

- Kühlmittel ablassen, siehe entsprechendes Kapitel.

1,8-l-Turbomotor mit Klimaanlage:

- Motorabdeckung abschrauben.
- Keilrippenriemen ausbauen, siehe Seite 190.

> **Sicherheitshinweis:**
> **Der Kältemittelkreislauf der Klimaanlage darf nicht geöffnet werden.** Das Kältemittel kann bei Hautberührung zu Erfrierungen führen.

Achtung: Halteschellen der Kältemittelleitungen abschrauben. Die Leitungen und Schläuche der Klimaanlage dürfen nicht überdehnt, geknickt oder verbogen werden.

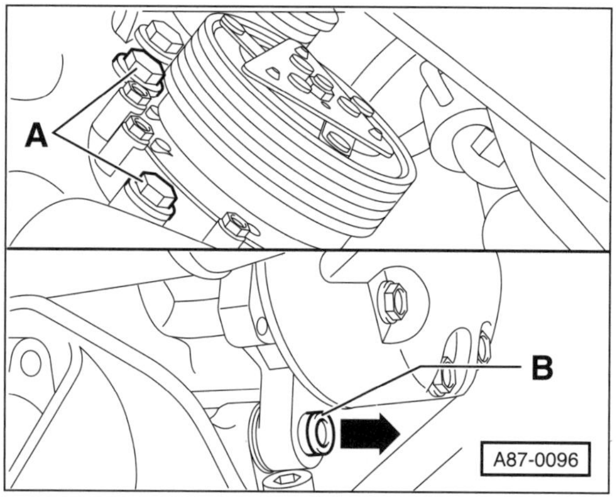

- Kältekompressor mit Schrauben –A– und –B– abschrauben und mit Draht so am Motorhaubenschloß hochbinden, daß die Kältemittelleitungen und -schläuche entlastet sind.

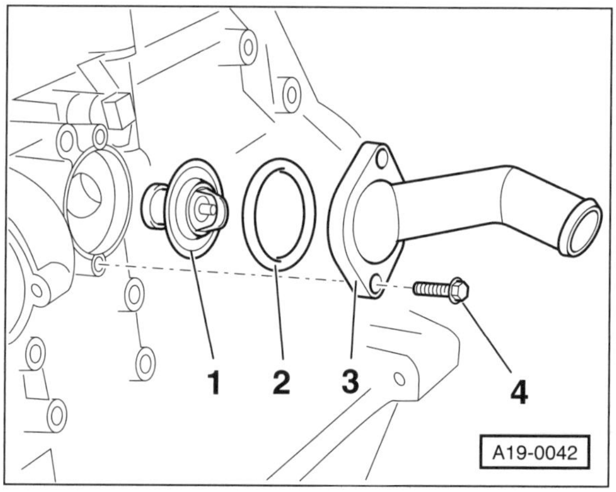

- **1,6-l-Motor (100 PS)/1,8-/2,0-l-Motor:** Anschlußstutzen –3– mit 2 Schrauben –4– von der Kühlmittelpumpe abschrauben, auslaufendes Kühlmittel auffangen. Anschlußstutzen mit angeschlossenem Schlauch zur Seite legen.
- **1,4-l-Motor (75 PS)/1,6-l-Motor (105 PS):** Anschlußstutzen mit 2 Schrauben vom Reglergehäuse abschrauben.
- Kühlmittelregler –1– und Dichtring –2– abnehmen. **Achtung:** Beim **1,8-l-Motor** den Kühlmittelregler 90° (1/4 Umdrehung) linksherum drehen und herausnehmen.

Prüfen

- Maß –a– am Regler messen, siehe Abbildung SX-1802.

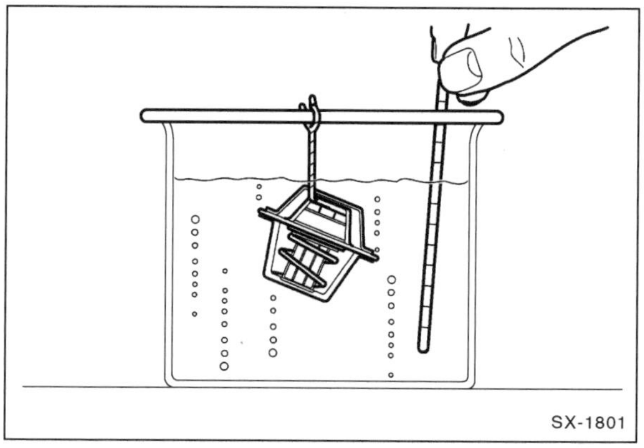

- Regler im Wasserbad erwärmen. Dabei darf der Thermostat nicht die Wände des Behälters berühren.
- Temperatur mit einem Thermometer kontrollieren.
  Regler-Öffnungsbeginn ca. +85° C
  Regler-Öffnungsende ca. +102° C.

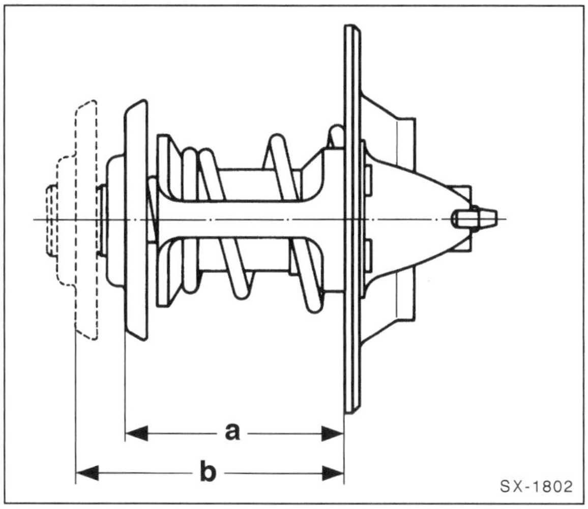

- Nach Erhitzen des Reglers auf ca. +100° C muß Maß –b– gegenüber Maß –a– um ca. 7 mm größer sein. Von Öffnungsbeginn bis Öffnungsende muß der Öffnungshub mindestens 7 mm betragen.

Einbau

- Dichtfläche für Dichtring sorgfältig reinigen.
- Kühlmittelregler einsetzen. **Achtung:** Beim **1,8-l-Motor** den Kühlmittelregler einsetzen und um 90° (1/4 Umdrehung) rechtsherum drehen. Einbaulage des Kühlmittelreglers bei allen 4-Zylinder-Motoren: Der Bügel des Kühlmittelreglers muß senkrecht stehen.
- **Neuen** Dichtring mit Kühlmittel benetzen und einsetzen.
- Anschlußstutzen mit **15 Nm** anschrauben.
- Kühlmittel auffüllen, siehe entsprechendes Kapitel.
- **1,8-l-Turbomotor mit Klimaanlage:** Kältekompressor mit **45 Nm** anschrauben. Keilrippenriemen einbauen, siehe Seite 190.
- Kühlsystem auf Dichtigkeit überprüfen.

Speziell 1,6-l-Motor (APF/AVU/BFQ/BAD)

Der Kühlmittelregler befindet sich im Kühlmittel-Verteilergehäuse und ist für die kennfeldgesteuerte Motorkühlung mit einem Heizwiderstand ausgestattet.

- Heizwiderstands: 14 - 16 Ω bei +25° C.
- Öffnungsbeginn: ca. +105° C, (Motor BAD: +109° C)
  Öffnungshub: mind. 7 mm.

Speziell 2,3-/2,8-l-Motor

Der Kühlmittelregler befindet sich im Kühlmittelregler-Gehäuse, das an der Stirnseite des Zylinderkopfes angeschraubt ist, siehe Abbildung N15-0078 auf Seite 188.

- Einbaulage des Kühlmittelreglers: Die Entlüfterkerbe beziehungsweise das Entlüfterventil zeigt nach oben.
- Kühlmittelregler prüfen: Öffnungsbeginn: ca. +80° C,
  Öffnungsende: ca. +105° C,
  Öffnungshub: mind. 7 mm.

Kühler und Lüfter aus- und einbauen

Ausbau

- Batterie-Massekabel (–) bei ausgeschalteter Zündung abklemmen. **Achtung:** Dadurch werden elektronische Speicher gelöscht, wie zum Beispiel der Radiocode. Ohne Code kann das Radio nur vom Radiohersteller freigeschaltet werden, beziehungsweise beim VW-Radio von einer VW-Werkstatt. Deshalb Hinweise im Kapitel »Batterie aus- und einbauen« durchlesen.
- Vorderen Stoßfänger ausbauen, siehe Seite 278.
- Kühlmittel ablassen, siehe entsprechendes Kapitel.
- Kühlmittelschläuche vom Kühler abziehen, dazu Halteklammern am Anschluß seitlich herausziehen.
- Stecker für Thermoschalter (am Kühler) und Lüfter abziehen.

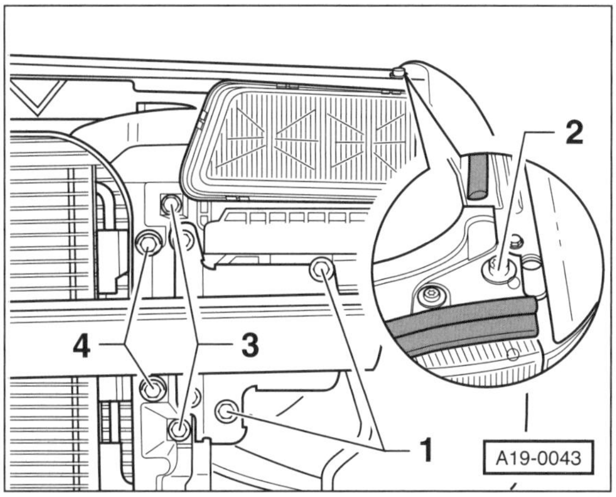

- Befestigungsschrauben –1– für Schloßträger auf beiden Fahrzeugseiten herausdrehen.
- Befestigungsschrauben –2– beidseitig lösen, nicht ganz herausdrehen.
- Schloßträger in Servicestellung bringen, siehe Seite 277.

Speziell Fahrzeuge mit Klimaanlage:

Sicherheitshinweis:
Der Kältemittelkreislauf der Klimaanlage darf nicht geöffnet werden. Das Kältemittel kann bei Hautberührung zu Erfrierungen führen.

Achtung: Die Leitungen und Schläuche der Klimaanlage dürfen nicht überdehnt, geknickt oder verbogen werden.

- Kondensator mit Schrauben –4– vom Kühler abschrauben, siehe Abbildung.
- Kondensator so am Aufbau befestigen (aufhängen), daß die Kältemittelleitungen/-schläuche entlastet sind.

Alle Fahrzeuge:

- 4 Befestigungsschrauben –3– für Kühler beidseitig herausdrehen. Kühler mit Lüfter nach unten herausheben.

Einbau

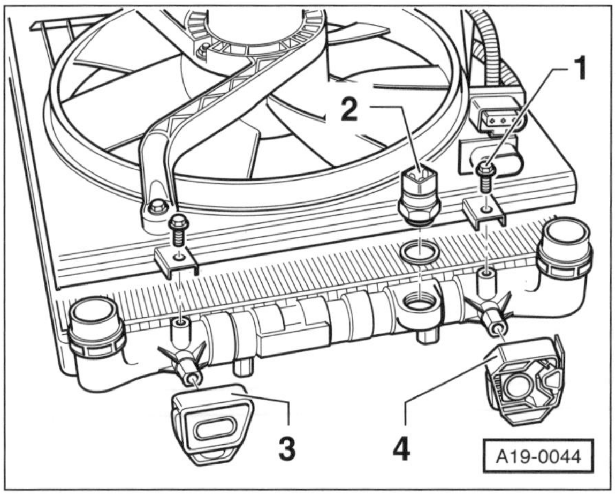

- Werden Neuteile eingebaut, diese folgendermaßen festziehen:
- Lüfterhalter mit **10 Nm** festziehen, Schrauben –1–.
- Thermoschalter –2– mit **35 Nm** festziehen.
- Halter –3– und –4– am Kühler aufsetzen.
- Kühler mit Hilfsperson einsetzen und mit **10 Nm** anschrauben.
- **Fahrzeuge mit Klimaanlage:** Kondensator mit **10 Nm** anschrauben.
- Schloßträger einbauen, siehe Seite 277.
- Stecker für Thermoschalter und Lüfter aufstecken.
- Kühlmittelschläuche am Kühler mit **neuen** O-Ring-Dichtungen aufschieben und mit Halteklammern sichern.
- Vorderen Stoßfänger einbauen, siehe Seite 279.
- Batterie-Massekabel (–) anklemmen. **Achtung:** Hoch-/Tieflaufautomatik für elektrische Fensterheber aktivieren sowie Zeituhr stellen und Radiocode eingeben, siehe Kapitel »Batterie aus- und einbauen«.
- Kühlmittel auffüllen, siehe entsprechendes Kapitel.

Kühlmittelpumpe aus- und einbauen

4-Zylinder-Motor

Ausbau

- Kühlmittel ablassen, siehe entsprechendes Kapitel.
- Keilrippenriemen ausbauen, siehe Seite 190.
- **1,6-l-Motor (100/102 PS):** Spanner für Keilrippenriemen mit 3 Innensechskantschrauben abschrauben, siehe Seite 169.
- **1,6-l-Motor (100/102 PS)/1,8-/2,0-l-Motor:** Motor auf OT Zylinder 1 stellen, Zahnriemen entspannen und nur vom Nockenwellen- und Kühlmittelpumpenrad abnehmen, siehe Seite 170.
  Hinweis: Der Kurbelwellen-Schwingungsdämpfer und der untere Zahnriemenschutz können eingebaut bleiben.
- **Wichtig:** Zum Schutz vor herauslaufendem Kühlmittel, Zahnriemen unterhalb der Kühlmittelpumpe mit einem Lappen abdecken.

1,4-l-Motor (75 PS)/1,6-l-Motor (105 PS):

- Haupttrieb-Zahnriemen komplett ausbauen, siehe Seite 179.

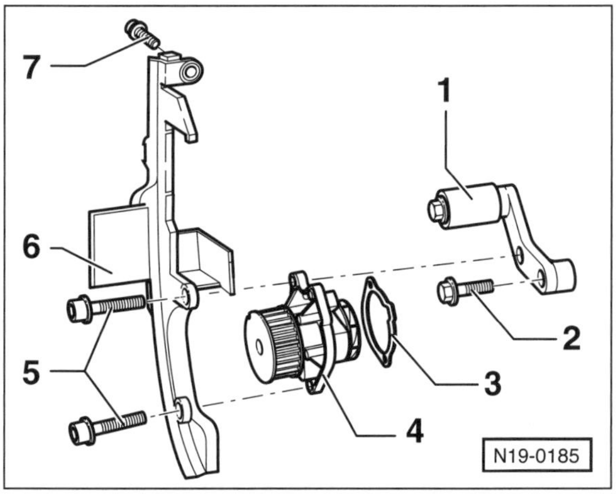

- Schraube –2– für Umlenkrolle –1– abschrauben.
- Schraube –7– für Abdeckung –6– ausschrauben. Kühlmittelpumpe –4– mit Schrauben –5– abschrauben und herausnehmen. Dichtring –3– entnehmen.

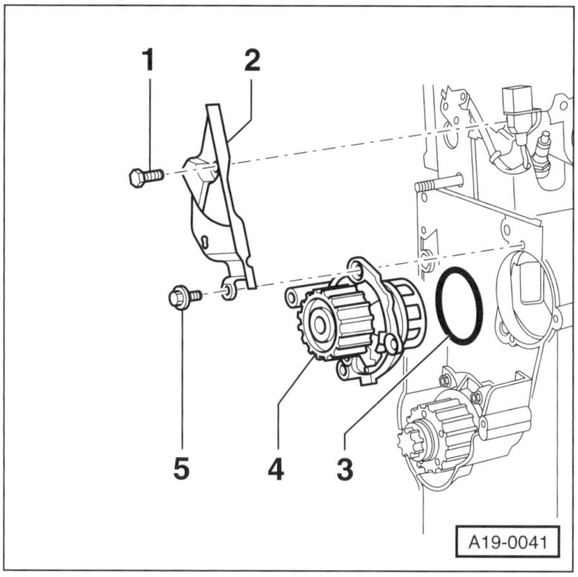

- **1,6-l-Motor (100 PS):** Schrauben –1– und –5– herausdrehen und hinteren Zahnriemenschutz –2– abnehmen.
- **1,6-l-Motor (100/102 PS)/1,8-/2,0-l-Motor:** Kühlmittelpumpe –4– mit 3 Schrauben abschrauben und vorsichtig entlang der Motorstütze herausführen. Dichtring –3– entnehmen.
- Abdeckklappen vom Zahnriemen abnehmen.

Einbau

- Dichtfläche für Dichtring sorgfältig reinigen.
- **Neuen** Dichtring mit Kühlmittel benetzen und einsetzen.
- Kühlmittelpumpe einsetzen. Einbaulage der Kühlmittelpumpe bei allen Motoren außer 1,4-l-Motor (75 PS)/1,6-l-Motor (105 PS): Der Verschlußstopfen im Gehäuse zeigt nach unten.
- Kühlmittelpumpe mit 3 Schrauben und **15 Nm** anschrauben. **Anzugsdrehmoment** 1,4-l-Motor (75 PS)/1,6-l-Motor (105 PS): **20 Nm.**
- **1,6-l-Motor (100 PS):** Hinteren Zahnriemenschutz einsetzen, Schraube –1– mit **20 Nm** festziehen, siehe Abbildung.
- **1,4-l-Motor (75 PS)/1,6-l-Motor (105 PS):** Umlenkrolle und hintere Abdeckung einsetzen, Schraube –2– mit **25 Nm** und Schraube –7– mit **10 Nm** festziehen, siehe Abbildung N19-0185.
- Zahnriemen einbauen, siehe Seite 170.
- **1,6-l-Motor (100/102 PS):** Spanner für Keilrippenriemen mit 3 Innensechskantschrauben und **25 Nm** anschrauben.
- Keilrippenriemen einbauen, siehe Seite 190.
- Kühlmittel auffüllen, siehe entsprechendes Kapitel.

Speziell 2,3-/2,8-l-Motor

Achtung: Arbeitsschritte und Hinweise, die für alle Motoren gelten, stehen im Kapitel für die 4-Zylinder-Motoren. In diesem Kapitel sind nur die Abweichungen beschrieben, die speziell den 2,3-/2,8-l-Motor betreffen.

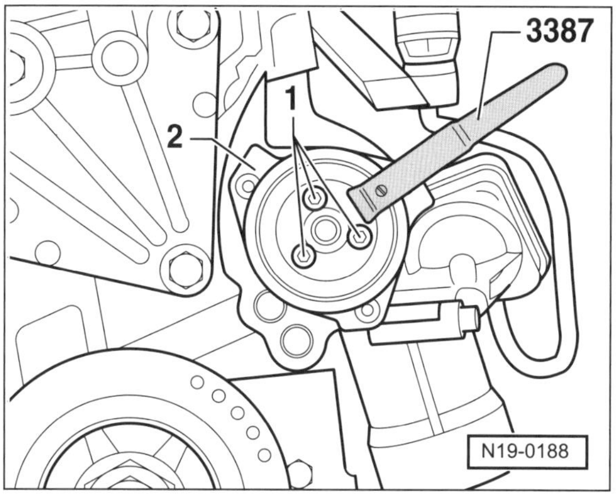

- Riemenscheibe für Kühlmittelpumpe –2– abschrauben –1–. Dabei Riemenscheibe mit Zweilochmutterndreher, z. B. VW-3387 oder HAZET 2587-1, gegenhalten. **Hinweis:** Beim 2,8-l-Motor wird zum Festhalten der Riemenscheibe das Werkzeug VW-1590 benötigt.
- Kühlmittelpumpe mit 3 Schrauben abschrauben. Beim Einbau mit 8 Nm (2,8-l-Motor: 20 Nm) festziehen.
- Beim Einsetzen der Kühlmittelpumpe darauf achten, daß der Verschlußstopfen im Gehäuse nach unten zeigt.
- Riemenscheibe mit 3 Schrauben und 20 Nm festschrauben.

Kühlsystem prüfen

Undichtigkeiten im Kühlsystem und die Funktion des Überdruckventils im Kühlerverschluß können mit einem handelsüblichen Druckprüfgerät überprüft werden.

- Motor warmfahren, bis die Kühlmittel-Temperaturanzeige normale Betriebstemperatur anzeigt.

Sicherheitshinweis:
Bei heißem Motor vor dem Öffnen des Ausgleichbehälters einen dicken Lappen auflegen, um Verbrühungen durch heiße Kühlflüssigkeit oder Dampf zu vermeiden. Deckel nur bei Kühlmitteltemperaturen unter +90° C abnehmen.

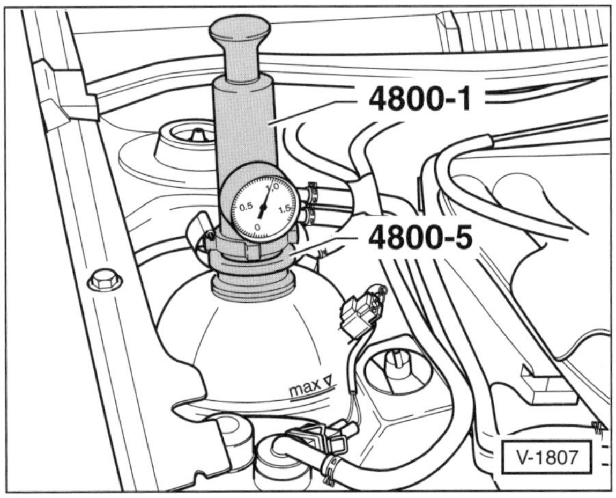

- Handelsübliches Druckprüfgerät, zum Beispiel HAZET 4800-1 mit Adapter 4800-5, auf den Einfüllstutzen am Ausgleichbehälter aufsetzen.
- Mit der Handpumpe des Gerätes einen Überdruck von ca. 1,0 bar erzeugen und halten. Fällt der Druck ab, Kühlsystem auf Undichtigkeit sichtprüfen und Leckstelle beseitigen.

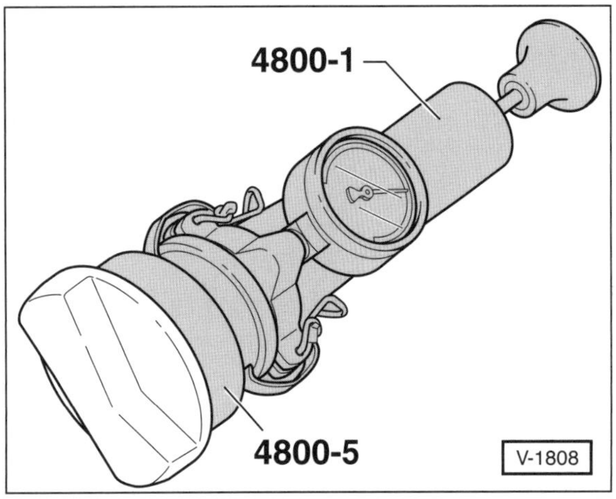

- Zum Überprüfen des Überdruckventils im Verschlußdeckel des Ausgleichbehälters das Druckprüfgerät HAZET 4800-1 mit Adapter 4800-5 auf Verschlußdeckel aufsetzen. Überdruck mit der Handpumpe erzeugen. Bei einem Überdruck von 1,4 bar – 1,6 bar muß das Überdruckventil öffnen.

Thermoschalter für Kühlerlüfter prüfen

Der Thermoschalter ist zu prüfen, wenn bei heißem Motor der Lüfter nicht einschaltet. Prüfvoraussetzung: Kühlmittelregler, Kühler und Verschlußdeckel für Kühlsystem sind in Ordnung.

Der Thermoschalter für den Elektrolüfter sitzt links auf halber Höhe am Kühler, siehe Position –2– in Abbildung A19-0044. Der Thermoschalter hat zwei Schaltstufen. Bei erhöhter Temperatur schaltet er den Lüfter auf eine höhere Geschwindigkeit.

- Sicherung Nr. 3 für Elektrolüfter im Sicherungshalter/Batterie prüfen, gegebenenfalls ersetzen. Sicherungsbelegung, siehe Seite 312.

Schaltstufe	Kabelfarbe	Schalttemperatur	
		Ein	Aus
1	rot/weiß	92° – 97° C	84° – 91° C
2	rot/schwarz	99° – 105° C	91° – 98° C
+	rot	–	–

- Prüfen, ob der Kühler im Bereich des Thermoschalters überhaupt heiß wird.
- Stecker vom Thermoschalter abziehen. Am Kabelstecker der Zuleitung zuerst Klemme + (plus) mit Klemme 1 (rot/weißes Kabel) verbinden, der Lüfter muß in langsamer Geschwindigkeit laufen. Dann Klemme + mit Klemme 2 (rot/schwarzes Kabel) verbinden, der Lüfter muß mit schneller Geschwindigkeit laufen. Wenn der Elektrolüfter jetzt beidesmal anläuft, Thermoschalter ersetzen.
- Wenn der Lüfter nicht anläuft, beziehungsweise wenn der Lüfter nur in einer Geschwindigkeit läuft, elektrische Leitungen gemäß Stromlaufplan prüfen. Anschlüsse auf guten Kontakt und festen Sitz kontrollieren.
- Anzugsdrehmoment für Thermoschalter: **35 Nm**.
- Neuen Thermoschalter auf Funktion überprüfen. Motor warmfahren und so lange im Leerlauf laufen lassen, bis der Lüfter für Kühlmittel einschaltet.

Störungsdiagnose Motor-Kühlung

Störung: Die Kühlmitteltemperatur ist zu hoch, die Kontrolleuchte im Instrumenteneinsatz leuchtet während der Fahrt.

Ursache	Abhilfe
Zu wenig Kühlflüssigkeit im Kreislauf.	■ Ausgleichbehälter muß bis zur Markierung voll sein. Gegebenenfalls Kühlmittel nachfüllen. Kühlsystem auf Dichtheit prüfen.
Kühlmittelregler (Thermostat) öffnet nicht, Kühlflüssigkeit zirkuliert nur im kleinen Kreislauf.	■ Prüfen, ob der obere Kühlmittelschlauch warm wird. Wenn nicht, Thermostat ausbauen und prüfen, ggf. ersetzen. Unterwegs: Thermostat ausbauen. Ohne Thermostat erreicht der Motor seine normale Betriebstemperatur später oder gar nicht, deshalb defekten Thermostat alsbald ersetzen.
Kühlerlamellen verschmutzt.	■ Kühler von der Motorseite her mit Preßluft durchblasen.
Kühler innen durch Kalkablagerungen oder Rost zugesetzt, unterer Kühlerschlauch wird nicht warm.	■ Kühler erneuern.
Elektrolüfter läuft nicht.	■ Stecker an Thermoschalter und Lüftermotor auf festen Sitz und guten Kontakt prüfen. ■ Thermoschalter prüfen. Unterwegs: Steckerkontakte überbrücken. Der Lüfter läuft dann immer mit, solange die Zündung eingeschaltet ist. In der Regel ist die Zusatzkühlung durch den Lüfter nur im Stadt- und Kurzstreckenverkehr erforderlich. ■ Prüfen, ob Spannung am Stecker für Lüftermotor anliegt (Zündung eingeschaltet, Stecker für Thermoschalter überbrückt). Wenn ja, Lüftermotor ersetzen.
Ausgleichbehälter-Verschlußdeckel defekt.	■ Druckprüfung durchführen.
Kühlmitteltemperaturanzeige defekt.	■ Anzeigegerät/Geber überprüfen lassen.

Kraftstoffanlage

Aus dem Inhalt:

- **Tank/Tankgeber**
- **Kraftstoff sparen**
- **Kraftstoffilter erneuern**
- **Luftfilter**
- **Gaszug einstellen**

Zur Kraftstoffanlage gehören der Kraftstoffbehälter, die Kraftstoffleitungen, der Kraftstoffilter, die Kraftstoffpumpe und die Einspritzanlage (separates Kapitel).

Der aus Kunststoff gefertigte Kraftstoffbehälter ist am Fahrzeugunterboden vor der Hinterachse angeordnet. Der jeweilige Kraftstoffvorrat wird dem Fahrer im Instrumenteneinsatz angezeigt. Durch ein geschlossenes Entlüftungssystem wird der Tank belüftet. Die schädlichen Benzindämpfe der Tankentlüftung werden in einem Aktivkohlespeicher aufgefangen und dem Motor kontrolliert zur Verbrennung zugeführt.

Sicherheits- und Sauberkeitsregeln bei Arbeiten an der Kraftstoffversorgung

Bei Arbeiten an der Kraftstoffversorgung sind die folgenden Regeln zur Sicherheit und Sauberkeit sorgfältig zu beachten:

Sicherheitshinweise:

- **Kein offenes Feuer, nicht rauchen, keine glühenden oder sehr heißen Teile in die Nähe des Arbeitsplatzes bringen. Unfallgefahr! Feuerlöscher bereitstellen.**
- **Unbedingt für gute Belüftung des Arbeitsplatzes sorgen. Kraftstoffdämpfe sind giftig.**
- Das Kraftstoffsystem steht unter Druck. Beim Öffnen der Anlage kann Kraftstoff herausspritzen, daher austretenden Kraftstoff mit einem Lappen auffangen. **Schutzbrille tragen.**
- **2,3-l-Motor ab 10/98:** Vor Öffnen des Kraftstoffsystems unbedingt die **Sicherung Nr. 28** aus dem Sicherungshalter herausziehen, da die Kraftstoffpumpe durch den Türkontaktschalter aktiviert werden kann.

- Schlauchverbindungen sind mit Federband- beziehungsweise Klemmschellen gesichert. Klemmschellen grundsätzlich durch Federbandschellen ersetzen. Die Verwendung von Klemm- oder Schraubschellen ist nicht erlaubt. Zur Montage der Federbandschellen gibt es spezielle Zangen, zum Beispiel HAZET 798-5 oder VW-1921.
- Verbindungsstellen und deren Umgebung vor dem Lösen gründlich reinigen.
- Ausgebaute Teile auf einer sauberen Unterlage ablegen und abdecken. Folien oder Papier verwenden. Keine fasernden Lappen benutzen!
- Geöffnete Bauteile sorgfältig abdecken bzw. verschließen, wenn die Reparatur nicht umgehend ausgeführt wird.
- Nur saubere Teile einbauen.
- Ersatzteile erst unmittelbar vor dem Einbau aus der Verpackung nehmen. Keine Teile verwenden, die unverpackt (z. B. in Werkzeugkästen usw.) aufgehoben wurden.
- Bei geöffneter Kraftstoffanlage möglichst nicht mit Druckluft arbeiten. Das Fahrzeug möglichst nicht bewegen.
- Keine silikonhaltigen Dichtmittel verwenden. Vom Motor angesaugte Spuren von Silikonbestandteilen werden im Motor nicht verbrannt und schädigen die Lambdasonde.

Kraftstoff sparen beim Fahren

Wesentlichen Einfluß auf den Kraftstoffverbrauch hat die Fahrweise des Fahrzeuglenkers. Hier einige Tips für den intelligenten Umgang mit dem Gaspedal.

- Nach dem Motorstart gleich losfahren, auch bei Frost.
- Motor abschalten bei voraussichtlichen Stops über 40 Sekunden Dauer.
- Im höchstmöglichen Gang fahren.
- Möglichst gleichmäßige Geschwindigkeiten über längere Strecken fahren, hohe Geschwindigkeiten meiden. Vorausschauend fahren. Nicht unnötig bremsen.
- Keine unnötige Zuladung mitführen, Aufbauten am Fahrzeug, beispielsweise Dachgepäckträger, möglichst abbauen.
- Immer mit richtigem, nie mit zu niedrigem Reifendruck fahren.

Kraftstoffpumpe/Tankgeber aus- und einbauen

Die Kraftstoffpumpe befindet sich zusammen mit dem Tankgeber im Kraftstofftank.

Der Tankgeber besteht aus einem Schwimmer und einem Potentiometer. Mit sinkendem Kraftstoffspiegel sinkt auch der Schwimmer des Tankgebers ab. Ein mit dem Schwimmer verbundenes Potentiometer erhöht dabei den elektrischen Widerstand des Gebers. Dadurch sinkt die Spannung am Anzeigeinstrument, und der Zeiger der Kraftstoffanzeige geht in Richtung »leer« zurück.

Sicherheitshinweis:
Beim Ausbau der Kraftstoffpumpe kann etwas Kraftstoff austreten. Kraftstoffdämpfe sind giftig und feuergefährlich, deshalb auf besonders gute Belüftung des Arbeitsplatzes achten. Hautkontakt mit Kraftstoff vermeiden. Kraftstoffbeständige Handschuhe tragen. Kein offenes Feuer, Brandgefahr! Feuerlöscher bereitstellen.

Vor Ausbau von Kraftstoffpumpe und Tankgeber den Tank möglichst leer fahren. Zur Belüftung des Arbeitsplatzes kann auch ein Radiallüfter verwendet werden, **dessen Motor außerhalb des Luftstromes liegt.**

Achtung: Kraftstoff nicht über einen Schlauch mit dem Mund absaugen.

Ausbau

- Batterie-Massekabel (–) bei ausgeschalteter Zündung abklemmen. **Achtung:** Dadurch werden elektronische Speicher gelöscht, wie zum Beispiel der Radiocode. Ohne Code kann das Radio nur vom Radiohersteller freigeschaltet werden, beziehungsweise beim VW-Radio von einer VW-Werkstatt. Deshalb Hinweise im Kapitel »Batterie aus- und einbauen« durchlesen.
- Rücksitz hochklappen und Abdeckung für Tankgeber und Kraftstoffpumpe abschrauben. **Hinweis:** Bei Fahrzeugen mit Allradantrieb sitzt die Kraftstoffpumpen-/Tankgebereinheit im rechten Tankeinsatz. Auf der linken Fahrzeugseite ist ein Tankgeber mit Saugstrahlpumpe eingebaut, der mit der rechten Fördereinheit durch im Tank verlegte Kraftstoffleitungen verbunden ist.

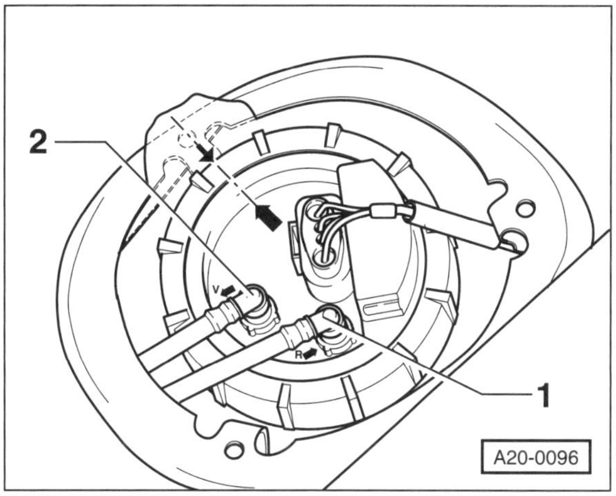

Sicherheitshinweis:
Die Kraftstoffvorlaufleitung steht unter Druck! Vor dem Lösen der Schlauchverbindungen dicken Putzlappen um die Verbindungsstelle legen. Dann durch vorsichtiges Abziehen des Schlauches den Druck abbauen. **Schutzbrille tragen.**

- Vorlaufleitung –2– und Rücklaufleitung –1– abziehen, dabei Klemmschellen spreizen, z. B. mit Zange HAZET 798-5. Bei einigen Fahrzeugen sind Schnellkupplungen eingebaut, in diesem Fall Nasen der Schnellkupplung zusammendrücken und Leitung abziehen. Leitungen mit geeigneten Stopfen verschließen, zum Beispiel jeweils eine saubere Schraube mit geeignetem Durchmesser in die Leitungen stecken.
- Steckverbindung für Tankgeber/Kraftstoffpumpe abziehen.

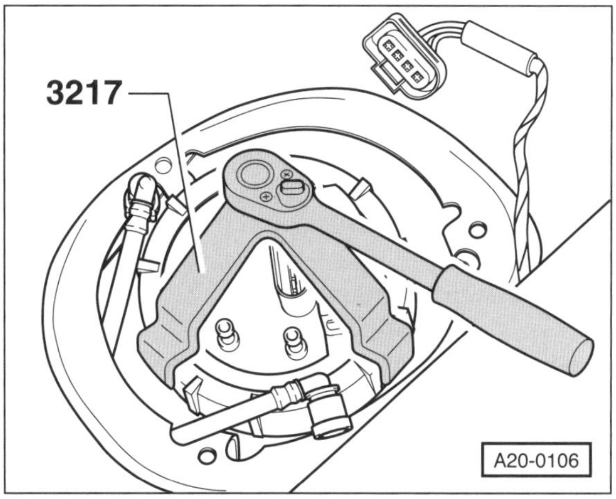

- Überwurfmutter mit Spezialwerkzeug VW-3217 lösen. **Hinweis:** Falls das Werkzeug nicht zur Verfügung steht, Überwurfmutter mit Holzstange und leichten Hammerschlägen lösen. **Achtung: Auf jeden Fall Funkenschlag verhindern.**

- Kraftstoff-Fördereinheit/Tankgeber und Dichtring aus der Öffnung des Kraftstoffbehälters ziehen. **Achtung:** Bei Allradantrieb, Kraftstoffleitungen zum linken Tankeinsatz an der Fördereinheit abziehen. Dazu Schnellkupplungen an den Tasten zusammendrücken und abziehen. Anschlüsse beim Einbau nicht vertauschen, daher Markierungen anbringen. Elektrischen Anschlußstecker abziehen.
- Kraftstoff aus der Fördereinheit in den Tank oder einen geeigneten Behälter entleeren.

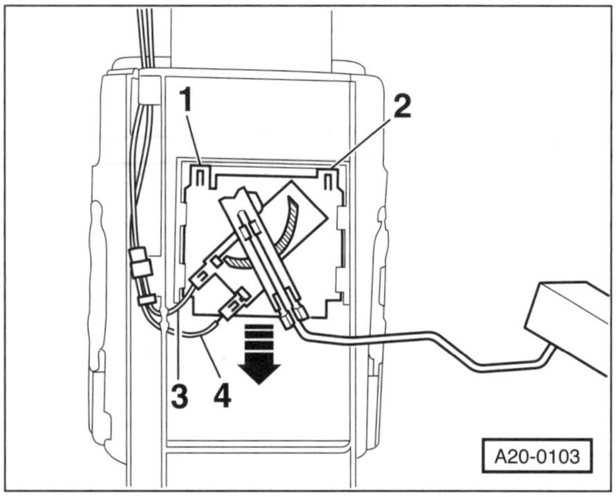

- Gegebenenfalls Tankgeber abbauen. Dazu Steckerzungen der Leitungen –3– und –4– entriegeln und abziehen. Haltelaschen –1– und –2– mit Schraubendreher anheben und Tankgeber nach unten abziehen –Pfeil–.

Einbau

- Tankgeber in die Führungen am Halter einsetzen und bis zum Einrasten nach oben drücken. Leitungen am Tankgeber aufschieben und einrasten.
- Bei Allradantrieb, Kraftstoffleitungen zum linken Tankeinsatz an der Fördereinheit aufstecken, die Schnellkupplungen müssen einrasten. Anschlüsse nicht vertauschen. Elektrischen Anschlußstecker aufstecken.
- Kraftstoff-Fördereinheit in den Kraftstoffvorratsbehälter einsetzen. Darauf achten, daß dabei der Geber für Kraftstoffvorratsanzeige nicht verbogen wird. Dichtring vor dem Einbau mit Kraftstoff benetzen.
- Einbaulage des Flansches kontrollieren. Der Pfeil auf dem Flansch muß zum Pfeil auf dem Tank zeigen, siehe Abbildung A20-0096 unter »Ausbau«.
- Überwurfmutter ansetzen und mit Spezialwerkzeug VW-3217 festschrauben, Anhaltswert 60 Nm. Oder Überwurfmutter mit Holzstange und leichten Hammerschlägen festschrauben.
- Vor- und Rücklaufschlauch aufstecken, dabei rasten die Schnellkupplungen ein. Bei Befestigung mit Schellen, **neue** Federbandschellen verwenden. Der Rücklaufschlauch ist blau, der Vorlaufschlauch schwarz. Die Pfeile auf dem Flansch zeigen jeweils in Durchflußrichtung.
- Elektrischen Anschlußstecker aufschieben.
- Abdeckung für Tankgeber anschrauben.

- Rücksitzbank herunterklappen.
- Batterie-Massekabel (–) anklemmen. **Achtung:** Hoch-/Tieflaufautomatik für elektrische Fensterheber aktivieren sowie Zeituhr stellen und Radiocode eingeben, siehe Kapitel »Batterie aus- und einbauen«.

Kraftstoffilter aus- und einbauen

Ausbau

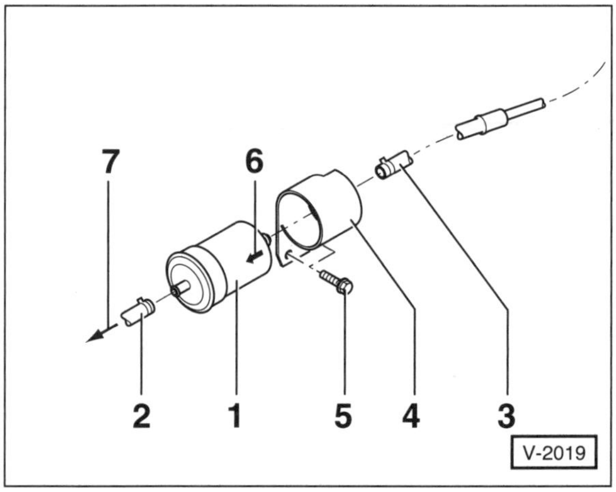

Der Kraftstoffilter –1– befindet sich am Unterboden vor dem Tank, in Fahrtrichtung gesehen. Der Filter muß im Rahmen der Wartung nicht gewechselt werden.

Sicherheitshinweis:
Beim Ausbau des Kraftstoffilters kann etwas Kraftstoff austreten. Kraftstoffdämpfe sind giftig und feuergefährlich, deshalb auf besonders gute Belüftung des Arbeitsplatzes achten. Hautkontakt mit Kraftstoff vermeiden. Kraftstoffbeständige Handschuhe tragen. Kein offenes Feuer, Brandgefahr! Feuerlöscher bereitstellen.

- Fahrzeug aufbocken. Geeignetes Gefäß unter den Kraftstoffilter –1– stellen, um auslaufenden Kraftstoff aufzufangen.
- Kraftstoffschläuche –2/3– mit geeigneten Klemmschellen abklemmen, zum Beispiel HAZET 4590.
- Dicken Lappen um den Anschluß legen. Tasten an den Schlauchkupplungen zusammendrücken und Kraftstoffschläuche vorsichtig vom Filter abziehen.
- Halter –4– lösen –5–. **Achtung:** Der Filter ist mit Kraftstoff gefüllt.

Einbau

- Neuen Kraftstoffilter so einsetzen, daß die Pfeilmarkierung –6– auf dem Filter in Durchflußrichtung vom Tank zum Motor zeigt. 7 – zum Kraftstoffverteiler am Motor.
- Schläuche aufschieben, dabei Schnellkupplungen einrasten. Halter anschrauben, Klemmschellen entfernen.
- Nach einer Probefahrt sichtprüfen, ob die Schlauchanschlüsse dicht sind.

Gaszug/Gasbetätigung

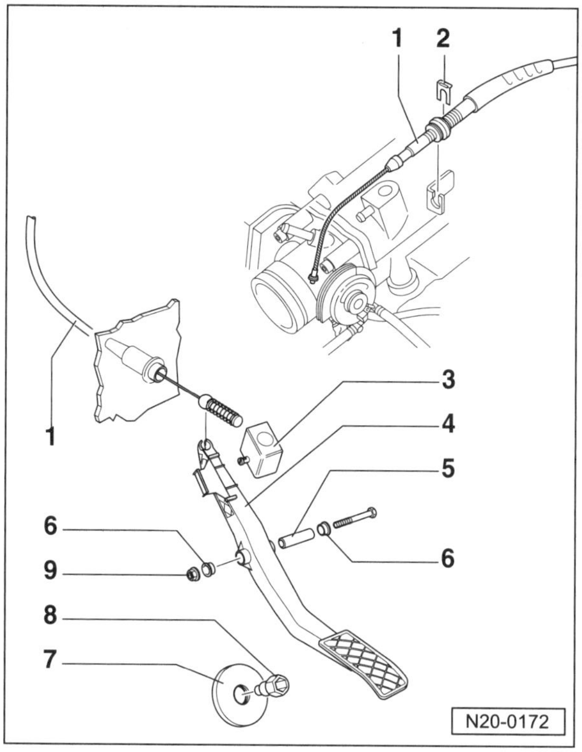

1 – Gaszug
2 – Halteklammer
3 – Tilgergewicht
4 – Gaspedal
5 – Distanzbuchse
6 – Lagerbuchse
7 – Scheibe
8 – Anschlagschraube
9 – Mutter, 20 Nm

Hinweis: Beim 2,3-l-Motor (150 PS) mit Automatikgetriebe betätigt der Gaszug die Drosselklappe sowie einen Kick-Down-Schalter an der Motorraum-Spritzwand.

Achtung: Je nach Ausstattung des Fahrzeugs erfolgt die Drosselklappensteuerung durch das E-Gas-System. Ein Gazug ist dann nicht mehr nötig. Das E-Gas-System (Elektronisches Gaspedal) besteht hauptsächlich aus dem Drosselklappensteller (Elektromotor) und den beiden Gebern für Gaspedalstellung. Die Geber sitzen in einem Gehäuse direkt am Gaspedal. Das Motorsteuergerät regelt die Drosselklappenstellung entsprechend der Gaspedalstellung und den Betriebswerten des laufenden Motors.

Gaszug einstellen

Achtung: Der Gaszug ist sehr knickempfindlich und daher beim Einbau besonders sorgfältig zu behandeln. Ein einziger leichter Knick kann zum späteren Bruch im Fahrbetrieb führen. Züge, die geknickt wurden, dürfen deswegen **nicht** eingebaut werden.

- Gaspedal in Vollgasstellung drücken und in dieser Stellung festklemmen oder durch Helfer halten lassen.
- Prüfen, ob der Drosselklappenhebel am Vollastanschlag anliegt, andernfalls Gaszug einstellen.

Einstellen

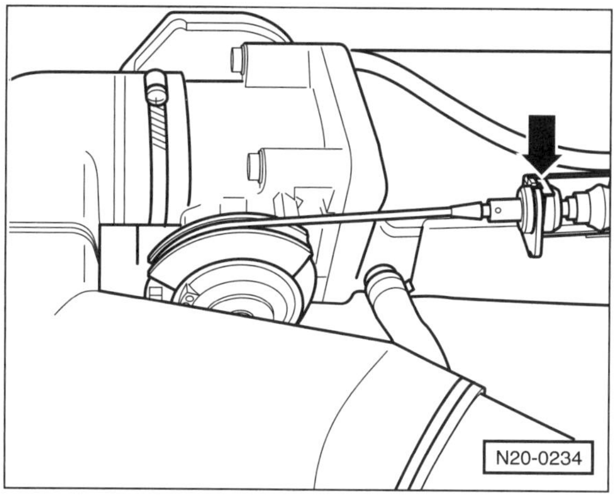

- Steckraste –Pfeil– herausziehen.
- Gaszug am Widerlager herausziehen bis der Drosselklappenhebel am Vollastanschlag anliegt. In dieser Stellung Steckraste aufstecken.
- **Zusätzlich bei Automatikgetriebe:** Gaspedal loslassen und wieder langsam in Richtung Vollgas bewegen. Kurz vor Erreichen des Vollgasanschlags muß der Kickdown-Schalter am Drosselklappenteil hörbar klicken.

2,3-l-Motor (150 PS) mit Automatikgetriebe:

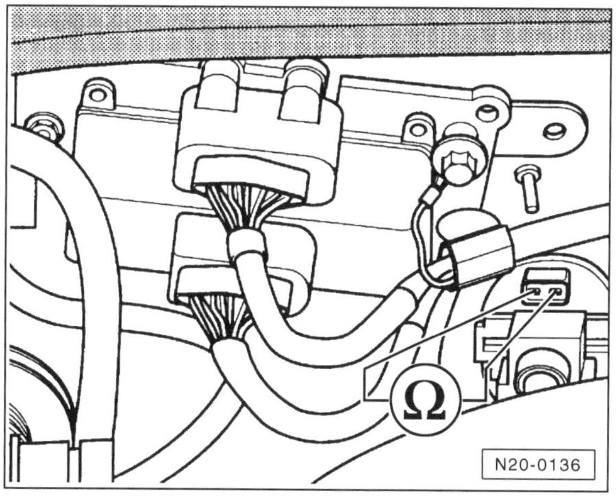

- Zusätzlich den Stecker vom Kickdown-Schalter abziehen. Der Kickdown-Schalter sitzt an der Gaszugdurchführung in der Motorraum-Spritzwand.
- Ohmmeter an die beiden Schalterkontakte anschließen und Widerstand messen. **Sollwert:** ∞ (unendlich) Ω, also kein Durchgang.
- Gaspedal langsam in Richtung Vollgas bewegen. Kurz vor Erreichen des Vollgasanschlags muß der Widerstand auf 0 Ω (Durchgang) abfallen. Andernfalls Gaszugeinstellung korrigieren.
- Stecker auf den Kickdown-Schalter aufstecken.

Luftfiltergehäuse aus- und einbauen

1,6-l-Motor (100 PS)/1,8-/2,0-/2,3-l-Motor

Ausbau

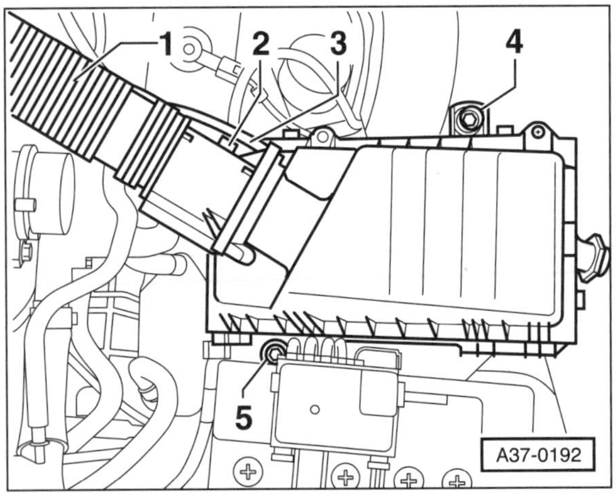

- Luftführungsschlauch –1– und Stecker –2– vom Luftmassenmesser abziehen.
- Schrauben –4– und –5– herausdrehen und Luftfiltergehäuse komplett herausnehmen.

Hinweis: Beim Luftfilter des 2,0-l-Motors befindet sich neben dem Luftführungsschlauch –1– der Ansaugschlauch für Sekundärluftpumpe (nicht abgebildet). Dieser ist vor Ausbau des Gehäuses zu lösen und abzuziehen.

Einbau

- Der Einbau erfolgt im umgekehrter Ausbaureihenfolge. Ablaufleitung –3– nach unten verlegen. Ansaugschlauch für Sekundärluftpumpe einbauen.

1,4-l-Motor (75 PS)/1,6-l-Motor (105 PS)

Ausbau

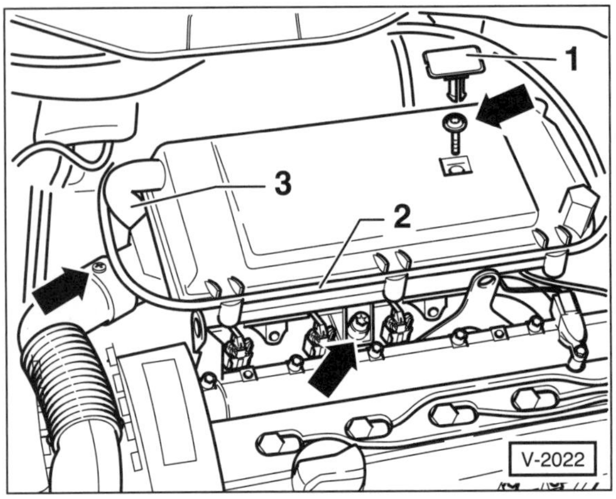

- Verschlußstopfen –1– mit Schraubendreher aushebeln.
- Gaszug –2– aus dem Luftfilteroberteil ausclipsen.
- Schlauch für Kurbelgehäuseentlüftung –3– vom Luftfilteroberteil abziehen.
- Luftfilter abschrauben –Pfeile–, vom Ansaugluftschlauch abziehen und herausnehmen.
- Dichtungen auf festen Sitz sowie Beschädigungen prüfen, gegebenenfalls ersetzen.

Einbau

- Der Einbau erfolgt im umgekehrter Ausbaureihenfolge. **Achtung:** Schrauben für Luftfilter nur leicht anziehen, da sie in Kunststoff eingeschraubt werden.

1,4-l-Motor (75 PS) / 1,6-l-Motor (105 PS) BCA/ AZD/BCB

Ausbau

Hinweis: Bei dem 1,4-l-Motor BCA sowie den 1,6-l-Motoren mit 105 PS AZD/BCB ist der Luftfilter in der oberen Motorabdeckung integriert.

- Schlauchschelle öffnen und Ansaugschlauch vom Luftfiltergehäuse abziehen.
- Motorabdeckung an den Haltebolzen nach oben ziehen und ausrasten.
- Motorabdeckung nach oben abnehmen und mit der Oberseite auf eine weiche Unterlage ablegen, um Kratzer zu vermeiden.
- An der Rückseite der Motorabdeckung Schrauben herausdrehen und Luftfiltergehäuse von der Motorabdekkung abnehmen.
- Filtereinsatz herausnehmen.
- Filtergehäuse mit einem Lappen auswischen.

Einbau

- Dichtring auf Beschädigungen prüfen, gegebenenfalls ersetzen.
- Neuen Filtereinsatz in das Gehäuse legen.
- Filtergehäuse an der Motorabdeckung ansetzen und von Hand festschrauben (**3 Nm**).
- Motorabdeckung auf die Haltebolzen setzen und festdrücken.
- Ansaugschlauch am Luftfiltergehäuse anschließen und mit Schlauchschelle befestigen.

Fernbedienung herstellen/anschließen

Die Fernbedienung wird für Arbeiten benötigt, bei denen die elektrische Kraftstoffpumpe Kraftstoff fördern soll, ohne daß der Motor läuft.

Folgende Bauteile werden benötigt:

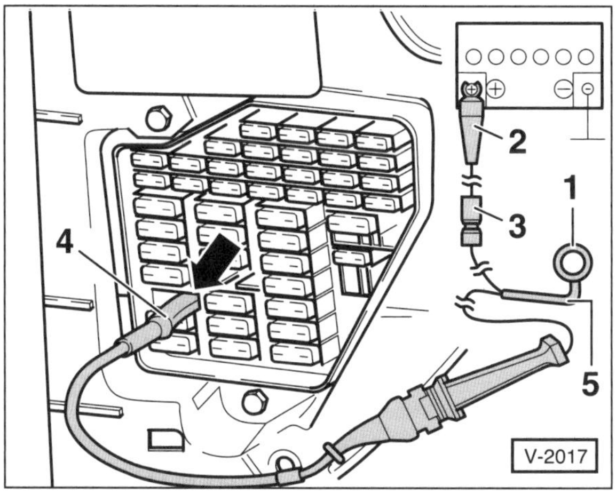

1 Druckkontaktschalter –1–,
1 Krokodilklemme –2– (ausreichend groß für Batteriepol),
1 »Fliegende Sicherung« –3– : Gehäuse und 8-Ampere-Sicherung,
1 geeigneter Flachstecker –4–, der anstelle der Sicherung für Kraftstoffpumpe eingesteckt werden kann,
1 doppeladriges Kabel –5– mit je 1,5 mm^2 Querschnitt und ca. 5 m Länge.

- Sicherung Nr. 28 für Kraftstoffpumpe im Sicherungskasten herausziehen (5. Sicherung von oben, siehe Abbildung). Einbaulage des Sicherungskastens siehe Seite 60.
- Fernbedienung mit dem Flachstecker in die Kontakte der Sicherung am Sicherungskasten einstecken.
- Fernbedienung mit der Krokodilklemme an den Batterie-Pluspol (+) anschließen.
- Wird der Druckkontaktschalter der Fernbedienung betätigt, läuft die Kraftstoffpumpe hörbar an.

Kraftstoffpumpe prüfen

Die Kraftstoffpumpe befindet sich im Tank.

Sicherheitshinweise:

- **Kein offenes Feuer, nicht rauchen, keine glühenden oder sehr heißen Teile in die Nähe des Arbeitsplatzes bringen. Unfallgefahr! Feuerlöscher bereitstellen.**
- **Unbedingt für gute Belüftung des Arbeitsplatzes sorgen. Kraftstoffdämpfe sind giftig.**
- Das Kraftstoffsystem steht unter Druck. Beim Öffnen der Anlage kann Kraftstoff herausspritzen, daher austretenden Kraftstoff mit einem Lappen auffangen. **Schutzbrille tragen.**

Prüfvoraussetzungen: Batterie sollte mindestens eine Spannung von 11,5 Volt aufweisen, wenn möglich voll geladen sein.

Spannungsversorgung prüfen

- Sicherung Nr. 28 für Kraftstoffpumpe prüfen. Defekte Sicherung auswechseln.
- Anlasser kurz betätigen, die Kraftstoffpumpe muß **kurzzeitig** (ca. 1 Sekunde) hörbar anlaufen. Bei hohem Umgebungsgeräuschpegel ist zur Hörprobe eine Hilfsperson in der Nähe der Kraftstoffpumpe erforderlich.
- Läuft die Pumpe nicht, Fernbedienung anschließen, siehe entsprechendes Kapitel.
- Schalter der Fernbedienung drücken. Wenn die Pumpe jetzt anläuft, Kraftstoffpumpenrelais prüfen, siehe entsprechendes Kapitel.

Läuft die Kraftstoffpumpe nicht an, ist folgendermaßen vorzugehen:

- Rücksitzbank hochklappen und Abdeckung für Tankgeber und Kraftstoffpumpe abschrauben.

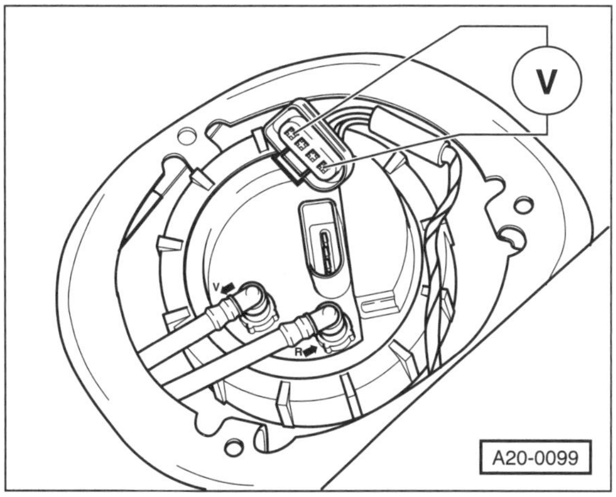

- Steckverbindung für Tankgeber und Kraftstoffpumpe abziehen.
- Diodenprüflampe oder Voltmeter an die beiden äußeren Kontakte des Steckers anschließen, siehe Abbildung.

- Fernbedienung drücken. Das Meßgerät muß ca. Batteriespannung (12 Volt) anzeigen, sonst Leitungsunterbrechung ermitteln und beseitigen.
- Wenn Batteriespannung angezeigt wird, Tankgeber ausbauen.
- Prüfen, ob die elektrischen Leitungen zwischen Flansch und Kraftstoffpumpe angeschlossen sind beziehungsweise guten Kontakt haben. Leitungen vom Gebergehäuse zur Kraftstoffpumpe mit Ohmmeter und Hilfsleitungen auf Durchgang prüfen und gegebenenfalls Unterbrechung beseitigen, siehe Seite 53.
- Liegt keine Unterbrechung vor, Kraftstoffpumpe ersetzen.
- Kraftstoffpumpe und Tankgeber einbauen, elektrische Leitungen anschließen.

Fördermenge prüfen

- Zum Druckabbau Tank-Verschlußdeckel abnehmen.

Sicherheitshinweis:
Die Kraftstoffvorlaufleitung steht unter Druck! Vor dem Lösen der Schlauchverbindungen dicken Putzlappen um die Verbindungsstelle legen. Dann durch vorsichtiges Abziehen des Schlauches den Druck abbauen. **Schutzbrille tragen.**

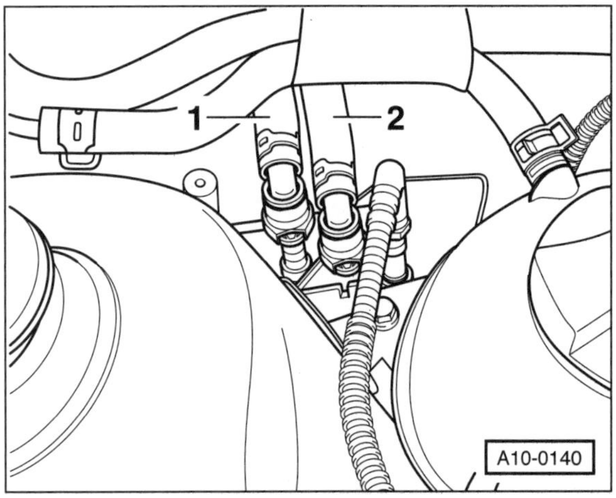

- Kraftstoff-Rücklaufleitung –2– am Kraftstoffverteiler abziehen, dabei Entriegelungstasten der Schnellkupplung eindrücken. 1 – Kraftstoff-Vorlaufleitung.
- Kraftstoffresistenten Hilfsschlauch mit einem Zwischenstück an die Kraftstoff-Rücklaufleitung vom Motor anschließen und in ein Meßgefäß halten.
- Voltmeter an die Batterie anschließen.
- Schalter der Fernbedienung **15 Sekunden** betätigen. Dabei angezeigte Batteriespannung ablesen und merken beziehungsweise notieren.

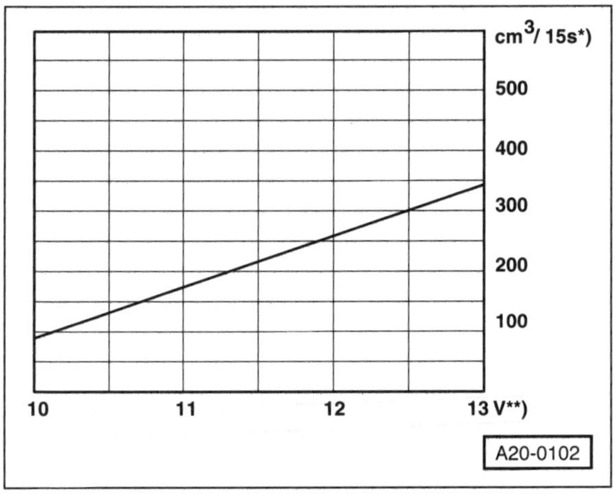

*) Mindestfördermenge cm³/15 s.
**) Spannung an der Kraftstoffpumpe bei Motorstillstand und laufender Pumpe (ca. 2 Volt weniger als Batteriespannung).

- Geförderte Kraftstoffmenge mit dem Sollwert im Diagramm vergleichen.

Beispiel: Während der Prüfung wird eine Spannung von 12,5 Volt an der Batterie gemessen. Da die Spannung an der Kraftstoffpumpe ca. 2 Volt geringer als die Batteriespannung ist, ergibt sich daraus eine Spannung an der Kraftstoffpumpe von 10,5 Volt (12,5 – 2 = 10,5). Dieser Spannung entspricht eine Mindest-Fördermenge von 130 cm³/15 s.

Hinweis: Die VW-Werkstatt mißt die Fördermenge am Vorlaufschlauch und schaltet ein Druckmeßgerät (V.A.G 1318) mit Absperrhahn dazwischen. Am Absperrhahn wird bei laufender Kraftstoffpumpe ein Druck von 3 bar eingeregelt. In diesem Fall gelten andere Fördermengen, siehe Diagramm N20-0169.

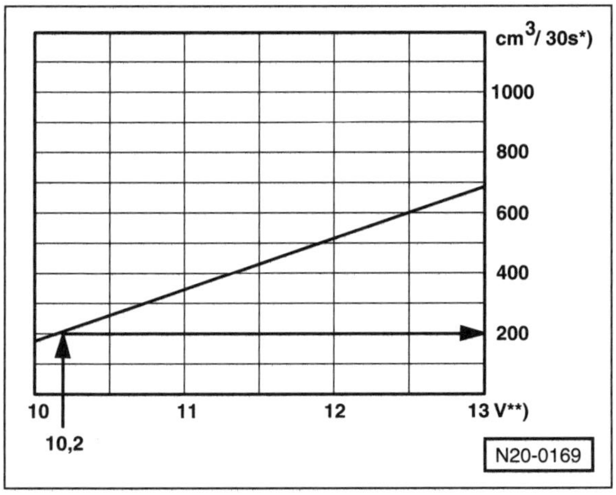

*) Mindestfördermenge cm³/30 s.
**) Spannung an der Kraftstoffpumpe bei Motorstillstand und laufender Pumpe (ca. 2 Volt weniger als Batteriespannung).

- Ist die Spannungsversorgung in Ordnung, die Fördermenge jedoch zu gering, prüfen, ob die Kraftstoffleitungen geknickt oder verstopft sind.

- Prüfen, ob der Kraftstoffilter verstopft ist. Dazu Prüfung der Fördermenge mit neuem Kraftstoffilter wiederholen.
- Wird die Mindestfördermenge weiterhin nicht erreicht, Kraftstoff-Fördereinheit ausbauen und Filtersieb auf Verschmutzung prüfen, gegebenenfalls reinigen.
- Wird kein Fehler gefunden, Rückschlagventil der Kraftstoffpumpe prüfen (Werkstattarbeit). Dazu wird das Druckmeßgerät V.A.G 1318 benötigt. Werkstatthinweis: Der Druck im Kraftstoffsystem darf innerhalb von 10 Minuten von 3,0 bar nicht unter 2,5 bar abfallen.

Achtung: Falls die Mindestfördermenge erreicht wird, der Fehler aber dennoch in der Kraftstoffversorgung vermutet wird (z. B. zeitweiser Ausfall der Kraftstoffversorgung), Stromaufnahme der Kraftstoffpumpe mit Amperemeter prüfen. **Sollwert:** max. 8 A. Wird die Stromaufnahme überschritten, Kraftstoffpumpe ersetzen.

Hinweis: Bei zeitweiser Störung der Kraftstoffanlage kann diese Prüfung auch während einer Probefahrt durchgeführt werden. Dazu ist eine Hilfsperson erforderlich.

- Fernbedienung abbauen und Sicherung Nr. 28 einsetzen.
- Abdeckung für Tankgeber anschrauben.
- Rücksitzbank herunterklappen.

Kraftstoffpumpenrelais prüfen

Das Kraftstoffpumpenrelais befindet sich in der Relaisplatte, Relaisplatz 4 auf der Fahrerseite unter dem Instrumenteneinsatz, siehe Abbildung A24-0100. Es ist zu prüfen, wenn die Kraftstoffpumpe nicht läuft.

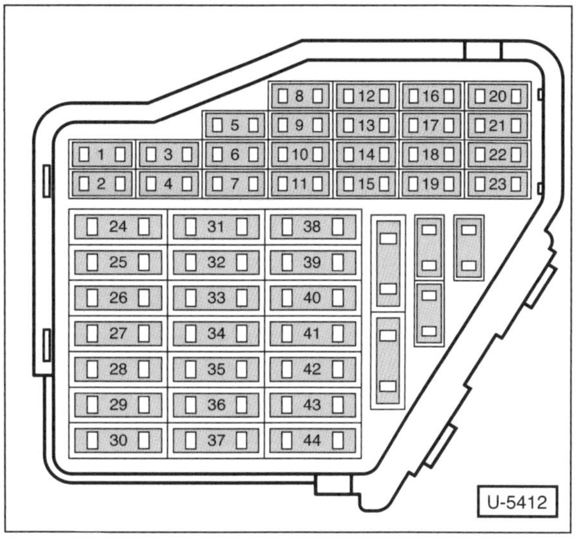

- Sicherung Nr. 28 für Kraftstoffpumpe herausziehen. Einbaulage des Sicherungskastens siehe Seite 60.
- Diodenprüflampe mit Hilfsleitungen zwischen Masse und einem der beiden Kontakte der Sicherung für die Kraftstoffpumpe anschließen.
- Obere Verkleidungen im Fahrerfußraum links ausbauen, siehe Seite 264.
- Anlasser betätigen, das Kraftstoffpumpenrelais muß fühl- und hörbar anziehen. Außerdem muß die Diodenprüflampe aufleuchten.
- Zieht das Relais nicht an, Spannungsversorgung und Ansteuerung prüfen, siehe Kapitelende.
- Leuchtet die Diodenprüflampe nicht, obwohl das Relais anzieht, Prüfung am anderen Sicherungskontakt wiederholen.
- Leuchtet die Diodenprüflampe wieder nicht, Leitungsverbindung zwischen Kontakt 23 am Relaisplatz 4 und der Sicherung für die Kraftstoffpumpe auf Durchgang prüfen, gegebenenfalls Leitungsunterbrechung beseitigen.
- Sind die Spannungsversorgung, die Ansteuerung und die Leitungsverbindungen des Kraftstoffpumpenrelais in Ordnung, Kraftstoffpumpenrelais erneuern.

Spannungsversorgung prüfen

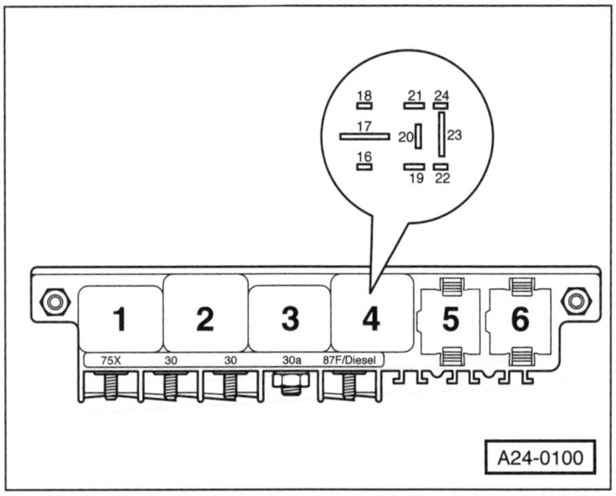

- Kraftstoffpumpen-Relais aus der Relaisplatte (Relaisplatz Nr. 4) herausziehen.
- Zündung einschalten.
- Voltmeter nacheinander wie folgt am Relaissockel anschließen:
  - zwischen Kontakt 19 (plus vom Zündschloß) und Masse;
  - zwischen Kontakt 17 (Dauerplus von Batterie) und Masse.

  Sollwert: jeweils ca. 12 Volt (Batteriespannung).
  Andernfalls Leitungsunterbrechung ermitteln und beseitigen.
- Zündung ausschalten.

Ansteuerung prüfen

- Diodenprüflampe mit Hilfsleitungen zwischen Kontakt 16 (Masseansteuerung vom Motorsteuergerät) und Kontakt 17 (plus) des Relaissockels anschließen.
- Anlasser betätigen. Dabei muß die Leuchtdiode ständig aufleuchten. Andernfalls Leitungsunterbrechung zum Einspritz-Steuergerät ermitteln und beseitigen beziehungsweise Steuergerät ersetzen (Werkstattarbeit).

Hinweis: Diodenprüflampen mit geringer Stromaufnahme leuchten bei nicht betätigtem Anlasser schwach, sie verlöschen nicht ganz.

- Sicherung für Kraftstoffpumpe einsetzen.
- Verkleidungen im Fahrerfußraum einbauen, siehe Seite 264.

Motormanagement

Aus dem Inhalt:

- Benzineinspritzung
- Zündsystem
- Zündkerzentechnik
- Einbaulage der Bauteile
- Einspritzventile

Das elektronische Motormanagement regelt die Kraftstoffmenge und das Zündsystem. Bei den im VW GOLF/BORA verwendeten Benzinmotoren kommen unterschiedliche Systeme zum Einsatz.

Motor	Motormanagement
1,4-l-Motor AHW/AKQ	Magneti Marelli 4AV
1,4-l-Motor APE/AXP/BCA	Motronic ME 7.5.10
1,6-l-Motor ATN/AUS/AZD/BCB	Magneti Marelli 4LV/4MV
1,6-l-Motor AEH/AKL/APF/AVU/BFQ	Simos 2.1/2.2/3.3
1,6-l-Motor BAD	Motronic MED 7
1,8-l-Motor AGN	Motronic 3.8.5
1,8-l-Motor AQA/ARZ/AUM	Motronic ME 7.5
1,8-l-Motor AGU	Motronic 3.8.3
2,0-l-Motor APK/AQY/AZH/BEH	Motronic 5.9.2/ME7.5/ME 7.1.1
2,3-l-Motor AGZ/AQN	Motronic 3.8.3/ME 7.1
2,8-l-Motor AQP/AUE	Motronic ME 7.1
3,2-l-Motor BFH	Motronic ME 7.1.1

Die Vorteile des elektronischen Motormanagements:

- Genau dosierte Kraftstoffmenge in jedem Betriebszustand des Motors, dadurch geringer Verbrauch bei guten Fahrleistungen.
- Reduzierung der Abgas-Schadstoffe durch exakte Kraftstoffzumessung und den Einsatz eines Katalysators.
- Eigendiagnose des Motormanagements, dadurch schnelleres Auffinden von Defekten. Das System ist mit einem Fehlerspeicher ausgestattet. Treten während des Betriebs Defekte auf, so werden diese im Speicher abgelegt. Sollte der Motor nicht einwandfrei arbeiten, so kann die Fachwerkstatt gegen Kostenerstattung eine Fehlerliste ausdrucken, damit gegebenenfalls der Defekt dann selbst behoben werden kann.

Das Steuergerät entspricht einem kleinen, sehr schnell arbeitenden Computer. Es bestimmt den optimalen Zündzeitpunkt, den Einspritzzeitpunkt und die Kraftstoffeinspritzmenge. Dabei erfolgt eine Abstimmung des Steuergeräts mit anderen Fahrzeugsystemen, beispielsweise der Getriebesteuerung oder der Wegfahrsperre.

Die Bauteile des Motormanagements sind langzeitstabil und praktisch wartungsfrei. Nur der Luftfilter sowie die Zündkerzen müssen im Rahmen der Wartung gewechselt werden.

Wesentliche Einstell- und Reparaturarbeiten können nur mit Hilfe von teuren Prüfgeräten durchgeführt werden, so daß diese Arbeiten nur noch von entsprechend ausgerüsteten Fachwerkstätten ausgeführt werden können.

Das Einstellen von Leerlaufdrehzahl und CO-Wert ist im Rahmen der Fahrzeugwartung nicht erforderlich.

Sicherheitsmaßnahmen bei Arbeiten am Motormanagement

Das Kraftstoffsystem steht unter Druck! Vor dem Lösen der Schlauchverbindungen dicken Putzlappen um die Verbindungsstelle legen. Dann durch vorsichtiges Abziehen des Schlauches den Druck abbauen.
Um Verletzungen von Personen und/oder eine Zerstörung der Einspritz- und Zündanlage zu vermeiden, ist folgendes zu beachten:

- Zündleitungen bei laufendem Motor bzw. bei Anlaßdrehzahl nicht berühren oder abziehen.
- Elektrische Leitungen, auch Meßgeräteleitungen, nur bei ausgeschalteter Zündung ab- und anklemmen.
- Personen mit Herzschrittmacher dürfen keine Arbeiten an der elektronischen Zündanlage durchführen.
- Bei der Kompressionsdruckprüfung darf kein Kraftstoff eingespritzt werden, daher Hinweise im Kapitel »Kompressionsdruck prüfen« beachten.

Achtung: Bei Arbeiten am Einspritzteil des Systems sind auch die allgemeinen Sicherheits- und Sauberkeitsregeln zu beachten, siehe Kapitel »Kraftstoffanlage«.

Hinweise für die Überprüfung des Motormanagements:

- Zur Fehlersuche zuerst den Fehlerspeicher abfragen sowie die Unterdruckanschlüsse auf Dichtigkeit beziehungsweise Falschluft prüfen.
- Für einwandfreie Funktion der elektrischen Bauteile ist eine Spannung von mindestens 11,5 V erforderlich.
- Springt der Motor nach der Fehlersuche, einer Reparatur oder nach Prüfungen von Bauteilen nur kurz an und geht dann aus, kann das daran liegen, daß die Wegfahrsicherung das Steuergerät sperrt. Dann muß der Fehlerspeicher abgefragt werden und gegebenenfalls das Steuergerät angepaßt werden (Werkstattarbeit).

Benzineinspritzung

Der Kraftstoff wird aus dem Kraftstoffbehälter von der elektrischen Benzinpumpe angesaugt und über den am Fahrzeugunterboden angebrachten Kraftstoffilter zu den Einspritzventilen gefördert. Ein Druckregler hält den Druck im Kraftstoffsystem konstant.

Über elektrisch angesteuerte Einspritzdüsen wird der Kraftstoff stoßweise in das Ansaugrohr direkt vor die Einlaßventile des Motors gespritzt. Das Motor-Steuergerät regelt die Einspritzzeit und dadurch die Einspritzmenge.

Die vom Motor über den Luftfilter angesaugte Verbrennungsluft gelangt über das Drosselklappenteil sowie das Ansaugrohr bis zu den Einlaßventilen.

Die angesaugte Luftmasse bestimmt die einzuspritzende Kraftstoffmenge. Gemessen wird die Luftmasse im Ansaugrohr von einem Heißfilm-Luftmassenmesser. Im Gehäuse des Luftmassenmessers befindet sich eine elektrisch erwärmte Sensorplatte, die durch die vorbeistreichende Ansaugluft abgekühlt wird. Um die Temperatur der Sensorplatte konstant zu halten, ändert sich der Heizstrom entsprechend der angesaugten Luftmasse. Anhand des Heizstromes erkennt das Steuergerät somit den Lastzustand des Motors und regelt dementsprechend die Einspritzmenge.

Informationen von verschiedenen Sensoren (Fühlern) und Befehle an Stellglieder (Aktoren) sorgen in jeder Fahrsituation für einen optimalen Motorbetrieb. Fallen wichtige Sensoren aus, schaltet das Steuergerät auf ein Notlaufprogramm um, damit Motorschäden vermieden werden und weitergefahren werden kann.

Sensoren und Aktoren für das Motormanagement

- Die **Drosselklappe** sitzt in einer zentralen **Steuereinheit**, in der verschiedene Funktionen integriert sind. Vornehmliche Aufgabe der Steuereinheit ist es, unter allen Betriebsbedingungen und Motorbelastungen den Leerlauf des Motors zu stabilisieren: Der Leerlaufschalter übermittelt dem Steuergerät die Leerlaufstellung der Drosselklappe. Das Steuergerät öffnet oder schließt über einen Stellmotor (Drosselklappensteller) die Drosselklappe und regelt so die Leerlaufdrehzahl auf den Sollwert.
- Die **Geber für Kühlmitteltemperatur** und **Geber für Ansauglufttemperatur** übermitteln die aktuelle Temperatur durch ihren elektrischen Widerstand. Der Widerstand verringert sich bei steigender Temperatur.
- Die Tankentlüftung besteht aus dem **Aktivkohlebehälter** und einem **Magnetventil.** Im Aktivkohlebehälter werden Kraftstoffdämpfe gespeichert, die sich durch Erwärmung des Kraftstoffs im Tank bilden. Bei laufendem Motor werden die Kraftstoffdämpfe aus dem Aktivkohlebehälter abgesaugt und dem Motor zur Verbrennung zugeführt.
- Die **Lambdasonde** (Sauerstoffsensor) mißt den Sauerstoffgehalt im Abgasstrom und schickt entsprechende Spannungssignale an das Motor-Steuergerät.
- Eine **Anti-Klopfregelung** dient der Ermittlung und Einstellung des optimalen Zündzeitpunkts. Bei einer Zündstörung wird die Kraftstoffzufuhr zum betreffenden Zylinder abgeschaltet.
- **1,6-l-Motor (100/102 PS)/1,8-l-Motor (125 PS)/2,3-l-Motor (170 PS)/2,8-l-Motor (204 PS):** Es kommt ein **Schaltsaugrohr** zum Einsatz, das in Abhängigkeit von der Motordrehzahl die Luftstrecke zu den Zylindern variiert. Dazu ist im Ansaugrohr eine pneumatisch betätigte Schaltklappe eingebaut. Ein langer Ansaugweg sorgt bei niedrigen Drehzahlen durch Resonanzeffekte für eine gute Zylinderfüllung und damit für ein hohes Drehmoment. Bei hohen Drehzahlen wird der Ansaugweg verkürzt, um das Leistungspotential des Motors voll nutzen zu können.
- **1,8-l-Motor (125 PS)/1,8-l-Motor (150 PS, AUM)/2,3-l-Motor (170 PS)/2,8-l-Motor (204 PS):** Um in unterschiedlichen Drehzahlbereichen eine optimale Ausbeute an Leistung beziehungsweise Drehmoment zu erhalten, werden die Ventil-Öffnungs- und Schließzeiten der Einlaßnockenwelle drehzahlabhängig verstellt. Die Öffnungs- und Schließzeiten werden üblicherweise von der starren Nockenwelle bestimmt. Um denoch eine variable Nockenverstellung zu ermöglichen, sind Aus- und Einlaßnockenwelle über eine Kette miteinander verbunden. Ein hydraulischer Verstellmechanismus verändert nun in Abhängigkeit von der Motordrehzahl den Umlenkpunkt der Steuerkette. Dadurch läßt sich der zeitliche Abstand zwischen Betätigung der Einlaßventile zu den Auslaßventilen variieren. Zur Erhöhung des Drehmoments setzt im unteren bis mittleren Drehzahlbereich die Verstellung ein, und zwar öffnet und schließt die Einlaßnockenwelle die Ventile früher.

Speziell 1,6-l-FSI-Motor mit 81 kW (110 PS)

Beim FSI-Motor (FSI = **F**uel **S**tratified **I**njection = geschichtete Kraftstoffeinspritzung) wird der Kraftstoff nicht in das Ansaugrohr, sondern direkt in den Zylinder eingespritzt.

Während konventionelle Ottomotoren auf ein homogenes Kraftstoff-/Luft-Gemisch angewiesen sind, können Motoren mit Benzin-Direkteinspritzung im Teillastbereich durch gezielte Ladungsschichtung mit hohem Luftüberschuss betrieben werden. Dadurch verringert sich im Teillastbereich (bis etwa 70 km/h) der Benzinverbrauch. Das Fuel-Stratified-Injection-Verfahren, kurz FSI genannt, realisiert also zwei wesentliche Betriebsarten: Den Schichtladungsbetrieb im Teillastbereich und den Homogen-Betrieb im Volllastbereich. Um die FSI-Technik realisieren zu können, ist ein aufwändiges elektronisches Motormanagement erforderlich. Außerdem ist der Aufwand bei der Motormechanik gegenüber dem konventionellen Ottomotor wesentlich höher.

So ist beispielsweise der Ansaugkanal zweiflutig. Im Schichtladungsbetrieb schließt die Saugrohrklappe den unteren Ansaugkanal, damit die angesaugte Luftmasse über den oberen Ansaugkanal beschleunigt wird und walzenförmig in den Zylinder einströmen kann. Zusätzlich wird die Strömung durch eine Mulde im Kolben verstärkt. Kurz vor dem Zündzeitpunkt wird im Verdichtungstrakt unter hohem Druck (50 – 100 bar) der Kraftstoff direkt in die Nähe der Zündkerze eingespritzt.

Das Kraftstoffsystem besteht aus einem Niederdruck- und einem Hochdruckteil. Im Niederdrucksystem wird der Kraftstoff von einer elektrischen Kraftstoffpumpe mit circa 6 bar über den Kraftstofffilter zur Hochdruckpumpe gefördert. Im Hochdrucksystem strömt der Kraftstoff mit 40 –110 bar aus der

Hochdruckpumpe in das Kraftstoffverteilerrohr (Common-Rail) und wird dort auf die vier Hochdruck-Magnet-Einspritzventile verteilt.

Da im Schichtladebetrieb bei der Verbrennung durch den Luftüberschuss die Stickoxide (NO_x) kräftig ansteigen, ist neben dem 3-Wege-Katalysator ein zusätzlicher NO_x-Speicherkatalysator erforderlich. Der NO_x-Katalysator entspricht vom Aufbau her dem Drei-Wege-Katalysator. Die Oberfläche ist jedoch zusätzlich mit Bariumoxid versehen, so daß Stickoxide bei Temperaturen zwischen 250° und 500° durch Nitratbildung zwischen gespeichert werden können. Die Speicherkapazität ist jedoch begrenzt, so daß kurz vor der Sättigungsgrenze vom Schichtladebetrieb auf Homogenbetrieb umgeschaltet wird, um den Katalysator frei zu brennen.

Zündsystem

Zur Ermittlung des richtigen Zündzeitpunktes stützt sich das Steuergerät auf ein elektronisch gespeichertes Zündkennfeld. Synchronisiert wird die Zündanlage durch Signale, die ein Hall- beziehungsweise Impulsgeber an das Motor-Steuergerät abgibt. Eine Antiklopfregelung ermöglicht den wirtschaftlichen Betrieb mit hoher Verdichtung und gleicht unterschiedliche Kraftstoffqualitäten aus. Klopfsensoren am Motorblock registrieren klopfende Verbrennungen im Motor und beeinflussen durch entsprechende Impulse das Motor-Steuergerät, die Zündung in Richtung »spät« zu verstellen. Dadurch wird das Klopfen des Motors verhindert und Motorschäden werden vermieden.

Das Zündsystem arbeitet verschleiß- und wartungsfrei. Nur die Zündkerzen müssen regelmäßig erneuert werden.

Direktzündung

Die Hochspannungszündverteilung auf die einzelnen Zündkerzen erfolgt durch elektronische Bauteile, die den herkömmlichen mechanisch arbeitenden Verteiler mit Verteilerläufer ersetzen.

Anordnung der Zündspulen:

Motoren bis 125 PS: Die Zündanlage hat für je 2 Zündkerzen eine Zündspule. Die beiden Zündspulen sind zusammen in einem Gehäuse am Zylinderkopf befestigt. Beim 1,8-l-Motor (125 PS) und 1,6-l-Motor (100 PS) ist zusätzlich eine Leistungsendstufe im Gehäuse der Zündspulen untergebracht.

1,8-l-Turbomotor: Die 4 Zündspulen sitzen direkt auf den Zündkerzen, siehe auch Abbildungen im Kapitel »Zündkerzen aus- und einbauen«.

2,3-/2,8-l-Motor: Die 5 beziehungsweise 6 Zündspulen sind zusammen am Zylinderkopf befestigt.

Zündkerzentechnik

Die Zündkerze besteht aus der Mittel-Elektrode, dem Isolator mit Gehäuse und der Masse-Elektrode. Zwischen Mittel- und Masse-Elektrode springt der Zündfunke über, der das Kraftstoffluftgemisch entzündet. Man sollte niemals vom vorgeschriebenen Zündkerzentyp abweichen, der unter anderem von der Wärmewert-Kennzahl bestimmt wird.

Die Wärmewert-Kennzahl gibt den Grad der Wärmebelastbarkeit einer Zündkerze an. Je niedriger die Wärmewert-Kennzahl einer Kerze ist, desto höher ist die Wärmebelastbarkeit. Die Kerze kann also die Wärme besser ableiten, wodurch schädliche Glühzündungen (Motorklopfen) verhindert werden. Eine Kerze mit hoher Wärmebelastbarkeit hat allerdings den Nachteil, daß ihre Selbstreinigungstemperatur ebenfalls höher liegt. Sie neigt daher schneller zum Verrußen, insbesondere dann, wenn der Motor häufig seine Betriebstemperatur während der Fahrt nicht erreicht (Stadtverkehr, Kurzstreckenverkehr im Winter).

Der richtige Zündkerzen-Wärmewert wird vom Automobilhersteller festgelegt. Es gibt Zündkerzen mit einem oder mehreren Polen, mit unterschiedlicher Gewindelänge und unterschiedlichem Gewindedurchmesser. Beim Auswechseln von Zündkerzen ist es deshalb wichtig, daß nur solche Kerzen verwendet werden, die der Vorschrift des Automobilherstellers entsprechen.

Die durchschnittliche Lebensdauer von Zündkerzen ist recht unterschiedlich. Dabei spielt auch der Elektrodenwerkstoff eine wichtige Rolle. Die Chrom-Nickel-Legierung zeichnet sich durch sehr hohe Wärmeableitung und hohe Korrosionsfestigkeit aus; Silber bietet das beste Wärmeleitvermögen aller Metalle und Platin-Elektroden verfügen über eine hohe Korrosions- und Abbrandfestigkeit. Die Lebensdauer von Zündkerzen beträgt zwischen 20.000 Kilometer und bis zu 100.000 Kilometer, je nachdem, welcher Elektrodenwerkstoff verwendet wurde und ob ein- oder mehrpolige Zündkerzen zum Einsatz kommen.

Je nach Bauart der Motoren unterscheidet man zwischen zwei verschiedenen Abdichtungsarten zwischen Zündkerze und Zylinderkopf.

Der Flachdichtsitz hat einen unverlierbaren Außendichtring, der am Kerzenkörper angebracht ist. Beim Kegeldichtsitz ist keine zusätzliche Dichtung erforderlich. Bei beengten Einbauverhältnissen werden häufig Zündkerzen mit Flachdichtsitz und kleiner Schlüsselweite des Sechskants verwendet oder aber man verwendet Kegeldichtsitzkerzen, die aufgrund ihrer kompakten Bauart kleinere Außenmaße haben.

Hinweis: Zündkerzen auswechseln, siehe Kapitel »Wartung«.

Einbauübersicht Einspritzanlage

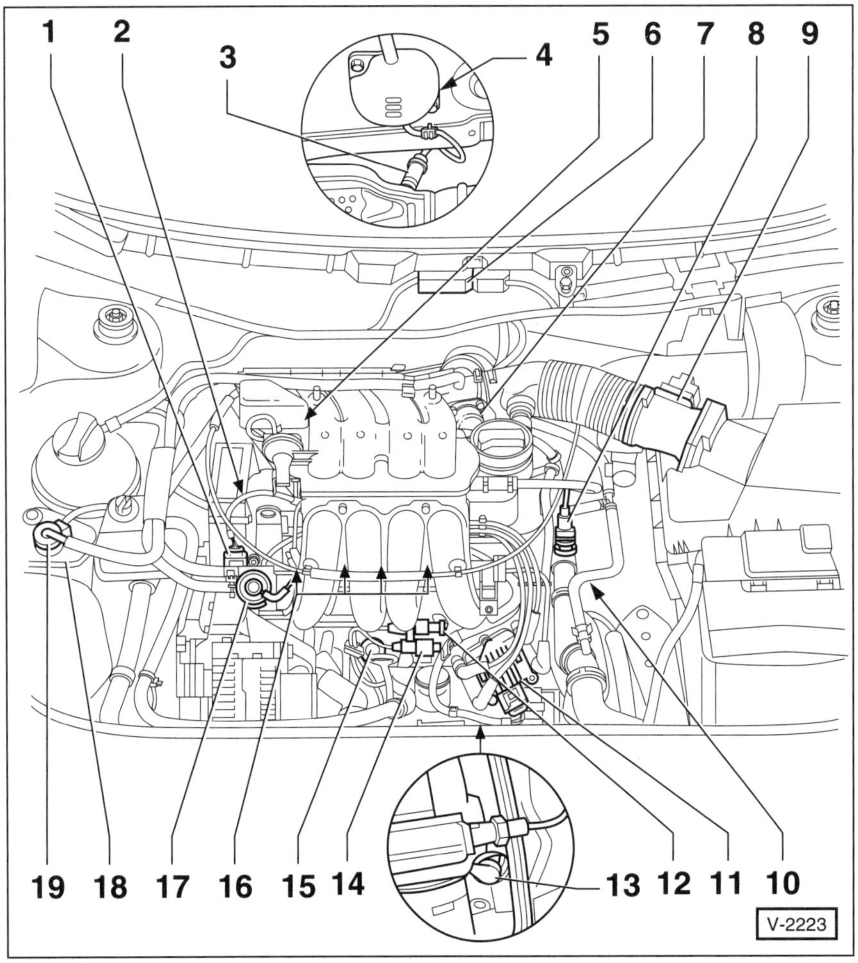

Simos-Einspritzung
1,6-l-Motor (100 PS)

1 – **Steckverbindung**
Für Hallgeber (schwarz).

2 – **Hallgeber**
Unter dem oberen Zahnriemenschutz.

3 – **Lambdasonde, 50 Nm**
Einbaulage bei automatischem Getriebe: Im Abgaskrümmer.

4 – **Steckverbindung**
Für Lambdasonde, an der Fahrzeugunterseite rechts.

5 – **Ventil für Saugrohrumschaltung**

6 – **Simos-Steuergerät**

7 – **Drosselklappen-Steuereinheit**

8 – **Geber für Kühlmitteltemperatur**

9 – **Luftmassenmesser**
Mit Geber für Ansauglufttemperatur.

10 – **Masseanschluß am Getriebe**

11 – **Zündspulen**
Mit Leistungsendstufe.

12 – **Steckverbindung**
Für Klopfsensor.

13 – **Geber für Motordrehzahl**

14 – **Steckverbindung**
Für Motordrehzahlgeber (grau).

15 – **Klopfsensor**

16 – **Einspritzventile**

17 – **Kraftstoff-Druckregler**

18 – **Aktivkohlebehälter**

19 – **Magnetventil für Aktivkohlebehälter**

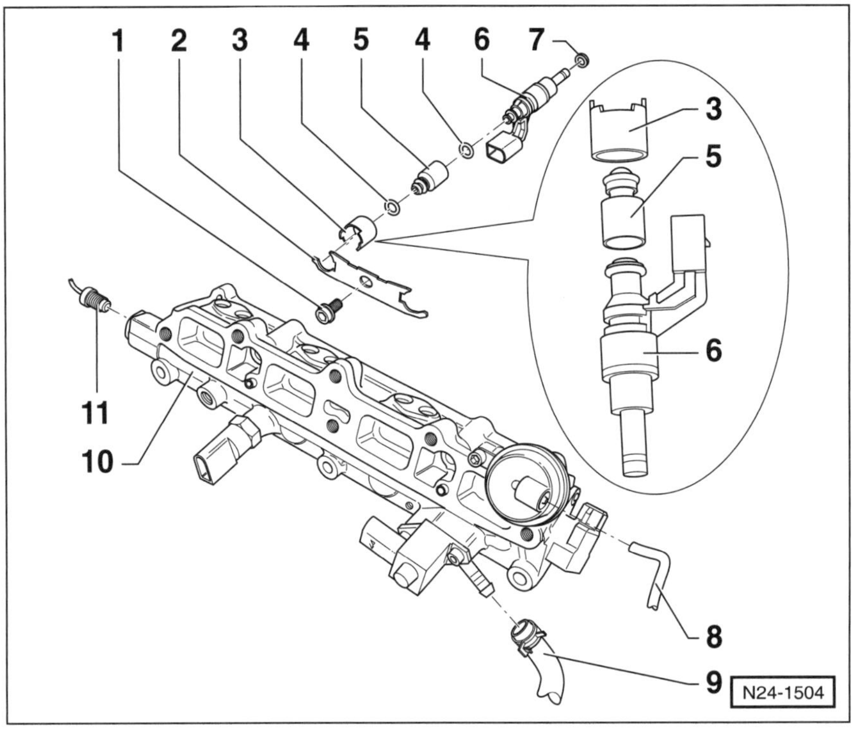

Kraftstoffverteiler/Einspritzventil
Motronic MED 7
1,6-l-Motor (110 PS)

1 – **Schraube, 20 Nm**

2 – **Halteblech**
Einbaulage beachten.

3 – **Halteklammer**
Auf richtigen Sitz an Einspritzventil und Halteblech achten.

4 – **O-Ring**
Immer ersetzen. Beim Einbau leicht mit sauberem Motoröl benetzen.

5 – **Abstandshülse**

6 – **Einspritzventil**
Widerstand 12 – 17 Ω bei Raumtemperatur.

7 – **Dichtring**
Immer ersetzen.

8 – **Unterdruckschlauch**

9 – **Rücklaufleitung**
Blau beziehungsweise blaue Markierung. Auf festen Sitz achten.

10 – **Saugrohr-Unterteil**
Vor dem Aus- und Einbauen das Unterdruckstellelement mit einem 2,5 mm Bohrer arretieren

11 – **Hochdruckleitung, 14 Nm**

Kraftstoffverteiler/Einspritzventile aus- und einbauen

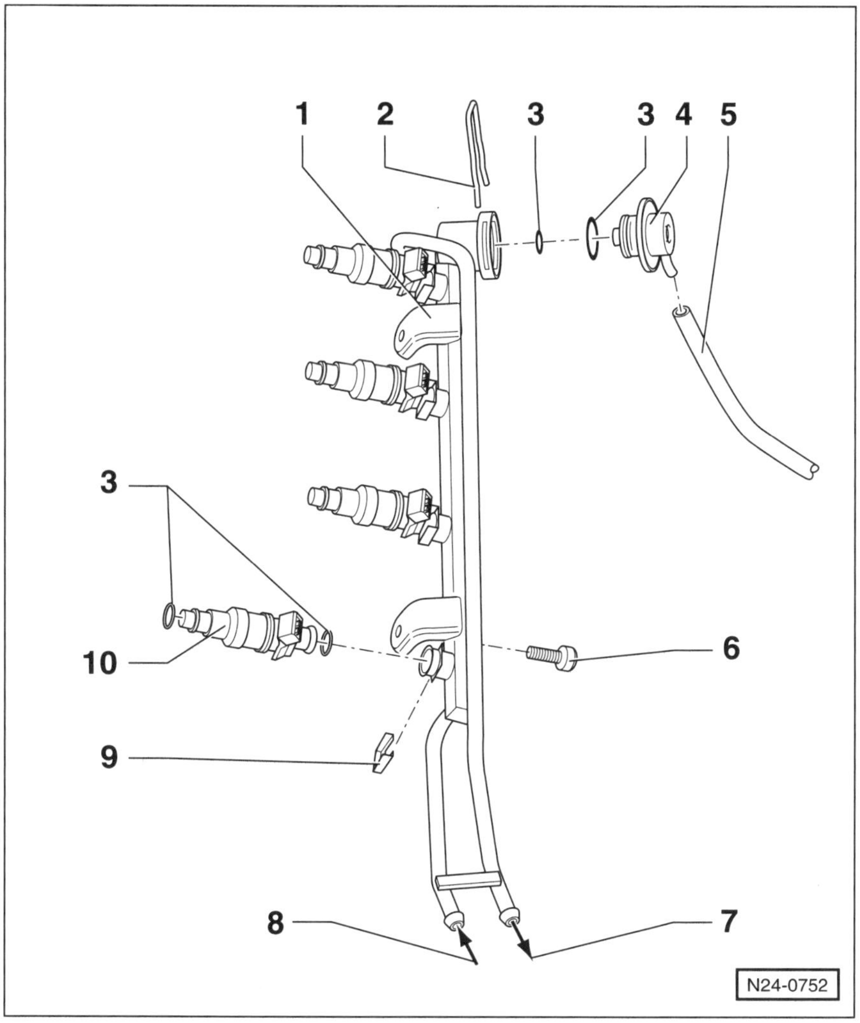

Hinweis: Die Abbildung zeigt die Ausführung beim 1,8-l-Motor, die anderen Motoren sind ähnlich ausgeführt.

1 – **Kraftstoffverteiler**

2 – **Halteklammer**
Auf richtigen Sitz am Druckregler und Kraftstoffverteiler achten.

3 – **O-Ring**
Bei Beschädigung erneuern. Vor dem Einsetzen leicht mit sauberem Motoröl bestreichen.

4 – **Kraftstoff-Druckregler**

5 – **Unterdruckschlauch**

6 – **Schraube, 10 Nm**

7 – **Anschluß Rücklaufleitung**

8 – **Anschluß Vorlaufleitung**

9 – **Halteklammer**
Auf richtigen Sitz am Einspritzventil und Kraftstoffverteiler achten.

10 – **Einspritzventil**

Ausbau 1,6-l-Motor (100 PS)/1,8-l-Motor

- Unterdruckschlauch und Anschlußstecker für Umschaltventil am Ansaugrohr abziehen. Zündkerzenstecker abziehen, siehe Seite 23.

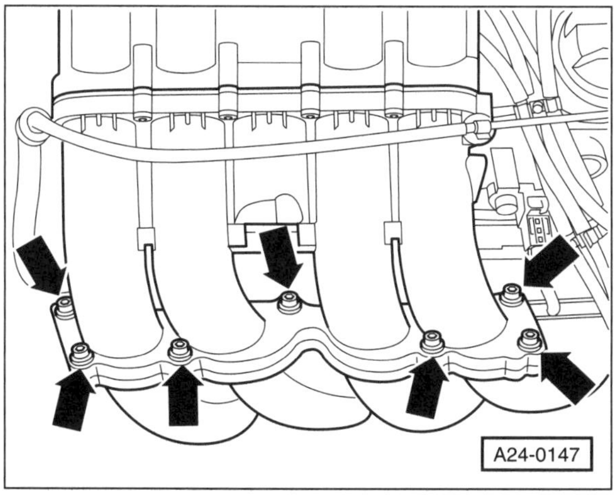

- Innensechskantschrauben –Pfeile– abschrauben und Ansaugrohr-Oberteil nach oben schwenken. Hinweis: Die Abbildung zeigt den 1,8-l-Motor.
- Unterdruckschlauch vom Kraftstoffdruckregler abziehen.

Sicherheitshinweis:
Die Kraftstoffanlage steht unter Druck! Beim Öffnen der Anlage kann Kraftstoff herausspritzen, daher austretenden Kraftstoff mit einem Lappen auffangen. **Schutzbrille tragen. Nicht rauchen, kein offenes Feuer, Brandgefahr! Feuerlöscher bereitstellen.**

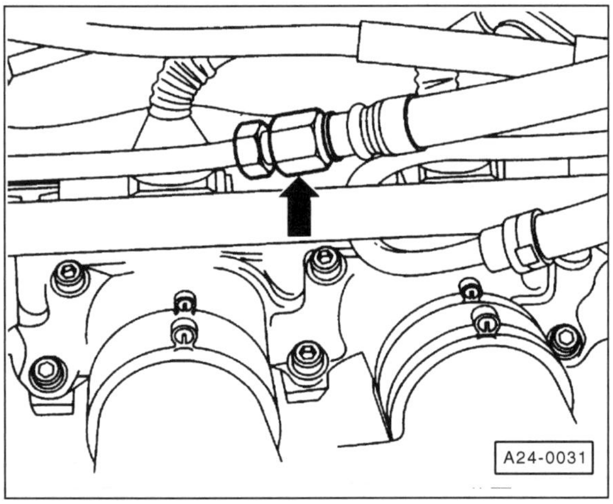

- Vorlaufleitung vom Kraftstoffverteiler abschrauben, dabei austretenden Kraftstoff mit einem Lappen auffangen.
- Stecker an den Einspritzventilen abziehen.

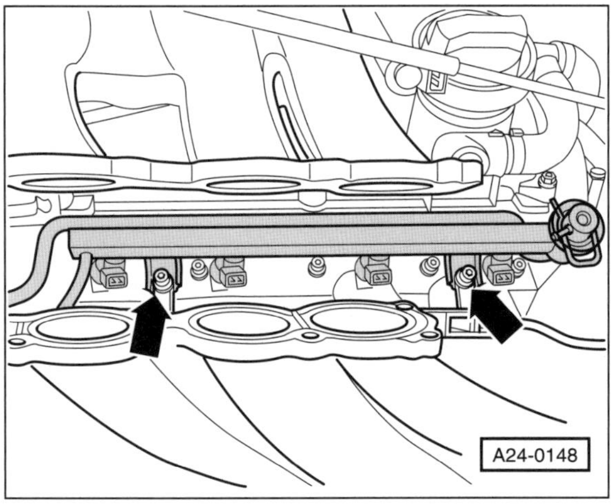

- Befestigungsschrauben des Kraftstoffverteilers herausschrauben und Einspritzventile komplett mit Kraftstoffverteiler aus dem Ansaugkrümmer ziehen. Hinweis: Die Abbildung zeigt den 150-PS-Motor.
- Halteklammern an der Verbindung von Einspritzventilen und Kraftstoffverteiler abziehen. Einspritzventile aus dem Kraftstoffverteiler herausziehen. Die Einspritzventile sind nur eingesteckt. **Achtung:** Einspritzdüsen nicht vertauschen, an gleicher Stelle wieder einbauen.

Einbau

Achtung: Beim Wiedereinstecken der Ventile darauf achten, daß die O-Dichtringe und Düseneinsätze im Zylinderkopf nicht beschädigt werden. O-Ringe immer ersetzen. Dabei darf die vordere Kunststoffhülse **nicht** vom Einspritzventil abgezogen werden.

- Dichtringe vor dem Einsetzen leicht mit sauberem Motoröl bestreichen.
- Einspritzventile bis zum Anschlag senkrecht in den Kraftstoffverteiler einsetzen und mit Halteklammern sichern.
- Kraftstoffverteiler mit gesicherten Einspritzventilen vorsichtig in den Ansaugkrümmer einsetzen und bis zum Anschlag eindrücken.
- Befestigungsschrauben ansetzen, Kraftstoffverteiler von Hand leicht in Richtung Saugrohr drücken und Schrauben mit 10 Nm anziehen.
- Stecker der Einspritzventile aufstecken.
- Vorlaufleitung am Kraftstoffverteiler anschrauben.
- Ansaugrohr-Oberteil mit neuer Dichtung über Kreuz anschrauben.
- Unterdruckleitung am Druckregler aufstecken.
- Unterdruckschlauch und Anschlußstecker für Umschaltventil am Ansaugrohr aufstecken.
- Zündkerzenstecker aufstecken, siehe Seite 23.

Technische Daten Benzin-Einspritzanlagen

Motor-Kennbuchstaben		AHW/AKQ APE/AXP	ATN/ ASU	AEH/ AKL	APF	AGN	AGU	AQA/ ARZ	APK/ AQY	AGZ	AQP/ AUE
Einspritzanlage		4AV/4CV/ Motronic ME7.5.10	4LV	Simos 2	Simos 3.3	Motronic 3.8.5	Motronic 3.8.3	Motronic ME7.5	Motronic 5.9.2	Motronic 3.8.3	Motronic ME7.1
Leerlaufdrehzahl	1/min	650 – 850	630 – 730	760 – 880	640 – 900	760 – 880	800 – 920	800 – 920/ 700 – 820	740 – 820	650 – 750	650 – 750
CO-Gehalt	Vol.%	max. 0,3	max. 0,3	max. 0,5	max. 0,5	max. 0,5	max. 0,5	max. 0,5	max. 0,5	max. 0,5	max. 0,5
Drehzahlbegrenzung	1/min	6500	57	6350	6350	6500	6500	6800	6500	6500	6500
Kraftstoff-Druckregler											
Kraftstoffdruck bei Leerlaufdrehzahl und Unterdruckschlauch **aufgesteckt**	bar	2,5	2,5	2,5	2,5	2,5	2,5	2,5	2,5	2,5	2,5
abgezogen	bar	3,0	3,0	3,0	3,0	3,0	3,0	3,0	3,0	3,0	3,0
Haltedruck nach 10 Minuten mindestens	bar	2,0	2,0	2,0	2,0	2,0	2,0	2,0	2,0	2,0	2,0
Einspritzventile											
Abspritzmenge/30 sec.	ml	–	–	–	–	85 – 105	110 – 130	133 – 157	85 – 105	90 – 125	110 – 130
Widerstand am einzelnen Ventil ca.*	Ω	12 – 17	14 – 17	14 – 17	12 – 17	12 – 15	12 – 15	12 – 17	14 – 18	15 – 22	13 – 19

*) Bei betriebswarmem Motor erhöht sich der Widerstand der Einspritzventile um ca. 4 Ω bis 6 Ω.

Störungsdiagnose Benzin-Einspritzanlage

Bevor anhand der Störungsdiagnose der Fehler aufgespürt wird, müssen folgende Prüfvoraussetzungen erfüllt sein: Bedienungsfehler beim Starten ausgeschlossen. Sowohl für den kalten wie warmen Motor gilt: Vor und während des Startens kein Gas geben. Bei heißem Motor kann es nach dem Anspringen des Motors erforderlich sein, etwas Gas zu geben.

Kraftstoff im Tank, Motor mechanisch in Ordnung, Batterie geladen, Anlasser dreht mit ausreichender Drehzahl, Zündanlage ist in Ordnung, keine Undichtigkeiten an der Kraftstoffanlage, Verschmutzungen im Kraftstoffsystem ausgeschlossen, Kurbelgehäuse-Entlüftung in Ordnung, elektrische Masseverbindung (Motor-Getriebe-Aufbau) vorhanden. Fehlerspeicher des Steuergerätes abfragen (Werkstattarbeit). **Achtung: Die Kraftstoffanlage steht unter Druck.** Wenn Kraftstoffleitungen gelöst werden, dicken Lappen darüberlegen, um eventuelle Kraftstoffspritzer aufzufangen. Kraftstoffleitungen vorher mit Kaltreiniger säubern.

Störung	Ursache	Abhilfe
Motor springt nicht an.	Elektro-Kraftstoffpumpe läuft beim Betätigen des Anlassers nicht an (keine Laufgeräusche hörbar).	■ Prüfen, ob Spannung an der Pumpe anliegt. Steckerkontakte auf Sauberkeit und gute Leitfähigkeit überprüfen.
	Sicherung defekt.	■ Sicherungen für Kraftstoffpumpe/Einspritzanlage überprüfen.
	Kraftstoffpumpenrelais defekt.	■ Relais überprüfen.
	Einspritzventile erhalten keine Spannung.	■ Stromversorgung prüfen.
Der kalte Motor springt schlecht an, läuft unrund.	Temperaturfühler defekt.	■ Temperaturfühler Kühlmittel/Ansaugluft prüfen (Werkstattarbeit).
Der Motor setzt aus.	Elektrische Verbindungen zur Kraftstoffpumpe zeitweise unterbrochen.	■ Steckverbindungen und Anschlüsse von elektrischen Leitungen an der Kraftstoffpumpe und dem Kraftstoffpumpen-Relais auf feste und widerstandslose Verbindung prüfen. Sicherung und Kontaktstellen am Kraftstoffpumpen-Relais prüfen. Kontakte reinigen bzw. erneuern.
	Kraftstoff-Fördermenge zu gering.	■ Kraftstoffpumpen-Fördermenge prüfen.
	Kraftstoffilter verstopft.	■ Kraftstoffilter erneuern.
	Kraftstoffpumpe defekt.	■ Kraftstoffpumpe prüfen.
	Einspritzventil defekt.	■ Einspritzventile prüfen (Werkstattarbeit).
Der Motor hat Übergangsstörungen.	Luftansaugsystem undicht.	■ Ansaugsystem prüfen. Dazu Motor im Leerlauf drehen lassen und Dichtstellen sowie Anschlüsse im Ansaugtrakt mit Benzin bestreichen. Wenn sich die Drehzahl kurzfristig erhöht, undichte Stelle beseitigen. **Achtung:** Benzindämpfe sind giftig, nicht einatmen!
	Temperaturfühler Kühlmittel/Ansaugluft defekt.	■ Prüfen (Werkstattarbeit).
	Kraftstoffsystem undicht.	■ Sichtprüfung an allen Verbindungsstellen im Bereich des Motors und der elektrischen Kraftstoffpumpe. Alle Anschlüsse nachziehen.
Der heiße Motor springt nicht an.	Druck im Kraftstoffsystem zu hoch.	■ Kraftstoffdruck prüfen lassen, gegebenenfalls Druckregler ersetzen.
	Rücklaufleitung zwischen Druckregler und Tank verstopft oder geknickt.	■ Leitung reinigen oder ersetzen.
Der Motor läuft nach.	Einspritzventil undicht.	■ Einspritzventil prüfen (Werkstattarbeit).

Abgasanlage

Aus dem Inhalt:

- **Katalysatorsysteme**
- **Abgasanlagen-Übersicht**
- **Abgasanlage demontieren**
- **Abgasanlage prüfen**

Die Abgasanlage besteht aus folgenden Teilen: Abgaskrümmer, gegebenenfalls Turbolader, Katalysator, vorderes Abgasrohr sowie Mittel- und Nachschalldämpfer. In Abhängigkeit von der Motorisierung und dem Antrieb – Front oder Allrad – weisen die Abgasanlagen Unterschiede auf.

Mittel- und Nachschalldämpfer sind in der serienmäßigen Ausführung einteilig. Im Reparaturfall können sie getrennt werden und sind einzeln als Ersatzteil erhältlich. Die Teile der Abgasanlage sind miteinander verschraubt beziehungsweise mit Klemmschellen verbunden und lassen sich einzeln auswechseln. Selbstsichernde Muttern und Dichtungen sind nach dem Ausbau zu ersetzen. Halteringe und Gummipuffer auf Porosität und Beschädigung prüfen, gegebenenfalls auswechseln.

Funktion des Katalysators

Alle Motoren sind mit einem oder mehreren Katalysatoren zur Abgasreinigung ausgestattet.

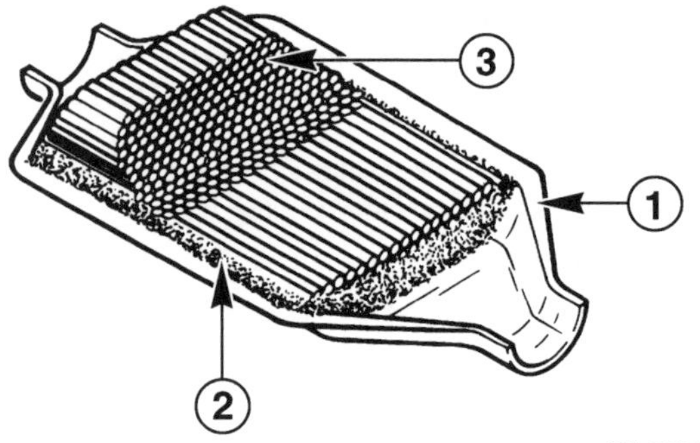

SX-2601

Der Katalysator besteht aus einem Keramik-Wabenkörper –3–, der mit einer Trägerschicht überzogen ist. Auf der Trägerschicht befinden sich Edelmetallsalze, die den Umwandlungsprozeß bewirken. Im Gehäuse –1– wird der Katalysator durch eine Isolations-Stützmatte –2– fixiert, die außerdem Wärmeausdehnungen ausgleicht.

In Verbindung mit der Einspritzanlage und der Lambdasonde wird die Kraftstoffmenge für die Verbrennung exakt dosiert, damit der Katalysator die Schadstoffe reduzieren kann. Die Lambdasonde sitzt im Abgasrohr vor dem Katalysator und wird vom Abgasstrom umspült. Bei der Lambdasonde handelt es sich um einen elektrischen Meßfühler, der den Restgehalt an Sauerstoff im Abgas durch elektrische Spannungsschwankungen anzeigt und Rückschlüsse auf die Zusammensetzung des Luft-Kraftstoff-Gemisches ermöglicht. In Bruchteilen von Sekunden kann die Lambdasonde entsprechende Signale an die Steuereinheit der Einspritzanlage weitergeben und dadurch das Kraftstoff-Luftverhältnis ständig verändern. Das ist einerseits erforderlich, da sich ja die Betriebsverhältnisse (Leerlauf, Vollgas) ständig ändern, zum anderen aber auch, weil nur dann eine optimale Nachverbrennung im Katalysator erfolgt, wenn noch genügend Kraftstoffanteile im Motorabgas vorhanden sind.

Damit es also bei einer Temperatur von +300° bis +800° C im Katalysator überhaupt zu einer Nachverbrennung kommen kann, muß das Kraftstoff-Luftgemisch mehr Kraftstoffanteile aufweisen, als für die reine Verbrennung erforderlich wären.

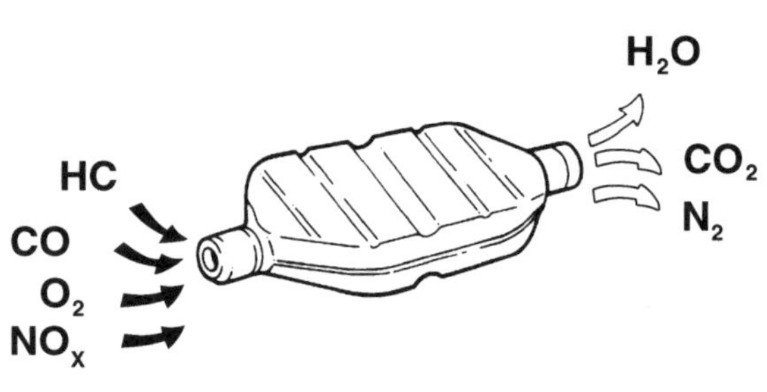

SX-2603

Bei den verwendeten Katalysatoren für Benzinmotoren handelt es sich um sogenannte 3-Wege-Katalysatoren. Das bedeutet, daß aufgrund der Lambda-Regelung die Oxidation von Kohlenmonoxid (CO) und Kohlenwasserstoffen (HC) sowie die Reduktion der Stickoxide (NO_X) gleichzeitig durchgeführt werden.

Katalysatorschäden vermeiden

Um Beschädigungen an der Lambdasonde und am Katalysator zu vermeiden, sind folgende Hinweise unbedingt zu beachten:

- Grundsätzlich nur bleifreies Benzin tanken.
- Das Anlassen des Benzinmotors durch Anschieben oder Anschleppen ist nur in einem Versuch und über eine Strecke von maximal **50 Metern** erlaubt. Besser: Starthilfekabel verwenden. Unverbrannter Kraftstoff könnte bei einer Zündung zur Überhitzung des Katalysators und zu seiner Zerstörung führen. **Hinweis:** Das Anschleppen von Fahrzeugen mit Automatikgetriebe ist aus technischen Gründen nicht möglich.
- Bei Startschwierigkeiten nicht unnötig lange den Anlasser betätigen. Während des Anlassens wird permanent Kraftstoff eingespritzt. Fehlerursache ermitteln und beseitigen.
- Treten Zündstörungen auf, muß bei der Fehleridentifizierung verhindert werden, daß während der Betätigung des Anlassers Kraftstoff eingespritzt wird. Dazu das Kraftstoffpumpenrelais abziehen.
- Kraftstofftank nie ganz leerfahren.
- Treten Zündaussetzer auf, hohe Motor-Drehzahlen vermeiden und Fehler umgehend beheben.
- Nur die vorgeschriebenen Zündkerzen verwenden.
- Keine Funkenprüfung mit abgezogenem Zündkerzenstecker durchführen.
- Es darf kein Zylindervergleich (Balancetest) durch Zündabschaltung eines Zylinders durchgeführt werden. Bei Zündabschaltung der einzelnen Zylinder – auch über Motortester – gelangt unverbrannter Kraftstoff in den Katalysator.
- Fahrzeug nicht über trockenem Laub, Gras oder auf einem Stoppelfeld abstellen. Die Abgasanlage wird im Bereich des Katalysators sehr heiß und strahlt die Wärme auch nach dem Abstellen des Motors noch ab.
- Keinen Unterbodenschutz auf die Abgasanlage bringen.
- Die Hitzeschilder der Abgasanlage dürfen nicht verändert werden.
- Beim Ein- oder Nachfüllen von Motoröl besonders darauf achten, daß auf keinen Fall die Maximum-Markierung am Ölpeilstab überschritten wird. Das überschüssige Öl gelangt sonst aufgrund unvollständiger Verbrennung in den Katalysator und kann das Edelmetall beschädigen oder den Katalysator vollständig zerstören.

Der Abgasturbolader

Der 1,8-l-Benzinmotor mit 150/180 PS ist mit einem Abgas-Turbolader ausgerüstet.

Beim Turbolader sitzen auf einer Welle zwei Turbinenräder, die in zwei voneinander getrennten Gehäusen untergebracht sind. Für den Antrieb der Turbinenräder sorgen die Abgase. Sie bringen die Laderwelle auf bis zu 300.000 Umdrehungen in der Minute. Und da Abgas- und Frischluftrotor auf gleicher Welle sitzen, wird mit gleicher Drehzahl Frischluft in die Zylinder gedrückt. Zur Schmierung ist der Lader an den Ölkreislauf des Motors angeschlossen, er wird zusätzlich durch die Motorkühlflüssigkeit gekühlt.

Aufgrund des guten Füllungsgrades lassen sich bei vorhandenen Motoren Leistungszuwachsraten von bis zu 100 Prozent verwirklichen. Abhängig ist der Leistungszuwachs unter anderem vom Ladedruck, der bei einem Pkw-Motor zwischen 0,4 bis 0,8 bar (Reifenfülldruck etwa 1,8 bar) liegt. Der Ladedruck wird über einen Druckfühler laufend vom Steuergerät überprüft und geregelt. Dadurch ist auch sichergestellt, daß ein maximaler Ladedruck nicht überschritten wird.

Neben der Motorleistung steigt bei der Verwendung eines Abgasladers auch das Drehmoment an, was vor allem im Hinblick auf einen elastischen Motorlauf wünschenswert ist. Voraussetzung ist allerdings, daß die Laderwelle mit ausreichender Drehzahl rotiert und somit einen ordentlichen Füllungsgrad garantiert. Deswegen ist ein relativ kleiner Turbolader eingebaut, der schon bei geringen Motordrehzahlen anspricht und das Drehmoment steigert.

Zwischen Turbolader und Einlaßkanal des Motors befindet sich ein Ladeluftkühler, der die vorverdichtete Luft abkühlt. Dadurch wird die Leistung erhöht, weil kühle Luft durch die höhere Luftdichte einen höheren Sauerstoffanteil besitzt.

Der Turbolader ist ein äußerst präzise hergestelltes Bauteil. Deshalb wird er in der Regel bei einem Defekt komplett ausgetauscht.

Abgasanlage 4- und 5-Zylinder-Benzinmotor mit Frontantrieb

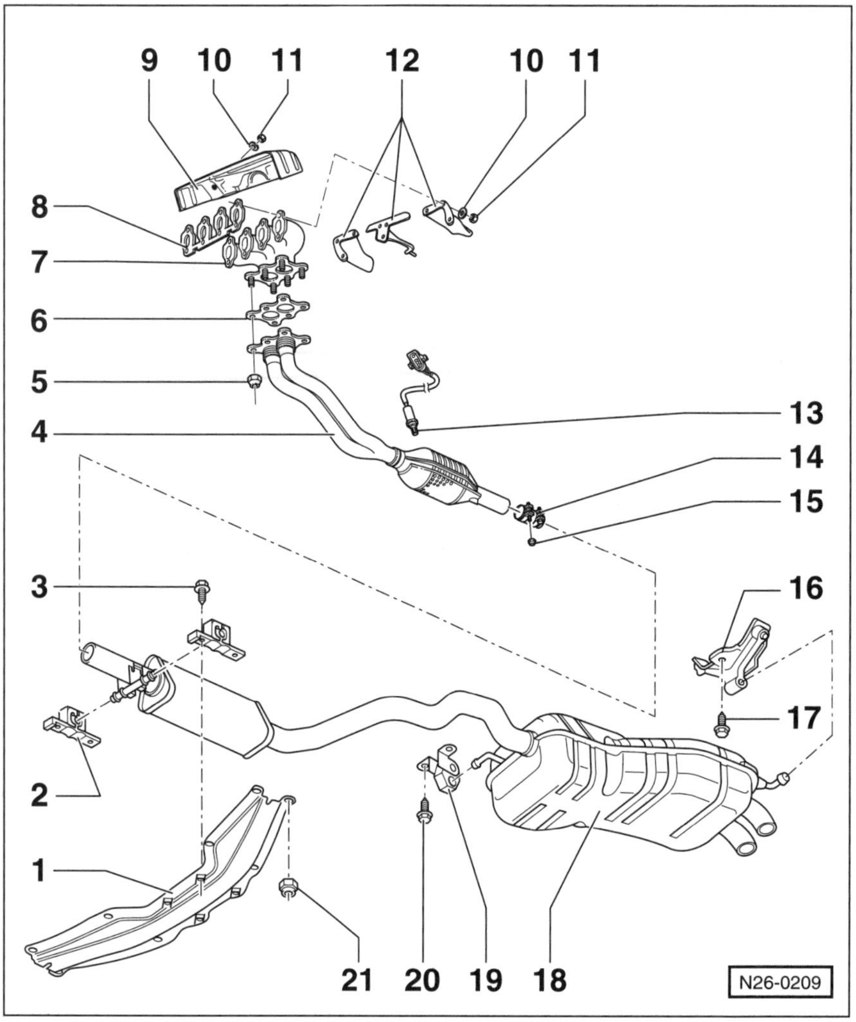

Hinweis: Die Abbildung zeigt den 125-PS-Motor; je nach Motorisierung ist das vordere Abgasrohr unterschiedlich ausgeführt.

1 – **Tunnelbrücke**

2 – **Aufhängung**

3 – **Schraube, 25 Nm**

4 – **Abgasrohr vorn, Katalysator**
Nicht fallen lassen, vor Stoß- und Schlagbeanspruchung schützen.

5 – **Mutter, 40 Nm**
Selbstsichernd, immer erneuern.

6 – **Dichtung**
Immer erneuern.

7 – **Abgaskrümmer**

8 – **Dichtung**
Immer erneuern.

9 – **Abschirmblech**

10 – **Unterlegscheibe**

11 – **Mutter, 25 Nm**

12 – **Abschirmblech**

13 – **Lambdasonde, 50 Nm**
Gewinde mit VW-G052112A3 fetten. **Achtung:** Das Fett darf nicht an die Schlitze des Sondenkörpers kommen.

14 – **Klemmschelle**
Einbaulage: Verschraubung zeigt waagerecht zur linken Fahrzeugseite.

15 – **Mutter, 40 Nm**

16 – **Aufhängung**

17 – **Schraube, 25 Nm**

18 – **Mittel- und Nachschalldämpfer**
Ab Werk als ein Teil eingebaut, kann für die Reparatur einzeln ersetzt werden.

19 – **Aufhängung**

20 – **Schraube, 25 Nm**

21 – **Mutter, 25 Nm**

Abgasanlage 4-Zylinder-Benzinmotor mit Allradantrieb

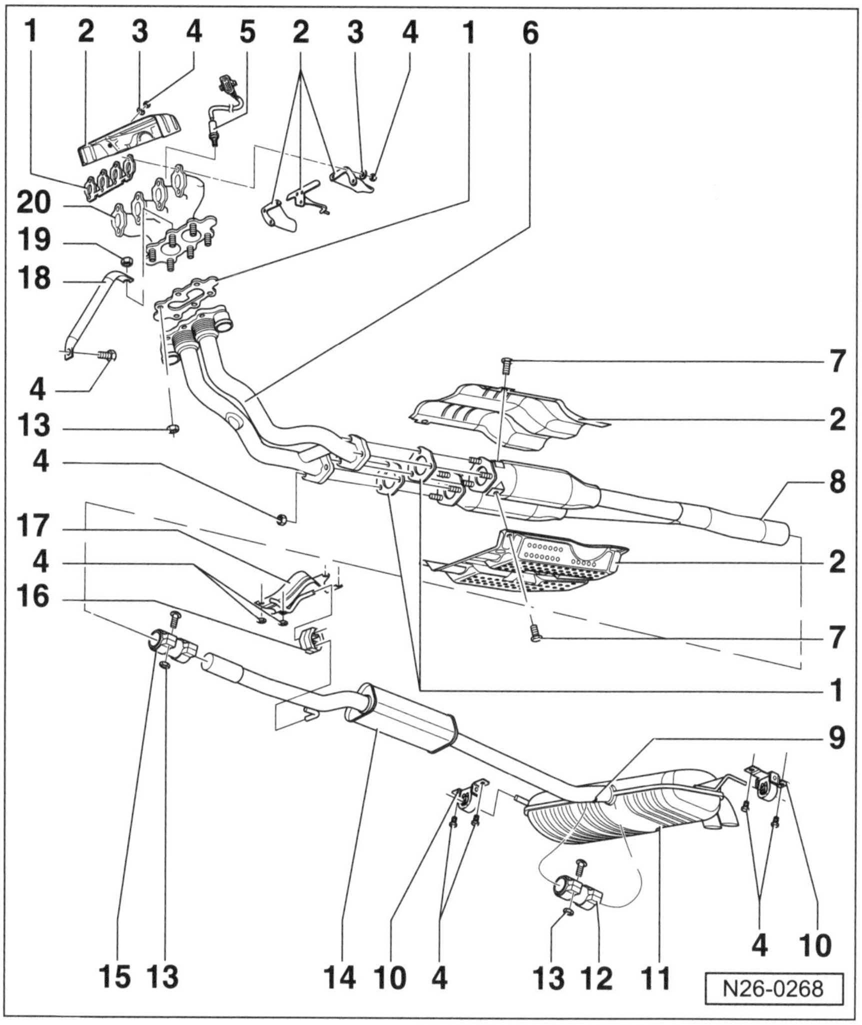

1 – **Dichtung**
Immer erneuern.

2 – **Abschirmblech**

3 – **Unterlegscheibe**

4 – **Mutter, 25 Nm**

5 – **Lambdasonde, 50 Nm**
Gewinde mit »G5« fetten.

6 – **Abgasrohr vorn**
Zum Ausbau Kardanwelle vorn ausbauen.

7 – **Schraube, 10 Nm**

8 – **Anschlag für Klemmschelle**

9 – **Trennstelle**
Im Reparaturfall Vor- und Nachschalldämpfer trennen und einzeln ersetzen.

10 – **Aufhängung**
Mit Haltering.

11 – **Nachschalldämpfer**

12 – **Reparatur-Klemmschelle**
Einbaulage: Verschraubung zeigt waagerecht zur linken Fahrzeugseite.

13 – **Mutter, 40 Nm**

14 – **Vorschalldämpfer**

15 – **Klemmschelle**
Muß bis Anschlag –8– auf das Abgasrohr vorn aufgeschoben werden.

16 – **Haltering**

17 – **Verbindungsstrebe**

18 – **Stütze**
Zuerst Schraube am Motorblock, dann am Abgaskrümmer anziehen.

19 – **Mutter, 20 Nm**

20 – **Abgaskrümmer**

Abgasanlage vorn

2,0-l-Motor (außer AZJ)

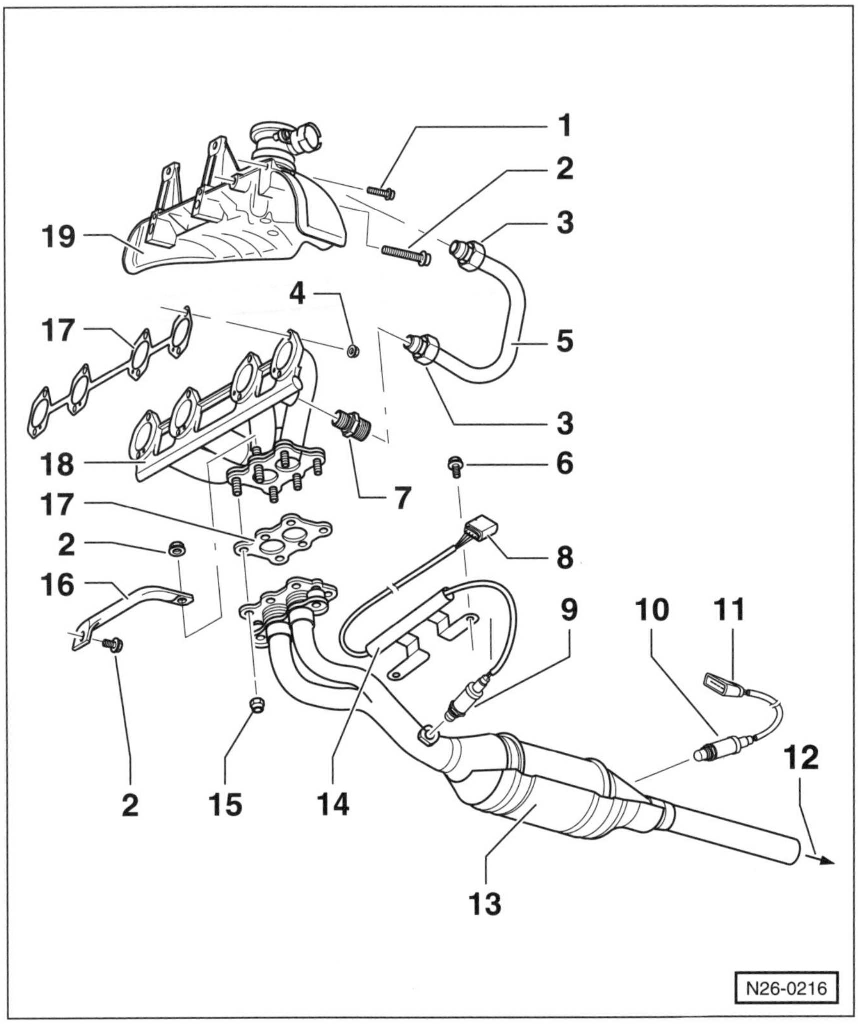

1 – **Schraube, 10 Nm**

2 – **Schraube, 25 Nm**

3 – **Überwurfmutter, 30 Nm**

4 – **Mutter, 25 Nm**
Immer ersetzen.

5 – **Verbindungsrohr**
Für Sekundärlufteinblasung.

6 – **Schraube, 15 Nm**

7 – **Verschraubung, 35 Nm**

8 – **4-fach Steckverbindung**
Schwarz. Kontakte 3 und 4 vergoldet. Für Lambdasonde und Lambdasondenheizung.

9 – **Lambdasonde 1**
Vor Katalysator. Mit VW-Werkzeug 3337 aus- und einbauen, Anzugsmoment **50 Nm**. Lambdasondengewinde mit G 052 112 A3 fetten. Das Fett darf nicht an die Schlitze des Sondenkörpers kommen.

10 – **Lambdasonde 2**
Nach Katalysator. Mit VW-Werkzeug 3337 aus- und einbauen, Anzugsmoment **50 Nm**. Lambdasondengewinde mit G 052 112 A3 fetten. Das Fett darf nicht an die Schlitze des Sondenkörpers kommen.

11 – **4-fach Steckverbindung**
Braun. Kontakte 3 und 4 vergoldet. Für Lambdasonde und Lambdasondenheizung.

12 – **zum Mittelschalldämpfer**

13 – **Abgasrohr vorn mit Katalysator**

14 – **Führungsrohr**

15 – **Mutter, 40 Nm**
Immer ersetzen.

16 – **Stütze**

17 – **Dichtung**
Immer ersetzen.

18 – **Abgaskrümmer**

19 – **Warmluftfangblech**

Abgasanlage hinten

2,0-l-Motor

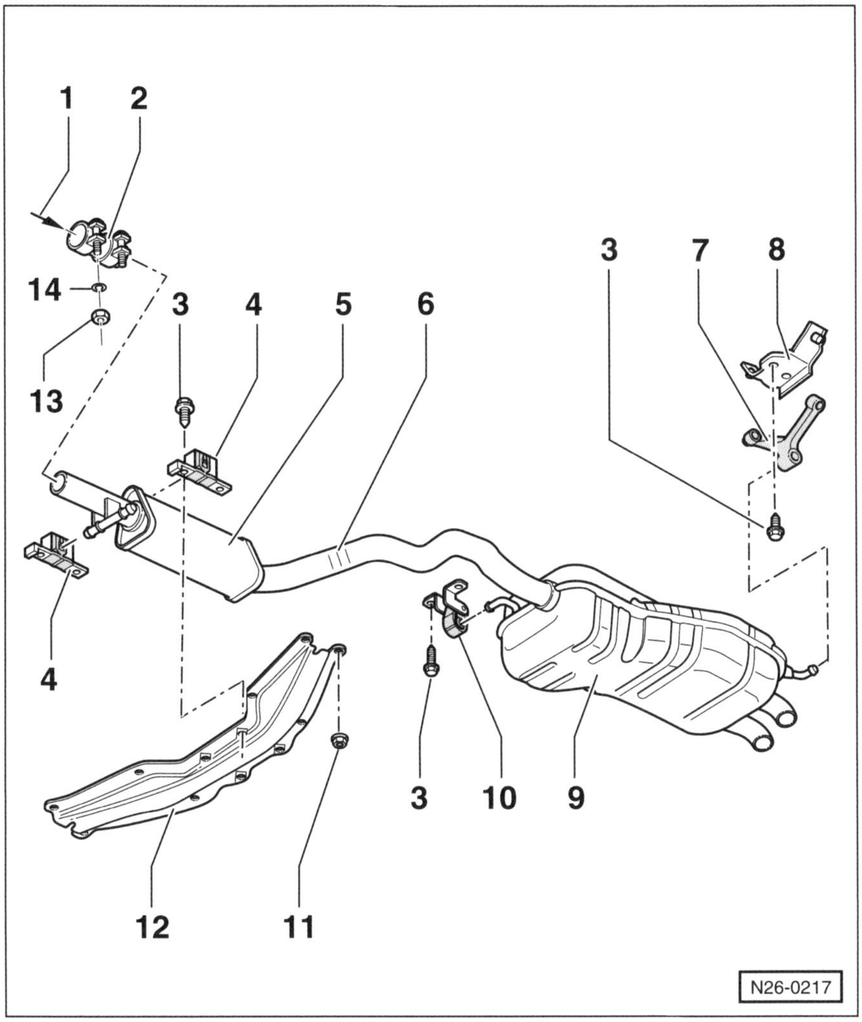

1 – vom Katalysator

2 – Doppelschelle

3 – Schraube, 25 Nm

4 – Aufhängung

5 – Mittelschalldämpfer

6 – Trennstelle

7 – Aufhängung

8 – Halter

9 – Nachschalldämpfer

10 – Aufhängung
Mit Haltering.

11 – Mutter, 20 Nm

12 – Tunnelbrücke

13 – Mutter, 40 Nm

14 – Scheibe

Hinweis: Mittel- und Nachschalldämpfer werden ab Werk in einem Stück eingebaut. Die Schalldämpfer sind als Ersatzteile einzeln erhältlich. Abgasrohr im Reparaturfall an der Trennstelle –6– mit Karosseriesäge rechtwinklig durchsägen. Die Ersatzteile werden mit einer Doppelschelle verbunden.

Abgasanlage aus- und einbauen

Ausbau

Achtung: Die Teile der Abgasanlage können auch einzeln ausgebaut werden. Mittel- und Nachschalldämpfer können getrennt werden und sind einzeln als Ersatzteil erhältlich, siehe Kapitel »Mittelschalldämpfer/Nachschalldämpfer ersetzen«.

Sicherheitshinweis:
Beim Aufbocken des Fahrzeugs besteht Unfallgefahr! Deshalb das Kapitel »Fahrzeug aufbocken« durchlesen.

- Fahrzeug aufbocken und untere Motorraumabdeckung ausbauen, siehe Seite 168.
- Sämtliche Schrauben und Muttern der Abgasanlage mit rostlösendem Mittel einsprühen. Rostlöser einige Zeit einwirken lassen.

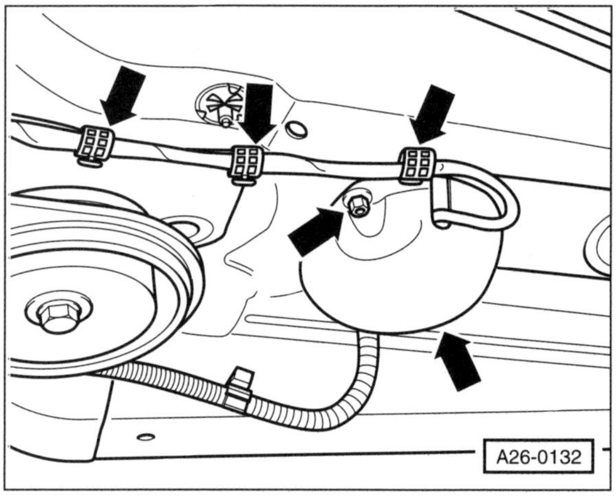

- Neben dem Katalysator, Abdeckung für die Steckverbindung der Lambdasonde abschrauben –2 untere Pfeile–. Elektrische Leitung mit Halteclips –obere Pfeile– am Wärmeschutzblech abziehen. Steckverbindung aus der Abdeckung herausziehen und trennen. **Hinweis:** Bei einigen Modellen (Allradantrieb, 1,6-l-Motor (100 PS) mit Automatikgetriebe) sitzt die Lambdasonde im Abgaskrümmer, der Stecker muß dann nicht getrennt werden. Beim 1,4-l-Motor (75 PS)/1,6-l-Motor (105 PS) sitzt die Lambdasonde weit vorn, in der Nähe des Dichtflanschs des vorderen Abgasrohrs.

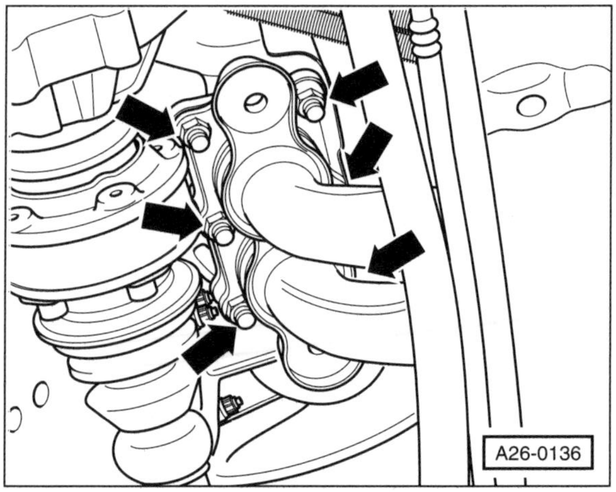

- Vorderes Abgasrohr am Abgaskrümmer (Abbildung) beziehungsweise Turbolader von unten abschrauben.
- Abgasanlage abstützen oder mit Draht am Unterboden aufhängen, damit sie nicht nach unten fällt. **Achtung:** Die Abgasanlage darf auf keinen Fall herunterfallen, da hierdurch der Keramikkörper im Katalysator beschädigt wird. Dadurch wird der Katalysator unbrauchbar und muß ersetzt werden.
- Vorderen Querträger der Abgasanlage beidseitig am Unterboden abschrauben.
- Mit Hilfsperson die Abgasanlage aus den Halteschlaufen aushängen und herausnehmen.

Einbau

Achtung: Dichtungen, Muttern und Schrauben grundsätzlich erneuern. Um die Muttern und Schrauben der Abgasanlage später leichter lösen zu können, empfiehlt es sich, diese mit einer Hochtemperaturpaste, zum Beispiel Liqui Moly LM-508-ASC, einzustreichen.

- Werden Abgasrohre nicht erneuert, Dicht- und Klemmflächen vor dem Zusammenfügen mit Schmirgelleinen von Ruß und Dichtungsresten reinigen.

Achtung: Beim Turbomotor das flexible Teil (Entkoppelungselement) im vorderen Abgasrohr nicht über ca. 10° abwinkeln, sonst wird es beschädigt.

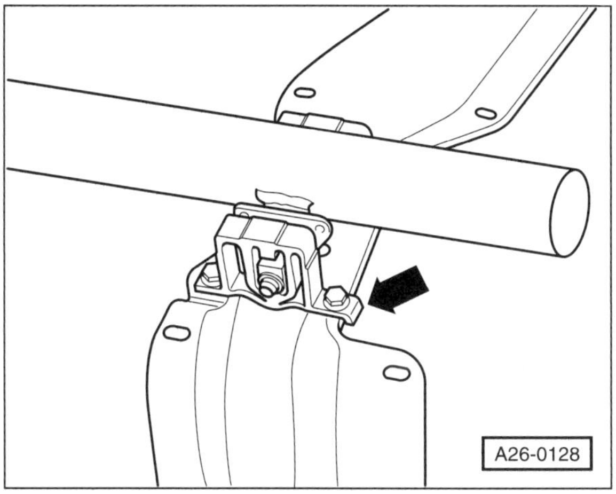

- Halterungen der Abgasanlage am vorderen Querträger so anschrauben, daß die abgewinkelte Seite –Pfeil– der Halter in Fahrtrichtung zeigt.
- Abgasanlage mit Helfer einsetzen und hinten in die Gummihalterungen einhängen.
- Vorderen Querträger mit **25 Nm** am Unterboden anschrauben.

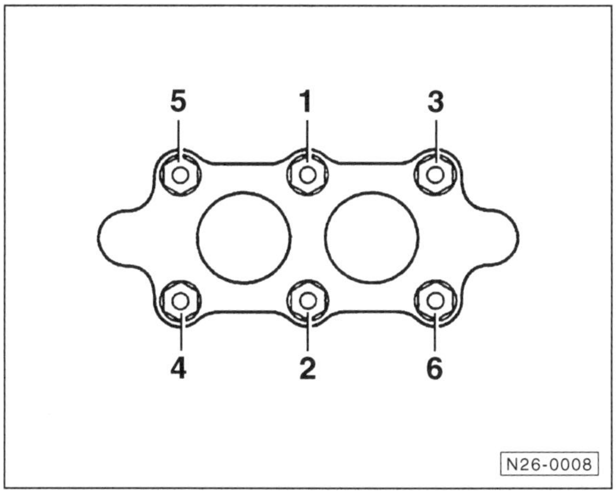

- **Motoren ohne Turbolader:** Vorderes Abgasrohr mit **neuer** Dichtung am Abgaskrümmer anschrauben und in abgebildeter Reihenfolge über Kreuz mit **40 Nm** festziehen. **Hinweis:** Beim 1,4-l-Motor (75 PS)/1,6-l-Motor (105 PS) sind nur 4 Flanschschrauben vorhanden.
- **Turbomotor:** Vorderes Abgasrohr mit **neuer** Dichtung am Turbolader anschrauben und mit **40 Nm** über Kreuz anschrauben.
- Abgasanlage so ausrichten, daß sie spannungsfrei in den Aufhängungen sitzt, siehe folgendes Kapitel.
- Schrauben und Muttern festziehen.

Anzugsdrehmomente:

Abgaskrümmer an Zylinderkopf	25 Nm
Verbindungs-Klemmschellen	40 Nm
Abgasrohr an Abgaskrümmer/Turbolader	40 Nm
Sonstige Schrauben/Flanschverbindungen	25 Nm
Lambdasonde an Katalysator	50 Nm
2,8-l-VR6-Motor M6-Schrauben/Muttern	10 Nm
M8-Schrauben/Muttern	25 Nm
M10-Schrauben/Muttern	40 Nm

- Untere Motorraumabdeckung einbauen, siehe Seite 168.
- Kabel für Lambdasonde in den Clips verlegen und verbinden. Abdeckung für Steckverbindung am Unterboden anschrauben.
- Fahrzeug ablassen.
- Abgasanlage auf Dichtheit prüfen, siehe entsprechendes Kapitel.

Abgasanlage spannungsfrei ausrichten

Nach jedem Einbau von Teilen muß die Abgasanlage ausgerichtet werden, sonst treten Spannungen auf, die zu Rissen und/oder Geräuschen führen.

- Die Abgasanlage wird in kaltem Zustand ausgerichtet. Heiße Abgasanlage auf Umgebungstemperatur abkühlen lassen.

Sicherheitshinweis:
Beim Aufbocken des Fahrzeugs besteht Unfallgefahr! Deshalb das Kapitel »Fahrzeug aufbocken« durchlesen.

- Fahrzeug aufbocken.
- Verschraubung der Klemmschelle zwischen Katalysator und Mittelschalldämpfer lösen.

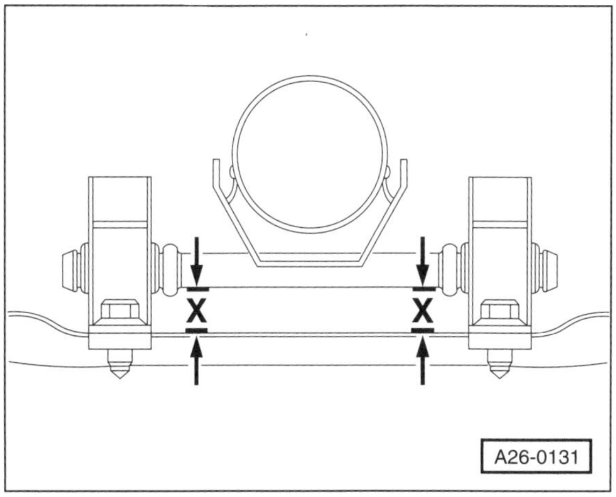

- Abgasrohr waagerecht ausrichten: Der Querbolzen muß parallel zum Querträger stehen, Maß –X– muß links und rechts gleichgroß sein.
- Endschalldämpfer mit Endrohren waagerecht zum Unterboden ausrichten.

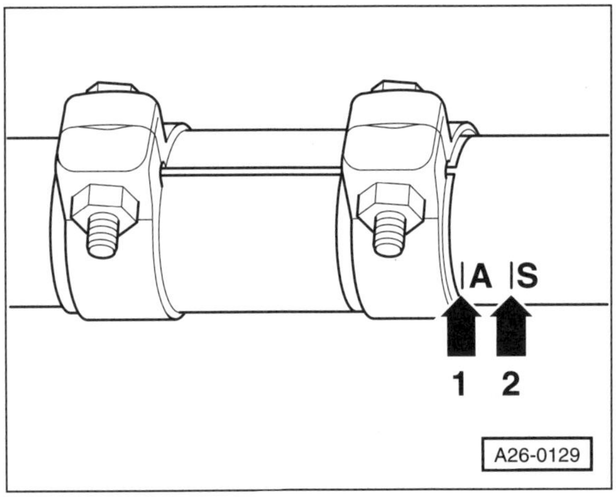

- Fahrzeuge mit Frontantrieb: Endrohr bis ca. 5 mm Abstand zum Strich der jeweiligen Markierung in die Klemmschelle einschieben. Markierung –A–, –Pfeil 1– gilt für alle Fahrzeuge mit folgender Ausnahme:

  1,6-l-Motor (100 PS) mit Schaltgetriebe: Abgasrohr bis zur Markierung »S«, –Pfeil 2– in die Klemmschelle einschieben.

- Klemmschelle mit **40 Nm** festziehen. Die Verschraubung soll waagerecht zur linken Fahrzeugseite zeigen.
- Fahrzeug ablassen.

Mittelschalldämpfer/ Nachschalldämpfer ersetzen

Ab Werk bilden das hintere Abgasrohr und die 2 Schalldämpfer eine Einheit; die Schalldämpfer können jedoch einzeln erneuert werden. Zum Trennen wird ein handelsüblicher Ketten-Abgasrohrschneider, zum Beispiel HAZET 4682, benötigt. Steht das Werkzeug nicht zur Verfügung, Abgasanlage mit Eisensäge durchsägen.

Hinweis: Wenn sich ein Schalldämpfer nicht aus der Klemmschelle ziehen läßt, gibt es zum Lösen zwei Möglichkeiten: 1. Möglichkeit: Abgasrohr etwa 5 cm hinter der Schelle durchsägen. Anschließend das Restrohr längs aufsägen und mit Hammer und Meißel abschlagen. 2. Möglichkeit: Steht ein Autogen-Schweißgerät zur Verfügung, die Klemmschelle erwärmen, dadurch dehnt sie sich aus, und das Rohr läßt sich abziehen.

Sicherheitshinweis:
Vor Einsatz des Schweißgerätes den Fahrzeugunterboden mit Asbest schützen, Brandgefahr. Feuerlöscher bereitstellen.

Ausbau bei einteiligem Mittelschalldämpfer/ Nachschalldämpfer

Sicherheitshinweis:
Beim Aufbocken des Fahrzeugs besteht Unfallgefahr! Deshalb das Kapitel »Fahrzeug aufbocken« durchlesen.

- Fahrzeug aufbocken.

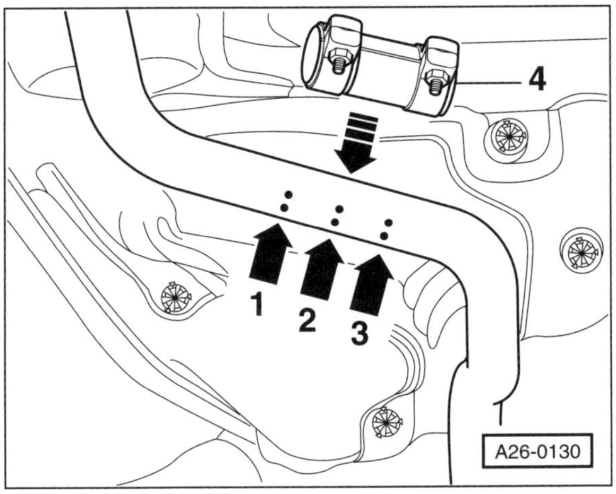

- Die Trennstelle ist durch Eindrückungen gekennzeichnet. An den mittleren Eindrückungen –Pfeil 2– wird das Abgasrohr getrennt. Die seitlichen Markierungen –Pfeile 1 und 3– dienen als Markierung, damit die Abgasrohre gleich weit in die Klemmschelle –4– hineingeschoben werden.

- Kette des Abgasrohrschneiders an den mittleren Eindrückungen –2– um das Rohr herumlegen und spannen. Kette hin- und herrollen und dabei nachspannen, jedoch nicht zu stark, damit sich das Rohr beim Schneiden nicht verformt.
- Schalldämpfer aus den Gummihalterungen aushängen und herausnehmen.

Einbau

- Schalldämpfer in die Gummihalterungen einhängen.
- Zum Verbinden der Abgasrohre wird eine Ersatzteil-Klemmschelle verwendet. **Achtung:** Bereits montierte Klemmschellen immer erneuern, nicht wiederverwenden. Da je nach Fahrzeug unterschiedliche Rohrdurchmesser verwendet werden, auf richtige Ersatzteilzuordnung achten.
- Abgasanlage ausrichten, siehe Kapitel »Abgasanlage spannungsfrei ausrichten«.
- Klemmschelle mit **40 Nm** festziehen. Die Verschraubung soll waagerecht zur linken Fahrzeugseite zeigen.

Abgasanlage auf Dichtigkeit prüfen

Bei Fahrzeugen mit geregeltem Katalysator können Undichtigkeiten der Abgasanlage vor der Lambdasonde zu folgenden Störungen führen:

- Startschwierigkeiten; Motor geht aus, schüttelt im Leerlauf, ruckelt beim Beschleunigen.

- Motor starten und bei laufendem Motor Abgasanlage mit einem Lappen oder Stöpsel verschließen.
- Abgasanlage auf Undichtigkeit abhören. Gegebenenfalls Verbindungsstellen Zylinderkopf/Krümmer und Krümmer/Abgasrohr vorn mit handelsüblichem »Leck-Sucher« einsprühen und auf Blasenbildung untersuchen.
- Undichtigkeit beseitigen.

Lambdasonde aus- und einbauen

Die Lambdasonde dient zur Regelung der Abgaszusammensetzung bei den Benzinmotoren. Sie ist in das vordere Abgasrohr in der Nähe des Katalysators eingeschraubt. Beim 2,0-l-Motor (APK/AQY/AZH) und beim 2,3-l-Motor (170 PS) befindet sich eine 2. Lamdasonde unmittelbar hinter dem Katalysator.

Ausbau

Sicherheitshinweis:
Beim Aufbocken des Fahrzeugs besteht Unfallgefahr! Deshalb das Kapitel »Fahrzeug aufbocken« durchlesen.

- Fahrzeug aufbocken.

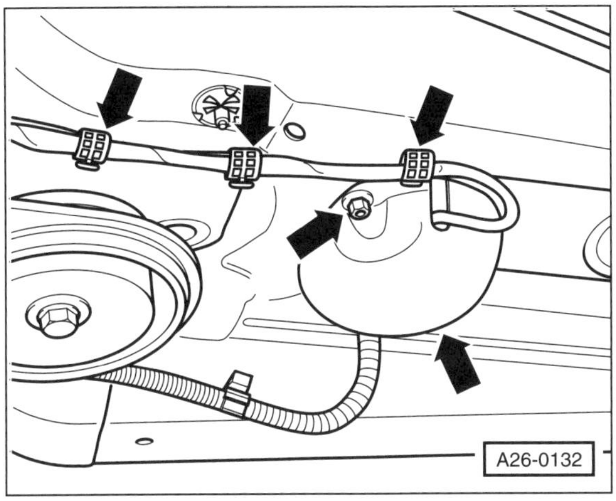

- Neben dem Katalysator, Abdeckung für die Steckverbindung der Lambdasonde abschrauben –2 untere Pfeile–. Elektrische Leitung mit Halteclips –obere Pfeile– am Wärmeschutzblech abziehen. Steckverbindung aus der Abdeckung herausziehen und trennen. **Hinweis:** Bei einigen Modellen (Allradantrieb, 1,6-l-Motor (100 PS) mit Automatikgetriebe) sitzt die Lambdasonde im Abgaskrümmer. Beim 1,4-l-Motor (75 PS)/1,6-l-Motor (105 PS) sitzt die Lambdasonde weit vorn, in der Nähe des Dichtflanschs des vorderen Abgasrohrs.
- Lambdasonde mit Sechskantschlüssel, zum Beispiel HAZET 4680-3, aus dem Abgasrohr herausschrauben.

Einbau

- Gewinde der Lambdasonde mit VW-Spezialfett »G5« bestreichen. Neue Sonden sind bereits damit bestrichen. **Achtung:** G5 darf **nicht** an die Schlitze des Sondenkörpers kommen. Sondenkörper der neuen Lambdasonde möglichst nicht berühren, nicht verschmutzen.
- Lambdasonde mit **50 Nm** in das vordere Abgasrohr einschrauben.
- Kabel für Lambdasonde in den Clips verlegen und verbinden. Abdeckung für Steckverbindung am Unterboden anschrauben.
- Fahrzeug ablassen.

Kupplung

Aus dem Inhalt:

- **Kupplungsbetätigung**
- **Kupplungsdemontage**
- **Kupplungs-Hydrauliksystem entlüften**

Die Kupplung trennt beim Schalten der Gänge den Kraftschluß zwischen Motor und Getriebe und sorgt beim Anfahren durch Reibung für einen ruckfreien Kraftschluß.

Die Kupplung besteht aus der Kupplungsdruckplatte, der Kupplungsmitnehmerscheibe, dem Ausrücklager und der hydraulischen Betätigung.

Die Kupplungsdruckplatte ist fest mit dem Schwungrad verschraubt, das wiederum an der Kurbelwelle des Motors angeflanscht ist. Zwischen der Kupplungsdruckplatte und dem Schwungrad befindet sich die Kupplungsmitnehmerscheibe, die von der Kupplungsdruckplatte gegen das Schwungrad gepreßt wird. Die Mitnehmerscheibe ist über eine Verzahnung fest mit der Getriebewelle verbunden.

Beim Niedertreten des Kupplungspedals (auskuppeln) wird über den Geberzylinder im Fußraum des Fahrzeuges Druck aufgebaut und über eine Hydraulikleitung auf den Kupplungs-Nehmerzylinder übertragen. Der Kolben des Nehmerzylinders drückt das Ausrücklager gegen die Membranfeder der Druckplatte. Dadurch entspannt sich die Kupplungsdruckplatte, und die Mitnehmerscheibe wird nicht mehr gegen die Schwungscheibe gepreßt. Der Kraftschluß zwischen Motor und Getriebe ist also aufgehoben.

Das Hydrauliksystem der Kupplung arbeitet mit Bremsflüssigkeit und wird über den Ausgleichbehälter für Bremsflüssigkeit versorgt.

Bei jedem Ein- und Auskuppeln wird durch den leichten Schleifvorgang etwas Reibbelag von der Mitnehmerscheibe abgeschliffen. Die Mitnehmerscheibe ist also ein Verschleißteil, doch hat sie eine mittlere Lebensdauer von über 100.000 Kilometern. Der Verschleiß hängt im wesentlichen von der Belastung (Anhängerbetrieb) und der Fahrweise ab. Die Kupplung ist wartungsfrei, da sie sich selbst nachstellt.

Einige Motoren sind mit einem **Zweimassenschwungrad** ausgerüstet. Das Zweimassenschwungrad besitzt ein Feder- und Dämpfersystem, um die Übertragung der vom Motor erzeugten Drehschwingungen zu reduzieren. Außerdem verringert sich dadurch auch die Geräuschübertragung im unteren Drehzahlbereich. Die Kupplungsscheibe für dieses Schwungrad besteht nur noch aus Nabe, Mitnehmerblech und Kupplungsbelag. Torsionsfedern sind nicht vorhanden.

Kupplungsscheibe/Druckplatte

Ausführung bei Motoren ab 1,8 l Hubraum

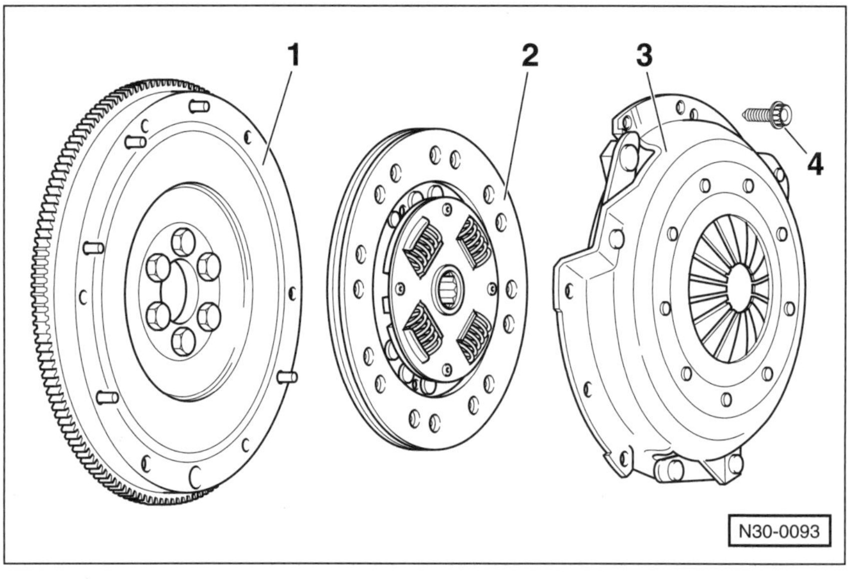

1 – **Schwungrad**
Anlagefläche für Kupplungsbelag muß frei von Rillen, Öl und Fett sein.
Auf festen Sitz der Zentrierstifte achten.

2 – **Kupplungsscheibe**
Einbaulage beachten, Federkäfig zeigt zur Druckplatte.
Achtung: Verzahnung der Antriebswelle und, bei gebrauchten Kupplungsscheiben, Verzahnung der Nabe, reinigen, Korrosion entfernen. Kerbverzahnung hauchdünn mit MoS_2-Fett einstreichen. Überschüssiges Fett unbedingt entfernen.

3 – **Druckplatte**

4 – **Zwölfkantschraube, 20 Nm**
Stufenweise über Kreuz lösen bzw. anziehen.
Achtung: Bei Ausführung mit Zweimassenschwungrad sind **Innensechskantschrauben** eingebaut, diese mit **13 Nm** festziehen.

Ausführung bei 1,4-/1,6-l-Motor

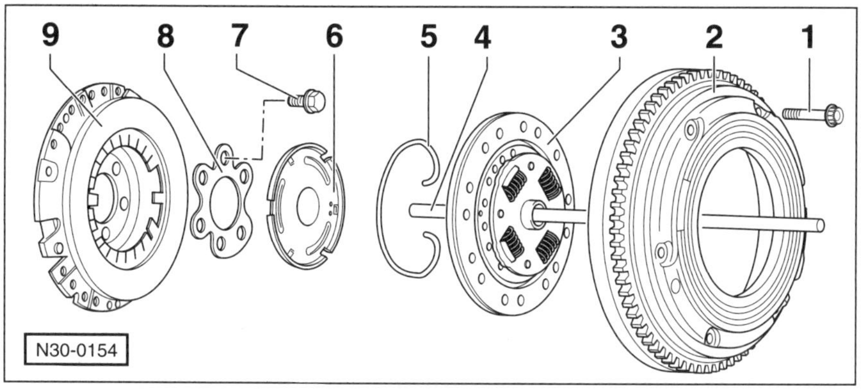

1 – Zwölfkantschraube, 20 Nm
Gleichmäßig über Kreuz lösen und anziehen.

2 – Schwungrad
Anlagefläche für Kupplungsbelag frei von Rillen, Öl und Fett. **Achtung:** Einstecktiefe des OT-Gebers muß den unterschiedlichen Größen der Schwungräder angepaßt werden. Darum sind zwei unterschiedliche, farblich gekennzeichnete Verschlußschrauben im Kupplungsgehäuse.

3 – Kupplungsscheibe
Zentrieren. Kerbverzahnung hauchdünn mit MoS_2-Fett einstreichen.

4 – Kupplungsdruckstange
Im Bereich der Führungsbuchse in der Antriebswelle fetten

5 – Haltering

6 – Ausrückplatte
Auflagefläche und Aufnahme für Kupplungsdruckstange hauchdünn mit MoS_2-Fett (VW-Fett G 000 100) schmieren.

7 – Befestigungsschraube
Anzugsdrehmoment: **60 Nm + ¼ Umdrehung (90°) weiterdrehen.** Schrauben grundsätzlich ersetzen.

8 – Zwischenblech

9 – Druckplatte
Maximaler Verzug innen: 0,2 mm. Druckplatte mit beschädigter oder loser Nietverbindung erneuern.

Hydraulische Kupplungsbetätigung

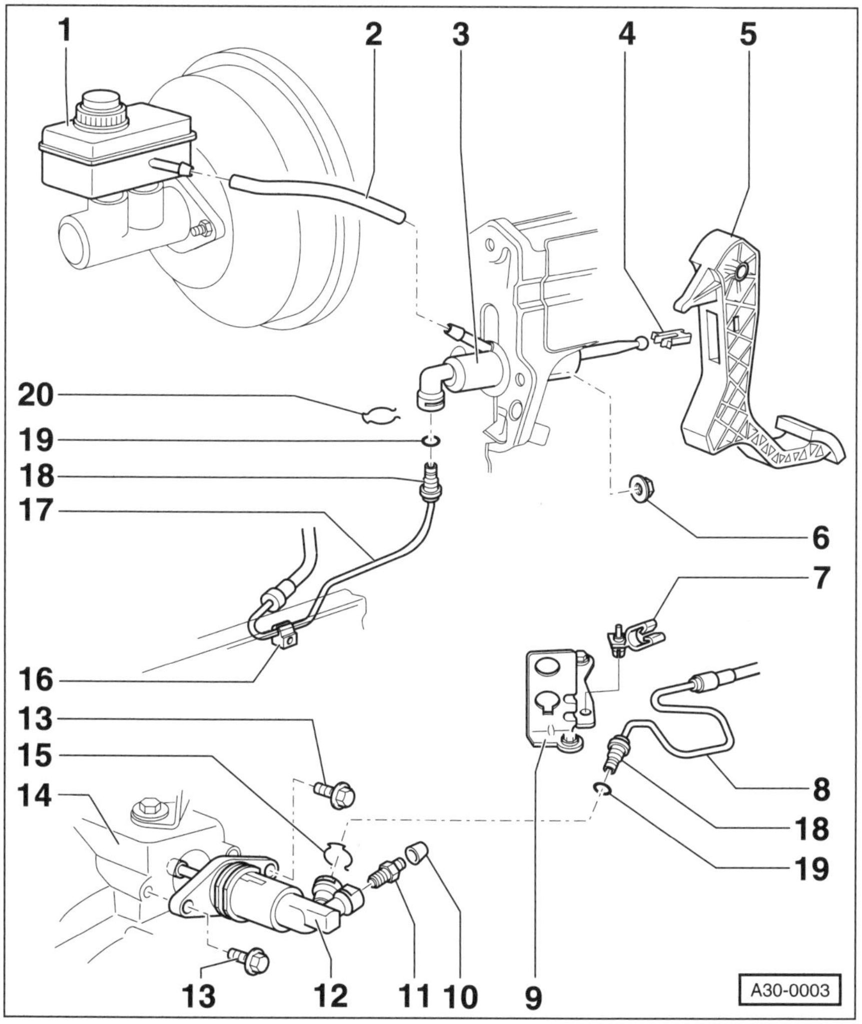

Hinweis: Die Abbildung zeigt die Ausführung bei Motoren ab 1,8 l Hubraum. Beim 1,4-/1,6-l-Motor ergeben sich Unterschiede in der Anordnung des Nehmerzylinders: Er sitzt senkrecht an der Getriebe-Vorderseite und betätigt einen Kupplungshebel.

1 – **Bremsflüssigkeitsbehälter**
2 – **Nachlaufschlauch**
3 – **Geberzylinder**
4 – **Aufnahme**
5 – **Kupplungspedal**
6 – **Sechskantmutter, 25 Nm**
Selbstsichernd, immer erneuern.
7 – **Halter**
8 – **Rohr-Schlauchleitung**
9 – **Widerlager**
10 – **Staubkappe**
11 – **Entlüfterventil**
12 – **Nehmerzylinder**
13 – **Bundschraube, 25 Nm**
14 – **Getriebe**
15 – **Sicherungsklammer**
16 – **Clip**
17 – **Rohr-Schlauchleitung**
18 – **Rohranschluß/Steckverbindung**
19 – **Rundschnurringe**
Rundschnurring auf Leitungsanschluß aufziehen, mit Bremsflüssigkeit benetzen.
20 – **Sicherungsklammer**

Kupplung aus- und einbauen/prüfen

Motoren ab 1,8 l Hubraum

Hinweis: Arbeitsbeschreibung für die 1,4-/1,6-l-Motoren, siehe Kapitelende.

Ausbau

- Getriebe ausbauen, siehe Seite 245.

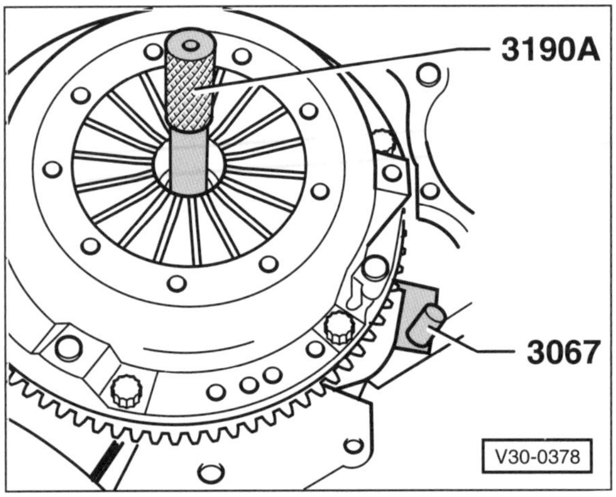

- Damit das Schwungrad beim Lösen der Schrauben nicht mitdreht, Schwungrad entweder mit VW-Arretierwerkzeug 3067 oder mit Schraubendreher und Dorn arretieren. **Hinweis:** Das VW-Werkzeug 3067 ist in »Einbaustellung« gezeigt, für den Ausbau das Werkzeug umstecken. Für den Einbau der Kupplung wird der Zentrierdorn VW-3190A oder ein handelsübliches Zentrierwerkzeug, z. B. HAZET 2174 zum Ausrichten beim Wiedereinbau der Kupplung benötigt.

Achtung: Bei einigen 2,3-/2,8-l-Motoren mit Allradantrieb wurde der Nabendurchmesser der Kupplungsscheibe vergrößert. Daher wird in diesen Fällen der VW-Zentrierdorn T10097 benötigt.

- Befestigungsschrauben der Kupplungsdruckplatte über Kreuz jeweils 1 bis 1½ Umdrehungen lösen, bis die Druckplatte entspannt ist.

Achtung: Werden die Schrauben sofort ganz gelöst, kann die Membranfeder beschädigt werden.

- Nach dem Lösen, Schrauben ganz herausdrehen.
- Druckplatte und Kupplungsscheibe herausnehmen. **Achtung:** Druckplatte und Kupplungsscheibe beim Herausnehmen nicht fallen lassen, sonst können nach dem Einbau Rupf- und Trennschwierigkeiten auftreten.
- Ausrücklager abwischen, nicht auswaschen.
- Schwungrad mit benzingetränktem Lappen auswischen.

Prüfen

Werden die alten Kupplungsteile eingebaut, so müssen diese zuvor geprüft werden.

- Kupplungsdruckplatte auf Brandrisse und Riefen prüfen.

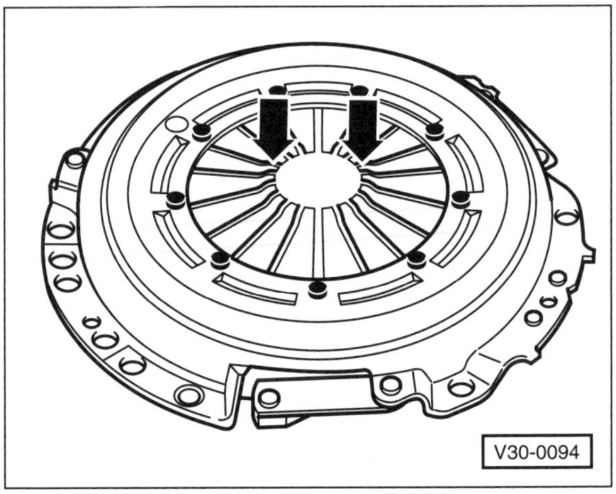

- Membranfeder auf Brüche untersuchen –Pfeile–. Eine Abnutzung bis zur halben Membranfederdicke ist zulässig.
- Federverbindungen zwischen Druckplatte und Deckel auf Risse, Nietbefestigungen auf festen Sitz prüfen. Kupplungen mit beschädigten oder losen Nietverbindungen ersetzen.

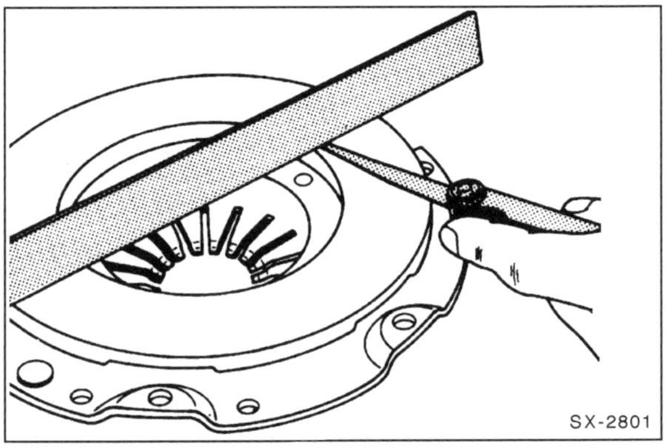

- Auflagefläche der Druckplatte auf Risse, Brandstellen und Verschleiß prüfen. Druckplatten, die bis zu 0,2 mm nach innen durchgebogen sind, dürfen noch eingebaut werden. Die Prüfung erfolgt mit Lineal und Fühlerblattlehre.
- Schwungrad auf Brandrisse und Riefen prüfen.
- Verölte, verfettete oder mechanisch beschädigte Kupplungsscheibe austauschen.
- Kupplungsscheibe auf ausreichende Belagstärke und auf Belagrisse prüfen.

- In der Werkstatt kann die Kupplungsscheibe auf Schlag geprüft werden. Der Seitenschlag darf bei der Kupplungsscheibe maximal 0,8 mm betragen (2,5 mm vom Außenrand gemessen). **Achtung:** Diese Prüfung ist nur dann notwendig, wenn die alte Kupplungsscheibe wieder eingebaut werden soll und die Kupplung vorher nicht richtig ausgekuppelt hat. Gegebenenfalls darf die Kupplungsscheibe vorsichtig ausgerichtet werden.

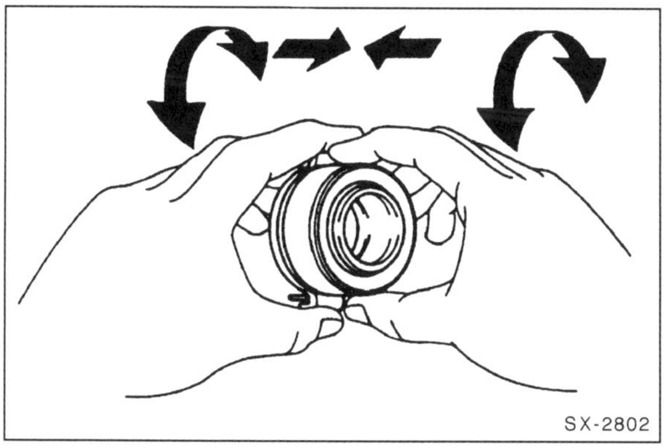

- Ausrücklager in eingebautem Zustand von Hand prüfen. Dazu Lager leicht zusammenpressen und drehen. Das Lager muß sich leicht drehen lassen. Im Fahrbetrieb macht sich ein defektes Ausrücklager durch Geräusche bei getretenem Kupplungspedal bemerkbar. Sinnvollerweise das Lager generell austauschen.

Einbau

Achtung: Werden Neuteile eingebaut, unbedingt Kupplungsdruckplatte und Kupplungsscheibe über Motorkennbuchstaben und Motornummer nach dem Ersatzteilkatalog zuordnen lassen, damit keine falschen Teile eingebaut werden.

Werden die bisherigen Kupplungsteile eingebaut, so müssen diese zuvor geprüft werden.

- Vor dem Einbau einer neuen Kupplungsdruckplatte, Korrosionsschutzfett **nur an der Anlauffläche** restlos entfernen. An den anderen Stellen darf das Fett auf keinen Fall entfernt werden, da sonst die Lebensdauer der Kupplung erheblich verkürzt wird.
- Zentrierstifte am Schwungrad auf festen Sitz prüfen.
- Kerbverzahnung der Kupplungsscheibe von Korrosion reinigen. Verzahnung der Antriebswelle hauchdünn mit MoS_2-Fett schmieren. Die Fachwerkstatt verwendet das VW-Fett G 000 100. Danach Kupplungsscheibe auf der Antriebswelle hin- und herbewegen, bis die Nabe auf der Welle leichtgängig ist. Überschüssiges Fett unbedingt entfernen.
- **Wichtig:** Beim Einsetzen der Kupplungsscheibe darauf achten, daß der Federkäfig zur Druckplatte zeigt. Ist eine Kupplung mit Zweimassenschwungrad eingebaut, sind keine Federkäfige vorhanden. In diesem Fall ist die Kupplung so einzubauen, daß der Kupplungsbelag am Schwungrad anliegt. Die Nabe darf nicht am Schwungrad anliegen, das kürzere Nabenende zeigt zur Druckplatte.

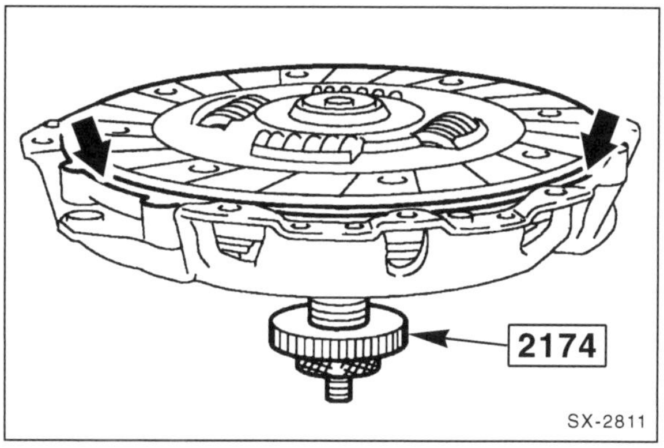

- Kupplungsscheibe mittig in der Druckplatte mit einem passenden Dorn, zum Beispiel HAZET 2174 oder VW-3176 zentrieren –Pfeile–. Sitzt die Kupplungsscheibe nicht zentrisch, kann die Getriebeantriebswelle später nicht eingeführt werden. Als Zentrierdorn kann auch eine alte Getriebe-Antriebswelle verwendet werden.
- Die Kupplungsdruckplatte in die entsprechenden Paßstifte setzen.

Achtung: Die Druckplatte muß vollständig am Schwungrad anliegen und darf sich nicht verkanten, da sonst Paßstifte und Zentrierbohrungen beschädigt werden. Dann erst Befestigungsschrauben einsetzen. Keinesfalls Druckplatte mit den Schrauben heranziehen, sonst werden die Zentrierbohrungen der Druckplatte und die Zentrierstifte am Schwungrad beschädigt.

- Befestigungsschrauben für Kupplungsdruckplatte einschrauben und über Kreuz mit 1 bis 1½ Umdrehungen anziehen, bis die Druckplatte festgezogen ist. Anzugsdrehmoment für Sechskantschrauben: **20 Nm**. **Achtung:** Bei Ausführung mit Zweimassenschwungrad sind **Innensechskantschrauben** eingebaut, diese mit **13 Nm** festziehen.
- Zentrierdorn entfernen.
- Getriebe einbauen, siehe Seite 245.

1,4- und 1,6-l-Motor

Ausbau

- Getriebe ausbauen, siehe Seite 245.
- Damit das Schwungrad beim Lösen der Schrauben nicht mitdreht, muß es entweder mit dem VW-Werkzeug 558 oder mit Schraubendreher und Dorn arretiert werden.

Achtung: Schwungrad zur Druckplatte markieren, damit es in gleicher Stellung wieder montiert wird. Wird das Schwungrad falsch aufgesetzt, stimmt die OT-Markierung auf dem Schwungrad nicht mehr.

- Befestigungsschrauben des Schwungrades nacheinander jeweils um 1 bis 1½ Umdrehungen lösen.

Achtung: Wenn die Schrauben einzeln sofort ganz gelöst werden, kann das Schwungrad sich verziehen.

- Anschließend Schrauben ganz herausdrehen und Schwungrad abnehmen.
- Kupplungsscheibe herausnehmen. **Achtung:** Schwungrad und Kupplungsscheibe beim Herausnehmen nicht fallen lassen, sonst können nach dem Einbau Rupf- und Trennschwierigkeiten auftreten.

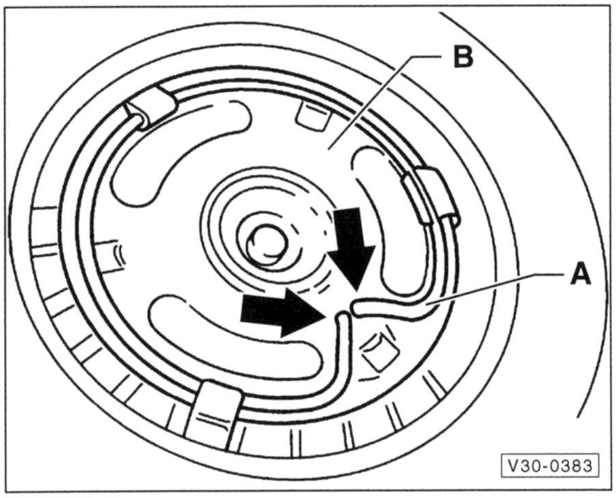

- Haltering –A– für die Ausrückplatte –B– mit einem Schraubendreher aus den Bohrungen –Pfeile– hebeln und Haltering entnehmen.
- Ausrückplatte –B– abnehmen.

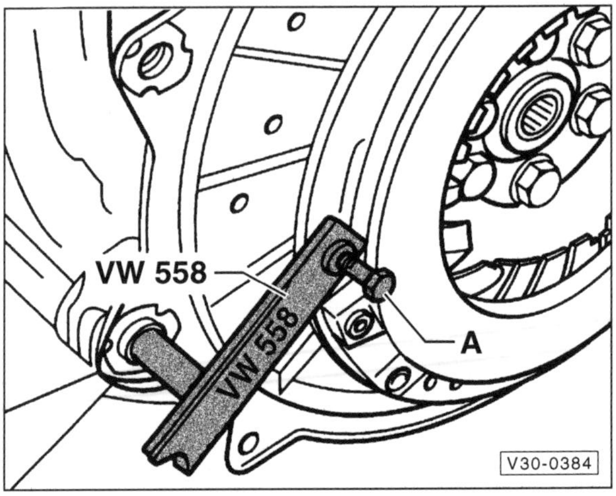

- Druckplatte von der Kurbelwelle abschrauben, dazu Gegenhalter VW 558 an Druckplatte mit Schraube –A– arretieren. Steht der Gegenhalter nicht zur Verfügung, Druckplatte mit Schraubendreher und Dorn gegenhalten.
- Druckplatte und Zwischenblech abnehmen.
- Schwungrad mit benzingetränktem Lappen auswischen.

Prüfen

Werden alte Kupplungsteile eingebaut, müssen diese zuvor geprüft werden.

- Nietbefestigungen an der Druckplatte auf festen Sitz prüfen. Druckplatte mit beschädigten oder losen Nietverbindungen ersetzen.
- Reibflächen von Druckplatte und Schwungrad auf Risse, Brandstellen und Verschleiß prüfen. Druckplatten, die bis zu 0,2 mm nach innen durchgebogen sind, dürfen noch eingebaut werden. Die Prüfung erfolgt mit Lineal und Fühlerblattlehre.
- Reibflächen von Druckplatte und Schwungrad fettfrei abwischen.
- Verölte oder abgenutzte Kupplungsscheibe erneuern.

Hinweis: Ein defektes Ausrücklager macht sich im Fahrbetrieb durch Geräusche bei getretenem Kupplungspedal bemerkbar. Es liegt hinter einem Deckel an der Getriebe-Außenseite und kann bei eingebautem Getriebe erneuert werden.

Einbau

Achtung: Werden Neuteile eingebaut, unbedingt Kupplungsdruckplatte und Kupplungsscheibe über Motorkennbuchstaben und Motornummer nach dem Ersatzteilkatalog zuordnen lassen, damit keine falschen Teile eingebaut werden.

- Vor dem Einbau einer neuen Kupplungsdruckplatte, Korrosionsschutzfett **nur an Anlauf- und Reibflächen** restlos entfernen. An den anderen Stellen darf das Fett auf keinen Fall entfernt werden, da sonst die Lebensdauer der Kupplung erheblich verkürzt wird.

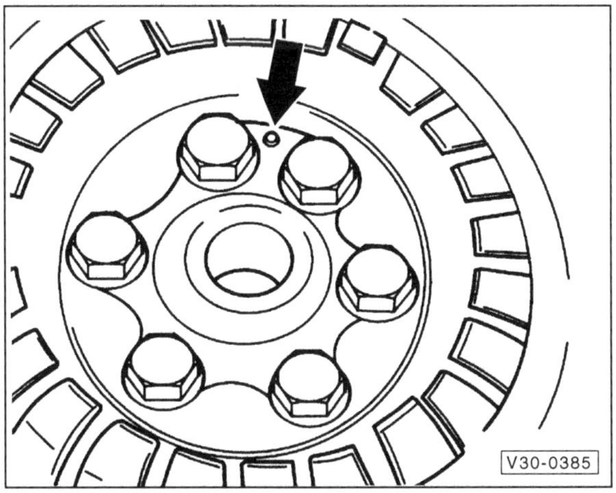
V30-0385

- Druckplatte mit Zwischenblech an Kurbelwelle aufsetzen. **Achtung:** Auf Einbaulage des Zwischenbleches achten, die Erhöhung –Pfeil– zeigt von der Druckplatte weg. **Neue** Befestigungschrauben einschrauben und Druckplatte wie beim Ausbau mit VW-Werkzeug 558 oder Schraubenzieher und Dorn blockieren.
- Druckplatte zuerst mit Drehmomentschlüssel **60 Nm** anschrauben und anschließend die Schrauben mit starrem Schlüssel um **90°** (¼ Umdrehung) weiterdrehen.

Achtung: Die Schrauben werden beim Anziehen bleibend gedehnt, daher müssen nach jedem Lösen **neue** Schrauben verwendet werden.

- Ausrückplatte einsetzen und mit Haltering an Druckplatte befestigen. Die beiden Drahtenden in die Bohrungen der Druckplatte einsetzen, siehe Abbildung V30-0383.
- Kerbverzahnung der Kupplungsscheibe von Korrosion reinigen und hauchdünn mit MoS_2-Fett schmieren. Die VW-Werkstätten verwenden das Fett G 000 100. Danach Kupplungsscheibe auf der Antriebswelle hin- und herbewegen, bis die Nabe auf der Welle leichtgängig ist. Überschüssiges Fett **unbedingt** entfernen.
- Zentrierstifte am Schwungrad auf festen Sitz prüfen. Wenn ein Zentrierstift lose ist, so ist dieser zu ersetzen.

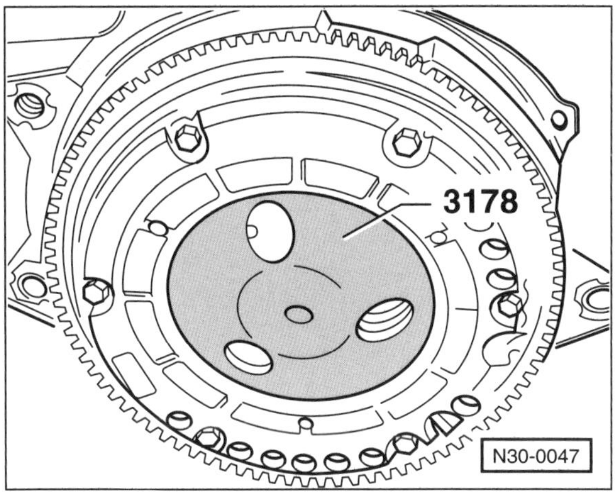

N30-0047

- Kupplungsscheibe (Mitnehmerscheibe) und Schwungrad in die Druckplatte einsetzen. Zur Zentrierung des Schwungrades sind bei einigen Modellen Paßstifte vorhanden. In diesem Fall das Schwungrad mit den Paßstiften in die entsprechenden Bohrungen setzen. Die VW-Werkstatt benutzt zum Zentrieren des Schwungrades das Werkzeug VW 3178, das jedoch nicht unbedingt benötigt wird.
- Befestigungschrauben für das Schwungrad über Kreuz nacheinander mit 1 bis 1 ½ Umdrehungen anziehen, bis die Druckplatte festgezogen ist. Anzugsdrehmoment: **20 Nm**.
- Falls verwendet, Zentrierwerkzeug VW 3178 herausnehmen.
- Getriebe einbauen, siehe Seite 245.

Ausrücklager/Getriebegehäuse

1,4-/1,6-l-Motor (Getriebedeckel)

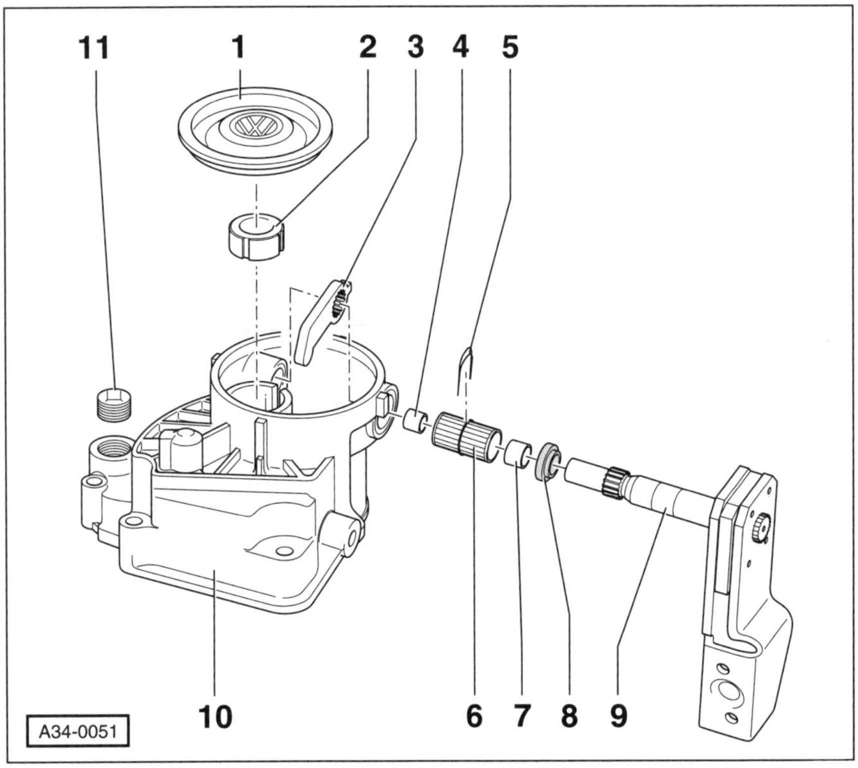

1 – **Verschlußdeckel**

Ausbau: Mit spitzem Dorn durchstoßen und heraushebeln.

Einbau: Dichtfläche muß fettfrei sein. Neuen Deckel mit passendem Dorn am Umfang gleichmäßig eintreiben.

2 – **Ausrücklager**
Kann bei eingebautem Getriebe erneuert werden.

3 – **Kupplungshebel**

Ausbau: Sicherungsklammer –5– abziehen, Ausrückwelle –9– seitlich herausziehen. Hebel kann nur in einer Stellung wieder eingesetzt werden.

4 – **Lagerbuchse**

5 – **Sicherungsklammer**

6 – **Nadellager**

7 – **Lagerbuchse**

8 – **Dichtring**

9 – **Ausrückwelle**

10 – **Getriebedeckel**

11 – **Öleinfüllschraube, 25 Nm**

1,8-/2,0-/2,3-l-Motor

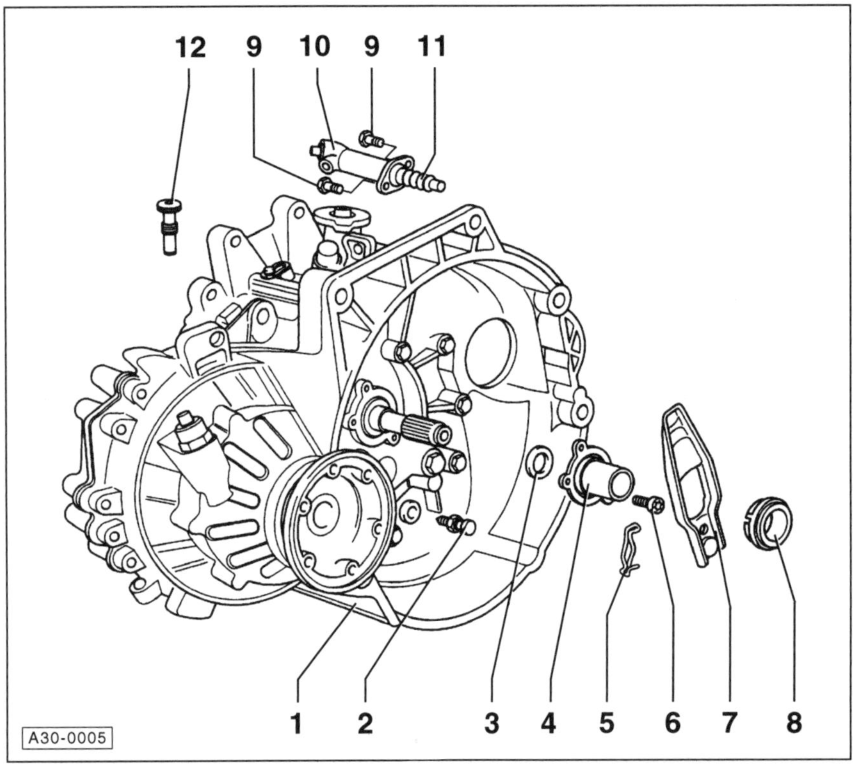

1 – **Getriebe**

2 – **Kugelzapfen, 25 Nm**
Mit MoS_2-Fett bestreichen.

3 – **Dichtring für Antriebswelle**
Bis zum Anschlag eintreiben.

4 – **Führungshülse**
Dichtring an Hülse kann nicht einzeln erneuert werden. Im Bereich des Ausrücklagers mit MoS_2-Fett bestreichen.

5 – **Haltefeder**
Am Kupplungsausrückhebel befestigen.

6 – **Schraube, 20 Nm**

7 – **Kupplungsausrückhebel**
Im Bereich des Ausrücklagers mit MoS_2-Fett bestreichen.

8 – **Ausrücklager**
Lager nicht auswaschen, nur abwischen. Laute Lager ersetzen.

9 – **Schraube, 20 Nm**

10 – **Kupplungsnehmerzylinder**

11 – **Stößel**
Stößelende mit MoS_2-Fett bestreichen.

12 – **Montageschraube**
Sichert den Kupplungsausrückhebel bei Getriebeeinbau. Nach Getriebeeinbau herausdrehen.
Hinweis: Ist keine Montageschraube vorhanden, kann eine Schraube M8 x 35 benutzt werden.

Kupplungsbetätigung entlüften

Die Kupplungsbetätigung muß entlüftet werden, wenn die Kupplung beim Gangwechsel nicht richtig trennt, wenn das Kupplungspedal nicht oder nur verzögert zurückkommt, oder das Hydraulikdrucksystem geöffnet wurde.

Da das Hydrauliksystem der Kupplung mit Bremsflüssigkeit arbeitet, sind ebenfalls die entsprechenden Kapitel im Abschnitt »Bremsanlage entlüften« durchzulesen.

Sicherheitshinweis:
Bremsflüssigkeit ist giftig. Keinesfalls Bremsflüssigkeit mit dem Mund über einen Schlauch absaugen. Bremsflüssigkeit nur in Behälter füllen, bei denen ein versehentliches Einnehmen ausgeschlossen ist.

- Fahrzeug aufbocken und untere Motorraumabdeckung ausbauen, siehe Seite 168.
- Bremsflüssigkeitsstand im gemeinsamen Vorratsbehälter prüfen, gegebenenfalls bis zur Max.-Markierung auffüllen.
- Staubkappen vom Entlüfterventil am Nehmerzylinder und am vorderen linken Bremssattel abziehen.
- Entlüfterventile vorsichtig gangbar machen.
- Durchsichtigen Schlauch auf das Entlüfterventil am Bremssattel aufschieben.
- Schlauch mit Bremsflüssigkeit füllen. Dazu Entlüfterschraube am Bremssattel öffnen. Bremspedal langsam durchtreten (Helfer) und in dieser Stellung halten. Entlüfterventil schließen und Bremspedal loslassen. Anschließend Entlüfterventil wieder öffnen und Bremspedal erneut durchtreten. Vorgang so lange wiederholen, bis der Schlauch vollständig mit Bremsflüssigkeit gefüllt ist. Schlauch mit dem Finger zuhalten, damit keine Bremsflüssigkeit ausläuft. **Achtung:** Der Flüssigkeitsstand im Vorratsbehälter darf nicht zu weit absinken, gegebenenfalls **neue** Bremsflüssigkeit nachfüllen.
- Freies Schlauchende auf die Entlüfterschraube am Kupplungs-Nehmerzylinder stecken und beide Entlüfterschrauben öffnen.
- Bremspedal durchtreten, Entlüfterschraube am Bremssattel schließen und Bremspedal entlasten. Diesen Vorgang so oft wiederholen, bis im Ausgleichbehälter keine Luftblasen mehr herausgedrückt werden. Dabei stets neue Bremsflüssigkeit nachfüllen.
- Entlüfterschrauben am Bremssattel und am Nehmerzylinder verschließen. Schlauch abziehen und Staubkappen aufschieben.
- Fahrzeug ablassen.
- Bremsflüssigkeit bis zur Max.-Markierung auffüllen.
- Kupplungspedal mehrmals betätigen. Dadurch wird sichergestellt, daß eventuelle Restluft im System in den Bremsflüssigkeitsbehälter entweichen kann.
- Funktion von Brems- und Kupplungssystem prüfen. **Achtung:** Bei diesem Entlüftungsvorgang kann etwas Luft im Hydrauliksystem bleiben. Erkennbar ist das am Kratzen beim Einlegen der Gänge und durch nicht richtiges Trennen der Kupplung. In diesem Fall Kupplungshydraulik umgehend in der Werkstatt mit einem Entlüftergerät entlüften lassen.
- Untere Motorraumabdeckung einbauen, siehe Seite 168.

Entlüften mit Entlüftergerät

In den Werkstätten wird die Kupplungshydraulik in der Regel mit einem Entlüftergerät entlüftet. Das Entlüftergerät gibt Druck (max. 2,5 bar) auf die Bremsflüssigkeit im Vorratsbehälter.

- Verschraubung am Bremsflüssigkeits-Ausgleichbehälter abschrauben. Entlüftergerät nach Vorschrift anschließen.

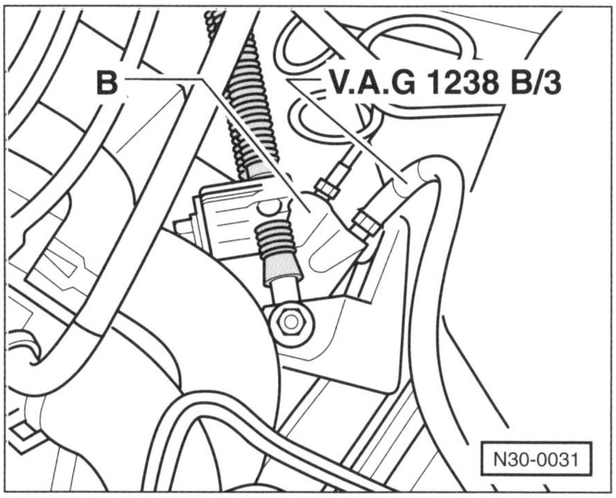

- Am Kupplungsnehmerzylinder –B– einen Schlauch, beispielsweise V.A.G 1238 B/3, auf die Entlüfterschraube aufschieben. Schlauchende in eine mit Bremsflüssigkeit gefüllte Flasche stecken, beziehungsweise mit dem Auffangbehälter des Entlüftergeräts verbinden.
- Entlüfterschraube so lange öffnen, bis keine Luftblasen mehr entweichen.
- Kupplungspedal mehrmals betätigen.
- Bremsflüssigkeit bis zur Max.-Markierung auffüllen. Deckel für Bremsflüssigkeitsbehälter aufschrauben.

Störungsdiagnose Kupplung

Störung	Ursache	Abhilfe
Kupplung rupft.	Motor- und Getriebelagerung defekt.	■ Prüfen, gegebenenfalls auswechseln.
	Getriebe liegt in der Aufhängung nicht fest.	■ Befestigungsschrauben nachziehen.
	Druckplatte trägt ungleichmäßig.	■ Druckplatte auswechseln.
	Mitnehmerscheibe kein Originalteil.	■ Original-Kupplungsscheibe einbauen.
	Kurbelwelle fluchtet nicht zur Getriebe-Antriebswelle.	■ Zentrierflächen von Motor und Getriebe überprüfen.
	Ausrücker drückt einseitig.	■ Ausrücker überprüfen.
Kupplung rutscht.	Kupplungsscheibe verschlissen.	■ Dicke der Kupplungsscheibe prüfen, gegebenenfalls auswechseln.
	Nehmerzylinder der Hydraulikbetätigung klemmt.	■ Nehmerzylinder ersetzen.
	Spannung der Membranfeder zu gering.	■ Druckplatte auswechseln.
	Nehmerzylinder der Hydraulikbetätigung undicht.	■ Sichtprüfung durchführen.
	Belag verhärtet oder verölt.	■ Kupplungsscheibe austauschen.
	Kupplung wurde überhitzt.	■ Originalteil einbauen.
Kupplung trennt nicht richtig.	Belag durch Abrieb verklebt.	■ Kupplungsscheibe austauschen.
	Kupplungsscheibe klemmt auf der Antriebswelle, Kerbverzahnung trocken oder verklebt.	■ Kerbverzahnung reinigen, entgraten, Rost entfernen und neu schmieren; z. B. MoS_2-Puder einbürsten.
	Kupplungsscheibe hat Seitenschlag.	■ Kupplungsscheibe prüfen lassen, ersetzen.
	Geberzylinder der Hydraulikbetätigung undicht.	■ Bei durchgetretenem Kupplungspedal beobachten, ob Flüssigkeit im Bremsflüssigkeitsvorratsbehälter aufwallt. Geberzylinder austauschen (Werkstattarbeit).
	Kupplungspedal erreicht den Begrenzungsanschlag nicht.	■ Prüfen, ob Begrenzungsanschlag erreicht wird, Fußmatte ausschneiden.
	Ausrücker defekt.	■ Ausrücker auf Verformung prüfen.
	Luft im Hydrauliksystem.	■ Kupplungshydraulik entlüften.
	Führungslager für die Getriebe-Antriebswelle in der Kurbelwelle defekt.	■ Führungslager in der Kurbelwelle ersetzen.
	Mitnehmerscheibe stark verbogen, oder Belag gebrochen.	■ Mitnehmerscheibe ersetzen.
Geräusch bei betätigtem Kupplungspedal.	Ausrücklager defekt.	■ Ausrücklager prüfen, ersetzen.
	Kupplungsscheibe schlägt an die Druckplatte.	■ Kupplungsscheibe auswechseln.
Auf- und abschwellendes Geräusch bei Zug- oder Schubzustand, oder wenn das Fahrzeug in ausgekuppeltem Zustand rollt.	Torsionsdämpfer der Kupplungsscheibe schwergängig.	■ Kupplungsscheibe erneuern.
	Nietverbindungen der Kupplung locker.	■ Kupplung ersetzen.
	Unwucht der Kupplung zu groß.	■ Kupplung und Mitnehmerscheibe ersetzen.

Getriebe/Schaltung

Aus dem Inhalt:

- Getriebeausbau
- Allradantrieb
- Schaltung einstellen
- Automatikgetriebe

Das Schalt- oder Automatikgetriebe kann ohne Ausbau des Motors ausgebaut werden. Ein Ausbau ist dann erforderlich, wenn die Kupplung ausgewechselt werden soll oder wenn das Getriebe erneuert beziehungsweise überholt werden muß. Da es jedoch in keinem Fall anzuraten ist, Reparaturen am Getriebe mit Heimwerkermitteln in Angriff zu nehmen, wird nur der Ausbau des Aggregates beschrieben.

Getriebe aus- und einbauen

Zum Ausbau muß das Fahrzeug ausreichend hoch aufgebockt werden. Außerdem ist zum Ablassen des Getriebes ein geeigneter Werkstattwagenheber erforderlich. Ausführlich beschrieben wird der Ausbau vom Schaltgetriebe beim 1,8-/2,0-/2,3-l-Motor mit Frontantrieb. Hinweise für den 1,4-/1,6-l-Motor sowie den Ausbau des Automatikgetriebes stehen am Ende des Kapitels.

Ausbau

- Batterie-Massekabel (–) bei ausgeschalteter Zündung abklemmen. **Achtung:** Dadurch werden elektronische Speicher gelöscht, wie zum Beispiel der Radiocode. Ohne Code kann das Radio nur vom Radiohersteller freigeschaltet werden, beziehungsweise beim VW-Radio von einer VW-Werkstatt. Deshalb Hinweise im Kapitel »Batterie aus- und einbauen« durchlesen.
- Luftfiltergehäuse ausbauen, siehe Seite 214.

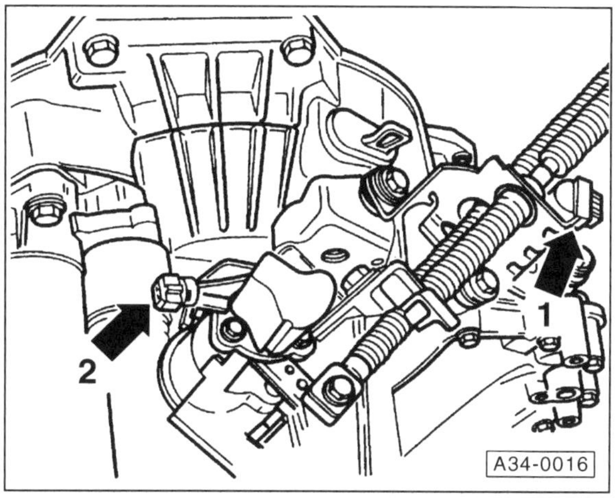

- Stecker am Tachogeber –1– sowie am Schalter für Rückfahrscheinwerfer –2– abziehen.

Getriebe bis 4/99

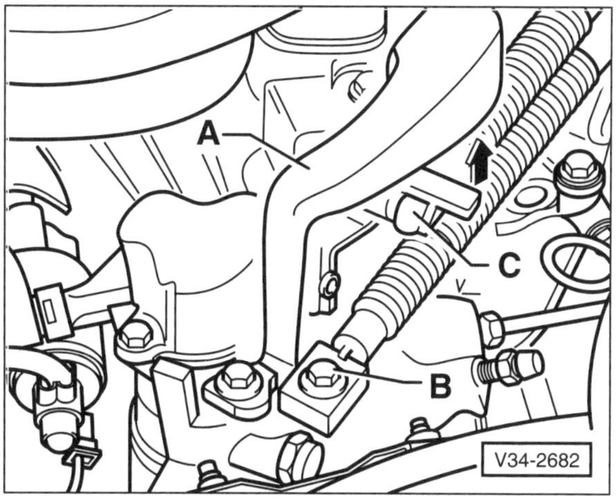

- Tilgergewicht –A– und Schaltseilzug –B– vom Getriebeschalthebel abschrauben.
- Wählseilzug vom Umlenkhebel –C– abhebeln, dazu Nase in –Pfeilrichtung– anheben.

Getriebe ab 5/99

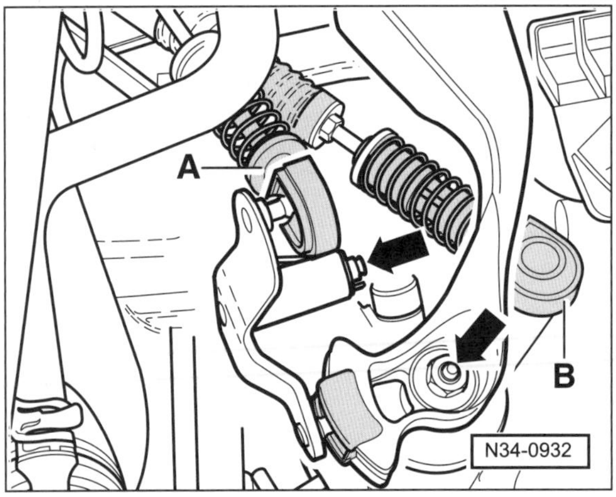

- Wählseilzug –A– mit dem Umlenkhebel abziehen, dazu Sicherungsscheibe –Pfeil– abnehmen.
- Getriebeschalthebel mit Tilgergewicht zusammen mit dem Schaltseilzug –B– vom Getriebe abschrauben, siehe Pfeil.

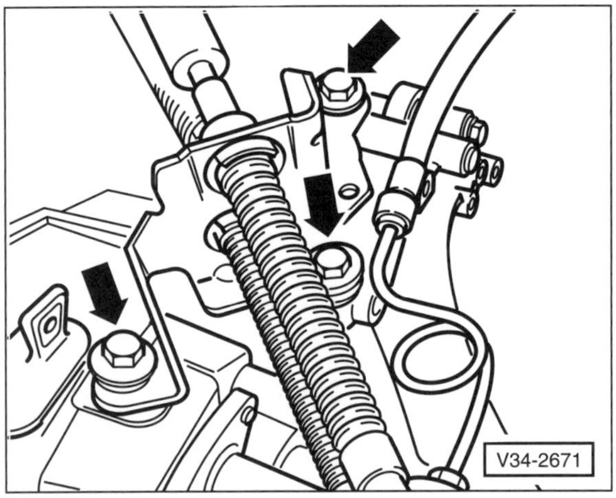

- Schlauchleitung des Nehmerzylinders am Seilzug-Widerlager ausclipsen. Seilzug-Widerlager am Getriebe abschrauben –Pfeile– und seitlich ablegen.
- Nehmerzylinder mit 2 Schrauben am Getriebe abschrauben und mit angeschlossener Leitung seitlich am Aufbau mit Draht aufhängen. **Achtung:** Die Hydraulikleitung nicht lösen, sonst muß das Kupplungssystem nach dem Einbau entlüftet werden. Bei ausgebautem Nehmerzylinder darf das Kupplungspedal nicht betätigt werden.

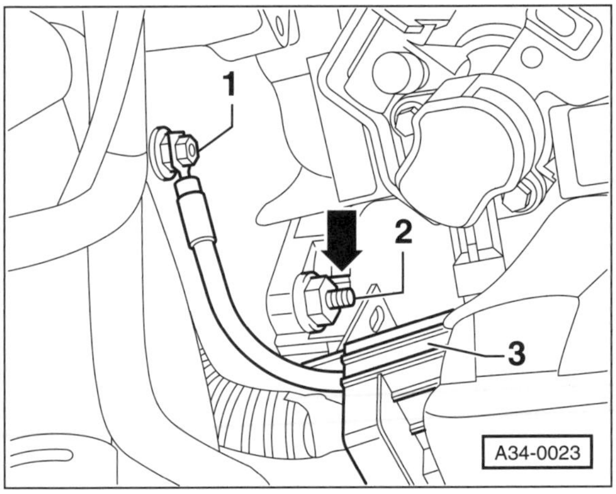

- Masseleitung von der oberen Verbindungsschraube –1– Getriebe/Motor abschrauben. Schraube –1– ausschrauben.
- Kabelhalter –3– am Anlasser oben –Pfeil– abschrauben und zur Seite legen.
- Schraube –2– am Anlasser oben abschrauben.
- Alle von oben zugänglichen Befestigungsschrauben zwischen Motor und Getriebe herausschrauben.

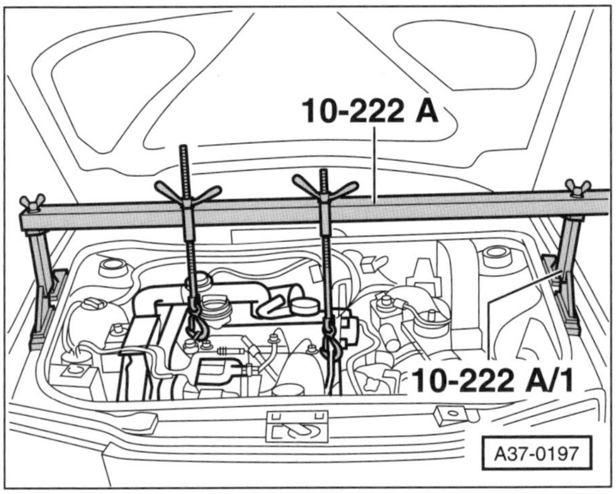

- Motor abfangen. Dazu Abfangvorrichtung, z. B. VW 10-222A in Verbindung mit den Füßen 10-222A/1 aufsetzen.
- Motor/Getriebe-Aggregat über die Spindeln der Aufhängevorrichtung leicht vorspannen (anheben).
- Steht die Aufhängevorrichtung nicht zur Verfügung, geeignetes Rohr über Motorraum legen und auf seitliche Holzböcke abstützen. Rohr **nicht** auf die Kotflügel legen. Geeignetes Drahtseil oder Haken in die Halteösen des Motors einhängen und mit Rohr über eine Spindel verbinden. Haken oder Drahtseil spannen.

Sicherheitshinweis:
Beim Aufbocken des Fahrzeugs besteht Unfallgefahr! Deshalb vorher das Kapitel »Fahrzeug aufbocken« durchlesen.

- Fahrzeug aufbocken und untere Motorraumabdeckung ausbauen, siehe Seite 168.
- Anlasser ausbauen, siehe Seite 73.
- Halter für Leitung der Servolenkung am Getriebegehäuse abschrauben.

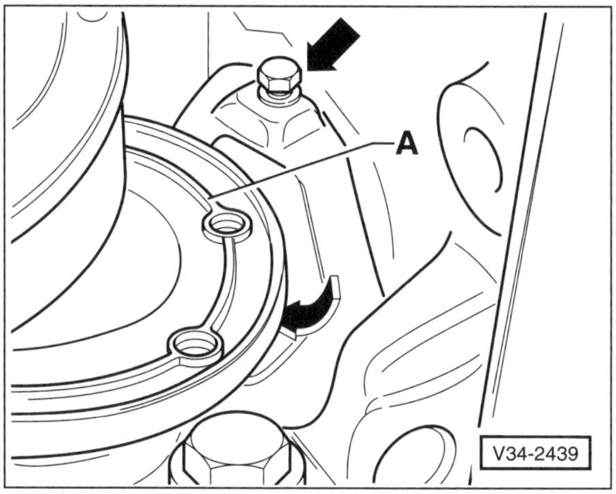

- Wo vorhanden, Schutzkappe für rechten Gelenkwellenflansch –A– abhebeln –unterer Pfeil–.
- Befestigungsschraube –oberer Pfeil– des kleinen Abdeckbleches hinter der rechten Gelenkwelle abschrauben und Blech abnehmen.
- Gelenkwellen am Getriebe abschrauben, siehe Seite 122.
- Gelenkwellen mit einem Draht soweit wie möglich hochbinden, dazu Lenkung bis Anschlag nach links einschlagen. **Achtung:** Dabei Lackierung der Gelenkwellen nicht beschädigen.
- Abgasanlage zwischen Katalysator und Mittelschalldämpfer auseinanderschrauben, siehe Seite 232.
- Abgasrohrhalter vom Aggregateträger abschrauben. Gegebenenfalls vorderes Abgasrohr komplett ausbauen.

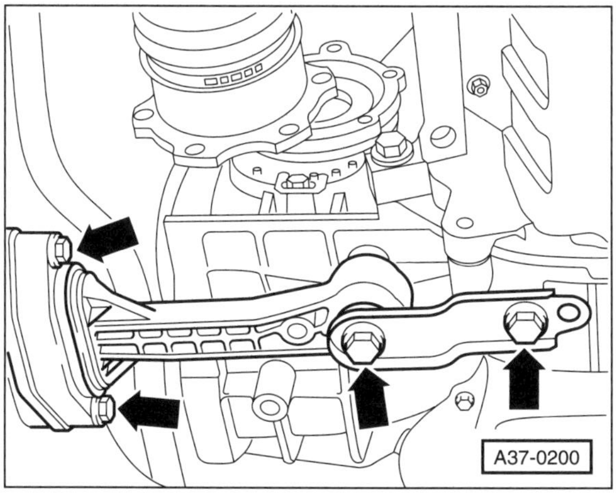

- Pendelstütze unten zwischen Aufbau und Motor-/Getriebeeinheit abschrauben –Pfeile–.

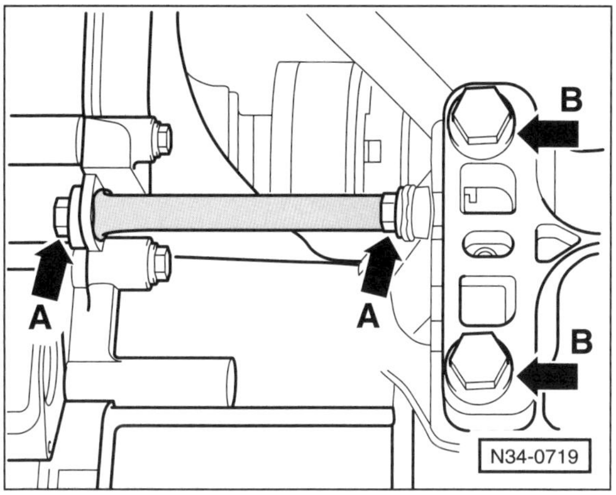

- Abstützung am Getriebelager links abschrauben –Pfeile A–, dann Getriebelager abschrauben –Pfeile B–.

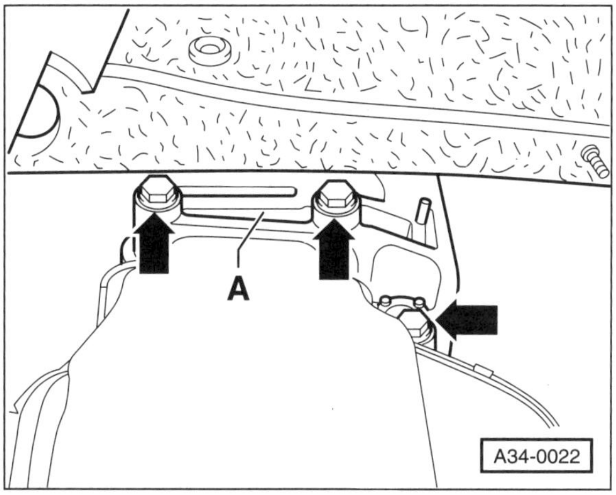

- Halter für Getriebelager –A– am Getriebe abschrauben. Damit die Befestigungsschrauben –Pfeile– entnommen werden können, Motor-Getriebe-Einheit über beide Spindeln soweit absenken, bis die Schrauben vom linken Radhaus her zugänglich sind.

Achtung: Beim Absenken des Aggregats darauf achten, daß die Leitungen der Servolenkung nicht beschädigt werden.

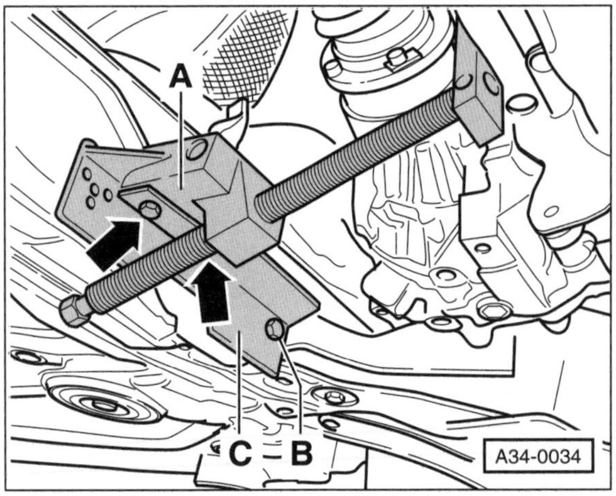

A – Abdrückvorrichtung 3300 A
B – Schraube M8 x 25
C – Spezialwerkzeug 457/1

- Spezialwerkzeug –C– mit Schraube –B– an Befestigung der Pendelstütze unten anschrauben. Abdrückvorrichtung –A– einsetzen und mit Schrauben –Pfeile– anschrauben. Motor-Getriebe-Einheit nach vorn drücken. **Hinweis:** Steht das Sonderwerkzeug nicht zur Verfügung, kann die Motor-Getriebe-Einheit auch mit dem Bordwagenheber nach vorn gedrückt werden. Dabei darauf achten, daß die Leitungen der Servolenkung nicht beschädigt werden.

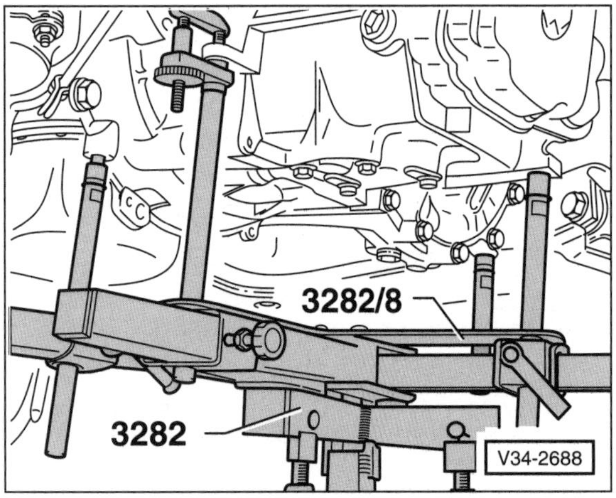

- Getriebe mit Getriebeheber, z. B. VW 3282 leicht anheben. Die Arme der Getriebeaufnahme werden zuvor nach der Justierplatte 3282/8 ausgerichtet. Steht der Getriebeheber nicht zur Verfügung, Getriebe mit einem Werkstattwagenheber anheben. **Achtung:** Zwischen Getriebe und Wagenheber Holz zwischenlegen.
- Die unteren Befestigungsschrauben zwischen Motor und Getriebe herausschrauben.
- Getriebe von Paßhülsen abdrücken und vorsichtig herausfahren. **Achtung:** Beim Herausnehmen des Getriebes darauf achten, daß keine Leitung der Servolenkung beschädigt wird.

Einbau

Hinweis: Wird das Getriebe ersetzt, Geber für Geschwindigkeitsmesser, Getriebeschalthebel und Umlenkhebel vom alten auf das neue Getriebe umbauen.

- Vor dem Einbau Kupplung prüfen, siehe Seite 238.
- Kerbverzahnung der Antriebswelle reinigen und leicht mit MoS_2-Schmierfett oder VW-G 000 100 schmieren. **Achtung:** Die Kupplungsscheibe muß sich auf der Antriebswelle leicht hin- und herschieben lassen.
- Prüfen, ob die Paßhülsen zur Zentrierung Motor/Getriebe im Motorblock vorhanden sind, gegebenenfalls einsetzen.

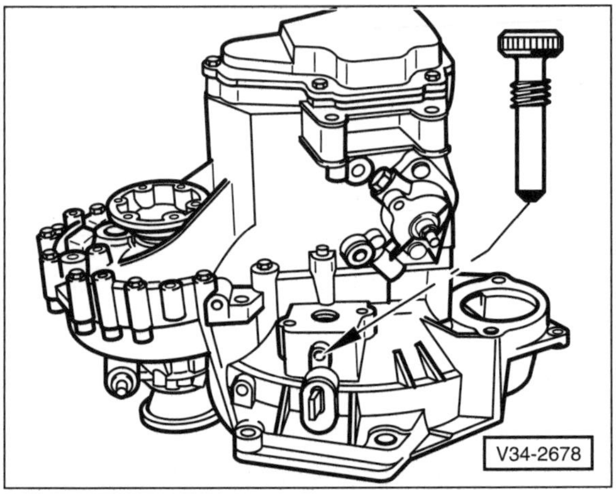

- Kupplungsausrückhebel vor Einbau des Getriebes zum Getriebegehäuse drücken und durch Ersatzteil-Montageschraube oder Schraube M8 x 35 arretieren. Nach dem Getriebeeinbau wieder herausdrehen.
- Getriebe anheben und in die Kupplung einfahren. Falls beim Einsetzen die Getriebe-Antriebswelle nicht in die Kupplungsscheibe einrastet, Antriebswelle von hinten am Flansch für die Gelenkwelle mit der Hand entsprechend verdrehen. Beim Ansetzen des Getriebes auf richtigen Sitz des Zwischenbleches achten.
- Sonderwerkzeug beziehungsweise Wagenheber zurückdrehen und herausnehmen, siehe Abbildung A34-0034 unter »Ausbau«.
- Schrauben für untere Getriebebefestigung und für Anlasser einschrauben. Dazu Anlasser einsetzen.
- Befestigungsschrauben Motor/Getriebe soweit möglich einschrauben.
- Schraube M8 x 35 zur Arretierung des Kupplungsausrückhebels am Getriebegehäuse wieder herausdrehen. Die Bohrung wird durch die Befestigungsschraube für das Widerlager der Betätigungsseilzüge verschlossen.

Befestigungsschrauben Motor/Getriebe

1,8-/2,0-l-Motor

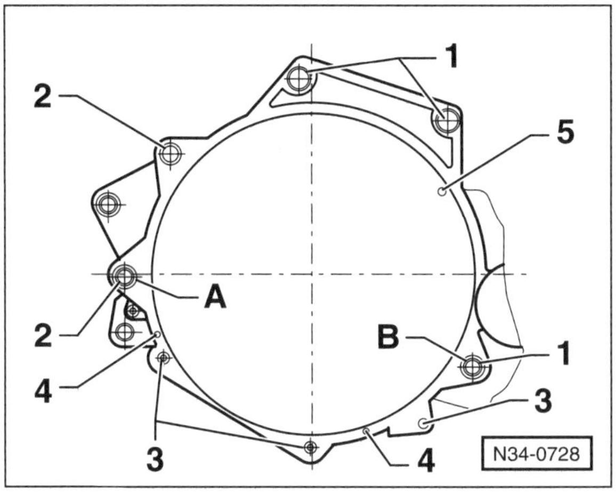

Position	Schraube	Anzahl	Anzugsdrehmoment
1	M12x55	3	80 Nm
2[1)]	M12x150	2	80 Nm
3[2)]	M10x50	3	40 Nm
4[3)]	M7x12	2	10 Nm
5[4)]	M7x12	1	10 Nm

[1)] zusätzlich Anlasser an Getriebe anschrauben.

[2)] nur bei Motoren mit Aluminium-Ölwanne.

[3)] Großes Abdeckblech für Schwungrad nur bei Motoren mit Stahlblech-Ölwanne (Ölwanne schwarz lackiert).

[4)] Kleines Abdeckblech für Schwungrad.

Paßhülsen zur Zentrierung in Position **–A–** und **–B–**.

2,3-l-Motor

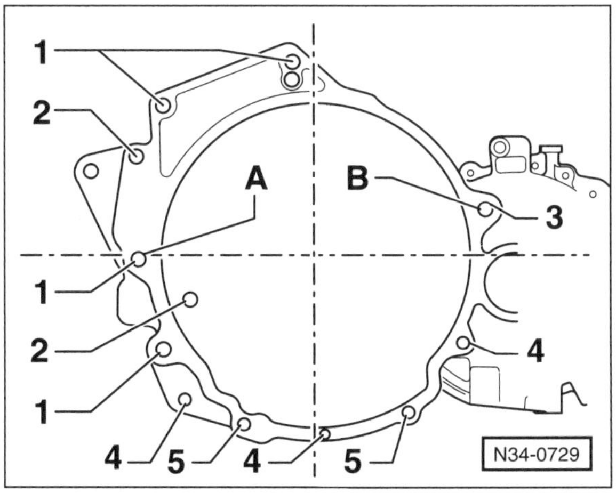

Position	Schraube	Anzahl	Anzugsdrehmoment
1	M12x55	4	80 Nm
2[1)]	M12x55	2	80 Nm
3	M12x65	1	80 Nm
4[2)]	M10x60	3	40 Nm
5[3)]	M7x12	2	10 Nm

[1)] zusätzlich Anlasser an Getriebe anschrauben.

[2)] nur bei Motoren mit Aluminium-Ölwanne. Bei einigen Motoren sind Schrauben M10x50 eingebaut, das Anzugsmoment beträgt dann **25 Nm**.

[3)] Abdeckblech für Schwungrad nur bei Motoren mit Stahlblech-Ölwanne (Ölwanne schwarz lackiert).

Paßhülsen zur Zentrierung in Position **–A–** und **–B–**.

1,4-l-Motor (75 PS)/1,6-l-Motor (105 PS)

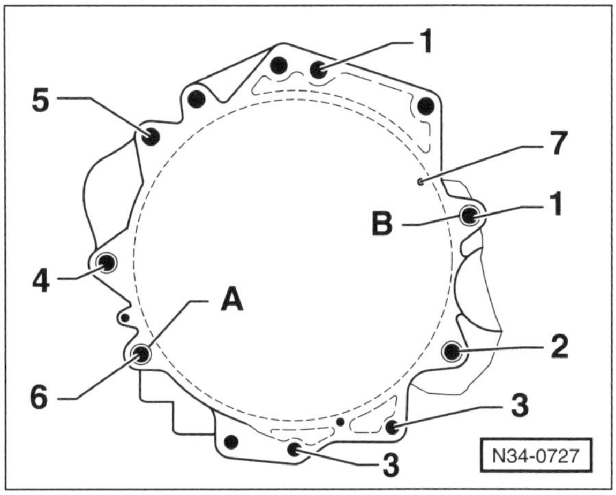

Position	Schraube	Anzahl	Anzugsdrehmoment
1	M12x65	2	80 Nm
2	M12x55	1	80 Nm
3[1)]	M10x50	2	25 Nm
4[2)]	M12x140	1	80 Nm
5[2)]	M12x65	1	80 Nm
6	M12x65	1	80 Nm
7[3)]	M7x12	1	10 Nm

[1)] nur bei Motoren mit Aluminium-Ölwanne. Großes Abdeckblech für Schwungrad bei Motoren mit Stahlblech-Ölwanne (Ölwanne schwarz lackiert) mit 2 Schrauben M7x12 und **10 Nm** anschrauben.

[2)] zusätzlich Anlasser an Getriebe anschrauben.

[3)] Kleines Abdeckblech für Schwungrad.

Paßhülsen zur Zentrierung in Position **–A–** und **–B–**.

1,6-l-Motor (100 PS)

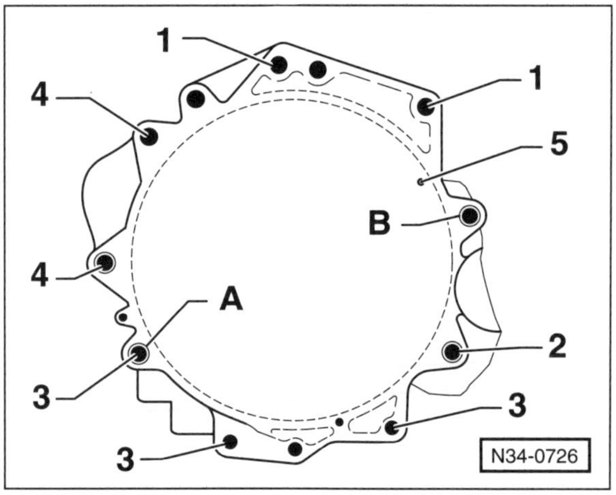

Position	Schraube	Anzahl	Anzugsdrehmoment
1	M12x65	2	80 Nm
2	M12x80	1	80 Nm
3[1)]	M10x50	3	25 Nm
4[2)]	M12x140	2	80 Nm
5[3)]	M7x12	1	10 Nm

[1)] nur bei Motoren mit Aluminium-Ölwanne. Großes Abdeckblech für Schwungrad bei Motoren mit Stahlblech-Ölwanne (Ölwanne schwarz lackiert) mit 2 Schrauben M7x12 und **10 Nm** anschrauben.

[2)] zusätzlich Anlasser an Getriebe anschrauben.

[3)] Kleines Abdeckblech für Schwungrad.

Paßhülsen zur Zentrierung in Position **–A–** und **–B–**.

- Linken Getriebehalter am Getriebe handfest anschrauben und Motor/Getriebe mit dem Kran in Einbaulage bringen.

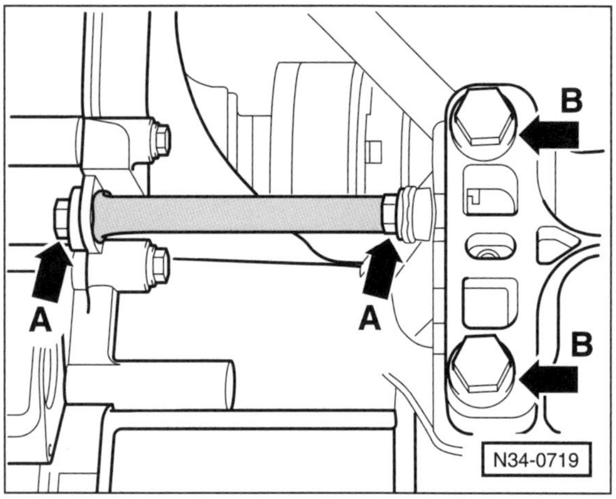

- Schrauben –A– für Getriebelager an Aufbau mit **25 Nm** festziehen.
- Motor-/Getriebelager mit **neuen** Schrauben –B– handfest anschrauben.
- Pendelstütze mit **neuen** Schrauben handfest anschrauben.
- Motor- und Getriebeheber entfernen.
- Motor-/Getriebeeinheit durch kräftige Schüttelbewegungen spannungsfrei einrichten.
- Motor-/Getriebelager und Pendelstütze nach den Werten in der Tabelle festziehen. Dabei alle Schrauben zuerst mit Drehmomentschlüssel anziehen und anschließend, wo gefordert, mit starrem Schlüssel um 90° (¼ Umdrehung) weiterdrehen.

Achtung: Die Schrauben werden beim Anziehen bleibend gedehnt, daher müssen nach jedem Lösen **neue** Schrauben verwendet werden.

Schraubverbindung Motorlagerung	1,4-/1,6-l-Motor	1,8-/2,0-/2,3-/ 2,8-l-Motor
Motor an Halter	60 Nm + 90°	60 Nm + 90°
Getriebe an Halter	60 Nm + 90°	50 Nm + 90°
Getriebehalter an Aufbau	100 Nm	100 Nm
Stütze an Getriebe	40 Nm + 90°	40 Nm + 90°
Stütze an Aufbau	20 Nm + 90°	20 Nm + 90°

- Gelenkwellen montieren, siehe Seite 122.
- Großes und kleines Gelenkwellen-Abdeckblech montieren.
- Linke Befestigungsschrauben für Motorträger ansetzen und mit **50 Nm** anschrauben.
- Anlasser einbauen, siehe Seite 73.
- Seilzugwiderlager mit **25 Nm** am Getriebe anschrauben.
- **Getriebe bis 4/99:** Schaltseilzug sowie Tilgergewicht mit **25 Nm** am Getriebeschalthebel anschrauben. Wählseilzug am Umlenkhebel anclipsen.
- **Getriebe ab 5/99:** Schaltseilzug zusammen mit dem Getriebeschalthebel und **20 Nm** am Getriebe anschrauben. Umlenkhebel mit Wählseilzug aufstecken und mit Scheibe sichern.
- Schaltbetätigung einstellen, siehe Seite 254.
- Elektrische Kabelverbindungen am Getriebe anbauen, siehe unter »Ausbau«.
- Kabelverbindungen am Anlasser anbauen, siehe Seite 73.

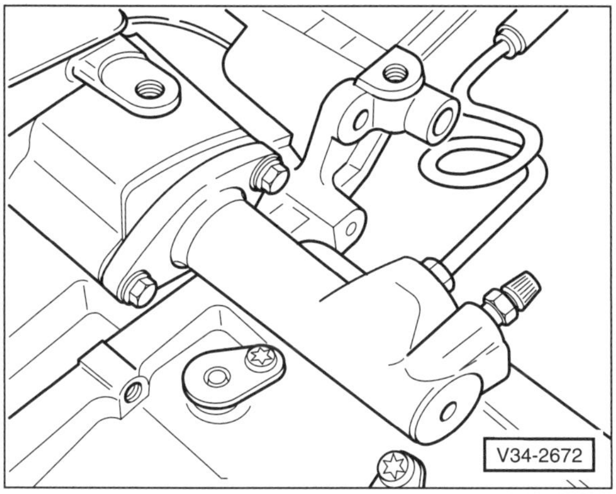

- Kupplungs-Nehmerzylinder am Stößelende mit MoS_2-Fett bestreichen. Nehmerzylinder einsetzen und mit **20 Nm** anschrauben.
- Kupplung mehrmals betätigen und auf einwandfreie Funktion prüfen. **Achtung:** Falls die Hydraulikleitung geöffnet war, Hydrauliksystem entlüften.
- Vorderes Abgasrohr/Katalysator mit **neuen** Dichtungen einbauen, siehe Seite 232.
- Halter für Leitung der Servolenkung am Getriebegehäuse anschrauben.
- Getriebeölstand prüfen, siehe Seite 27.
- Untere Motorraumabdeckung einbauen, siehe Seite 168.
- Luftfiltergehäuse einbauen, siehe Seite 214.
- Batterie-Massekabel (–) anklemmen. **Achtung:** Hoch-/Tieflaufautomatik für elektrische Fensterheber aktivieren sowie Zeituhr stellen und Radiocode eingeben, siehe Kapitel »Batterie aus- und einbauen«.

Speziell 1,4-/1,6-l-Motor

Achtung: Arbeitsschritte und Hinweise, die für alle Getriebe gelten, stehen im Kapitel für die 1,8-/2,0-/2,3-l-Motoren. In diesem Kapitel sind nur die Abweichungen beschrieben, die speziell den 1,4-/1,6-l-Motor betreffen. Diese Abweichungen betreffen vor allem die Schaltbetätigung, die beim 1,4-/1,6-l-Motor über Gestänge erfolgt, bei den anderen Motoren über Schaltzüge.

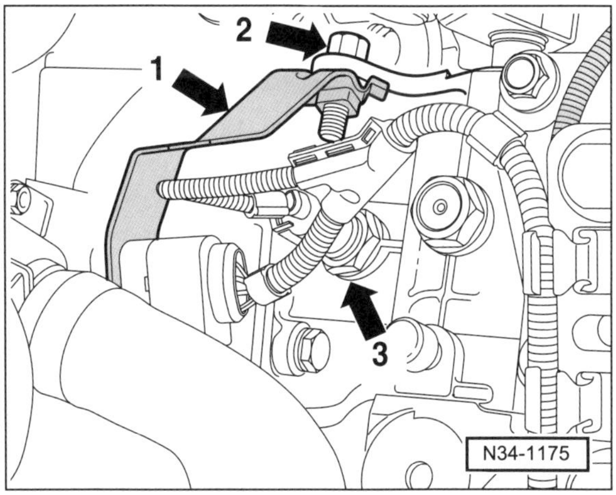

- **1,4-l-Motor:** Halter –1– für die Leitung der Lambdasonde ausbauen, dazu die Befestigungsschraube –2– herausdrehen. Anzugsmoment beim Einbau: **25 Nm.**
- Motor abfangen, dazu Kran an den Aufhängeösen am Zylinderkopf einhängen.

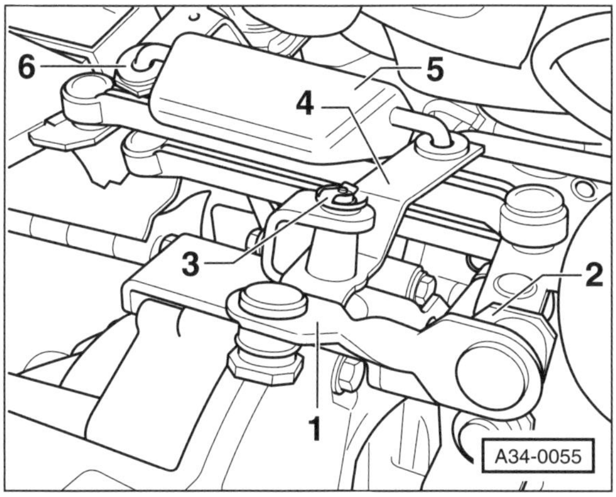

- Schaltstange vorne –1– mit Schraubendreher von Schalthebel –2– abhebeln, Sicherungsscheibe –3– abnehmen und Konsole –4– nach oben abnehmen.
- Konsole –4– durch 90°-Drehung (¼ Umdrehung) nach rechts von der Schaltstange mit Tilger –5– trennen. Schaltstange mit Tilger nach oben schwenken und vom Lagerbock –6– abnehmen.

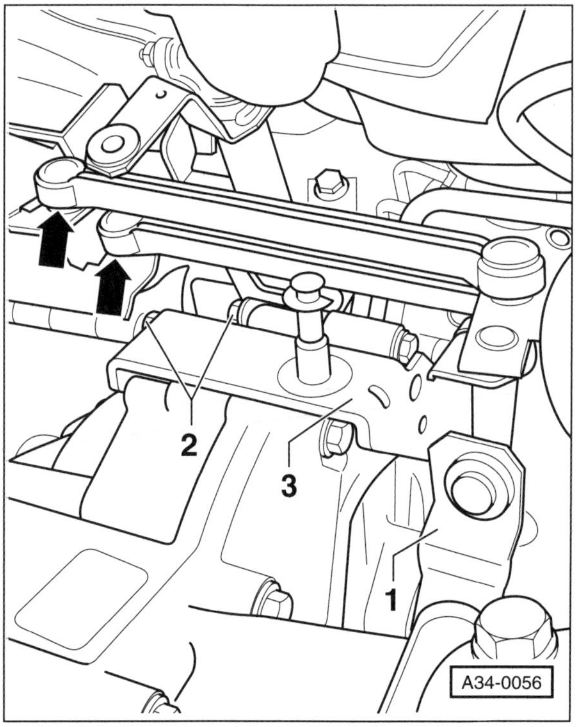

- Lange Koppelstangen von Wählhebel mit Schraubendreher abhebeln –Pfeile–. Schalthebel vorne –1– am Getriebe abschrauben.
- Schrauben –2– herausdrehen und Schaltkonsole –3– mit Koppelstangen und Schalthebel am Getriebe abnehmen.

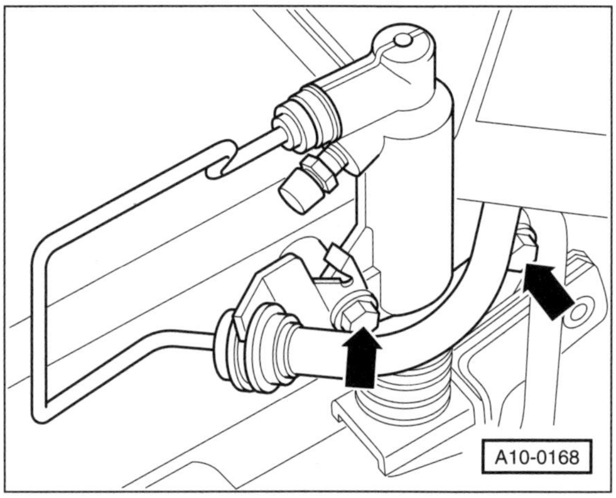

- Schlauchleitung des Nehmerzylinders am Widerlager ausclipsen. Nehmerzylinder mit 2 Schrauben –Pfeile– am Getriebe abschrauben und mit angeschlossener Leitung seitlich am Aufbau mit Draht aufhängen. **Achtung:** Die Hydraulikleitung nicht lösen, sonst muß das Kupplungssystem nach dem Einbau entlüftet werden. Bei ausgebautem Nehmerzylinder darf das Kupplungspedal nicht betätigt werden.

Achtung: Nach dem Einbau des Getriebes muß die Schaltbetätigung eingestellt werden, siehe entsprechendes Kapitel.

Schaltung

Beim Einlegen eines Ganges wird zwischen der Querbewegung (Wählbewegung) in der Leerlaufposition und der eigentlichen Schaltbewegung unterschieden. Beide Bewegungen werden beim 1,4-/1,6-l-Motor über Gestänge auf das Getriebe übertragen.

Modelle mit 1,8-/2,0-/2,3-l-Motor besitzen zum Übertragen der Schaltbewegungen anstelle des herkömmlichen Schaltgestänges zwei Schaltseilzüge.

Nach Ausbau des Getriebes oder Teilen der Schaltung muß die Schaltung neu eingestellt werden.

1,4-/1,6-l-Motor: Betätigung über Gestänge

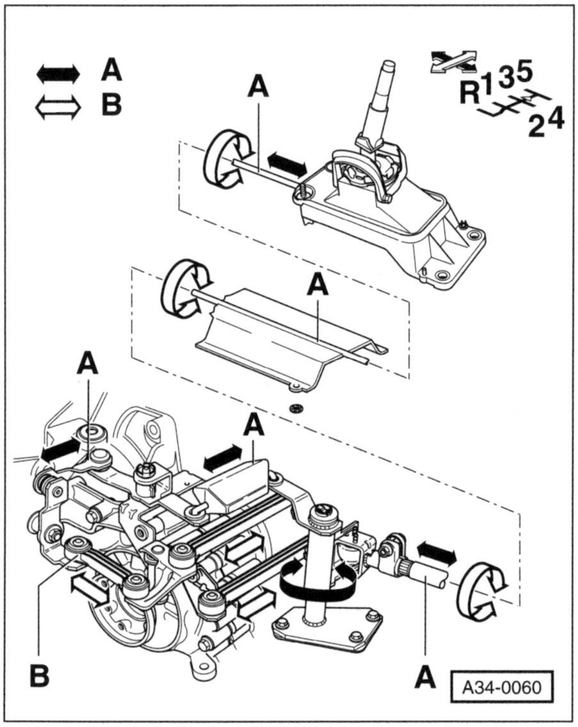

A – Schaltstangen für Schaltbewegung

B – Wählstange für Wählbewegung

Pfeil A – Schaltbewegung

Pfeil B – Wählbewegung

Hinweis: Sämtliche Lagerstellen und Gleitflächen mit Polyharnstoffett VW G 052 142 A2 fetten.

1,8-/2,0-/2,3-l-Motor seit 5/99: Betätigung über Seilzüge

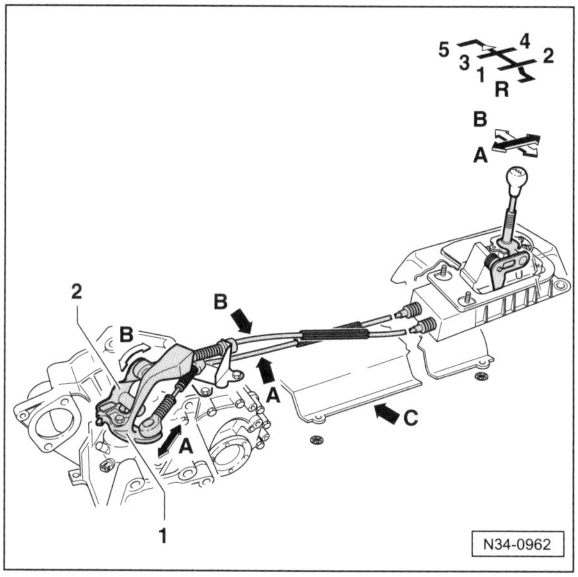

- A – **Schaltseilzug für Schaltbewegung**
- B – **Wählseilzug für Wählbewegung**
- C – **Wärmeschutzblech der Abgasanlage**
  Vor Ausbau der Schaltbetätigung ausbauen.
- 1 – **Getriebeschalthebel**
- 2 – **Umlenkhebel mit Mitnehmer/Wählseilzug**

Pfeil A – Schaltbewegung

Pfeil B – Wählbewegung

Hinweis: Sämtliche Lagerstellen und Gleitflächen mit Polyharnstoffett VW G 052 142 A2 fetten.

Schaltbetätigung einstellen

Um die Schalteinstellung korrekt vornehmen zu können, müssen das Getriebe, die Kupplung und die Kupplungsbetätigung in Ordnung sein. Außerdem müssen die Betätigungs- und Übertragungselemente der Schaltbetätigung leichtgängig und in einem einwandfreien Zustand sein.

1,4-/1,6-l-Motor

Einstellen

- Getriebe in Leerlaufstellung bringen, Handbremse anziehen.
- Faltenbalg für Schalthebel ausclipsen und nach oben ziehen, siehe Abbildungen im Kapitel »Schaltgehäuse aus- und einbauen«.

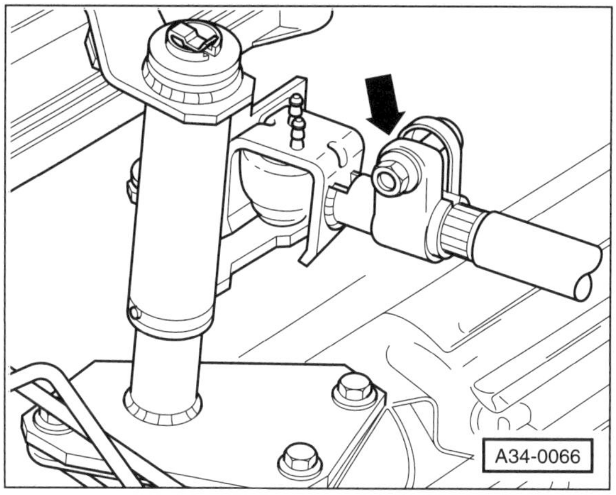

- Klemmschelle –Pfeil– am Getriebe lösen. Die Verbindung Schaltstange/Wählhebel muß leichtgängig sein.

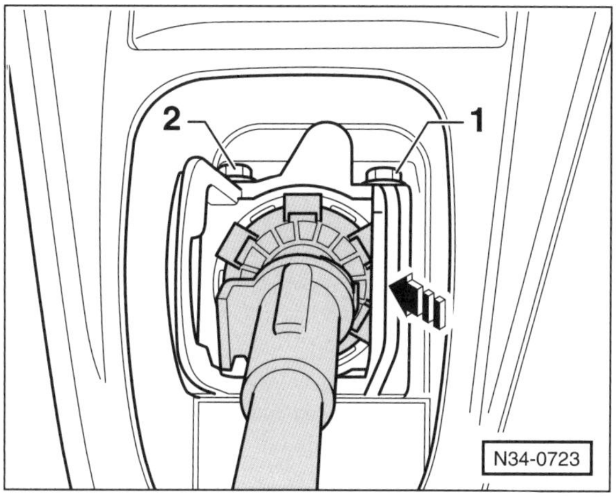

- Am Schalthebel Schrauben –1– und –2– lösen und Anschlag auf der rechten Seite nach unten drücken –Pfeil–.
- Schraube –1– wieder festziehen.

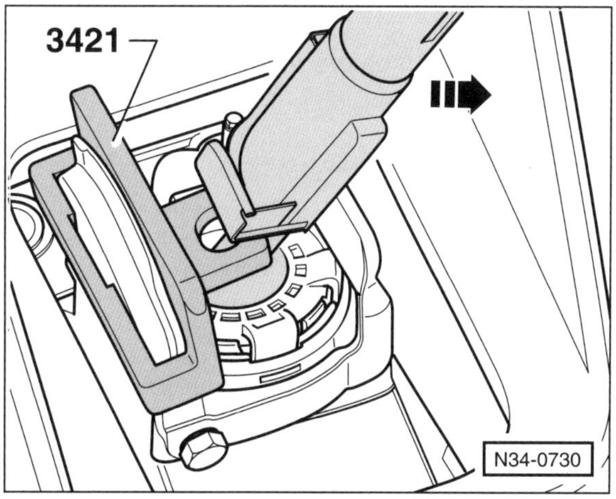

- Schalthebel in die Gasse für 5. Gang drücken –Pfeilrichtung– und Schalthebel-Einstellehre VW-3421 einsetzen.

- Schalthebel wieder nach links in Ruhelage (Gasse für 3./4. Gang) bringen. Dabei greift der Schalthebel in die Lehre ein.
- Schaltstange spannungsfrei ausrichten (Getriebe in Leerlaufstellung) und Klemmschelle mit **20 Nm** festziehen.
- Einstellehre entnehmen.
- Anschließend den Rückwärtsgang einlegen.
- Schraube –1– lösen, siehe Abbildung N34-0723. **Hinweis:** Dabei wird die linke Seite des Anschlags heruntergedrückt.
- Schrauben –1– und –2– mit **25 Nm** festziehen, siehe Abbildung N34-0723.
- Alle Gänge durchschalten, sie müssen sich leicht und ohne zu haken einlegen lassen. Es ist besonders auf die Wirksamkeit der Rückwärtsgangsperre zu achten.

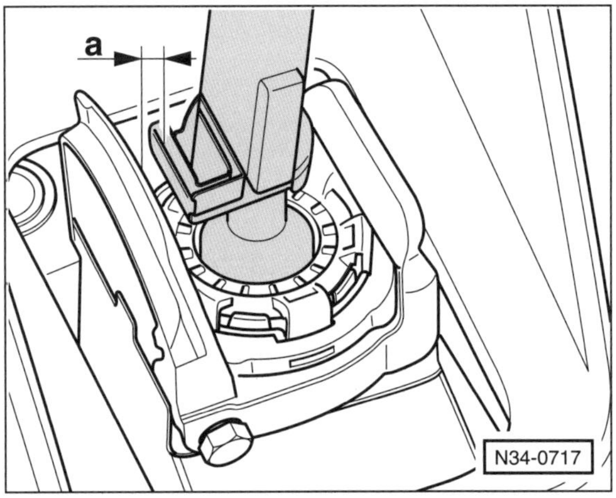

- Wenn die Schaltung beim wiederholten Einlegen eines Ganges hakt, Feineinstellung vornehmen. Dazu 1. Gang einlegen und Schalthebel leicht nach links drücken, damit das Spiel aufgehoben wird. Der Abstand –a– muß dann 2,0 mm betragen. Andernfalls Schrauben –1– und –2– lösen und Anschlag entsprechend verschieben, siehe Abbildung N34-0723. Schrauben mit **25 Nm** wieder festziehen.

1,8-/2,0-/2,3-l-Motor bis 4/99

Einstellen

- Getriebe in Leerlaufstellung bringen, Handbremse anziehen.
- Faltenbalg für Schalthebel ausclipsen und Schaltknopf abziehen, siehe Abbildungen im Kapitel »Schaltgehäuse aus- und einbauen«.
- Tilgergewicht am Getriebehebel abbauen, siehe Abbildung V34-2682 im Kapitel »Getriebe aus- und einbauen«.

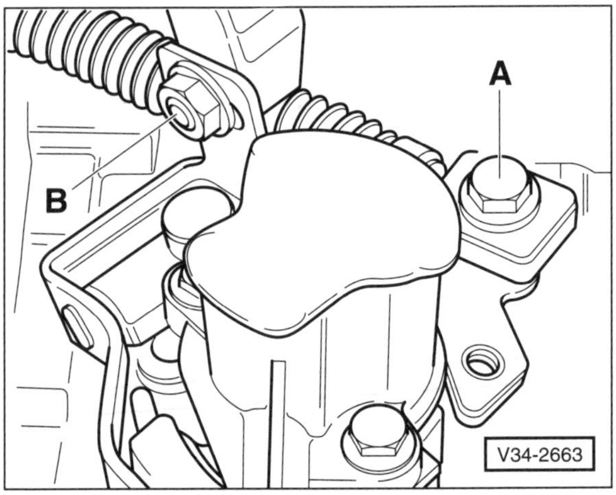

- Schraube –A– und Mutter –B– lösen, bis sich der Schaltseilzug und Mitnehmer/Wählseilzug in den Längslöchern frei bewegen lassen.

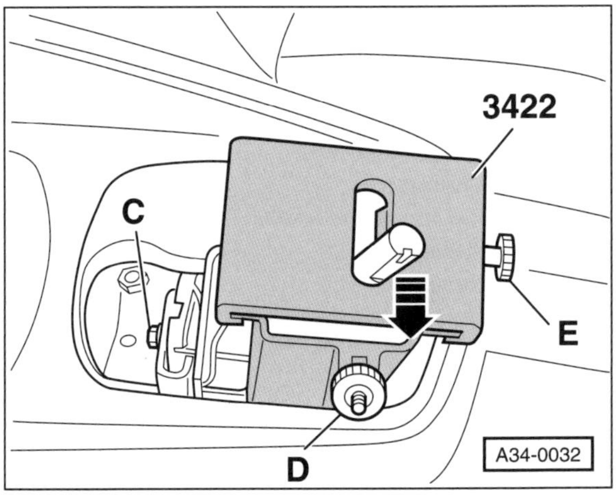

- Schraube –C– lösen, dazu gegebenenfalls Schaumstoffdichtung im Bereich der Schraube abziehen.
- Schalthebellehre VW-3422 aufsetzen.
- Haken zur Befestigung der Lehre unter Lagerplatte schwenken und Mutter –D– anziehen.
- Schalthebel in die linke Rastierung des Schiebestückes drücken, siehe –Pfeil– in der Abbildung.
- Schalthebel mit Schiebestück nach links, in Pfeilrichtung, bis Anschlag drücken und Schiebestück mit Schraube –E– anziehen.
- Schalthebel nach rechts, entgegen der Pfeilrichtung, in die Rastierung drücken.
- Schraube –C– mit 15 Nm anziehen.

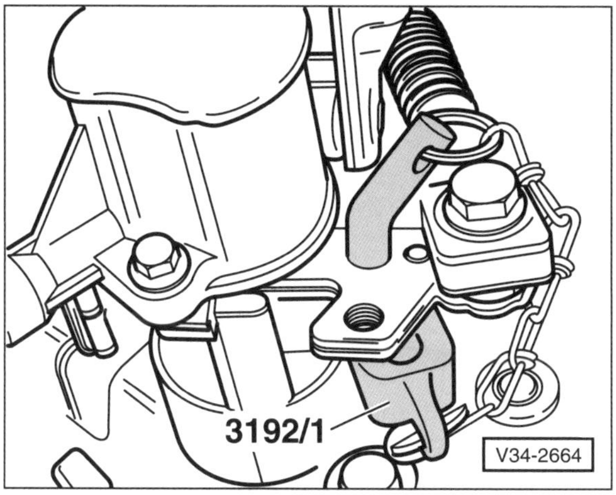

- Keilstück und Absteckstift VW-3192/1 einsetzen. Keilstück zwischen Getriebeschalthebel und Schaltdeckel spielfrei einschieben. **Achtung:** Dabei darf der Getriebeschalthebel nicht durch das Keilstück angehoben werden.
- In dieser Stellung die Bundschraube –A– (in Bild V34-2663) mit **25 Nm** und die Befestigungsmutter –B– mit **15 Nm** festschrauben.
- Keilstück, Absteckstift und Schalthebellehre abnehmen.
- Schaltknopf mit Faltenbalg montieren.
- Tilgergewicht am Getriebeschalthebel mit **25 Nm** anschrauben.

Einstellung prüfen

- Der Schalthebel muß im Leerlauf in der Gasse für den 3. und 4. Gang stehen.
- Kupplung betätigen, Motor anlassen, ca. 3 – 6 Sekunden warten, damit die Antriebswelle des Getriebes zum Stillstand kommt, dann alle Gänge mehrmals durchschalten. Dabei besonders auf die Funktion der Rückwärtsgangsperre achten.
- Falls die Schaltung beim wiederholten Einlegen eines Ganges noch hakt, ist der Hub der Schaltwelle folgendermaßen zu prüfen:
- 1. Gang einlegen.

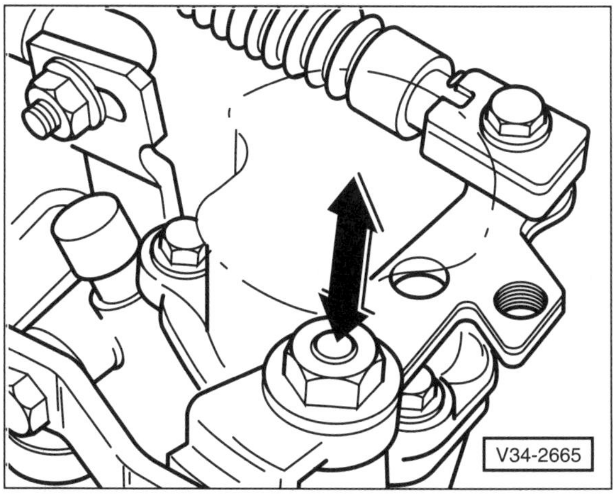

- Schalthebel bei eingelegtem 1. Gang nach links drücken. Gleichzeitig die Schaltwelle am Getriebe von Helfer beobachten lassen. Die Schaltwelle muß beim Bewegen des Schalthebels einen Hub von ca. 1 mm in Pfeilrichtung machen.

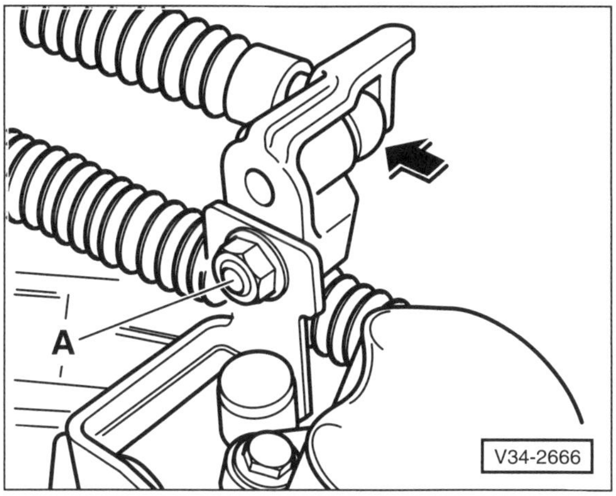

- Ist das nicht der Fall, 1. Gang herausnehmen und Befestigungsmutter –A– für den Aufnahmezapfen des Mitnehmers/Wählseilzug noch einmal lösen. Der Wählseilzug hat am Aufnahmezapfen – bedingt durch die Übertragungselemente – etwas Spiel.
- Das Spiel des Wählseilzuges aufheben, indem er mit dem Aufnahmezapfen leicht in Richtung Fahrzeugheck –Pfeil– gedrückt wird. Mutter –A– in dieser Stellung mit **15 Nm** anziehen.
- Faltenbalg und Schaltknopf einrasten.

1,8-/2,0-/2,3-l-Motor ab 5/99

Einstellen

- Getriebe in Leerlaufstellung bringen, Handbremse anziehen.

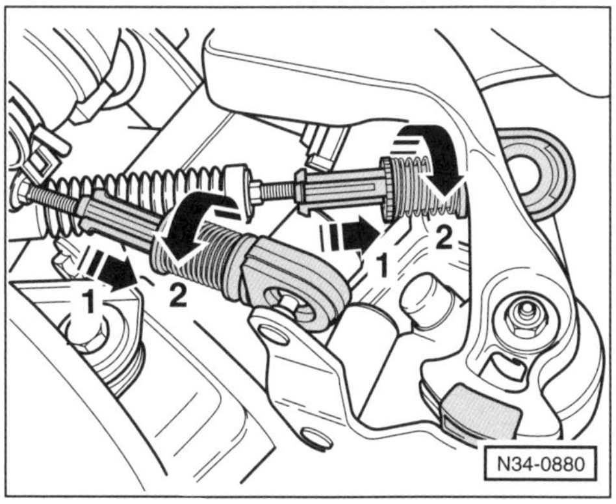

- Sicherungsmechanismus am Schaltseilzug und am Wählseilzug bis zum Anschlag nach vorn ziehen –Pfeil 1–, danach nach links drehen –Pfeil 2– und verriegeln.

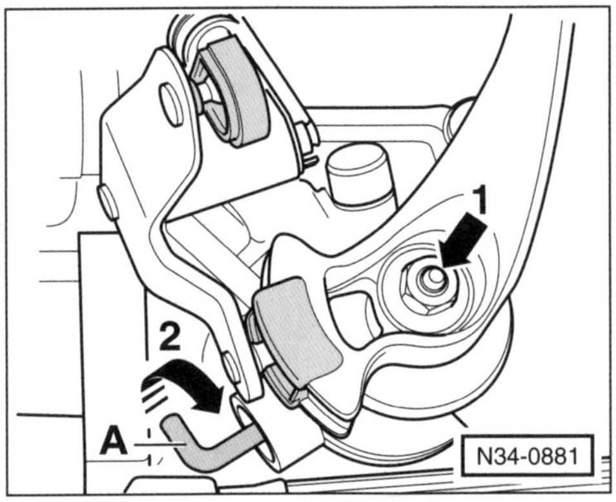

- Schaltwelle arretieren. Dazu Schaltwelle in Pfeilrichtung –1– herunterdrücken und dabei den Winkel –A– in Pfeilrichtung –2– drehen. **Hinweis:** Bei Fahrzeugen mit Allradantrieb wird ein Bolzen in das Getriebe gedrückt, um die Schaltwelle zu arretieren.

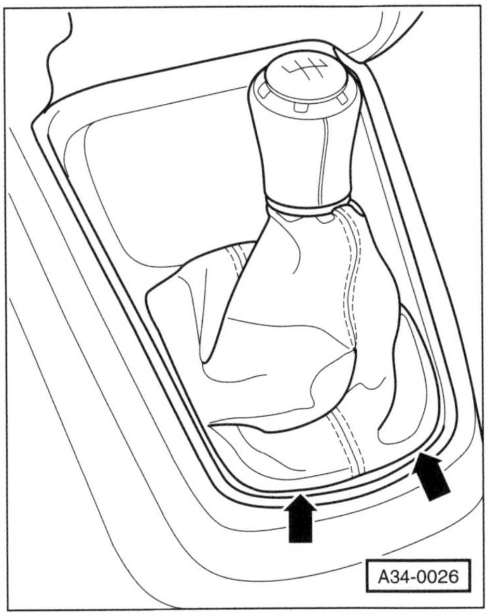

- Abdeckung für Schalthebel von der Mittelkonsole abziehen –Pfeile–. Falls vorhanden, Gummiabdeckung zum Schaltknopf ziehen.

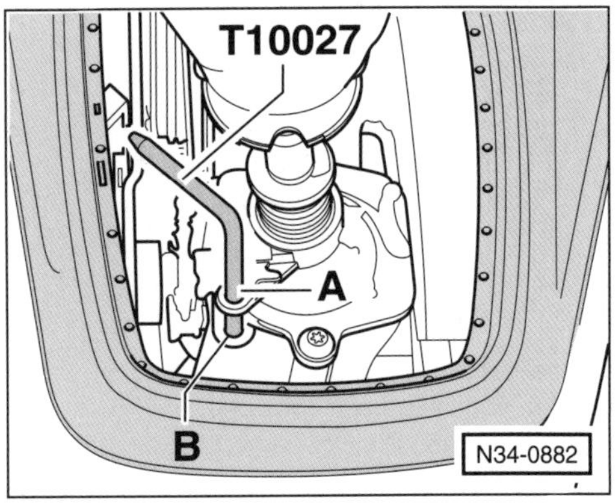

- Schalthebel arretieren. Dazu Schalthebel in Leerlaufstellung bringen und den Absteckstift T10027 durch die Bohrung –A– in die Bohrung –B– einstecken.
- Sicherungsmechanismus am Schalt- und Wählhebelseilzung bis zum Anschlag nach rechts drehen, entgegen der Pfeilrichtung –2– in Abbildung N34-0880. **Hinweis:** Die Feder drückt den Sicherungsmechanismus in die Ausgangsstellung.
- Winkel –A– in Abbildung N34-0881 in die Ausgangsstellung, entgegen der Pfeilrichtung –2–, zurückdrehen.

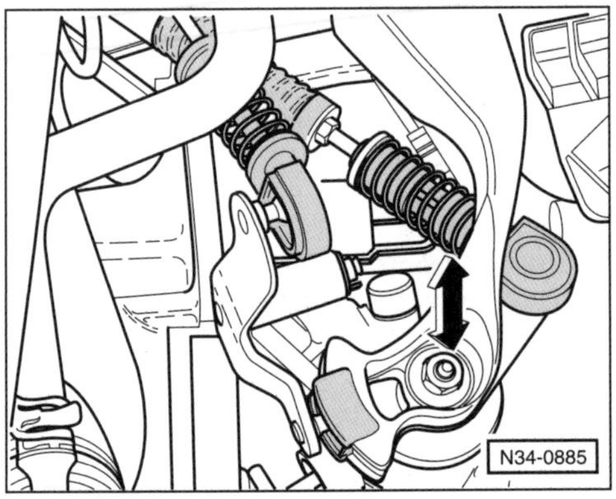

- Prüfen, ob die Schaltwelle in Pfeilrichtung beweglich ist.
- Absteckstift T10027 aus den Bohrungen herausziehen.
- Schalthebelabdeckung in den Rahmen einknüpfen.

Funktion prüfen

- Schalthebel in Leerlaufstellung bringen. Der Schalthebel muß in der Schaltgasse 3./4. Gang stehen.
- Kupplungspedal treten und alle Gänge mehrmals durchschalten. Dabei besonders auf die Funktion der Rückwärtsgangsperre achten.
- Tritt bei wiederholtem Einlegen eines Ganges ein Haken auf, dann muß das Spiel beziehungsweise der Hub der Schaltwelle wie folgt geprüft werden:
- 1. Gang einlegen.
- Schalthebel durch Helfer bis zum Anschlag nach links drücken lassen und wieder loslassen.
- Gleichzeitig Schaltwelle am Getriebe beobachten.
- Die Schaltwelle muß beim Bewegen des Schalthebels einen Hub von ca. 1 mm machen, siehe –Pfeil– in Abbildung N34-0885.
- Ist das nicht der Fall, Schaltbetätigung einstellen.

Automatikgetriebe

Anstelle des Schaltgetriebes kann der VW GOLF/BORA mit einer 4-Gang- oder 5-Gang-Automatik ausgestattet sein. Das Automatikgetriebe übernimmt beim Anfahren die Aufgaben der herkömmlichen Kupplung und während der Fahrt die Schaltarbeit.

Die wesentlichen Baugruppen eines Automatikgetriebes sind: Drehmomentwandler, Planetengetriebe und hydraulische beziehungsweise elektronische Getriebesteuerung. Zum Schalten der Übersetzungsstufen im Planetengetriebe werden hydraulisch betätigte Lamellen-Bremsen und Lamellen-Kupplungen verwendet.

Der Drehmomentwandler entspricht in seiner Funktion einer hydraulischen Kupplung. Er sorgt dafür, daß ohne mechanische Kupplungsbetätigung angefahren und die einzelnen Gangstufen geschaltet werden können.

Die Steuerung der Schaltdrücke übernimmt anstelle der in herkömmlichen Getrieben eingesetzten Hydraulik ein elektronisches Steuergerät. Damit stehen wesentlich umfassendere Informationen für eine noch bessere Getriebesteuerung zur Verfügung, um für jeden Betriebszustand des Fahrzeugs und für jeden Fahrerwunsch die sinnvollste Getriebeübersetzung auszuwählen und die Qualität der Gangschaltungen zu erhöhen.

Manuelle Fahrprogramme wie »Economy« oder »Sport« sind nicht vorhanden. Hingegen erkennt das Steuergerät an der Geschwindigkeit, mit der das Gaspedal getreten wird, wie »sportlich« oder »verbrauchsorientiert« der Fahrer fahren möchte und regelt die Schaltpunkte entsprechend. In die Regelung der Schaltpunkte werden auch Fahrwiderstände wie Bergauf- und Bergabfahrten, Hängerbetrieb und Gegenwind miteinbezogen.

Bei Störungen der Eingangssignale oder der Magnetventile wird auf ein Notlaufprogramm umgeschaltet, gleichzeitig wird der im Fahrbetrieb aufgetretene Fehler im Fehlerspeicher abgespeichert. Er kann später mit einem Fehlerauslesegerät abgerufen werden.

Für die Beurteilung der Funktion der Getriebeautomatik und für die richtige Fehlersuche ist Erfahrung mit automatischen Getrieben und die Kenntnis der Arbeitsweise unerläßlich. Da diese Materie nur durch lange Berufserfahrung erworben werden kann, wird nur der Getriebeausbau und die Einstellung des Wählhebelseilzugs beschrieben. Die Prüfung des ATF-Ölstands und der Ölwechsel wird im Kapitel »Wartung« beschrieben.

Hinweis: Fahrzeuge mit Automatikgetriebe dürfen abgeschleppt werden, und zwar bis zu einer Entfernung von 50 Kilometern bei einer Geschwindigkeit von maximal 50 km/h. Mit dem Abschleppwagen darf das Fahrzeug nur **vorn** angehoben.

Wählhebelseilzug einstellen

4-Gang-Automatikgetriebe 01M

Einstellen

- Wählhebel in Stellung »P« schalten.

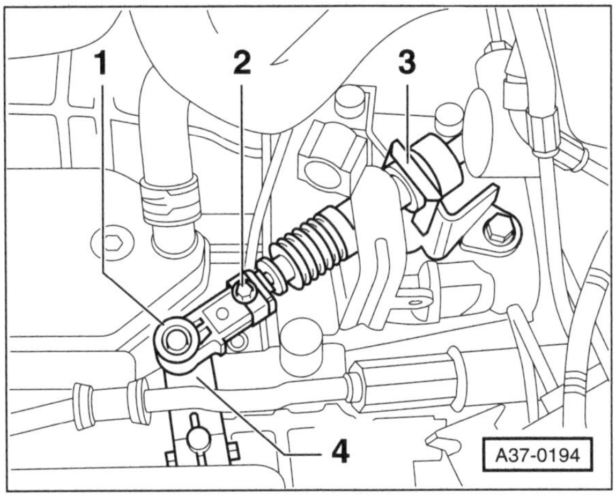

- Schraube –2– an der vorderen Kugelpfanne –1– des Wählhebelseilzugs lösen.
- Getriebe-Wählhebel –4– in Stellung –P– bringen, also zum hinteren Anschlag drücken. Die Parksperre muß einrasten, das Fahrzeug läßt sich bei gelöster Handbremse nicht verschieben. **Hinweis:** Sicherungsklammer –3– muß nicht abgezogen werden.
- Wählhebelseilzug an Schraube –2– verschieben, bis er spannungsfrei verlegt ist. In dieser Stellung Schraube –2– mit **8 Nm** anziehen.
- Anschließend Einstellung folgendermaßen prüfen.

Einstellung prüfen

- Wählhebel in Stellung »P« bei gedrückter Sperrtaste im Wählhebelgriff ca. 5 mm nach hinten ziehen und loslassen. Der Hebel muß selbsttätig wieder in die vorherige Stellung einrasten.
- Wählhebel in Stellung »N« bei gedrückter Sperrtaste im Wählhebelgriff ca. 5 mm nach vorn drücken und loslassen. Der Hebel muß selbsttätig wieder in die vorherige Stellung einrasten.
- Falls der Hebel nicht einrastet, Einstellung wiederholen.
- Probefahrt durchführen und Wählhebelfunktion prüfen. Der Motor darf sich nur in den Wählhebelstellungen »P« und »N« starten lassen.
- Zündung einschalten. Bei stehendem Fahrzeug darf der Wählhebel erst aus der Stellung »P« oder »N« herausgeführt werden können, wenn gleichzeitig das Bremspedal betätigt wird.

Allradantrieb

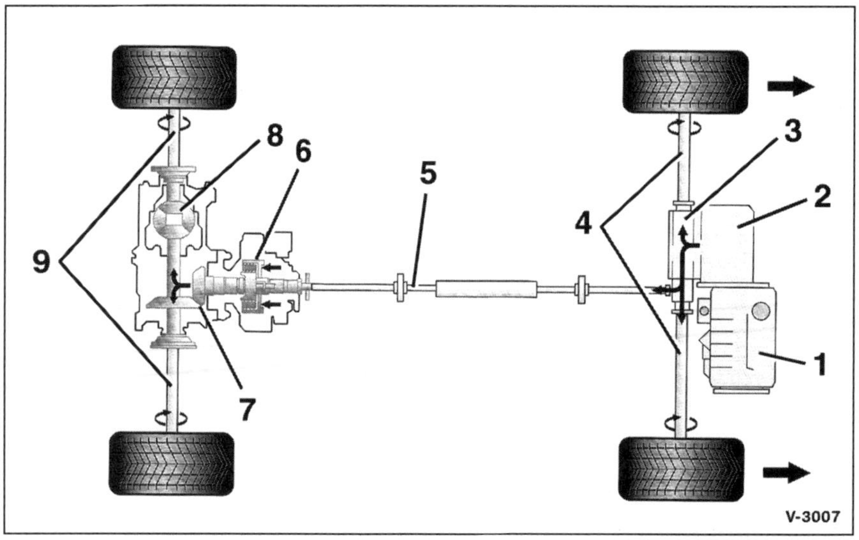

1 – **Motor**
2 – **Schaltgetriebe**
3 – **Achsantrieb/Differentialgetriebe für Vorderachse**
4 – **Antriebswellen/Vorderachse**
5 – **Kardanwelle**
6 – **Haldex-Kupplung**
7 – **Kegelräder für Hinterachsantrieb**
8 – **Differentialgetriebe für Hinterachse**
9 – **Antriebswelle**

Hinweis: Pfeile zeigen in Fahrtrichtung.

Das 4-Motion-Modell des VW GOLF/BORA ist mit permanentem Allradantrieb ausgestattet. Um auch die Hinterräder antreiben zu können, sind die folgenden Bauteile zusätzlich notwendig:

Ein Abtrieb vom Vorderachs-Schaltgetriebe, um die Kardanwelle antreiben zu können, die das Schaltgetriebe mit dem nun erforderlichen Hinterachsdifferential verbindet. Vom Hinterachsdifferential führen 2 Antriebswellen zu den beiden Hinterrädern.

Um das Hinterachsdifferential unterbringen zu können, hat der GOLF/BORA-4-Motion eine Doppelquerlenker-Hinterachse.

Um die unterschiedlichen Raddrehzahlen der Vorder- und Hinterachse bei permanent allradgetriebenen Fahrzeugen ausgleichen zu können und um die Antriebskraft je nach Anforderung zwischen Vorder- und Hinterachse zu verteilen, kommt beim GOLF/BORA-4-Motion eine Haldex-Kupplung zum Einsatz, die am Hinterachsdifferential angeflanscht ist.

Die Haldex-Kupplung ist eine elektronisch geregelte und hydraulisch betätigte Lamellenkupplung. Aufgrund von Signalen verschiedener Sensoren und Geber, wie zum Beispiel vom Motor- und ABS-Steuergerät regelt das Steuergerät für Haldex-Kupplung das Zuschalten des Hinterachsantriebs. Das 4-Motion-System ist in der Lage, die Ursache für den Schlupf einzelner Räder beziehungsweise für Unterschiedliche Raddrehzahlen zu erkennen und die Motor-Antriebskraft dementsprechend gleitend zwischen zwischen Vorder- und Hinterachse zu verteilen. Die Hinterachse kann vollständig vom Antriebsstrang abgekoppelt werden, so gibt es beispielsweise keine Einschränkungen beim Abschleppen mit angehobener Vorder- oder Hinterachse. Das 4-Motion-System ist außerdem voll kombinierbar mit allen Schlupfregelsystemen, wie ABS, EDS, ASR, EBV und ESP.

Fahrzeuge mit Allradantrieb abschleppen

Fahrzeuge mit Allradantrieb können mit angehobener Vorder- oder Hinterachse abgeschleppt werden.

Das Fahrzeug darf allerdings auf diese Weise **nicht mehr als 50 km weit** abgeschleppt werden, und die Geschwindigkeit darf hierbei **50 km/h nicht überschreiten**. Anderenfalls muß das Fahrzeug auf einen Abschleppwagen aufgeladen werden.

Achtung: Der Motor darf generell beim Abschleppen **nicht laufen**. Allgemeine Hinweise zum Abschleppen, siehe Seite 49.

Innenausstattung

Aus dem Inhalt:

- Konsolen demontieren
- Armlehne ersetzen
- Innenspiegel ersetzen
- Ablagefächer ausbauen
- Handschuhkastenausbau
- Innenverkleidungen
- Sitze vorn ausbauen
- Sitzbank hinten ausbauen
- Einstiegleistenausbau

Achtung: Wenn im Rahmen von Arbeiten an der Innenausstattung auch Arbeiten an der elektrischen Anlage durchgeführt werden, **grundsätzlich** das Batterie-Massekabel (–) abklemmen. Dazu Hinweise im Kapitel »Batterie aus- und einbauen« durchlesen. Als Arbeit an der elektrischen Anlage ist dabei schon zu betrachten, wenn eine elektrische Leitung vom Anschluß abgezogen beziehungsweise abgeklemmt wird.

Innenspiegel aus- und einbauen

Ausbau

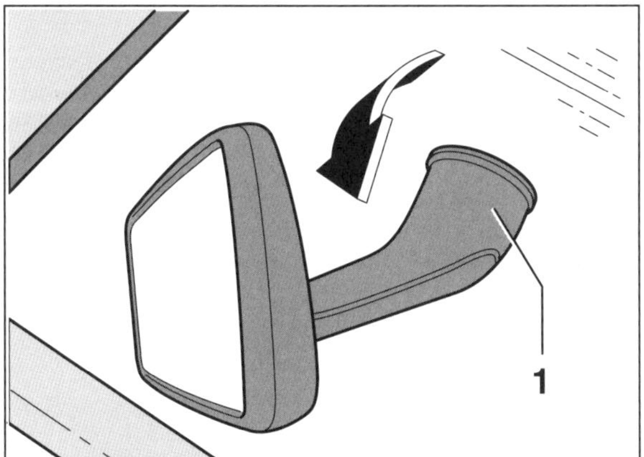

N68-0117

- Innenspiegel –1– schräg nach unten –Pfeil– von der Halteplatte abdrücken und dadurch mit den Klemmfedern im Spiegelfuß ausrasten.

Einbau

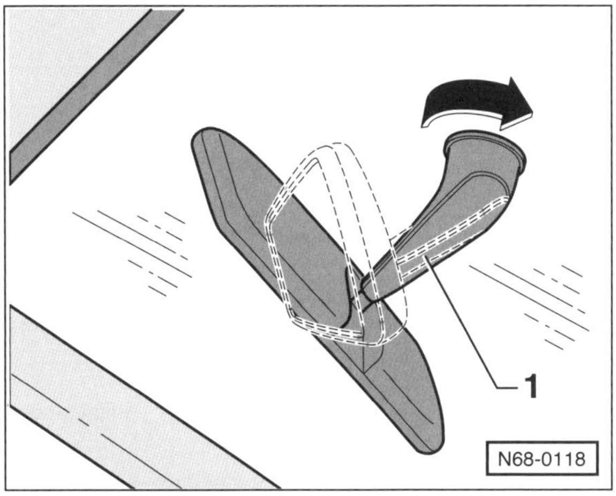

N68-0118

- Spiegel –1– um 60° bis 90° verdreht zur Anbaulage ansetzen und drehen –Pfeil– bis die Arretierfeder einrastet.

Achtung: Je nach Ausführung kann es erforderlich sein, das Spiegelglas vom Kugelkopf des Spiegelfußes abzudrücken. Zum Aufdrücken ist relativ großer Kraftaufwand erforderlich, um die Klemmfeder in den Kugelkopf einrasten zu lassen.

Innenspiegel mit Regensensor aus- und einbauen

Der Regensensor befindet sich im Fuß des Innenspiegels. Er erkennt, daß es regnet und schaltet automatisch die Scheibenwischer ein. Voraussetzung ist, daß sich die Scheibenwischanlage in Intervallstellung befindet.

Funktion

Der Regensensor sendet über Leuchtdioden einen Lichtstrahl aus. Bei trockener Scheibe wird der gesamte Lichtstrahl von der Scheibenoberfläche reflektiert und von einer Fotodiode aufgefangen. Ist die Scheibe naß, wird der Lichtstrahl anders gebrochen.

Dadurch wird weniger Licht von der Scheibenoberfläche reflektiert. Die Lichtbrechung ist abhängig von der Regenstärke. Der Regensensor sendet ein Signal an das Relais für

Wisch-Wasch-Intervallautomatik und die Scheibenwischer werden eingeschaltet.

Ausbau

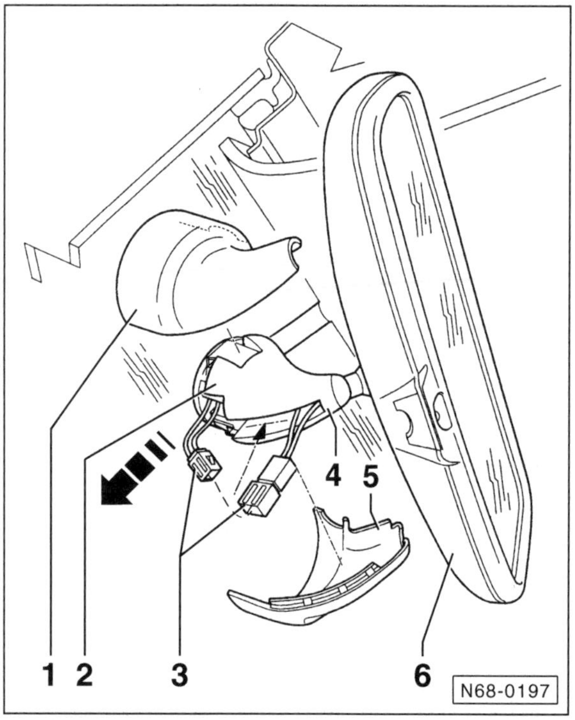

- Abdeckkappen links –1– und rechts –5– auseinanderdrücken und abnehmen.
- Steckverbindung –3– aus dem Spiegelfuß –4– herausziehen und trennen.
- Spiegelfuß –4– mit Spiegel –6– nach unten von der Halteplatte –2– abziehen –Pfeil–.

Einbau

- Der Einbau erfolgt in umgekehrter Ausbaureihenfolge.

Automatisch abblendender Innenspiegel

Der automatisch abblendende Innenspiegel dunkelt stufenlos ab, wenn der Fahrer von hinten geblendet wird. Er besteht aus einem Spiegelelement und einer Elektronik mit 2 Fotosensoren.

Funktion

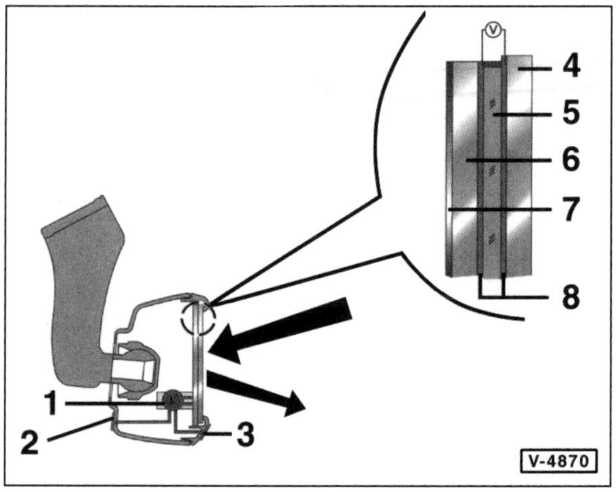

Die Steuerelektronik –1– erkennt durch die Fotosensoren –2/3– den Lichteinfall von vorn und hinten. Ist der Lichteinfall hinten größer als von vorn, wird durch die Elektronik eine Spannung an die leitfähige Beschichtung –8– gelegt, die sich zwischen den beiden Glasscheiben –4/6– des Spiegels befindet.

Die angelegte Spannung verändert die Farbe der Elektrolytschicht –5–. Je höher die Spannung ist, desto dunkler wird die Elektrolytschicht. Dadurch wird das einfallende Licht nicht mehr so stark reflektiert. 7 – Silber-Reflektierbelag.

Beim Einlegen des Rückwärtsganges wird die Abblendfunktion abgeschaltet. Dadurch kann mit Hilfe des Innenspiegels zum Beispiel aus einer dunklen Garage herausgefahren werden.

Mittelkonsole vorn aus- und einbauen

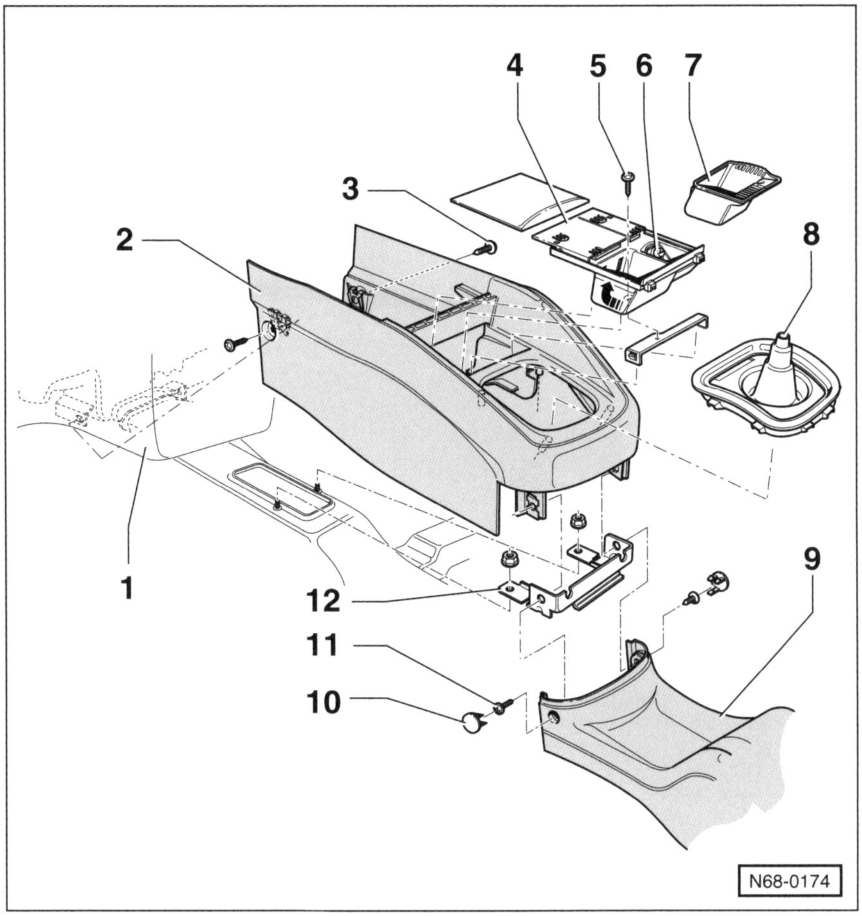

1 – Verkleidung für Lenksäule
2 – Mittelkonsole vorn
3 – Schrauben, 2 Stück
4 – Ascher
5 – Schraube
6 – Zigarettenanzünder
7 – Aschereinsatz
8 – Manschette
9 – Mittelkonsole hinten
10 – Abdeckkappen, 2 Stück
11 – Schrauben, 2 Stück
12 – Befestigungswinkel

Ausbau

- Abdeckkappen –1– ausclipsen und Schrauben –11– herausdrehen.
- Manschette –8– ausclipsen und hochziehen.
  Hinweis: Bei Fahrzeugen mit Automatikgetriebe muß die Abdeckung für den Wählhebel nicht ausgebaut werden.
- Aschereinsatz –7– herausziehen.
- Schraube –5– herausdrehen.
- Ascher –4– nach vorn schieben, schließen und soweit herausziehen –Pfeil–, bis der Stecker vom Zigarettenanzünder –6– abgezogen werden kann.
- Schrauben –3– herausdrehen.
- Mittelkonsole –2– nach oben über den Schalthebel herausziehen.

Einbau

- Der Einbau erfolgt in umgekehrter Ausbaureihenfolge.

Mittelkonsole hinten aus- und einbauen

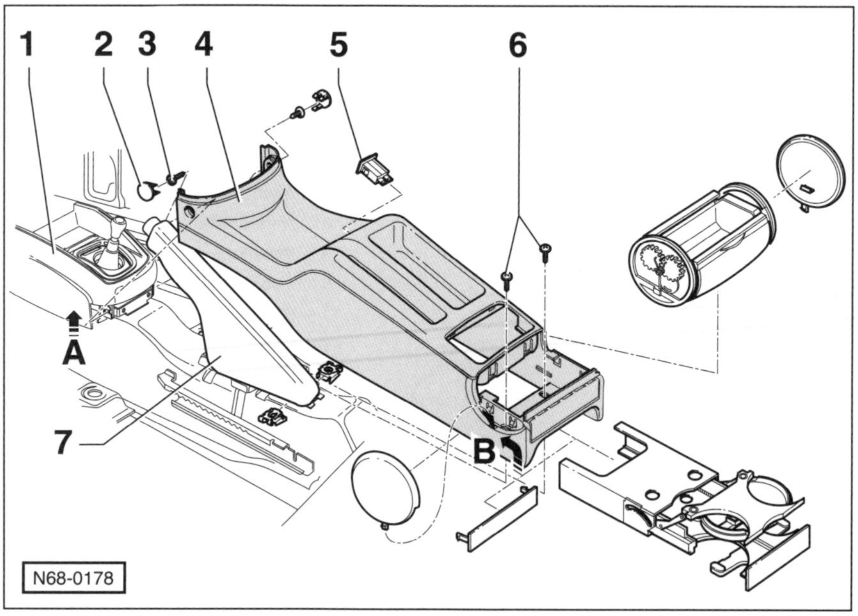

1 – Mittelkonsole vorn
2 – Abdeckkappen
3 – Schrauben, 2 Stück
4 – Mittelkonsole hinten
5 – Tankklappenschalter
6 – Schrauben, 2 Stück
7 – Handbremshebel

Ausbau

Hinweis: Je nach Ausstattung des Fahrzeuges können geringfügige Abweichungen von den hier beschriebenen Arbeitsschritten auftreten.

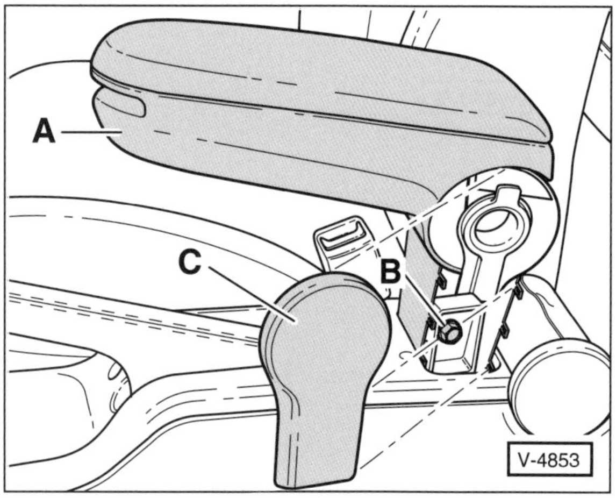

- Verkleidung –C– von der Mittelarmlehne abclipsen.
- Schraube –B– herausdrehen und Mittelarmlehne –A– abnehmen.
- Ascher und Dosenhalter hinten ausbauen, siehe entsprechendes Kapitel.
- Abdeckkappen –2– (Abbildung N68-0178) abhebeln und darunterliegende Schrauben –3– herausdrehen.
- Handbremshebel –7– hochziehen.
- Hintere Mittelkonsole –4– von der vorderen Konsole –1– abheben, vorn hochziehen –Pfeil A– und hinten über die Stütze der Mittelarmlehne führen.
- Stecker vom Tankklappenschalter –5– abziehen.
- Hintere Mittelkonsole –4– nach vorn über den Handbremshebel –7– abziehen.

Einbau

- Der Einbau erfolgt in umgekehrter Ausbaureihenfolge. Mittelarmlehne mit 18 Nm anschrauben.

Ascher hinten/Dosenhalter hinten aus- und einbauen

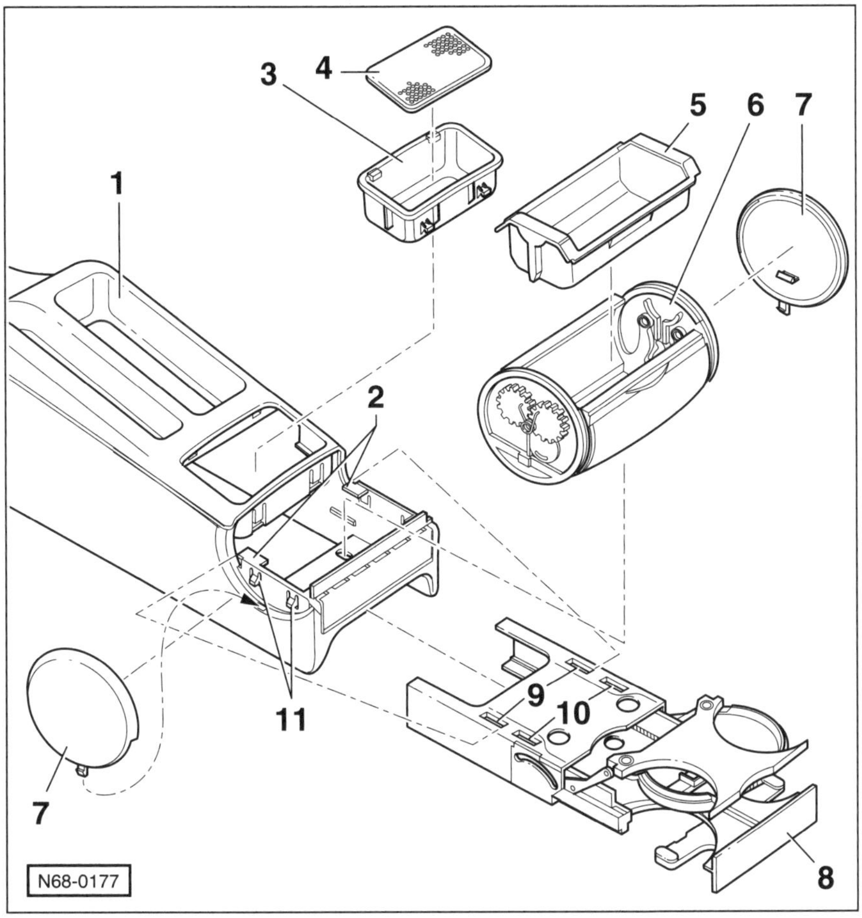

1 – **Mittelkonsole hinten**

2 – **Haltenasen**

3 – **Ablagefach**
Nur eingebaut, wenn keine Mittelarmlehne vorhanden ist.

4 – **Ablagematte**
Nur eingebaut, wenn keine Mittelarmlehne vorhanden ist.

5 – **Aschereinsatz**

6 – **Ascher**

7 – **Abdeckkappen**

8 – **Dosenhalter**

9 – **Rasthaken**
Vor den Haltenasen –2–.

10 – **Rasthaken**
Hinter den Haltenasen –2–.

11 – **Rastnasen**

Ausbau

- Abdeckkappen –7– abclipsen.
- Ascher –6– rechts und links aus den Rastnasen –11– aushängen und herausnehmen.
- Rasthaken –9– herunterdrücken und Dosenhalter –8– aus der hinteren Mittelkonsole –1– herausziehen.

Einbau

- Dosenhalter –8– in die hintere Mittelkonsole –1– einschieben, bis die Rasthaken –10– gegen die Haltenasen –2– stoßen.
- Rasthaken –9– etwas hochbiegen und Mittelkonsole bis zum Anschlag einschieben.
- Ascher –6– einsetzen und einrasten.
- Abdeckkappen –7– einclipsen.

Dosenhalter vorn aus- und einbauen

Ausbau

- Blende –1– (Abb. N70-0444) für Dosenhalter hochklappen.
- Halteklammern –3– mit flachem Schraubendreher an den Dosenhalter –2– drücken und ausclipsen.

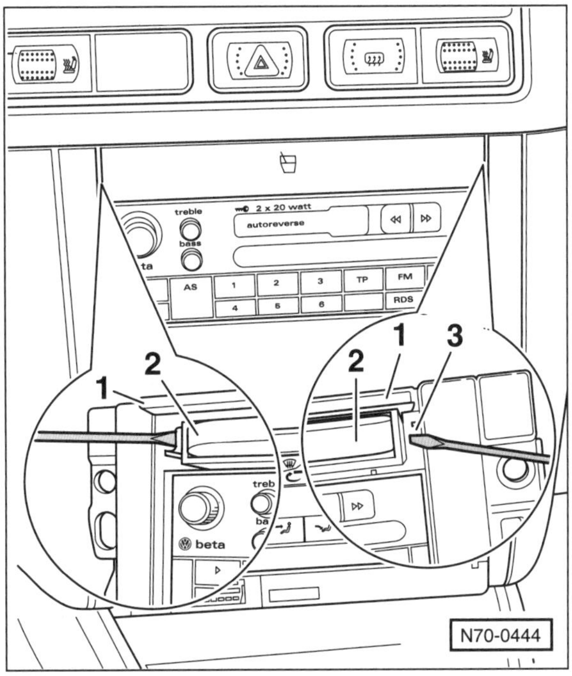

- Dosenhalter –2– herausziehen.
- Der Einbau erfolgt in umgekehrter Ausbaureihenfolge.

Obere Verkleidungen im Fahrerfußraum aus- und einbauen

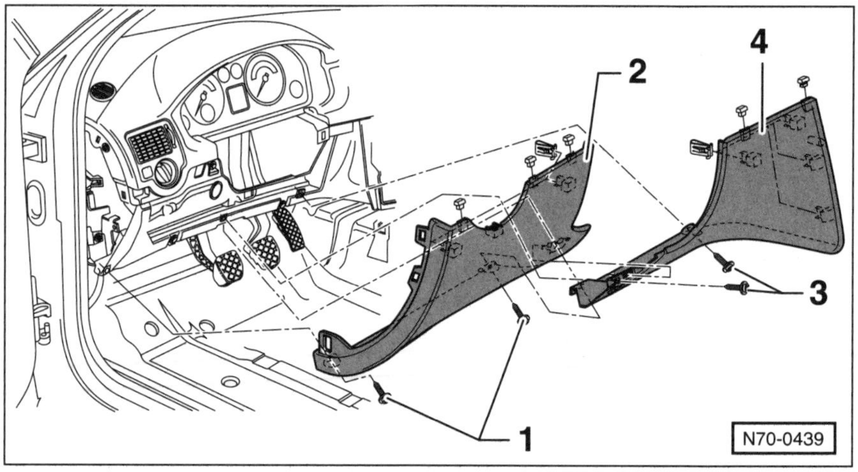

1 – Schrauben

2 – Linke Verkleidung Fahrerfußraum

3 – Schrauben

4 – Rechte Verkleidung Fahrerfußraum

Ausbau

Achtung: Linke Verkleidung –2– zuerst ausbauen, da sich eine der Schrauben –3– unter der Verkleidung –2– befindet.

◆ 2 Schrauben –1– herausdrehen.
◆ Verkleidung –2– oben abclipsen.
◆ 2 Schrauben –3– herausdrehen.
◆ Verkleidung –4– oben abclipsen.

Einbau

◆ Der Einbau erfolgt in umgekehrter Ausbaureihenfolge.

Handschuhkasten aus- und einbauen

Ausbau

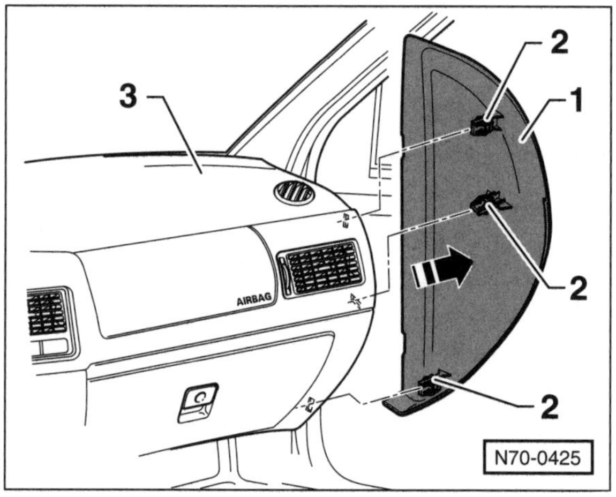

- Abdeckung –1– von der Armaturentafel –3– in Pfeilrichtung abziehen und dabei aus den Clips –2– lösen.

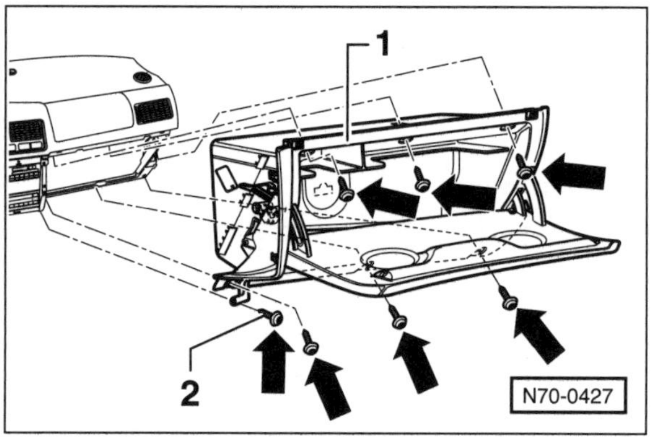

- Damit die Schraube –2– zugänglich wird, Mittelkonsole vorn ausbauen, siehe entsprechendes Kapitel.
- 7 Schrauben –Pfeile– herausdrehen.
- Handschuhkasten –1– abnehmen.

Einbau

- Der Einbau erfolgt in umgekehrter Ausbaureihenfolge.

Fußraum-Seitenverkleidung aus- und einbauen

Ausbau

- Fahrerseite: Betätigungshebel für Motorhaube ausbauen, siehe Seite 284.
- Beifahrerseite: Handschuhkasten ausbauen, siehe entsprechendes Kapitel.

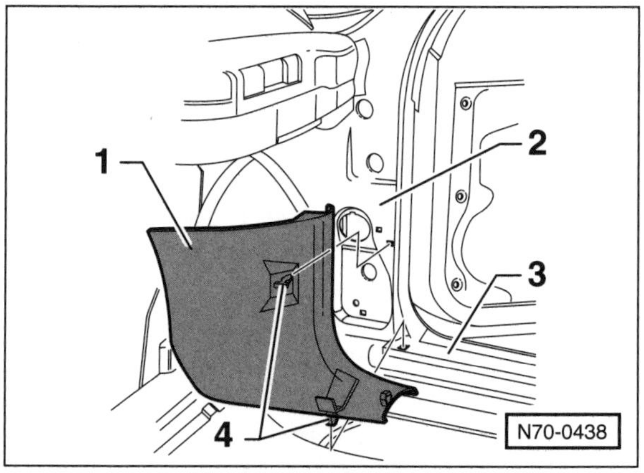

- Verkleidung –1– oben im rechten Winkel von der A-Säule –2– wegziehen und dadurch oberen Clip –4– lösen. Anschließend Verkleidung unten aus der Einstiegleiste –3– ausclipsen und abnehmen. **Hinweis:** Die Verkleidung wird von 2 Blechklammern –4– gehalten.

Einbau

- Der Einbau erfolgt in umgekehrter Ausbaureihenfolge.

Einstiegleiste aus- und einbauen

GOLF mit 4 Türen

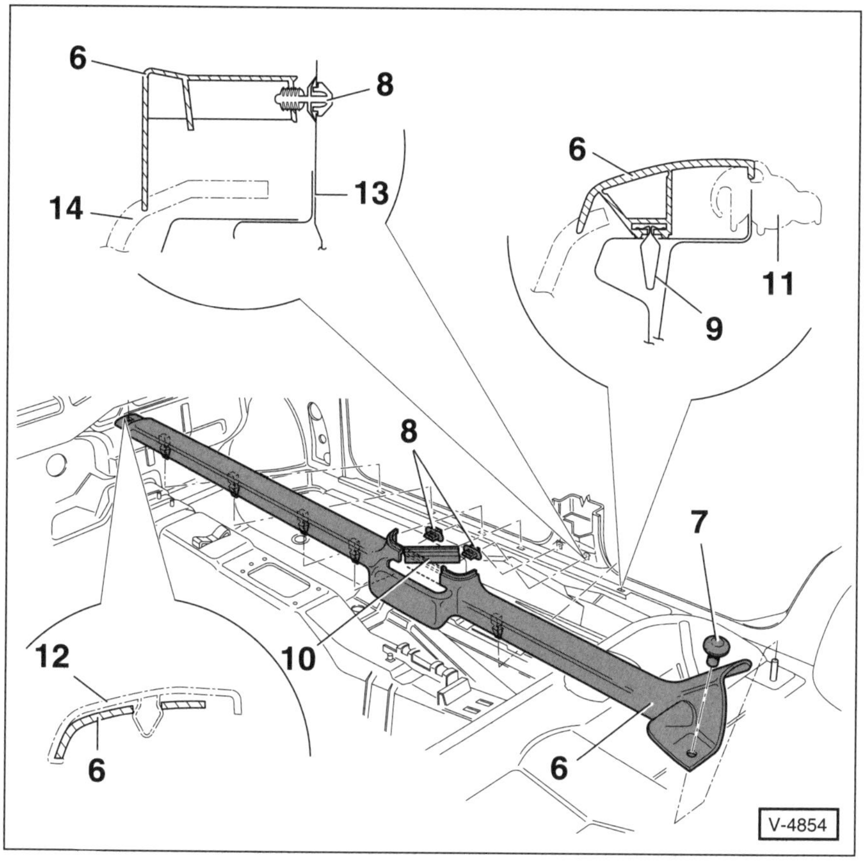

6 – **Einstiegleiste**
7 – **Druckknopf**
8 – **Befestigungsclips**
9 – **Klammern, 5 Stück**
10 – **Lasche**
11 – **Türinnendichtung**
12 – **Verkleidung für A-Säule**
Die A-Säule ist die erste Karosseriesäule, an der die Vordertür angeschlagen ist.
13 – **Schweller**
14 – **Teppich**

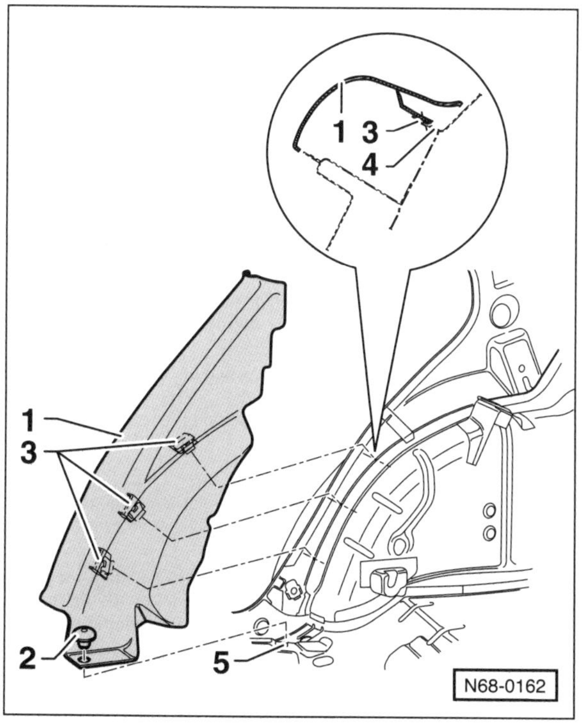

Ausbau

- Hintere Sitzbank und Lehne nach vorn klappen.
- Untere Verkleidung der A-Säule ausbauen, siehe entsprechendes Kapitel.
- Untere Verkleidung der B-Säule ausbauen, siehe entsprechendes Kapitel.
- Druckknopf –2– vom Gewindestift –5– herunterdrehen.
- Verkleidung –1– vom Karosserieflansch –4– mit den Klammern –3– abziehen.
- Einstiegleiste –6– links und rechts von der B-Säule nach oben ausclipsen.
- Einstiegleiste –6– von der B-Säule zur Fahrzeugmitte hin abclipsen.

Achtung: Die Lasche –10– befindet sich hinter dem Sicherheitsgurt.

Einbau

Vor der Montage der Einstiegleiste die Klammern –9– und Clips –8– auf Beschädigung prüfen, gegebenenfalls ersetzen.

- Der Einbau erfolgt in umgekehrter Ausbaureihenfolge. **Achtung:** Beim Einsetzen der Einstiegleiste –6– auf richtigen Sitz der Dichtung –11– achten.

Untere Verkleidung der B-Säule aus- und einbauen

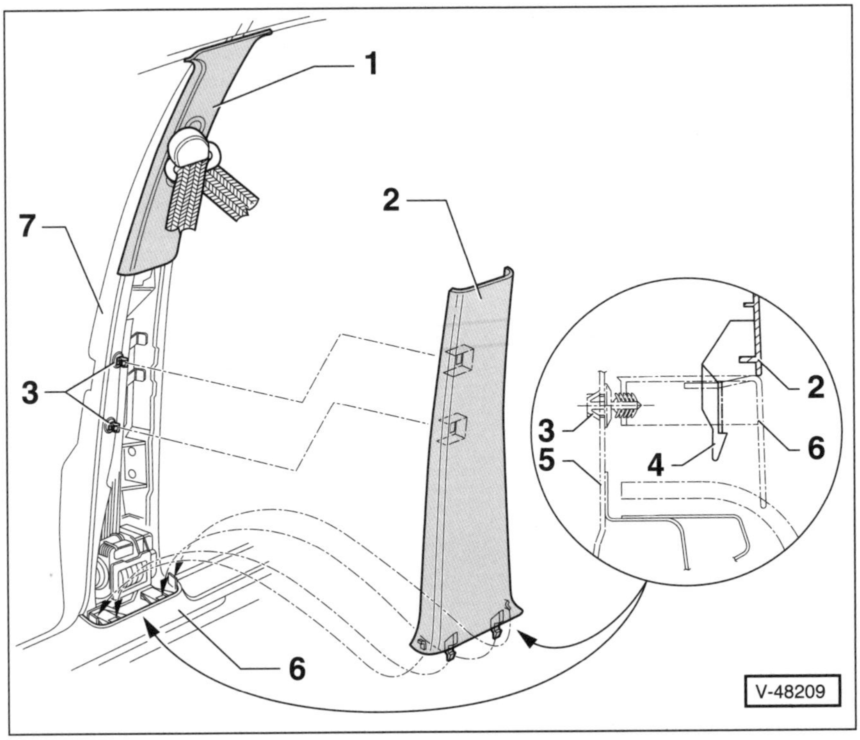

1 – Obere Verkleidung für B-Säule

2 – Untere Verkleidung für B-Säule

Ausbau

- Verkleidung –2– erst an den Seiten, dann in der Mitte von der B-Säule –7– lösen.
- Verkleidung –2– nach oben aus der Einstiegleiste –6– herausziehen, dabei Rasthaken –4– zurückdrücken.

Einbau

- Der Einbau erfolgt in umgekehrter Ausbaureihenfolge.

3 – Clips

4 – Rasthaken

5 – Schweller

6 – Einstiegleiste

7 – B-Säule

Seitenverkleidung aus- und einbauen

Golf 2-türig

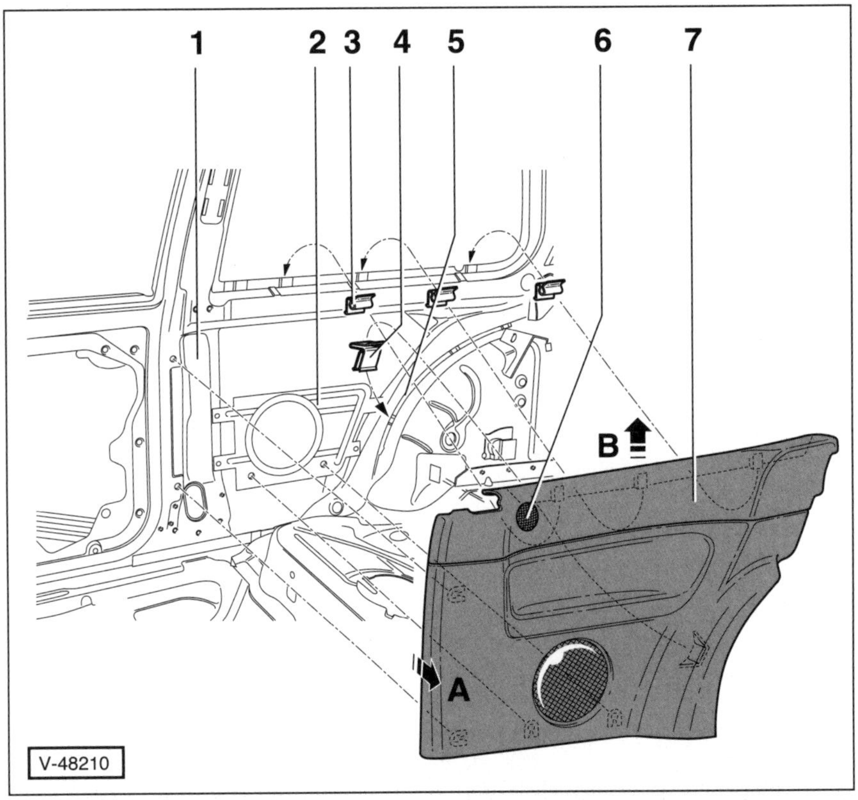

1 – B-Säule

2 – Halter für Lautsprecher

3 – Klammer (3x)

4 – Klammer
Für Karosserieflansch.

5 – Karossserieflansch

6 – Lautsprecher

7 – Seitenverkleidung

Ausbau

- Sitzbank und Sitzlehne ausbauen, siehe Seite 273.
- Seitenverkleidung –7– von der B-Säule –1– und vom Halter –2– abclipsen –Pfeil A–.
- Seitenverkleidung –7– etwas nach oben ziehen –Pfeil B– und mögliche Steckverbindung für Lautsprecher –6– trennen.

Einbau

Der Einbau erfolgt in umgekehrter Ausbaureihenfolge. Dabei folgende Hinweise beachten:

- Vor dem Einbau der Seitenverkleidung Klammern –3– und –4– überprüfen und gegebenenfalls erneuern.
- Klammer –4– verbindet die Seitenverkleidung –7– mit dem Karosserieflansch –5– des Radhauses.

Verkleidungen Kofferraum/Laderaum aus- und einbauen

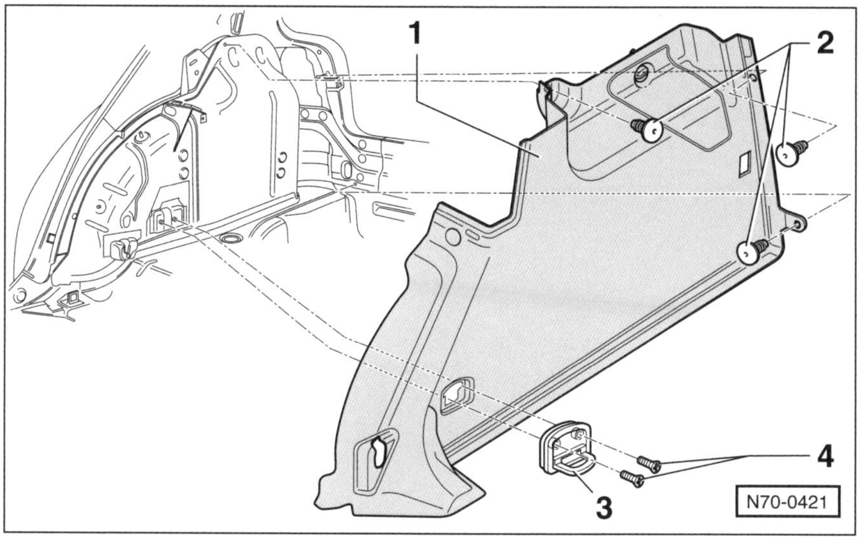

Seitenverkleidung rechts
GOLF

Ausbau

- ◆ Sitzlehne rechts ausbauen, siehe entsprechendes Kapitel.
- ◆ Verkleidung für Radhaus ausbauen, siehe Abbildung N68-0162 auf Seite 281.
- ◆ 3 Stopfen –2– herausziehen.
- ◆ Schrauben –4– herausdrehen.
- ◆ Verzurröse –3– abnehmen.
- ◆ Seitenverkleidung –1– herausnehmen.

Einbau

- ◆ Der Einbau erfolgt in umgekehrter Ausbaureihenfolge.

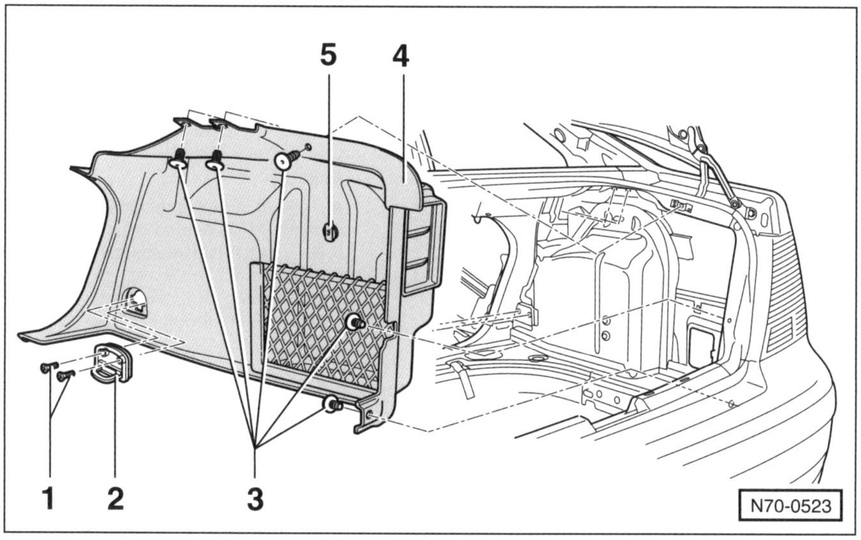

Seitenverkleidung rechts
BORA

Ausbau

- ◆ Sitzlehne rechts ausbauen, siehe entsprechendes Kapitel.
- ◆ Verkleidung für Radhaus ausbauen.
- ◆ Abdeckung für Schloßträger hinten ausbauen.
- ◆ Schrauben –1– herausdrehen und Verzurröse –2– abnehmen.
- ◆ Fünf Stopfen –3– herausziehen.
- ◆ Kofferraumverkleidung –4– lösen, Steckverbindungen für Steckdose –5– abziehen.
- ◆ Kofferraumverkleidung herausnehmen.

Einbau

- ◆ Der Einbau erfolgt in umgekehrter Ausbaureihenfolge. **Hinweis:** Vor dem Einbau der Verkleidung Stopfen –3– kontrollieren, gegebenenfalls erneuern.

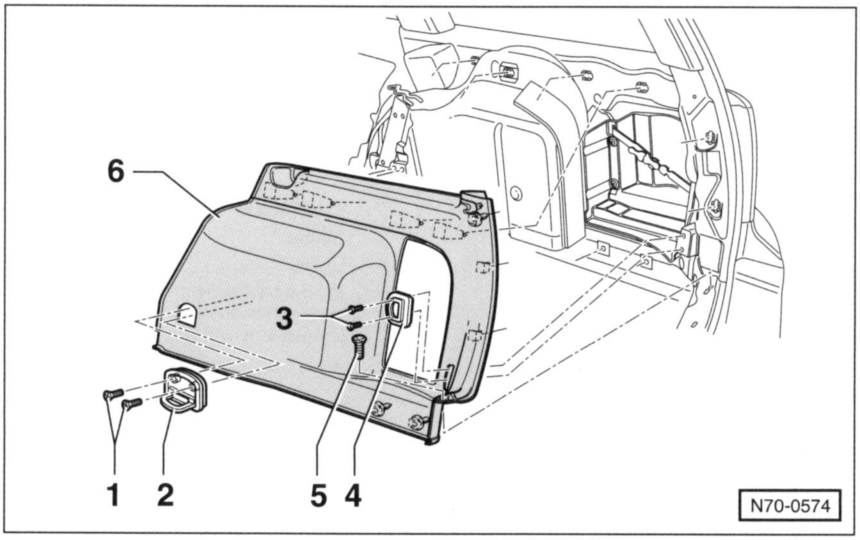

Seitenverkleidung rechts
GOLF/BORA VARIANT

Ausbau

- ◆ Sitzbank rechts vorklappen.
- ◆ Sitzlehne rechts ausbauen, siehe entsprechendes Kapitel.
- ◆ Verkleidung für Radhaus ausbauen.
- ◆ Abdeckung für Schloßträger hinten ausbauen.
- ◆ Schrauben –1– herausdrehen und Verzurröse –2– abnehmen.
- ◆ Schrauben –3– herausdrehen und Verzurröse –4– abnehmen.
- ◆ Schraube –5– herausdrehen.
- ◆ Kofferraumverkleidung –6– lösen und mögliche Steckverbindungen für Beleuchtung und Steckdose trennen.
- ◆ Kofferraumverkleidung herausnehmen.

Einbau

- ◆ Der Einbau erfolgt in umgekehrter Ausbaureihenfolge. **Hinweis:** Vor Montage Clips und Klammern auf Beschädigungen prüfen, ggf. erneuern.

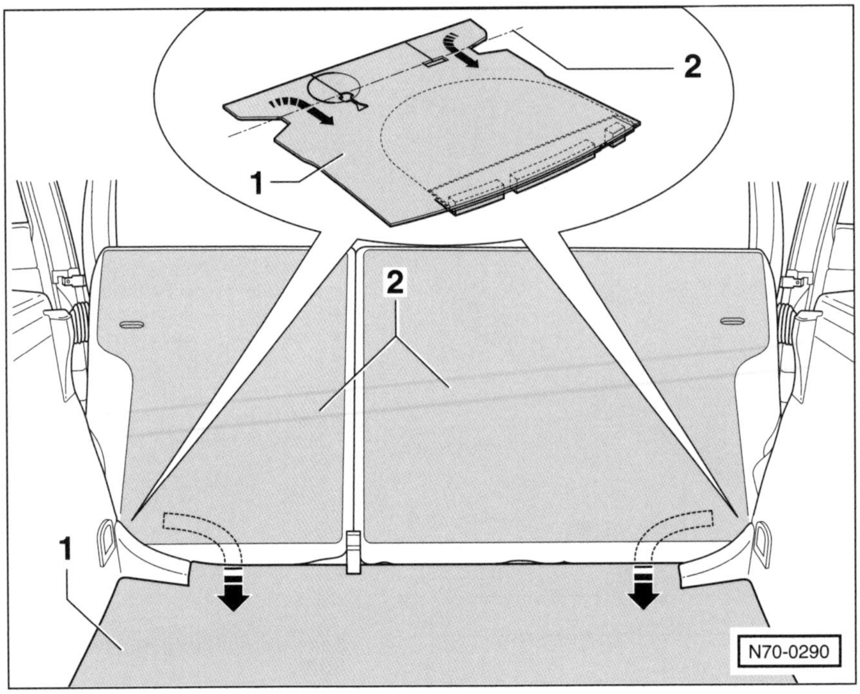

Belag für Kofferraumboden
GOLF

Ausbau

- ◆ Sitzbänke und Sitzlehnen vorklappen.
- ◆ Belag für Kofferraumboden –1– nach hinten unter den Sitzlehnen –2– herausziehen.

Einbau

- ◆ Der Einbau erfolgt in umgekehrter Ausbaureihenfolge.

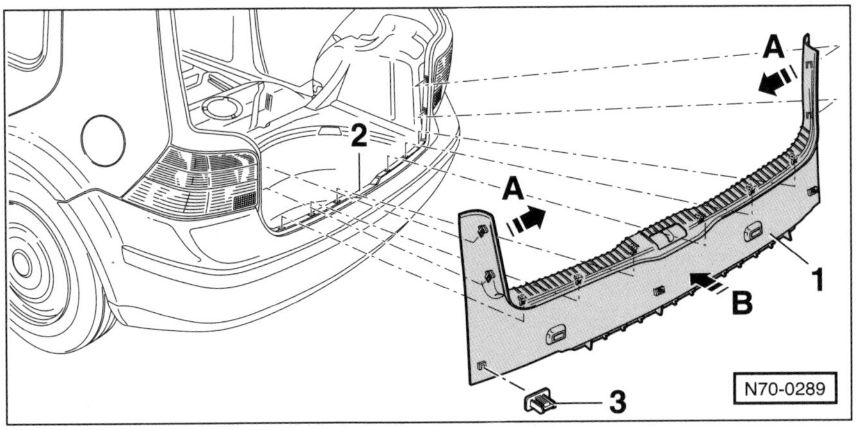

Verkleidung für Schloßträger hinten

Ausbau

- ◆ Verkleidung für Schloßträger –1– erst oben –Pfeile A– und dann unten –Pfeil B– vom Abschlußblech –2– abdrücken.
- ◆ Verkleidung –1– nach oben vom Abschlußblech abziehen.

Einbau

Vor dem Einbau Clipse –3– sichtprüfen, bei Beschädigung erneuern.

- ◆ Der Einbau erfolgt in umgekehrter Ausbaureihenfolge.

Hinweis: Dargestellt ist der GOLF. Der Ausbau geht beim BORA genauso.

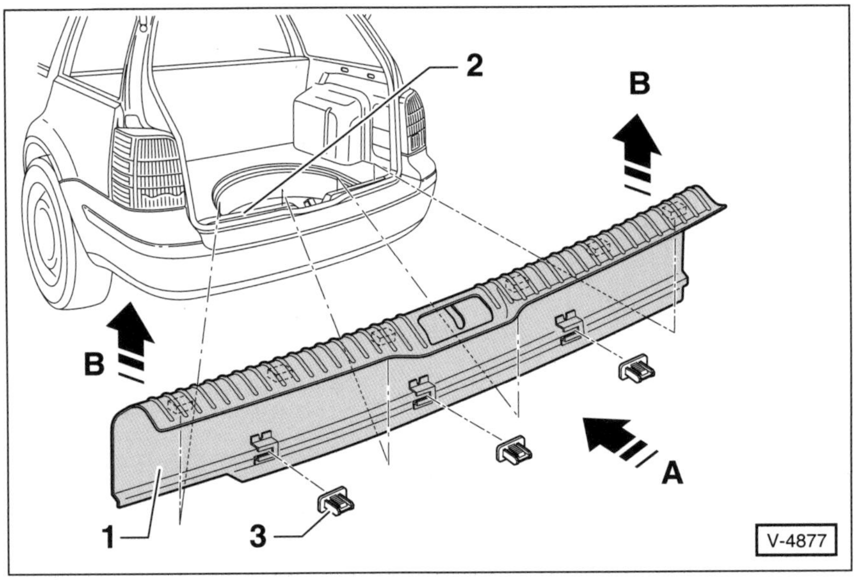

Verkleidung für Schloßträger hinten
GOLF/BORA VARIANT

Ausbau

- ◆ Verkleidung für Schloßträger –1– unten vom Abschlußblech –2– lösen –Pfeil A–.
- ◆ Verkleidung –1– nach oben vom Abschlußblech –2– abziehen –Pfeil B–.

Einbau

Vor dem Einbau Clipse –3– sichtprüfen, bei Beschädigung erneuern.

- ◆ Der Einbau erfolgt in umgekehrter Ausbaureihenfolge.

Verkleidungen für Heckklappe aus- und einbauen

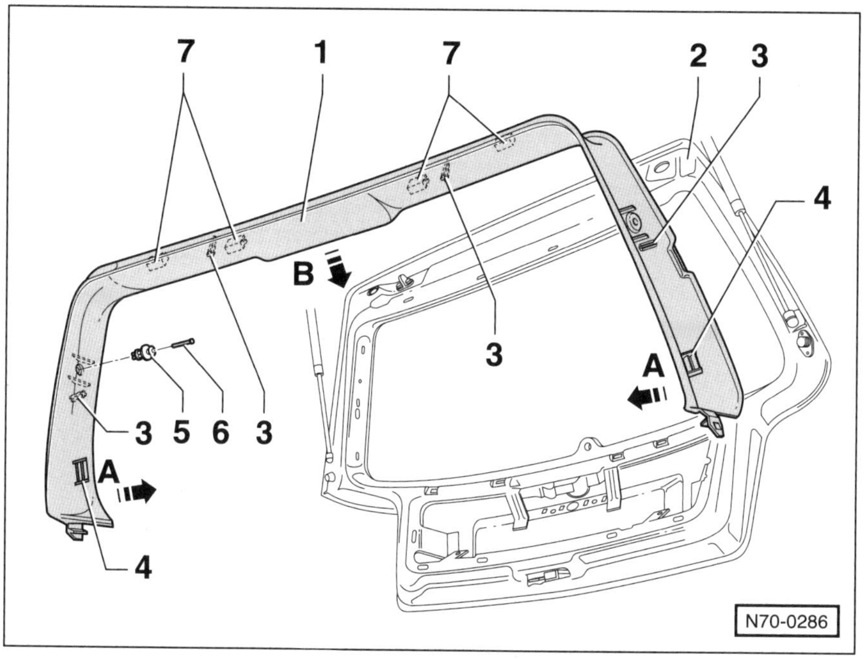

Obere Verkleidung GOLF

1 – Obere Verkleidung

2 – Heckklappe

3 – Führungsstifte, 4 Stück

4 – Clips, 2 Stück

5 – Halter für Hutablage, 2 Stück
Links und rechts.

6 – Spreizstifte für Halter –5–, 2 Stück
Links und rechts.

7 – Klammern, 4 Stück

Ausbau

- ◆ Untere Verkleidung ausbauen.
- ◆ Spreizstift –6– aus dem Halter –5– links und rechts herausziehen.
- ◆ Verkleidung –1– zuerst an den Seiten abclipsen –Pfeile A– und danach oben abclipsen –Pfeil B–.
- ◆ Seitenverkleidung –1– herausnehmen.

Einbau

Vor dem Einbau Clips –4– und Klammern –7– sichtprüfen, bei Beschädigung erneuern.

- ◆ Der Einbau erfolgt in umgekehrter Ausbaureihenfolge.

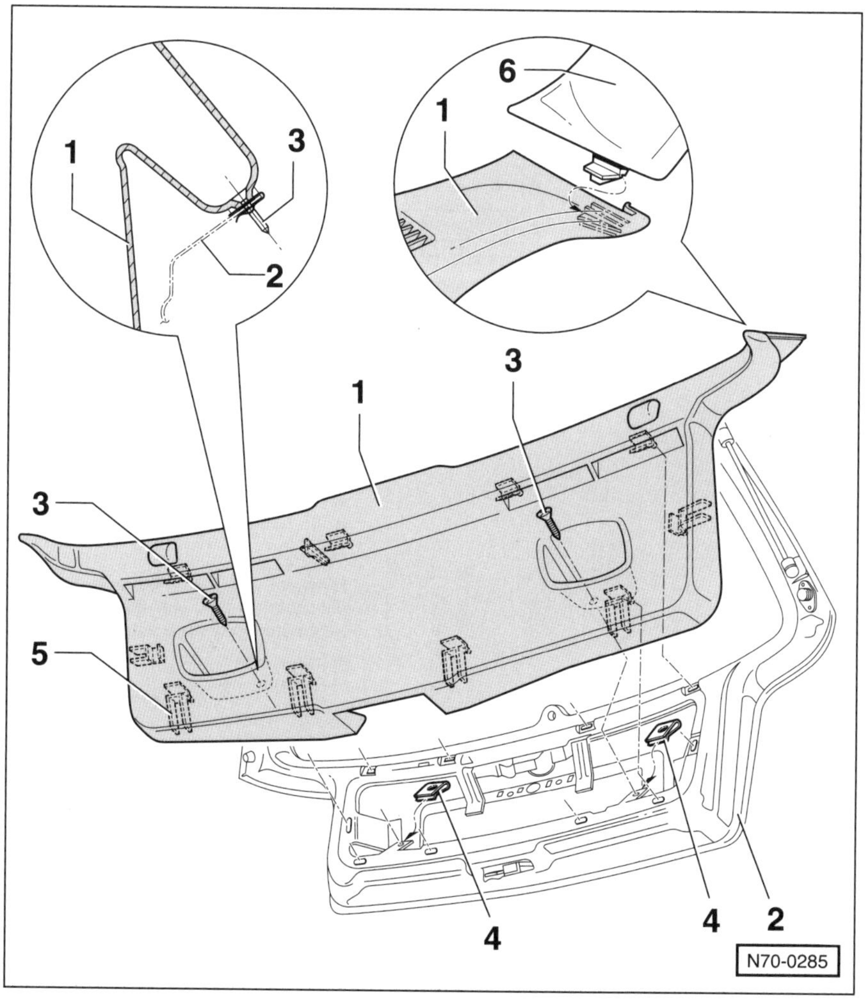

Untere Verkleidung GOLF

1 – Untere Verkleidung

2 – Heckklappe

3 – Schrauben, 2 Stück

4 – Blechmuttern, 2 Stück

5 – Klammern, 10 Stück

6 – Obere Verkleidung

Ausbau

- ◆ Schrauben –3– aus der Heckklappe –2– herausdrehen.
- ◆ Verkleidung –1– unten von der Heckklappe abclipsen.
- ◆ Verkleidung –1– an den Seiten von der oberen Verkleidung –6– abclipsen (Steckverbindungen).

Einbau

Vor dem Einbau Klammern –5– sichtprüfen, bei Beschädigung erneuern.

- ◆ Der Einbau erfolgt in umgekehrter Ausbaureihenfolge.

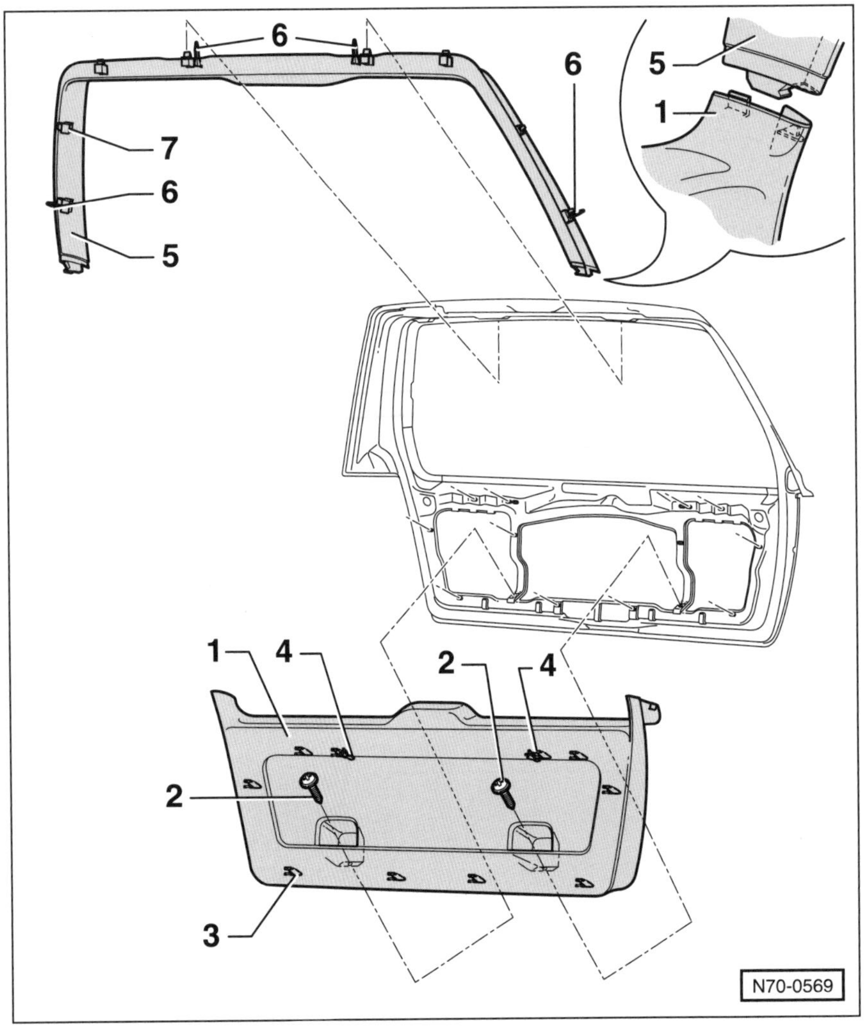

Obere und untere Verkleidung GOLF/BORA VARIANT

Ausbau

- ◆ Schrauben –2– aus der Klappe herausdrehen.
- ◆ Untere Verkleidung –1– von der Klappe nach unten abclipsen.
- ◆ Untere Verkleidung –1– an den Seiten von der oberen Verkleidung –5– abclipsen (Steckverbindung).
- ◆ Obere Verkleidung –5– zuerst seitlich aus den Klammern –7– ausclipsen, danach den oberen Bereich ausclipsen.

Einbau

Hinweis: Vor der Montage Klammern –3– und –7– auf Beschädigungen sichtprüfen, gegebenenfalls erneuern. Sicherstellen, daß die Führungsstifte –4– vorhanden sind.

- ◆ Der Einbau erfolgt in umgekehrter Ausbaureihenfolge.

Staukasten hinten rechts aus- und einbauen

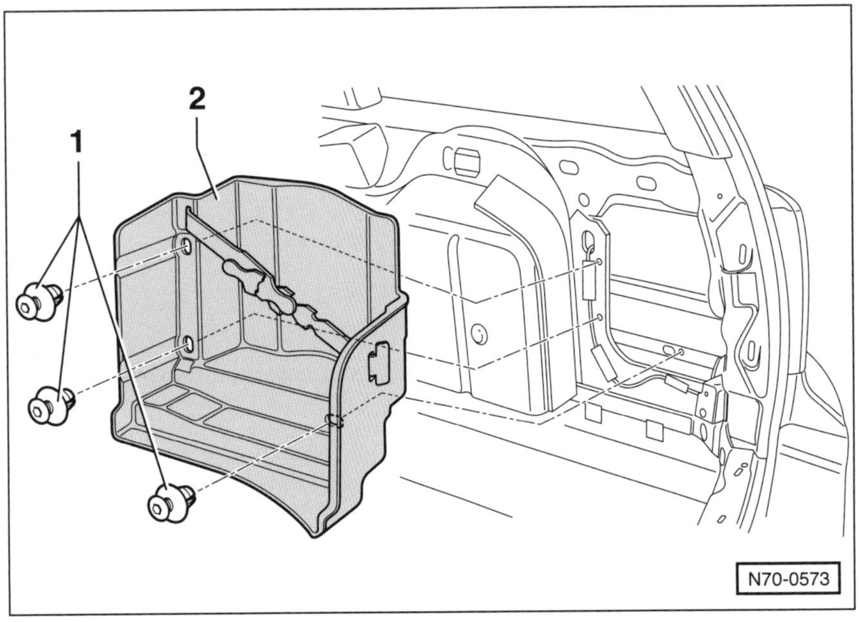

GOLF/BORA VARIANT

Ausbau

- ◆ Kofferraumverkleidung rechts ausbauen.
- ◆ Befestigungsclipse –1– entfernen.
- ◆ Staukasten –2– herausnehmen.

Einbau

Hinweis: Vor der Montage Befestigungsclipse –1– auf Beschädigungen sichtprüfen, gegebenenfalls erneuern.

- ◆ Der Einbau erfolgt in umgekehrter Ausbaureihenfolge.

Sitz vorn aus- und einbauen

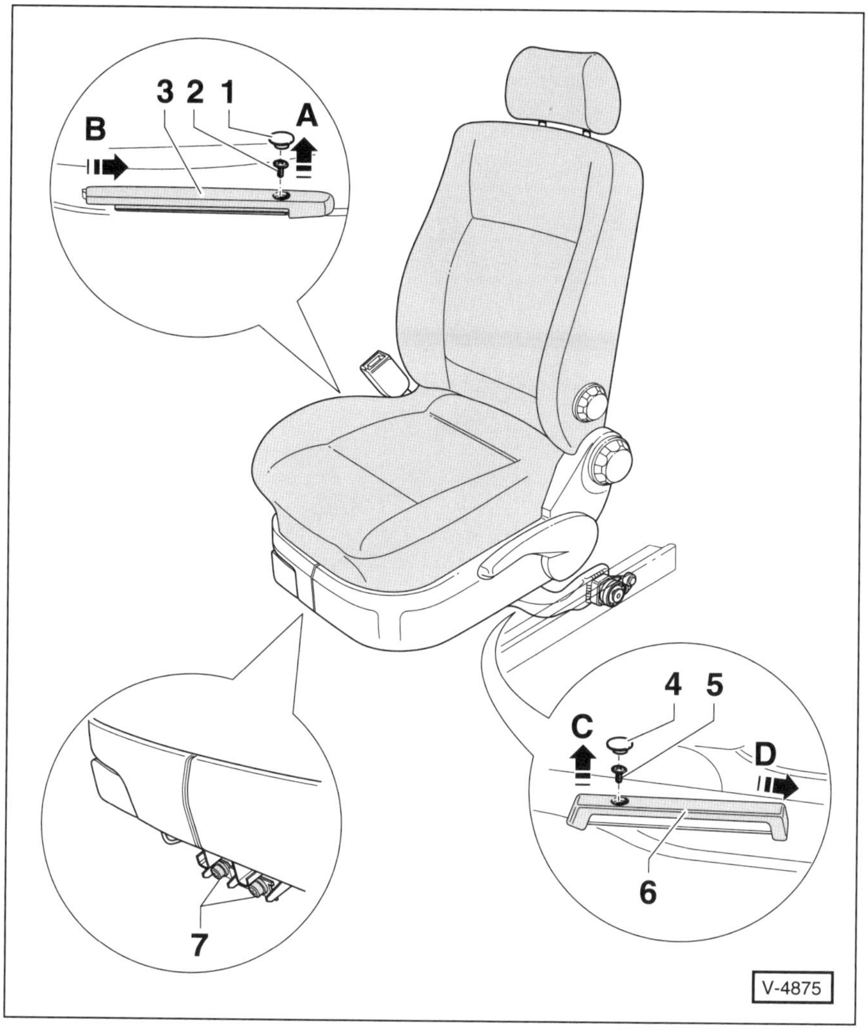

1 – Abdeckkappe
2 – Schraube
3 – Abdeckleiste innen
4 – Abdeckkappe
5 – Schraube
6 – Abdeckleiste außen
7 – Schrauben, 23 Nm

Ausbau

Für den Ausbau des Sitzes wird der VW-Airbagadapter VAS-5094 benötigt.

- Batterie-Massekabel (–) bei ausgeschalteter Zündung abklemmen. **Achtung:** Dadurch werden elektronische Speicher gelöscht, wie zum Beispiel der Radiocode. Ohne Code kann das Radio nur vom Radiohersteller freigeschaltet werden, beziehungsweise beim VW-Radio von einer VW-Werkstatt. Deshalb Hinweise im Kapitel »Batterie aus- und einbauen« durchlesen.
- Sitz ganz nach vorn schieben.
- Abdeckkappe –1– aus der Abdeckleiste –3– der inneren Sitzschiene mit kleinem Schraubendreher heraushebeln und darunterliegende Schraube –2– herausdrehen.
- Abdeckleiste –3– hinten ausclipsen –Pfeil A– und abziehen –Pfeil B–.
- Abdeckkappe –4– aus der Abdeckleiste –6– der äußeren Sitzschiene mit kleinem Schraubendreher heraushebeln und darunterliegende Schraube –5– herausdrehen.
- Abdeckleiste –6– vorn ausclipsen –Pfeil C– und nach hinten abziehen –Pfeil D–.
- Sitz ganz nach hinten schieben.
- Schrauben –7– herausdrehen.
- Sitz nach hinten aus den Führungsschienen herausschieben.

Zünd- und Masseleitung vom Seitenairbag trennen und Airbag-Adapter VAS 5094 anschließen

Sicherheitshinweis:
Um ein unbeabsichtigtes Zünden des Seitenairbags durch elektrostatische Aufladung zu verhindern, ist es wichtig, vor dem Trennen und Verbinden der Steckverbindung für den Seitenairbag, eine eventuelle elektrostatische Aufladung abzubauen. Dazu den Schließkeil der Tür oder die Karosserie kurz anfassen.

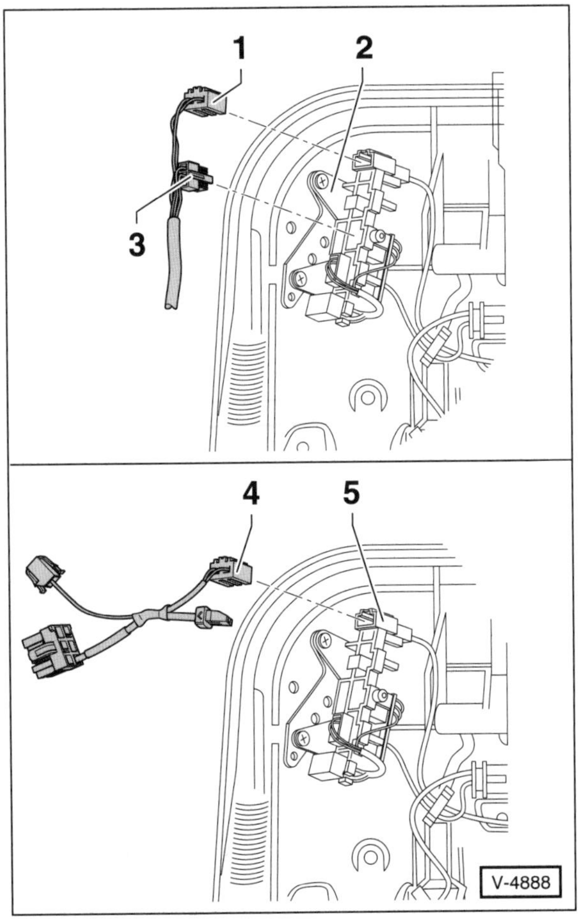

- Stecker für Seitenairbag –1– von der Steckerstation –2– unten am Sitz abziehen.
- Stecker für Sitzheizung –3– abziehen, falls vorhanden.
- Stecker –4– vom Airbagadapter VAS-5094 in das Steckgehäuse –5– stecken.

Achtung: Um den Massekreislauf des Airbagsystems im ausgebauten Zustand geschlossen zu halten, muß der Airbag-Adapter VAS 5094 so lange am Sitz eingesteckt bleiben, bis der Sitz wieder eingebaut und angeschlossen wird.

Einbau

- Der Einbau erfolgt in umgekehrter Ausbaureihenfolge.
- Sitz mit **23 Nm** anschrauben.
- Batterie-Massekabel (–) anklemmen. **Achtung:** Hoch-/Tieflaufautomatik für elektrische Fensterheber aktivieren sowie Zeituhr stellen und Radiocode eingeben, siehe Kapitel »Batterie aus- und einbauen«.
- Falls die Warnlampe für Airbag nach dem Einbau des Sitzes einen Fehler anzeigt, muß der Fehlerspeicher in der Fachwerkstatt gelöscht und neu abgefragt werden.

Seitenairbag

Neben den Fahrer- und Beifahrer-Airbags sind serienmäßig auch Seitenairbags eingebaut. Der Seitenairbag hat ein Volumen von ca. 12 l, Fahrer-Airbag ca. 65 l, Beifahrer-Airbag ca. 120 l.

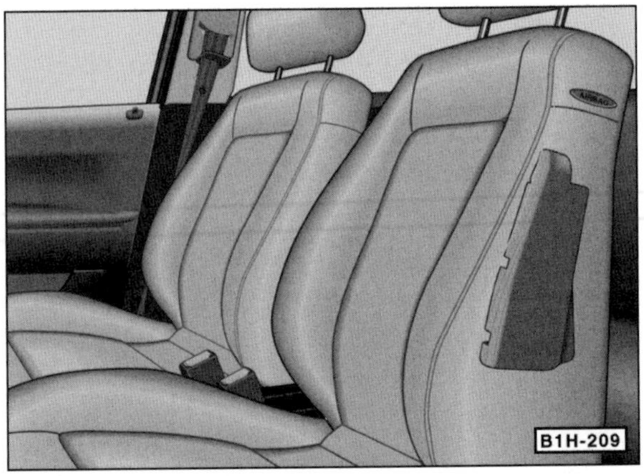

Die Seitenairbags befinden sich in den Lehnen der Vordersitze. Der Seitenairbag schützt hauptsächlich den Brustkorb und damit die Lungen sowie das Becken gegen seitliche Quetschungen. Die Funktion des Seitenairbags entspricht der des Fahrer-Airbags, siehe Seite 140.

Je nach Aufprallseite und Winkel werden nur die Airbags ausgelöst, die dem Gefahrenschwerpunkt am nächsten sind.

Ein Seitencrash wird durch den Crash-Sensor unter dem vorderen Sitz erkannt und dem Steuergerät für Airbag übermittelt. Dieses bewertet die Schwere des Unfalls und löst gegebenenfalls den Seitenairbag aus. Sollte während eines Unfalls die Stromversorgung ausfallen, kann ein zusätzlicher Energiespeicher im Steuergerät die Airbags gegebenenfalls zünden.

Sitzbank/Sitzlehne hinten aus- und einbauen

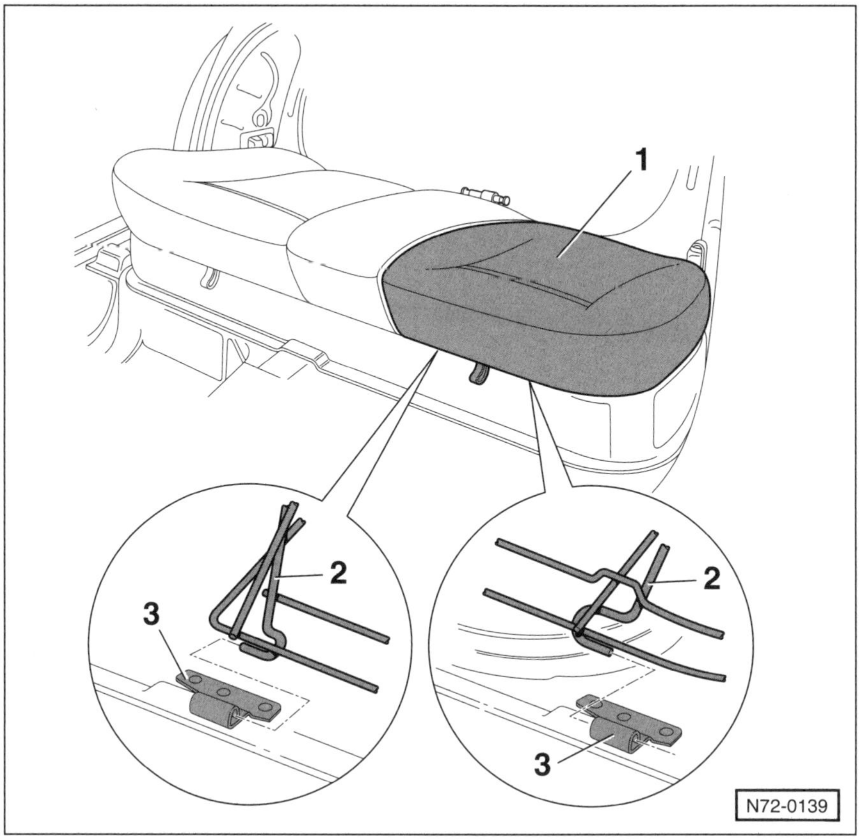

GOLF/BORA

Hinweis: In der Abbildung ist die linke Sitzbank dargestellt. Der Ausbau der rechten Sitzbank ist identisch.

Ausbau

- ◆ Sitzbank anheben und nach vorn ziehen.
- ◆ Gestänge –2– aus der Halterung –3– herausdrücken.
- ◆ Sitzbank –1– herausnehmen.

Einbau

- ◆ Sitzbank ansetzen.
- ◆ Gestänge –2– in die Halterung –3– schieben, Sitzbank –1– nach hinten klappen und vorn herunterdrücken.

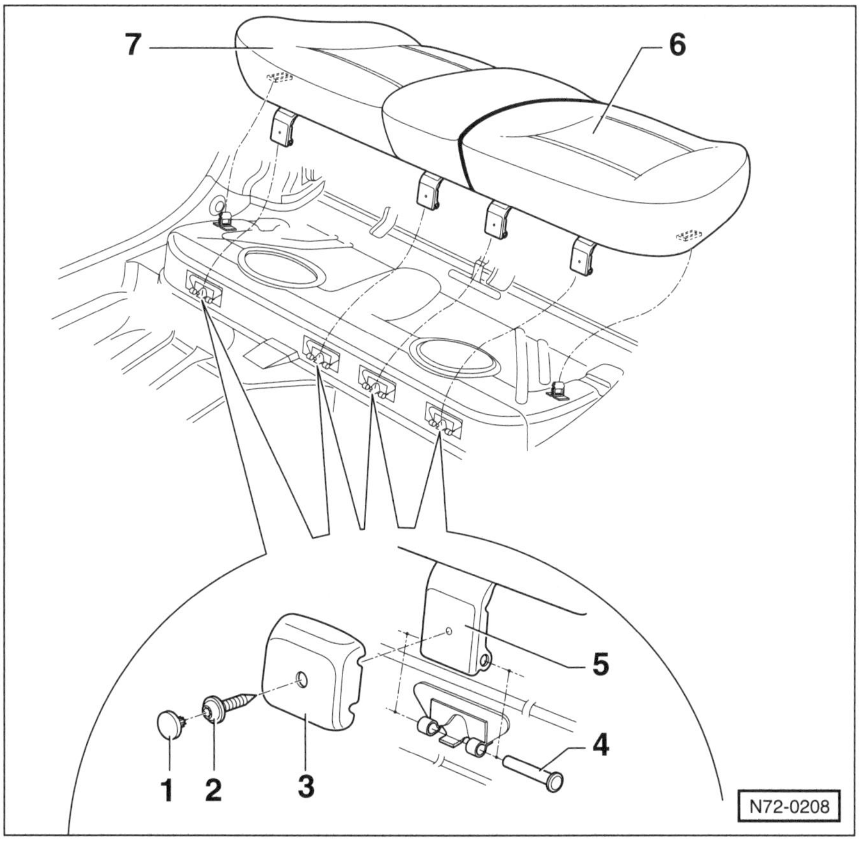

GOLF/BORA VARIANT

Ausbau

- ◆ Abdeckkappen –1– ausclipsen.
- ◆ Schrauben –2– herausdrehen und die Abdeckkappen der Sitzscharniere –3– abnehmen.
- ◆ Bolzen –4– aus den Sitzscharnieren –5– herausziehen.
- ◆ Sitzbank links –6– und SItzbank rechts –7– herausnehmen.

Einbau

- ◆ Der Einbau erfolgt in umgekehrter Ausbaureihenfolge.

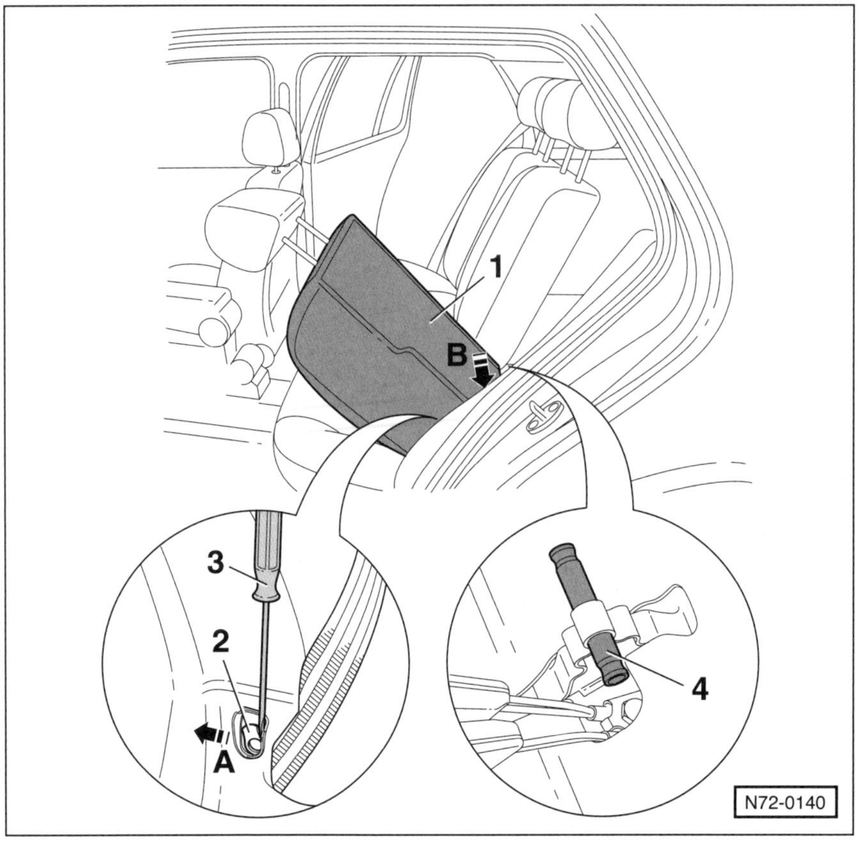

Hinweis: In der Abbildung ist die linke Lehne dargestellt. Der Ausbau der rechten Lehne ist identisch.

Ausbau

- Lehne –1– nach vorn klappen.
- Mit einem Schraubendreher –3– den Rasthaken –2– nach hinten drücken –Pfeil A–.
- Lehne –1– etwas hochziehen und von der mittleren Verankerung –4– abziehen –Pfeil B–.

Einbau

- Lehne –1– auf die Verankerung –4– schieben und außen herunterdrücken.
- Lehne zurückklappen.

Netztrennwand - Einhängeösen aus- und einbauen

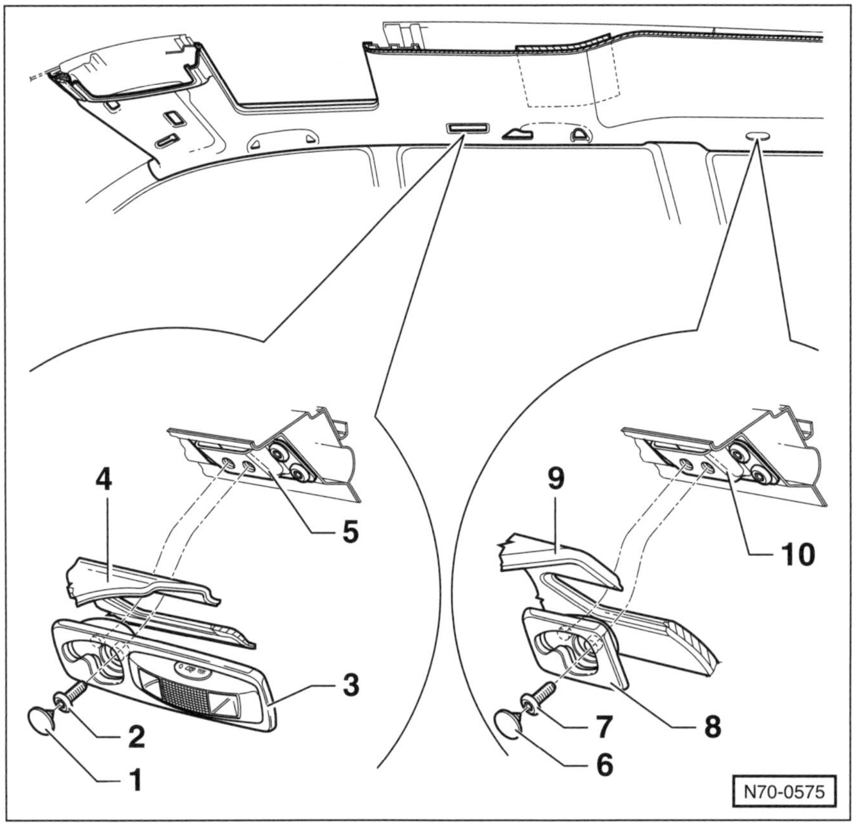

GOLF/BORA VARIANT

1 – **Kappe**
2 – **Schraube**
3 – **Einhängeöse vorn**
4 – **Formhimmel**
5 – **Halter vorn**
6 – **Kappe**
7 – **Schraube**
8 – **Einhängeöse hinten**
9 – **Formhimmel**
10 – **Halter hinten**

Ausbau

- Kappen –1– und –6– abclipsen.
- Schrauben –2– und –7– herausdrehen.
- Einhängeöse vorn –3– und Einhängöse hinten –8– herausnehmen.

Einbau

- Der Einbau erfolgt in umgekehrter Ausbaureihenfolge.

Karosserie außen

Aus dem Inhalt:

- Kotflügel
- Stoßfänger
- Schloßträger
- Motorhaube
- Heckklappe
- Tür zerlegen
- Außenspiegel
- Seitenschutzleiste
- Schiebe-/Ausstelldach

Die Karosserie des VW GOLF/BORA ist selbsttragend. Bodengruppe, Seitenteile, Dach und die hinteren Kotflügel sind miteinander verschweißt. Front- und Heckscheibe sind eingeklebt. Die Reparatur größerer Karosserieschäden sowie das Auswechseln der geklebten Scheiben sollten der Fachwerkstatt vorbehalten bleiben.

Motorhaube, Heckklappe, Türen und die vorderen Kotflügel sind angeschraubt und lassen sich leicht auswechseln. Beim Einbau ist dann unbedingt das richtige Luftspaltmaß (Breite der Fugen) einzuhalten, sonst klappert beispielsweise die Tür, oder es können erhöhte Windgeräusche während der Fahrt auftreten. Der Luftspalt muß auf jeden Fall parallel verlaufen, das heißt, der Abstand zwischen den Karosserieteilen muß auf der gesamten Länge des Spaltes gleich groß sein. Abweichungen bis zu 1 mm sind zulässig.

Beim GOLF/BORA sind alle Karosserieteile gegen Durchrostung verzinkt. Die äußeren Karosserieteile sind elektrolytisch verzinkt, da elektrolytisch verzinkte Teile gut lackierbar und leicht umformbar sind; innere und nicht sichtbare Blechteile sind aus Kostengründen feuerverzinkt. Um den Karosserieschutz zusätzlich zu erhöhen, werden alle Karosserie-Hohlräume mit Wachs geflutet und auf die Bodengruppe wird ein Unterbodenschutz aufgetragen.

Da viele Karosserieteile mit Torxschrauben verbunden sind, wird ein Torx-Schraubendrehersatz benötigt.

Achtung: Wenn im Rahmen von Arbeiten an der Karosserie auch Arbeiten an der elektrischen Anlage durchgeführt werden, **grundsätzlich** das Batterie-Massekabel (–) abklemmen. Dazu Hinweise im Kapitel »Batterie aus- und einbauen« durchlesen. Als Arbeit an der elektrischen Anlage ist dabei schon zu betrachten, wenn eine elektrische Leitung vom Anschluß abgezogen beziehungsweise abgeklemmt wird.

Sicherheitshinweise bei Karosseriearbeiten

Muß an der Karosserie geschweißt werden, soll dies grundsätzlich durch Widerstandspunktschweißen (RP) durchgeführt werden. Nur wenn sich die Schweißzange nicht ansetzen läßt, ist das Schutzgas-Schweißverfahren anzuwenden. Da die Karosserie vollverzinkt ist, sind folgende Punkte zu beachten:

- Soweit Schweißarbeiten oder andere funkenerzeugende Arbeiten durchgeführt werden, grundsätzlich die Batterie komplett abklemmen (Plus- und Minuskabel) und beide Batterieklemmen (+) und (–) sorgfältig isolieren. Bei Arbeiten in Batterienähe muß die Batterie ausgebaut werden. **Achtung:** Dadurch werden elektronische Speicher gelöscht, wie zum Beispiel der Radiocode. Ohne Code kann das Radio nur vom Radiohersteller freigeschaltet werden, beziehungsweise beim VW-Radio von einer VW-Werkstatt. Deshalb Hinweise im Kapitel »Batterie aus- und einbauen« durchlesen.

Sicherheitshinweis:
Beim Schweißen von verzinkten Stahlblechen entsteht giftiges Zinkoxid, daher für eine gute Arbeitsplatzbelüftung sorgen.

- Schweißstrom (Ampere) um 10 % bis max. 30 % erhöhen.
- Hartkupfer-Elektroden mit hoher Warmfestigkeit (größer als +400° C) verwenden.
- Elektroden häufig säubern, bzw. Kontaktflächendurchmesser auf 4 mm ∅ seitlich nacharbeiten.
- Elektroden-Anpreßkraft erhöhen.
- Schweißzeit verlängern. Die Schweißzeit ist richtig gesetzt, wenn sich die Schweißpunkte ohne Spritzer setzen lassen.
- An Teilen der gefüllten Klimaanlage darf weder geschweißt noch hart- oder weichgelötet werden. Das gilt auch für Schweiß- und Lötarbeiten am Fahrzeug, wenn die Gefahr besteht, daß sich Teile der Klimaanlage erwärmen.

Sicherheitshinweis:
Der Kältemittelkreislauf der Klimaanlage darf nicht geöffnet werden. Gelangt Kältemittel auf die Haut, kann dies zu Erfrierungen führen.

- Im Rahmen einer Reparatur-Lackierung darf im Trockenofen oder in seiner Vorwärmzone das Fahrzeug bis maximal **+80° C** aufgeheizt werden. Sonst können elektronische Steuergeräte im Fahrzeug beschädigt werden.
- PVC-Unterbodenschutz an der Reparaturstelle mit rotierender Drahtbürste entfernen oder mit Heißluftgebläse auf maximal +180° C erwärmen und mit Spachtel ablösen. Durch Abbrennen bzw. Erwärmen von PVC-Material über +180° C entsteht stark korrosionsfördernde Salzsäure, außerdem werden gesundheitsschädliche Dämpfe frei.

Karosseriespaltmaße

GOLF, Limousine

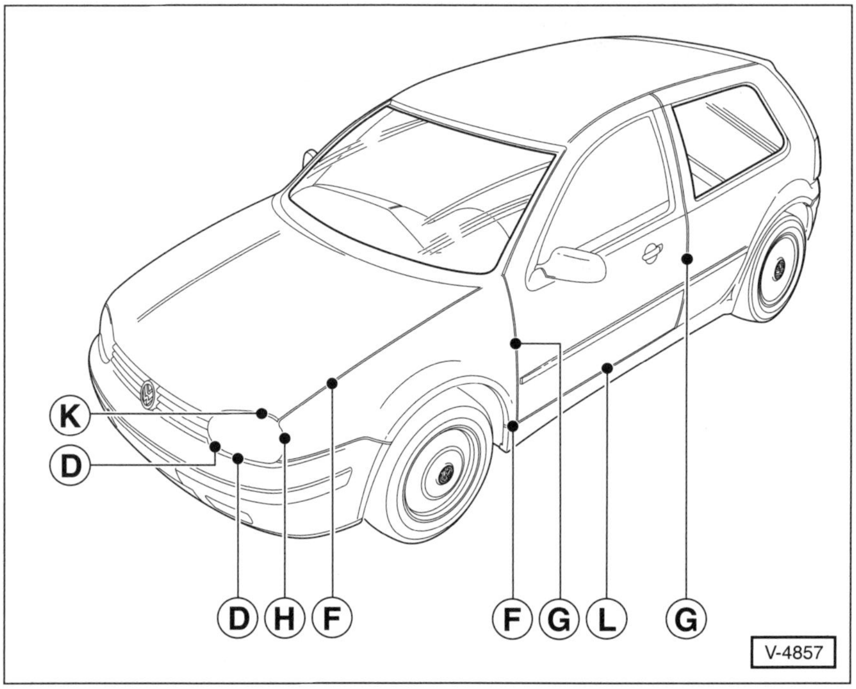

Karosserie vorn

D – 2,0 mm
F – 3,0 mm
G – 3,5 mm
H – 4,0 mm
K – 5,0 mm
L – 5,5 mm

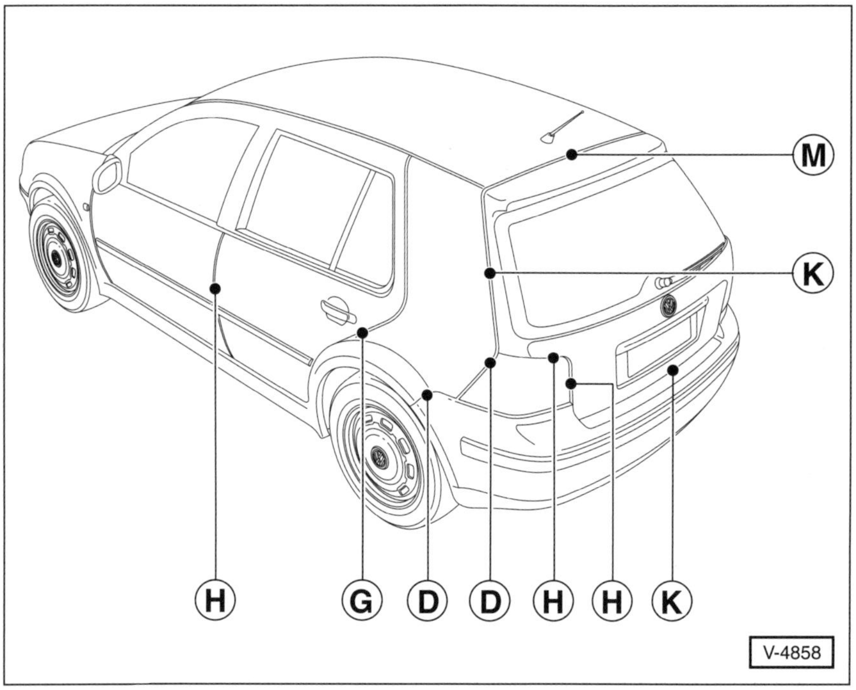

Karosserie hinten

D – 2,0 mm
G – 3,5 mm
H – 4,0 mm
K – 5,0 mm
M – 6,0 mm

Schloßträger in Servicestellung bringen/aus- und einbauen

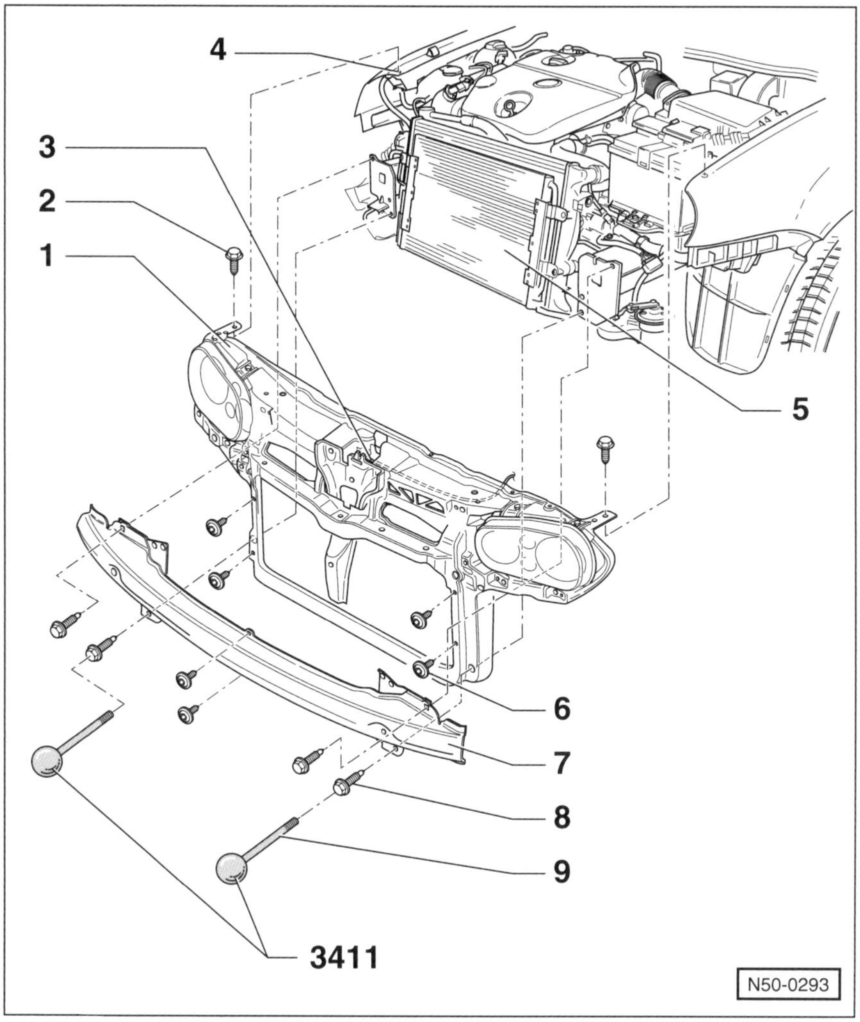

1 – Schloßträger mit Anbauteilen

2 – Schraube, 8 Nm
2 Stück, links und rechts.

3 – Bowdenzug für Haubenschloß

4 – Bohrung im Seitenteil

5 – Kühler und Kondensator

6 – Schraube, 8 Nm
4 Stück.

7 – Stoßfängerträger

8 – Schraube, 50 Nm
4 Stück.

9 – Spezialwerkzeug 3411
Steht das Spezialwerkzeug nicht zur Verfügung kann auch eine M8-Schraube mit einer Schaftlänge von 160 mm und einem Schaftdurchmesser von 8 mm verwendet werden. Am Schraubenkopf gegebenenfalls Unterlegscheibe mit ca. 35 mm ∅ anlegen.

Schloßträger in Servicestellung bringen

- Stoßfänger vorn ausbauen, siehe entsprechendes Kapitel.
- Bowdenzug –3– am Haubenschloß aushängen.
- Jeweils 1 Schraube –8– an den Längsträgern herausdrehen und stattdessen Spezialwerkzeug 3411 beziehungsweise entsprechende Schrauben am rechten und linken Längsträger einschrauben, siehe Legende zu Abbildung N50-0293
- Restliche Schrauben –8– und Schrauben –2– herausdrehen.
- Schloßträger im Bereich des Sonderwerkzeuges nach vorn ziehen.

Ausbau Schloßträger

- Bowdenzug –3– am Haubenschloß aushängen. Elektrische Steckverbindungen trennen.
- Elektrische Steckverbindungen an den Scheinwerfern trennen.
- Stoßfänger vorn ausbauen, siehe entsprechendes Kapitel.
- Falls vorhanden, Schlauch für Scheinwerferreinigungsanlage am T-Stück abziehen.
- Kühler und Kondensator (bei Klimaanlage) vom Schloßträger abschrauben und mit Draht im Motorraum aufhängen.

Achtung: Kondensator **nicht** an den Leitungen aufhängen. Die Kondensatorleitungen dürfen nicht geknickt werden.

- Schloßträger abnehmen.

Einbau

- Schloßträger an den Längsträgern ansetzen und locker anschrauben.
- Schloßträger zwischen den Kotflügeln entsprechend den richtigen Karosserie-Spaltmaßen ausmitteln und Schrauben festziehen. Spaltmaße siehe Seite 276.
- Kühler und Kondensator am Schloßträger anschrauben.
- Stoßfänger vorn einbauen, dabei Schlauch für Scheinwerferreinigungsanlage aufstecken.
- Haubenzug einhängen.
- Elektrische Stecker verbinden.

Stoßfänger vorn aus- und einbauen

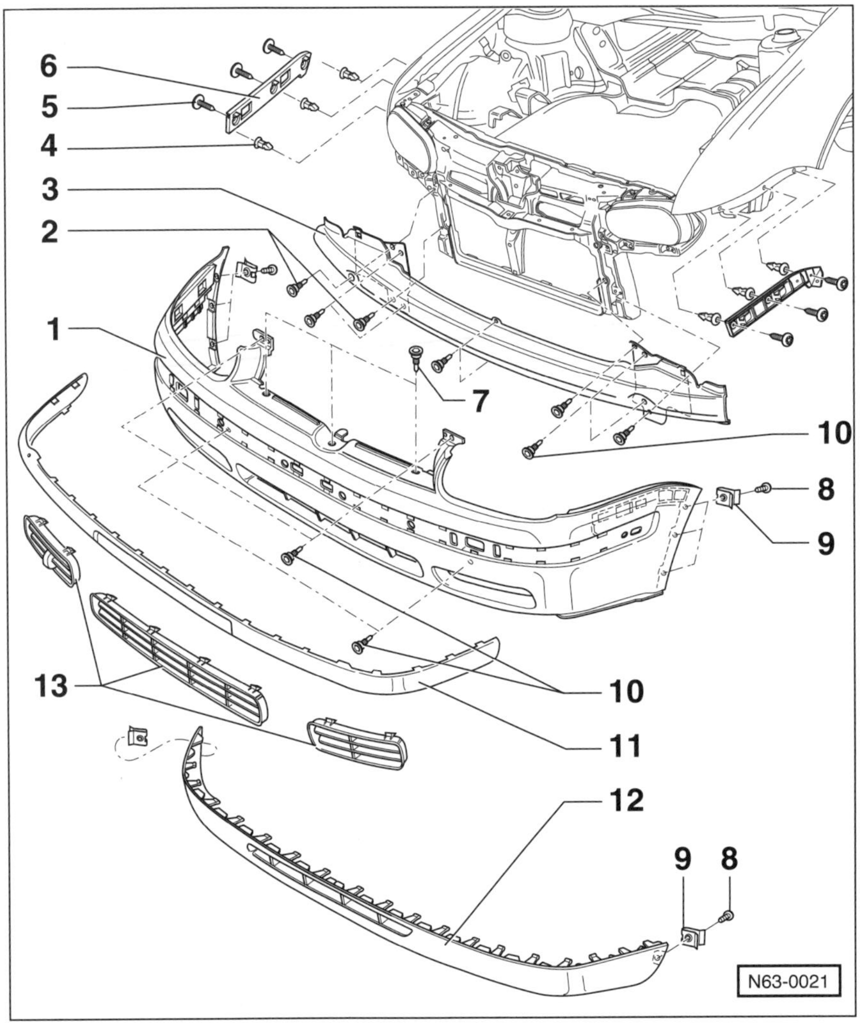

1 – **Stoßfänger**

2 – **Schraube, 20 Nm**
4 Stück.

3 – **Stoßfängerträger**

4 – **Spreizmutter**
6 Stück.

5 – **Schraube, 2 Nm**
6 Stück.

6 – **Führungsteil**

7 – **Schraube**
6 Stück.

8 – **Schraube**
8 Stück.

9 – **Schnappmutter**
8 Stück.

10 – **Schraube**
7 Stück.

11 – **Stoßleiste**
Ist in den Stoßfänger eingeclipst. Wird beim Abbauen beschädigt.

12 – **Spoiler**
Ist in den Stoßfänger eingeclipst. Braucht zum Ausbau des Stoßfängers nicht ausgebaut zu werden.

13 – **Lüftungsgitter**
Ist in den Stoßfänger eingeclipst.

Ausbau

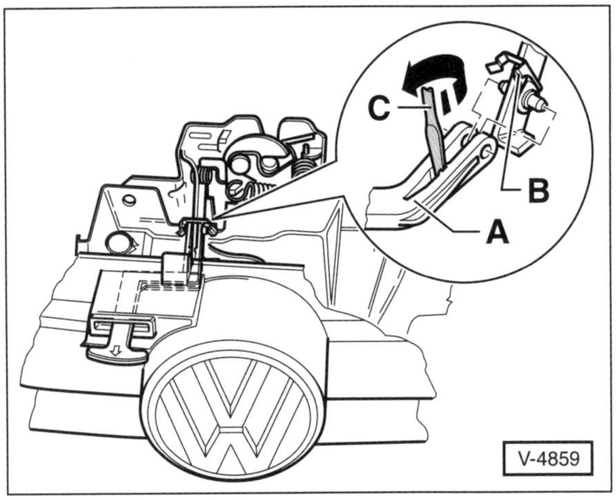

- Sicherungsklammer –B– nach oben schwenken.
- Entriegelungshebel –A– mit einem Schraubendreher –C– spreizen und vom Haubenschloß abziehen.
- Entriegelungshebel –A– mit Führung aus dem Schloßträger herausziehen.
- Kühlergrill ausbauen, siehe entsprechendes Kapitel.
- Fahrzeuge mit Scheinwerfer-Reinigungsanlage: Abdeckungen für Spritzdüsen aus dem Stoßfänger herausziehen und vom Düsenstock abclipsen.
- Äußere Lüftungsgitter –13– ausclipsen.
- Schrauben –8– und –10– herausdrehen.
- Stoßfänger mit Helfer links und rechts aus den Führungsteilen parallel herausziehen und abnehmen.

Einbau

- Der Einbau erfolgt in umgekehrter Ausbaureihenfolge.

Stoßfänger hinten aus- und einbauen

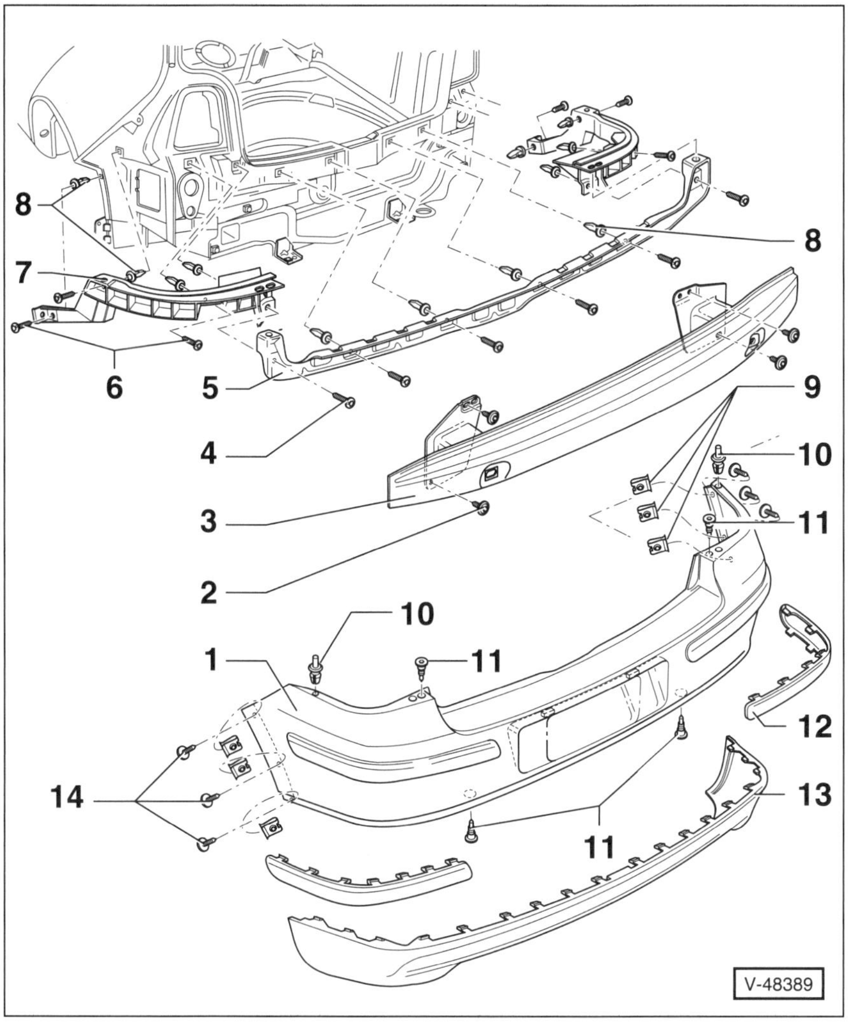

1 – **Stoßfänger**

2 – **Schraube, 20 Nm**
4 Stück.

3 – **Stoßfängerträger**

4 – **Schraube, 1,2 Nm**
6 Stück.

5 – **Befestigungsleiste**

6 – **Schraube, 1,2 Nm**
8 Stück.

7 – **Führungsteil**

8 – **Spreizmutter**
12 Stück.

9 – **Schnappmutter**
6 Stück.

10 – **Spreizclip**
2 Stück.
Ausbau: Sicherungsstift in der Mitte mit einem geeigneten Dorn aus dem Clip herausschlagen. Danach Clip mit kleinem Schraubendreher heraushebeln.
Einbau: Clip mit herausstehendem Stift in die Bohrung einsetzen. Stift in den Clip eindrücken, bis er bündig mit dem Clip abschließt. Dadurch wird der Spreizclip gesichert.

11 – **Schraube, 15 Nm**
4 Stück.

12 – **Stoßleiste**
Ist in den Stoßfänger eingeclipst.

13 – **Spoiler**
Ist in den Stoßfänger eingeclipst. Braucht zum Ausbau des Stoßfängers nicht ausgebaut zu werden.

14 – **Schraube, 1,2 Nm**
6 Stück.

Hinweis: Je nach Baujahr können Anordnung und Anzahl von Schrauben, Clips und Spoiler am Fahrzeug etwas von der Darstellung abweichen.

Ausbau

- Stoßfänger vom Innenkotflügel lösen, siehe entsprechendes Kapitel.
- Heckleuchten ausbauen, siehe Seite 94.
- Steckverbindung für Kennzeichenleuchte trennen. Die Steckverbindung befindet sich unter der linken Heckleuchte.
- Schrauben –11– herausdrehen.
- Stoßfänger mit Helfer links und rechts aus den Führungsteilen parallel herausziehen und abnehmen.

Einbau

- Der Einbau erfolgt in umgekehrter Ausbaureihenfolge.

Kotflügel vorn aus- und einbauen

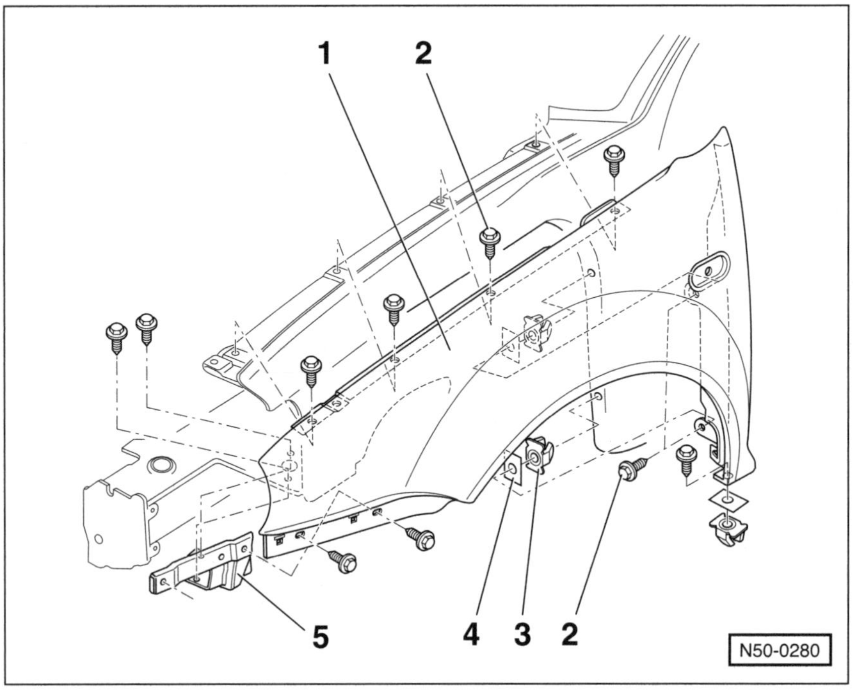

1 – Kotflügel
2 – Schraube, 9 Stück
3 – Federmutter
4 – Dichtung
5 – Halter

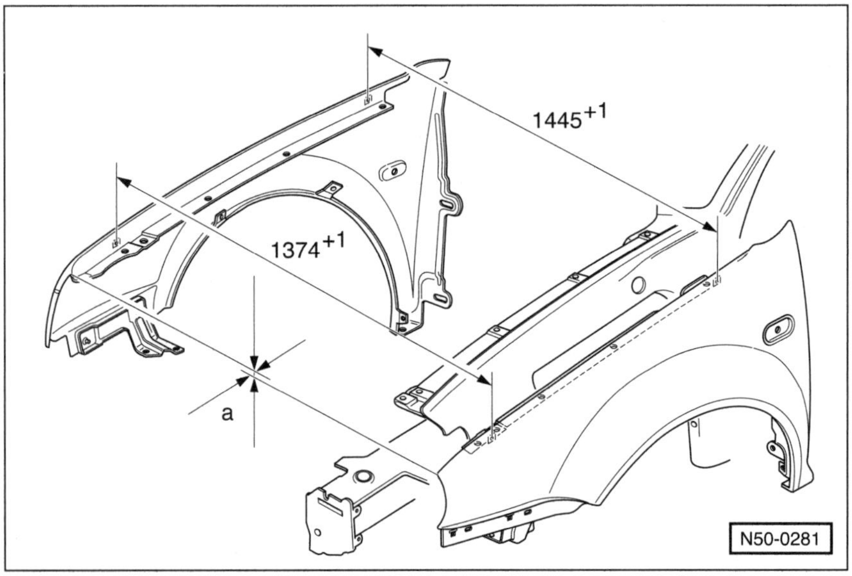

Die Abbildung zeigt den Abstand zwischen den Kotflügeln sowie den Versatz zwischen den Kotflügelspitzen horizontal und vertikal.

a = 2 mm

Ausbau

- Stoßfänger und Stoßfängerträger vorn ausbauen, siehe entsprechendes Kapitel.
- Innenkotflügel ausbauen, siehe entsprechendes Kapitel.
- Seitliche Blinkleuchte ausbauen, siehe Seite 83.
- 9 Schrauben –2– herausdrehen.
- Kotflügel –1– im Bereich der A-Säule mit einem Heißluftgebläse erwärmen und abnehmen. Die A-Säule ist die vordere Karosseriesäule, an der auch die Vordertür angeschlagen ist.

Einbau

- Kotflügel gegebenenfalls lackieren.
- Kotflügel ansetzen und ausrichten.

Achtung: Darauf achten, daß die vorgeschriebenen Spaltmaße eingehalten werden, siehe Seite 276.

- Kotflügel wieder abnehmen und die Schraubpunkte im Anlagebereich mit einer Zink-Zwischenlage, z. B. VW-AKL38103550, belegen.
- Kotflügel anschrauben.
- Innenkotflügel einbauen, siehe entsprechendes Kapitel.
- Stoßfänger und Stoßfängerträger vorn einbauen, siehe entsprechendes Kapitel.

Innenkotflügel aus- und einbauen

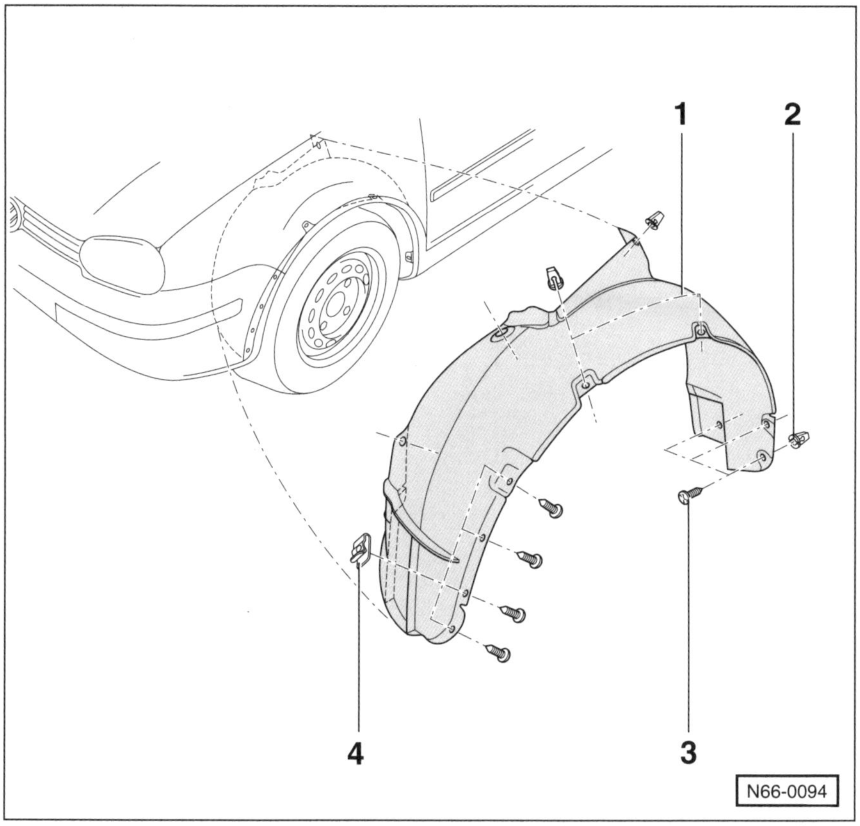

Vorn

1 – Innenkotflügel

Ausbau

- ◆ Stellung des Vorderrades zur Radnabe mit Farbe kennzeichnen. Dadurch kann das ausgewuchtete Rad wieder in derselben Position montiert werden. Radschrauben lösen, dabei muß das Fahrzeug auf dem Boden stehen. Fahrzeug vorn aufbocken und Vorderrad abnehmen.
- ◆ 12 Kreuzschlitzschrauben –3– herausdrehen und Innenkotflügel aus dem Radkasten herausnehmen.

Einbau

- ◆ Innenkotflügel einsetzen, ausrichten und anschrauben.
- ◆ Vorderrad so ansetzen, daß die beim Ausbau angebrachten Markierungen übereinstimmen. Vorher Zentriersitz der Felge an der Radnabe mit Wälzlagerfett dünn einfetten. Radschrauben **nicht** fetten oder ölen. Korrodierte Radschrauben erneuern. Rad anschrauben. Fahrzeug ablassen und Radschrauben über Kreuz mit **120 Nm** festziehen.

2 – Spreizmutter

3 – Kreuzschlitzschraube

4 – Schnappmutter
Auf den Stoßfänger aufgesteckt.

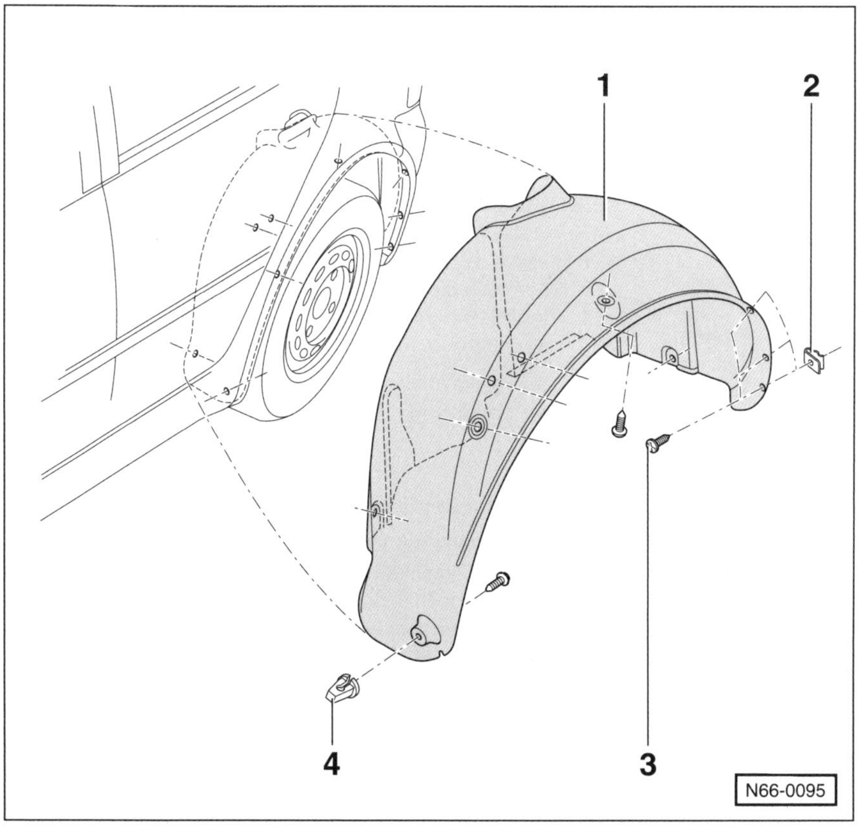

Hinten

1 – Innenkotflügel

Ausbau

- ◆ Stellung des Hinterrades zur Radnabe mit Farbe kennzeichnen. Dadurch kann das ausgewuchtete Rad wieder in derselben Position montiert werden. Radschrauben lösen, dabei muß das Fahrzeug auf dem Boden stehen. Fahrzeug hinten aufbocken und Hinterrad abnehmen.
- ◆ 7 Kreuzschlitzschrauben –3– herausdrehen und Innenkotflügel aus dem Radkasten herausnehmen.

Einbau

- ◆ Innenkotflügel einsetzen, ausrichten und anschrauben.
- ◆ Hinterrad so ansetzen, daß die beim Ausbau angebrachten Markierungen übereinstimmen. Vorher Zentriersitz der Felge an der Radnabe mit Wälzlagerfett dünn einfetten. Radschrauben **nicht** fetten oder ölen. Korrodierte Radschrauben erneuern. Rad anschrauben. Fahrzeug ablassen und Radschrauben über Kreuz mit **120 Nm** festziehen.

2 – Schnappmutter
Auf den Stoßfänger aufgesteckt.

3 – Kreuzschlitzschraube

4 – Spreizmutter

Motorhaube aus- und einbauen/einstellen

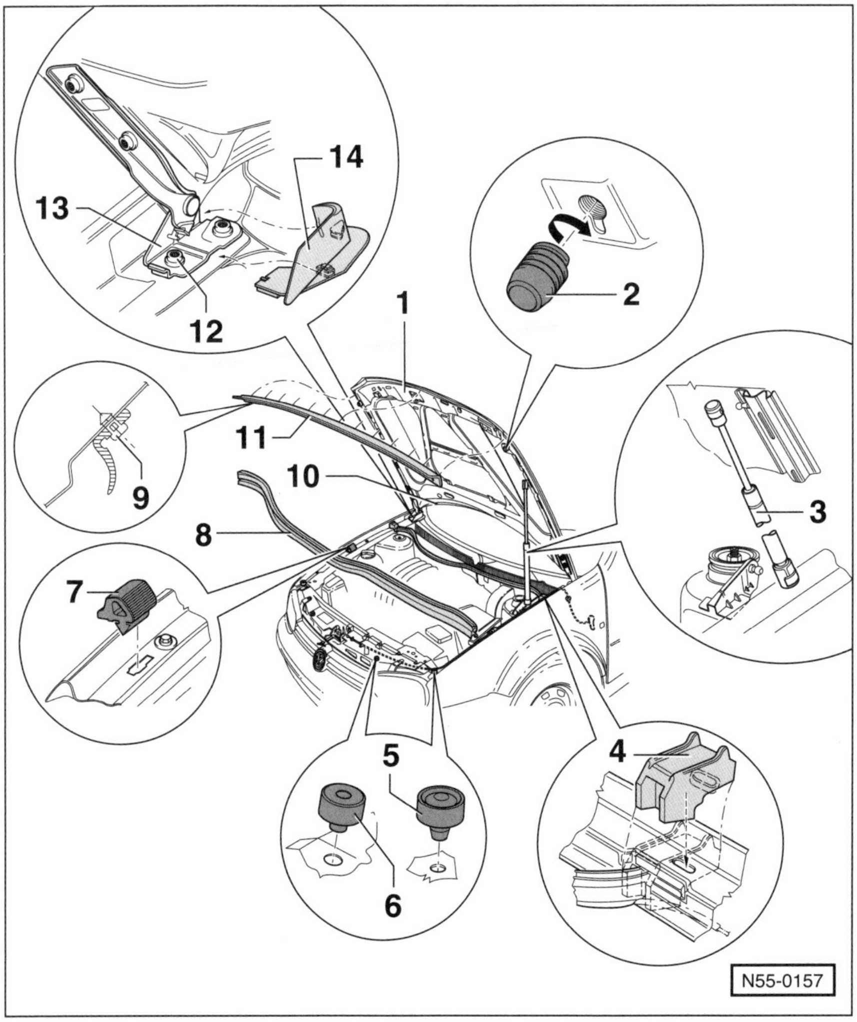

1 – **Motorhaube**
2 – **Einstellpuffer**
3 – **Gasdruckfeder**
4 – **Füllstück**
5 – **Anschlagpuffer**
6 – **Gummipuffer**
7 – **Führungsstück**
8 – **Dichtung Wasserkasten**
Auf den Flansch aufgesteckt.
9 – **Clip**
10 – **Schlauch für Scheibenwaschdüse**
11 – **CW-Dichtung**
12 – **Schraube, 20 Nm**
13 – **Scharnier**
14 – **Scharnierabdeckung**

Ausbau

- Motorhaube öffnen.
- Zuleitungsschlauch und elektrische Steckverbindung an der Scheibenwaschdüse abziehen. Leitung ausclipsen. **Hinweis:** Als spätere Montagehilfe kann man an den Kabelenden eine Schnur befestigen. Beim Herausziehen der Kabel wird die Schnur eingezogen und bleibt anschließend in der Haube.
- Scharnierabdeckung –14– abclipsen und im rechten Winkel vom Scharnier abziehen, siehe Abbildung.
- Stellung der Motorhaube markieren. Dazu Schrauben am Scharnier (kotflügelseitig) mit Filzstift umkreisen.
- Motorhaube von Helfer abstützen lassen.

Achtung: Beim Ausbau der Gasdruckfeder –3– darf die Sicherungsfeder von der Kugelpfanne nicht ganz abgezogen werden. Andernfalls wird die Gasdruckfeder beschädigt und muß ersetzt werden.

- Gasdruckfeder –3– von der Motorhaube aushängen. Dazu mit einem Schraubendreher die Sicherungsfeder etwas anheben. Gasdruckfeder vom Kugelzapfen abziehen. Soll die Gasdruckfeder ganz ausgebaut werden, untere Sicherungsfeder etwas anheben und Gasdruckfeder abziehen.
- Schrauben –12– an der Motorhaube herausdrehen und Motorhaube mit Helfer abnehmen.

Einbau

- Gegebenenfalls Motorhaube lackieren.
- Motorhaube mit Helfer ansetzen. Haube anhand der zuvor angebrachten Markierungen am Scharnier –13– ausrichten und mit Schrauben –12– befestigen. Wird eine neue Motorhaube eingebaut, muß diese eingestellt werden, siehe »Motorhaube einstellen«.
- Gasdruckfeder –3– auf Kugelzapfen aufdrücken und einrasten.

- Wurden die Puffer –2– entfernt, müssen diese neu eingestellt werden. Zunächst Puffer ganz eindrehen und dann soweit herausdrehen, bis die Motorhaube bündig mit den Kotflügeln ist.
- Scharnierabdeckung einclipsen.
- Schlauch für Scheibenwaschdüsen aufschieben.

Motorhaube einstellen

- Schrauben –12– etwas lösen, so daß die Haube in Längs- und Querrichtung gerade noch verschiebbar ist.

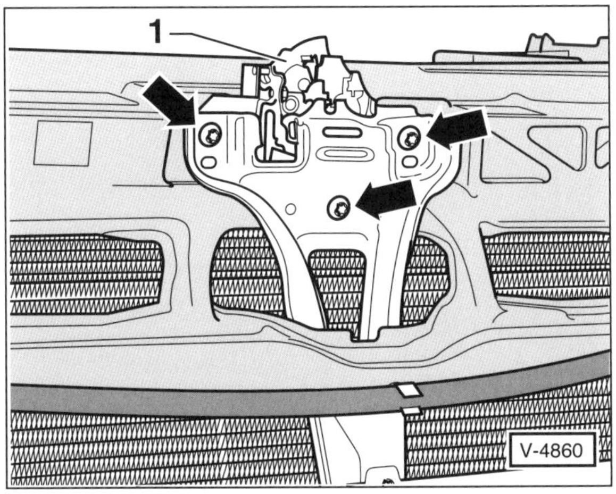

- Befestigungsschrauben –Pfeile– für Motorhaubenschloß –1– etwas lösen.
- Motorhaube schließen und so verschieben, daß zu den umliegenden Karosserieteilen ein parallel verlaufender Spalt besteht, siehe »Spaltmaße« auf Seite 276.
- Ausgerichtete Motorhaube vorsichtig öffnen, so daß die Position am Haubenscharnier nicht mehr verändert wird.
- Schrauben am Scharnier mit **20 Nm** festziehen.
- Höheneinstellung der Motorhaube zu den Kotflügeln durch Verdrehen der Einstellpuffer –2– (Abbildung N55-0157) vornehmen.
- Schrauben für Haubenschloß mit **20 Nm** festziehen.

Motorhaubenschloß aus- und einbauen

Ausbau

- Kühlergrill ausbauen, siehe entsprechendes Kapitel.
- Stoßfänger ausbauen, siehe entsprechendes Kapitel.

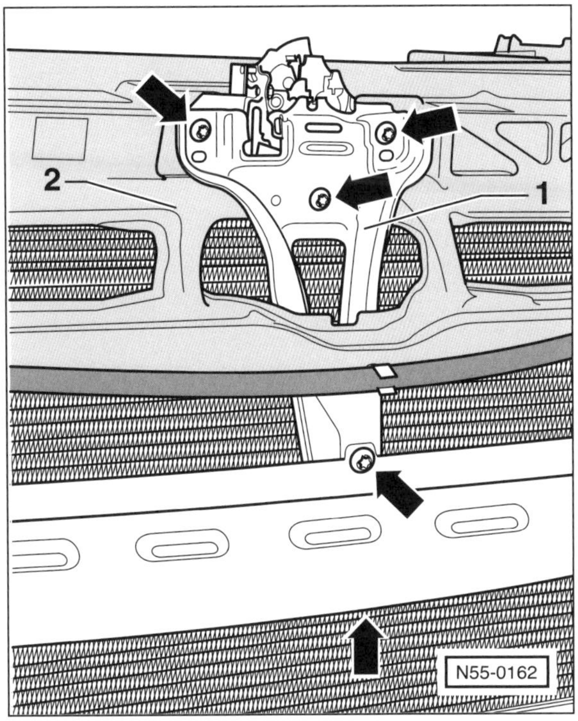

- Schloßstütze –1– mit 5 Schrauben –Pfeile– abschrauben und vom Schloßträger –2– abnehmen.

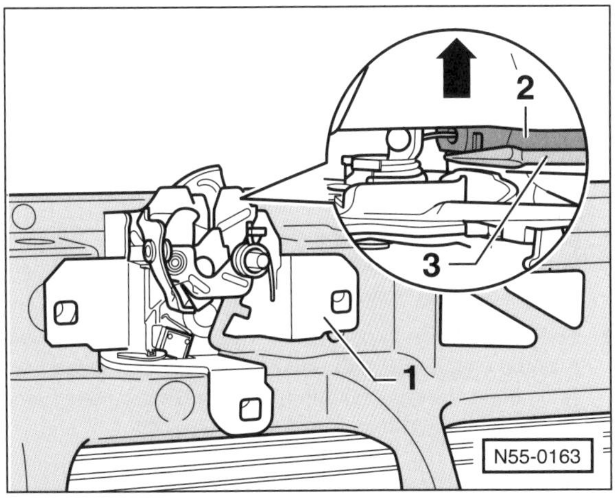

- Motorhaubenschloß –1– etwas nach vorn ziehen.
- Haubenzug –2– mit einem Schraubendreher –3– in Pfeilrichtung vom Schloß abclipsen.
- Steckverbindung für Microschalter trennen.

Einbau

- Der Einbau erfolgt in umgekehrter Ausbaureihenfolge.

Motorhaubenzug aus- und einbauen

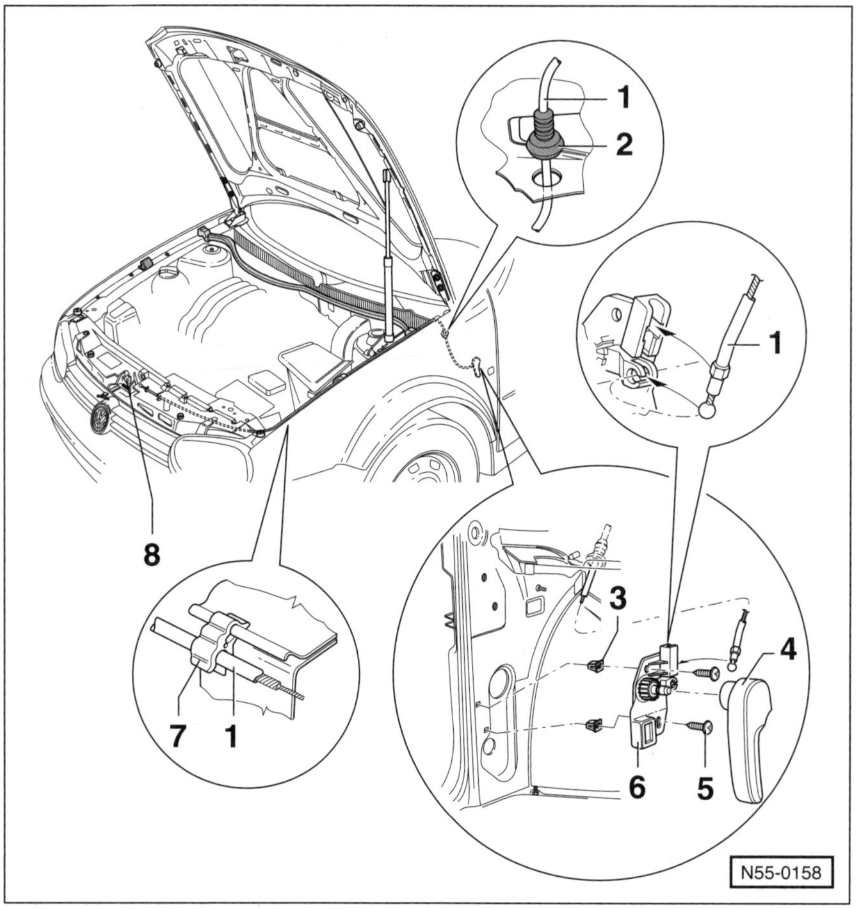

1 – Motorhaubenzug
Am Motorhaubenschloß abclipsen, siehe Kapitel »Motorhaubenschloß ausbauen«.

2 – Dichttülle

3 – Spreizmutter

4 – Betätigungshebel

5 – Kombiblechschraube

6 – Lagerbock

7 – Halter für Haubenzug

8 – Motorhaubenschloß

Betätigungshebel für Motorhaube aus- und einbauen

Ausbau

- Betätigungshebel –A– etwa 2 cm anziehen, siehe Abbildung rechts.
- Kleinen Schraubendreher in den Spalt zwischen Betätigungshebel und Clip –B– stecken.
- Betätigungshebel wieder loslassen und den Clip aus dem Betätigungshebel ausclipsen. **Achtung:** Der Clip fällt hinter die Fußraum-Seitenverkleidung –C–.
- Verkleidung –C– in der Mitte im rechten Winkel von der A-Säule wegziehen und dadurch oberen Clip lösen. Anschließend Verkleidung unten aus der Einstiegleiste ausclipsen und abnehmen, siehe auch Seite 265.

Einbau

- Verkleidung –C– zuerst unten in die Einstiegleiste einclipsen. Anschließend den oberen Clip in den Lagerbock eindrücken.
- Clip –B– in den Betätigungshebel ganz einrasten.
- Betätigungshebel auf die Aufnahme im Lagerbock aufdrücken.

Achtung: Bevor die Motorhaube geschlossen wird, Funktion des Betätigungshebels und des Haubenzuges prüfen.

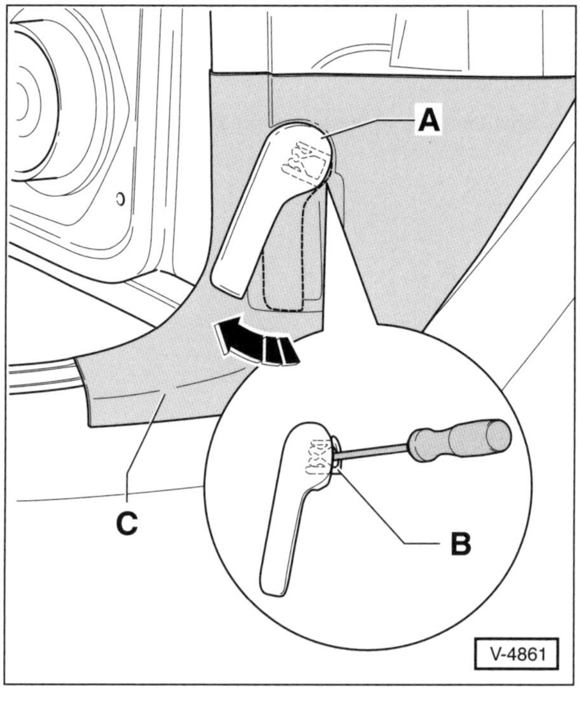

Kühlergrill aus- und einbauen

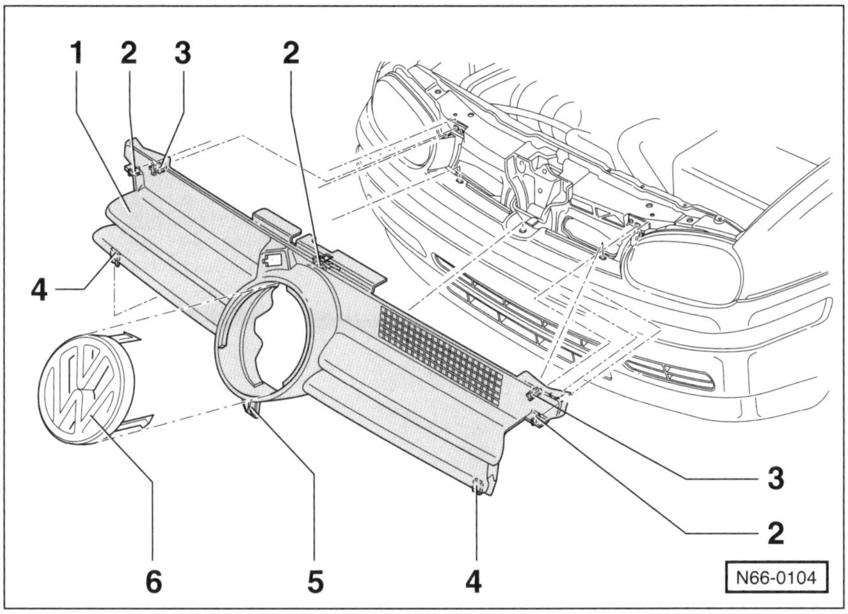

1 – Kühlergrill

Ausbau

- ◆ Entriegelungshebel für Motorhaube ausbauen, siehe Seite 284.
- ◆ Rasthaken –2– mit einem Schraubendreher entriegeln.
- ◆ Kreuzzapfen –3– aus dem Schloßträger herausziehen.
- ◆ Kühlergrill nach oben abnehmen.

Einbau

- ◆ Kühlergrill ansetzen und nach der Mittenfixierung ausrichten.
- ◆ Kühlergrill mit den unteren Zapfen –4– in den Stoßfänger einstecken und im oberen Bereich anclipsen.
- ◆ Entriegelungshebel für Motorhaube einbauen, siehe Seite 284.

2 – Rasthaken

3 – Kreuzzapfen

4 – Haltezapfen

5 – Mittenfixierung

6 – Firmenzeichen

In den Kühlergrill eingeclipst.

Hinweis: Dargestellt ist der Kühlergrill des GOLF. Beim BORA geht der Aus- und Einbau prinzipiell genauso.

Seitenschutzleisten aus- und einbauen

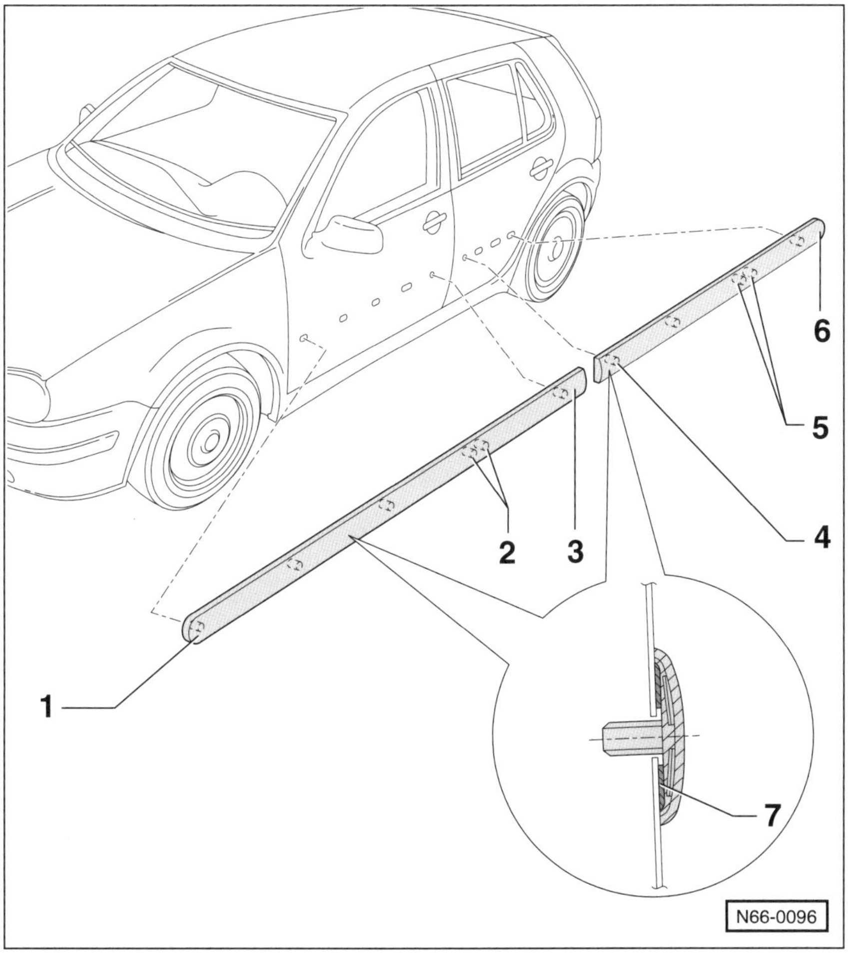

1 – Schutzleiste für Tür vorn

Achtung: Schutzleisten für die linke und rechte Fahrzeugseite haben ein unterschiedliches Lochbild und können daher nicht vertauscht eingebaut werden.

Ausbau

- ◆ Seitenschutzleiste vor dem Ausbau mit Heißluftfön erwärmen und stückweise abziehen.

Einbau

Achtung: Bei ca. +20° C werden optimale Klebewirkung und Verarbeitungsdauer erreicht.

- ◆ Außenblech mit Benzin reinigen, mit Silikonentferner nachbehandeln und mit sauberem Lappen trockenreiben.
- ◆ Schutzfolie von der Klebefläche der neuen Leiste abziehen.
- ◆ Seitenschutzleiste mit den Zentrierzapfen ansetzen und zunächst leicht andrücken.
- ◆ Bei korrektem Sitz der Schutzleiste in den Zapfen, Schutzleiste kräftig andrücken.

2 – Zapfen

3 – Zentrierzapfen

4 – Zentrierzapfen

5 – Zapfen

6 – Schutzleiste für Tür hinten

Achtung: Schutzleisten für die linke und rechte Fahrzeugseite haben ein unterschiedliches Lochbild und können daher nicht vertauscht eingebaut werden.

7 – Schutzfolie

Heckklappe aus- und einbauen - Montageübersicht

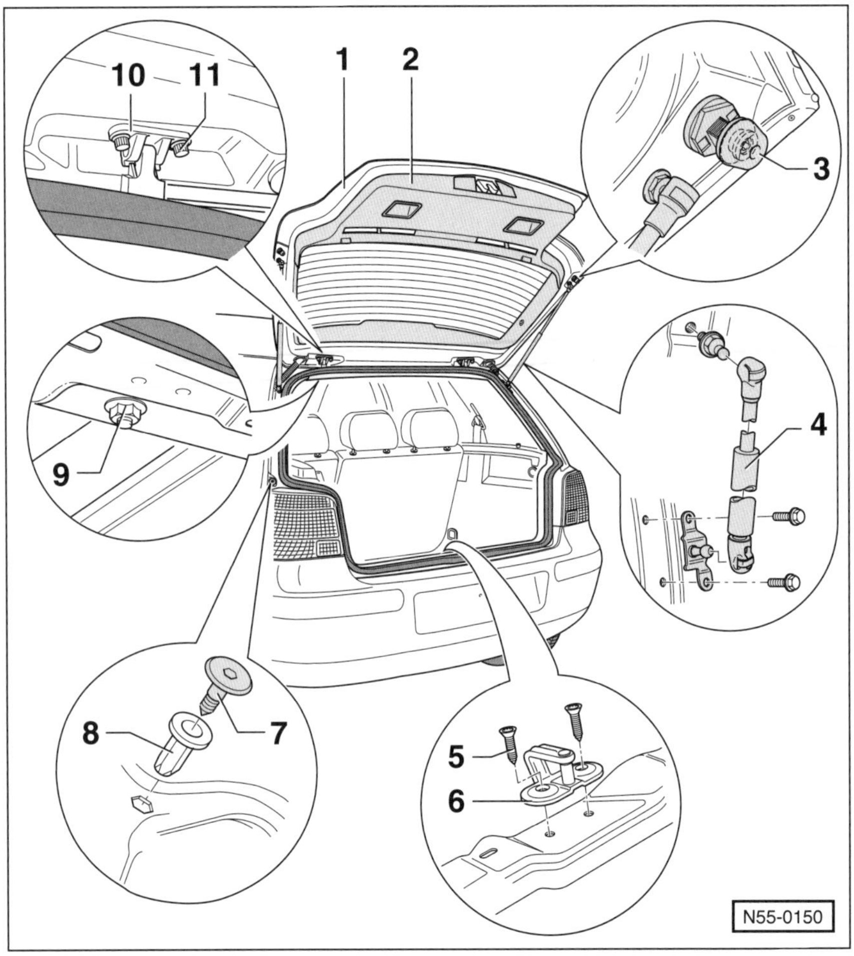

GOLF

1 – **Heckklappe**

2 – **Verkleidung**
Aus- und Einbau, siehe Kapitel »Innenausstattung.

3 – **Einstellpuffer**

4 – **Gasdruckfeder**
Vor dem Ausbau der Gasdruckfeder die Heckklappe sicher abstützen. Für den Ausbau der Heckklappe, Gasdruckfeder nur von der Heckklappe abbauen.

5 – **Schraube, 22 Nm**

6 – **Schließblech**
Einstellen innerhalb der übergroßen Bohrungen.

7 – **Kappe**

8 – **Blindnietmutter**

9 – **Sechskantmutter, 7,2 Nm**

10 – **Scharnier**

11 – **Schraube, 22 Nm**

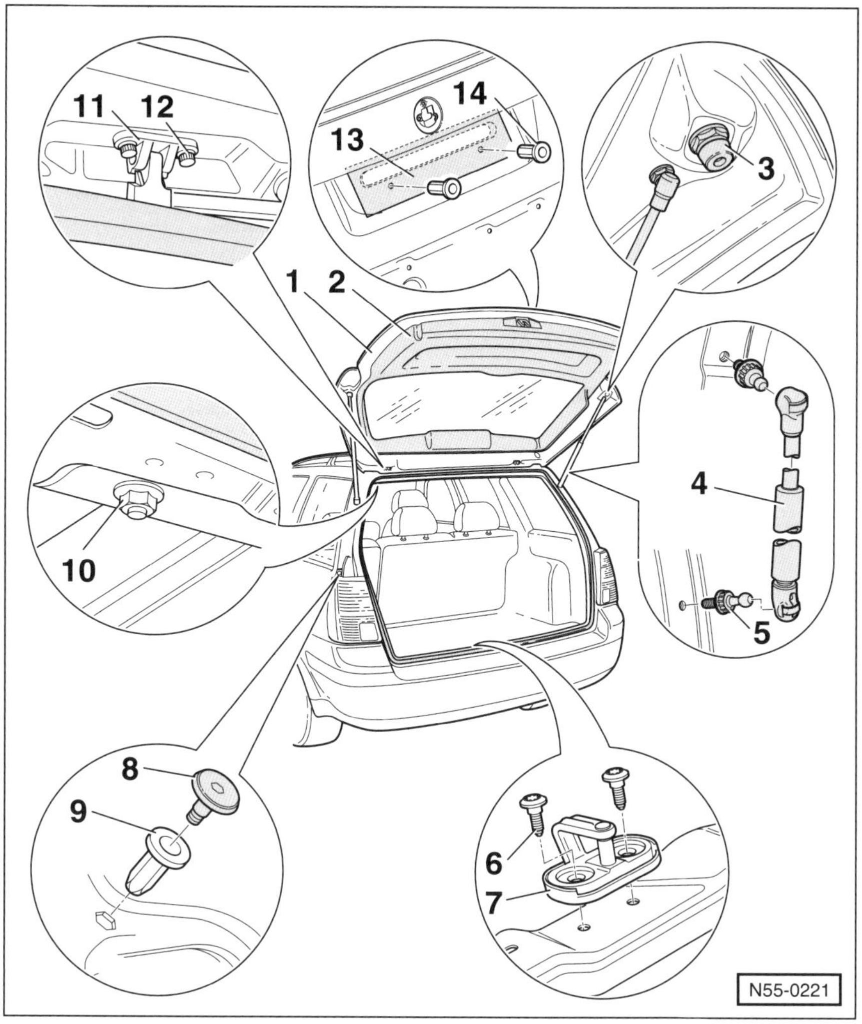

GOLF/BORA VARIANT

1 – **Heckklappe**

2 – **Verkleidung**

3 – **Einstellpuffer**

4 – **Gasdruckfeder**

5 – **Kugelzapfen, 10 Nm**

6 – **Schraube, 22 Nm**

7 – **Schließblech**
Innerhalb der übergroßen Bohrung einstellen.

8 – **Kappe**

9 – **Blindnietmutter**

10 – **Sechskantmuttern, 22 Nm**

11 – **Scharnier**

12 – **Schraube, 10 Nm**

13 – **Kennzeichenunterlage**
Nur gerasterten Bereich andrücken. Ersatzteil hat zwei Folien. Eine Folie deckt Klebefläche ab, zweite muß nach Montage abgezogen werden.

14 – **Blindnietmuter**
Einziehen mit Blindnietmuttern-Hebelzange, zum Beispiel V.A.G 1765A.

Kofferraumdeckel - Montageübersicht

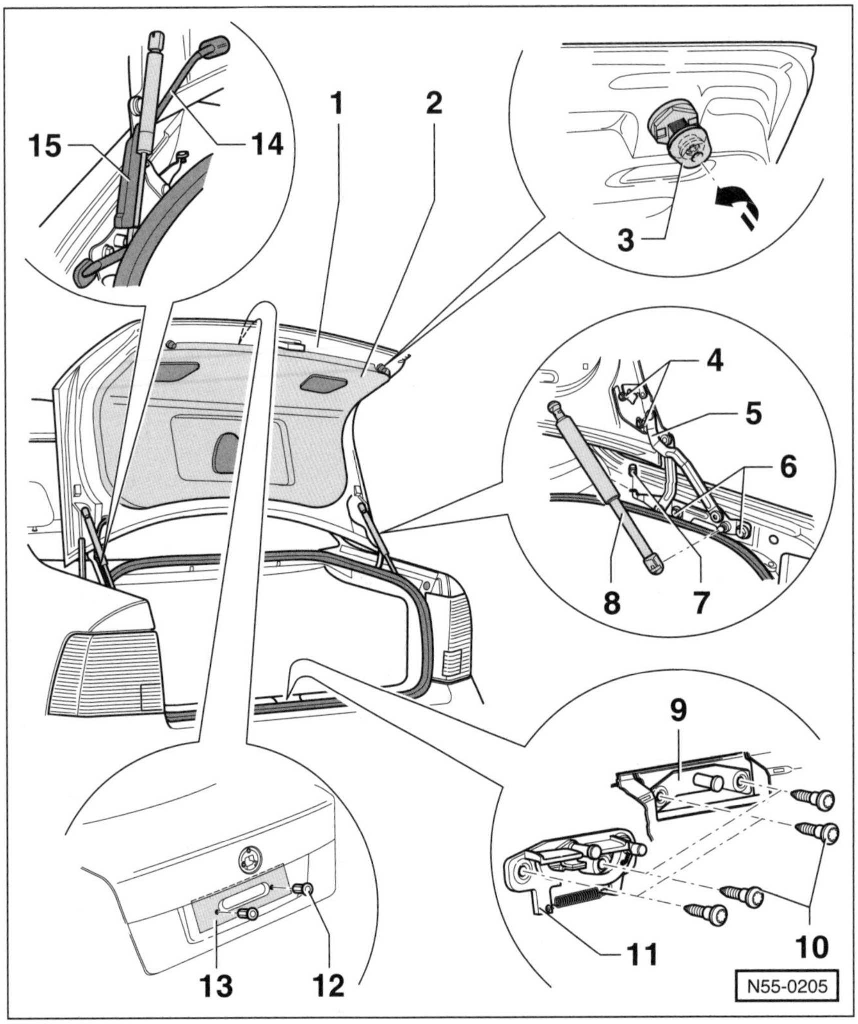

BORA

1 – **Kofferraumdeckel**

2 – **Verkleidung**

3 – **Einstellpuffer**

4 – **Sechskantmuttern, 22 Nm**

5 – **Scharnier**

6 – **Schraube, 22 Nm**

7 – **Gummipuffer**

8 – **Gasdruckfeder**

9 – **Schließblech**

10 – **Schraube, 22 Nm**

11 – **Schließblech**
Nur USA-Modelle.

12 – **Blindnietmutter**
Einziehen mit Blindnietmuttern-Hebelzange, zum Beispiel V.A.G 1765 A.

13 – **Kennzeichenunterlage**
Nur gerasterten Bereich andrücken. Ersatzteil hat zwei Folien. Eine Folie deckt Klebefläche ab, zweite muß nach Montage abgezogen werden.

14 – **Leitung**

15 – **Scharnierabdeckung**

Gasdruckfeder aus- und einbauen

Ausbau

- Heckklappe abstützen.

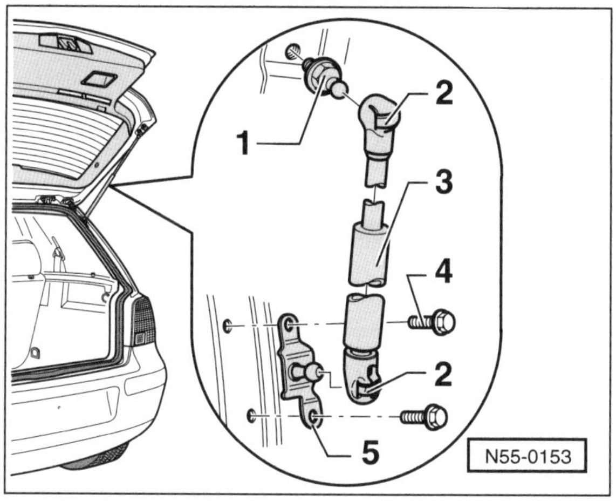

- Federklammer –2– mit einem Schraubendreher anheben und Gasdruckfeder –3– vom Kugelzapfen –1/5– abziehen. 4 – Schraube.

Achtung: Für den Ausbau der Gasdruckfeder die Federklammer –2– nicht ganz aus der Kugelpfanne heraushebeln, sonst wird die Federklammer beschädigt und die Gasdruckfeder muß ersetzt werden. Kugelzapfen –1–, falls erforderlich, mit 15 Nm anschrauben.

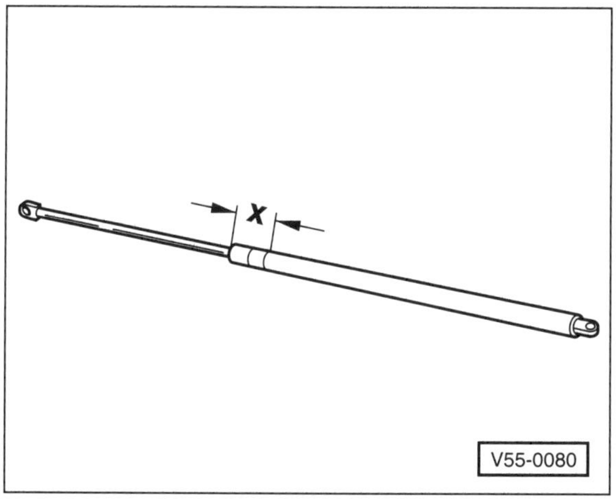

Achtung: Falls die Gasdruckfeder ersetzt wird, muß die alte Feder entgast werden, bevor sie entsorgt wird. Dazu Gasdruckfeder im **Bereich x = 50 mm** in den Schraubstock einspannen. **Achtung**: Feder unbedingt **nur in diesem Bereich** einspannen, sonst besteht Unfallgefahr! Anschließend Zylinder im ersten Drittel der Zylindergesamtlänge – ausgehend von der Bezugskante auf der Kolbenstangenseite – aufsägen. Um herausspritzendes Öl aufzufangen, Bereich des Sägetrennschnittes mit einem Lappen abdecken. Außerdem ist während des Sägevorganges eine Schutzbrille zu tragen.

Einbau

- Gasdruckfeder auf die Kugelzapfen aufdrücken und einrasten.

Heckklappe einstellen

Kofferraumdeckel und Heckklappe sind richtig eingestellt, wenn sie im geschlossenen Zustand überall ein gleichmäßiges Spaltmaß haben, nicht zu weit nach innen oder außen stehen und die Konturen mit den umliegenden Karosserieteilen fluchten.

Achtung: Für die Einstellung muß das Fahrzeug auf den Rädern stehen.

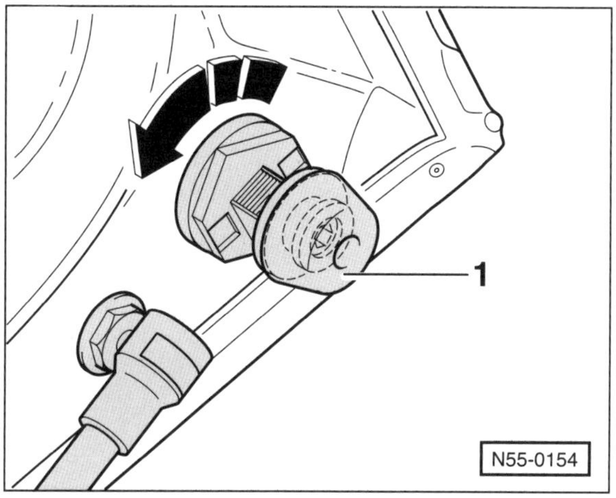

- Einstellpuffer mit einem Ringschlüssel, Schlüsselweite 24 mm, um 90° drehen (¼ Umdrehung) und aus dem Formloch herausnehmen.
- Gummipuffer –1– vom Einstellpuffer abnehmen und Klemmschraube, Innensechskant mit Schlüsselweite 3 mm, soweit lösen, bis sich der Rastschieber herausziehen läßt.

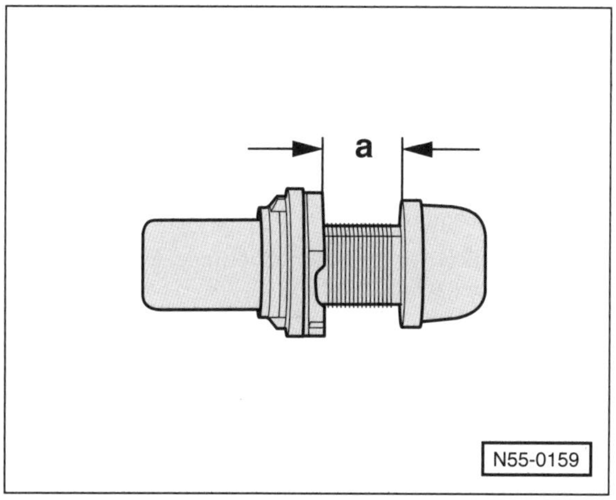

- Rastschieber aus dem Gehäuse herausziehen und auf das Maß a = 12,5 mm einstellen. **Hinweis:** Ein neuer Puffer ist bereits auf 12,5 mm Abstand voreingestellt.

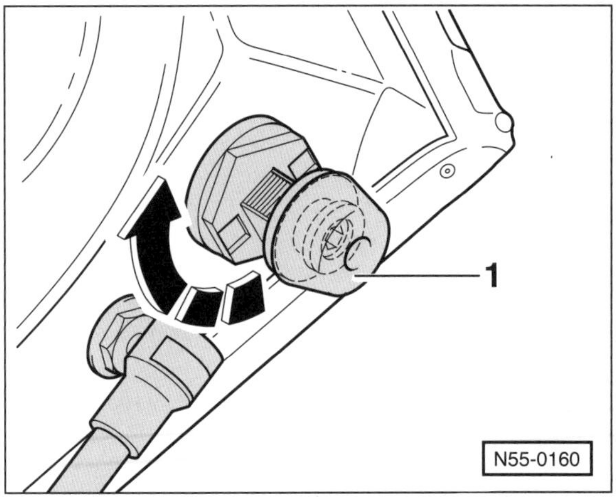

- Einstellpuffer einsetzen, um 90° drehen (¼ Umdrehung) und dadurch im Formloch montieren. 1 – Gummipuffer.

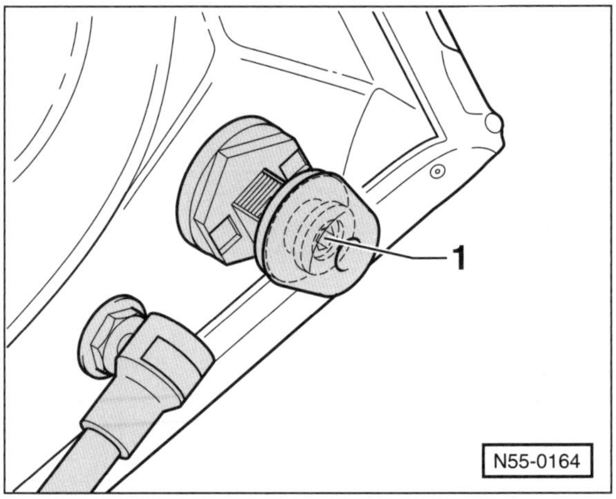

- Klemmschraube –1– mit Innensechskantschlüssel und 1,5 Nm anziehen.

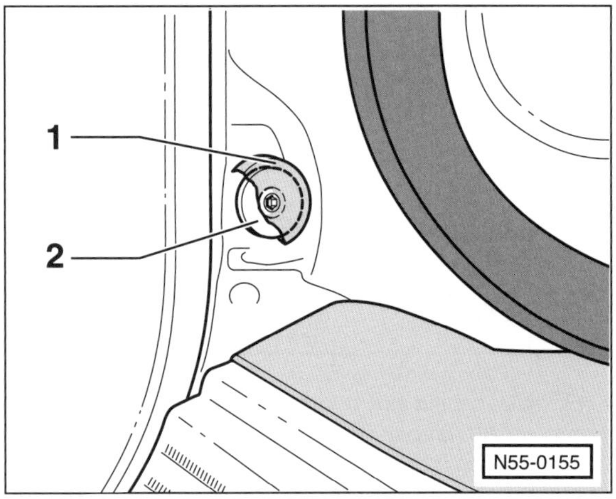

- Jeweiligen Stopfen –1– auf der linken und rechten Seite aus dem Blindniet –2– herausdrehen.
- Heckklappe mit leichtem Druck über die Mitte schließen, dabei den Griff anziehen.
- Spaltmaß zwischen Heckklappe und Seitenteil auf 5 mm einstellen. Die Werkstatt verwendet dazu das Sonderwerkzeug 3371.
- Heckklappe wieder öffnen.
- Die Heckklappe ist jetzt auf eine Vorspannung von ca. 3 mm eingestellt.
- Auf der linken und rechten Seite den Stopfen in den Blindniet eindrehen.

Heckklappenschloß aus- und einbauen

GOLF

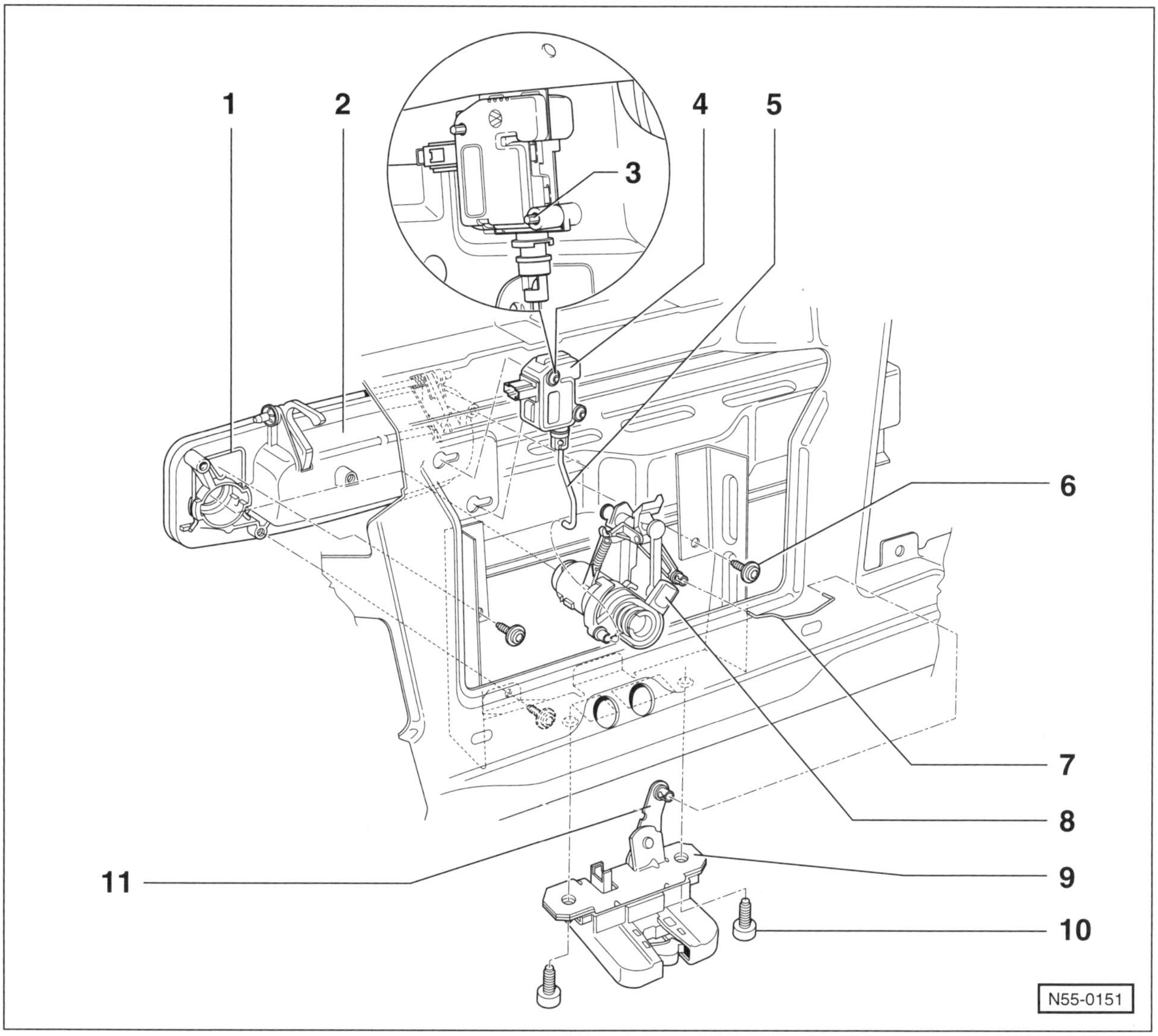

1 – Sicherungsklammer

2 – Griff

Ausbau

- ◆ Untere Verkleidung für Heckklappe ausbauen, siehe Seite 269.
- ◆ Zugstange –5– ausclipsen, Sicherungsklammer –1– heraushebeln und Schließzylindergehäuse aus dem Griff herausnehmen.
- ◆ Steckverbindung für Kofferraumbeleuchtung trennen und gegebenenfalls Betätigungsstange für Zentralverriegelung ausclipsen.
- ◆ Torxschrauben herausdrehen und Griff aus der Klappe herausnehmen.

Einbau

- ◆ Sicherungsklammer einsetzen und einrasten.
- ◆ Kompletten Träger auf die Griffleiste und die Schraubbolzen setzen und mit hörbarem Klicken in die Griffleiste einrasten.
- ◆ Der weitere Einbau erfolgt in umgekehrter Ausbaureihenfolge.

3 – Befestigungsschraube für Stellmotor Zentralverriegelung

4 – Stellmotor für Zentralverriegelung

5 – Zugstange

6 – Torxschraube

7 – Betätigungsstange

Einbau

- ◆ Umlenkhebel –11– gegen den Anschlag drücken und Betätigungsstange spannungsfrei einhängen.

8 – Schließzylindergehäuse

Ausbau

- ◆ Untere Verkleidung für Heckklappe ausbauen, siehe Seite 269.
- ◆ Zugstange –5– ausclipsen, Sicherungsklammer –1– heraushebeln und Schließzylindergehäuse aus dem Griff herausnehmen.

Einbau

- ◆ Der Einbau erfolgt in umgekehrter Ausbaureihenfolge.

9 – Schloß

Ausbau

- ◆ Untere Verkleidung für Heckklappe ausbauen, siehe Seite 269.
- ◆ Steckverbindung am Schloß trennen.
- ◆ Betätigungsstange –7– ausclipsen, Schraube –10– abschrauben und das Schloß aus der Heckklappe herausnehmen.

Einbau

Achtung: Schloß nur bei eingerasteter Drehfalle einbauen.

- ◆ Der weitere Einbau erfolgt in umgekehrter Ausbaureihenfolge.

10 – Linsensenkschraube, 20 Nm

11 – Umlenkhebel

Kofferraumdeckelschloß aus- und einbauen

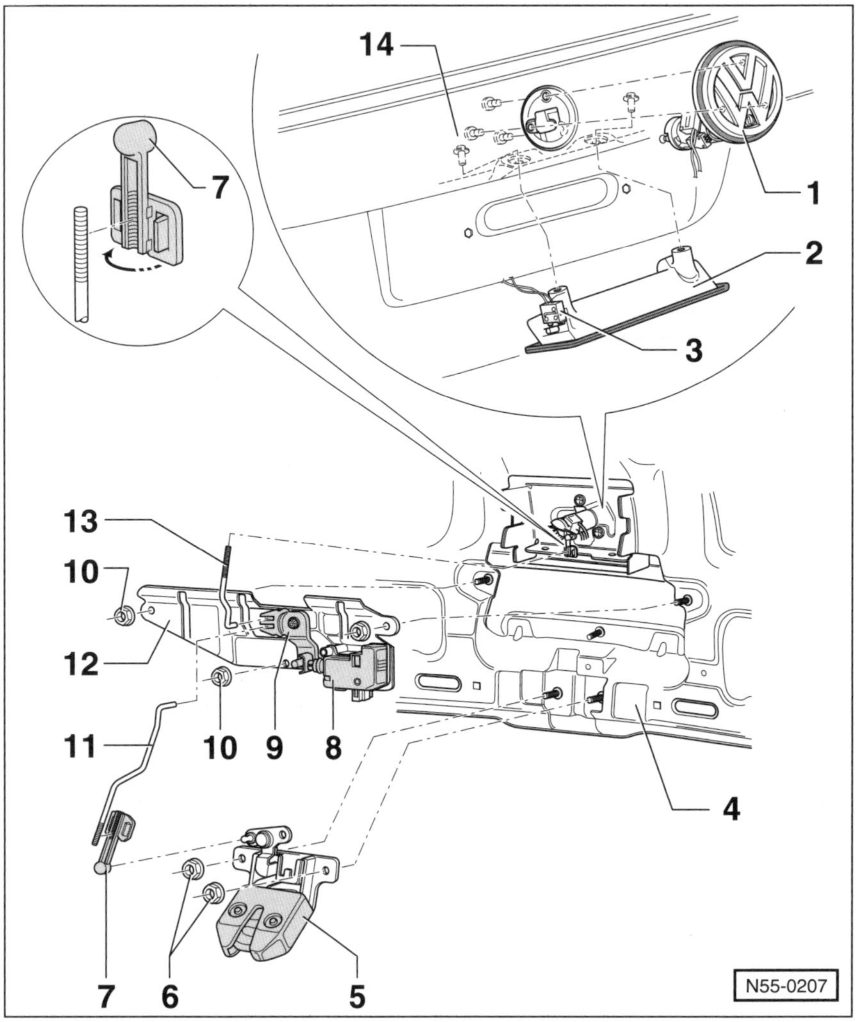

BORA

1 – **Schließzylindergehäuse**

2 – **Griff**

3 – **Schalter für Heckklappenentriegelung**

4 – **Kofferraumdeckel**

5 – **Schloß**

6 – **Sechskantmutter, 7 Nm**

7 – **Umlenkhebel**

8 – **Motor für Heckklappenentriegelung**

Ausbau

◆ Steckverbindung am Motor trennen.

◆ Betätigungsstange vom Kofferraumdeckelschloß –11– und vom Schließzylinder –13– abclipsen.

◆ Sechskantmuttern –10– abschrauben und das Trägerblech –12– abnehmen.

◆ Motor für Heckklappenentriegelung –8– vom Trägerblech abschrauben.

Einbau

◆ Der Einbau erfolgt in umgekehrter Ausbaureihenfolge.

9 – **Umlenkhebel**

10 – **Sechskantmutter, 7 Nm**

11 – **Betätigungsstange**

Umlenkhebel –7– gegen den Anschlag drücken und Betätigungsstange spannungsfrei einhängen.

12 – **Trägerblech**

13 – **Betätigungsstange**

Umlenkhebel –11– gegen den Anschlag drücken und Betätigungsstange spannungsfrei einhängen.

14 – **Schraube, 7 Nm**

Ausbau

- Verkleidung für Kofferraumdeckel ausbauen.
- Steckverbindung am Schloß trennen.
- Betätigungsstange –13– ausclipsen. Sechskantmuttern –10– abschrauben.
- Schloß abnehmen.

Einbau

- Der Einbau erfolgt in umgekehrter Ausbaureihenfolge.

Heckklappenschloß aus- und einbauen

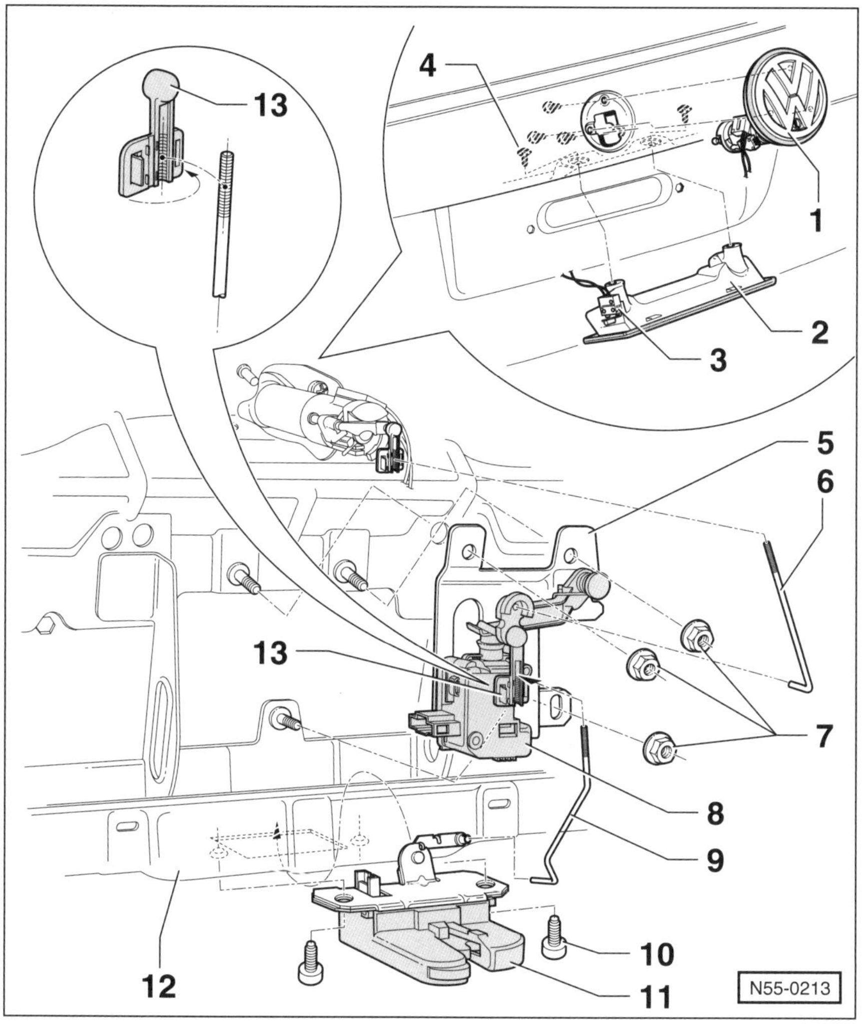

GOLF/BORA VARIANT

1 – **Schließzylindergehäuse**

2 – **Griff**

Ausbau

◆ Schraube –4– abschrauben, Steckverbindung für Schalter –3– trennen.

◆ Griff von der Klappe abnehmen.

Einbau

◆ Der Einbau erfolgt in umgekehrter Ausbaureihenfolge.

3 – **Schalter für Heckklappenentriegelung**

4 – **Schraube, 7 Nm**

5 – **Trägerblech**

6 – **Betätigungsstange**

Umlenkhebel gegen den Anschlag drücken und Betätigungsstange spannungsfrei einhängen.

7 – **Sechskantmutter, 7 Nm**

8 – **Motor für Heckklappenentriegelung**

9 – **Betätigungsstange**

Umlenkhebel –13– gegen den Anschlag drücken und Betätigungsstange spannungsfrei einhängen.

10 – **Schraube, 22 Nm**

11 – **Schloß**

12 – **Klappe**

13 – **Umlenkhebel**

Ausbau

- Heckklappenverkleidung ausbauen.
- Steckverbindung am Schloß abziehen.
- Betätigungsstange –9– ausclipsen.
- Schraube –10– (2 Stück) abschrauben und das Schloß abnehmen.

Einbau

- Der Einbau erfolgt in umgekehrter Ausbaureihenfolge.

Tür aus- und einbauen

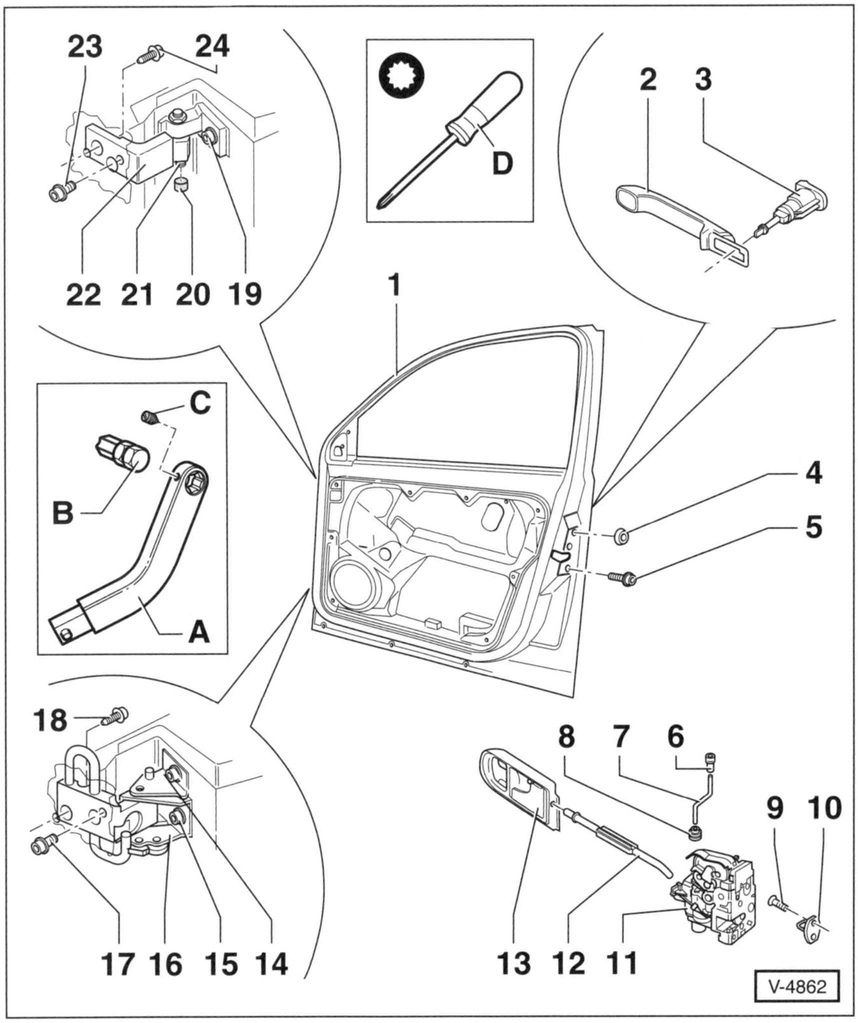

1 – Tür
2 – Türgriff mit Unterlage
3 – Schließzylindergehäuse
4 – Abdeckkappe
5 – Schraube, 18 Nm
6 – Sicherungsknopf
7 – Sicherungsstange
8 – Faltenbalg
9 – Schraube, 20 Nm
10 – Schließblech
11 – Türschloß
12 – Bowdenzug
13 – Türinnenbetätigung

14 – **Innenvielzahnschraube, 20 Nm + ¼ Umdrehung (90°)** Schraube nach jedem Lösen ersetzen.

15 – **Innenvielzahnschraube, 20 Nm + ¼ Umdrehung (90°)** Zum Ausbau der Tür **nur** diese Schraube herausdrehen. Schraube nach jedem Lösen ersetzen.

16 – **Türscharnier mit Türfeststeller** Das Scharnier ist geteilt.

17 – **Innenvielzahnschraube, 20 Nm + ¼ Umdrehung (90°)** Von der Fahrzeuginnenseite eingebaut. Zum Lösen untere Seitenverkleidung an der A-Säule abbauen. Schraube nach jedem Lösen ersetzen.

18 – **Innenvielzahnschraube, 20 Nm + ¼ Umdrehung (90°)** Schraube nach jedem Lösen ersetzen.

19 – **Innenvielzahnschraube, 20 Nm + ¼ Umdrehung (90°)** Schraube nach jedem Lösen ersetzen.

20 – **Abdeckkappe**

21 – **Schraube, 13 Nm**

22 – **Türscharnier**

23 – **Innenvielzahnschraube, 20 Nm + ¼ Umdrehung (90°)** Von der Fahrzeuginnenseite eingebaut. Zum Lösen Armaturentafel abbauen. Schraube nach jedem Lösen ersetzen.

24 – **Innenvielzahnschraube, 20 Nm + ¼ Umdrehung (90°)** Schraube nach jedem Lösen ersetzen.

A – **Werkzeug HAZET-2597** Zum Lösen und Festschrauben der Befestigungsschrauben für Türscharnier/Säule.

B – **Bit-Einsatz T45 (HAZET-2597-01) für –A–**

C – **Madenschraube**

D – **Steckschlüssel VW-T10011** Innenvielzahn, 4mm. Zum Lösen und Festziehen der Arretierschraube vom Schließzylindergehäuse/Türgriff.

Ausbau

- Seitenverkleidung im Fußraum ausbauen, siehe Seite 264.
- Darunterliegende Steckverbindungen trennen.
- Faltenbalg für Türleitungsstrang an der A-Säule herausziehen. Elektrische Leitungen durch die Öffnung in der A-Säule herausfädeln.
- Abdeckkappe –20– abhebeln und Schraube –21– vom oberen Scharnierbolzen herausdrehen.
- Tür von Helfer abstützen lassen.
- Am unteren Scharnier die Schraube –15– herausdrehen. Dazu wird das Spezialwerkzeug –A–, zum Beispiel HAZET 2597, benötigt.
- Tür mit Helfer nach oben aus den Scharnierwinkeln herausheben.

Einbau

- Tür mit Helfer in die Scharnierwinkel einsetzen.
- **Neue** Schraube –15– mit Werkzeug –A– und Einsatz –B– sowie 20 Nm anschrauben. Anschließend Schraube um 90° (¼ Umdrehung) weiterdrehen.

- Am oberen Scharnier Schraube –21– mit **13 Nm** anschrauben. Abdeckkappe –20– aufdrücken.
- Elektrische Leitungen durch die Öffnung in der A-Säule einfädeln.
- Faltenbalg über den Leitungsstrang schieben in die Öffnung der A-Säule einhängen.
- Steckverbindungen im Fußraum verbinden.
- Seitenverkleidung im Fußraum einbauen, siehe Seite 264.

Türverkleidung aus- und einbauen

Der Ausbau wird an der Fahrertür beschrieben, spezielle Hinweise zur Beifahrertür stehen am Ende des Kapitels. Die hinteren Türen werden auf die gleiche Weise wie die Beifahrertür ausgebaut.

Ausbau

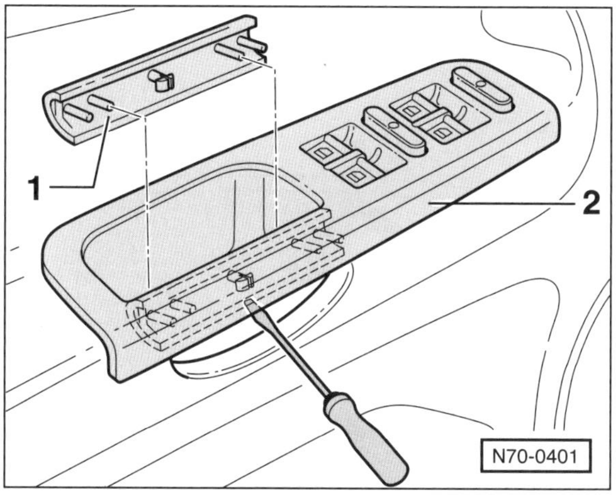

- Flachen Schraubendreher in die untere Trennfuge zwischen Blende –1– und Griffschale –2– stecken und Blende vorsichtig in Richtung Türverkleidung abdrücken.

Achtung: Da die Trennfuge sehr eng ist, muß ein spitzer Schraubendreher verwendet werden, um Blende und Griffschale nicht zu beschädigen.

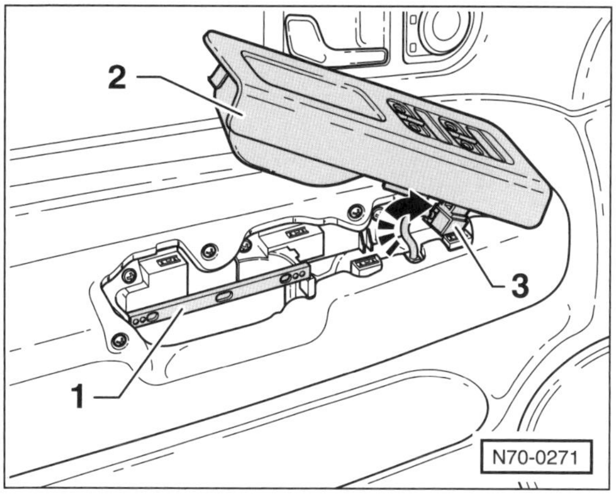

- Griffschale –2– nach oben aus der Türverkleidung ausclipsen. **Achtung:** Dabei nicht in die Griffmulde fassen, sonst kann die Strebe –1– beschädigt werden.
- Rastnase gegen Stecker –3– drücken –Pfeil– und Stecker abziehen.

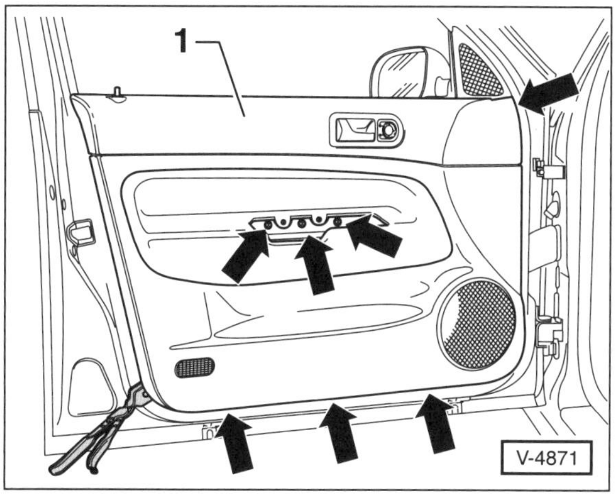

- 7 Schrauben –Pfeile– herausdrehen. 1 – Türverkleidung.

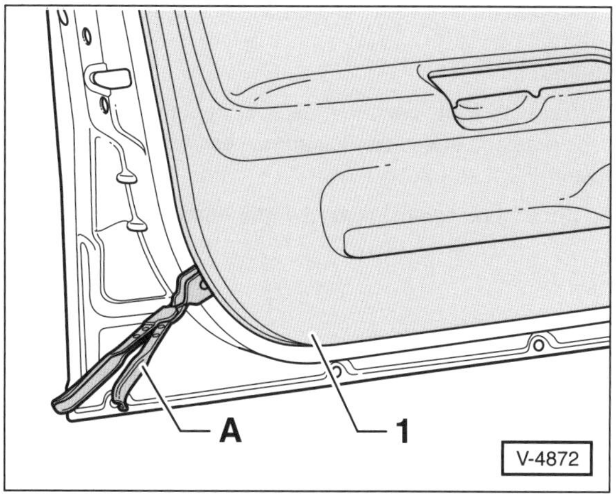

- Türverkleidung –1– mit den Fingern oder mit einer Spezialzange –A–, z. B. HAZET-799/4, abziehen.

- Verkleidung nach oben aus dem Fensterschacht heben.

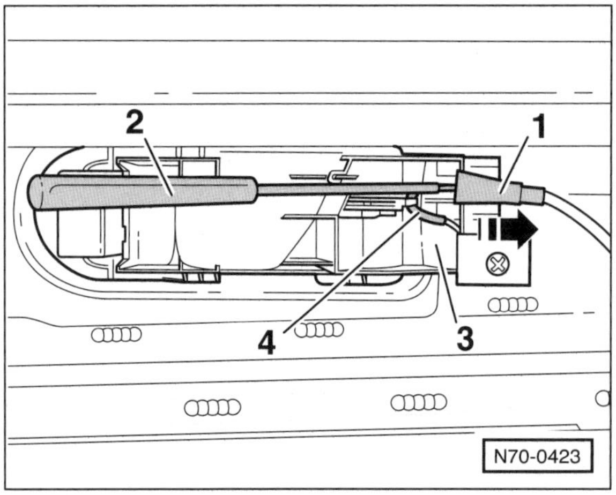

- Seilzugführung –1– mit einem flachen Schraubendreher –2– ausclipsen, in Pfeilrichtung aus der Halterung –3– herausziehen und Seilzughaken –4– aushängen.
- Steckverbindungen trennen.

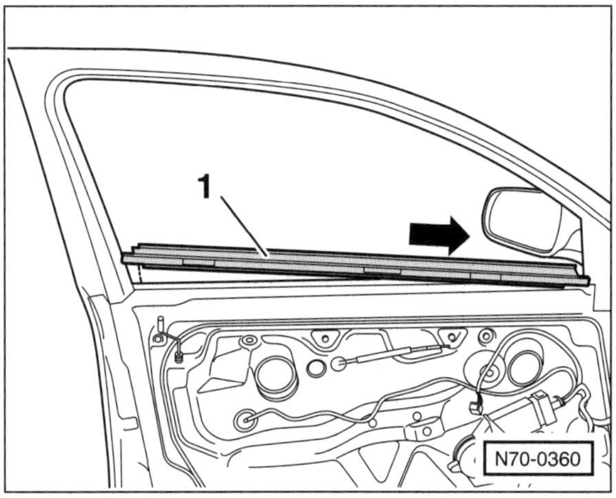

- Fensterschachtabdichtung –1– von der Türverkleidung abziehen und in den Fensterschacht einsetzen.

Einbau

Vor dem Einbau sämtliche Clips sichtprüfen. Beschädigte Clips ersetzen und in die Aufnahmen der Türverkleidung einsetzen.

- Der Einbau erfolgt in umgekehrter Ausbaureihenfolge.

Speziell Beifahrertür

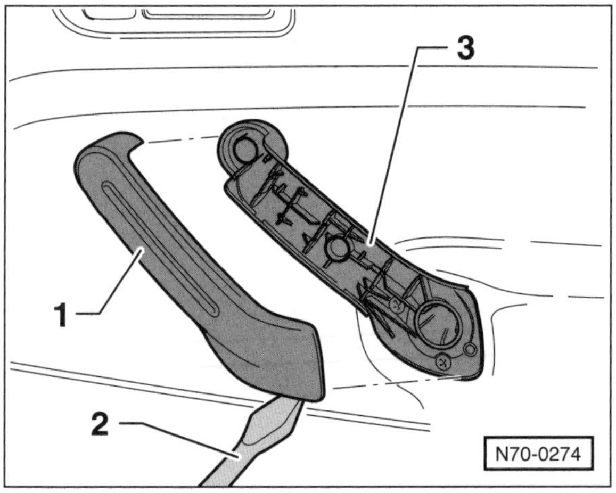

- Schraubendreher –2– unten zwischen Blende –1– und Griff –3– einsetzen und Blende vorsichtig abhebeln.

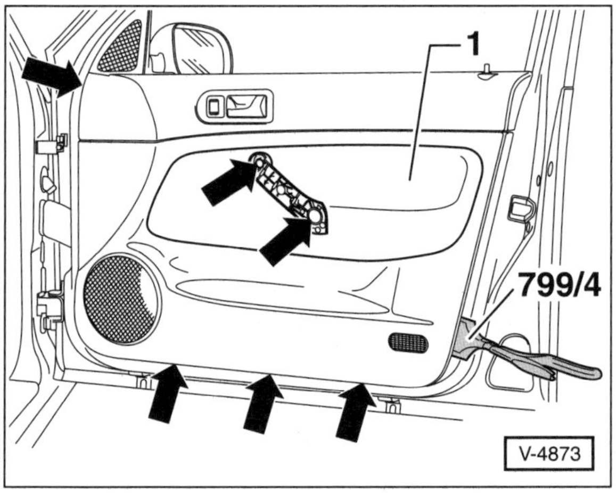

- Türverkleidung –1– mit 6 Schrauben –Pfeile– abschrauben. 799/4 – HAZET-Zange zum Abdrücken der Türverkleidung.

Sicherungsknopf für Entriegelungsstange aus- und einbauen

Achtung: Werden die angegebenen Arbeitsschritte nicht eingehalten, können sich die Verriegelungsstangen aus den vorderen Türschlössern und den Umlenkungen in den hinteren Türen herausdrehen beziehungsweise die Aufnahmen beschädigen.

Ausbau

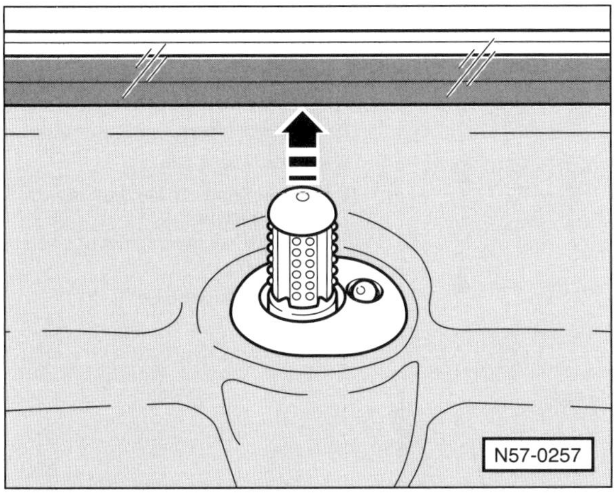

- Sicherungsknopf um 180° (½ Umdrehung) linksherum oder rechtsherum abdrehen.
- Sicherungsknopf nach oben abnehmen.

Einbau

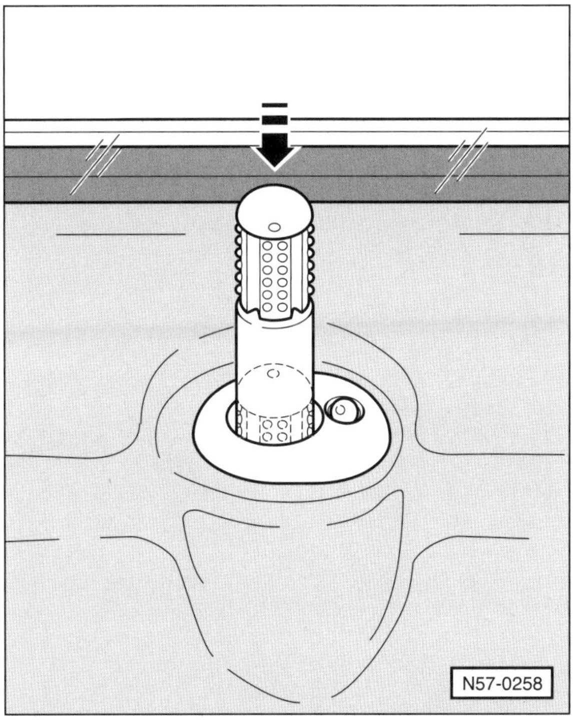

- Sicherungsknopf mit der Markierung (kleiner Punkt auf der Oberseite des Knopfs) zur Fahrzeugseite auf die Verriegelungsstange aufsetzen.
- Sicherungsknopf soweit auf die Verriegelungsstange aufdrücken, bis die Riffelung des Knopfes auf Höhe der Türverkleidung ist.
- In dieser Stellung Knopf um 180° (½ Umdrehung) linksherum oder rechtsherum drehen.

Hinweis: Der Sicherungsknopf kann im verriegelten Zustand ca. 0 bis 2 mm über der Türverkleidung stehen.

Türfensterscheibe/Aggregateträger

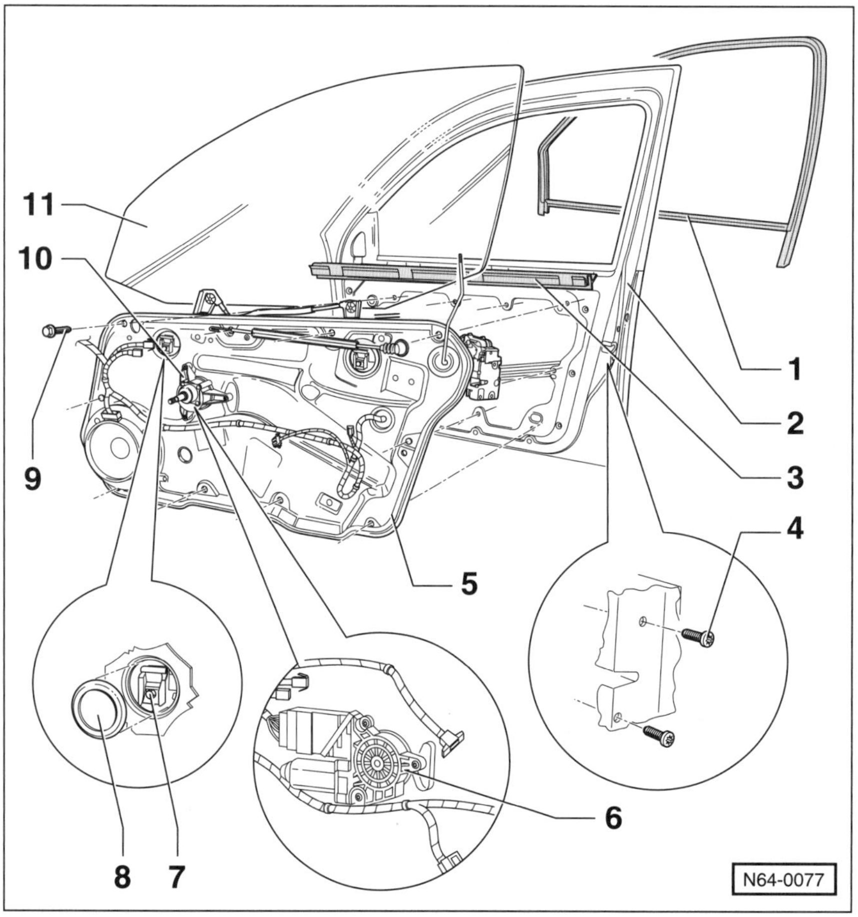

1 – **Fensterführung**
Auf dem Flansch aufgesteckt.

2 – **Tür**

3 – **Fensterschachtabdichtung innen**
Auf dem Flansch aufgesteckt.

4 – **Schraube, 20 Nm**

5 – **Aggregateträger**
Der Fensterheber ist Bestandteil des Aggregateträgers.

6 – **Motor für Fensterheber**
Ist vorn am Aggregateträger angeschraubt.

7 – **Schraube, 10 Nm**

8 – **Abdeckkappe**

9 – **Schraube, 8 Nm**

10 – **Kurbeltrieb für mechanischen Fensterheber**
Ist vorn am Aggregateträger angeschraubt.

11 – **Türfensterscheibe**

Türfensterscheibe vorn aus- und einbauen/einstellen

Ausbau

- Türverkleidung ausbauen, siehe entsprechendes Kapitel.

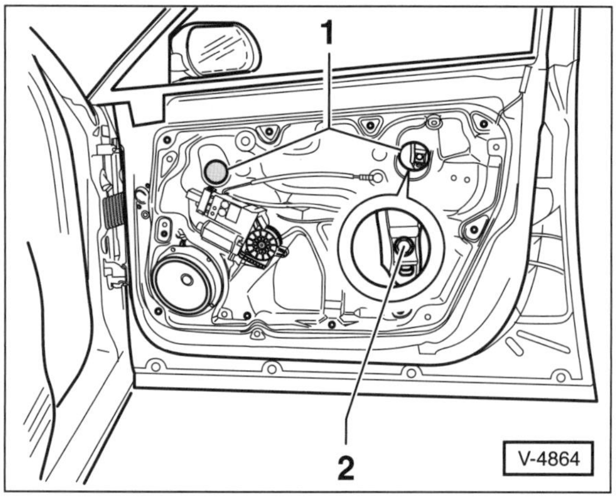

- Abdeckkappen –1– heraushebeln.
- Türfensterscheibe absenken bis die Befestigungsschrauben –2– der Türfensterscheibe zugänglich sind.

Achtung: Sollte bei elektrischen Fensterhebern das Herunterfahren der Türfensterscheibe nicht möglich sein, muß erst mit dem Fehlerauslesegerät die genaue Fehlerursache ermittelt werden (Werkstattarbeit). Liegt ein Fehler im Komfortsystem des Fensterhebers vor, ist dieser Fehler zuerst zu beheben. Liegt die Ursache im Fensterhebermotor, Motor vom Aggregateträger abschrauben und Fenster von Hand herunterschieben.

- Schrauben –2– lösen und Klemmbacken auseinanderdrücken.

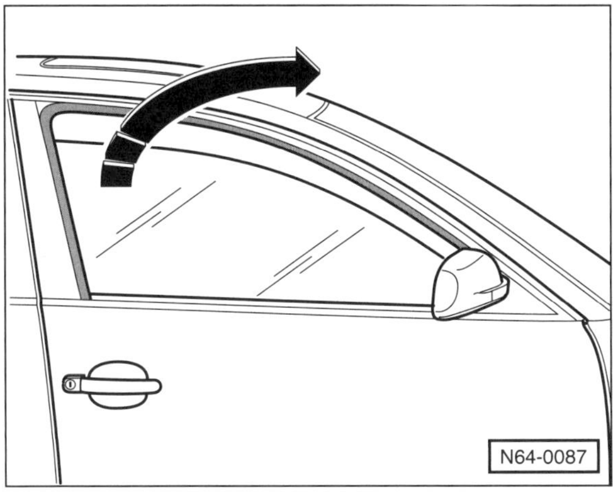

- Türfensterscheibe hinten anheben und in Pfeilrichtung nach vorn aus der Tür herausschwenken.

Einbau

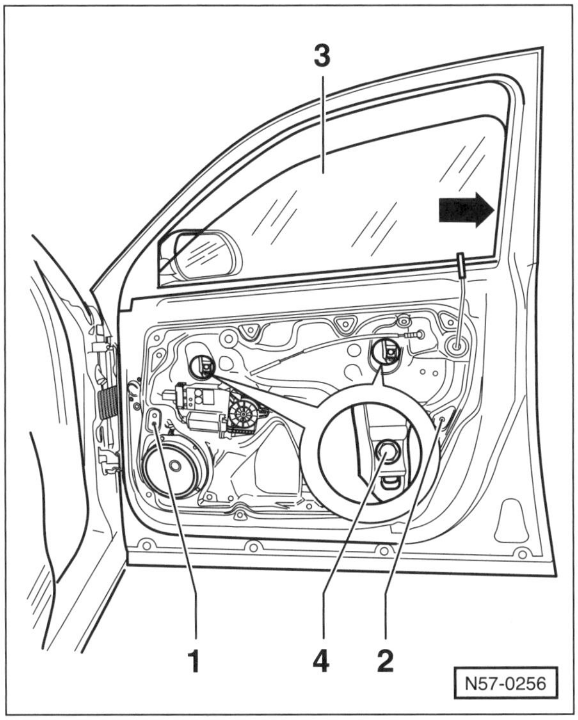

- Türfensterscheibe in die Tür und dort in die Klemmbacken einsetzen. **Achtung:** Die Klemmbacken müssen dabei in den Montageöffnungen stehen.
- Zum Einstellen Türfensterscheibe –3– in die Fensterführung drücken –Pfeil– und Klemmbacken mit den Schrauben –4– und 10 Nm festziehen. 1/2 – Schrauben für Befestigung des Aggregateträgers.
- Abdeckkappen einsetzen.
- Türverkleidung einbauen, siehe entsprechendes Kapitel.

Tür-Aggregateträger mit Fensterheber aus- und einbauen

Am Aggregateträger der Tür sind die Anbauteile Türschloß, Fensterheber und Lautsprecher befestigt.

Der Fensterheber ist Bestandteil des Aggregateträgers. Allerdings gibt es einen Reparatursatz, um den Fensterheber einzeln zu ersetzen.

Der Aggregateträger kann nur ausgebaut werden, wenn die Türfensterscheibe an den Klemmbacken des Fensterhebers abgeschraubt ist. Dazu muß die Türfensterscheibe bis auf die Höhe der Montagelöcher im Aggregateträger heruntergefahren und die Klemmbacken gelöst werden.

Sollte bei elektrischen Fensterhebern das Herunterfahren der Türfensterscheibe nicht möglich sein, muß erst mit dem Fehlerauslesegerät die genaue Fehlerursache ermittelt werden (Werkstattarbeit). Liegt ein Fehler im Komfortsystem des Fensterhebers vor, ist dieser Fehler zuerst zu beheben. Liegt die Ursache im Fensterhebermotor, Motor vom Aggregateträger abschrauben und Fenster von Hand herunterschieben.

Ausbau

- Türverkleidung vorn ausbauen, siehe entsprechendes Kapitel.
- Schließzylindergehäuse ausbauen, siehe entsprechendes Kapitel.

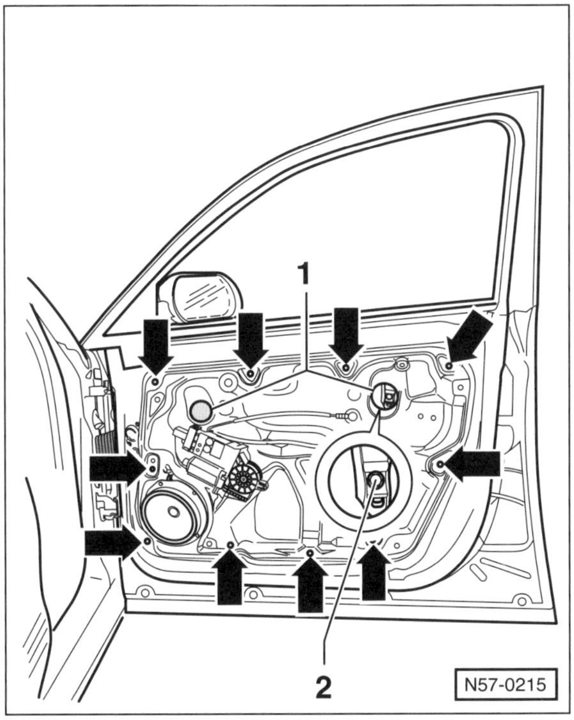

- Abdeckkappen –1– heraushebeln.
- Türfensterscheibe absenken bis die Befestigungsschrauben –2– der Türfensterscheibe zugänglich sind.

Achtung: Läßt sich die Fensterscheibe nicht absenken, wegen einer Störung des elektrischen Fensterhebers, Fensterhebermotor abschrauben und Fensterscheibe manuell herunterdrücken.

- Schrauben –2– lösen und Klemmbacken auseinanderdrücken.
- Türfensterscheibe nach oben schieben und festsetzen, beispielsweise mit Klebeband oder Kunststoffkeil.

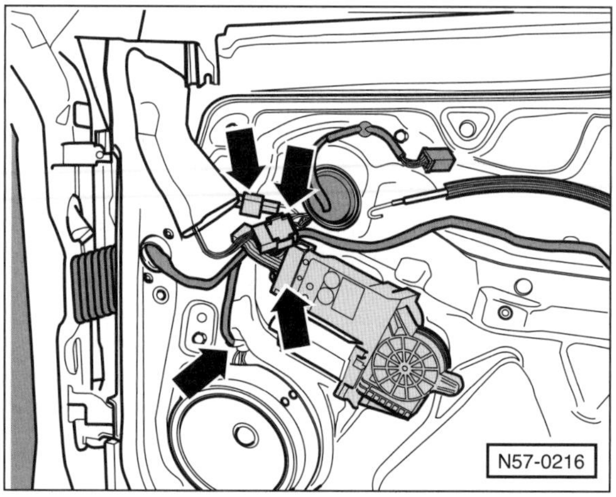

- Alle Steckverbindungen –Pfeile– trennen.

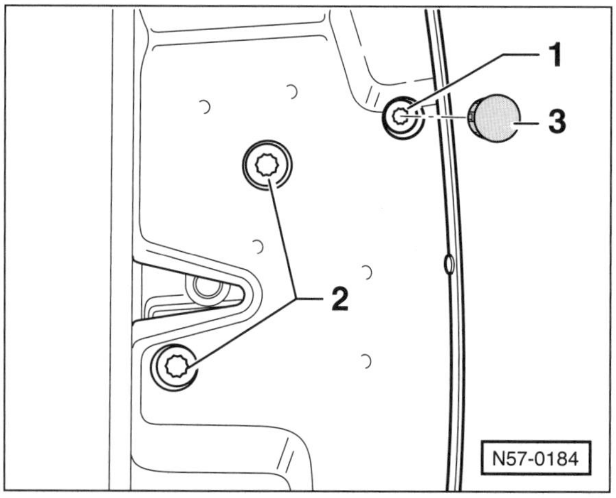

- Schrauben –2– herausschrauben; Anzugsdrehmoment: 20 Nm.

Hinweis: Schraube –1– zentriert das Schloß bei der Montage. 3 – Abdeckkappe.

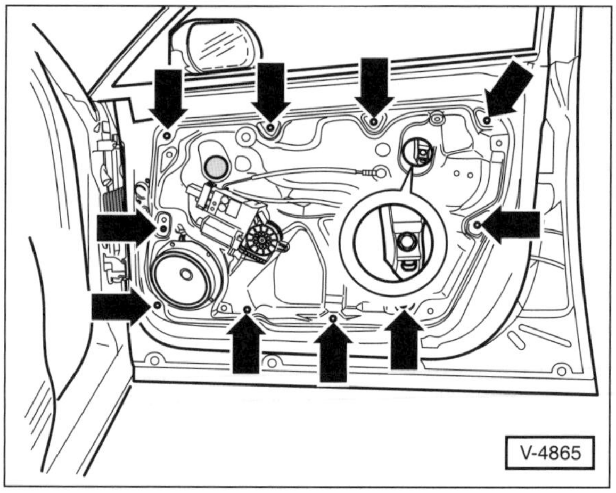

- Schrauben –Pfeile– herausdrehen, siehe Abbildung N57-0215. Aggregateträger oben von der Tür abziehen, anheben und zur Scharnierseite der Tür hin aus der Tür herausheben.
- Aggregateträger herumdrehen und Steckverbindung vom Türschloß abziehen.
- Anschließend die Clips der elektrischen Leitungen von der Rückseite des Aggregateträgers ausclipsen.

Einbau

- Türschloßhebel in die Feder einhängen, siehe Seite 303.
- Aggregateträger in die Tür einsetzen.

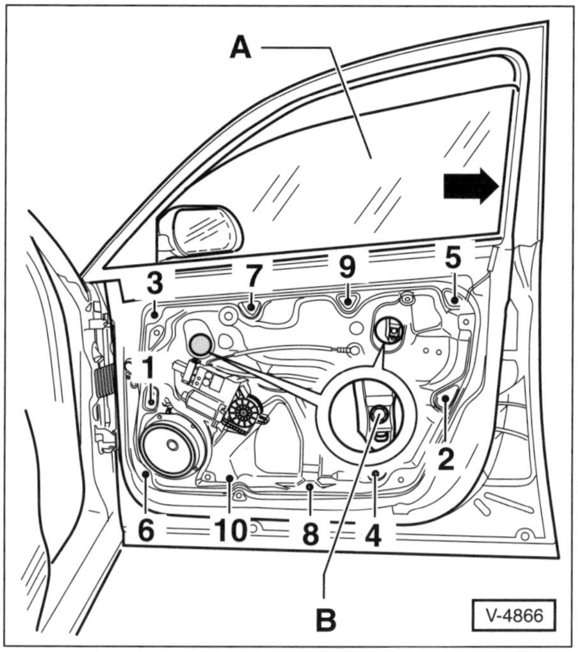

- Schrauben ansetzen und in der abgebildeten Reihenfolge von 1 bis 10 mit 8 Nm anziehen.
- Klemmbacken lösen, Türfensterscheibe –A– in die Fensterführung drücken –Pfeil– und Klemmbacken mit den Schrauben –B– und 10 Nm festziehen.
- Der weitere Einbau erfolgt in umgekehrter Ausbaureihenfolge.

Türgriff/Türschloß

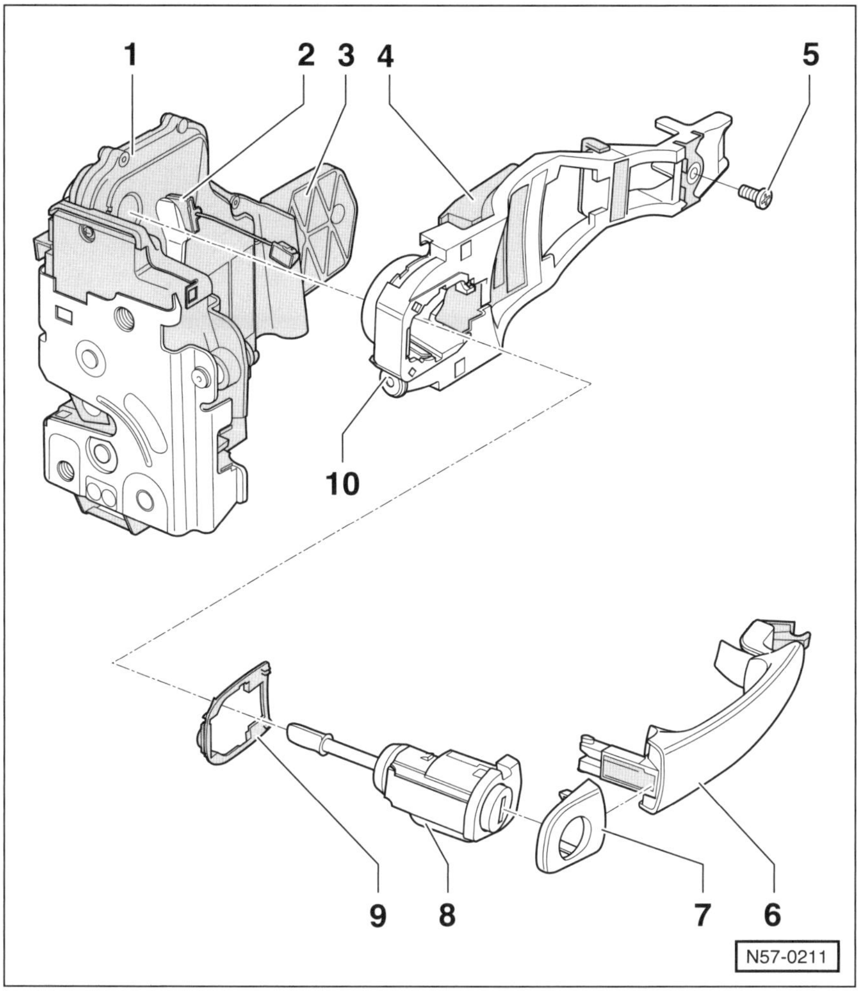

1 – **Türschloß**
Hinweis: Der Türkontaktschalter ist in das Türschloß integriert und kann nicht einzeln ersetzt werden. Bei defektem Türkontaktschalter muß immer das ganze Türschloß ersetzt werden.

2 – **Seilzug**
Für Schloßentriegelung.

3 – **Haltewinkel**

4 – **Lagerbügel**
Ausbau
- Türgriff, Schließzylindergehäuse und Aggregateträger ausbauen, siehe entsprechende Kapitel.
- Kreuzschlitzschraube –5– herausdrehen.
- Lagerbügel etwas nach hinten schieben und aus der Tür herausnehmen.

5 – **Kreuzschlitzschraube**

6 – **Türgriff mit Unterlage**

7 – **Abdeckkappe**

8 – **Schließzylindergehäuse**

9 – **Unterlage**

10 – **Innenvielzahnschraube**
Durch diese Schraube wird das Schließzylindergehäuse arretiert.
Achtung: Die Schraube –10– darf ohne das eingesetzte Schließzylindergehäuse nicht hineingedreht werden. Der Arretierungsring kann sonst in die Tür fallen.

Türgriff aus- und einbauen

Achtung: Bevor die Tür nach dem Einbau des Türgriffs geschlossen wird, unbedingt Funktionsprüfung des Türgriffmechanismus durchführen. Bei nicht korrekter Einstellung und Verclipsung des Bowdenzuges kann die Tür nicht geöffnet werden.

Ausbau

- Schließzylindergehäuse ausbauen, siehe entsprechendes Kapitel.

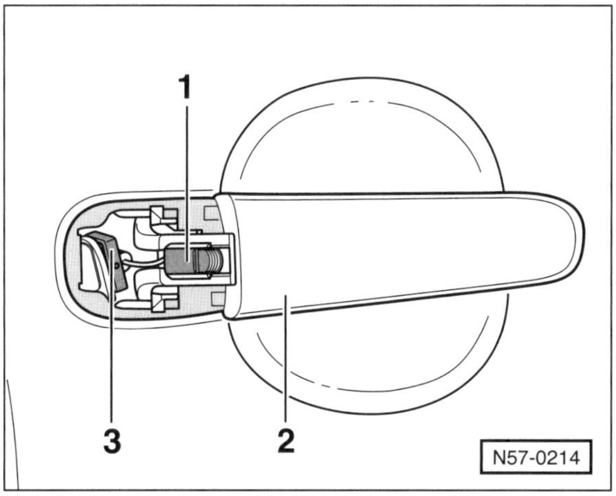

- Clip –1– aus dem Türgriff ausclipsen und Türgriff aus der Tür herausschwenken.

Einbau

- Türgriff in die Tür einschwenken.

- Clip –1– in den Blechausschnitt ziehen und in den Türgriff –2– einrasten. Dabei Türgriff an das Türblech andrücken.

Achtung: Während der Clip montiert wird, darf der Schloßbetätigungshebel –3– nicht gezogen werden.

- Schließzylindergehäuse einbauen, siehe entsprechendes Kapitel.
- Funktionsprüfung des Türöffnungsmechanismus durchführen.

Speziell hintere Tür

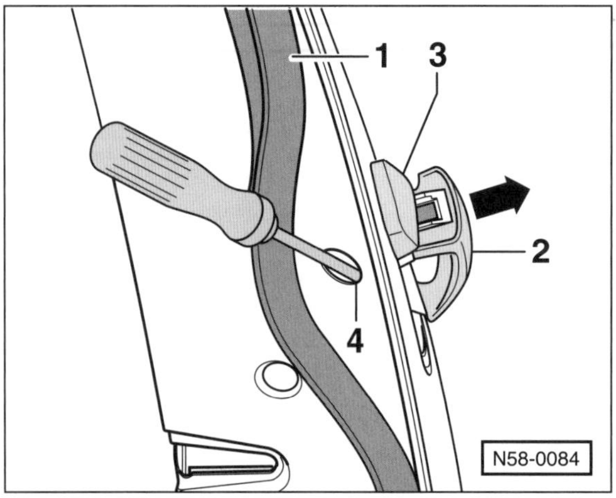

- Türdichtung –1– im Bereich des Türgriffes –2– abziehen.
- Türgriff –2– in Pfeilrichtung ziehen und festhalten.
- Schraube –4– mit Innenvielzahnschlüssel, Schlüsselweite 4 mm, bis zum Anschlag herausdrehen. Dadurch wird das Gehäuse gelöst.

Achtung: Schraube nicht zu weit herausdrehen, sonst kann sich der Arretierungsring vom Lagerbügel lösen und in die Tür fallen.

- Gehäuse –3– im rechten Winkel zur Tür aus dem Lagerbügel des Türgriffes herausziehen.

Schließzylindergehäuse aus- und einbauen

Ausbau

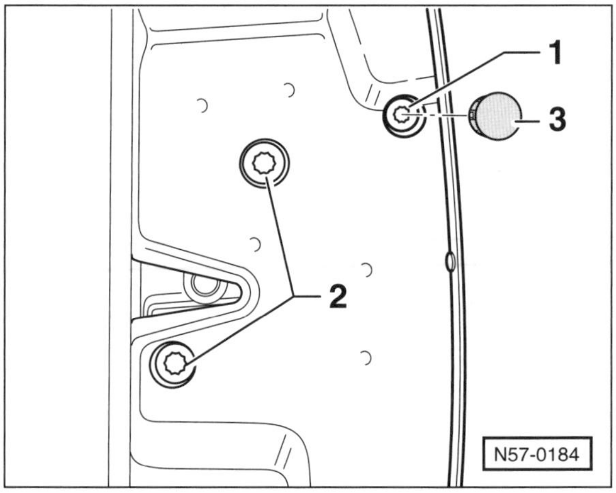

- Abdeckkappe –3– heraushebeln. 1 – Befestigungsschraube Schließzylinder, 2 – Befestigungsschraube Türschloß.

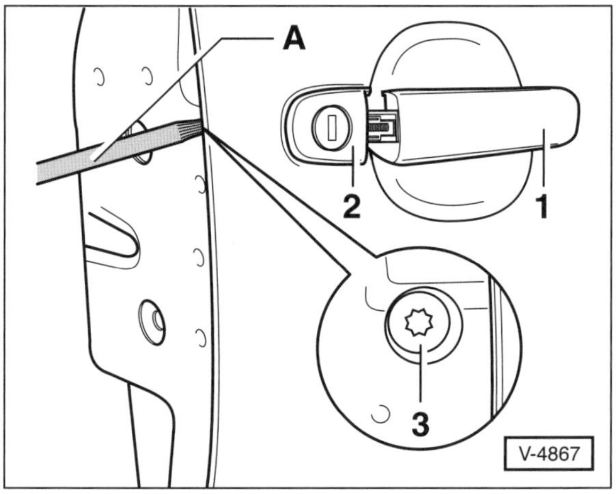

- Türgriff –1– ziehen und festhalten.
- Schraube –3– mit Innenvielzahnschlüssel –A–, Schlüsselweite 4 mm herausdrehen, bis ein leichter Anschlag spürbar ist. Dadurch wird das Schließzylindergehäuse gelöst.

Achtung: Schraube nicht zu weit herausdrehen, sonst kann sich der Arretierungsring vom Lagerbügel lösen und in die Tür fallen.

- Schließzylindergehäuse –2– im rechten Winkel zur Tür aus dem Lagerbügel des Türgriffes herausziehen.

Einbau

- Der Einbau erfolgt in umgekehrter Ausbaureihenfolge.

Türschloß aus- und einbauen

Türschloß, Fensterheber und Lautsprecher sind am Aggregateträger der Tür befestigt.

Das Türschloß kann nur in Verbindung mit dem Aggregateträger ausgebaut werden.

Ausbau

- Türverkleidung vorn ausbauen, siehe entsprechendes Kapitel.
- Schließzylindergehäuse ausbauen, siehe entsprechendes Kapitel.
- Clip aus dem Türgriff ausclipsen, siehe Kapitel »Türgriff aus- und einbauen«.
- Aggregateträger ausbauen, siehe entsprechendes Kapitel.

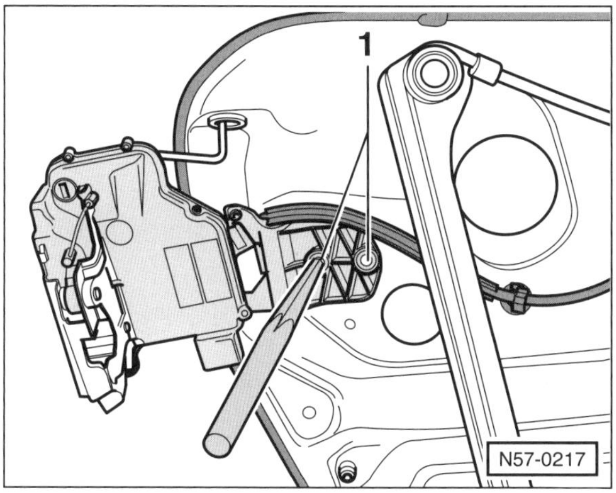

- Clips –1– mit einem Dorn austreiben.

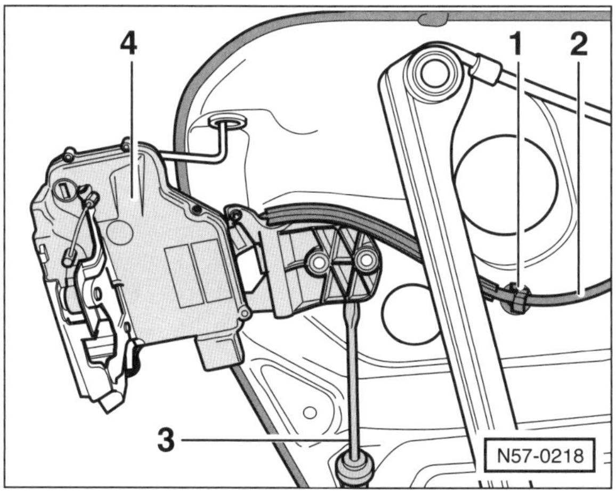

- Seilzug –2– aus Clip –1– ausclipsen.
- Mit einem Schraubendreher –3– das Türschloß –4– mit dem Haltewinkel vom Aggregateträger abhebeln.

Hinweis: Der Haltewinkel gehört nicht zum Teileumfang des Türschlosses. Er ist am Türschloß mit einer Schraube und einer Blindniete befestigt.

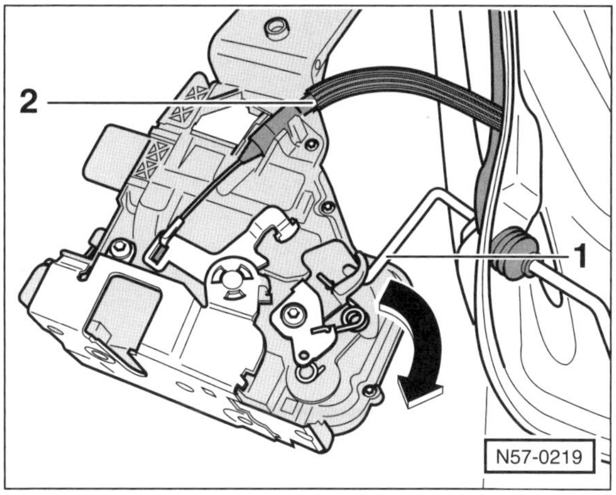

- Sicherungsstange –1– ausclipsen. Dazu das Türschloß in Pfeilrichtung drehen.
- Seilzug –2– ausclipsen.
- Nippel vom Seilzug um 90° drehen und aus der Öse herausnehmen.

Einbau

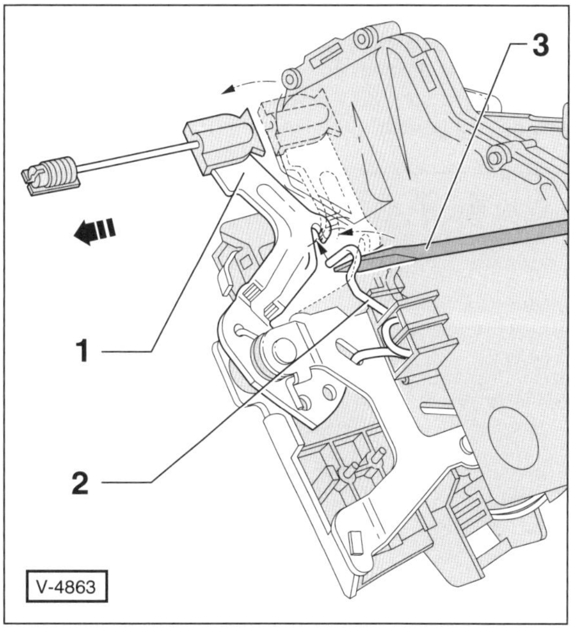

- Schloßhebel –1– in Pfeilrichtung ziehen.
- Feder –2– im Türschloß mit einem Schraubendreher –3– in Pfeilrichtung spannen und den Schloßhebel in die Feder einhängen.

Achtung: Durch das Einhängen des Betätigungshebels wird das Schloß arretiert. Dadurch wird ein späteres »falsches« Einclipsen des Bowdenzuges verhindert.

- Der weitere Einbau erfolgt in umgekehrter Ausbaureihenfolge.
- Anschließend Funktionsprüfung durchführen.

Zentralverriegelung

Die Zentralverriegelung wird durch Elektromotoren betätigt. Sie besteht aus 1 Zentralsteuergerät, 2 oder 4 Türsteuergeräten, 4 Türschließeinheiten sowie Motor und Schalter für die Heckklappenverriegelung.

Die Zentralverriegelung läßt sich auch auf »Einzeltüröffnung« umstellen. Das heißt, wenn beispielsweise die Fahrertür aufgeschlossen wird, bleiben dann die anderen Türen verschlossen. Dazu muß das Steuergerät mit dem VW-Fehlerauslesegerät umcodiert werden.

Die Vorteile bei Verwendung von 5 Steuergeräten sind im wesentlichen:

- Bei Ausfall eines Steuergerätes kein Totalausfall des ganzen Systems.
- Die Verbindung vom Zentral- zu einem Türsteuergerät erfolgt durch 2 Kabel. Ohne Türsteuergerät wären 14 Kabel erforderlich.

Der Datenaustausch zwischen den Steuergeräten erfolgt über den sogenannten CAN-Datenbus. **CAN** ist die Abkürzung für **C**ontrolled **A**rea **N**etwork und bedeutet, daß die Steuergeräte in einem Netzwerk miteinander kommunizieren. Datenübertragungen zwischen den einzelnen Steuergeräten finden über einen einzigen Kanal statt, so daß weniger elektrische Leitungen erforderlich sind und Informationen von Sensoren mehrfach genutzt werden können. Zum Beispiel kann die Information »geöffnete Tür« zur Innenlichtsteuerung und auch zur Alarmauslösung bei unbefugter Öffnung benutzt werden.

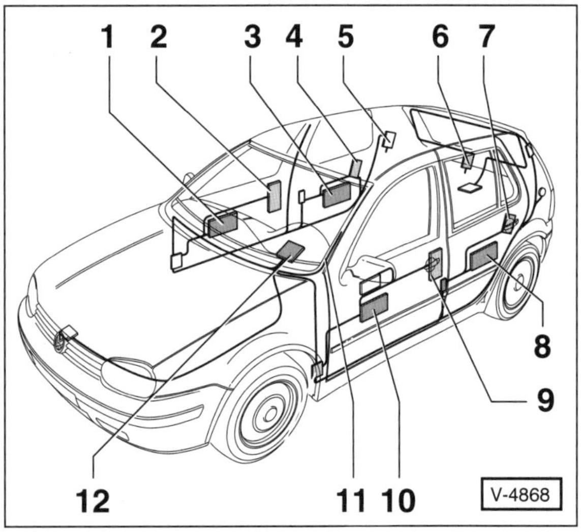

Das Zentralsteuergerät –12– befindet sich hinter der Armaturentafel und ist mit einem Halter an die Lenksäule angeschraubt. Die Türsteuergeräte –1/3/8/10– sitzen an den Fensterhebermotoren (hinten –3/8– nur, wenn elektrische Fensterheber eingebaut sind). Die Stellmotoren –2/4/7/9– sind in die Türschlösser integriert. 5 – Stellmotor für Tankklappe, 6 – Stellmotor für Heckklappe, 11 – Antenne für Funkfernbedienung.

Das **Zentralsteuergerät** regelt folgende Funktionen:

- Heckklappen-Zentralverriegelung.
- Innenleuchtensteuerung.
- Funk-Fernbedienung.
- Betätigung Schiebe-/Ausstelldach.
- Diebstahlwarnanlage.
- Zentralverriegelung der hinteren Türen, wenn dort mechanische Fensterheber eingebaut sind.
- Wird der Airbag ausgelöst, erfolgt vom Airbag-Steuergerät automatisch ein Signal an das Zentralsteuergerät zum Entriegeln sämtlicher Türen.
- Eigendiagnose und Schnittstelle zum elektrischen Bordnetz.

Ein **Türsteuergerät** steuert und überwacht folgende Funktionen:

- Ausführung der verschiedenen Schließfunktionen an den Türen.
- Elektrische Fensterheber mit Schließkraftbegrenzung.
- Elektrische Außenspiegel.
- Eigendiagnose.

Die **Türschließeinheit** besteht aus folgenden Bauteilen:

- Mechanisches Türschloß.
- Mehrere Microschalter, die die Stellung des Türschlosses an das Steuergerät melden.
- 2 Hebel für Türbetätigungshebel innen und außen.
- Betätigungsstange für Türknopf.
- Schließzylinder.
- Türschloßbetätigungsmotor.

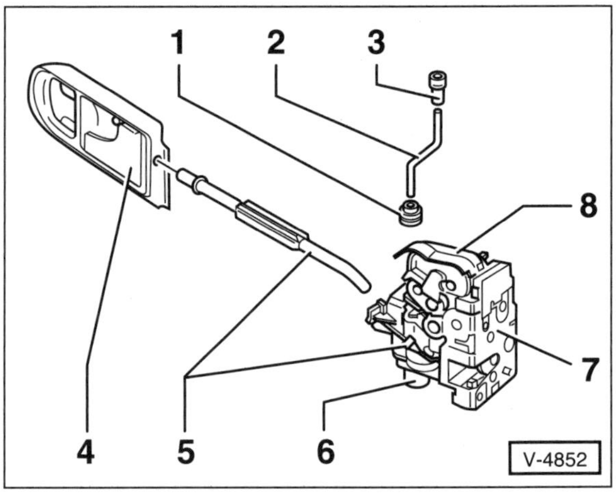

Bauteile für die Türschloßbetätigung:

1 – Faltenbalg
2 – Betätigungsstange für Türknopf
3 – Sicherungsknopf
4 – Türinnenbetätigung
5 – Bowdenzug für Türinnenbetätigung
6 – Stellmotor
7 – Mechanisches Türschloß
8 – Türschließeinheit

Schiebe-/Ausstelldach

Im VW GOLF/BORA kann ein Schiebe-/Ausstelldach der Hersteller »Webasto« oder »Rockwell« eingebaut sein. Hinsichtlich Funktion und Bedienung besteht kein Unterschied. Allerdings sind die Reparaturschritte in der Regel unterschiedlich. In den folgenden Arbeitsanweisungen wird vornehmlich auf das »Webasto«-Schiebedach eingegangen.

In eingebautem Zustand sind die verschiedenen Fabrikate kaum zu unterscheiden.

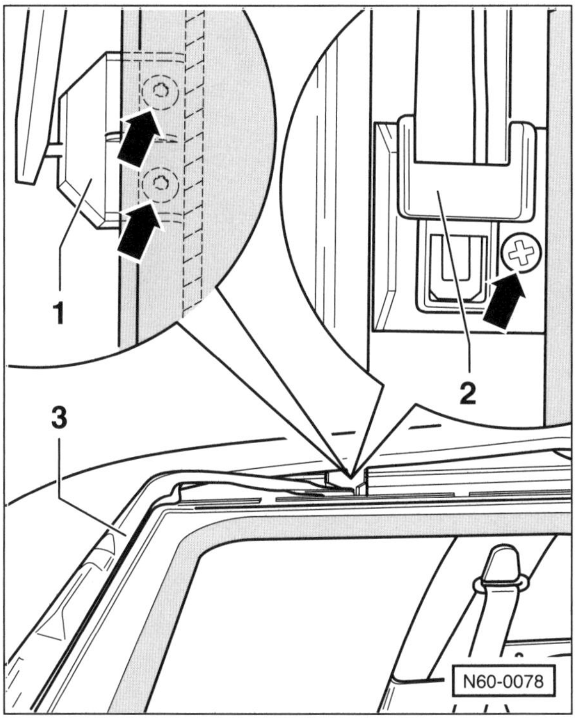

Unterscheidungsmerkmal am Lager des Windabweisers –3– bei aufgeschobenem Glasdeckel:

- Beim »Webasto«-Schiebedach –1– befinden sich 2 Linsenkopfschrauben –Pfeile– am Halter.
- Beim »Rockwell«-Schiebedach –2– sitzt 1 Senkschraube –Pfeil– im U-Profil.

Glasdeckel für Schiebe-/Ausstelldach aus- und einbauen

Ausbau

- Sonnenschutz nach hinten schieben.
- Schiebe-/Ausstelldach ausstellen.

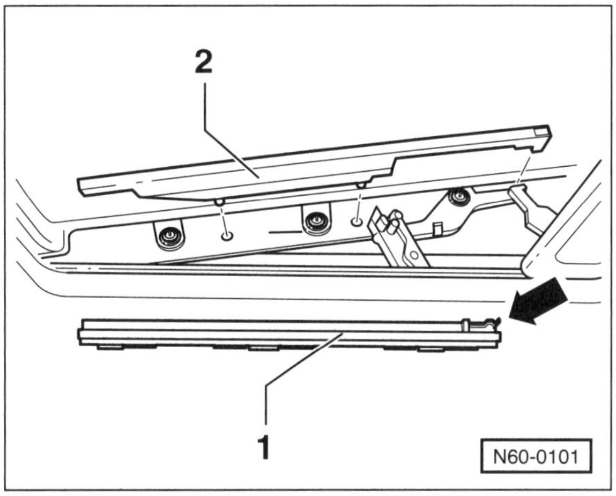

- Blende –1– im hinteren Bereich –Pfeil– ausclipsen, nach vorn schieben und vom Dachrahmen abnehmen.
- Blende oben –2– vorn und in der Mitte ausclipsen und hinten aushängen.

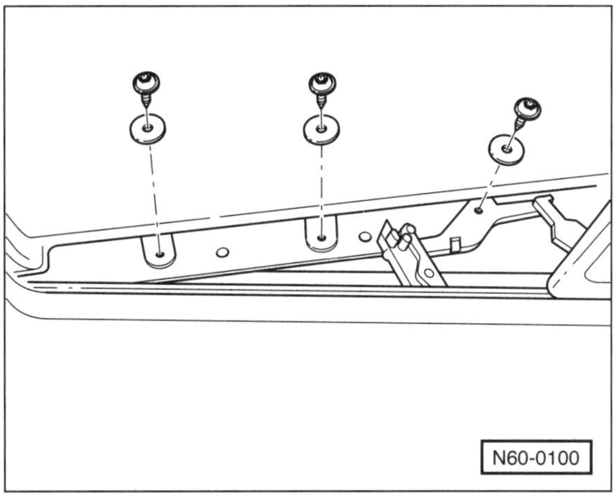

- Befestigungsschrauben mit Torxschraubendreher T25 herausdrehen.
- Schiebe-/Ausstelldachdeckel nach oben herausnehmen.

Einbau

- Der Einbau erfolgt in umgekehrter Ausbaureihenfolge. Der Deckel wird mit 4,5 Nm angeschraubt.

Deckeldichtung aus- und einbauen

Ausbau

- Glasdeckel ausbauen, siehe entsprechendes Kapitel.

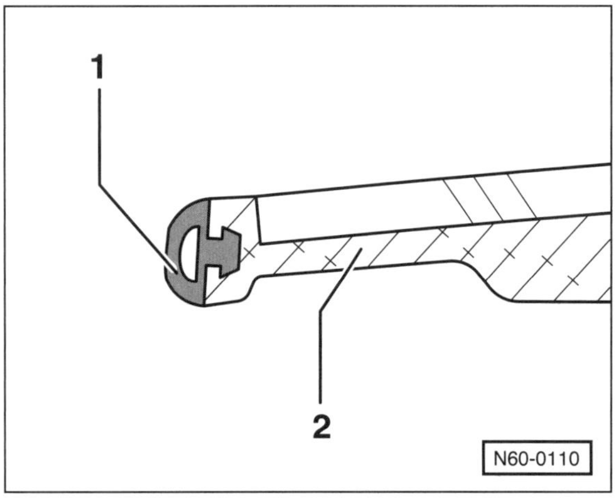

- Dichtung –1– vom Glasdeckel –2– abziehen.

Einbau

- Neue Dichtung mittig in den Glasdeckel –2– eindrücken. Für den leichteren Einbau empfiehlt es sich, den Deckelrand vorher mit Seifenlösung zu bestreichen.
- Glasdeckel einbauen, siehe entsprechendes Kapitel.

Windabweiser aus- und einbauen

Ausbau

- Schiebedach ganz öffnen.

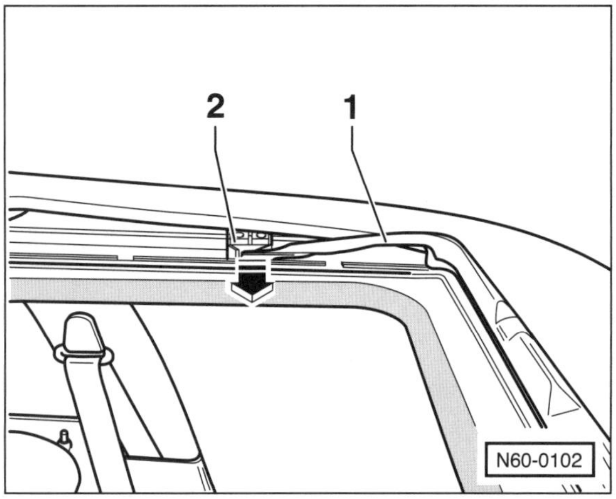

- Windabweiser –1– nach unten und gleichzeitig zur Fahrzeugmitte –Pfeil– auf beiden Seiten aus der Führung –2– herausdrücken.
- Windabweiser herausnehmen.

Einbau

- Der Einbau erfolgt in umgekehrter Ausbaureihenfolge.

Sonnenschutz aus- und einbauen

Ausbau

- Glasdeckel ausbauen, siehe entsprechendes Kapitel.
- Sonnenschutz ganz nach hinten schieben.

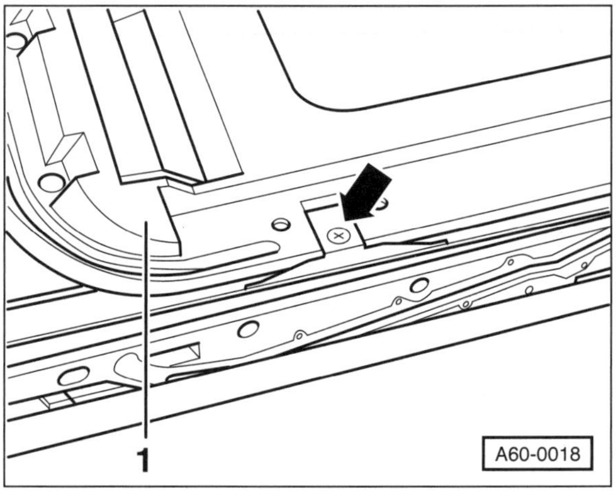

- Vordere Schrauben –Pfeil– links und rechts herausdrehen. Gleiter nach vorn über den Anschlag –1– herausschieben.
- Sonnenschutz nach vorn schieben.

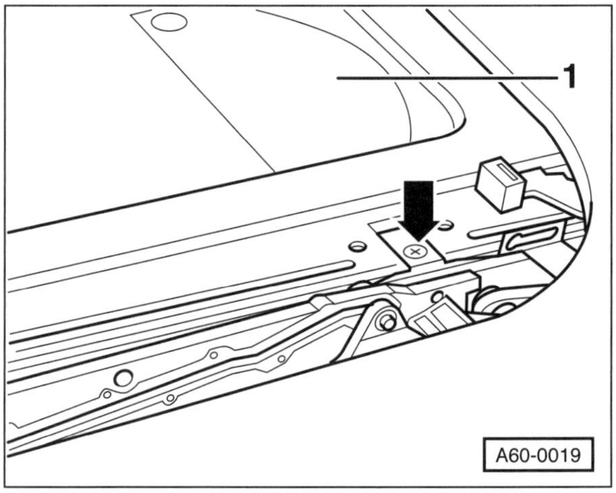

- Hintere Schrauben –Pfeil– links und rechts herausdrehen. Gleiter nach hinten schieben und Sonnenschutz –1– nach oben herausnehmen.

Einbau

- Der Einbau erfolgt in umgekehrter Ausbaureihenfolge.

Antrieb für Schiebe-/Ausstelldach aus- und einbauen/einstellen

Antrieb für Schiebe-/Ausstelldach nur bei geschlossenem Dach (Nullstellung) aus- und einbauen.

Ausbau

- Batterie-Massekabel (–) bei ausgeschalteter Zündung abklemmen. **Achtung:** Dadurch werden elektronische Speicher gelöscht, wie zum Beispiel der Radiocode. Ohne Code kann das Radio nur vom Radiohersteller freigeschaltet werden, beziehungsweise beim VW-Radio von einer VW-Werkstatt. Deshalb Hinweise im Kapitel »Batterie aus- und einbauen« durchlesen.

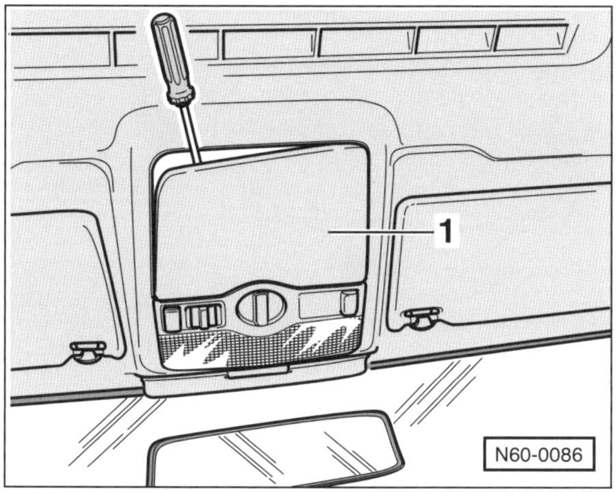

- Abdeckung –1– für Antrieb mit Schraubendreher vorsichtig ausclipsen.
- Elektrische Steckverbindung ausclipsen und trennen.

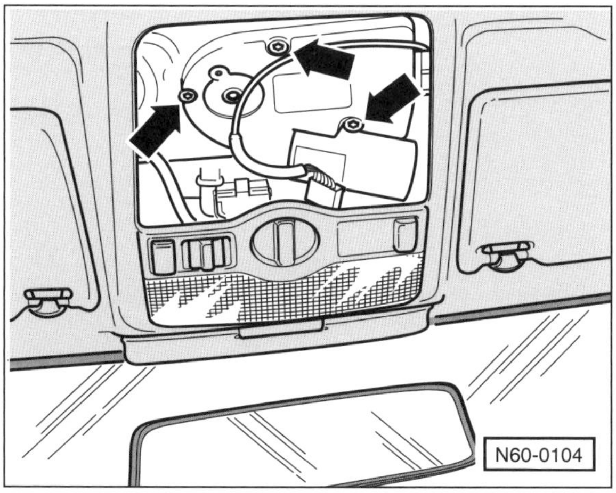

- Schrauben –Pfeile– herausdrehen und Motor für Schiebedach abziehen.

Achtung: Die Befestigungsschrauben für den Motor sind microverkapselt (mit Sicherungsmittel beschichtet) und müssen daher immer ersetzt werden.

Einstellen (Nullstellung)

Die Nullstellung des Schiebedachs muß eingestellt werden, wenn der Antrieb nicht in Nullstellung ausgebaut wurde oder wenn das Schiebedach durch die Notbetätigung von Hand geschlossen oder geöffnet wurde. Für die Einstellung muß der Antrieb ausgebaut sein.

- Batterie-Massekabel (–) anschließen.
- Elektrische Leitungen am Motor anschließen.
- Drehschalter der Vorwählautomatik drücken und dadurch »Dach ausgestellt« anwählen.
- Drehschalter der Vorwählautomatik ziehen und dadurch »Dach geschlossen« anwählen.
- Mit dem Drehschalter der Vorwählautomatik »Dach geöffnet« anwählen.
- Mit dem Drehschalter der Vorwählautomatik »Dach geschlossen« anwählen. Dadurch läuft der Motor automatisch in Nullstellung und schaltet ab.
- In dieser Stellung (Nullstellung) den Motor bei geschlossenem Schiebedach einbauen. Dazu Steckverbindung trennen und Batterie-Massekabel abklemmen.

Einbau

- Motor ansetzen und mit neuen Schrauben und 3,5 Nm anschrauben.
- Elektrische Stecker verbinden.
- Abdeckung einclipsen.
- Batterie-Massekabel (–) anklemmen. **Achtung:** Hoch-/Tieflaufautomatik für elektrische Fensterheber aktivieren sowie Zeituhr stellen und Radiocode eingeben, siehe Kapitel »Batterie aus- und einbauen«.

Parallellauf prüfen/einstellen

Prüfen

- Glasdeckel ausbauen, siehe entsprechendes Kapitel.

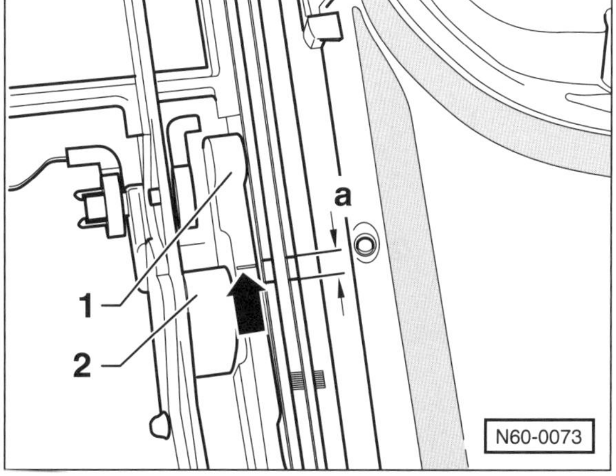

- Die Markierung –Pfeil– auf dem Ausstellhebel –1– muß sich auf beiden Seiten zwischen den Kanten der Aussparung in der Seilzugführung –Maß a– befinden.

- Die Kulissenführung –2– muß in der Führungsschiene eingerastet sein. Sie ist dann von Hand nicht verschiebbar.
- Andernfalls Parallellauf einstellen.

Einstellen

Die Einstellung kann nur bei ausgebautem Antrieb und Glasdeckel durchgeführt werden.

- Antrieb ausbauen, siehe entsprechendes Kapitel.
- Ausstellhebel –1– nur von vorne nach hinten mittig zwischen die Kanten der Aussparung schieben.
- In dieser Position den Antrieb einbauen. Dabei muß sich der Antrieb in Nullstellung befinden.
- Glasdeckel einbauen, siehe entsprechendes Kapitel.

Wasserablaufschläuche reinigen

Bei Fahrzeugen mit Schiebedach sind Wasserablaufschläuche vorhanden, die das Wasser vom Schiebedach nach außen ableiten.

- Verstopfte Wasserablaufschläuche lassen sich am besten mit alten, flexiblen Tachowellen reinigen. Dazu Tachowellen zu einer ca. 230 cm langen Sonde zusammenfügen. Gegebenenfalls Tachowelle in eine elektronisch gesteuerte Bohrmaschine einspannen und mit langsamen Umdrehungen die Wasserablaufschläuche »durchbohren«.

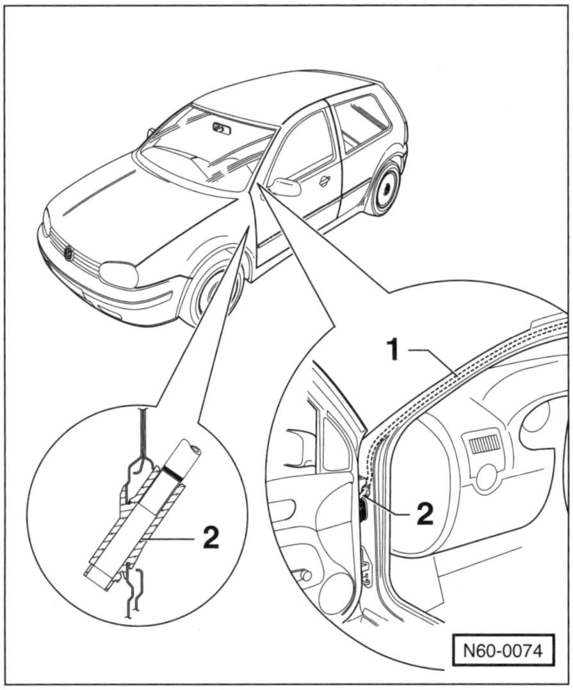

1 – Wasserablaufschläuche vorn; 2 – Schlauchtülle.

- Die vorderen Wasserablaufschläuche verlaufen in den A-Säulen (vordere Karosseriesäulen) und enden zwischen Tür und A-Säule. Die Reinigung erfolgt vom Schiebe-/Ausstelldach-Ausschnitt her.

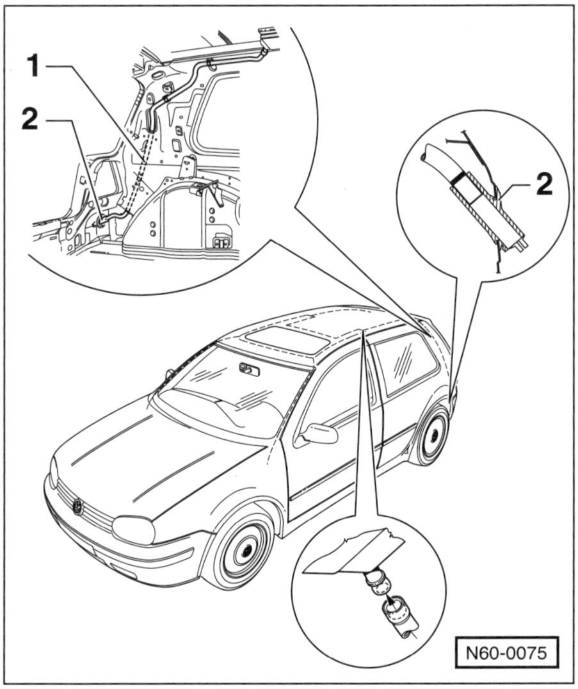

1 – Wasserablaufschlauch hinten; 2 – Schlauchtülle.

- Die hinteren Wasserablaufschläuche verlaufen in den C-Säulen (hintere Karosseriesäulen) und enden hinter dem Stoßfänger unter den Heckleuchten. Die Reinigung erfolgt vom unteren Schlauchende her. Dazu muß der Stoßfänger ausgebaut werden.

Außenspiegel/Spiegelglas aus- und einbauen

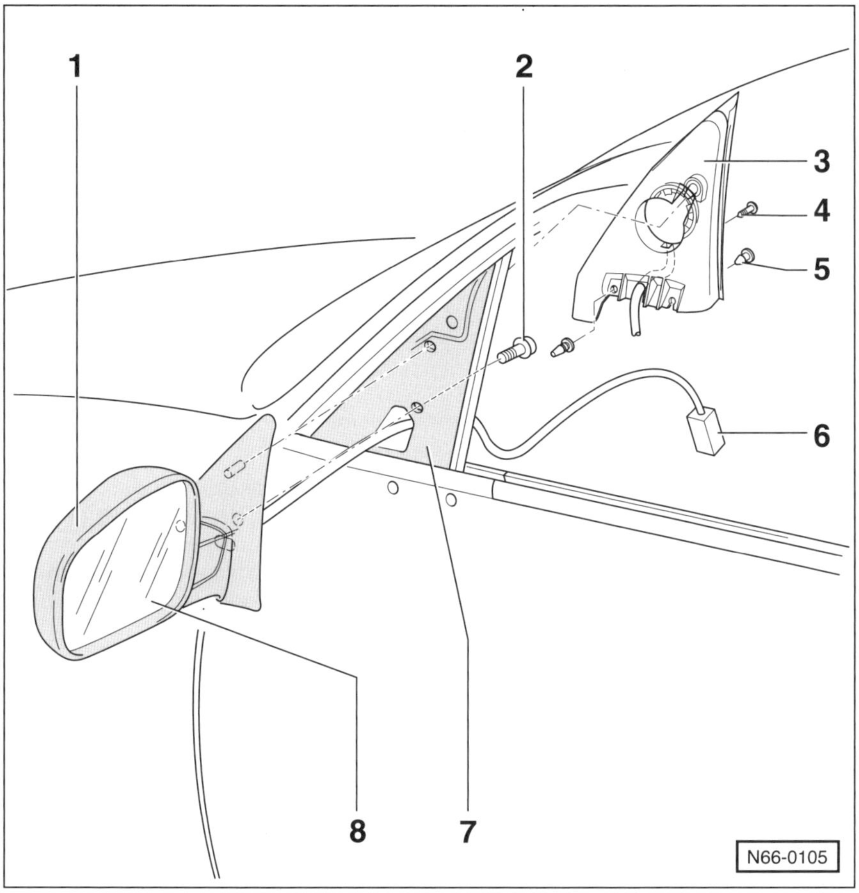

1 – Spiegelgehäuse

2 – Schraube, 10 Nm

3 – Abdeckung für Außenspiegel

4 – Schraube

5 – Clip

6 – Stecker

7 – Dämpfung

8 – Spiegelglas

Ausbau

◆ Gehäuse-Unterkante mit Tesaband abkleben und dadurch vor Beschädigung schützen.

◆ Spiegelglas mit flachem Kunststoffspachtel nach hinten, in Fahrtrichtung gesehen, vorsichtig abdrücken, zuerst unten, dann oben.

Einbau

Sicherheitshinweis:
Beim Aufdrücken des Spiegelglases unbedingt Handschuhe anziehen oder sauberen Lappen unterlegen. Bruch- und Verletzungsgefahr!

◆ Spiegelglas in die Führungszapfen einsetzen und einclipsen. Dabei nur auf die Glasmitte drücken.

Spiegelgehäuse aus- und einbauen

Ausbau

- Außenspiegel nach vorn klappen.

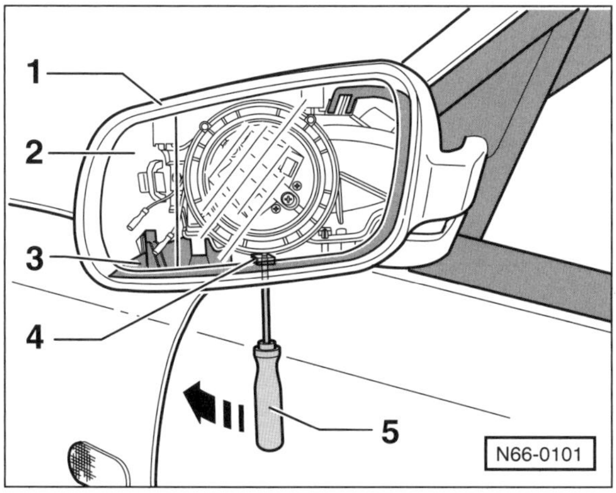

- Spiegelglas –2– senkrecht stellen. Andernfalls könnte das Gehäuse –1– beim Abziehen am Spiegelglas hängenbleiben. 3 – Spiegelträger.

- Schraubendreher –5– durch die Montagebohrung des Spiegelträgers bis an die Klammer –4– einstecken.
- Schraubendreher in Pfeilrichtung drücken und dadurch mit Klammer –4– das Spiegelgehäuse entriegeln.

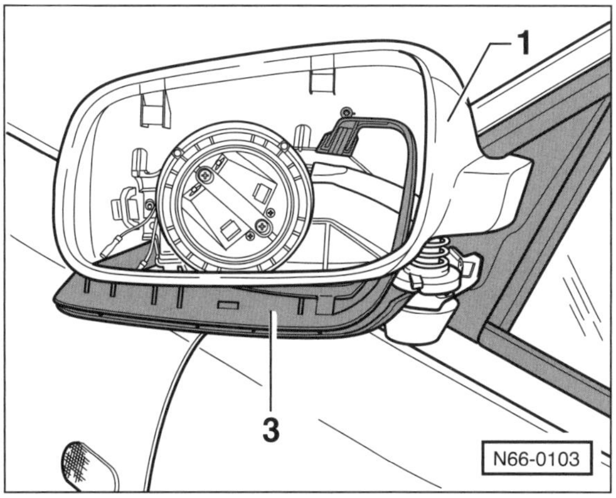

- Spiegelgehäuse –1– vom Spiegelträger –3– nach oben abziehen.

Stromlaufpläne

Aus dem Inhalt:

- Zeichenerklärung
- Sicherungsbelegung
- Stromlaufplan-Übersicht
- Einzelpläne
- Relaisbelegung

Der Umgang mit dem Stromlaufplan

In einem Personenwagen werden je nach Ausstattung bis über 1000 Meter Leitungen verlegt, um alle elektrischen Verbraucher (Scheinwerfer, Radio usw.) mit Strom zu versorgen.

Will man einen Fehler in der elektrischen Anlage aufspüren oder nachträglich ein elektrisches Zubehör montieren, kommt man nicht ohne Stromlaufplan aus; anhand dessen der Stromverlauf und damit die Kabelverbindungen aufgezeigt werden. Grundsätzlich muß der betreffende Stromkreis geschlossen sein, sonst kann der elektrische Strom nicht fließen. Es reicht beispielsweise nicht aus, wenn an der Plusklemme eines Scheinwerfers Spannung anliegt, wenn nicht gleichzeitig über den Masseanschluß der Stromkreis geschlossen ist.

Deshalb ist auch das Massekabel (–) der Batterie mit der Karosserie verbunden. Mitunter reicht diese Masseverbindung jedoch nicht aus, und der betreffende Verbraucher bekommt eine direkte Masseleitung, deren Isolierung in der Regel braun eingefärbt ist. In den einzelnen Stromkreisen können Schalter, Relais, Sicherungen, Meßgeräte, elektrische Motoren oder andere elektrische Bauteile integriert sein. Damit diese Bauteile richtig angeschlossen werden können, haben die einzelnen Kontakte entsprechende Klemmenbezeichnungen.

Um das Kabelgewirr zumindest auf dem Stromlaufplan übersichtlich zu ordnen, sind die einzelnen Strompfade senkrecht nebeneinander angeordnet und durchnumeriert.

Die senkrechten Linien münden oben in einem meist grau unterlegtem Feld. Dieses Feld symbolisiert die Relaisplatte mit Sicherungshalter und damit die plusseitigen Anschlüsse des Stromkreises. Allerdings befindet sich in der Relaisplatte auch eine interne Masseleitung (Klemme 31). Die feinen Striche in dem Feld machen deutlich, wie und welche Stromkreise intern in der Relaisplatte miteinander verschaltet sind. Unten mündet der Stromkreis auf einer waagerechten Linie, die den Masseanschluß symbolisiert. Die Masseverbindung wird normalerweise direkt über die Karosserie hergestellt oder aber über eine Leitung von einem an der Karosserie angebrachten Massepunkt.

Wenn der Stromkreis durch ein Quadrat unterbrochen wird, in dem eine Zahl steht, weist die Ziffer auf den Strompfad hin, in dem der Stromkreis weitergeführt wird.

Am sinnvollsten geht man bei der Benutzung des Stromlaufplanes folgendermaßen vor:

Zuerst sucht man in der Legende das betreffende Bauteil, zum Beispiel den Schalter für das Heizgebläse. In der rechten Spalte neben der Bauteil-Benennung wird dann der entsprechende Strompfad mit einer Nummer angezeigt, die im Stromlaufplan unten auf der waagerechten Linie wieder auftritt.

Um den Stromlaufplan lesen zu können, ist die Kenntnis einiger Bauteil-Bezeichnungen erforderlich, außerdem sollte man die wichtigsten Schaltzeichen kennen.

Die Kennbuchstaben der wichtigsten Bauteile sind:

Kennbuchstabe	Bauteil
A	Batterie
B	Anlasser
C	Drehstromgenerator
D	Zündanlaßschalter
E	Schalter für Handbedienung,
F	Mechanische Schalter
G	Geber, Kontrollgeräte
H	Horn, Doppeltonhorn, Fanfare
J	Relais, Steuergerät
K, L, M, W, X	Kontrollampen, Lampen, Leuchten
N	Elektroventile, Widerstände, Schaltgeräte
O	Zündverteiler
P, Q	Zündkerzenstecker, Zündkerzen
R	Radio
S	Sicherungen
T	Steckverbindungen
V	Elektromotoren

Zur genaueren Unterscheidung werden zu den Kennbuchstaben noch Zahlen angefügt.

Relais und elektronische Steuergeräte sind in der Regel grau unterlegt. Die darin eingezeichneten Linien sind interne Verdrahtungen. Sie zeigen, wie Relais und andere elektrische/elektronische Bauteile sowohl zueinander als auch auf der Relaisplatte verschaltet sind.

Eine Ziffer im schwarzen Quadrat kennzeichnet den Relaisplatz auf der Relaisplatte mit Sicherungshalter. Direkt am eingezeichneten Relais befindet sich die Kontaktbezeichnung. Beispiel: Lautet die Kontaktbezeichnung im Stromlaufplan 17/87, dann ist 17 die Bezeichnung der Klemme auf der Relaisplatte, 87 ist die Bezeichnung der Klemme am Relais/Steuergerät.

Die Bezeichnung der Klemmen ist nach DIN genormt. **Die wichtigsten Klemmenbezeichnungen sind:**

Klemme 30. An dieser Klemme liegt immer die Batteriespannung an. Die Kabel sind meist rot oder rot mit Farbstreifen.

Klemme 31 führt zur Masse. Die Masse-Leitungen sind in der Regel braun.

Klemme 15 wird über das Zündschloß gespeist. Die Leitungen führen nur bei eingeschalteter Zündung Strom. Die Kabel sind meist grün oder grün mit farbigem Streifen.

Klemme X führt ebenfalls nur bei eingeschalteter Zündung Strom, dieser wird jedoch unterbrochen, wenn der Anlasser betätigt wird. Dadurch ist sichergestellt, daß während des Startvorganges der Zündanlage die volle Batterieleistung zur Verfügung steht. Alle größeren Stromaufnehmer liegen in diesem Stromkreis. Das Fernlicht wird ebenfalls über diese Klemme mit Strom versorgt. So wird bei eingeschaltetem Fernlicht und ausgeschalteter Zündung automatisch auf Standlicht umgeschaltet.

Im Stromlaufplan sind in den einzelnen Leitungen Ziffern und darunter Buchstabenkombinationen eingefügt.

Beispiel: **1,5**
ws/ge

Die Ziffern geben an, welchen Leitungsquerschnitt die Leitung hat. Die Buchstaben weisen auf die Leitungsfarben hin. Besteht die Kennzeichnung aus zwei Buchstabengruppen, die durch einen Schrägstrich getrennt sind, wie im Beispiel, dann nennt die erste Buchstabenfolge die Leitungsgrundfarbe: ws = weiß und die zweite: ge = gelb – die Zusatzfarbe. Da es vorkommt, daß gleichfarbige Leitungen für verschiedene Stromkreise verwendet werden, empfiehlt es sich, die Farbkombination an den betreffenden Anschlußklemmen zu kontrollieren. Weiße Leitungen sind zur Unterscheidung zusätzlich mit einer Kennummer versehen, die im Stromlaufplan unter der Farbkennzeichnung steht.

Schlüssel für Leitungsfarben

bl = blau
br = braun
ge = gelb
gn = grün
gr = grau
or = orange
ro = rot
sw = schwarz
li = lila
ws = weiß

Leitungen, die mittels Einzel- oder Mehrfachsteckverbindungen miteinander verbunden sind, haben zum Buchstaben »T« für die Steckverbindung eine zusätzliche Ziffern-Kombination.

Beispiel: T2p = Zweifachstecker, T32/27 = 32fach Steckverbindung mit Kontaktpunkt 27.

Im Stromlaufplan sind alle Verbraucher und Schalter in Ruhestellung gezeichnet. Der geänderte Stromverlauf nach Betätigung eines Schalters wird hier am Beispiel eines Zweistufen-Schalters erläutert:

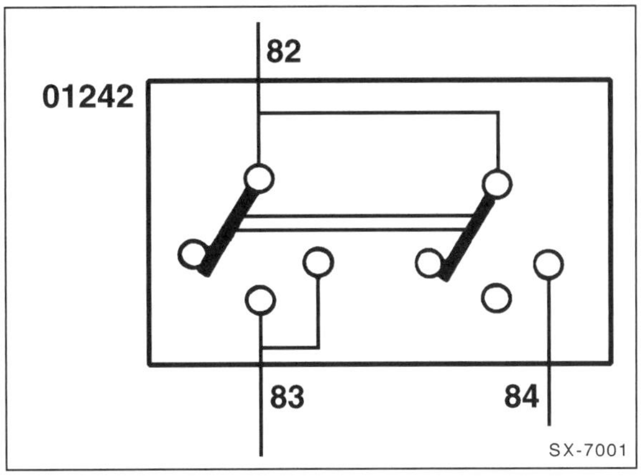

Wird am Schalter »01242« die erste Stufe gedrückt, fließt der Strom von der Klemme 82 kommend über die Klemme 83. Die Brücke der zweiten Schalterstufe rückt in Mittelstellung, jedoch ohne eine Verbindung herzustellen. Erst beim Drücken der zweiten Schalterstufe rückt die Brücke der zweiten Schalterstufe von der internen Leitung 82 auf 84 und gibt den Strom über 84 weiter. Dabei bleibt über die interne Verbindung im Schalter, also über die rechts abgewinkelte Leitung von 83 der Stromfluß der ersten Schalterstufe bestehen.

Achtung: Sicherungen im Sicherungshalter werden ab Sicherungsplatz Nr. 23 im Stromlaufplan mit »223« bezeichnet.

Zuordnung der Stromlaufpläne

VW GOLF/BORA Limousine Modelljahr 2003

Gültig ab Mai 2000 für alle Modelle.

Wegen des großen Umfangs können nicht alle Stromlaufpläne aus jedem Modelljahr berücksichtigt werden. Jedoch kann man sich auch an den vorliegenden Stromlaufplänen orientieren, wenn das eigene Fahrzeug einem anderen Modelljahr angehört, da die Änderungen in der Regel nur Teilbereiche betreffen.

Relais- und Sicherungsbelegung

Die Relais- und Sicherungsbelegung kann je nach Fahrzeugausstattung und Baujahr des Fahrzeuges abweichen.

Die Relais befinden sich auf der Relaisplatte hinter der linken Fußraumabdeckung unterhalb des Armaturenbretts. Bei Fahrzeugen mit umfangreicher Ausstattung befindet sich hinter der Relaisplatte ein Zusatzrelaisträger.

Relaisplatte –R– (Relais sind grau dargestellt)

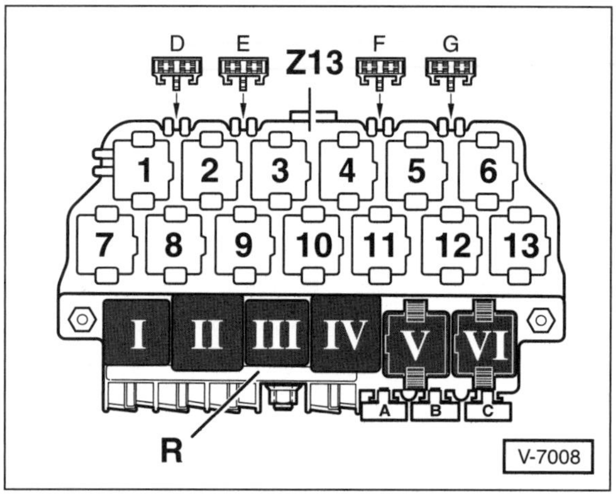

Relais-Nr.	Verbraucher
I	Relais für Doppeltonhorn (Hupe)
II	Entlastungsrelais für X-Kontakt
III	frei
IV	Kraftstoffpumpenrelais bzw. Relais für Glühkerzen (Dieselmotor)
V	Relais für Wisch-Wasch-Intervallautomatik
VI	Relais für Wisch-Wasch-Intervallautomatik
A	Sicherung für elektrische Sitzverstellung
B	frei
C	Sicherung für elektrische Fensterheber, Zentralverriegelung und heizbare Außenspiegel

Zusatzrelaisträger –Z13– oberhalb der Relaisplatte

Relais-Nr.	Verbraucher
1	frei
2	Relais für Heckklappen-Fernentriegelung
3	frei
4	Relais für Nebelscheinwerfer
5	Steuergerät für Multifunktionslenkrad
6	Steuergerät für Multifunktionslenkrad
7	Relais für Bremslichtunterdrückung
8	Relais für beheizbare Außenspiegel bzw. Kühlmittelabsperrventil
9	frei
10	frei
11	Relais für Anlaßsperre und Rückfahrlicht
12	Relais für Spannungsversorgung Klemme 30
13	Relais für Kühlerlüfter bzw. Kühlerlüfternachlauf (Klimaanlage)

Sicherungsbelegung oberhalb vom Zusatzrelaisträger –Z13–

Sicherung	Verbraucher	Ampere
D	frei	
E	frei	
F	Blinker für Diebstahlwarnanlage	15 A
G	Horn für Diebstahlwarnanlage	15 A

Sicherungsbelegung der Hauptsicherungsbox

Die Hauptsicherungsbox sitzt auf der Batterie im Motorraum.

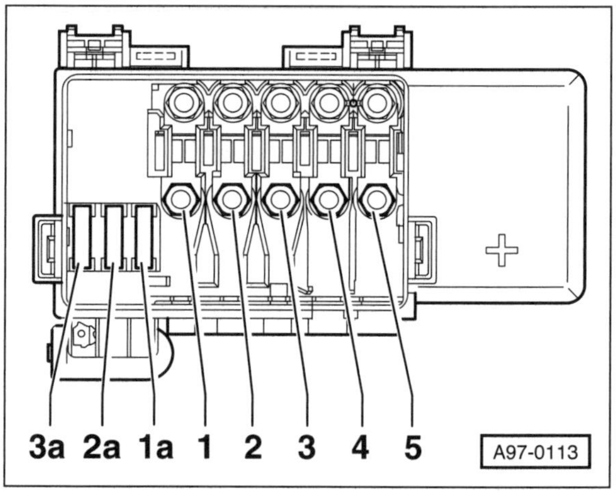

Nr.	Sicherung	Verbraucher	Ampere
1	S162	Glühkerzenheizung (Dieselmotor)	50 A
2	S163	Motorsteuerung	50 A
3	S164	Lüfter für Kühlmittel	40 A
4	S176	Innenraum	110 A
5	S177	Drehstromgenerator 90 A	110 A
		Drehstromgenerator 120 A	150 A
1a	S180	Lüfter für Kühlmittel	30 A
2a	S179	ABS (Ventile)	30 A
3a	S178	ABS (Hydraulikpumpe)	30 A

Hinweis: Ein weiterer Sicherungskasten befindet sich an der linken Stinseite der Armaturentafel, siehe Seite 60.

Gebrauchsanleitung für Stromlaufpläne

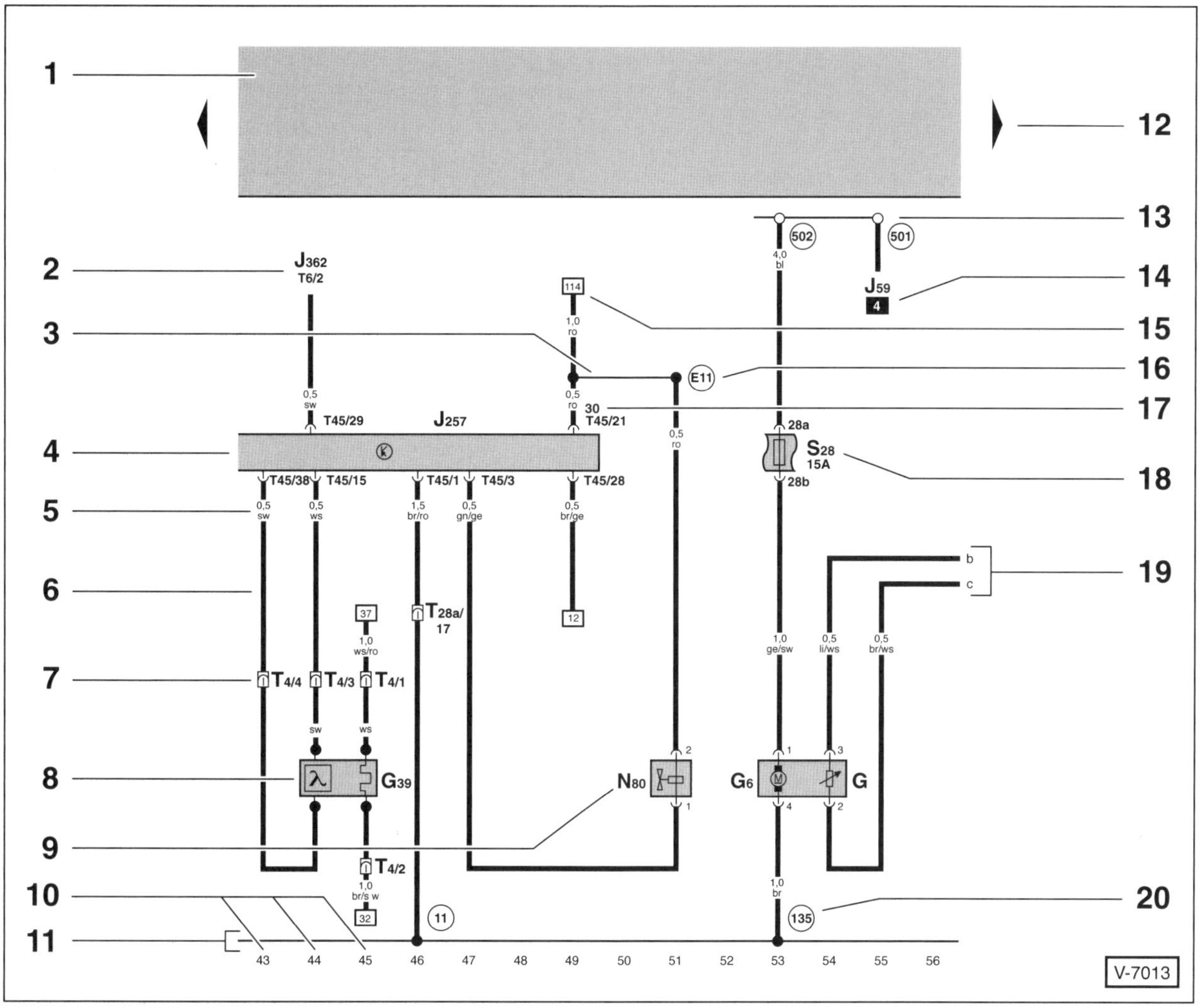

1 – Relaisplatte
Durch ein graues Feld gekennzeichnet. Stellt die plusseitigen Anschlüsse dar.

2 – Verweis auf Weiterführung der Leitung zu einem anderen Bauteil
J362 = Steuergerät für Wegfahrsicherung, T6/2 = 6-fach-Steckerverbindung, Kontakt 2.

3 – Interne Verbindung (dünner Strich)
Diese Verbindung ist nicht als Leitung vorhanden.

4 – Schaltzeichen
Die offen gezeichnete Seite des Schaltzeichens weist auf die Fortsetzung des Bauteils in einem anderen Stromlaufplan hin.

5 – Leitungsquerschnitt in mm^2 und Leitungsfarbe
0,5 = 0,5 mm^2, sw = schwarz. Abkürzungen für die Leitungsfarben stehen im Kapitel »Umgang mit dem Stromlaufplan«.

6 – Stromkreis mit Leitungsführung
Alle Schalter und Kontakte sind in mechanischer Ruhestellung dargestellt.

7 – Steckverbindung
T4 = 4-fach-Steckverbindung, /4 = Kontakt 4.

8 – Schaltzeichen für Bauteil
G39 = Lambdasonde mit Heizung.

9 – Teile-Bezeichnung
N80 = Magnetventil 1. In der Legende unterhalb des Stromlaufplans steht, wie das Teil heißt.

10 – Strompfad-Nummer

11 – Fahrzeugmasse

12 – Pfeil
Weist auf die Fortsetzung des Stromlaufplans auf der anschließenden Seite hin.

13 – Gewindebolzen an der Relaisplatte
Der weiße Kreis zeigt an, dass es sich hier um eine lösbare Verbindung handelt.

14 – Relaisplatz-Nummer
Kennzeichnet den Relaisplatz auf oder an der Relaisplatte.

15 – Verweis auf Weiterführung der Leitung zu einem anderen Bauteil
Die Zahl im Rechteck kennzeichnet, in welchem Strompfad die Leitung weitergeführt wird; hier in Strompfad 114.

16 – Verbindung im Leitungsstrang
Nicht lösbare Verbindung.

17 – Anschlussklemme
Hier: Klemme 30, 45-fach-Steckerverbindung, Kontakt 21.

18 – Sicherung
S28 = Sicherung Nr. 28, 15 Ampere.

19 – Verweis auf Weiterführung der Leitung im anschließenden Stromlaufplanteil
Der Buchstabe kennzeichnet, wo im nächsten Stromlaufplanteil die Leitung weitergeführt wird.

20 – Massepunkt oder Masseverbindung im Leitungsstrang
In der Legende stehen Angaben zur Lage des Massepunktes im Fahrzeug.

Schaltzeichen für Stromlaufpläne

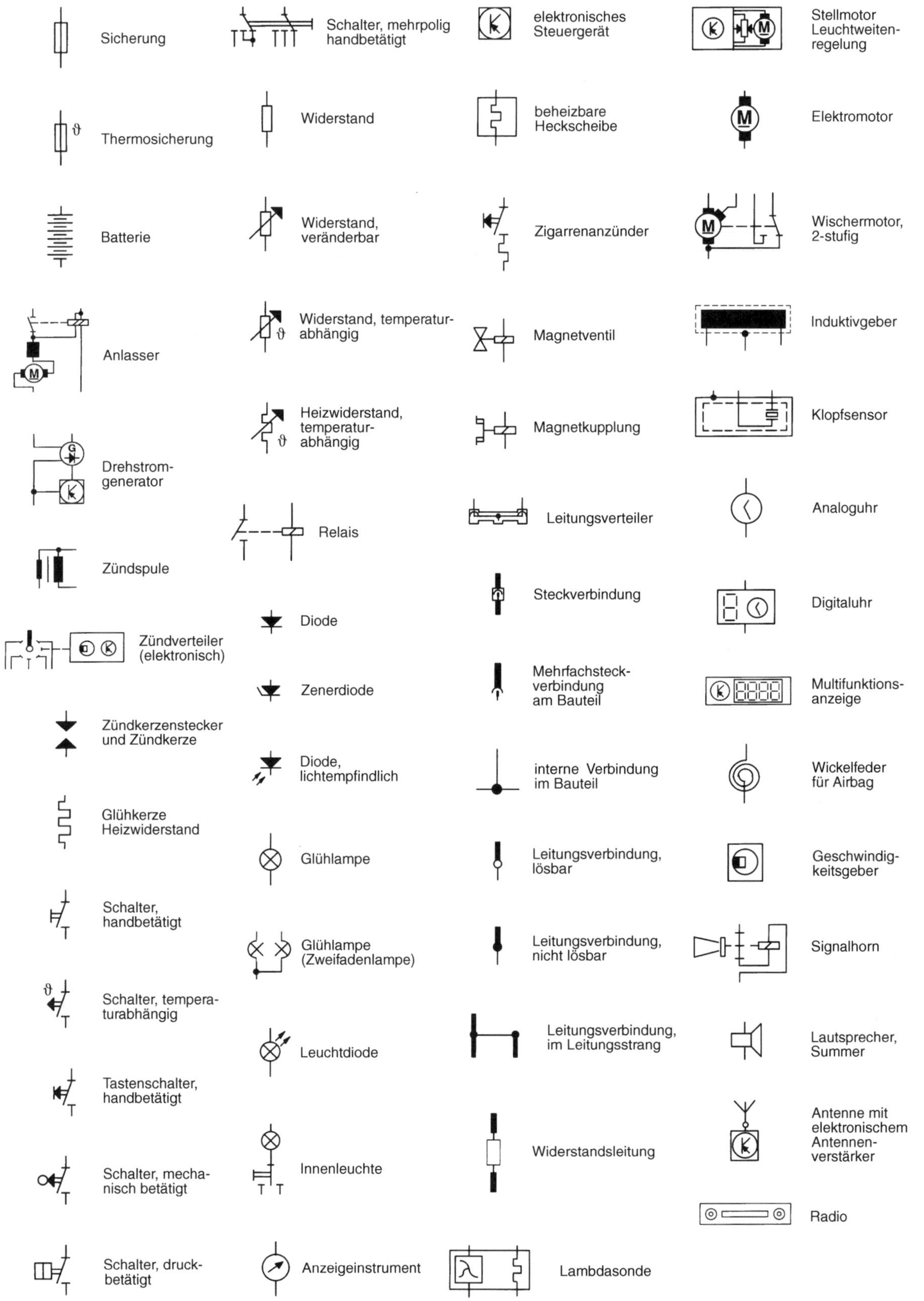

D-7002

Batterie, Zündanlaßschalter, Entlastungsrelais für X-Kontakt

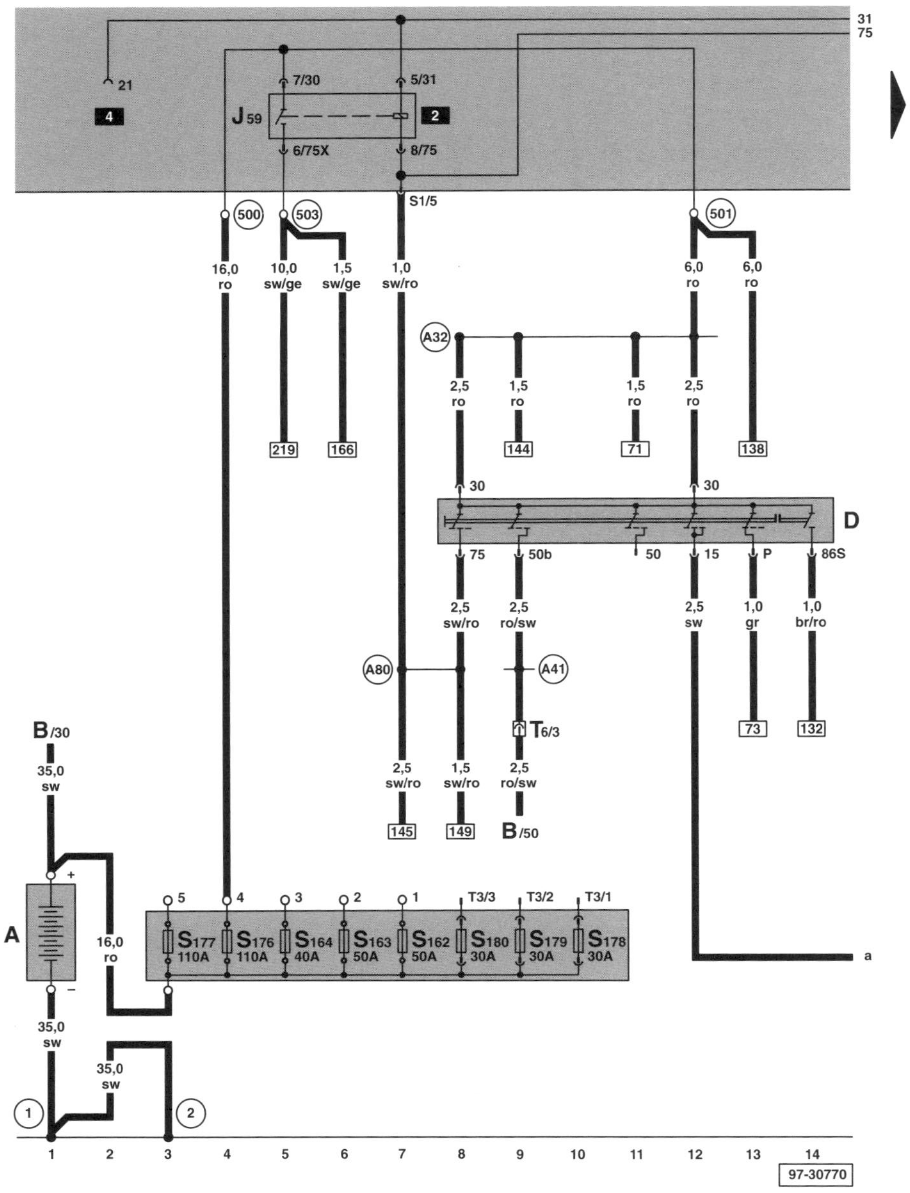

ws = weiß
sw = schwarz
ro = rot
br = braun
gn = grün
bl = blau
gr = grau
li = lila
ge = gelb
or = orange

- A – Batterie
- B – Anlasser
- D – Zündanlaßschalter
- J59 – Entlastungsrelais für X-Kontakt
- S162 – Sicherung -1- (30) im Sicherungshalter/Batterie
- S163 – Sicherung -2- (30) im Sicherungshalter/Batterie
- S164 – Sicherung -3- (30) im Sicherungshalter/Batterie
- S176 – Sicherung -4- (30) im Sicherungshalter/Batterie
- S177 – Sicherung -5- (30) im Sicherungshalter/Batterie
- S178 – Sicherung -6- (30) im Sicherungshalter/Batterie
- S179 – Sicherung -7- (30) im Sicherungshalter/Batterie
- S180 – Sicherung -8- (30) im Sicherungshalter/Batterie
- T3 – Steckverbindung, 3-fach
- T6 – Steckverbindung, 6-fach, braun, im Schutzgehäuse für Steckverbindungen, im Wasserkasten links

- (1) – Masseband, Batterie - Aufbau
- (2) – Masseband, Getriebe - Aufbau
- (500) – Schraubverbindung -1- (30), an der Relaisplatte
- (501) – Schraubverbindung -2- (30), an der Relaisplatte
- (503) – Schraubverbindung (75X), an der Relaisplatte
- (A32) – Plusverbindung (30), im Schalttafelleitungsstrang
- (A41) – Plusverbindung (50), im Schalttafelleitungsstrang (nur bei Fahrzeugen mit Benzinmotor, bis April 2001)
- (A80) – Verbindung -1- (X), im Schalttafelleitungsstrang

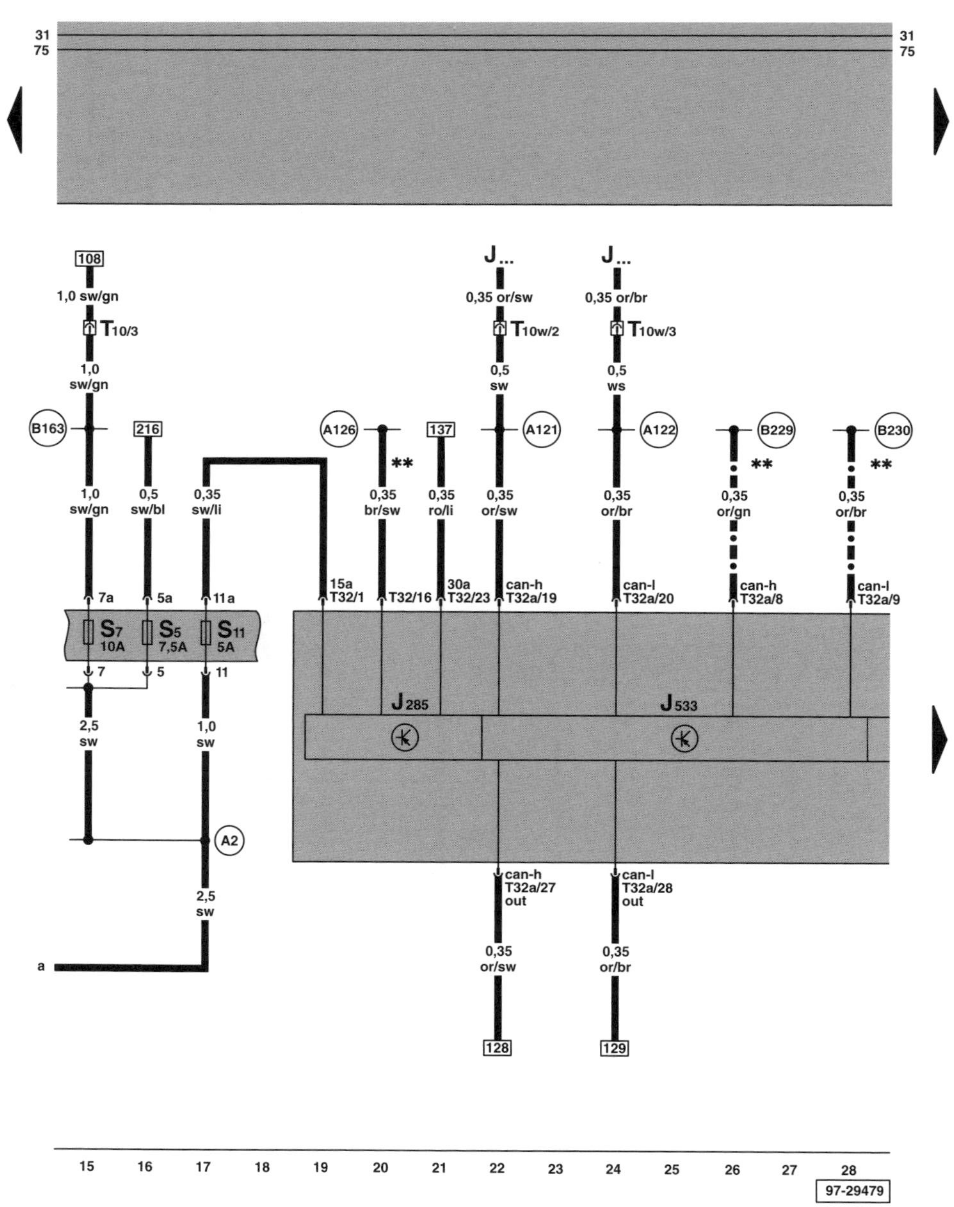

ws = weiß
sw = schwarz
ro = rot
br = braun
gn = grün
bl = blau
gr = grau
li = lila
ge = gelb
or = orange

Schalttafeleinsatz (Kombiinstrument)

J285 – Steuergerät mit Anzeigeeinheit im Schalttafeleinsatz
J533 – Diagnose-Interface für Datenbus, im Schalttafeleinsatz
J... – Motorsteuergeräte
S5 – Sicherung 5 im Sicherungshalter
S7 – Sicherung 7 im Sicherungshalter
S11 – Sicherung 11 im Sicherungshalter
T10 – Steckverbindung, 10-fach, orange, im Schutzgehäuse für Steckverbindungen, im Wasserkasten links
T10w – Steckverbindung, 10-fach, weiß, im Schutzgehäuse für Steckverbindungen, im Wasserkasten links
T32 – Steckverbindung, 32-fach, blau
T32a – Steckverbindung, 32-fach, grün

(A2) – Plusverbindung (15) im Schalttafelleitungsstrang
(A121) – Verbindung (High-Bus), im Schalttafelleitungsstrang
(A122) – Verbindung (Low-Bus), im Schalttafelleitungsstrang
(A126) – Verbindung (Kontaktschalter in Heckklappe), im Schalttafelleitungsstrang
(B163) – Plusverbindung -1- (15), im Leitungsstrang Innenraum
(B229) – Verbindung (High-Bus), im Leitungsstrang Innenraum
(B230) – Verbindung (Low-Bus), im Leitungsstrang Innenraum
** – Weiterführung im Stromlaufplan "Komfortsystem /Zentralverriegelung" (nicht abgedruckt)
■•■•■ Ab Mai 2001

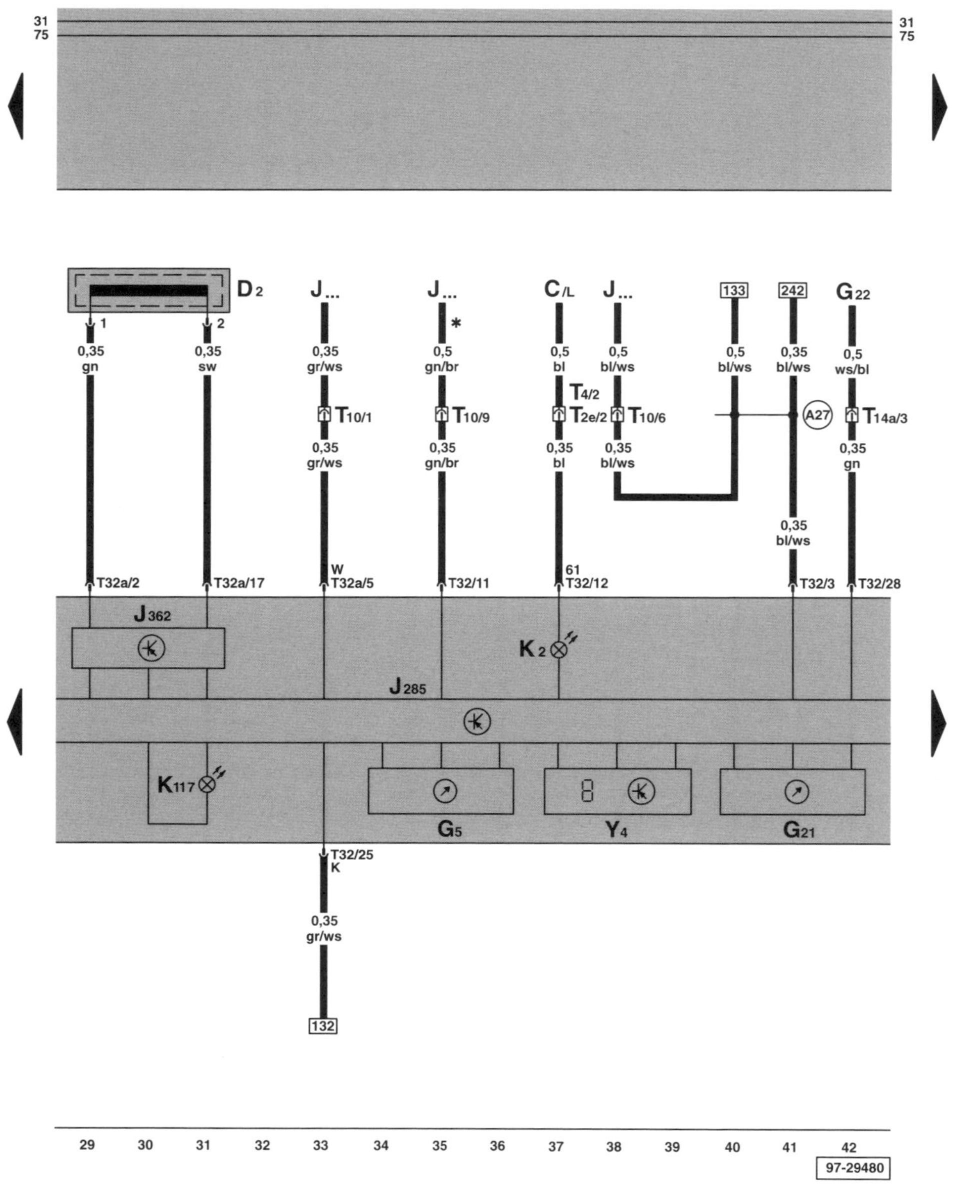

Schalttafeleinsatz, Wegfahrsicherung, Drehzahlmesser, Wegstreckenanzeige, Geschwindigkeitsmesser, Kontrollampe für Generator

C – Drehstromgenerator
D2 – Lesespule für Wegfahrsicherung
G5 – Drehzahlmesser
G21 – Geschwindigkeitsmesser
G22 – Geber für Geschwindigkeitsmesser im Getriebe
J285 – Steuergerät mit Anzeigeeinheit im Schalttafeleinsatz
J362 – Steuergerät für Wegfahrsicherung
J... – Motorsteuergeräte
K2 – Kontrollampe für Generator
K117 – Kontrollampe für Wegfahrsicherung
T2e – Steckverbindung, 2-fach, Nähe Anlasser (bei Fahrzeugen ohne Klimaanlage)
T4 – Steckverbindung, 4-fach, Nähe Anlasser (bei Fahrzeugen mit Klimaanlage)
T10 – Steckverbindung, 10-fach, orange, im Schutzgehäuse für Steckverbindungen, im Wasserkasten links
T14a – Steckverbindung, 14-fach, im Motorraum im Kabelkanal links
T32 – Steckverbindung, 32-fach, blau
T32a – Steckverbindung, 32-fach, grün
Y4 – Wegstreckenanzeige

(A27) – Verbindung (Geschwindigkeitssignal), im Schalttafelleitungsstrang

* – Drehzahlsignal vom Motorsteuergerät

ws = weiß
sw = schwarz
ro = rot
br = braun
gn = grün
bl = blau
gr = grau
li = lila
ge = gelb
or = orange

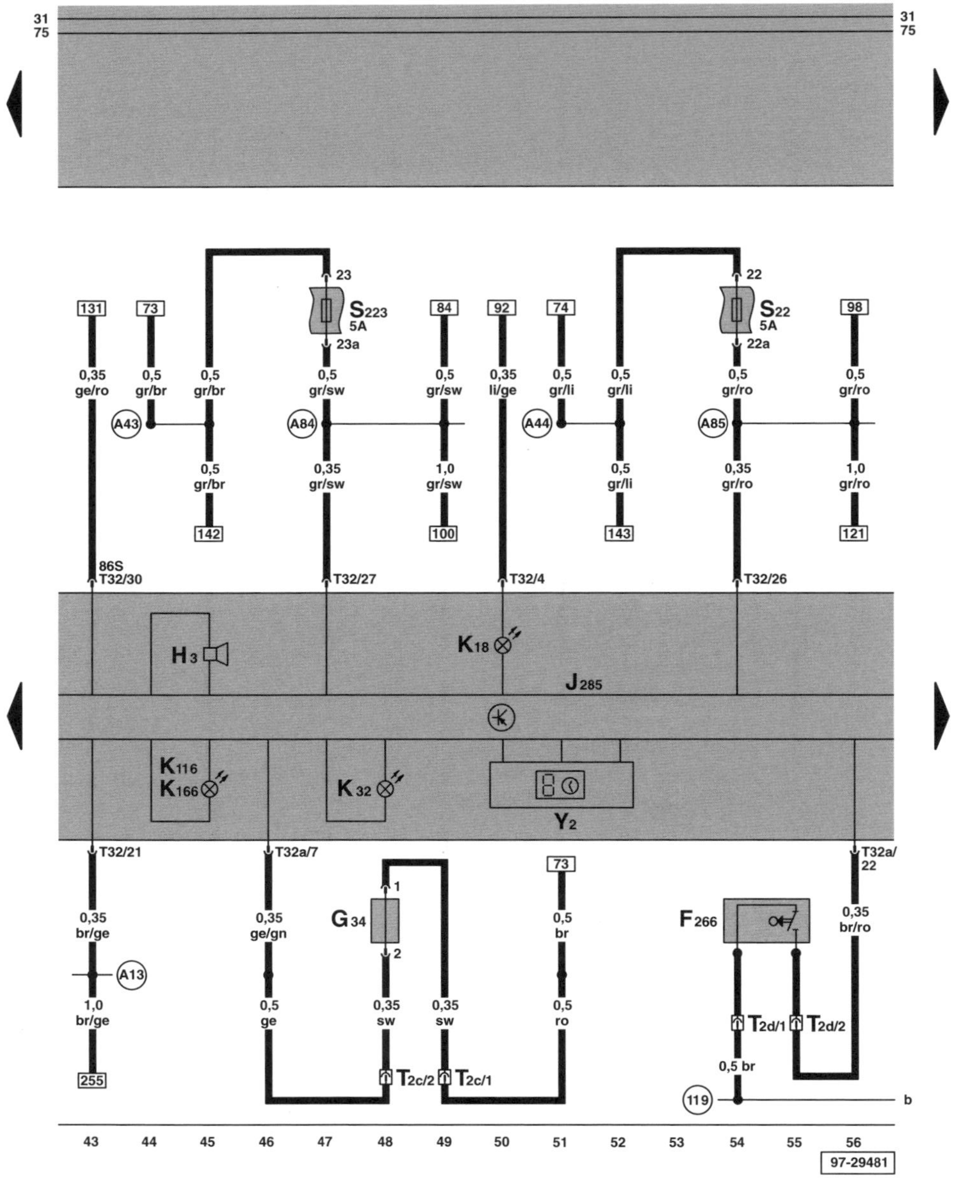

ws = weiß
sw = schwarz
ro = rot
br = braun
gn = grün
bl = blau
gr = grau
li = lila
ge = gelb
or = orange

Schalttafeleinsatz, Kontrollampe für Anhängerbetrieb, Digitaluhr, Kontaktschalter für Motorhaube, Geber für Bremsbelagverschleiß vorne links, Kontrollampe für Bremsbelag

F266 – Kontaktschalter für Motorhaube, im Schloßteil
G34 – Geber für Bremsbelagverschleiß vorne links
H3 – Warnsummer
J285 – Steuergerät mit Anzeigeeinheit im Schalttafeleinsatz
K18 – Kontrollampe für Anhängerbetrieb
K32 – Kontrollampe für Bremsbelag
K116 – Kontrollampe für Heckklappe entriegelt (bis April 2001)
K166 – Kontrollampe für offene Türen (ab Mai 2001)
S22 – Sicherung 22 im Sicherungshalter
S223 – Sicherung 23 im Sicherungshalter
T2c – Steckverbindung, 2-fach, Nähe Geber für Bremsbelagverschleiß vorne links
T2d – Steckverbindung, 2-fach, Nähe Scheinwerfer rechts
T32 – Steckverbindung, 32-fach, blau
T32a – Steckverbindung, 32-fach, grün
Y2 – Digitaluhr

(119) – Masseverbindung -1-, im Leitungsstrang Scheinwerfer
(A13) – Verbindung (Türkontaktschalter) im Schalttafelleitungsstrang
(A43) – Verbindung (57L), im Schalttafelleitungsstrang
(A44) – Verbindung (57R), im Schalttafelleitungsstrang
(A84) – Verbindung (58L), im Schalttafelleitungsstrang
(A85) – Verbindung (58R), im Schalttafelleitungsstrang

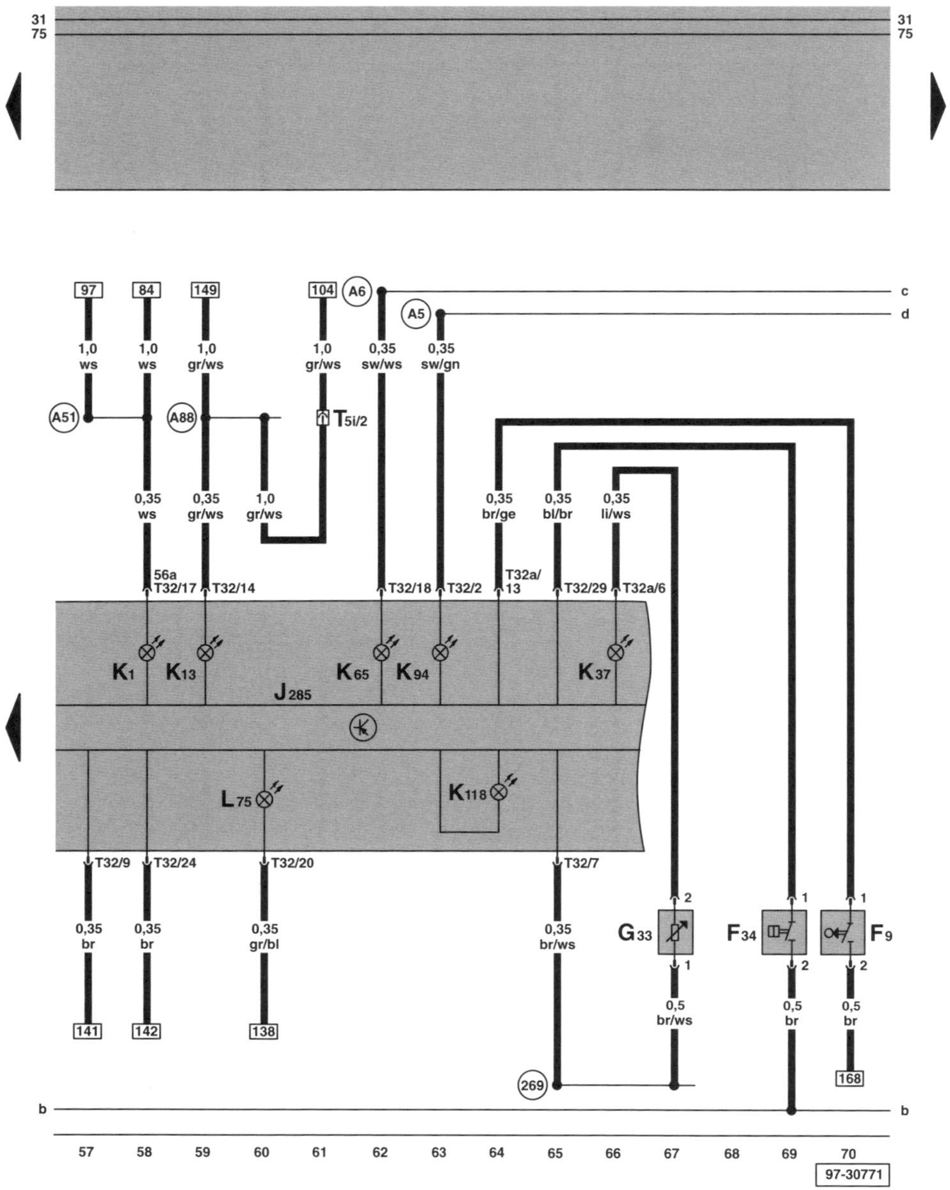

ws = weiß
sw = schwarz
ro = rot
br = braun
gn = grün
bl = blau
gr = grau
li = lila
ge = gelb
or = orange

Schalttafeleinsatz, Kontrollampe für Bremsanlage, Warnkontakt für Bremsflüssigkeitsstand, Kontrolllampen für Blinker, Kontrollampe für Fernlicht, Kontrollampe für Nebelschlußleuchte

F9 – Schalter für Handbremskontrolle
F34 – Warnkontakt für Bremsflüssigkeitsstand
G33 – Geber für Scheibenwaschwasserstand
J285 – Steuergerät mit Anzeigeeinheit im Schalttafeleinsatz
K1 – Kontrollampe für Fernlicht
K13 – Kontrollampe für Nebelschlußleuchte
K37 – Kontrollampe für Scheibenwaschwasserstand
K65 – Kontrollampe für Blinker links
K94 – Kontrollampe für Blinker rechts
K118 – Kontrollampe für Bremsanlage
L75 – Beleuchtung für Digitalanzeige
T5i – Steckverbindung, 5-fach, Nähe A-Säule links unten, im Leitungsstrang eingewickelt
T32 – Steckverbindung, 32-fach, blau
T32a – Steckverbindung, 32-fach, grün

(269) – Masseverbindung (Gebermasse) -1-, im Leitungsstrang Schalttafel
(A5) – Plusverbindung (Blinker rechts), im Schalttafelleitungsstrang
(A6) – Plusverbindung (Blinker links), im Schalttafelleitungsstrang
(A51) – Verbindung (56), im Schalttafelleitungsstrang
(A88) – Verbindung (NSL), im Schalttafelleitungsstrang

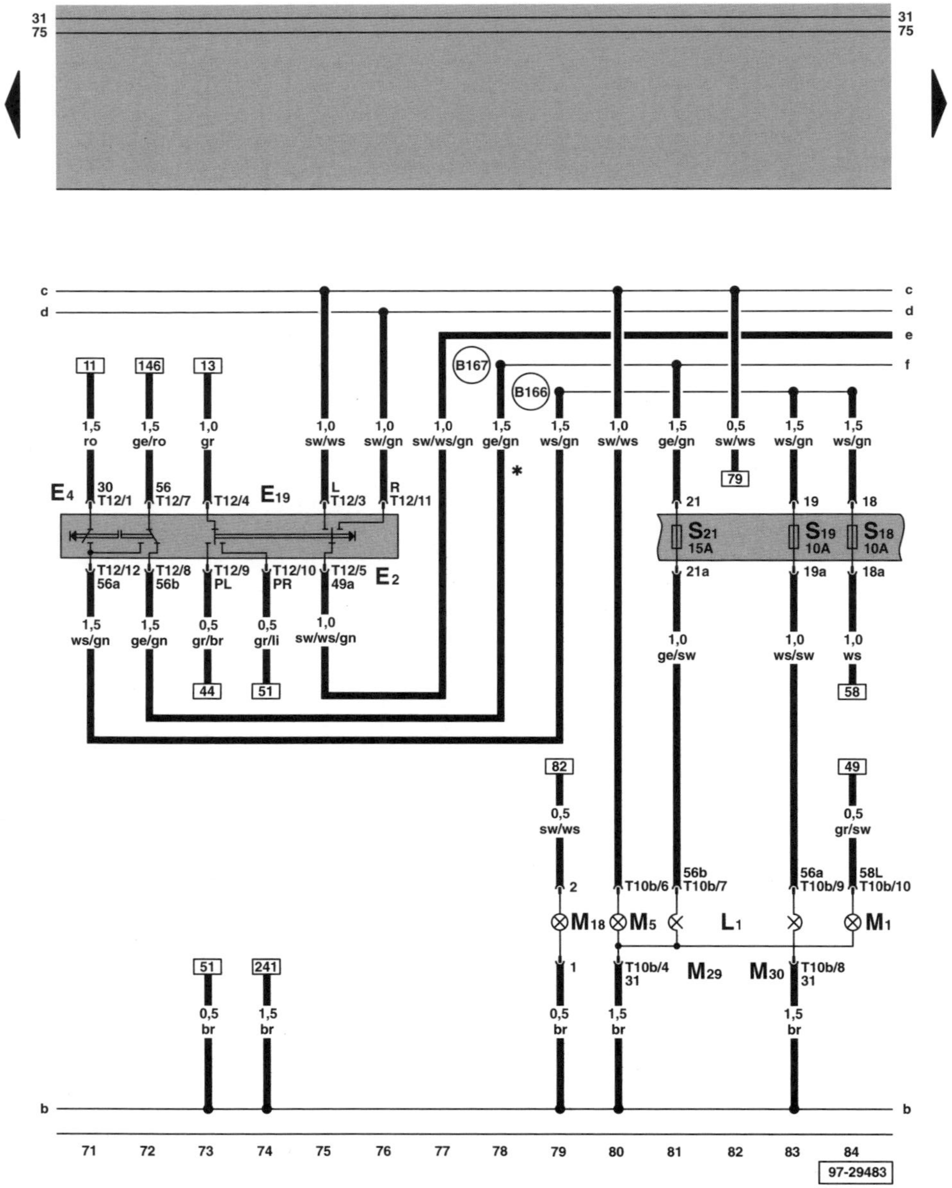

ws = weiß
sw = schwarz
ro = rot
br = braun
gn = grün
bl = blau
gr = grau
li = lila
ge = gelb
or = orange

Blinkerschalter, Schalter für Handabblendung und Lichthupe, Schalter für Parklicht, Scheinwerfer vorn links, Blinklicht vorn links

E2 – Blinkerschalter
E4 – Schalter für Handabblendung und Lichthupe
E19 – Schalter für Parklicht
L1 – Zweifadenlampe für Scheinwerfer links*
M1 – Lampe für Standlicht links
M5 – Lampe für Blinklicht vorn links
M18 – Lampe für Seitenblinkleuchte links
M29 – Lampe für Abblendlichtscheinwerfer links (nur bei Golf)
M30 – Lampe für Fernlichtscheinwerfer links (nur bei Golf)
S18 – Sicherung 18 im Sicherungshalter
S19 – Sicherung 19 im Sicherungshalter
S21 – Sicherung 21 im Sicherungshalter
T10b – Steckverbindung, 10-fach, am Scheinwerfer links
T12 – Steckverbindung, 12-fach

B166 – Verbindung (56a), im Leitungsstrang Innenraum

B167 – Verbindung (56b), im Leitungsstrang Innenraum

* – Nur bei BORA

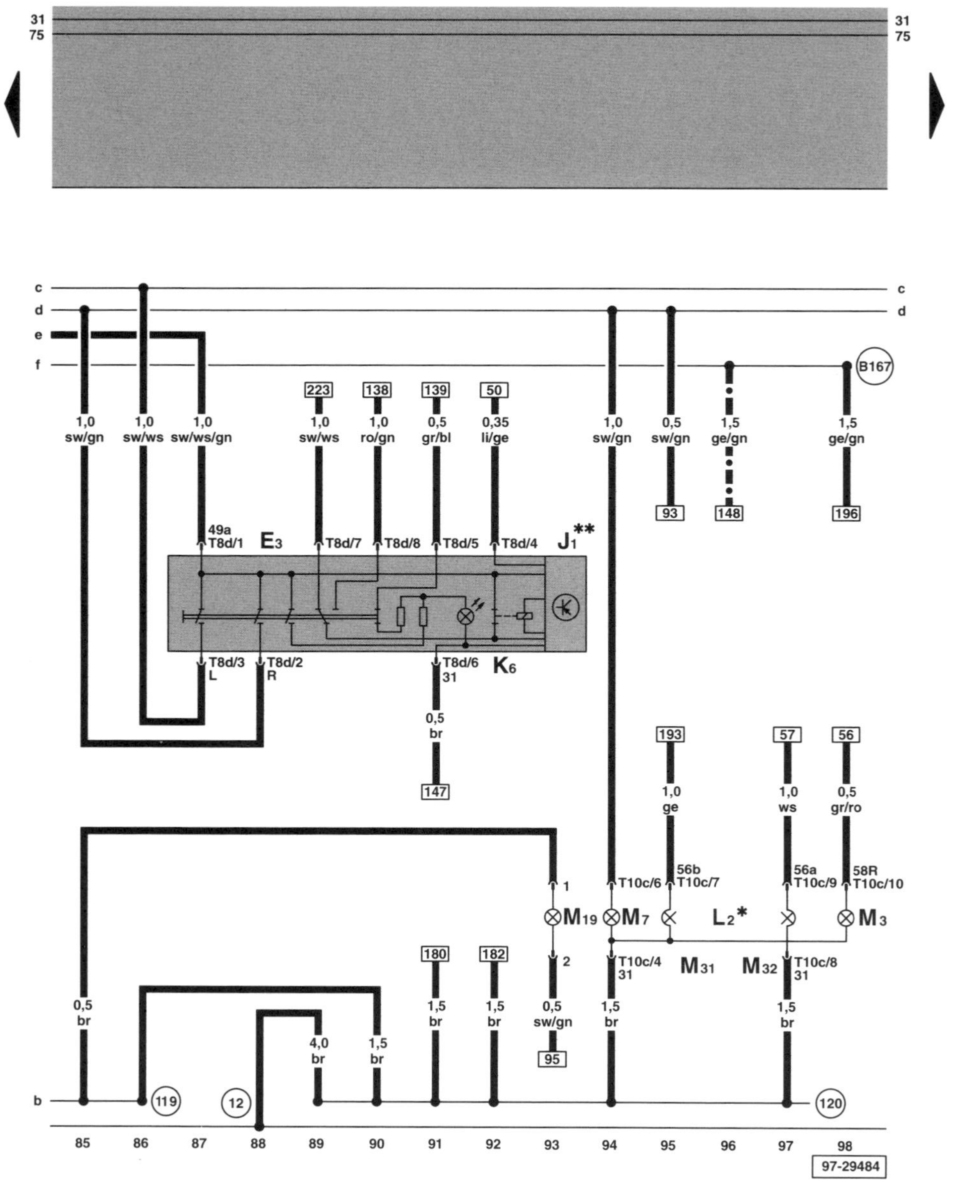

ws = weiß
sw = schwarz
ro = rot
br = braun
gn = grün
bl = blau
gr = grau
li = lila
ge = gelb
or = orange

Warnlichtschalter, Blinkrelais, Scheinwerfer vorn rechts, Blinklicht vorn rechts

E3 – Warnlichtschalter
J1 – Blinkrelais
K6 – Kontrollampe für Warnblinkanlage
L2 – Zweifadenlampe für Scheinwerfer rechts*
M3 – Lampe für Standlicht rechts
M7 – Lampe für Blinklicht vorn rechts
M19 – Lampe für Seitenblinkleuchte rechts
M31 – Lampe für Abblendlichtscheinwerfer rechts (nur bei Golf)
M32 – Lampe für Fernlichtscheinwerfer rechts (nur bei Golf)
T8d – Steckverbindung, 8-fach□□
T10c – Steckverbindung, 10-fach, am Scheinwerfer rechts

(12) – Massepunkt, im Motorraum links
(119) – Masseverbindung -1-, im Leitungsstrang Scheinwerfer
(120) – Masseverbindung -2-, im Leitungsstrang Scheinwerfer
(B167) – Verbindung (56b), im Leitungsstrang Innenraum

* – Nur bei Bora
** – Anschlußnummerierung von Blinkrelais und Steckverbindung können voneinander abweichen.
■•■•■ Nur bei GOLF

73/8
11.01

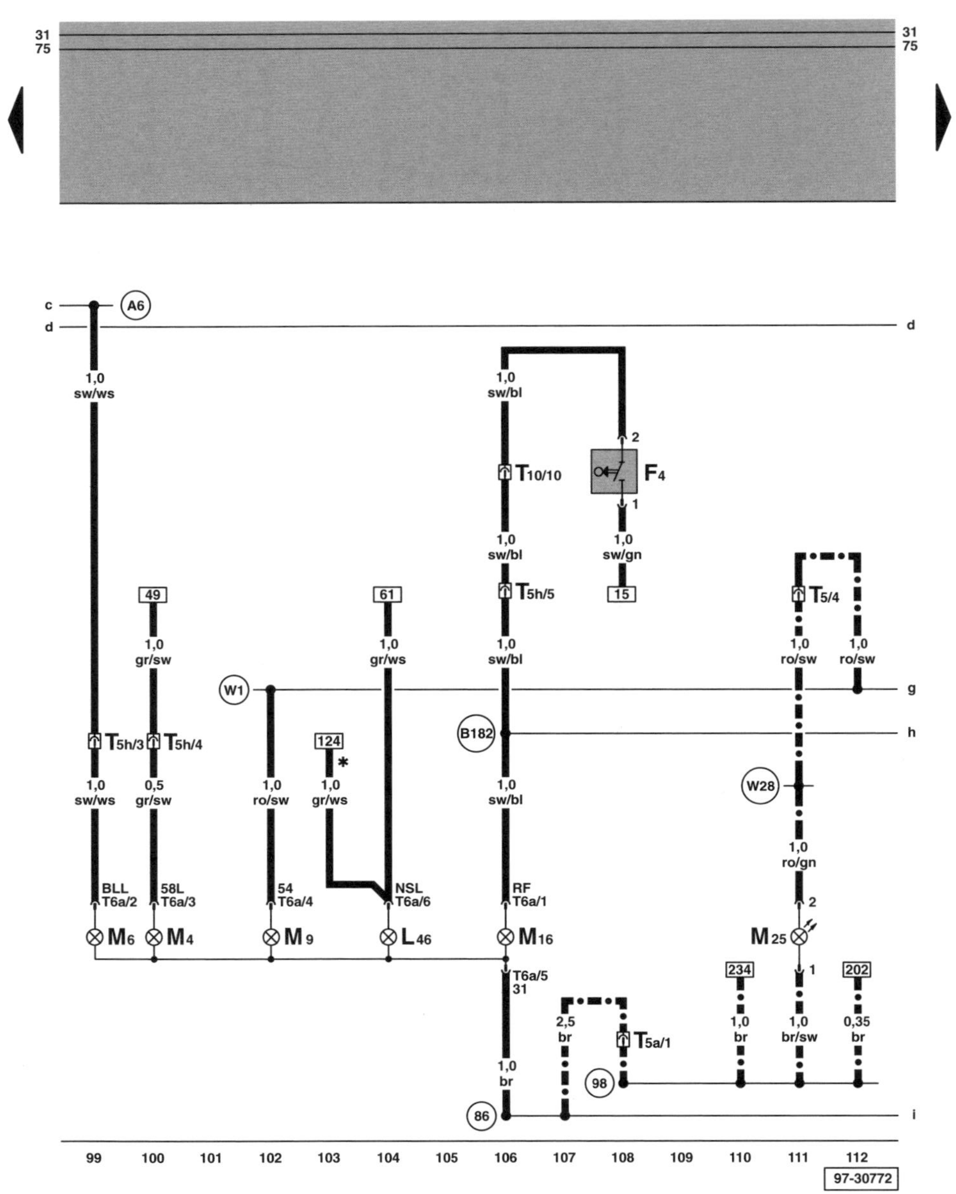

ws = weiß
sw = schwarz
ro = rot
br = braun
gn = grün
bl = blau
gr = grau
li = lila
ge = gelb
or = orange

Schlußlicht links, Bremslicht links, Blinklicht hinten links, Schalter für Rückfahrleuchten, Rückfahrlicht links, Nebelschlußleuchte, Lampe für hochgesetztes Bremslicht (GOLF)

F4 – Schalter für Rückfahrleuchten
L46 – Lampe für Nebelschlußleuchte links
M4 – Lampe für Schlußlicht links
M6 – Lampe für Blinklicht hinten links
M9 – Lampe für Bremslicht links
M16 – Lampe für Rückfahrlicht links
M25 – Lampe für hochgesetztes Bremslicht (32 Leuchtdioden)
T5 – Steckverbindung, 5-fach, schwarz, Kupplungsstation C-Säule links
T5a – Steckverbindung, 5-fach, rosa, Kupplungsstation C-Säule links
T5h – Steckverbindung, 5-fach, Nähe A-Säule links unten, im Leitungsstrang eingewickelt
T6a – Steckverbindung, 6-fach

T10 – Steckverbindung, 10-fach, orange, im Schutzgehäuse für Steckverbindungen, im Wasserkasten links
(86) – Masseverbindung -1-, im Leitungsstrang hinten
(98) – Masseverbindung, im Leitungsstrang Heckklappe
(A6) – Plusverbindung (Blinker links) im Schalttafelleitungsstrang
(B182) – Verbindung (RF), im Leitungsstrang Innenraum
(W1) – Plusverbindung (54) im Leitungsstrang hinten
(W28) – Plusverbindung -2- (54) im Leitungsstrang hinten

* – Nur bei BORA
▬•▬•▬ Nur bei GOLF

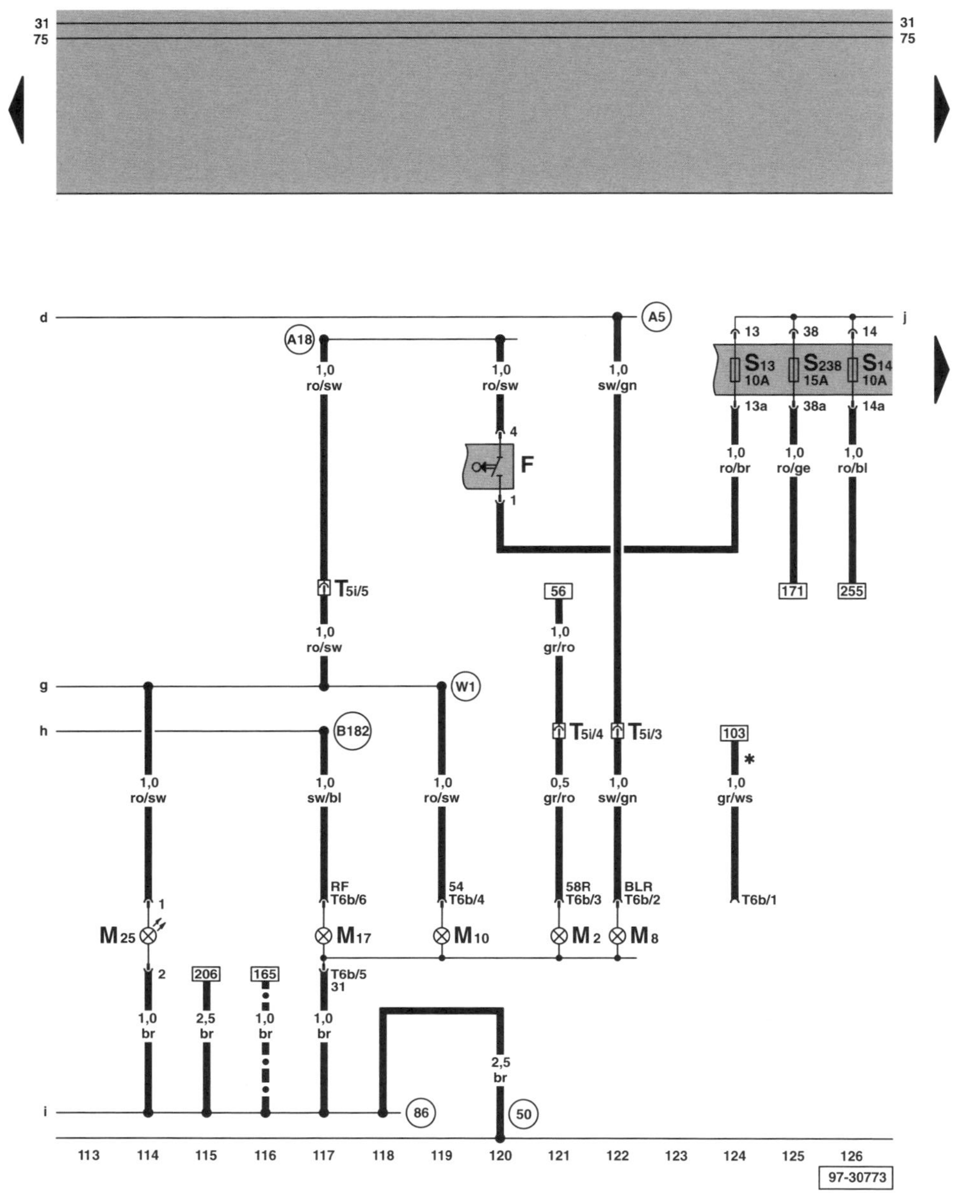

ws = weiß
sw = schwarz
ro = rot
br = braun
gn = grün
bl = blau
gr = grau
li = lila
ge = gelb
or = orange

Schlußlicht rechts, Bremslicht rechts, Blinklicht hinten rechts, Rückfahrlicht rechts, Bremslichtschalter, hochgesetztes Bremslicht (BORA)

F – Bremslichtschalter
M2 – Lampe für Schlußlicht rechts
M8 – Lampe für Blinklicht hinten rechts
M10 – Lampe für Bremslicht rechts
M17 – Lampe für Rückfahrlicht rechts
M25 – Lampe für hochgesetztes Bremslicht (18 Leuchtdioden)
S13 – Sicherung 13 im Sicherungshalter
S14 – Sicherung 14 im Sicherungshalter
S238 – Sicherung 38 im Sicherungshalter
T5i – Steckverbindung, 5-fach, Nähe A-Säule links unten, im Leitungsstrang eingewickelt
T6b – Steckverbindung, 6-fach

(50) – Massepunkt, Kofferraum links

(86) – Masseverbindung -1-, im Leitungsstrang hinten

(A5) – Plusverbindung (Blinker rechts), im Schalttafelleitungsstrang

(A18) – Verbindung (54), im Schalttafelleitungsstrang

(B182) – Verbindung (RF), im Leitungsstrang Innenraum

(W1) – Plusverbindung (54) im Leitungsstrang hinten

* – Nur bei BORA

■•■•■ Nur bei GOLF

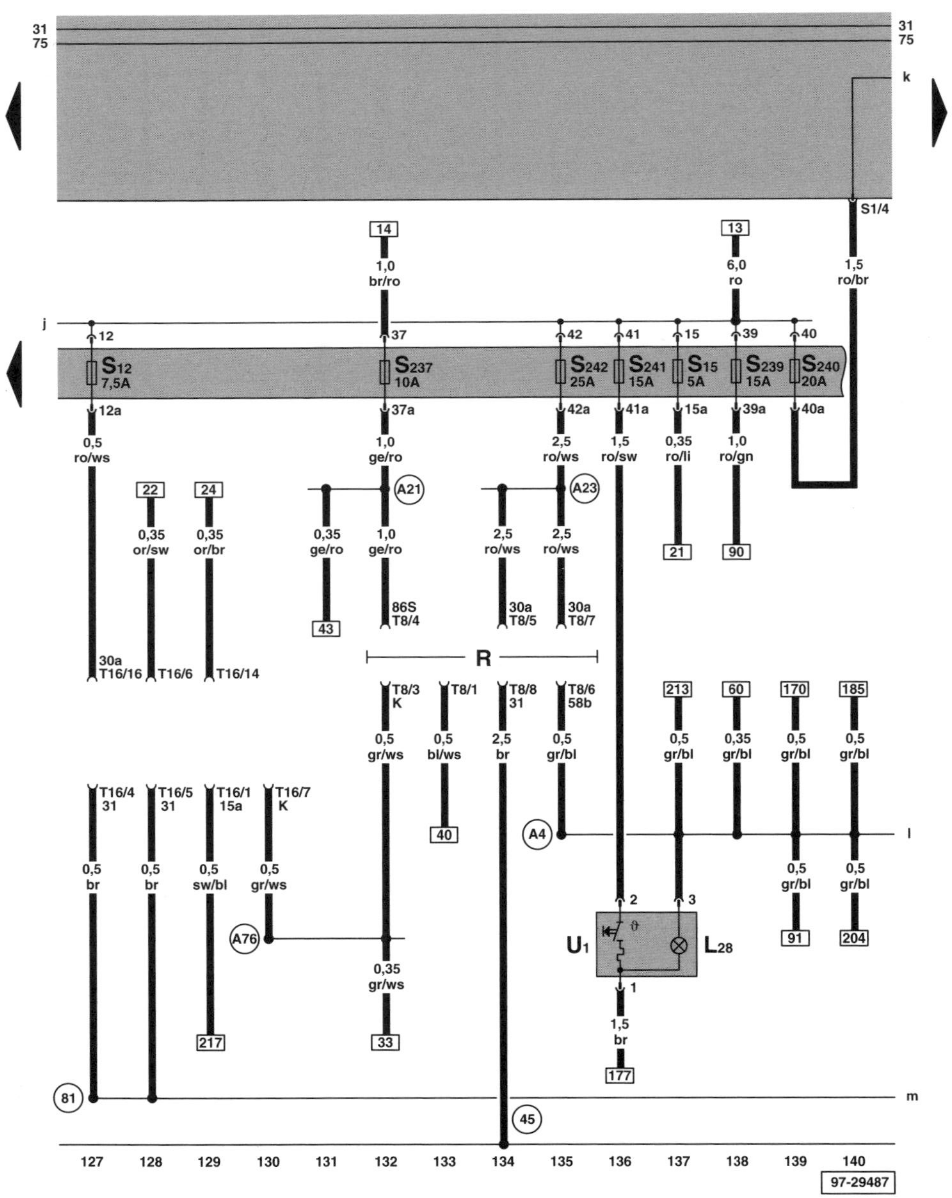

ws = weiß
sw = schwarz
ro = rot
br = braun
gn = grün
bl = blau
gr = grau
li = lila
ge = gelb
or = orange

Anschluß für Eigendiagnose, Anschluß für Radio, Zigarrenanzünder

L28 – Lampe für Beleuchtung Zigarrenanzünder
R – Radio
S12 – Sicherung 12 im Sicherungshalter
S15 – Sicherung 15 im Sicherungshalter
S237 – Sicherung 37 im Sicherungshalter
S239 – Sicherung 39 im Sicherungshalter
S240 – Sicherung 40 im Sicherungshalter
S241 – Sicherung 41 im Sicherungshalter
S242 – Sicherung 42 im Sicherungshalter
T8 – Steckverbindung, 8-fach, am Radio
T16 – Steckverbindung, 16-fach, in der Schalttafelmitte, Anschluß Eigendiagnose
U1 – Zigarrenanzünder

(45) – Massepunkt, hinter Schalttafel - Mitte

(81) – Masseverbindung -1-, im Schalttafelleitungsstrang

(A4) – Plusverbindung (58b) im Schalttafelleitungsstrang

(A21) – Verbindung (86S), im Schalttafelleitungsstrang

(A23) – Verbindung (30a), im Schalttafelleitungsstrang

(A76) – Verbindung (K-Diagnoseleitung) im Schalttafelleitungsstrang

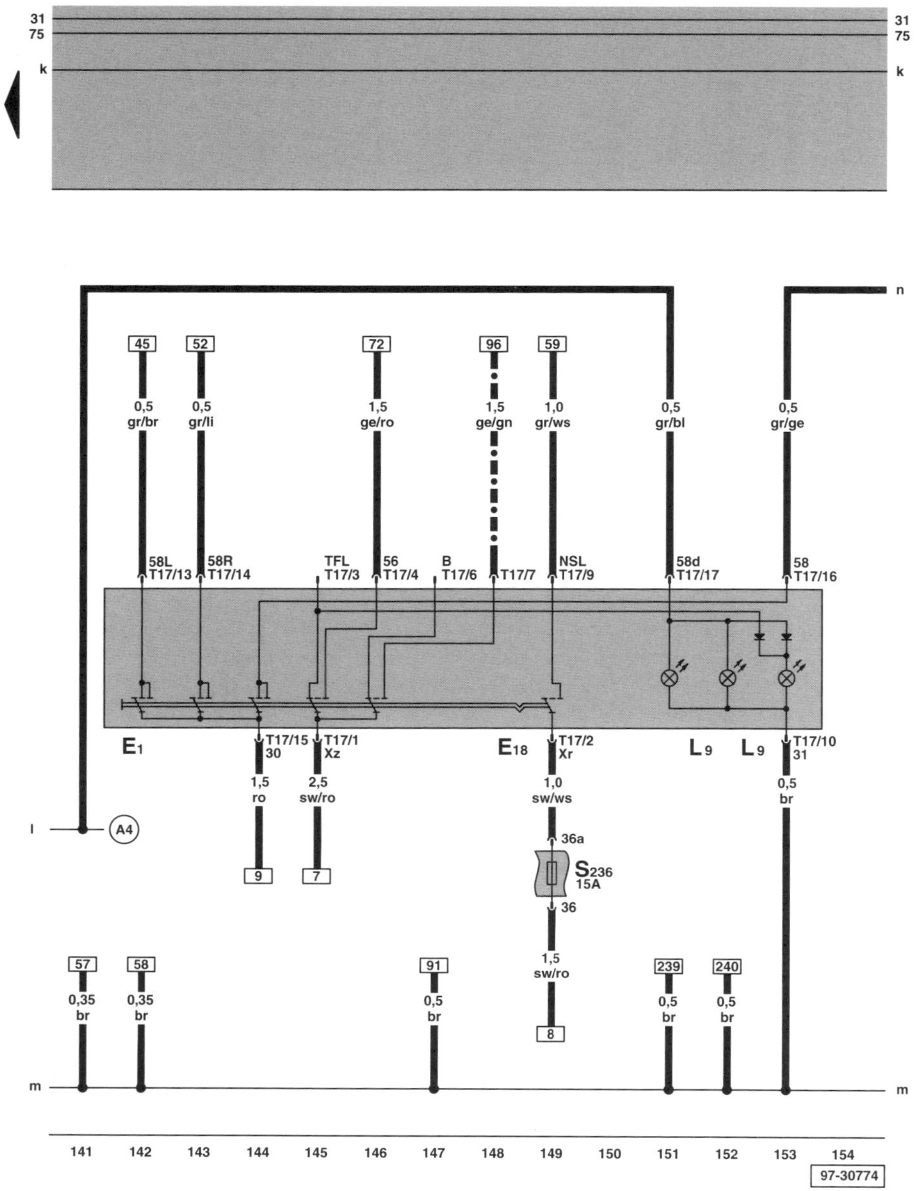

Lichtschalter, Schalter für Nebelschlußleuchte

E1 – Lichtschalter
E18 – Schalter für Nebelschlußleuchte
L9 – Lampe für Beleuchtung Lichtschalter
S236 – Sicherung 36 im Sicherungshalter
T17 – Steckverbindung, 17-fach

(A4) – Plusverbindung (58b) im Schalttafelleitungsstrang

■•■•■ Nur bei GOLF

ws = weiß
sw = schwarz
ro = rot
br = braun
gn = grün
bl = blau
gr = grau
li = lila
ge = gelb
or = orange

73/12
11.01

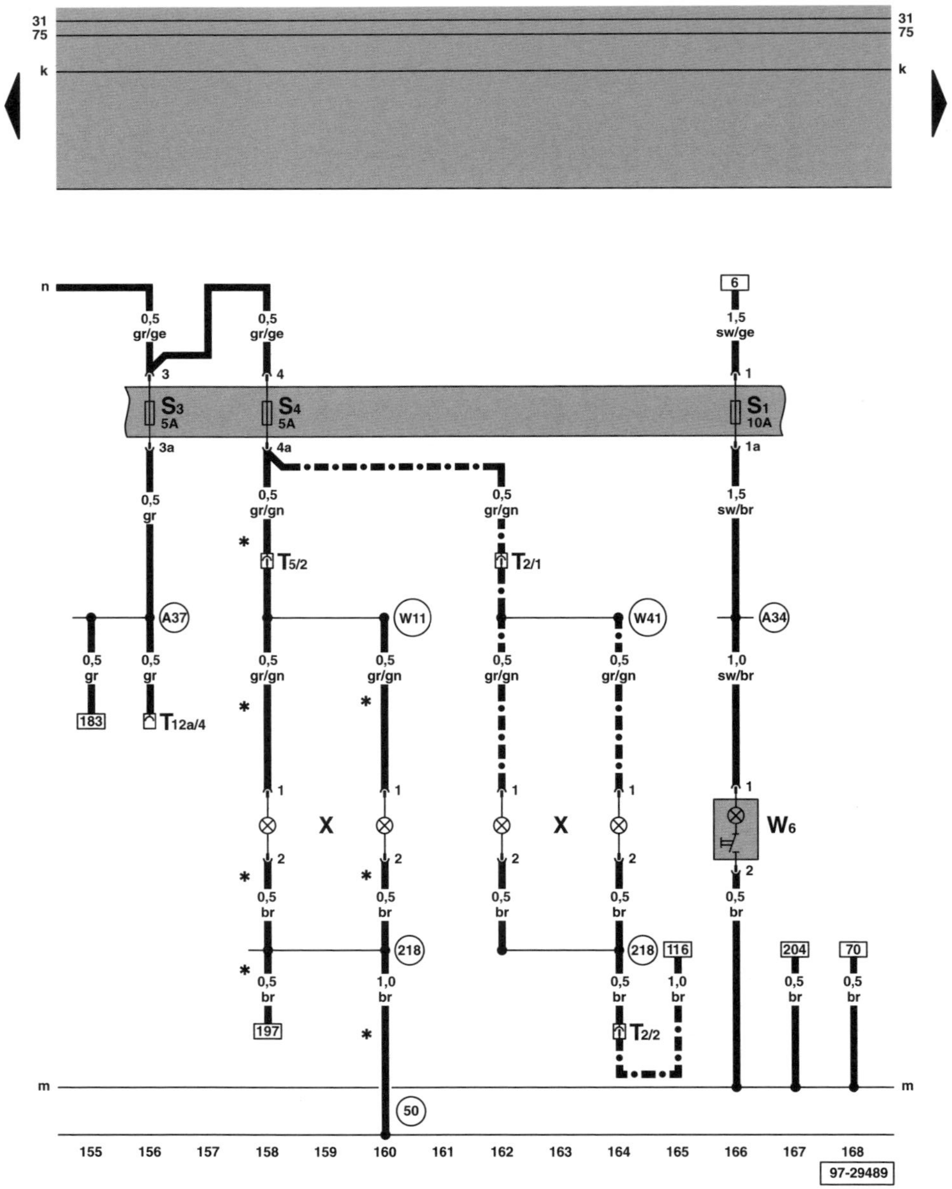

ws = weiß
sw = schwarz
ro = rot
br = braun
gn = grün
bl = blau
gr = grau
li = lila
ge = gelb
or = orange

Handschuhfachleuchte, Kennzeichenleuchten

- S1 – Sicherung 1 im Sicherungshalter
- S3 – Sicherung 3 im Sicherungshalter
- S4 – Sicherung 4 im Sicherungshalter
- T2 – Steckverbindung, 2-fach, im Kofferraum links
- T5 – Steckverbindung, 5-fach, schwarz, Kupplungsstation C-Säule links
- T12a – Steckverbindung, 12-fach, Anschluß nur bei Climatronic
- W6 – Handschuhfachleuchte
- X – Kennzeichenleuchten
- (50) – Massepunkt, Kofferraum links
- (218) – Masseverbindung -1-, im Leitungsstrang Heckklappe
- (A34) – Verbindung(75x), im Schalttafelleitungsstrang
- (A37) – Verbindung (58a), im Schalttafelleitungsstrang
- (W11) – Verbindung (58), im Leitungsstrang Heckklappe
- (W41) – Plusverbindung (58), im Leitungsstrang Kennzeichenleuchte
- * – Nur bei BORA
- ▪•▪•▪ Nur bei GOLF

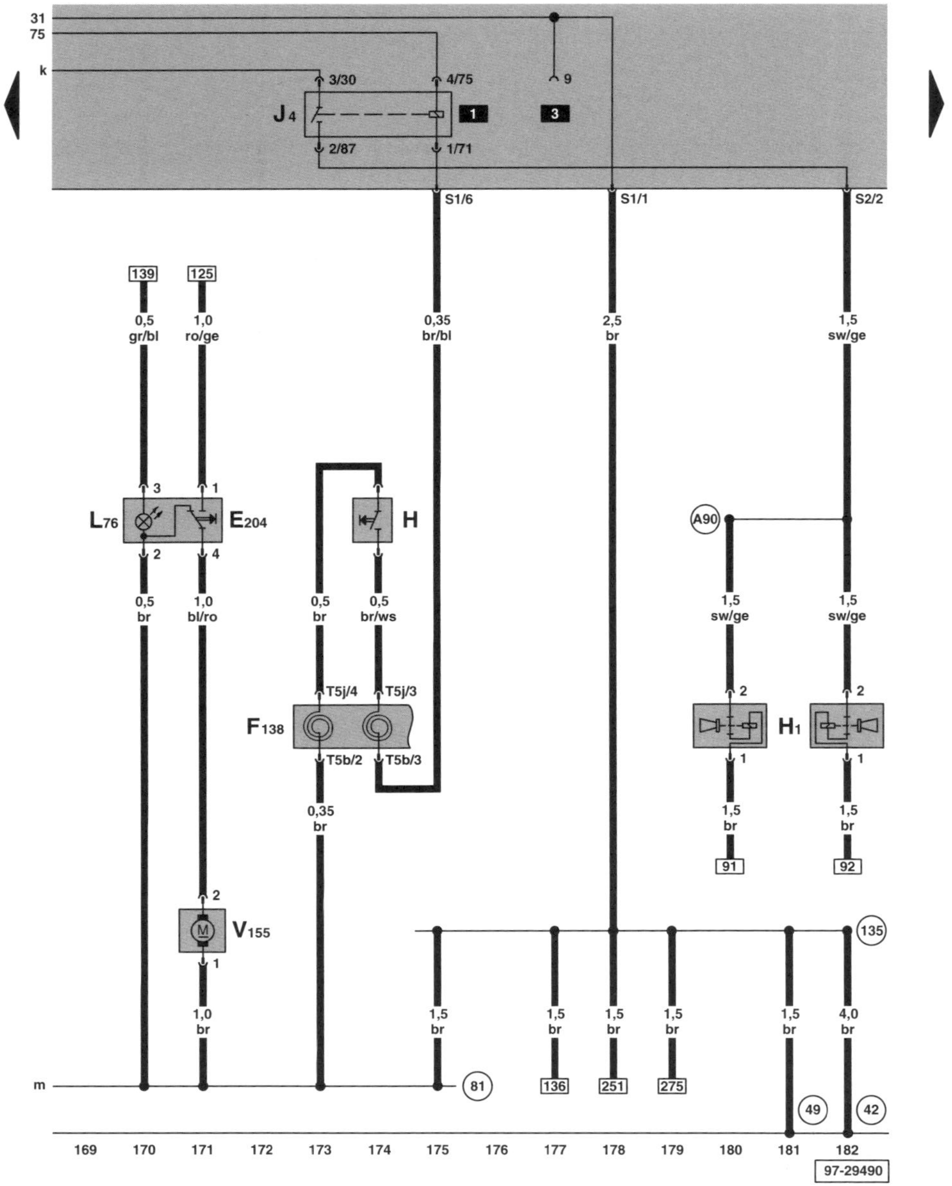

Doppeltonhorn, Tankklappenfernentriegelung, Signalhornbetätigung

E204 – Schalter für Fernentriegelung/Tankklappe
F138 – Wickelfeder für Airbag
H – Signalhornbetätigung
H1 – Doppeltonhorn
J4 – Relais für Doppeltonhorn
L76 – Beleuchtung für Taster
T5b – Steckverbindung, 5-fach
T5j – Steckverbindung, 5-fach
V155 – Motor für Tankdeckelverriegelung

(42) – Massepunkt, neben Lenksäule

(49) – Massepunkt an der Lenksäule

(81) – Masseverbindung -1-, im Schalttafelleitungsstrang

(135) – Masseverbindung -2-, im Schalttafelleitungsstrang

(A90) – Verbindung (Doppeltonhorn), im Schalttafelleitungsstrang

ws = weiß
sw = schwarz
ro = rot
br = braun
gn = grün
bl = blau
gr = grau
li = lila
ge = gelb
or = orange

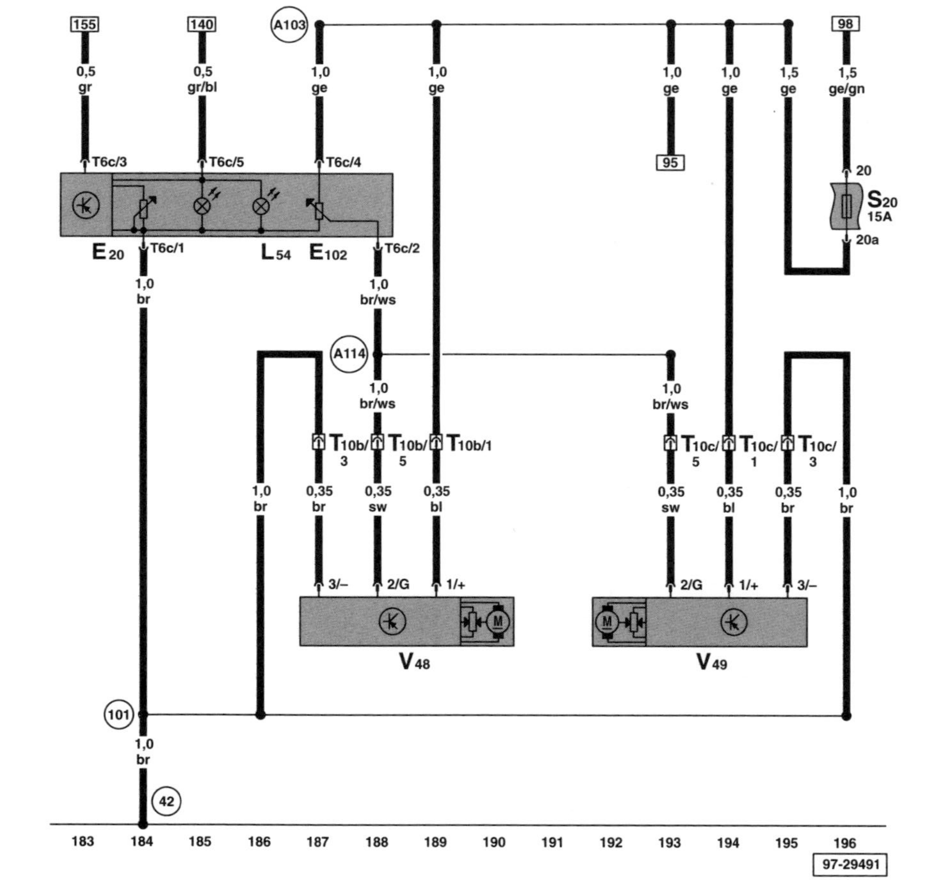

Einsteller für Leuchtweitenregelung, Stellmotoren für Leuchtweitenregelung, Regler für Beleuchtung -Schalter und Instrumente

- E20 – Regler für Beleuchtung - Schalter und Instrumente
- E102 – Einsteller für Leuchtweitenregelung
- L54 – Lampe für Beleuchtung/Einsteller Leuchtweitenregelung
- S20 – Sicherung 20 im Sicherungshalter
- T6c – Steckverbindung, 6-fach
- T10b – Steckverbindung, 10-fach, am Scheinwerfer links
- T10c – Steckverbindung, 10-fach, am Scheinwerfer rechts
- V48 – Stellmotor links für Leuchtweitenregelung
- V49 – Stellmotor rechts für Leuchtweitenregelung

- (42) – Massepunkt neben Lenksäule
- (101) – Masseverbindung, im Leitungsstrang Leuchtweitenregelung
- (A103) – Verbindung -2- (56), im Schalttafelleitungsstrang
- (A114) – Verbindung Leuchtweitenregelung, im Schalttafelleitungsstrang

ws = weiß
sw = schwarz
ro = rot
br = braun
gn = grün
bl = blau
gr = grau
li = lila
ge = gelb
or = orange

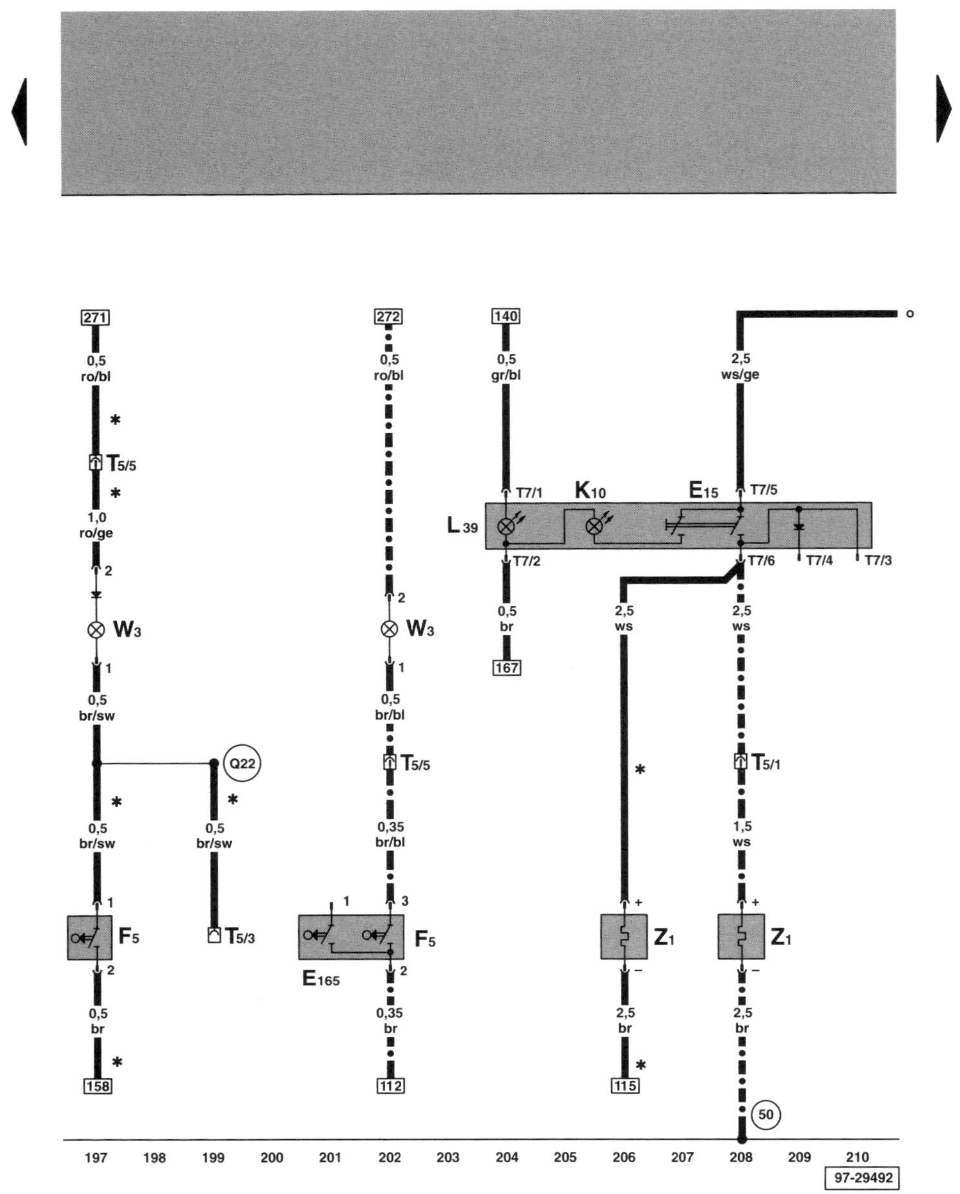

ws = weiß
sw = schwarz
ro = rot
br = braun
gn = grün
bl = blau
gr = grau
li = lila
ge = gelb
or = orange

Schalter für beheizbare Heckscheibe, beheizbare Heckscheibe, Kofferraumbeleuchtung

E15 – Schalter für beheizbare Heckscheibe
E165 – Schalter für Heckklappenentriegelung
F5 – Schalter für Kofferraumbeleuchtung
K10 – Kontrollampe für beheizbare Heckscheibe
L39 – Lampe für Beleuchtung für Schalter für beheizbare Heckscheibe
T5 – Steckverbindung, 5-fach, schwarz, Kupplungsstation C-Säule links
T7 – Steckverbindung, 7-fach
W3 – Kofferraumleuchte **
Z1 – beheizbare Heckscheibe

(50) – Massepunkt, Kofferraum links

(Q22) – Verbindung -1-, im Leitungsstrang Heckklappe

* – Nur bei BORA
■•■•■ Nur bei GOLF
** – Weiterführung im Stromlaufplan "Komfortsystem/Zentralverriegelung" (nicht abgedruckt).

73/16
4.01

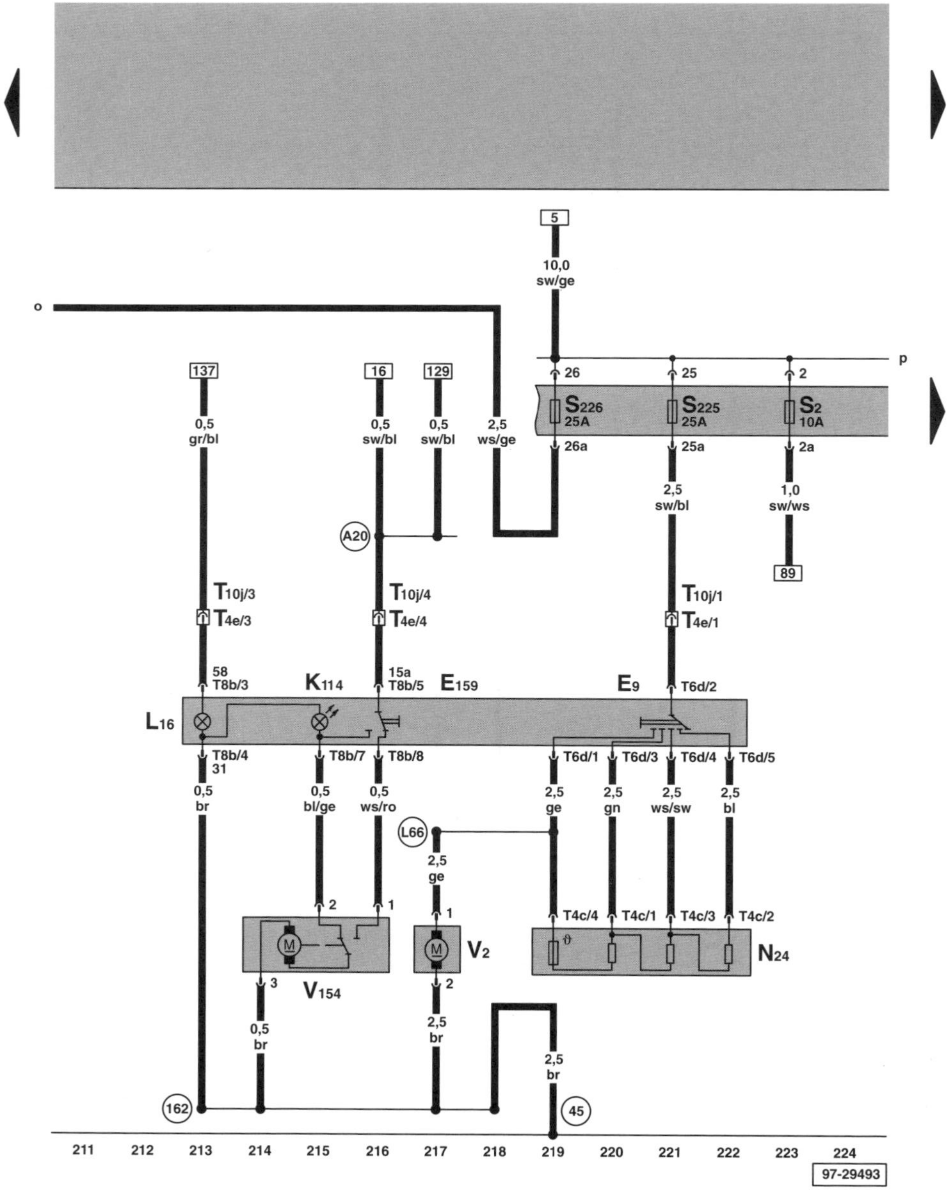

ws = weiß
sw = schwarz
ro = rot
br = braun
gn = grün
bl = blau
gr = grau
li = lila
ge = gelb
or = orange

Schalter für Frischluftgebläse, Schalter für Frisch- und Umluftklappe, Frischluftgebläse, Stellmotor für Frisch-/Umluftklappe

E9 – Schalter für Frischluftgebläse
E159 – Schalter für Frisch- und Umluftklappe
K114 – Kontrollampe für Frisch- und Umluftbetrieb
L16 – Lampe für Beleuchtung Frischluftregulierung
N24 – Vorwiderstand für Frischluftgebläse mit Überhitzungssicherung
S2 – Sicherung 2 im Sicherungshalter
S225 – Sicherung 25 im Sicherungshalter
S226 – Sicherung 26 im Sicherungshalter
T4c – Steckverbindung, 4-fach
T4e – Steckverbindung, 4-fach, hinter der Schalttafel mitte (bei Fahrzeugen ohne Klimaanlage)
T6d – Steckverbindung, 6-fach
T8b – Steckverbindung, 8-fach
T10j – Steckverbindung, 10-fach, hinter der Schalttafel mitte (bei Fahrzeugen mit Klimaanlage)
V2 – Frischluftgebläse
V154 – Stellmotor für Frisch-/Umluftklappe

(45) – Massepunkt, hinter Schalttafel - Mitte
(162) – Masseverbindung, im Leitungsstrang Gebläsemotor
(A20) – Verbindung (15a), im Schalttafelleitungsstrang
(L66) – Verbindung, im Leitungsstrang Heizungsgebläse

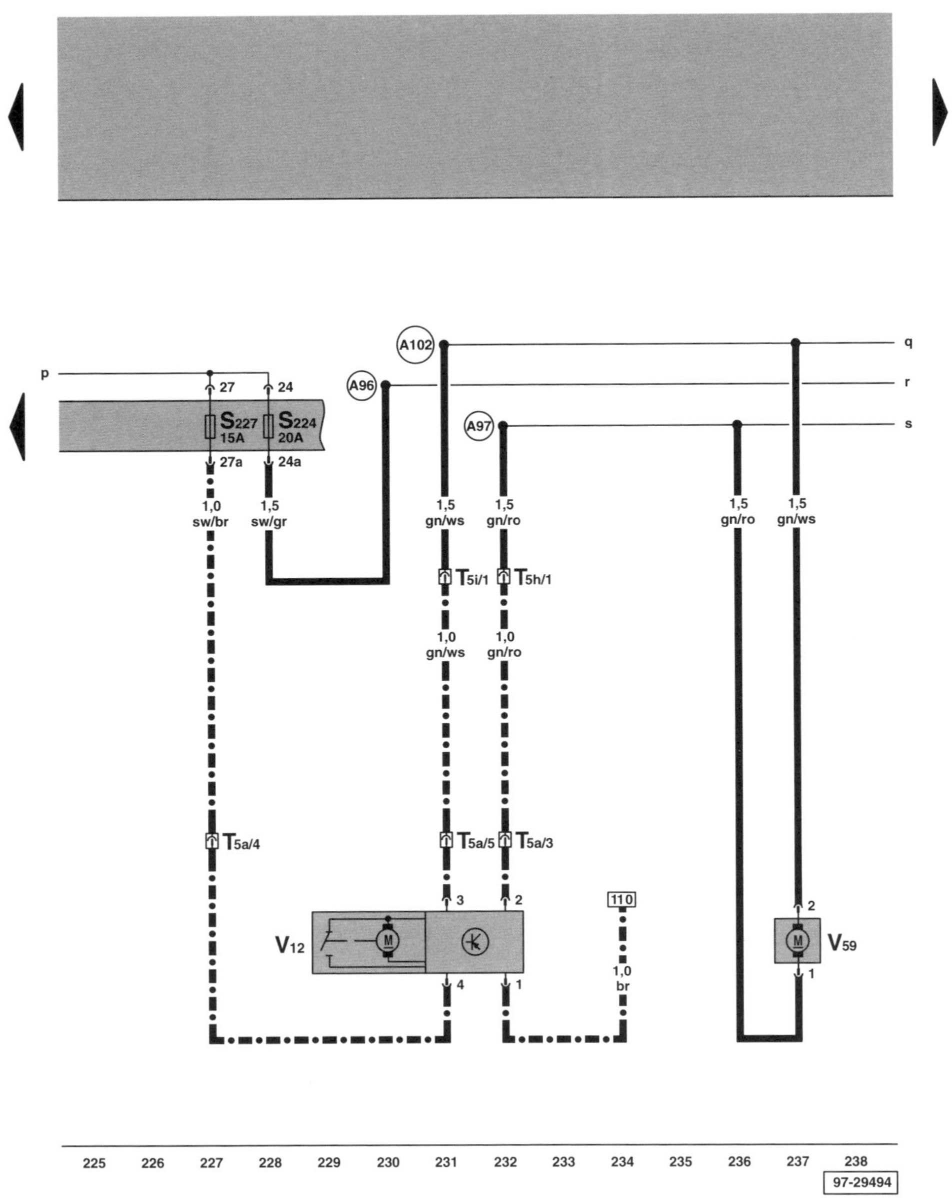

Motor für Heckscheibenwischer, Front- und Heckscheibenwaschpumpe

S224 – Sicherung 24 im Sicherungshalter
S227 – Sicherung 27 im Sicherungshalter
T5a – Steckverbindung, 5-fach, rosa, Kupplungsstation C-Säule links
T5h – Steckverbindung, 5-fach, Nähe A-Säule links unten, im Leitungsstrang eingewickelt
T5i – Steckverbindung, 5-fach, Nähe A-Säule links unten, im Leitungsstrang eingewickelt
V12 – Motor für Heckscheibenwischer
V59 – Front- und Heckscheibenwaschpumpe

(A96) – Verbindung (53a), im Schalttafelleitungsstrang
(A97) – Verbindung (53), im Schalttafelleitungsstrang
(A102) – Verbindung (Scheibenwischer), im Schalttafelleitungsstrang
▬•▬•▬ Nur bei GOLF

ws = weiß
sw = schwarz
ro = rot
br = braun
gn = grün
bl = blau
gr = grau
li = lila
ge = gelb
or = orange

73/18
4.01

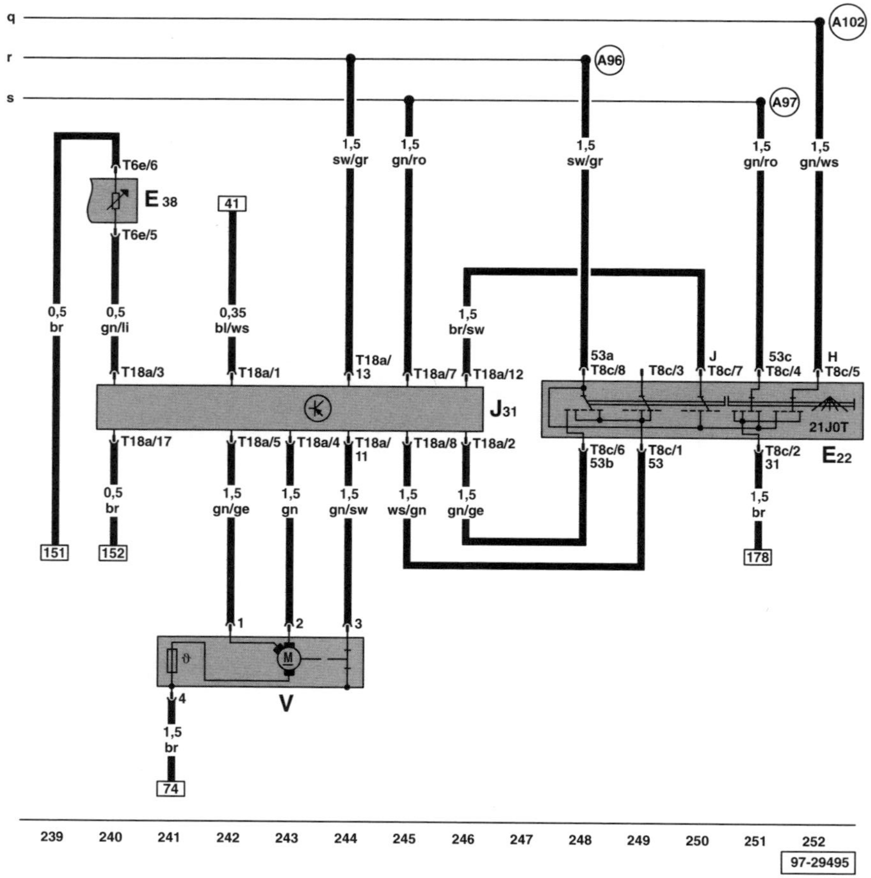

Scheibenwischerschalter für Intervallbetrieb, Scheibenwischermotor, Relais für Wasch-Wisch-Intervallautomatik

- E22 – Scheibenwischerschalter für Intervallbetrieb
- E38 – Regler für Scheibenwischer-Intervallschaltung
- J31 – Relais für Wasch-Wisch-Intervallautomatik, auf der Relaisplatte
- T6e – Steckverbindung, 6-fach
- T8c – Steckverbindung, 8-fach
- T18a – Steckverbindung, 18-fach
- V – Scheibenwischermotor

- (A96) – Verbindung (53a), im Schalttafelleitungsstrang
- (A97) – Verbindung (53), im Schalttafelleitungsstrang
- (A102) – Verbindung (Scheibenwischer), im Schalttafelleitungsstrang

ws = weiß
sw = schwarz
ro = rot
br = braun
gn = grün
bl = blau
gr = grau
li = lila
ge = gelb
or = orange

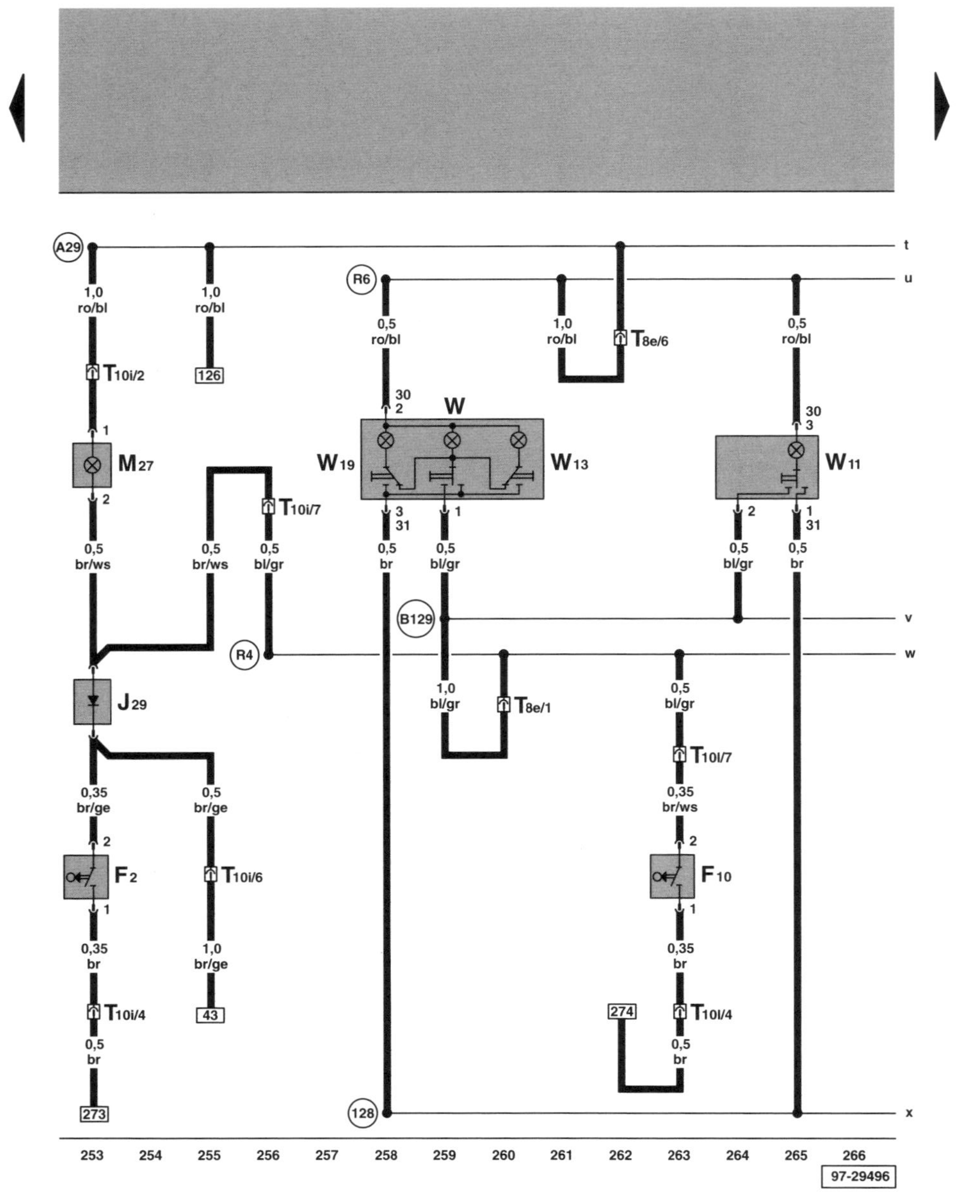

Innenleuchte vorn, Leseleuchte hinten links, Warnleuchte - Tür links

- F2 – Türkontaktschalter-Fahrerseite
- F10 – Türkontaktschalter hinten links
- J29 – Sperrdiode
- M27 – Warnleuchte - Tür links
- T8e – Steckverbindung, 8-fach, hinter Schalttafel links
- T10i – Steckverbindung, 10-fach, schwarz, Kupplungsstation A-Säule links
- T10l – Steckverbindung, 10-fach, schwarz, Kupplungsstation B - Säule links
- W – Innenleuchte vorn
- W11 – Leseleuchte hinten links
- W13 – Leseleuchte Beifahrerseite
- W19 – Leseleuchte Fahrerseite

- (128) – Masseverbindung -1-, im Leitungsstrang Innenleuchte
- (A29) – Verbindung (Innenleuchte), im Schalttafelleitungsstrang
- (B129) – Verbindung (Innenleuchte, 31), im Leitungsstrang Innenraum
- (R4) – Verbindung -1-, im Leitungsstrang Innenleuchte/ Türkontaktschalter
- (R6) – Plusverbindung -1-, im Leitungsstrang Innenleuchte

ws = weiß
sw = schwarz
ro = rot
br = braun
gn = grün
bl = blau
gr = grau
li = lila
ge = gelb
or = orange

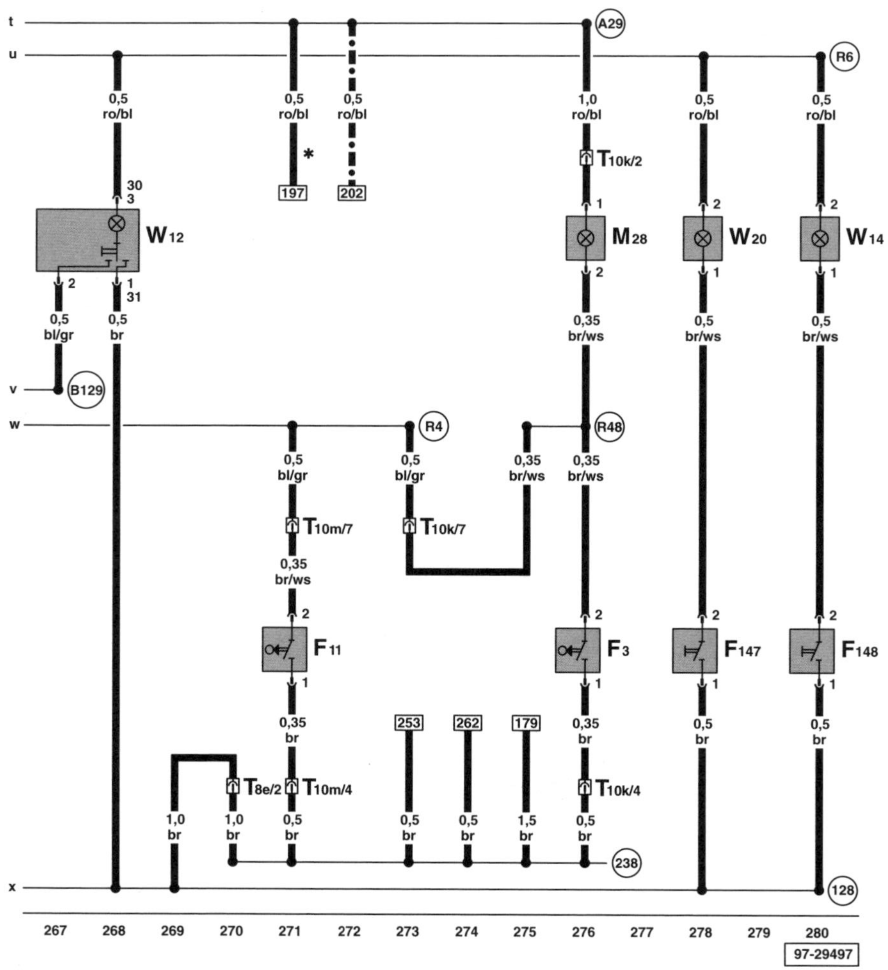

Leseleuchte hinten rechts, Warnleuchte - Tür rechts, beleuchtete Make-up-Spiegel

F3 – Türkontaktschalter-Beifahrerseite
F11 – Türkontaktschalter hinten rechts
F147 – Kontaktschalter für Make up-Spiegel - Fahrerseite
F148 – Kontaktschalter für Make up-Spiegel - Beifahrerseite
M28 – Warnleuchte - Tür rechts
T8e – Steckverbindung, 8-fach, hinter Schalttafel links
T10k – Steckverbindung, 10-fach, schwarz, Kupplungsstation A-Säule rechts
T10m – Steckverbindung, 10-fach, schwarz, Kupplungsstation B-Säule rechts
W12 – Leseleuchte hinten rechts
W14 – beleuchteter Make-up-Spiegel (Beifahrerseite)
W20 – beleuchteter Make-up-Spiegel (Fahrerseite)

(128) – Masseverbindung -1-, im Leitungsstrang Innenleuchte
(238) – Masseverbindung -1-, im Leitungsstrang Innenraum
(A29) – Verbindung (Innenleuchte), im Schalttafelleitungsstrang
(B129) – Verbindung (Innenleuchte, 31l), im Leitungsstrang Innenraum
(R4) – Verbindung -1-, im Leitungsstrang Innenleuchte/ Türkontaktschalter
(R6) – Plusverbindung -1-, im Leitungsstrang Innenleuchte
(R48) – Verbindung, im Leitungsstrang Türverkabelung, Beifahrerseite

* – Nur bei BORA
▬•▬•▬ Nur bei GOLF

ws = weiß
sw = schwarz
ro = rot
br = braun
gn = grün
bl = blau
gr = grau
li = lila
ge = gelb
or = orange